ORGANISCHE CHEMIE IN EINZELDARSTELLUNGEN

HERAUSGEGEBEN VON

HELLMUT BREDERECK UND EUGEN MÜLLER

8

# ANWENDUNGEN DER KERNMAGNETISCHEN RESONANZ IN DER ORGANISCHEN CHEMIE

VON

HARALD SUHR

MIT 123 ABBILDUNGEN

SPRINGER-VERLAG BERLIN HEIDELBERG GMBH

1965

Dr. Harald Suhr

Privatdozent an der mathematisch-naturwissenschaftlichen Fakultät
der Universität Tübingen



ISBN 978-3-540-03380-6      ISBN 978-3-642-94931-9 (eBook)
DOI 10.1007/978-3-642-94931-9



Titel-Nr. 4290

# Vorwort

In den zwei Jahrzehnten seit den ersten Kernresonanzexperimenten hat diese Methode eine ungewöhnlich schnelle Entwicklung erlebt und in die meisten modernen Laboratorien Eingang gefunden. Sie bietet eine wertvolle Ergänzung der bestehenden Untersuchungsmethoden und ermöglicht es vielfach, Strukturfragen zu beantworten, die auf andere Weise nicht lösbar sind. Da die N.M.R.-Spektrometer im Laufe der Jahre zuverlässiger geworden sind und sich einfacher bedienen lassen, hat sich das Schwergewicht der Untersuchungen auf diesem Gebiet verlagert. Während sich in den ersten Jahren vorwiegend Physiker und Physikochemiker mit der Theorie und den Grundlagen dieser Methode befaßten, wird sie heute vorwiegend von Chemikern als Hilfsmittel zur Untersuchung von Strukturproblemen verwendet. Infolge dieser Entwicklung ist die Literatur auf diesem Gebiet stark angewachsen und sehr unübersichtlich geworden. Die Veröffentlichungen aus der ersten Epoche sind in einigen Monographien, wie denen von ANDREW, von POPLE, SCHNEIDER und BERNSTEIN und von ROBERTS zusammengefaßt worden. Die zahlreichen Daten über chemische Verschiebungen und Kopplungskonstanten aus den Untersuchungen der letzten Jahre, die für den Praktiker bei der Analyse von Spektren außerordentlich wichtig sind, sind über viele tausend Veröffentlichungen verstreut und oft nur schwer aufzufinden. In diesem Buch ist versucht worden, einen größeren Teil des experimentellen Materials zusammenzufassen und zu tabellieren. Bei der Beschreibung der einzelnen Verbindungsklassen war eine Beschränkung auf einfache Verbindungen und typische Vertreter erforderlich, doch ist angestrebt worden, durch die zahlreichen Literaturangaben den Zugang zu weiteren Daten zu erleichtern.

Das vorliegende Buch wendet sich in erster Linie an diejenigen Naturwissenschaftler, die die Prinzipien und Anwendungsmöglichkeiten dieser neuen Methode kennenlernen wollen; ferner an diejenigen, die sich in die Analyse von Kernresonanzspektren einarbeiten möchten oder für die Deutung von Spektren Vergleichswerte von chemischen Verschiebungen und Kopplungskonstanten suchen. Die einführenden Kapitel sind bewußt einfach gehalten, und der meiste Raum des Buches ist der Protonenresonanz gewidmet worden, die für die organische Chemie die größte Bedeutung hat und das bisher am besten untersuchte Gebiet der Kernresonanz darstellt. Die Resonanz der anderen Kerne, $^{11}$B, $^{13}$C, $^{14}$N, $^{17}$O, $^{19}$F und $^{31}$P, ist nur in Hinblick auf Probleme der organischen Chemie behandelt worden. Die bis zum Abschluß des Manuskriptes (Herbst 1964) vorliegende Literatur ist nach Möglichkeit berücksichtigt, und weitere Ergänzungen (bis Frühjahr 1965) sind bei den Korrekturen eingefügt worden. Eine vollständige

Erfassung aller Veröffentlichungen ist nicht möglich und war auch im Rahmen dieses Buches nicht beabsichtigt.

Für die Ausstattung dieses Buches haben mir freundlicherweise Herr Dr. O. Melera und Herr Doz. Dr. F. W. Lichtenthaler unveröffentlichte Spektren zur Verfügung gestellt. Den Herren Dr. H. Dreeskamp und Dr. K. Scheffler danke ich für die kritische Durchsicht der ersten Kapitel des Buches. Fräulein U. Schücker hat mir bei der Durchsicht der Literatur, beim Zusammenstellen der Daten, bei den Korrekturen und bei der Aufstellung der Register wertvolle Hilfe geleistet, wofür ich ihr besonders herzlich danken möchte.

Tübingen, im November 1965              HARALD SUHR

# Inhaltsverzeichnis

# I. Physikalische Grundlagen

## I. 1. Magnetische Eigenschaften der Atomkerne

Die kernmagnetische Resonanz (NMR, von nuclear magnetic resonance) hat seit den ersten Experimenten, die im Jahre 1946 gleichzeitig von BLOCH und PURCELL durchgeführt wurden, einen ungeheuren Aufschwung erfahren. In den verschiedenen Zweigen der organischen Chemie, bei Strukturaufklärungen, Konformationsanalysen, bei der Untersuchung von Wasserstoffbrücken, Substituenteneffekten und von schnellen Reaktionen sind mit diesem Verfahren zahlreiche wertvolle Ergebnisse gewonnen worden. In manchen Fällen kann die Methode rein empirisch angewandt werden, etwa durch Vergleich des Spektrums einer unbekannten Substanz mit denen bekannter Verbindungen. Für ein tiefergehendes Verständnis und für die Behandlung zahlreicher Probleme ist jedoch die Kenntnis der theoretischen Grundlagen unerläßlich. In den folgenden vier Kapiteln sollen daher in kurzer und zum Teil vereinfachter Form die magnetischen Eigenschaften der Atomkerne sowie die Grundlagen der chemischen Verschiebung, der Spin-Spin-Kopplung und der Untersuchung schneller Reaktionen besprochen werden.

Atome bestehen aus einem Kern und einer Elektronenhülle. Ein Kern eines Atoms mit der Atomnummer Z und einem Atomgewicht A besitzt Z Protonen und A—Z Neutronen. Im neutralen Atom wird er von Z Elektronen umkreist.

Aus einer Reihe von Experimenten muß man schließen, daß einige Atomkerne einen mechanischen Drehimpuls $p$ besitzen. Laut Quantenmechanik ist die in Richtung des Magnetfeldes $H_0$ maximal beobachtbare Komponente des Drehimpulsvektors $p_H$ ein ganz- oder halbzahliges Vielfaches von $h/2\pi$ ($h = 6.62 \times 10^{-27}$ erg Sek; $h$ ist das Plancksche Wirkungsquantum):

$$p_H = I\,\frac{h}{2\pi} \qquad I = 0,\ {}^1/_2,\ 1,\ {}^3/_2 \ldots \qquad (1)$$

$I$ wird die Spinquantenzahl des Kernes genannt. Ist der Maximalwert gleich $I$, so hat der Kern im Magnetfeld $2\,I+1$ verschiedene Zeemann-Niveaus: $I, I—1, I—2, \ldots . —I+1, —I$. Für ein Proton mit $I={}^1/_2$ gibt es demnach zwei Niveaus mit $+h/4\pi$ und $—h/4\pi$.

Wenn sich elektrisch geladene Körper bewegen, erzeugen sie magnetische Felder. Da Atomkerne eine Ladung tragen, verhalten sich Kerne mit mechanischem Spin wie kleine Elektromagnete. Das magnetische Moment des Kerns $\mu$ ist immer parallel oder antiparallel dem Drehimpulsvektor und gleich Null, wenn dieser gleich Null ist. Wie beim Drehimpulsvektor kann auch die maximal beobachtbare Komponente $\mu_H$ des magnetischen Moments nur bestimmte Werte annehmen, nämlich

$$\mu_H = \frac{m\mu}{I} \qquad m = I,\ I-1,\ I-2, \cdots -I+1,\ -I, \tag{2}$$

wobei $m$ die magnetische Kernquantenzahl genannt wird. Für das Proton mit $I = {}^1/_2$ kann das magnetische Moment die Werte $\pm {}^1/_2$ annehmen, für Stickstoff $^{14}$N mit $I = 1$ die Werte $+1$, $0$ und $-1$. Der Zusammenhang zwischen Drehmoment und magnetischem Moment wird durch

$$\mu = \gamma \frac{h}{2\pi} I \tag{3}$$

gegeben, wobei $\gamma$ das gyromagnetische Verhältnis ist. Ob ein Atomkern einen mechanischen Drehimpuls und damit ein magnetisches Moment besitzt oder nicht, kann aus Atomnummer Z und Atomgewicht A abgelesen werden. Wenn nämlich

A ungradzahlig und Z ungradzahlig ist, ist $I = {}^1/_2,\ {}^3/_2,\ {}^5/_2 \cdot\cdot$
A    gradzahlig und Z    gradzahlig ist, ist $I = 0$
A    gradzahlig und Z ungradzahlig ist, ist $I = 1,\ 2,\ 3 \cdot\cdot$
A ungradzahlig und Z    gradzahlig ist, ist $I = {}^1/_2,\ {}^3/_2,\ {}^5/_2 \cdot\cdot$

Die Spinquantenzahlen für einige Elemente sind in Tab. 1 zusammengestellt. In der Tabelle sind ferner die Frequenzen angegeben, bei denen diese Isotopen in einem Magnetfeld von 10000 Gauß absorbieren. Die Frequenzen sind so unterschiedlich, daß man bei diesen Absorptionsexperimenten jeweils nur eine Atomsorte untersucht, also Protonenresonanz oder Deuterium- oder Aluminiumresonanz mißt. Obwohl es viele Möglichkeiten gibt, haben neben der Protonenresonanz, der mehr als neunzig Prozent aller Untersuchungen gewidmet sind, nur die $^{19}$F-, $^{13}$C-, $^{11}$B-, $^{31}$P-, $^{29}$Si-, $^{14}$N- und $^{17}$O-Resonanz eine gewisse Bedeutung erlangt. Der Grund hierfür liegt weniger am geringen Interesse als vielmehr an experimentellen Schwierigkeiten. Einmal sind bei gleicher Kernzahl die Signale der meisten Isotope wesentlich schwächer als die des Wasserstoffs (vgl. letzte Spalte in Tab. 1), zum anderen ist in vielen Elementen der Gehalt an kernresonanzaktiven Isotopen gering. Man muß daher bei der Untersuchung solcher Elemente große Substanzmengen verwenden oder mit isotopenangereichertem Material arbeiten, um genügend starke Signale zu erhalten. Für die Untersuchung von organischen Verbindungen ist die Tatsache, daß Kohlenstoff $^{12}$C und Sauerstoff $^{16}$O keinen Drehimpuls besitzen und daher NMR-inaktiv sind, von außerordentlicher Bedeutung. Nur der geringe Gehalt von 1.1 Prozent $^{13}$C und 0.04 Prozent $^{17}$O kann für Kernresonanzuntersuchungen benutzt werden. Andererseits erleichtert die Abwesenheit eines magnetischen Moments bei $^{12}$C und $^{16}$O die Analyse von Protonenspektren, weil mit diesen Kernen keine Spin-Spin-Kopplung auftritt.

Alle Kerne mit einer Spinquantenzahl $I \geqslant 1$ besitzen ein elektrisches Quadrupolmoment. Dies bedeutet, daß die Ladungsverteilung im Kern nicht kugelsymmetrisch, sondern langgestreckt oder abgeflacht ist.

Tabelle 1. *Daten einiger magnetischer Kerne*

| Isotop | NMR Frequenz bei 10 000 Gauß in MHz | Natürliche Häufigkeit in Prozent | Spin $I$ in Vielfachen von $h/2\pi$ | Relative Empfindlichkeit bei konstantem Feld |
|---|---|---|---|---|
| $^1$H | 42.577 | 99.9844 | $^1/_2$ | 1.000 |
| $^2$H | 6.536 | 0.0156 | 1 | 0.00964 |
| $^3$H | 45.414 | – | $^1/_2$ | 1.21 |
| $^6$Li | 6.265 | 7.43 | 1 | 0.00851 |
| $^7$Li | 16.547 | 92.57 | $^3/_2$ | 0.294 |
| $^9$Be | 5.983 | 100. | $^3/_2$ | 0.0139 |
| $^{10}$B | 4.575 | 18.83 | 3 | 0.0199 |
| $^{11}$B | 13.660 | 81.17 | $^3/_2$ | 0.165 |
| $^{12}$C | – | 98.89 | 0 | – |
| $^{13}$C | 10.705 | 1.108 | $^1/_2$ | 0.0159 |
| $^{14}$N | 3.076 | 99.635 | 1 | 0.00101 |
| $^{15}$N | 4.315 | 0.365 | $^1/_2$ | 0.00104 |
| $^{16}$O | – | 99.96 | 0 | – |
| $^{17}$O | 5.772 | 0.037 | $^5/_2$ | 0.0291 |
| $^{19}$F | 40.055 | 100 | $^1/_2$ | 0.834 |
| $^{23}$Na | 11.262 | 100 | $^3/_2$ | 0.0927 |
| $^{25}$Mg | 2.606 | 10.05 | $^5/_2$ | 0.0268 |
| $^{27}$Al | 11.094 | 100 | $^5/_2$ | 0.207 |
| $^{29}$Si | 8.460 | 4.70 | $^1/_2$ | 0.0785 |
| $^{31}$P | 17.235 | 100 | $^1/_2$ | 0.0664 |
| $^{33}$S | 3.266 | 0.74 | $^3/_2$ | 0.00226 |
| $^{35}$Cl | 4.172 | 75.4 | $^3/_2$ | 0.00471 |
| $^{37}$Cl | 3.472 | 24.6 | $^3/_2$ | 0.00272 |
| $^{39}$K | 1.987 | 93.08 | $^3/_2$ | 0.000508 |
| $^{41}$K | 1.092 | 6.91 | $^3/_2$ | 0.000084 |
| $^{73}$Ge | 1.485 | 7.61 | $^9/_2$ | 0.00140 |
| $^{75}$As | 7.292 | 100 | $^3/_2$ | 0.0251 |
| $^{77}$Se | 8.131 | 7.50 | $^1/_2$ | 0.00697 |
| $^{79}$Br | 10.667 | 50.57 | $^3/_2$ | 0.0786 |
| $^{81}$Br | 11.498 | 49.43 | $^3/_2$ | 0.0984 |
| $^{115}$Sn | 13.22 | 0.35 | $^1/_2$ | 0.0350 |
| $^{117}$Sn | 15.77 | 7.67 | $^1/_2$ | 0.0453 |
| $^{119}$Sn | 15.87 | 8.68 | $^1/_2$ | 0.0518 |
| $^{123}$Sb | 5.518 | 42.75 | $^7/_2$ | 0.0457 |
| $^{123}$Te | 11.59 | 0.89 | $^1/_2$ | 0.0180 |
| $^{125}$Te | 13.45 | 7.03 | $^1/_2$ | 0.0316 |
| $^{127}$I | 8.519 | 100 | $^5/_2$ | 0.0935 |
| $^{199}$Hg | 7.612 | 16.86 | $^1/_2$ | 0.00572 |
| $^{201}$Hg | 3.08 | 13.24 | $^3/_2$ | 0.00190 |
| $^{207}$Pb | 8.899 | 21.11 | $^1/_2$ | 0.00913 |

**Literatur zu Tabelle 1.**

Nuclear Magnetic Resonance at Work (Technische Informationen der Firma Varian)

## I. 2. Verhalten der Atomkerne im Magnetfeld

Werden Atomkerne, die einen mechanischen Drehimpuls und damit ein magnetisches Moment besitzen, in ein homogenes Magnetfeld gebracht, so tritt eine Veränderung im System der Kerne ein. Nimmt man die Substanz wieder aus dem Feld heraus oder schaltet den Magneten ab, so kehrt das

System in seinen ursprünglichen Zustand zurück. Die Veränderungen des Systems, die man optisch natürlich nicht wahrnehmen kann, lassen sich durch geeignete physikalische Experimente nachweisen. In den folgenden Abschnitten soll beschrieben werden, was mit den Atomkernen in einem Magnetfeld geschieht. Diese Vorgänge können sowohl in den Symbolen der Quantenmechanik wie auch in Vorstellungen der klassischen Physik beschrieben werden. Soweit es möglich ist, soll hier, aus Gründen der Anschaulichkeit, der zweite Weg beschritten werden.

Die magnetischen Momente der Kerne, die sich ohne ein äußeres Magnetfeld in beliebiger Richtung einstellen können, orientieren sich im Feld in bestimmten Winkeln zu den Kraftlinien. Insgesamt gibt es $2I+1$ Einstellungen, die alle verschiedene Energien haben. Für einen Kern mit $I = {}^1/_2$ gibt es zwei Möglichkeiten, die man sich durch das Verhalten einer Kompaßnadel in einem Magnetfeld veranschaulichen kann. Die Einstellung der Nadel parallel zu den Kraftlinien, bei der der Südpol der Nadel zum Nordpol des Magneten zeigt, hat eine tiefere Energie als eine umgekehrte Einstellung. Die durch das äußere Feld $H_0$ verursachte Zunahme oder Abnahme der Energie eines Atomkernes bei den verschiedenen Einstellungen beträgt:

$$E = \mu\, H_0 \cos \Theta. \qquad (4)$$

wobei $\Theta$ der Winkel zwischen der Achse des Magnetfeldes und der Richtung des Kernmomentes ist. Dieser Winkel kann nicht beliebige Werte annehmen, sondern es sind nur solche Einstellungen möglich, bei denen die Projektion des Drehimpulsvektors auf die Feldrichtung (die maximal beobachtbare Komponente) ein ganz- oder halbzahliges Vielfaches von $\hbar = h/2\pi$ ist. Cos $\Theta$ kann daher nur die Werte $m/I$ annehmen. Aus Gl. 3 und 4 folgt

$$E = \gamma\, I\, \hbar\, H_0 \frac{m}{I} = \gamma \hbar\, H_0\, m. \qquad (5)$$

Für das Beispiel eines Protons mit $I = {}^1/_2$ gibt es mithin zwei Energiewerte

$$E_1 = \gamma \hbar\, H_0\, (+\tfrac{1}{2})$$
$$E_2 = \gamma \hbar\, H_0\, (-\tfrac{1}{2}) \qquad (6)$$
$$\varDelta E = E_1 - E_2 = \gamma \hbar\, H_0.$$

In Abb. 1a sind die beiden Einstellungen und die dazugehörigen Energiewerte dargestellt.

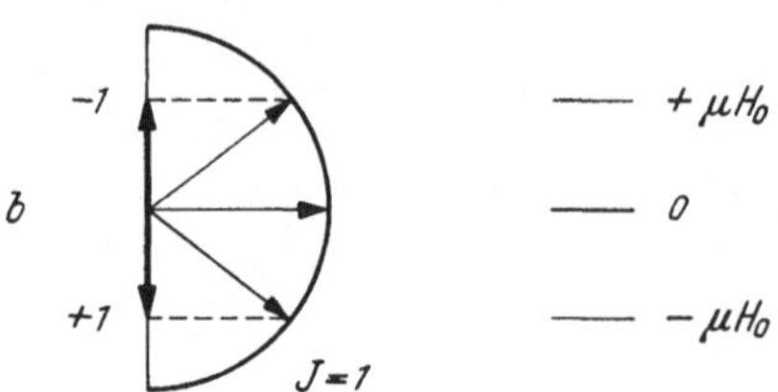


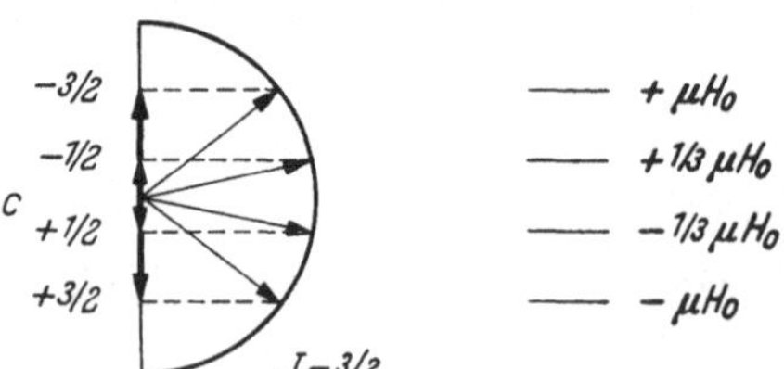


Abb. 1. Energieniveaus bei $I = {}^1/_2$, 1 und ${}^3/_2$

Für Atomkerne mit einer Spinquantenzahl $I > {}^1/_2$ gibt es mehr als zwei Einstellungen. Die für $I = 1$ und $I = {}^3/_2$ sind in Abb. 1b und 1c wiedergegeben.

Zwischen den verschiedenen Niveaus sind Übergänge möglich, wobei Energie zugeführt oder abgeführt werden muß. Da die Abstände der Terme konstant und nur Übergänge zwischen benachbarten Termen erlaubt sind, beobachtet man stets nur ein Absorptions- oder Emissionssignal. Die Terme liegen um so weiter auseinander, je stärker das äußere Magnetfeld $H_0$ ist (Gl. 6). Die Energien, die für die Übergänge notwendig sind, betragen

$$h\nu = E_1 - E_2 = \gamma \hbar H_0 \qquad \text{bzw.} \qquad (7)$$

$$\nu = \frac{\gamma H_0}{2\pi}. \qquad (8)$$

Bei einem Feld von 10000 Gauß liegen die Frequenzen, die man einstrahlen muß, um Kerne vom tieferen auf das höhere Niveau anzuheben, im Bereich kurzer Radiowellen. Da die magnetischen Momente der Kerne bei den einzelnen Isotopen verschieden sind, sind für die Übergänge auch unterschiedliche Frequenzen nötig, z. B. braucht man für Protonen 42.6 MHz, für Deuteronen 6.5 MHz, bzw. Wellenlängen von 7 und 47 Meter. Die Resonanzfrequenzen für die verschiedenen Kerne sind in der zweiten Spalte der Tab. 1 angegeben.

Jedes System versucht, seinen tiefsten Energiezustand einzunehmen. Man sollte daher erwarten, daß bei einer Substanz, die in ein Magnetfeld gebracht wird, viele Kerne die energieärmere Einstellung — parallel zu den Feldlinien — einnehmen. Zur Veranschaulichung dieses Vorgangs sollen hier einige Daten in den dem Chemiker geläufigen Konzentrations- und Energieeinheiten gegeben werden. Die Frequenz, die bei Protonenresonanz eingestrahlt werden muß, beträgt 42.6 MHz. In Wärmeeinheiten umgerechnet heißt das, 0.004 cal sind erforderlich, um ein Mol oder $6.02 \times 10^{23}$ Kerne vom tieferen auf das höhere Niveau anzuheben. Verglichen mit normalen chemischen Reaktionen oder mit Photoreaktionen, die mit Energieänderungen von etwa 10000 cal/Mol verlaufen, ist dieser Betrag verschwindend klein. Ist die Substanz, die in das Magnetfeld gebracht wird, flüssig oder gasförmig, so führen die Moleküle sehr lebhafte thermische Bewegungen aus (Brownsche Molekularbewegungen). Dadurch wird der durch das Magnetfeld verursachten Ausrichtung der Kerne ständig entgegengewirkt. Da die Energien der Wärmebewegungen bei Raumtemperatur einige hundert cal/Mol betragen, heben sie weitgehend die ausrichtende Wirkung des Magnetfeldes auf, und die Anzahl der Kerne in den beiden Termen ist annähernd gleich groß. Den geringen Überschuß im tieferen Term kann man mit Hilfe der Boltzmannschen Verteilungsfunktion berechnen:

$$\frac{N_+}{N_-} = e^{\frac{\Delta E}{kT}} = e^{\frac{\gamma \hbar H_0}{kT}}, \qquad (9)$$

$$N_+ - N_- \approx N \frac{\Delta E}{2kT} = \frac{\gamma \hbar H_0}{2kT}, \qquad (10)$$

wobei $N_+$ und $N_-$ die Anzahl der Kerne im unteren und im oberen Niveau bedeuten, $k$ die Boltzmannsche Konstante und $T$ die absolute Temperatur ist. Für Raumtemperatur und Feldstärken von 10 000 Gauß ergibt dieser Ausdruck für Protonen

$$\frac{N_+}{N_-} = 1.000\ 006\ 6. \tag{11}$$

Es ist also nur ein außerordentlich geringer Überschuß von Kernen im tieferen Niveau vorhanden. Man kann sich diesen Vorgang makroskopisch durch eine große Anzahl von Kompassen verdeutlichen. Bringt man diese zwischen die Pole eines Magneten, so richten sich die Nadeln aus und zeigen alle auf den Nordpol. Wenn man aber die Kompasse in einer kräftigen Schüttelmaschine zwischen die Polschuhe bringt, so läßt sich keine Orientierung feststellen. Eine Momentaufnahme dieser heftig bewegten Kompasse würde so aussehen, als hätten die Nadeln beliebige Richtungen eingenommen. Erst eine genaue Ausmessung würde ergeben, daß eine geringe Bevorzugung der ursprünglichen Ausrichtung verblieben ist.

Aus Gl. (9) wird auch ersichtlich, warum bei Kernresonanzexperimenten mit sehr hohen Magnetfeldstärken gearbeitet werden muß. Der Unterschied in den Besetzungszahlen hängt von der Energiedifferenz zwischen den Termen ab und diese ist wiederum proportional der verwendeten Magnetfeldstärke (Gl. 6). Würde man die Untersuchungen bei einer Magnetfeldstärke von 100 000 Gauß durchführen, so wäre die Energiedifferenz und damit auch die Besetzungszahldifferenz zehnmal so groß. Würde man aber die Versuche im Magnetischen Feld der Erde durchführen, welches etwa 0.5 Gauß beträgt, so wäre das Verhältnis der Besetzungszahlen nur 1.000 000 000 2. Alle Kernresonanzexperimente beruhen auf dem Unterschied in den Besetzungszahlen der Energieniveaus. Wenn eine Substanz in einem Magnetfeld Energie absorbiert, dann werden so lange Kerne aus dem unteren Niveau in das höhere angehoben und der Überschuß im unteren Niveau verringert, bis die Besetzungszahlen in beiden Zuständen gleich sind. Die Absorption würde nach kurzer Zeit aufhören, wenn nicht durch andere Vorgänge die ursprüngliche Verteilung wiederhergestellt wird. Zum Verständnis der Vorgänge von Energieaufnahme und -abgabe muß das Verhalten von Kernen im Magnetfeld eingehender behandelt werden.

Ein rotierender Körper behält seine Umdrehungsgeschwindigkeit und die Richtung seiner Rotationsachse bei, wenn keine äußeren Einflüsse auf ihn einwirken. Wird auf die Rotationsachse ein Drehmoment ausgeübt, so ändert sich die Geschwindigkeit der Umdrehung nicht. Die Achse behält aber nicht mehr ihre ursprüngliche Richtung bei, sondern weicht dem Drehmoment durch eine Kreisbewegung (Präzession) aus, wie es in Abb. 2 dargestellt ist.

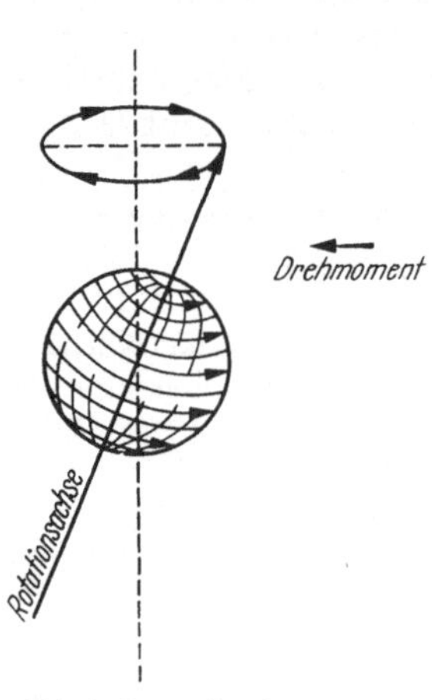


Abb. 2. Präzessionsbewegung

Der gleiche Vorgang tritt bei den Atomkernen auf. Werden die rotierenden Elementarmagnete in ein homogenes Magnetfeld gebracht, so übt dieses Feld ein Drehmoment in Richtung der magnetischen Feldlinien aus. Als Folge davon führen die Rotationsachsen eine Präzessionsbewegung um die Richtung des Magnetfeldes aus (Abb. 3). Die Geschwindigkeit der Präzessionsbewegung ist um so größer, je stärker das einwirkende Drehmoment, das heißt, das äußere Magnetfeld $H_0$ ist. Der quantitative Zusammenhang zwischen der Winkelgeschwindigkeit $\omega_0$ und der Magnetfeldstärke $H_0$ wird durch die Larmor-Beziehung gegeben:

$$\omega_0 = 2\pi v = \gamma H_0 \qquad (12)$$

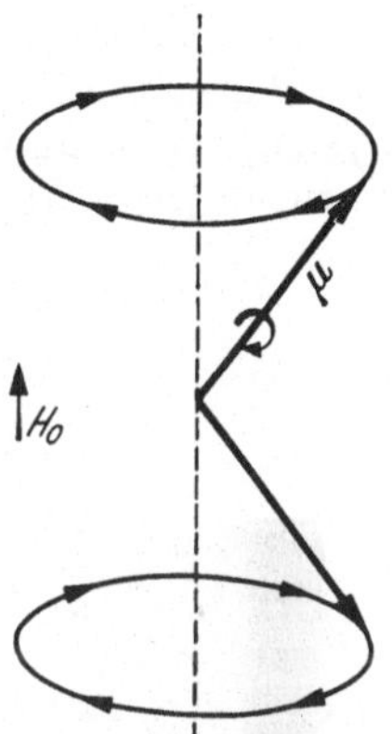


Abb. 3. Präzession des magnetischen Kernmomentes im Feld $H_0$

Die Kreisfrequenz $\omega_0$ wird auch Larmorfrequenz genannt. Die Präzessionsfrequenz $\omega_0$ ist unabhängig von der Richtung des magnetischen Kernmomentes. Auch ein Moment, das antiparallel zu den Kraftlinien eingestellt ist, wie im unteren Teil von Abb. 3, präzediert mit gleicher Geschwindigkeit und im gleichen Sinne wie das parallel eingestellte. Diese beiden Einstellungen entsprechen im einfachsten Fall von $I = {}^1/_2$ den beiden möglichen Einstellungen des Kernspins. Der Übergang zwischen den Termen entspricht in Abb. 3 einem Umklappen des magnetischen Momentvektors von der oberen auf die untere Kreisbahn oder umgekehrt.

Will man Übergänge vom unteren auf den oberen Term hervorrufen, so muß man dem System Energie zuführen und zwar in Form eines zusätzlichen Magnetfeldes $H_1$, das senkrecht zur Richtung des Feldes $H_0$ verläuft.

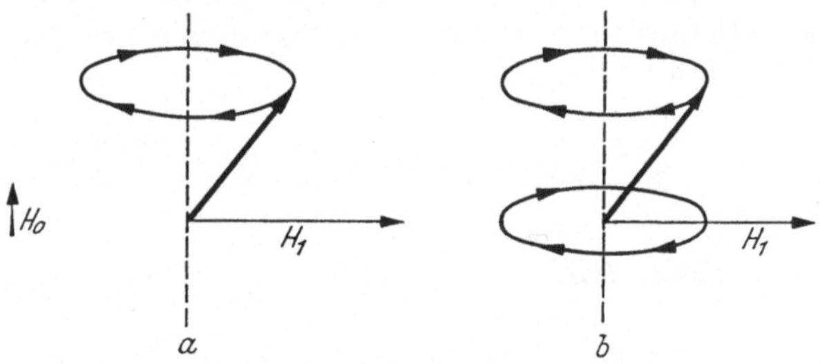


Abb. 4. Das Zusatzfeld $H_1$

Die Wirkung dieses Feldes ist der von $H_0$ sehr ähnlich. Es übt auf die Rotationsachse ein Drehmoment aus und versucht, die Achse in Richtung des Feldes $H_1$ zu kippen (Abb. 4a). Damit dieses Feld nicht nur bei jedem Umlauf der Präzession einmal für eine sehr kurze Zeit dieses Drehmoment ausübt, sondern ständig wirksam ist, läßt man das Magnetfeld $H_1$ mit der gleichen Geschwindigkeit senkrecht zur Richtung des Feldes $H_0$ rotieren, mit der auch die magnetischen Momentvektoren kreisen, das heißt also, mit der Geschwindigkeit $\omega_0$ (Abb. 4b). Zur Veranschaulichung der Wirkung des $H_1$-Feldes sollen die Vorgänge nicht mehr in einem feststehenden Koordinatensystem betrachtet werden, wie es bei den vorangehenden Abbildungen verwendet wurde, sondern in einem Koordinatensystem, das ebenfalls mit der Geschwindigkeit $\omega_0$ um die z-Achse rotiert. Die z-Achse sei so gewählt, daß sie in Richtung des Magnetfeldes $H_0$ zeigt (Abb. 5a). Die Präzessionsbewegung um die Richtung des Feldes $H_0$ fällt in diesem System heraus und die Vorgänge in Abbildung 4b nehmen eine einfachere Form an (Abb. 5b).

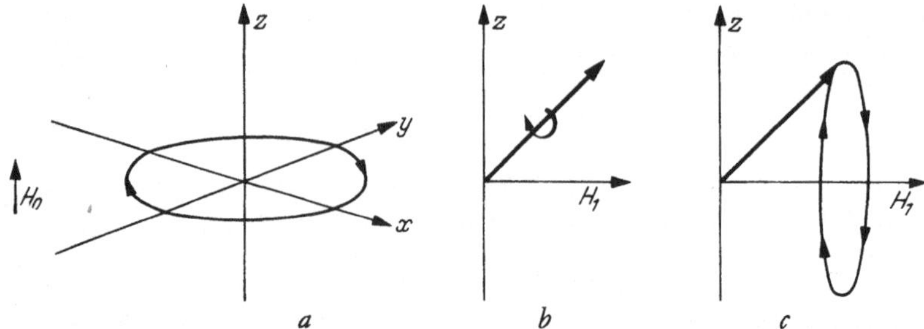

Abb. 5. Wirkung des Zusatzfeldes $H_1$, dargestellt in einem rotierenden Koordinatensystem

In diesem System läßt sich nun leicht die Wirkung des Feldes $H_1$ darstellen. Durch die Kraft, die das Feld auf die Rotationsachse des magnetischen Momentvektors ausübt, wird eine neue Präzessionsbewegung ausgelöst. Die Rotationsachse beginnt um die Richtung des Feldes $H_1$ zu rotieren und zwar um so schneller, je stärker das Feld $H_1$ ist. Dadurch werden Kerne vom unteren auf das obere Niveau angehoben und das System absorbiert Energie. Gleichzeitig werden auch Kerne vom oberen in das untere Niveau gebracht, wobei das System Energie abgibt. Wieviel Übergänge in den verschiedenen Richtungen erfolgen, hängt von der Besetzungszahl der Terme ab. Diese folgt aus Gl. 5 und 9:

$$N_i = \frac{1}{2I+1}\left(1 - \frac{\Delta E}{kT}\right) = \frac{1}{2I+1}\left(1 - \frac{m\mu H_0}{IkT}\right). \tag{13}$$

Für den einfachsten Fall von $I = {}^1/_2$ findet man also:

$$N_+ = \frac{1}{2}\left(1 + \frac{\mu H_0}{kT}\right) \qquad N_- = \frac{1}{2}\left(1 - \frac{\mu H_0}{kT}\right). \tag{14}$$

Die Übergangswahrscheinlichkeit vom unteren in den oberen Zustand sei $W_+$ und die vom oberen in den unteren $W_-$. Wenn sich das System im Gleichgewicht befindet, gilt

$$N_- W_- = N_+ W_+ \tag{15}$$

$$\frac{W_-}{W_+} = \frac{N_+}{N_-} \simeq 1 + \frac{2\mu H_0}{kT}. \tag{16}$$

Setzt man als mittlere Übergangswahrscheinlichkeit $\overline{W} = (W_- + W_+)/2$ an, so ist

$$W_- = \overline{W}\left(1 + \frac{\mu H_0}{kT}\right) \quad \text{und} \quad W_+ = \overline{W}\left(1 - \frac{\mu H_0}{kT}\right). \tag{17}$$

Hat das System noch nicht das Gleichgewicht erreicht, z. B. kurz nach Einschalten des Magnetfeldes $H_0$, dann sind die Besetzungszahlen anders. Die Differenz sei

$$n = N_+ - N_-. \tag{18}$$

Beim Übergang eines Kernes zwischen den beiden Zuständen ändert sich $n$ um zwei. Es ist daher

$$\frac{dn}{dt} = 2\,N_-W_- - 2\,N_+W_+. \tag{19}$$

Aus Gl. 17, 18 und 19 folgt

$$\frac{dn}{dt} = 2\overline{W}\left(N_- + N_-\frac{\mu H_0}{kT} - N_+ + N_+\frac{\mu H_0}{kT}\right) \tag{20}$$

$$\frac{dn}{dt} = 2\overline{W}\,(n_g - n), \tag{21}$$

wobei $n_g = (N_- + N_+)\dfrac{\mu H_0}{kT}$ die Besetzungszahldifferenz im Gleichgewichtszustand ist. Die Geschwindigkeit der Änderung in den Besetzungszahlen ist also um so größer, je weiter das System vom Gleichgewichtswert entfernt ist. Die integrierte Form von Gl. 21 lautet

$$n_g - n = (n_g - n)_{t=0}\,e^{-2\overline{W}t} = (n_g - n)_{t=0}\,e^{-t/T_1}. \tag{22}$$

wenn $T_1 = (2\,\overline{W})^{-1}$ ist. $T_1$ wird die Relaxationszeit genannt und ist die Zeit, in der der Überschuß gegenüber der Gleichgewichtsverteilung auf $1/e$ abgefallen ist. Es ist zu beachten, daß $T_1$ eine Zeitangabe und nicht eine Temperaturangabe ist, für die üblicherweise der große Buchstabe verwendet wird. Es hat sich eingebürgert, die Relaxationszeiten in großen Buchstaben anzugeben. Gleichungen der Art 22 findet man bei vielen physikalischen Vorgängen, z. B. bei der Abkühlung eines heißen Gegenstandes, und der Vorgang der Relaxation läßt sich durchaus mit einem Abkühlungsprozeß vergleichen. Bringt man eine Substanz zwischen die Polschuhe eines abgeschalteten Magneten, so gibt es im System keine Vorzugsrichtung und die magnetischen Momente der Kerne nehmen beliebige Richtungen ein. Wird jetzt das Magnetfeld eingeschaltet, so orientieren sich die Kerne in Richtung der Magnetfeldlinien und zwar so, daß ein geringer Überschuß in Richtung des äußeren Magnetfeldes zeigt. Nur bei unendlich hoher Temperatur würden auch nach dem Einschalten des Magneten gleich viel Kerne parallel und antiparallel zu den Feldlinien stehen. Man kann daher sagen, kurz nach dem Einschalten des äußeren Feldes sei die Spintemperatur unendlich hoch. Von diesem Moment an beginnt sich das System abzukühlen und damit der Besetzungszahl zu nähern, die durch die Boltzmann-Verteilung für die Temperatur der Substanz gegeben ist. Die Kerne müssen hierbei Energie an das „Gitter" abgeben. Als „Gitter" wird die Umgebung der Kerne bezeichnet, ohne daß man sich festlegt, ob es Kerne des gleichen Moleküls oder von Nachbarmolekülen sind. Wie muß man sich diese Energieabgabe vorstellen? Da die Kerne adiabatisch isoliert sind, können sie ihre Energie nicht durch Stöße mit Nachbarmolekülen verlieren. Es müssen also andere Wege der Energieübertragung vorliegen. Die Nachbarn in der Umgebung eines jeden Moleküls führen rasche Wärmebewegungen aus und ihre Dipole erzeugen dabei schnell wechselnde, örtliche Magnetfelder. Man kann sich vorstellen, daß diese Magnetfelder aus verschiedenen, feststehenden und rotierenden Komponenten zusammengesetzt sind und daß auch gelegentlich Komponenten auftreten, die genau mit der Larmorfrequenz um die Richtung des äußeren Feldes $H_0$ kreisen. Diese Komponenten können in der gleichen Weise Spinübergänge induzieren, wie das Zusatzfeld $H_1$. Wenn diese Überlegung stimmt, dann sollte ein Zusammenhang zwischen den Relaxationszeiten und der Viskosität der untersuchten Substanz bestehen. Dies ist auch beobachtet worden (Abb. 6). In Stoffen mit geringer Viskosität bewegen sich die Moleküle sehr schnell und erzeugen schnell veränderliche Felder, die die für Spin-

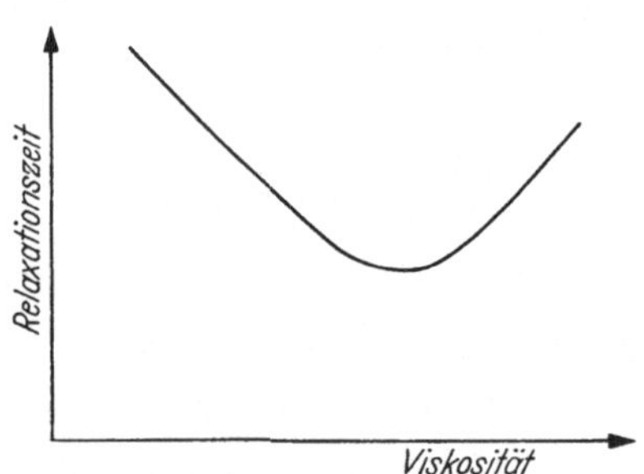


Abb. 6. Abhängigkeit der Relaxationszeit
von der Viskosität[1]

übergänge geeigneten Komponenten nur in geringem Maße enthalten. Ebenso findet man bei hochviskosen Stoffen nur wenige der günstigen Komponenten. Bei einer mittleren Viskosität ist die Zahl der mit der Larmorfrequenz rotierenden Komponenten am größten und daher in diesem Bereich die beobachtete Relaxationszeit am kürzesten. Bei Festkörpern sind die thermischen Bewegungen gering und daher die Relaxationszeiten lang. Hier dauert es oft mehrere Stunden, bis die Kerne die Boltzmannverteilung erreicht haben. Bei Flüssigkeiten hat $T_1$ Werte zwischen $10^{+4}$ und $10^{-4}$ Sek. Die Relaxationszeiten werden aber noch durch weitere Faktoren beeinflußt. Enthält die untersuchte Substanz Kerne mit einem Quadrupolmoment, die einen elektrischen Feldgradienten besitzen, so werden durch deren Bewegungen wechselnde elektrische Felder erzeugt, die ebenfalls Kernspinübergänge ermöglichen. Ebenso können durch paramagnetische Substanzen die Relaxationszeiten herabgesetzt werden. Bei ihnen erzeugt das einsame Elektron starke fluktuierende Magnetfelder, die die Kernspinübergänge erleichtern. Die Relaxationszeit $T_1$ hängt also von einer Reihe von Faktoren ab. Man verwendet für $T_1$ neben dem Namen Spin-Gitter-Relaxationszeit auch oft den Ausdruck „longitudinale Relaxation", weil sie die Einstellung der Kerne in Richtung des Magnetfeldes $H_0$ beschreibt.

---

[1] BLOEMBERGEN, N., E. M. PURCELL, and R. V. POUND: Phys. Rev. **73**, 679 (1948).

In anschaulicher Form könnte man sie auch als die Lebenserwartung eines
Kernes in einem bestimmten Spinzustand bezeichnen. Eine kleine Lebenserwartung, bzw. eine kleine Relaxationszeit $T_1$ heißt, daß die magnetischen
Momente ihre Richtung rasch ändern und daß der Gleichgewichtszustand
schnell erreicht wird, eine große Lebenserwartung, wie etwa bei den Festkörpern, bedeutet, daß sich das Gleichgewicht nur langsam einstellt.

Neben der eben besprochenen Relaxation tritt noch eine weitere auf, die
als Spin-Spin-Relaxation oder als „transversale Relaxation" bezeichnet wird.
Sie beschreibt die Einstellung der Magnetisierung um die Richtung des
Zusatzfeldes $H_1$. Wird das Zusatzfeld $H_1$ eingeschaltet, so dauert es eine
Weile, bis sich die Quermagnetisierung aufgebaut hat. Ebenso vergeht
eine bestimmte Zeit, bis nach dem Abschalten von $H_1$ wieder völlige
Unordnung eingetreten ist. Wird, nachdem sich die magnetischen
Momente der Kerne zu dem Feld $H_0$ eingestellt haben, das rotierende Feld
$H_1$ eingeschaltet, so wird die makroskopische Magnetisierung in die Ebene
des $H_1$-Feldes gekippt. Stellt man sich der Einfachheit halber vor, alle
Kernmomente gingen von demselben Punkt aus, so würde das im Bild wie
ein Bündel von Pfeilen aussehen, das um die $H_0$-Richtung kreist. Die
Präzession um die $H_1$-Achse kann bei dieser Betrachtung vernachlässigt
werden, weil sie wesentlich langsamer verläuft als die um die $H_0$-Richtung
($\omega$ ist proportional zur Feldstärke). Der resultierende Vektor präzediert
dann ebenfalls um die $H_0$-Achse (Abb. 7a). Durch eine Reihe von Ursachen

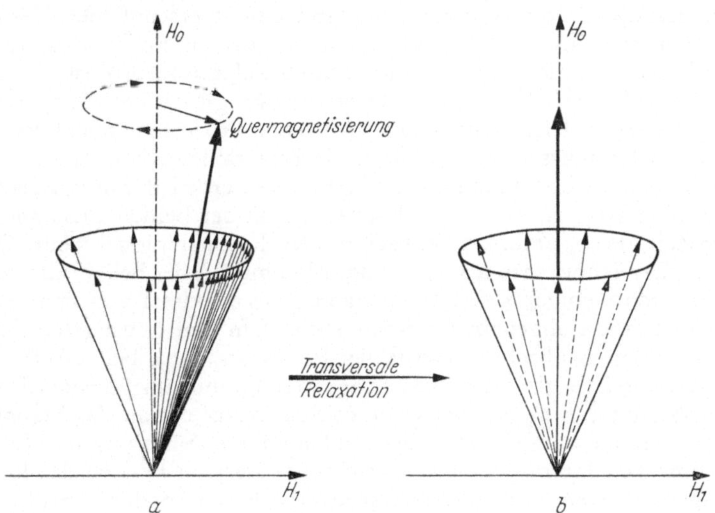


Abb. 7. Transversale Relaxation

kann die Phasenkohärenz aufgehoben und der resultierende Vektor wieder
genau in Richtung der $H_0$-Achse gebracht werden. Im Bild würde sich das
Bündel der Pfeile auflösen und gleichmäßig über alle Richtungen verteilen
(Abb. 7b), wobei die Quermagnetisierung verschwindet. Die Zeit, in der
die Quermagnetisierung auf $1/e$ abgesunken ist, bezeichnet man als die

transversale Relaxationszeit $T_2$. Ein anschaulicher Ausdruck hierfür wäre die „Phasengedächtniszeit". Eine sehr wichtige Rolle für die Aufhebung der Phasenkohärenz spielen Inhomogenitäten des $H_0$-Feldes. Wenn dieses nicht über die gesamte Ausdehnung der untersuchten Probe konstant ist, präzedieren die Kerne an verschiedenen Stellen mit unterschiedlicher Frequenz. Selbst wenn die magnetischen Momente zu einer bestimmten Zeit alle in Phase wären, würde sich diese Einstellung rasch ändern, weil die Kerne nicht mit der gleichen Geschwindigkeit präzedieren. Auch magnetische Inhomogenitäten innerhalb der gemessenen Substanz können die Phasenkohärenz aufheben. Bei Festkörpern oder hochviskosen Flüssigkeiten werden durch die Wärmebewegung der Kern- und Elektronendipole Magnetfelder erzeugt, die sich verhältnismäßig langsam verändern. Während dieser Zeit ist die Magnetfeldstärke an den Kernen unterschiedlich und entsprechend variieren auch die Larmorfrequenzen über einen gewissen Bereich. Ein weiterer Vorgang, der die transversale Relaxationszeit verkürzt, ist der Spin-Spin-Austausch. Hierbei klappen zwei Kerne, von denen einer im unteren und einer im oberen Niveau ist, gleichzeitig um und vertauschen ihren Spin. Die Magnetisierung in bezug auf die Richtung des $H_0$-Feldes ändert sich dabei nicht, wohl aber die Phasenkohärenz. Ebenso wird bei jedem Übergang eines Kernes zwischen den beiden Energieniveaus (longitudinale Relaxation) die Phasenkohärenz vermindert.

Bei einem Kernresonanzexperiment treten also zwei entgegengerichtete Effekte auf. Durch Absorption von Radiowellen werden Kerne vom unteren in das obere Niveau angehoben und der Überschuß der Kerne im energieärmeren Zustand vermindert. Dieser Vorgang findet so lange statt, bis beide Niveaus gleich besetzt sind. Durch Relaxationsprozesse wird von den Kernen Energie abgegeben und die ursprüngliche Verteilung wiederhergestellt. Es ist leicht einzusehen, daß beide Prozesse aufeinander abgestimmt werden müssen. Wenn durch die Einstrahlung von Energie mehr Kerne in den oberen Quantenzustand gehoben werden als durch Relaxation zurückfallen können, so ist die Besetzungszahl der beiden Zustände nach kurzer Zeit gleich, und man beobachtet kein Resonanzsignal mehr. Diesen Vorgang bezeichnet man als Sättigung. Man muß daher bei Kernresonanzexperimenten weniger Energie einstrahlen, als maximal von dem System durch Relaxation abgegeben werden kann. Um den günstigsten Bereich herauszufinden, beobachtet man in der Praxis ein Signal bei verschiedenen eingestrahlten Energien. Sind sie gering, so steigt mit zunehmender Energie die Größe des Signals an. Bei weiterer Steigerung nimmt das Signal eine konstante Größe an und fällt schließlich bei völliger Sättigung auf Null. Die Aufnahme von Kernresonanzspektren sollte stets im Bereich des linearen Anstieges erfolgen. Kernresonanzspektren werden so durchgeführt, daß man die zu untersuchende Substanz zwischen die Polschuhe eines Magneten bringt und Radiowellen einstrahlt, deren Frequenz man so lange variiert, bis Resonanz eintritt, das heißt, bis Energie absorbiert wird. Durch geeignete Apparate, die an späterer Stelle noch behandelt werden, kann man diesen Vorgang auf einem Oszillographen oder mit einem Schreiber sichtbar machen (Abb. 8). Das beobachtete Signal ist keine scharfe Linie, sondern hat eine gewisse Breite, die von einer Reihe von Faktoren abhängt. Bei allen Spektrallinien findet man eine natürliche Linienbreite, die durch die Lebensdauer des angeregten Zustandes bestimmt wird. Nach der Heisenbergschen Unschärferelation ist bei einer Messung das Produkt aus Meßdauer und beobachteter Energiedifferenz von der Größenordnung des Planckschen Wirkungsquantums, $\Delta t.\Delta E \approx h/2\pi$. Für die Energie kann man $\Delta E = h\Delta v$ schreiben und aus der Kombination beider Gleichungen folgt

$$\Delta v = \frac{1}{2\pi\,\Delta t}. \qquad (23)$$

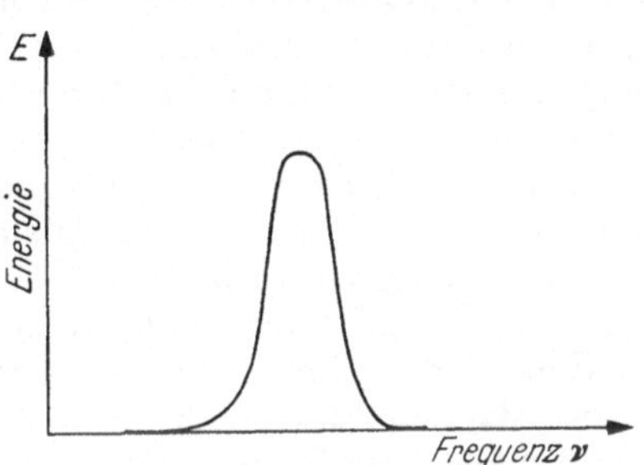


Abb. 8. Kernresonanzsignal

Da die Meßdauer nicht länger sein kann, als sich die Teilchen im Mittel im angeregten Zustand aufhalten, ist die Unsicherheit in der Frequenz, d. h. die natürliche Linienbreite etwa von der Größe $1/\tau$, wenn $\tau$ die mittlere Lebensdauer ist. Im Gegensatz zur UV- oder Infrarotspektroskopie ist bei der Kernresonanz die Lebensdauer des angeregten Zustandes recht lang. Beträgt die Relaxationszeit 100 Sekunden, so wäre die Linienbreite ungefähr einhundertstel Hertz. In der Praxis findet man immer Linien, die wesentlich breiter sind. Die Hauptursache für die Verbreiterung liegt darin, daß das Magnetfeld nicht über den gesamten Bereich der untersuchten Substanz konstant ist und daher die Larmorfrequenzen der Kerne etwas variieren. Ebenso können magnetische Inhomogenitäten innerhalb der Substanz die Linien verbreitern. Die Magnetfelder, die von Molekül- oder Bindungsdipolen ausgehen, fallen mit der dritten Potenz des Abstandes ab. Sie sind aber bei den unmittelbar benachbarten Molekülen noch von der Größe einiger Gauß. Dadurch wird das Magnetfeld an diesen Nachbarn verändert und das Signal auf etwa 10 000 Hz verbreitert. Bei Flüssigkeiten und Gasen mitteln sich die örtlichen Dipolfelder durch die Wärmebewegung der Teilchen heraus. Bei hochviskosen Flüssigkeiten und bei Festkörpern ist das nicht mehr der Fall und daher geben diese Stoffe mehrere tausend Hertz breite Signale. Alle Vorgänge, die die Relaxationszeit herabsetzen und damit die Lebensdauer des angeregten Zustandes verkürzen, verbreitern ebenfalls die Signale. Dies kann z. B. durch elektrische Felder von Atomen mit einem Quadrupolmoment oder durch paramagnetische Substanzen, bei denen man teilweise völlig verschmierte Banden erhält, geschehen.

## I. 3. Kernresonanzspektrometer

Zur Durchführung von Kernresonanzexperimenten sind eine Anzahl von Geräten entwickelt worden. Da für den Chemiker die apparativen Einzelheiten von geringerer Bedeutung sind, soll hier nur das Prinzip, das den Geräten zugrunde liegt, behandelt werden.

Die Voraussetzung für ein Kernresonanzexperiment ist ein Magnet. An ihn werden zwei Anforderungen gestellt, er soll stark sein und ein möglichst homogenes Feld erzeugen. Mit zunehmender Feldstärke wird die Energiedifferenz zwischen den Quantenzuständen (Gl. 6) und der Unterschied in den Besetzungszahlen der verschiedenen Zustände größer (Gl. 10). Als Ergebnis werden mehr und größere Quanten absorbiert und das Experiment zeigt, daß die Amplitude des beobachteten Resonanzsignales dem Quadrat der Magnetfeldstärke proportional ist. Aus diesem Grunde ist es erstrebenswert, einen möglichst starken Magneten für ein Kernresonanzspektrometer zu benutzen. Außerdem ist die Auflösung des Spektrometers, d. h. der Abstand zweier Signale proportional der Magnetfeldstärke, und auch diese Erscheinung macht hohe Feldstärken wünschenswert.

Entscheidend für die Schärfe eines Resonanzsignales ist die Homogenität des Magnetfeldes. Wenn die Unterschiede in der Magnetfeldstärke mehr als 0.1 mGauß im Bereich der Meßprobe betragen, ist eine hochauflösende Kernresonanzspektroskopie kaum noch möglich. Bei den verwendeten Magnetfeldstärken von 10000 bis 20000 Gauß sind daher die Anforderungen an die Homogenität des Magneten extrem. Durch kleine Meßvolumina kann man Verbesserungen erzielen, aber diesem Weg sind Grenzen gesetzt, weil sich dadurch auch die Menge der untersuchten Substanz verringert. Ferner ist es zweckmäßig, Magnete mit großem Poldurchmesser und kleinem Polabstand zu verwenden. Auch diese Möglichkeiten sind begrenzt, weil zwischen den Polschuhen noch die Untersuchungssubstanz sowie Sende- und Empfängerspule untergebracht werden müssen. Inhomogenitäten können sowohl in der Richtung der Feldlinien wie senkrecht dazu auftreten. Man kann einen Teil davon herausmitteln, wenn man das Röhrchen mit der Meßsubstanz schnell um eine senkrechte Achse rotieren läßt. Jedes Molekül ist dann einem Durchschnittswert der Magnetfeldstärke ausgesetzt und man bekommt durch diesen Kunstgriff wesentlich schärfere Signale[1]. Natürlich kann man auf diese Weise nur die Inhomogenitäten senkrecht zur Rotationsachse, nicht aber in Achsenrichtung herausmitteln. Ob man Permanent- oder Elektromagnete und bei diesen wieder Hochspannungs- oder Hochstrommagnete verwendet, wird durch apparative Gesichtspunkte bestimmt, die hier nicht interessieren. Alle drei Möglichkeiten werden in der Praxis benutzt. Permanentmagnete sind leichter zu bedienen und haben den Bereich höchster Homogenität immer an der gleichen Stelle. Bei den Elektromagneten hängt die Homogenität von der „Vorgeschichte" des Magneten ab und man muß sich nach jeder Änderung der Magnetfeldstärke oder nach dem Aus- und Anschalten wieder den für die Messung günstigsten Bereich suchen.

Für die Durchführung von Kernresonanzexperimenten braucht man ferner einen Sender zur Erzeugung des rotierenden Zusatzfeldes $H_1$. Er ist mit einer Spule verbunden, die senkrecht zur Richtung der Feldlinien des $H_0$-Feldes steht und im Bereich der zu untersuchenden Substanz ein magnetisches Wechselfeld erzeugt. Dieses Wechselfeld kann man sich aus zwei Feldern, die mit gleicher Geschwindigkeit aber entgegengesetztem Um-

---

[1] KAPLAN, J. I.: J. Chem. Phys. **27**, 1426 (1957).

laufsinn rotieren, zusammengesetzt denken (Abb. 9). Eines dieser rotierenden Felder läuft der Präzessionsbewegung der Kerne entgegen und hat darauf keinen Einfluß. Das andere läuft in gleicher Richtung wie die Kerne und kann, wenn es mit der Larmorfrequenz kreist, Übergänge zwischen

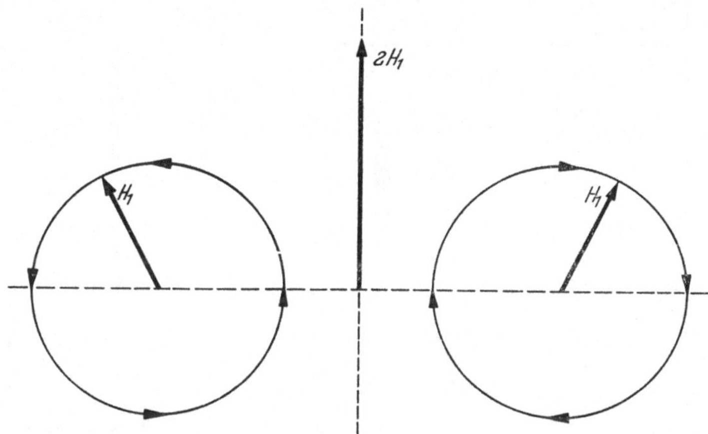


Abb. 9. Die beiden in entgegengesetzter Richtung rotierenden Komponenten des Zusatzfeldes $H_1$

den Spinzuständen hervorrufen. Die Feldstärke des Magneten und die Geschwindigkeit, mit der das Zusatzfeld $H_1$ kreist, müssen aufeinander abgestimmt werden. Dies kann man so durchführen, daß man bei konstantem Feld die Frequenz des Senders, der das $H_1$-Feld erzeugt, variiert oder dadurch, daß man das Magnetfeld $H_0$ verändert und die Sendefrequenz beibehält. Da es einfacher ist, frequenzstabile Sender zu bauen, etwa durch Verwendung von Schwingquarzen, benutzt man bei hochauflösenden Kernresonanzspektrometern den zweiten Weg. Man verwendet, wenn man Protonenresonanz betreiben will, einen Sender, der auf eine Frequenz z. B. von 40 MHz eingestellt ist, und verändert das Magnetfeld so lange, bis Resonanz auftritt. Dies ist der Fall, wenn das Feld eine Stärke von etwa 10000 Gauß erreicht hat. Bei dieser Feldstärke beläßt man den Magneten und tastet dann mit einem kleinen Zusatzfeld, das durch zwei weitere Spulen erzeugt wird, den Resonanzbereich ab.

Als dritter Bestandteil eines Kernresonanzspektrometers wird eine Vorrichtung gebraucht, mit der man die Absorption von Energie feststellen kann. Hierfür stehen zwei verschiedene Wege zur Verfügung. Bei dem von PURCELL entwickelten Verfahren[1] liegt die Spule, mit der das rotierende Magnetfeld erzeugt wird, an einer Hochfrequenzbrücke. Die Brücke ist so abgeglichen, daß kein Strom fließt. Wird nun das Magnetfeld verändert und es tritt Resonanz auf, so wird von der Spule Energie an die Probe abgegeben. Dadurch ändert sich ihr Wechselstromwiderstand und man kann im Nullinstrument ein Signal beobachten. Abb. 10 gibt diese Anordnung in stark vereinfachter Form wieder. Das zweite Verfahren

---

[1] BLOEMBERGEN, N., E. M. PURCELL, and R. V. POUND: Phys. Rev. **73**, 679 (1948).

wurde von BLOCH entwickelt[1]. Bei diesem umgeben zwei Spulen, eine Sende- und eine Empfängerspule, die senkrecht zueinander und zu den Feldlinien des $H_0$-Feldes stehen, die Probe. Die Sendespule ist mit einem

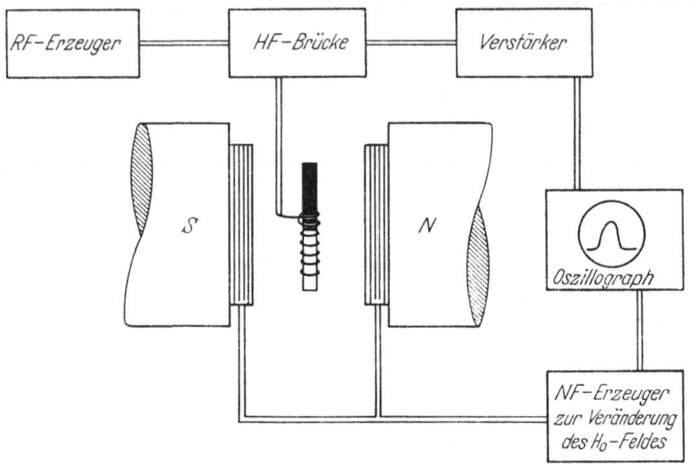


Abb. 10. Kernresonanzspektrometer nach BLOEMBERGEN, PURCELL u. POUND[2]

Hochfrequenzsender verbunden und erzeugt das rotierende Magnetfeld. Mit Hilfe von Zusatzspulen, die parallel zu den Spulen des Elektromagneten liegen, wird das $H_0$-Feld verändert, bis Resonanz eintritt. Wenn von der Substanz Energie absorbiert wird, wird gleichzeitig in der Empfän-

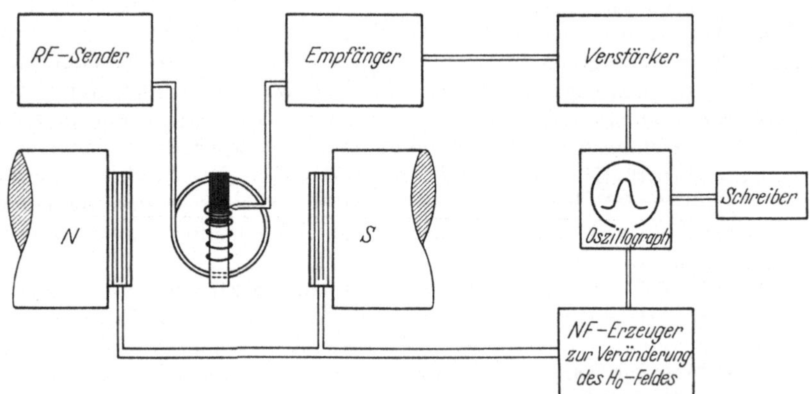


Abb. 11. Kerninduktions-Spektrometer nach BLOCH, HANSEN u. PACKARD[1]

gerspule ein Signal induziert, das verstärkt und auf einem Oszillographen oder einem Schreiber sichtbar gemacht wird. Die schematische Anordnung eines solchen Kerninduktionsspektrometers ist in Abb. 11 wiedergegeben.

---

[1] BLOCH, F., W. W. HANSEN, and M. E. PACKARD: Phys. Rev. **70**, 474 (1946). —
[2] BLOEMBERGEN, N., E. M. PURCELL, and R. V. POUND: Phys. Rev. **73**, 679 (1948).

Da Sende- und Empfängerspule zueinander senkrecht stehen, wird kein Signal empfangen, so lange keine Resonanz auftritt. (In der Praxis ist stets eine geringe Kopplung vorhanden, die man aber durch zusätzliche Vorrichtungen abgleichen kann.) Auf Grund dieser Anordnung ist die Kerninduktionsmethode etwas empfindlicher als das von PURCELL entwickelte Verfahren und wird daher in den meisten Kernresonanzspektrometern verwendet.

In neueren Spektrometern bedient man sich häufig einer zusätzlichen Stabilisierungsvorrichtung. Man bringt in den Probenkopf — in die Nähe der zu untersuchenden Substanz — ein Gefäß mit einer Bezugssubstanz, die ein scharfes Resonanz-Signal gibt (bei Protonenresonanzmessungen könnte man etwa Wasser verwenden). Dieses Signal benutzt man, um das $H_0$-Feld zu steuern. Wenn sich durch irgendeinen Einfluß, etwa durch Temperaturschwankungen, das $H_0$-Feld verändert, verschiebt sich dieses Signal. Über einen Verstärker wird daraufhin mit Zusatzspulen ein entgegengesetztes Feld erzeugt und die ursprüngliche Feldstärke wiederhergestellt. Diese zusätzliche Stabilisierung bedingt einen größeren apparativen Aufwand, erleichtert aber die Aufnahme von Kernresonanzspektren wesentlich, weil sie die Stabilität des Feldes über lange Zeiträume gewährleistet. Die meisten Spektrometer besitzen ferner einen Integrator, der die Fläche unter den Absorptionsbanden mißt. Da diese Fläche der Anzahl der vorhandenen Kerne proportional ist, kann man auf diese Weise Konzentrationsbestimmungen durchführen. Andere Zusatzgeräte dienen zur Thermostatisierung des Magneten oder zur Veränderung der Temperatur der Untersuchungssubstanz, wenn Messungen bei verschiedenen Temperaturen durchgeführt werden sollen.

Die hochauflösende Kernresonanzspektroskopie ist auf Flüssigkeiten oder Lösungen beschränkt. Zur Aufnahme von Spektren werden diese Substanzen in dünne Glasröhrchen von etwa 5 mm Durchmesser gegeben. Bei wenig löslichen Substanzen oder bei Stoffen, in denen das kernresonanzaktive Isotop nur in geringer Konzentration vorliegt, werden auch größere Röhrchen verwendet, wobei man auf die Rotation des Meßröhrchens verzichtet. Als Lösungsmittel sollten Verbindungen gewählt werden, die chemisch inert sind und kein eigenes Signal geben. Für Protonenresonanz kommen vor allem Tetrachlorkohlenstoff, Schwefelkohlenstoff und Deuterochloroform in Frage. Sind die zu untersuchenden Verbindungen hierin nicht löslich, so verwendet man deuteriertes Acetonitril, Dimethylsulfoxyd, Benzol, deuterierte Essigsäure oder schweres Wasser. Sollen nur bestimmte Bereiche des Spektrums untersucht werden, so können auch nichtdeuterierte Lösungsmittel, wie Wasser, Trifluoressigsäure, Aceton, Pyridin oder Dimethylsulfoxyd, verwendet werden. In jedem Fall ist es empfehlenswert, die Lösungsmittel von Spuren gelösten Sauerstoffs zu befreien, weil durch ihn die Banden verbreitert und die chemischen Verschiebungen verändert werden[1,2]. Bei Kernen mit sehr langen Relaxationszeiten wie bei $^{13}C$ setzt man gelegentlich der Untersuchungssubstanz paramagnetische Stoffe zu, um Sättigungserscheinungen zu vermeiden.

---

[1] LEES, J., and B. H. MULLER: J. Chem. Phys. **34**, 341 (1961). — [2] EVANS, D. E.: Chem. & Ind. 526 (1958).

In die Flüssigkeiten oder Lösungen wird eine kleine Menge einer Bezugssubstanz gegeben (vgl. Kap. II). Bei der Protonenresonanz verwendet man hierfür vorteilhaft Tetramethylsilan. In wässerigen Lösungen, in denen Tetramethylsilan unlöslich ist, kann ein Tetramethylammoniumsalz oder 2,2-Dimethyl-2-silapentan-5-sulfonat verwendet werden.[1] Die Bezugssubstanz kann auch in einer Kapillare in die Untersuchungssubstanz eingegeben werden. Dieses Verfahren wendet man an, wenn die Untersuchungssubstanz nicht verunreinigt werden soll oder wenn die Bezugssubstanz im Untersuchungsgemisch unlöslich ist. Bei dieser Arbeitsweise müssen Korrekturen für die unterschiedlichen Volumensuszeptibilitäten von Bezugssubstanz und Untersuchungssubstanz angebracht werden (vgl. Kap. II). Bei der Verwendung von 5 mm starken Röhrchen beträgt das Meßvolumen etwa 0.50 bis 0.75 ml. Zur Erzielung genügend großer Signale sollte bei der Protonenresonanz die Konzentration etwa 0.1 Mol/l betragen, d. h. für ein Meßvolumen von 1 ml sollten bei einem Molekulargewicht von 100 etwa 10 mg verwendet werden. Auch wenn die Untersuchungssubstanz flüssig ist und in ausreichender Menge vorhanden, empfiehlt es sich, verdünnte Lösungen herzustellen, um Assoziationseffekte zu unterdrücken. Bei Verbindungen, die mehrere Atome mit der gleichen chemischen Verschiebung enthalten (z. B. t-Butylgruppen), genügen geringere Konzentrationen. Verschiedene Verfahren sind entwickelt worden, um die Menge der benötigten Untersuchungssubstanz herabzusetzen. Der einfachste Weg ist der, durch zwei in das Meßröhrchen eingeschobene Plastikstopfen das Meßvolumen zu verringern und die gesamte Untersuchungssubstanz in den Bereich der Empfängerspule zu bringen. Eine andere Möglichkeit besteht darin, ein Spektrum mit sehr schwachen Banden viele Male aufzunehmen und die Ergebnisse elektronisch zu speichern[2]. Bei diesem „cat“-Verfahren (nach computer of average transitions) läßt sich durch hundertmaliges Aufnehmen das Signal/Rauschen-Verhältnis um den Faktor zehn verbessern.

Bei der Angabe von Kernresonanzdaten sollte man sich nach Möglichkeit an einige Regeln halten[3], die einen Vergleich mit anderen Arbeiten erleichtern. Chemische Verschiebungen von Protonen sollten nur in Einheiten von $\tau$ oder $\delta$ angegeben werden und bei Multipletts nur die Lage des Schwerpunktes. Wenn als Bezugssubstanz nicht Tetramethylsilan, sondern eine andere Verbindung verwendet wird, sollten die chemischen Verschiebungen auf Tetramethylsilan umgerechnet werden, wobei die verwendete Korrektur angegeben werden muß. Wenn Spinmultipletts nicht analysiert worden sind oder teilweise von anderen Banden verdeckt sind, können die Bandenlagen in Frequenzen angegeben werden, wobei die verwendete Sendefrequenz genannt werden muß. Auch wenn die chemischen Verschiebungen in Werten von $\tau$ oder $\delta$ angegeben werden, sollte die Sendefrequenz erwähnt werden. Da die chemischen Verschiebungen vieler Verbindungen konzentrations- und lösungsmittelabhängig sind, sollte stets die (ungefähre) Konzentration und das verwendete Lösungsmittel angegeben werden.

---

[1] TIERS, G. V. D., and R. I. COON: J. Org. Chem. **26**, 2097 (1961). — [2] ALLEN, L. C., and L. F. JOHNSON: J. A. C. S. **85**, 2669 (1963). — [3] SLOMP, G.: J. A. C. S. **84**, 673 (1962).

# II. Die chemische Verschiebung

## II. 1. Die Lage der Resonanzsignale und ihre Messung

Im Jahre 1950 entdeckten PROCTOR und YU[1] ein Phänomen, das für die Kernresonanzspektroskopie von außerordentlicher Bedeutung ist. Bei der Untersuchung der $^{14}$N-Resonanz verwendeten diese Autoren eine wässerige Ammoniumnitratlösung und fanden auf dem Oszillographen zwei Resonanzsignale im Abstand von etwa einem Gauß. Ein Vergleich mit dem Spektrum von $^{15}$N angereichertem Material zeigte, daß die Aufspaltung nicht durch dieses Isotop hervorgerufen wird, sondern charakteristisch für das Verhalten des Stickstoffs $^{14}$N im Ammoniumnitrat ist. Die Autoren zogen aus diesen Ergebnissen den Schluß, daß nicht das äußere, sondern das am Ort der Atomkerne tatsächlich vorhandene Magnetfeld für die Resonanzbedingung entscheidend ist. Durch die Elektronen in der Nähe des Kerns wird das äußere Feld abgeschirmt und ist daher am Ort des Kernes kleiner als $H_0$. Da der Stickstoff in der Ammoniumgruppe in anderer Weise von den Bindungselektronen umgeben ist als im Nitration, ist auch die Abschirmung der Stickstoffkerne in beiden Fällen verschieden. Die Bedeutung dieser Erscheinung für die Konstitutionsaufklärung wurde schnell erkannt. Wenn Atomkerne des gleichen Isotops in verschiedenem Bindungszustand verschiedene Resonanzsignale ergeben, so sollte es umgekehrt möglich sein, aus der Lage der Resonanzsignale die Struktur unbekannter Verbindungen aufzuklären. Da die Bandenlage vom Bindungszustand und von Nachbargruppen, kurz gesagt von der „chemischen Umgebung" der Kerne abhängt, hat man für diese Erscheinung den Ausdruck „Chemische Verschiebung" gewählt. Korrekterweise sollte man von der chemischen Verschiebung eines Protonenresonanzsignals, eines Stickstoffresonanzsignals usw. reden, es hat sich aber eingebürgert, auch von chemischen Verschiebungen eines Protons, Stickstoffs usw. zu reden. Kurz nach der Entdeckung von PROCTOR und YU wurde der gleiche Effekt am Fluor[2] und am Wasserstoff[3] gefunden und im Jahre 1951 gelang es ARNOLD, DHARMATTI und PACKARD[4] bei der Aufnahme von Äthylalkohol, das Spektrum in

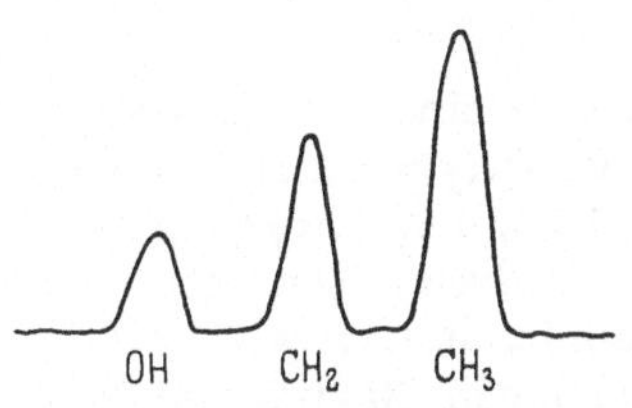


Abb. 12. $^1$H-Spektrum von Äthanol bei geringer Auflösung


[1] PROCTOR, W. G., and F. C. YU: Phys. Rev. **77**, 717 (1950). — [2] LINDSTRÖM, G.: Phys. Rev. **78**, 817 (1950). — [3] THOMAS, H. A.: Phys. Rev. **80**, 901 (1950). — [4] ARNOLD, J. T., S. S. DHARMATTI, and M. E. PACKARD: J. Chem. Phys. **19**, 507 (1951).

drei Signale aufzulösen (Abb. 12). Auf Grund der Bandenintensitäten 1 : 2 : 3 ist es leicht, die Signale den Hydroxyl-, den Methylen- und den Methylprotonen zuzuordnen. Mit diesem Ergebnis war die hochauflösende Kernresonanz geschaffen. In ihrem Experiment fanden Arnold, Dharmatti und Packard bei einem $H_0$-Feld von 7000 Gauß zwischen Hydroxyl- und Methylengruppe einen Abstand von etwa 30 mGauß, was einer Auflösung von ungefähr $1 : 10^6$ entspricht. Mit modernen Geräten gelingt es, eine um den Faktor tausend bessere Auflösung zu erzielen. Man ist dadurch in der Lage, Spektren komplizierter Verbindungen in viele Linien zu trennen und noch geringe Unterschiede in der chemischen Verschiebung zu erfassen.

Die wichtigste Eigenart der chemischen Verschiebung wird deutlich, wenn man zwei Spektren vergleicht, die bei verschiedenen Feldstärken aufgenommen wurden. In Abb. 13 sind die Aufnahmen von Toluol, dem

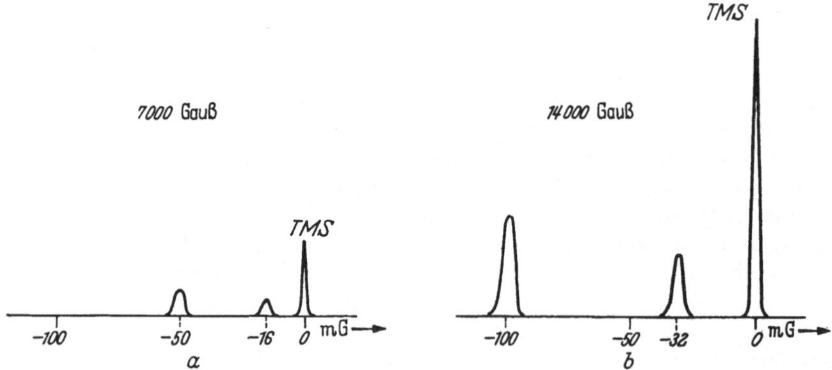


Abb. 13. $^1$H-Spektrum von Toluol bei 7000 und 14000 Gauß

eine kleine Menge Tetramethylsilan (TMS) zugesetzt ist, wiedergegeben. Wie an späterer Stelle noch ausführlicher gezeigt werden soll, ist Tetramethylsilan zur Kalibrierung von Spektren besonders gut geeignet. Die $^1$H-Spektren dieses Gemisches sind bei Feldstärken von 7000 und 14000 Gauß aufgenommen worden; die für diese Messungen nötigen Sendefrequenzen betragen 30 bzw. 60 MHz. Wählt man in beiden Fällen die Bande des Tetramethylsilans als Nullpunkt und bestimmt den Abstand der Methyl- und Phenylbande von diesem Signal, so findet man, daß sich bei Verdoppelung der Stärke des $H_0$-Feldes der Bandenabstand ebenfalls verdoppelt hat. Dies zeigt, und weitere Experimente bei anderen Feldstärken bestätigen, daß *die chemische Verschiebung der Stärke des angelegten äußeren Feldes proportional* ist. Neben dieser Erscheinung findet man, daß sich die Amplituden der Resonanzsignale bei Verdoppelung des Feldes etwa vervierfachen. Dies und die Möglichkeit, mit höheren Feldstärken das Spektrum auseinanderzuziehen und Signale zu trennen, deren Auflösung bei geringeren Feldstärken nicht möglich ist, macht die Verwendung starker Magnete wünschenswert.

Im vorangegangenen Kapitel wurde gezeigt, daß man Kernresonanzspektrometer mit konstantem $H_0$-Feld und veränderlicher Frequenz, oder mit konstanter Frequenz und variablem Magnetfeld konstruieren kann und daß im allgemeinen der zweite Weg vorgezogen wird. Die Spektren sollten daher in Gauß geeicht werden, wie es in Abb. 13 geschehen ist. Genauso gut kann man die Spektren aber auch in einem Frequenzmaßstab angeben, da laut Gl. 8 (S. 5) Frequenz und Magnetfeld einander proportional sind. In Abb. 13 beträgt die Feldstärke 14000 Gauß und die Sendefrequenz 60 MHz. Die Bandenabstände von 100 bzw. 32 mG würden in der Frequenzskala demnach 430 bzw. 137 Hz betragen. Die Verwendung der Frequenzskala hat große Vorteile, da es experimentell einfacher ist, Bandenabstände in Frequenzeinheiten zu bestimmen. Wenn man mit Hilfe eines Frequenzgenerators die Frequenz des HF-Senders zur Erzeugung des $H_1$-Feldes moduliert, werden von jeder Bande des Spektrums im Abstand der eingestellten Zusatzfrequenz Seitenbanden erzeugt[1]. Abb. 14 zeigt ein

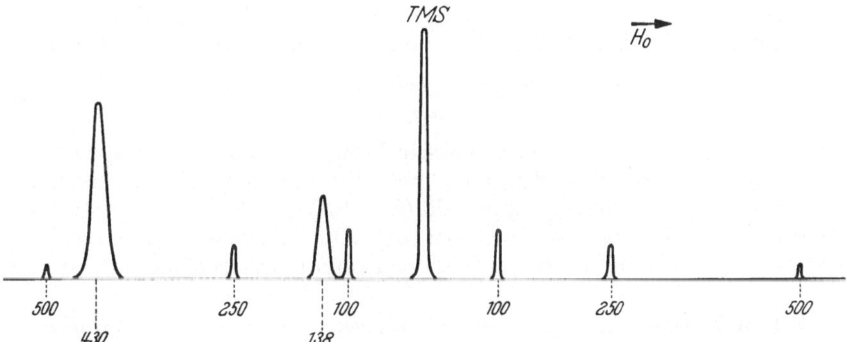


Abb. 14. ¹H-Spektrum von Toluol bei 14000 Gauß mit Seitenbanden vom Tetramethylsilan

solches Spektrum (Toluol mit Zusatz von Tetramethylsilan). Vom Signal des Tetramethylsilans sind durch Modulation mit 100, 250 und 500 Hz Seitenbanden erzeugt worden, die auf beiden Seiten des TMS-Signals zu erkennen sind. Von den Methyl- und Phenylsignalen entstehen ebenfalls Seitenbanden, die in diesem Spektrum aus Gründen der Übersichtlichkeit fortgelassen sind und die man in der Praxis durch Einschalten der Modulation zu bestimmten Zeiten vermeidet. Mit den Seitenbanden des Tetramethylsilans bei tieferem Feld kann man das Spektrum eichen. Bestimmt man den Abstand vom Signal der Standardsubstanz zu ihren Seitenbanden ( x cm = y Hz), so kann man die Lage der Methyl- und Phenylbanden durch Interpolation leicht berechnen. Dies geschieht unter der Voraussetzung, daß die Magnetfeldänderung, d. h. der Abszissenmaßstab im Spektrum über den gesamten zu untersuchenden Bereich linear ist. Dies ist durchaus nicht immer gegeben, weil schon kleine Temperatur- oder Magnetfeldschwankungen die Linearität aufheben. Man kann sich helfen, indem man, nachdem die

---

[1] ARNOLD, J. T., and M. E. PACKARD: J. Chem. Phys. **19**, 1608 (1951).

ungefähre Lage der Banden bekannt ist, in einem weiteren Spektrum Seitenbanden erzeugt, die nur wenig von den auszumessenden Banden entfernt liegen. Im vorigen Beispiel (Abb. 14) würde man etwa mit 100, 150, 400 und 450 Hz modulieren und so die Methyl- und Phenylbande „eingabeln". In jedem Falle ist es ratsam, mehrere Spektren mit Seitenbanden aufzunehmen und die gefundenen Abstände zu mitteln, wodurch sich Abweichungen von der Linearität weitgehend eliminieren lassen.

Im Spektrum 13a, das bei 30 MHz aufgenommen wurde, würde man Bandenabstände von 215 und 69 Hz finden. Ein Vergleich von Spektren, die bei verschiedenen Magnetfeldstärken aufgenommen wurden, ist daher umständlich und macht es erforderlich, alle Banden umzurechnen. Um diese Schwierigkeit zu vermeiden, gibt man die chemische Verschiebung in Einheiten an, die unabhängig von der verwendeten Magnetfeldstärke sind. Es ist zu beachten, daß die chemische Verschiebung, d.h. der Abstand zweier Banden im Spektrum, proportional der verwendeten Magnetfeldstärke ist, daß aber die Maßzahlen für die chemische Verschiebung, die Größen $\delta$ und $\tau$, unabhängig von der Feldstärke sind. Durch Division des Abstandes der Banden vom Standard und der verwendeten Sendefrequenz

$$\frac{\nu_{\text{Standard}} - \nu_{\text{Substanz}}}{\nu_{\text{Standard}}} = \delta \tag{24}$$

erhält man $\delta$ für die chemische Verschiebung, eine Größe, die apparaturunabhängig ist. Aus dem Beispiel (Abb. 14) ergibt sich für die chemische Verschiebung der Phenylgruppe $430/(60 \times 10^6) = 7.16 \times 10^{-6}$ und für die Methylgruppe $138/(60 \times 10^6) = 2.30 \times 10^{-6}$. Zur Vereinfachung dieser Ausdrücke wählt man als Einheit $1 \times 10^{-6} = 1$ ppm (parts per million), so daß

Tabelle 2. *Bandenlagen einiger Standardverbindungen bezogen auf Tetramethylsilan*

| Verbindung | Abstand vom TMS | | $\tau$ | |
|---|---|---|---|---|
| Benzol . . . . . . . | 7.37[a] | 7.27[b] | 2.63[a] | 2.73[b] |
| Chloroform . . . . . | 7.27[a] | 7.25[b] | 2.73[a] | 2.75[b] |
| Toluol (Phenyl) . . . | 7.17[a] | 7.10[b] | 2.83[a] | 2.90[b] |
| Wasser . . . . . . . | 5.20[c] | – | 4.80[c] | – |
| Nitromethan . . . . | 4.33[a] | 4.28[b] | 5.67[a] | 5.72[b] |
| Dioxan . . . . . . . | 3.70[a] | 3.57[b] | 6.30[a] | 6.43[b] |
| Methanol . . . . . . | 3.47[a] | 3.38[b] | 6.53[a] | 6.62[b] |
| Dimethylsulfoxyd . . | 2.62[d] | 2.50[b] | 7.38[d] | 7.50[b] |
| Toluol (Methyl) . . . | 2.32[a] | 2.34[b] | 7.68[a] | 7.66[b] |
| Aceton . . . . . . . | 2.17[a] | 2.09[b] | 7.83[a] | 7.91[b] |
| Eisessig . . . . . . . | – | 2.07[b] | – | 7.93[b] |
| Acetonitril . . . . . | 2.00[a] | 1.97[b] | 8.00[a] | 8.03[b] |
| Cyclohexan . . . . . | 1.43[a] | 1.44[b] | 8.57[a] | 8.56[b] |

Lösungsmittel: a) $CDCl_3$   b) $CCl_4$

**Literatur zu Tabelle 2.**

[a] High-resolution Nuclear Magnetic Resonance Spectra Catalog II, Varian Associates, Palo Alto.

[b] Tiers, G.V.D.: J. Phys. Chem. **62**, 1151 (1958).

[c] Pople, J.A., W.G. Schneider, and H.J. Bernstein: High-resolution Nuclear Magnetic Resonance. New York: McGraw-Hill 1959.

[d] Brügel, W., T. Ankel u. F. Krückeberg: Z. Elektrochem. **64**, 1121 (1960).

die chemischen Verschiebungen 7.16 bzw. 2.30 ppm betragen. Bei einigen modernen Spektrometern werden $^1$H-Spektren vom Schreiber auf Papiere gegeben, die in Einheiten von $\delta$ geeicht sind. Die Ermittelung der Signallage mit Hilfe der Seitenbandmethode erübrigt sich dabei.

Im Spektrum 13 bzw. 14 ist dem zu untersuchenden Gemisch Tetramethylsilan als Standardsubstanz zugegeben worden. Prinzipiell ist es unbedeutend, welche Bande als Bezugspunkt im Spektrum gewählt wird. Die Substanz sollte jedoch chemisch inert sein, ein möglichst scharfes Signal geben und im Spektrum leicht auffindbar sein. Für Protonenspektren ist Tetramethylsilan, das diese drei Bedingungen weitgehend erfüllt, besonders geeignet. Das Signal dieser Verbindung erscheint im Spektrum bei sehr hohem Feld, so daß es in der überwiegenden Mehrzahl der Spektren deutlich von allen anderen Banden getrennt ist. Gelegentlich werden auch andere Verbindungen zur Eichung von Protonenspektren verwendet. Einige der wichtigsten und ihre Abstände vom Tetramethylsilan sind in Tab. 2 zusammengestellt. Diese Verbindungen werden oft auch als Lösungsmittel für die Untersuchungssubstanz verwendet und man kann die Bandenlagen auf die Lösungsmittelbande beziehen. Auf Grund der in Tab. 2 angegebenen Abstände der Banden vom Tetramethylsilan ist eine Umrechnung auf die übliche Bezugssubstanz TMS leicht möglich. Auch bei Verwendung dieser Lösungsmittel sollte, wenn keine zwingenden Gründe dagegensprechen, Tetramethylsilan als Bezugssubstanz verwendet werden, um die Darstellung von Spektren zu vereinheitlichen.

Bei der Protonenresonanz hat die durch Gl. 24 definierte Skala der chemischen Verschiebung die Bande des Tetramethylsilans als Nullpunkt. Da praktisch alle Signale bei tieferem Feld als die TMS-Bande erscheinen, haben sie positive Werte der chemischen Verschiebung. Die selten vorkommenden Signale, die bei höherem Feld als TMS auftreten, bekommen negative Werte. Da eine Skala von rechts nach links verlaufend ungewohnt ist, wurde von TIERS[1] die $\tau$-Skala eingeführt. Sie nimmt für das Signal des TMS den Wert 10.00 an und definiert den Wert $\tau$ für die chemische Verschiebung von Protonen durch

$$\tau\,(ppm) = 10 - \delta\,, \tag{25}$$

wobei $\delta$ wieder die oben definierte Verschiebung in ppm ist. Für die meisten Banden findet man $\tau$-Werte von 0—10. Die wenigen, die bei höherem Feld als TMS auftreten, haben Werte von $\tau > 10$ und Banden, die mehr als 10 ppm vom TMS nach geringeren Feldstärken verschoben sind, haben negative $\tau$-Werte. Diese Skala hat, außer der Tatsache, daß sie von links nach rechts ansteigt und daher vielfach als angenehmer empfunden wird, keinerlei Vorteile gegenüber der $\delta$-Skala. Obwohl die $\tau$-Skala keinen Nullpunkt hat, der sich durch eine auffällige Lage auszeichnet und sowohl positive und negative $\tau$-Werte auftreten, hat sie sich weitgehend eingebürgert. Ob sich auf die Dauer die $\delta$- oder die $\tau$-Skala durchsetzen wird, läßt sich zur Zeit noch nicht übersehen. Da die Umrechnung zwischen beiden Skalen sehr einfach ist, ist die Entscheidung von untergeordneter

---

[1] TIERS, G. V. D.: J. Phys. Chem. **62**, 1151 (1958).

Bedeutung. In den folgenden Kapiteln wird die chemische Verschiebung von Protonen nur in der $\tau$-Skala angegeben. Der Buchstabe $\delta$ (in Einheiten von ppm) wird in der Protonenresonanz für Unterschiede in den chemischen Verschiebungen verwendet und dann, wenn die Bandenlagen auf andere Standardverbindungen bezogen werden. Ferner wird $\delta$ für die chemischen Verschiebungen anderer Isotope verwendet. In älteren Veröffentlichungen findet man gelegentlich noch andere Skalen für Protonenspektren, die sich aber nicht durchgesetzt haben. Bei der Spektroskopie anderer Kerne dienen oft verschiedene Verbindungen als Bezugssubstanz, was den Vergleich der Ergebnisse umständlich macht. Es ist zu hoffen, daß man sich auch hier auf jeweils nur eine Bezugssubstanz einigen wird.

Die Bezugsverbindung kann auf zweierlei Weise in die Probesubstanz eingegeben werden. Man kann eine kleine Menge in der zu untersuchenden Probe lösen und spricht dann von einem inneren Standard (internal standard). Dieses Verfahren ist das einfachste und gebräuchlichste. Es ist aber nicht immer durchführbar, z. B. wenn die Standardsubstanz mit dem Lösungsmittel reagiert oder darin unlöslich ist. In solchen Fällen empfiehlt sich entweder die Verwendung einer anderen Bezugssubstanz, oder man gibt in das Meßröhrchen eine Kapillare, die mit der Bezugssubstanz gefüllt ist; die Bezugssubstanz wird dann als äußerer Standard (external standard) bezeichnet. Wenn nach der letzten Methode verfahren wird, muß an den beobachteten chemischen Verschiebungen noch eine Korrektur für die unterschiedliche Volumensuszeptibilität von Meßlösung und Bezugssubstanz angebracht werden.

Wird eine Substanz in ein homogenes Magnetfeld gebracht, so ändert sich das Feld am Ort der Substanz. Bei paramagnetischen Substanzen sind die Feldlinien innerhalb der Probe dichter als außerhalb, bei diamagnetischen laufen weniger Feldlinien durch die Substanz, das Feld ist also geschwächt. Für die Resonanzbedingung ist nur die tatsächlich vorhandene Feldstärke entscheidend. Verwendet man einen inneren Standard, so sind die zu messende Substanz und die Bezugssubstanz der gleichen Veränderung des Feldes ausgesetzt. Bei Verwendung eines äußeren Standards ist das aber nicht mehr der Fall. Wenn die Volumensuszeptibilität in der Kapillare anders ist als im umgebenden Meßröhrchen, herrscht auch in der Kapillare eine andere Feldstärke als in der Versuchslösung. Die Korrektur, die man an den beobachteten chemischen Verschiebungen anbringen muß, um für die unterschiedliche Feldstärke in Meßröhrchen und Kapillare zu korrigieren, beträgt

$$\delta_{\text{korr.}} = \delta_{\text{gef.}} + \frac{2\pi}{3}\,(\chi_{\text{vStandard}} - \chi_{\text{v}}), \tag{26}$$

wobei $\chi_{\text{vStandard}}$ und $\chi_{\text{v}}$ die Volumensuszeptibilitäten von Bezugssubstanz und Meßlösung bedeuten. Die Volumensuszeptibilitäten einiger Lösungsmittel sind in Tab. 3 zusammengestellt. Wird beispielsweise in wässerigen Lösungen gearbeitet und eine Toluolkapillare als Standard verwendet, so beträgt die Korrektur

$$2\,\pi\,/3\,[(-0.631) - (-0.721)] = 0.19\;ppm.$$

Die Toluolbanden sind nach höherem Feld verschoben. Bezieht man die Signale der zu untersuchenden Substanz auf die Toluolwerte der Tab. 2, so erhält man zu kleine $\tau$-Werte, die erst nach Hinzufügen des Korrekturwertes von 0.19 die richtige chemische Verschiebung geben. Verwendet man eine Toluolkapillare in Aceton ($\chi_{v\text{Aceton}} > \chi_{v\text{Toluol}}$), so sind die Toluolbanden nach tieferem Feld verschoben und von den gefundenen $\tau$-Werten muß der berechnete Korrekturwert abgezogen werden. Die Abweichungen,

Tabelle 3. *Volumensuszeptibilitäten einiger Lösungsmittel*

| | $\chi_v \times 10^6$ | | $\chi_v \times 10^6$ |
|---|---|---|---|
| Acetanhydrid | —0.559 | n-Hexan | —0.586 |
| Aceton | —0.460 | Methanol | —0.515 |
| Acetonitril | —0.486 | Methyläthylketon | —0.537 |
| Ameisensäure | —0.530 | Methylenbromid | —0.946 |
| Anisol | —0.692 | Methylenchlorid | —0.733 |
| | | Methyljodid | —0.918 |
| Benzol | —0.626 | | |
| Benzonitril | —0.658 | Nitroäthan | —0.498 |
| n-Butanol | —0.602 | Nitrobenzol | —0.598 |
| t-Butanol | —0.631 | Nitromethan | —0.473 |
| Chinolin | —0.725 | Octan | —0.614 |
| Chlorbenzol | —0.707 | | |
| Chloroform | —0.733 | Phenol | —0.684 |
| Cyclohexan | —0.631 | Piperidin | —0.651 |
| Cyclopentan | —0.661 | n-Propanol | —0.616 |
| | | Propionitril | —0.551 |
| Decan | —0.639 | Pyridin | —0.612 |
| Diäthyläther | —0.547 | | |
| Diäthylamin | —0.594 | Salpetersäure | —0.701 |
| 1,2-Dibromäthan | —0.916 | Schwefelkohlenstoff | —0.681 |
| 1,2-Dichloräthan | —0.757 | Schwefelsäure | —0.808 |
| 1,1-Dichloräthan | —0.681 | | |
| Dimethylformamid | —0.503 | Tetrachloräthylen | —0.825 |
| Dimethylsulfat | —0.657 | Tetrachlorkohlenstoff | —0.684 |
| Dimethylsulfoxyd | —0.609 | Tetramethylsilan | —0.543 |
| Dioxan | —0.589 | Toluol | —0.631 |
| | | Triäthylamin | —0.636 |
| Essigsäure | —0.552 | | |
| Essigsäureäthylester | —0.547 | Wasser, $H_2O$ | —0.721 |
| Essigsäuremethylester | —0.547 | Wasser, $D_2O$ | —0.705 |
| | | | |
| Fluorbenzol | —0.623 | m-Xylol | —0.642 |
| Formamid | —0.551 | o-Xylol | —0.579 |

die durch die unterschiedliche Volumensuszeptibilität von Probe und äußerem Standard verursacht werden, können bis zu 1 ppm betragen und dürfen daher, besonders bei der Protonenresonanz, bei der der Bereich der chemischen Verschiebung insgesamt nur etwa 10 ppm beträgt, keineswegs vernachlässigt werden. In den Fällen, in denen die Volumensuszeptibilitäten unbekannt sind, kann man sie aus den Pascalschen Konstanten mit ausreichender Genauigkeit berechnen. Die Volumensuszeptibilitäten setzen sich annähernd additiv aus atomaren Größen und Bindungskonstanten, den Pascalschen Konstanten (Tab. 4), zusammen. Bei der Berechnung ist zu beachten, daß die Pascalschen Konstanten die molaren Suszeptibilitäten angeben, die durch die Formel $\chi_{\text{mol}} = M\chi_{\text{v}}/d$ mit den Volumensuszeptibilitäten zusammenhängen ($M =$ Molekulargewicht, $d =$ Dichte). So findet

Tabelle 4
*Pascalsche Konstanten für einige Elemente und Bindungstypen in Einheiten von $10^6$*

### Pascalsche Konstanten

| | | | | | |
|---|---|---:|---|---|---:|
| H | | — 2.93 | Si | | —13.0 |
| C | | — 6.00 | P | | —10 |
| N | acycl. | — 5.55 | S | | —15.2 |
| N | cycl. | — 4.61 | As | | —21 |
| N | Amid | — 1.54 | Se | | —23.5 |
| N | Imin | — 2.11 | Pb | | —46 |
| N | Diamid | — 2.11 | F | aliph. | — 6.4 |
| O | Alkohol, Äther | — 4.60 | Cl | aliph. | —19.9 |
| O | Aldehyd, Keton. | + 1.66 | Cl | arom. | —17.2 |
| $O_2$ | Carboxyl | — 7.95 | Br | aliph. | —30.4 |
| $O_3$ | Säureanhydrid | —11.23 | Br | arom. | —26.5 |
| O | Nitroverbindungen | — 1.75 | J | aliph. | —44.6 |
| O | Nitrosoverbindungen | + 3.5 | J | arom. | —40.5 |
| B | | — 7.3 | | | |

### Bindungskorrekturen

| | | | |
|---|---:|---|---:|
| C=C | + 5.5 | C≡N | +0.8 |
| C≡C | + 0.8 | C=N | +8.15 |
| C=C—C=C | +10.6 | N=O | +1.7 |
| $H_2$C=CH—$CH_2$— | + 4.5 | gemeinsame Bindung von | |
| N=N | +1.85 | zwei Ringen | — 5.3 |

### Korrekturen für Ringsysteme

| | | | |
|---|---:|---|---:|
| Cyclopropan | + 3.4 | $a$-Pyron | —1.4 |
| Cyclobutan | + 1.1 | $\gamma$-Pyron | —1.4 |
| Cyclopentan | 0 | Pyrrol | —3.5 |
| Cyclohexan | + 3.1 | Pyrrazol | +8.0 |
| Cyclohexen | + 7.2 | Imidazol | +8.0 |
| Cyclohexadien | +10.7 | Thiazol | —3.0 |
| Benzol | — 1.4 | Furan | —2.5 |
| Naphthalin | —11.5 | Thiophen | —7.0 |
| Piperidin | + 3.6 | —$CH_2$Cl | —0.3 |
| Morpholin | + 5.5 | —$CHCl_2$ | —0.6 |
| Dioxan | + 5.5 | —$CCl_3$ | +2.5 |
| Piperazin | +7.5 | —$CH_2$Br | — 1.5 |
| Pyridin | +0.5 | —$CHBr_2$ | — 0.5 |
| Pyrimidin | +6.5 | —$CBr_3$ | +10.6 |
| Pyrazin | +9.0 | | |

### Weitere Korrekturen

| | |
|---|---:|
| tertiärer Kohlenstoff $a$, $\gamma$, $\delta$, $\varepsilon$ zu einer sauerstoffhaltigen Gruppe | —1.3 |
| tertiärer Kohlenstoff $\beta$ zu einer sauerstoffhaltigen Gruppe | —0.5 |
| quarternärer Kohlenstoff $a$, $\gamma$, $\delta$, $\varepsilon$ zu einer sauerstoffhaltigen Gruppe | —1.55 |
| quarternärer Kohlenstoff $\beta$ zu einer sauerstoffhaltigen Gruppe | —0.5 |
| Methoxygruppe | +0.5 |
| Konjugation Ar—C=C— | —2.0 |
| Konjugation ≡C—CO, ≡C—$CO_2$— | +4.0 |
| Stickstoff im Ring | +0.95 |

**Literatur zu Tabelle 4.**

LANDOLT-BÖRNSTEIN: Zahlenwerte und Funktionen. Berlin: Springer 1951, Band I/3, S. 532.

man z. B. bei Anilin $6 \times C + 7 \times H + 1 \times N +$ Korrektur für den aromatischen Ring für die molare Suszeptibilität den Betrag 63.46, der mit dem Molekulargewicht von 93.12 und der Dichte von 1.022 eine Volumensuszeptibilität von —0.696 ergibt, ein Wert, der dem experimentell bestimmten Wert von —0.707 sehr nahekommt. Ferner sind Methoden beschrieben worden, wie man aus Kernresonanzexperimenten mit zwei koaxialen Röhrchen, von denen das eine mit einer Substanz bekannter Suszeptibilität gefüllt ist, die Suszeptibilität der Verbindung im anderen Röhrchen mit recht guter Genauigkeit bestimmen kann[1,2].

Es ist an dieser Stelle angebracht zu überlegen, mit welcher Genauigkeit chemische Verschiebungen bestimmt werden können und welche für Strukturermittlungen erforderlich ist. Bei Kernresonanzspektrometern, bei denen man geeichtes Papier verwendet, läßt sich die Bandenlage auf etwa 0.02—0.03 ppm genau ablesen. Wird der Bandenabstand mit Hilfe der Seitenbandmethode durchgeführt und der Mittelwert aus mehreren Bestimmungen gebildet, so kann man die Abstände auf etwa $^1/_2$ Prozent (entsprechend 0.01—0.03 ppm) genau angeben. Verwendet man neben dem Frequenzgenerator noch einen Frequenzenzähler, so läßt sich die Genauigkeit auf $\pm$ 0.1% steigern. Mithin könnte man auch alle chemischen Verschiebungen mit der gleichen Genauigkeit angeben. Tatsächlich erreicht man diese Genauigkeit kaum. Einmal sind die Banden der Substanz und des Standards nicht extrem scharf, und zum anderen treten durch Ungleichmäßigkeiten des Papiers, des Vorschubes und der Ansprechdauer des Schreibers Fehler auf. Neben diesen Fehlerquellen, die einige hundertstel ppm ausmachen, gibt es noch mehrere andere Ursachen, die erheblich größere Abweichungen verursachen können. Da sie in späteren Kapiteln noch ausführlich behandelt werden, soll hier nur die ungefähre Größe der möglichen Störungen angegeben werden. Bei Verbindungen, die stark solvatisiert sind, können bei Verwendung verschiedener Lösungsmittel Unterschiede von 2 ppm in der Bandenlage auftreten. Bilden die Substanzen Wasserstoffbrücken zum Lösungsmittel, so können die Verschiebungen sogar 7 ppm betragen. Verbindungen, die Assoziate oder Komplexe bilden, können Konzentrationsverschiebungen von etwa 5 ppm zeigen. Es ist in diesen Fällen völlig sinnlos, chemische Verschiebungen auf einhundertstel ppm zu berechnen, wenn die viel größeren Lösungsmittel- und Konzentrationseffekte nicht berücksichtigt werden. Um alle zwischenmolekularen Wechselwirkungen auszuschalten, müßte man die Kernresonanzmessungen in der Gasphase durchführen. Dies ist aber experimentell sehr viel umständlicher und wegen des Dampfdruckes nur bei leichtflüchtigen Verbindungen möglich. Man umgeht die Schwierigkeiten am einfachsten dadurch, daß man in möglichst verdünnten Lösungen mißt (etwa 5 Prozent oder weniger) und inerte Lösungsmittel, wie Tetrachlorkohlenstoff oder Cyclohexan, verwendet. Ist höhere Genauigkeit erforderlich, so sollte man die chemischen Verschiebungen bei mehreren Konzentrationen messen und dann auf unendliche Verdünnung extrapolieren. Bei vielen Untersuchungen, etwa

<hr>

[1] FREI, K., and H. J. BERNSTEIN: J. Chem. Phys. **37**, 1891 (1962). — [2] DOUGLASS, D. C., and A. FRATIELLO: J. Chem. Phys. **39**, 3161 (1963).

bei Strukturbestimmungen, ist diese Arbeitsweise überflüssig. Es genügt hier im allgemeinen, die chemischen Verschiebungen auf $\pm$ 0.1 ppm anzugeben, und diese Genauigkeit ist in verdünnten Lösungen und mit inerten Lösungsmitteln leicht zu erzielen.

## II. 2. Theoretische Grundlagen der chemischen Verschiebung

Zum besseren Verständnis der chemischen Verschiebungen sollen die diesem Phänomen zugrunde liegenden Gesetzmäßigkeiten kurz behandelt werden. Wird ein einzelnes Atom in ein homogenes Magnetfeld gebracht, so beginnt die Elektronenhülle zu rotieren. Durch diese Elektronenbewegung wird ein magnetischer Dipol erzeugt, der dem äußeren Feld entgegengerichtet ist und dessen Stärke dem äußeren Feld proportional ist. Das äußere Feld $H_0$ wird durch den entgegengerichteten Dipol am Ort des Atomkerns geschwächt und beträgt hier

$$H_{\text{eff}} = H_0 \, (1 - \sigma), \tag{27}$$

wobei $H_{\text{eff}}$ das Feld am Ort des Kerns und $\sigma$ eine Abschirmungskonstante ist. Die Größe dieser Konstanten wurde von Lamb[1] berechnet:

$$\sigma = \frac{4 \, \pi \, e^2}{3 \, m \, c^2} \int_0^\infty r \, \rho(r) \, dr. \tag{28}$$

In diesem als Lambsche Formel bezeichneten Ausdruck bedeutet $e$ die Ladung, $m$ die Masse des Elektrons, $c$ die Lichtgeschwindigkeit und $\rho$ die Elektronendichte im Abstand $r$ vom Kern. Durch Einsetzen entsprechender molekularer Größen kann man die Abschirmungskonstanten für verschiedene Elemente berechnen[2]. Bei einem äußeren Feld von 10000 Gauß beträgt das effektive Feld am Atomkern des Wasserstoffs 9999.82, des Kohlenstoffs 9997.39, des Jods 9950 und des Bleis 9900 Gauß. Je mehr Elektronen in der Atomhülle kreisen, um so stärker ist das dadurch erzeugte Gegenfeld und um so schwächer das am Kern noch wirksame Feld. Die obige Formel gilt allerdings nur für neutrale Atome und nur, wenn sich diese in einem kugelsymmetrischen S-Zustand befinden.

In Molekülen werden die Verhältnisse komplizierter, weil keine Kugelsymmetrie vorliegt und die Elektronen daher nicht mehr ungehindert kreisen können. Die Beweglichkeit der Bindungselektronen ist verschieden und hängt davon ab, welche Gruppen miteinander verknüpft sind. Aus diesem Grunde gelingt es nur bei sehr einfach gebauten Verbindungen, die chemische Verschiebung zu berechnen. Für größere Moleküle lassen sich Näherungsrechnungen durchführen, die jedoch oft nur die Richtung der auftretenden Effekte angeben. Auch die qualitativen Angaben sind für den Chemiker von großem Wert, weil sie das Verständnis der chemischen Verschiebungen

---

[1] Lamb, W. E.: Phys. Rev. **60**, 817 (1941). — [2] Dickenson, W. C.: Phys. Rev. **80**, 563 (1950).

erleichtern und in vielen Fällen die Deutung experimenteller Ergebnisse ermöglichen. Der erste Versuch, die Lambsche Formel auf Moleküle zu übertragen, wurde von RAMSAY durchgeführt[1]. Er zerlegte den Ausdruck für die Abschirmungskonstante in zwei Anteile, einen diamagnetischen, der dem Ausdruck der Lambschen Formel für die Atome entspricht, und einen paramagnetischen. Das erste Glied der Ramsayschen Formel gibt die chemische Verschiebung wieder, die auftritt, wenn das gesamte elektronische System des Moleküls ungehindert um den Kern des betrachteten Atoms präzediert. Das paramagnetische Glied korrigiert für die Behinderung der freien Beweglichkeit. Es verschwindet, wenn das Molekül axialsymmetrisch um die Richtung der Feldlinien des $H_0$-Feldes ist. Die genaue Bestimmung des zweiten Gliedes ist schwierig und setzt die Kenntnis von Wellenfunktionen und Energien von Grundzustand und angeregten Zuständen voraus. Da diese nur für einfachste Moleküle bekannt sind, hat die Ramsaysche Formel für die Berechnung von chemischen Verschiebungen keine praktische Bedeutung. Erfolgreicher waren spätere Ansätze von SAIKA und SLICHTER[2], die von POPLE, SCHNEIDER und BERNSTEIN[3] ergänzt wurden. Diese Autoren zerlegten die Abschirmung der Atomkerne im Molekülverband in vier Teile, nämlich

1) einen diamagnetischen Anteil für das betrachtete Atom,

2) einen paramagnetischen Anteil für das betrachtete Atom,

3) einen Anteil, der durch Nachbaratome hervorgerufen wird und

4) einen Anteil, der durch Ströme im Molekül hervorgerufen wird.

Die Größe dieser Teilbeträge soll am Beispiel der chemischen Verschiebungen von Protonen erörtert werden. Der erste Anteil entspricht der Lamb'schen Formel. Er beschreibt die chemische Verschiebung, die auftreten würde, wenn die Elektronenverteilung um das betrachtete Atom kugelsymmetrisch wäre und die Elektronen ungehindert präzedieren könnten. Das durch diese Kreisbewegung erzeugte Feld ist proportional

Tabelle 5. *Chemische Verschiebung von Halogenmethanen*

| Verbindung | Elektronegativität | $\tau$ |
|:---:|:---:|:---:|
| $CH_3F$ | 4.0 | 5.74 |
| $CH_3Cl$ | 3.0 | 6.95 |
| $CH_3Br$ | 2.8 | 7.31 |
| $CH_3J$ | 2.4 | 7.81 |
| $CH_2J_2$ | | 6.10 |
| $CHJ_3$ | | 5.09 |

der Stärke des $H_0$-Feldes und von entgegengesetzter Richtung. Das Feld am Atomkern wird durch diesen Effekt geschwächt und das Resonanzsignal erscheint erst, wenn das $H_0$-Feld verstärkt wird. Es tritt also eine

---

[1] RAMSAY, N. F.: Phys. Rev. **78**, 699 (1950). — [2] SAIKA, A., and C. P. SLICHTER: J.Chem. Phys. **22**, 26 (1954). — [3] POPLE, J.A., W. G. SCHNEIDER, and H.J. BERNSTEIN: High-resolution Nuclear Magnetic Resonance. New York: McGraw-Hill 1959.

verstärkte Abschirmung der Kerne und eine (diamagnetische) Verschiebung der Signale nach höheren Feldstärken auf. Die Nachbaratome haben auf diesen Anteil nur insoweit Einfluß, als sie die Elektronendichte am betrachteten Atom verändern können. Sind die Nachbaratome elektronegativer, ziehen also Elektronen vom betrachteten Atom fort, so wird die Abschirmung vermindert, sind sie elektropositiver, so wird die Abschirmung verstärkt. Es sollte daher ein Zusammenhang zwischen den chemischen Verschiebungen und den Elektronegativitäten bestehen, was auch in vielen Fällen beobachtet wird. Die Werte der Tab. 5 zeigen, daß die Banden der Methylhalogenide mit steigender Elektronegativität $E$ des Nachbaratoms nach tiefem Feld verschoben werden und daß die Verschiebung mit steigender Zahl von elektronensaugenden Gruppen zunimmt.

Der Zusammenhang zwischen den chemischen Verschiebungen und der Elektronendichte legt den Gedanken nahe, daß ein Signal bei um so tieferem Feld liegt, je acider das Proton ist. Es gibt eine Reihe von Befunden, die diese Vermutung bestätigen (vgl. Tab. 13). Die Tatsache jedoch, daß die Protonensignale von Carboxyl- und Aldehydgruppen so nahe beieinanderliegen, obwohl der Wasserstoff der letzteren sehr viel weniger sauer ist, zeigt, daß neben den Elektronendichten noch andere Faktoren wirksam sind. In gleicher Weise widerspricht die Lage von Äthylen- und Acetylenprotonen dieser Vermutung. Das Resonanzsignal des letzteren liegt bei höherem Feld, obwohl der Wasserstoff des Acetylens wesentlich saurer ist als der des Äthylens.

Bei Molekülen mit kovalenten Bindungen ist die Elektronenverteilung nicht mehr kugelsymmetrisch, und die chemische Verschiebung hängt von der Orientierung des Moleküls in bezug auf die Richtung des äußeren Feldes ab. Der zweite Anteil der Abschirmungskonstanten korrigiert diese Abweichungen. In einem linearen Molekül, wie $F_2$, tritt keine Behinderung der Elektronenpräzession (kein paramagnetischer Anteil) auf, wenn die Molekülachse in Richtung des Feldes liegt. Liegt sie dagegen senkrecht zu den Feldlinien, so tritt eine paramagnetische Verschiebung auf, weil der Grundzustand des Moleküls mit bestimmten angeregten Zuständen überlagert wird. Der zweite paramagnetische Anteil der Abschirmungskonstanten sollte den Unterschied in den chemischen Verschiebungen zwischen einem linearen, kovalent gebundenen Molekül, etwa dem $F_2$, und einem ähnlichen Molekül mit ionogener Bindung und daher sphärischer Elektronenverteilung, wie HF, beschreiben. Die Berechnungen von SAIKA und SLICHTER ergaben für die paramagnetische Verschiebung des Fluors gegenüber Fluorwasserstoff statt der beobachteten 625 einen Wert von 2000 ppm. Da die Bindung im Fluorwasserstoff möglicherweise einen geringen kovalenten Anteil besitzt, ist die Übereinstimmung befriedigend. Hier hat also der paramagnetische Anteil einen größeren Einfluß auf die chemische Verschiebung als der durch die Elektronenströme hervorgerufene diamagnetische Anteil. Bei anderen Isotopen treten ähnliche Effekte auf. Der paramagnetische Anteil fällt dabei um so mehr ins Gewicht, je geringer die Energiedifferenzen zwischen Grundzustand und angeregten Zuständen sind. Da es beim Wasserstoff keine tiefliegenden, angeregten Zustände gibt, hat dieser Effekt bei der Protonenresonanz nur eine geringe Bedeutung.

Der dritte Anteil der Abschirmungskonstanten wird durch Ströme in den Nachbaratomen verursacht. Bei einem linearen Molekül H—X hängt die Wirkung der am X-Atom erzeugten Ströme auf die Abschirmung des Protons vom Winkel zwischen der Molekülachse und der Richtung des $H_0$-Feldes ab. Sind beide parallel (Abb. 15a), so wird das Feld am Ort des

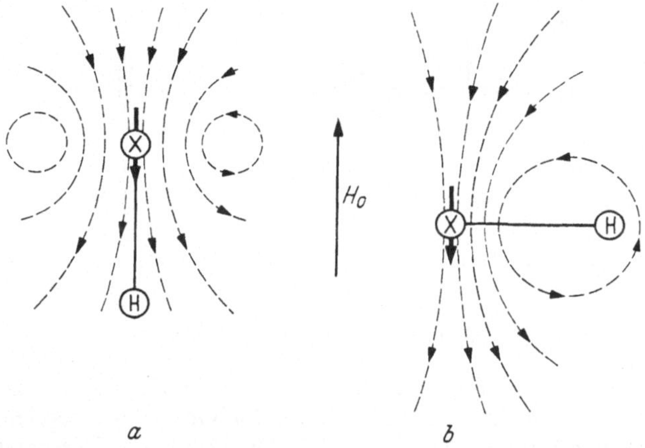


Abb. 15. Kraftlinienverlauf bei verschiedenen Einstellungen eines H–X-Moleküls

Protons geschwächt, die Abschirmung verstärkt. Steht die Molekülachse dagegen senkrecht zu den Feldlinien (Abb. 15b), dann wird durch die Wirkung der Ströme am X-Atom das Feld am Ort des Protons verstärkt und die Abschirmung vermindert. Da zahlreiche Moleküle verschiedenartiger Orientierung gemessen werden, beobachtet man nur eine mittlere Abschirmung. Ob sich die beiden entgegengesetzten Effekte aufheben, oder ob einer überwiegt, hängt davon ab, ob die Suszeptibilität des X-Atoms in allen Richtungen gleich ist (isotrop) oder nicht (anisotrop). Ist die diamagnetische Suszeptibilität in Richtung der H—X-Achse größer als senkrecht dazu, wie man es oft bei linearen Molekülen beobachtet, so wird die Abschirmung des Protons verstärkt und die Signale erscheinen bei höherem Feld, als man es auf Grund der Elektronendichten erwarten sollte. Z. B. absorbieren die Halogenwasserstoffe bei höheren Feldstärken als Methan (HCl $+0.45$ ppm, HBr $+4.35$ und HJ $+13.25$ ppm)[1], obwohl die Halogene Elektronen vom Proton fortziehen und man daher eine Verschiebung nach geringeren Feldstärken erwarten sollte. Bei diesen Molekülen sind die paramagnetischen Ströme im X-Atom die Hauptursache für die chemische Verschiebung. Erwartungsgemäß ist der Effekt wegen der geringen Anregungsenergien beim Jod am größten. Die Protonensignale von gasförmigem Ammoniak ($+0.03$ ppm) und Wasser ($-0.60$ ppm) sind nur wenig gegenüber dem des Methans verschoben. Hier muß man annehmen, daß sich die beiden entgegengesetzten Effekte von Elektronegativität (Verschiebung

---

[1] SCHNEIDER, W. G., H. J. BERNSTEIN, and J. A. POPLE: J. Chem. Phys. **28**, 601 (1958).

nach geringeren Feldern) und paramagnetischen Strömen am X-Atom (Verschiebung des Protons nach höherem Feld) etwa die Waage halten[1].

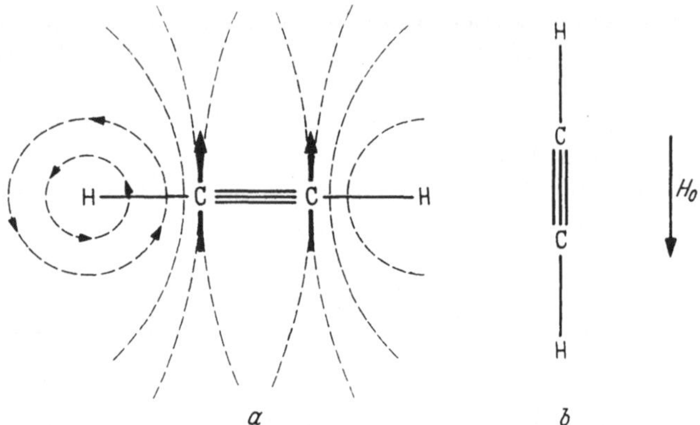


Abb. 16. Kraftlinienverlauf im Acetylen

Ein besonders interessantes Beispiel für die Beteiligung anisotroper Nachbargruppen an der chemischen Verschiebung gibt Acetylen, das von POPLE[2] eingehend untersucht worden ist. Die chemische Verschiebung von gasförmigem Acetylen liegt zwischen der von Äthan und Äthylen (Äthan — 0.75 ppm, Äthylen —5.18 ppm, Acetylen —1.35 ppm bezogen auf gasförmiges Methan)[3]. Im Acetylen sind die Suszeptibilitäten in Richtung der Molekülachse und senkrecht dazu verschieden. Steht das Molekül senkrecht zur Richtung des Magnetfeldes, so werden an den Kohlenstoffatomen durch Beteiligung angeregter Zustände paramagnetische Ströme erzeugt, die am Ort der Kohlenstoffkerne das äußere Feld verstärken, am Ort der Protonen ihm entgegenwirken (Abb. 16). Liegt die Molekülachse in Richtung der Feldlinien, so treten keine paramagnetischen Ströme auf. Zum gleichen Ergebnis kommt man, wenn man die $\pi$-Elektronen betrachtet[4]. Bei paralleler Einstellung können sie um die Molekülachse kreisen und das dadurch induzierte Feld schwächt am Ort der Protonen das $H_0$-Feld; bei einer Einstellung senkrecht zu den Feldlinien werden sie nicht beeinflußt. Beide Betrachtungsweisen können also die Verschiebung der Acetylenprotonen nach höheren Feldstärken erklären. Bei Carbonylgruppen treten

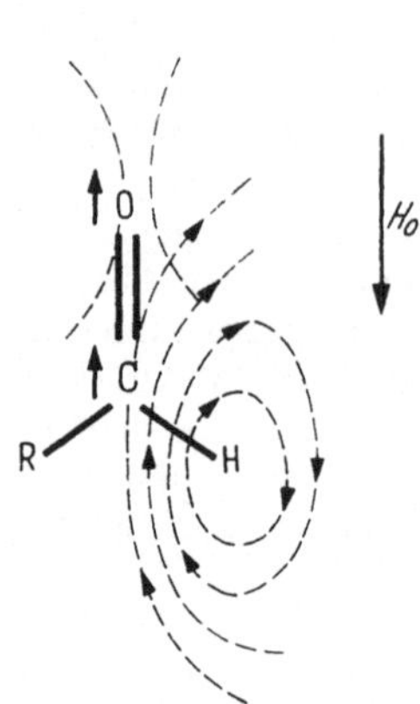


Abb. 17. Abschirmungseffekt einer Carbonylgruppe

[1] POPLE, J. A.: Proc. Roy. Soc. (London) A 239, 555 (1957). — [2] POPLE, J. A.: Proc. Roy. Soc. (London) A 239, 541 (1957). — [3] SCHNEIDER, W. G., H. J. POPLE, and H. J. BERNSTEIN: J. Chem. Phys. 28, 601 (1958). — [4] JACKMAN, L. M.: Applications of Nuclear Magnetic Resonance Spectroscopy in Organic Chemistry. London: Pergamon Press 1959.

paramagnetische Ströme am Kohlenstoff und am Sauerstoff auf. Ist eine Aldehydgruppe so ausgerichtet, daß die C=O-Bindung in Richtung der Feldlinien liegt (Abb. 17), so wird das Feld am Ort des Wasserstoffatoms verstärkt und das Resonanzsignal nach geringen Feldstärken verschoben.

Der vierte Anteil an der Abschirmungskonstanten wird durch intramolekulare Ströme hervorgerufen. Effekte dieser Art treten besonders stark bei aromatischen Verbindungen auf. Wird ein Benzolring in ein Magnetfeld gebracht, so kreisen, wenn die Ebene des Ringes senkrecht zu den Feldlinien steht, die $\pi$-Elektronen mit einer Frequenz $\omega = eH_0/2mc$ um die sechszählige Symmetrieachse. Es tritt dadurch, wie in einer Drahtschleife, ein Kreisstrom von der Stärke $i = 3e^2H_0/2\pi mc$ auf. Dieser Kreisstrom erzeugt einen magnetischen Dipol, der dem $H_0$-Feld entgegengerichtet ist (Abb. 18). Oberhalb und unterhalb der Ringebene wird das $H_0$-Feld geschwächt, in der Ringebene, d. h. am Ort der aromatischen Protonen, wird es verstärkt. Die Größe des Effektes läßt sich abschätzen, wenn man das durch den Kreisstrom erzeugte Feld durch einen festen Dipol in der Mitte des Benzolringes ersetzt[1,2,3]. Sein Einfluß nimmt mit der dritten Potenz des Abstandes ab. Im Bereich der aromatischen Protonen beträgt die berechnete Abschirmung —1.75 ppm. Aromatische Protonen sollten gegenüber olefinischen um diesen Betrag verschoben sein. Als Bezugspunkt

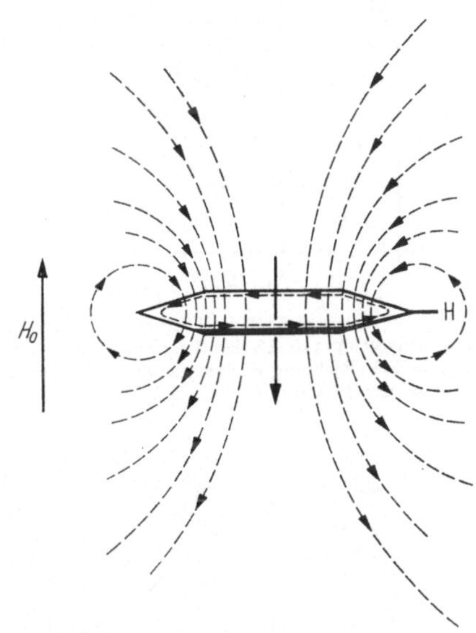



Abb. 18. Kraftlinienverlauf beim Benzol

für die chemische Verschiebung von Benzol müßte ein gleiches Molekül mit festliegenden Doppelbindungen, also das hypothetische Cyclohexatrien verwendet werden. Wählt man statt dessen Cyclohexadien, so findet man eine Verschiebung des Benzols von -1.48 ppm, was mit dem berechneten Wert recht gut übereinstimmt. Von WAUGH und FESSENDEN[4] und von JOHNSON und BOVEY[5] wurden genauere Berechnungen des Ringstromeffektes durchgeführt. An Stelle eines festen Dipols setzten diese Autoren zwei kreisende $\pi$-Elektronenwolken oberhalb und unterhalb der Ringebene. Die mit diesem Modell berechnete Abschirmung in der Ringebene und senkrecht dazu ist in Abb. 19 wiedergegeben. In Richtung der sechszähligen Symmetrieachse nimmt die magnetische Abschirmung mit steigender Entfernung vom Ring ab. In der Ringebene findet man anfangs eine diamag-

[1] POPLE, J. A.: J. Chem. Phys. 24, 1111 (1956). — [2] POPLE, J. A.: J. Mol. Phys. 1, 175 (1958). — [3] BERNSTEIN, H. J., W. G. SCHNEIDER, and J. A. POPLE: Proc. Roy. Soc. (London) A 236, 515 (1956). — [4] WAUGH, J. S., and R. W. FESSENDEN: J. A. C. S. 79, 846 (1957). — [5] JOHNSON, C. E., and F. A. BOVEY: J. Chem. Phys. 29, 1012 (1958).

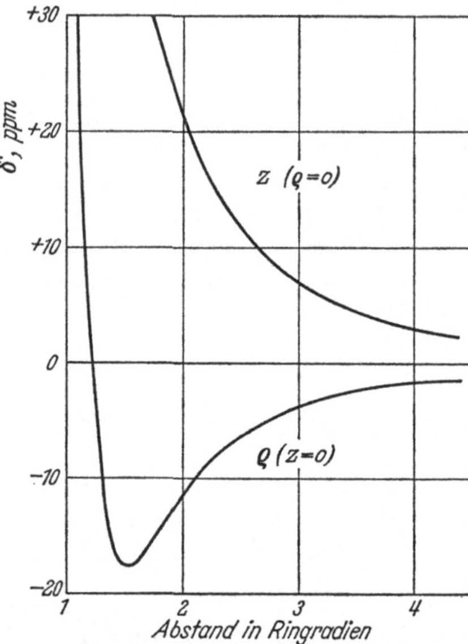

Abb. 19. Verschiebung $\delta'$ von Protonen in der Nähe eines Benzolringes durch den Ringstrom. Obere Kurve ($\rho = 0$) in Richtung der sechszähligen Symmetrieachse, untere Kurve ($z = 0$) in der Ringebene[1]

netische Abschirmung, bei etwa 1.3 Ringradien den Wert Null und bei größeren Entfernungen eine paramagnetische Abschirmung. Diese erreicht bei etwa 1.5 Ringradien ein Maximum und nimmt mit wachsendem Abstand rasch ab. An Hand dieser Kurven lassen sich die Linien gleicher Abschirmung aufzeichnen (Abb. 20). Man sieht, daß die diamagnetische Abschirmung senkrecht zur Ringebene stärker ausgeprägt ist und auf größere Entfernungen wirkt, als die paramagnetische Abschirmung in der Ringebene. Dies ist die Ursache für die diamagnetische Verschiebung von Resonanzsignalen bei Verwendung aromatischer Lösungsmittel, ein Effekt, von dem noch ausführlicher die Rede sein wird.

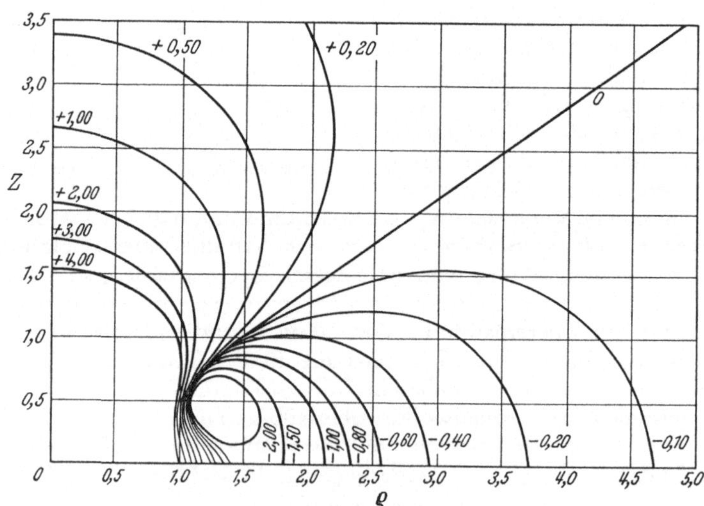

Abb. 20. Linien gleicher Verschiebung durch den Ringstromeffekt in der Nähe eines Benzolringes (in ppm). Die Abstände vom Zentrum des Ringes sind in Ringradien angegeben, $z$ in Richtung der sechszähligen Symmetrieachse, $\rho$ in der Ringebene[1]

[1] Johnson, C. E., and F. A. Bovey: J. Chem. Phys. 29, 1012 (1958).

Eine eindrucksvolle Bestätigung des Ringstroms bieten die Messungen an 1,4-Polymethylenbenzolen[1], wie I. Die mittelständigen Methylengruppen

$(CH_2)_{10}$

I

werden in einer Position über der Ebene des Aromaten gehalten und erfahren durch den Ringstrom eine diamagnetische Abschirmung von etwa 1 ppm. Die am Modell durchgeführten Näherungsrechnungen führten zum gleichen Ergebnis[1]. Auch Cyclophane, bei denen zwei Benzolringe durch zwei Dimethylenbrücken verknüpft sind, geben auf Grund des Ringstromeffektes ungewöhnliche Bandenlagen[2]. An größeren Ringen, bei denen die Anzahl der $\pi$-Elektronen die Hückelsche Regel $(4n+2)$ erfüllt, wie an einigen Annulenen und Dehydroannulenen, ist ebenfalls eine Verschiebung der Protonen auf Grund eines Ringstromes beobachtet worden. Beim 18-Annulen (II) wurden zwei Signale bei $\tau = 1.1$ und $\tau = 11.8$ mit

II        III

den relativen Intensitäten 2:1 beobachtet[3]. Die äußeren 10 Protonen sind durch den Ringstrom nach niedrigeren Feldstärken verschoben (verglichen etwa mit Cyclooctatetraen $\tau = 4.31$), während die 5 inneren Protonen um etwa 7 ppm diamagnetisch (nach höherem Feld) verschoben sind. Bei Porphirinen (III), deren Grundgerüst dem des 18-Annulens verwandt ist,

$CH_2$        $CH_2$        IV

sind ähnliche Verschiebungen gefunden worden[4,5,6]. Die äußeren Protonen absorbieren bei $\tau = 0-1$, während die inneren Iminoprotonen bei $\tau = 14$ auftreten. Beim 1,6-Methanocyclodecapentaen (IV) absorbieren die unge-

[1] WAUGH, J. S., and R. W. FESSENDEN, J. A. C. S. **79**, 846 (1957). — [2] WILSON, D. J., V. BOEKELHEIDE, and R. W. GRIFFIN, Jr.: J. A. C. S. **82**, 6302 (1960). — [3] JACKMAN, L. M., F. SONDHEIMER, Y. AMIEL, D. A. BEN-EFRAIM, Y. GAONI, R. WOLOVSKY, and A. A. BOTHNER-BY: J. A. C. S. **84**, 4307 (1962). — [4] BECKER, E. D., and R. B. BRADLEY: J. Chem. Phys. **31**, 1413 (1959). — [5] ABRAHAM, R. J., A. J. JACKSON, and G. W. KENNER: J. Chem. Soc. (London) 3468 (1961). — [6] WOODWARD, R. B., and V. SKARIE: J. A. C. S. **83**, 4676 (1961).

sättigten Protonen bei $\tau = 2.5 — 3.2$, die Methylengruppe bei $\tau = 10.5$, was ebenfalls auf einen Ringstrom hinweist[1,4]. In kondensierten aromatischen Systemen, wie Naphthalin, Phenanthren usw., tritt in jedem Ring ein Kreisstrom auf. Unter der Annahme, daß sich diese Ströme gegenseitig

Tabelle 6. *Größe des Ringstromeffektes im Anthracen*

| Verbindung | chemische Verschiebung | | |
| | berechnet | | gemessen |
| Anthracen | Lit. [a] | Lit. [b] | |
| --- | --- | --- | --- |
| Proton 1, 4, 5, 8 | –0.31 | –0.31 | –0.40 |
| Proton 2, 3, 6, 7 | –0.78 | –0.80 | –0.90 |
| Proton 9,10 | –1.21 | –1.25 | –1.37 |

[a] BERNSTEIN, H.J., W.G. SCHNEIDER, and J.A. POPLE: Proc. Roy. Soc. **A236**, 515 (1956).
[b] WAUGH, J.S., and R.W. FESSENDEN: J. A. C. S. **79**, 846 (1957).

nicht beeinflussen, ist die Abschirmung der Protonen einiger Verbindungen berechnet worden[2,3]. In Tab. 6 sind die nach zwei verschiedenen Näherungsverfahren berechneten und die beobachteten Verschiebungen des Anthracens (bezogen auf Benzol) zusammengestellt. Die Übereinstimmung zwischen Rechnung und Experiment ist recht gut.

Die durch paramagnetische Atomströme und intramolekulare Ströme hervorgerufenen magnetischen Dipole wirken nicht nur auf die unmittelbaren Nachbarn, sondern beeinflussen auch entfernter liegende Atome. Beim oben beschriebenen 1,4-Decamethylenbenzol ist bereits ein solcher Fall erwähnt worden. Hier werden die durch fünf Bindungen vom Benzolring getrennten Methylengruppen besonders stark abgeschirmt, weil sie direkt über der Ringebene liegen. Dies Beispiel zeigt, daß die Abschirmung von

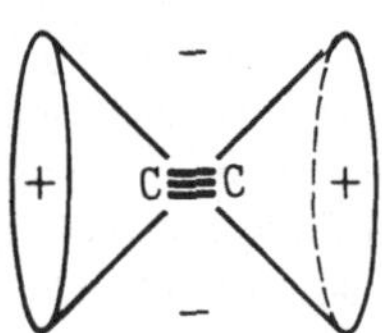
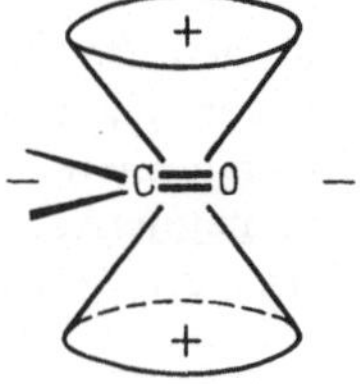

Abb. 21. Abschirmung durch eine Acetylen- und Carbonylgruppe

der Lage der Atome in bezug auf den aromatischen Ring abhängt. Ähnliche Richtwirkungen der Abschirmung wie beim Benzol findet man auch beim Acetylen und bei Carbonylverbindungen. Abb. 21 gibt für diese Verbindungstypen das Vorzeichen der Abschirmung für die verschiedenen Bereiche in der Nähe dieser Gruppen an. Diese Richtwirkung erzeugt bei starren Molekülen oft ausgeprägte Abschirmungseffekte an entfernt liegenden Protonen.

[1] VOGEL, E., u. H. D. ROTH: Angew. Chem. **76**, 145 (1964). — [2] BERNSTEIN, H.J., W. G. SCHNEIDER, and J. A. POPLE: Proc. Roy. Soc. (London) **A 236**, 515 (1956). — [3] WAUGH, J. S., and R. W. FESSENDEN: J. A. C. S. **79**, 846 (1957). — [4] GRIMME, W., H. HOFFMANN u. E. VOGEL: Angew. Chem. **77**, 348 (1965).

# III. Spin-Spin-Wechselwirkungen

## III. 1. Die Größe der Spinkopplung

Auf Grund der im voranstehenden Kapitel geschilderten Ergebnisse sollte man im Spektrum einer Substanz so viele Linien erwarten, wie chemisch verschiedene magnetische Atome auftreten. Für Äthanol $CH_3$—$CH_2$—OH sollte man drei verschiedene Protonensignale beobachten, ebenso für Propionsäure $CH_3$—$CH_2$—COOH und Cyclopentadien CH=CH—$CH_2$—CH=CH. Alle drei Verbindungen zeigen aber im Spektrum wesentlich mehr Linien. Dies wird durch die Spin-Spin-Kopplung hervorgerufen, deren Ursachen und Auswirkungen in diesem Kapitel besprochen werden sollen.

Die erste Beobachtung solcher Wechselwirkungen wurde von Proctor und Yu[1,2] gemacht, die bei der Untersuchung der $^{121}$Sb- und $^{123}$Sb-Resonanz von Hexafluoroantimonaten sieben Linien gleichen Abstandes fanden.

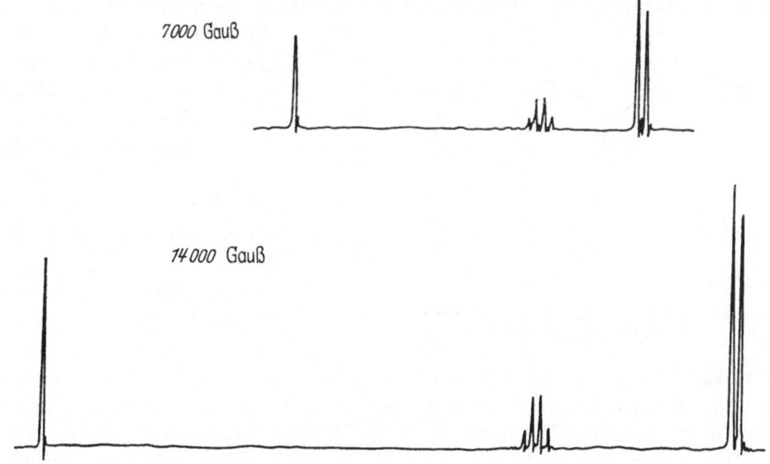


Abb. 22. $^1$H-Spektrum von α-Chlorpropionsäure bei 7000 und 14000 Gauß

Ähnliche Aufspaltungen zeigten sich an einer Vielzahl anderer Verbindungen. An einem einfachen Beispiel (α-Chlorpropionsäure) sollen die Ergebnisse erläutert werden. Das Spektrum der Substanz (Abb. 22) zeigt


[1] Proctor, W. G., and F. C. Yu: Phys. Rev. **77**, 717 (1950). — [2] Proctor, W. G., and F. C. Yu: Phys. Rev. **78**, 471 (1950).

für die Methylgruppe zwei gleich große Banden, für das $a$-ständige Proton
4 Linien und für das Proton der Carboxylgruppe ein scharfes Signal. Durch
Vergleich der beiden Spektren, die bei verschiedenen Feldstärken aufgenommen wurden, zeigt sich eine sehr wichtige Gesetzmäßigkeit der Feinstruktur: Die Größe der Aufspaltung ist in beiden Fällen gleich. Sie ist also
unabhängig von der Stärke des äußeren Feldes. Der Abstand zwischen den
Signalgruppen wird durch die chemische Verschiebung verursacht und ist
abhängig von der Feldstärke. Durch Messung einer Substanz bei verschiedenen Feldstärken kann man daher entscheiden, durch welchen der beiden
Effekte eine Aufspaltung verursacht wird. So findet man beim Acetaldehyd
$CH_3$–CHO für die Methylgruppe ein Dublett, dessen Aufspaltung 2.85 Hz
beträgt und von der Feldstärke unabhängig ist. Beim Dimethylformamid
$(CH_3)_2$N–CHO beobachtet man ebenfalls ein Dublett für die Methylgruppen, der Abstand dieser beiden Linien ist jedoch der Feldstärke proportional. Beim Acetaldehyd wird die Aufspaltung durch Spin-Spin-Wechselwirkung verursacht, beim Dimethylformamid, dessen freie Drehbarkeit um
die N—C-Bindung stark eingeschränkt ist, durch die unterschiedliche
chemische Verschiebung der Methylgruppen in cis- und trans-Stellung zur
Carbonylgruppe (vgl. Kap. 7).

Die in Abb. 22 gezeigte Aufspaltung wird durch die gegenseitige Beeinflussung von Methyl- und Chlormethylengruppe verursacht. Je nachdem,
wie die Nachbaratome im Magnetfeld ausgerichtet sind, erfährt das Feld
am Ort des betrachteten Atoms eine Schwächung oder eine Verstärkung.
Anschaulich kann man sagen, ein Kern „sieht" seine magnetischen Nachbarn. Dieses „Sehen" wird über die Bindungselektronen vermittelt, wie es
in Abb. 23 an einem sehr einfachen Fall, dem HT-Molekül, gezeigt ist. Ist
der Kernspin des Protons in Richtung des $H_0$-Feldes ausgerichtet, so beein-

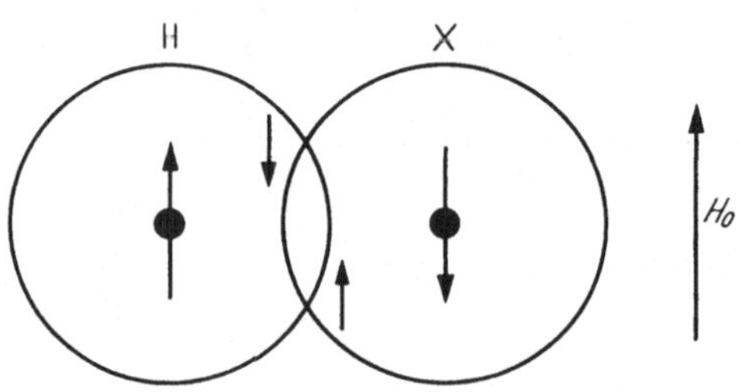


Abb. 23. Spin-Spin-Wechselwirkung über die Bindungselektronen im Molekül H–T

flußt er das Bindungselektron in seiner Nähe in solcher Weise, daß sich der
Spin des Elektrons dem Kernspin entgegengesetzt ausrichtet. Nach dem
Pauliprinzip muß das Elektron in der Nähe des Tritiums die umgekehrte
Einstellung annehmen. Dieses beeinflußt dann wiederum den Kernspin
des Tritiums[1,2]. Durch die parallele Einstellung des Protons wird also das
Feld am Tritiumkern geschwächt. Der Abstand der beiden Energieniveaus
des Tritiums ist aber dem am Ort des Kerns herrschenden Feld proportio-
nal. Die Einstellung des Protons parallel zum äußeren Feld führt zu einem
Zusammenrücken der beiden Terme. Ist die Einstellung des Protons antiparallel, so wird der Termabstand vergrößert. Da die beiden Einstellungen

[1] RAMSAY, N. F., and E. M. PURCELL: Phys. Rev. **85**, 143 (1952). — [2] RAMSAY,
N. F.: Phys. Rev. **91**, 303 (1953).

des Protons annähernd gleich oft vorkommen (vgl. S. 5), wird er in der Hälfte aller Fälle verkleinert, in der anderen Hälfte vergrößert. Aus den beiden Energieniveaus des Tritiums (Abb. 24) entstehen durch Spinkopplung

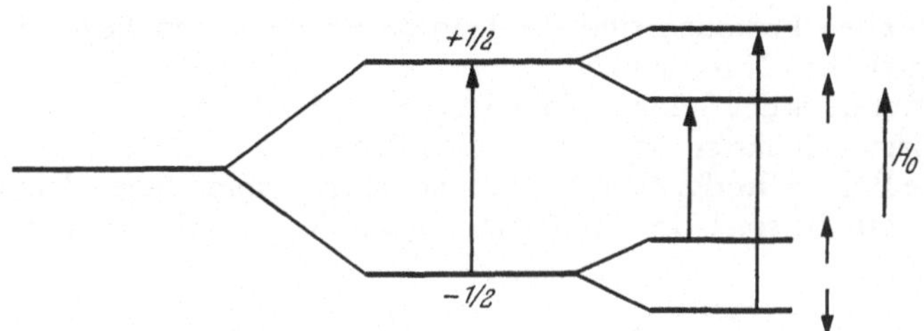


Abb. 24. Termschema bei Spinkopplung mit einem Kern der Spinquantenzahl $^1/_2$

mit dem Proton vier, und die Zahl der Übergänge verdoppelt sich ebenfalls. (Es sind nur solche Übergänge erlaubt, bei denen sich die Spinquantenzahl des Tritiums um ± 1 ändert und die des Protons erhalten bleibt.) Das ursprüngliche Signal spaltet auf Grund dieser Spin-Spin-Wechselwirkung in zwei gleich große Banden auf. Die gleiche Betrachtung gilt auch für das Protonensignal, das durch die Kopplung mit dem Tritium in zwei Banden aufgespalten wird.

Die Beeinflussung eines Kerns durch magnetische Nachbarn geht auch über größere Entfernungen hinweg, wie es in Abb. 25 am Beispiel des Tetrachlorfluoräthans gezeigt ist, wird aber nur in seltenen Fällen über mehr

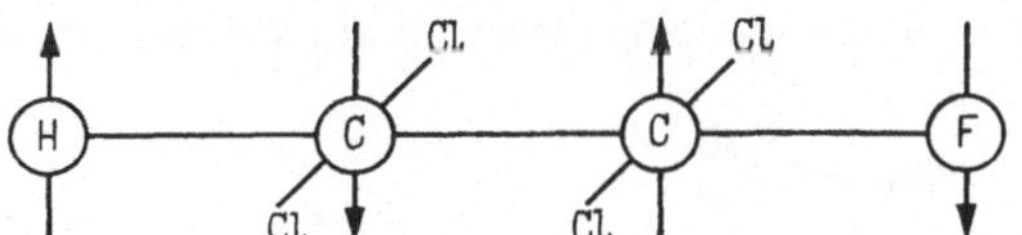


Abb. 25. Spinkopplung im 1,1,2,2-Tetrachlor-fluoräthan

als drei Bindungen hinweg beobachtet. In Abb. 22 beobachtet man eine Spinkopplung zwischen der Methingruppe und den Protonen der Methylgruppe über drei Bindungen hinweg, nicht aber mit dem Carboxylproton, dessen Abstand 4 Bindungen beträgt. In einigen Fällen, vorwiegend bei ungesättigten Verbindungen, sind „longe range"-Kopplungen über größere Entfernungen beobachtet worden[1, 2, 3, 4, 5]. Diese Kopplung kann sowohl durch die Bindungen wie durch den Raum erfolgen[6, 7, 8], wobei Größe und Vorzeichen der Kopplungskonstanten von der Entfernung und vom Winkel abhängt[8, 9].


[1] SCHAEFER, T.: J. Chem. Phys. 36, 2235 (1962). — [2] PINHEY, J. T., and S. STERNHELL: THL 4, 275 (1963). — [3] STERNHELL, S.: Rev. Pure Appl. Chem. 14, 15 (1964). — [4] KARABATSOS, G. J., R. A. TALLER, and F. M. VANE: THL 18, 1081 (1964). — [5] LEWIN, A. H.: J. A. C. S. 86, 2304 (1964). — [6] KOIDE, S., and E. DUVAL: J. Chem. Phys. 41, 315 (1964). — [7] RASSAT, A., C. W. JEFFORD, J. M. LEHN, and B. WAEGELL: THL 233 (1964). — [8] BARFIELD, M.: J. Chem. Phys. 41, 3825 (1964). — [9] COHEN, A. D., R. FREEMAN, K. A. McLAUCHLAN, and D. H. WHIFFEN: J. Mol. Phys. 7, 45 (1963).

Die Größe der Aufspaltung wird durch die Kopplungskonstante $J$ bestimmt. Da sie unabhängig von der verwendeten Feldstärke ist, gibt man ihren Wert zweckmäßig in Hertz an. Man findet je nach Art und Abstand des Nachbarisotops Kopplungskonstanten bis zu 1000 Hz. Bei der Kopplung zwischen Protonen sind die Konstanten klein und liegen im allgemeinen zwischen Null und 25 Hz.

Die Kenntnis der Spinkopplung ist für das Verständnis und die Deutung komplizierter Spektren von außerordentlicher Wichtigkeit. Im folgenden sollen die Regeln für die Aufspaltung an einigen Verbindungen demonstriert werden. Am Beispiel des HT-Moleküls wurde gezeigt, daß durch einen

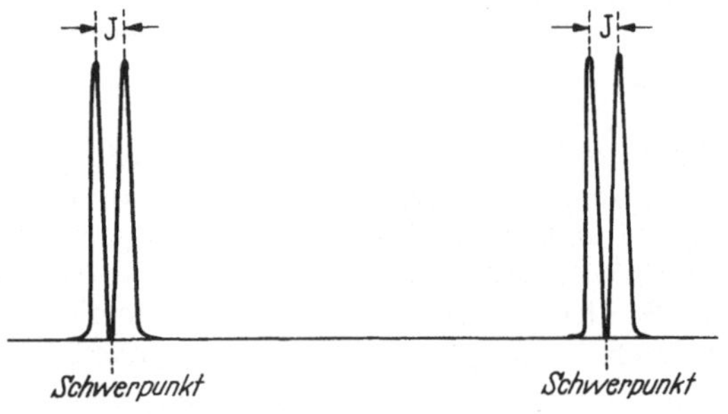


Abb. 26. Linienaufspaltung im Dichloracetaldehyd

magnetischen Nachbarn mit der Spinquantenzahl $^1/_2$ das Resonanzsignal des betrachteten Kerns in zwei gleichgroße Linien aufgespalten wird. Das gleiche gilt auch, wenn das Nachbaratom ein Proton ist, allerdings unter

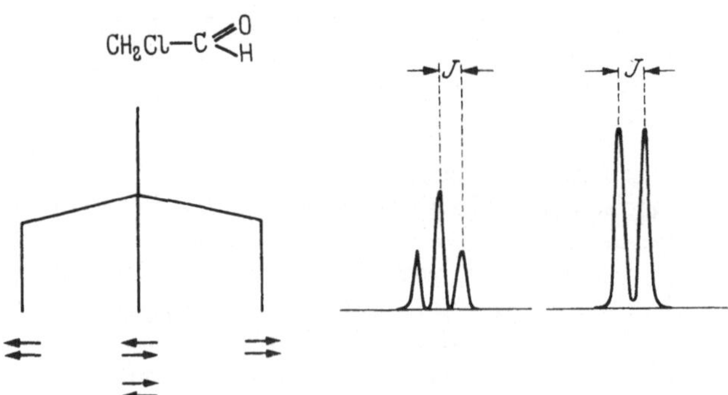


Abb. 27. Linienaufspaltung im Chloracetaldehyd

der Voraussetzung, daß die chemische Verschiebung zwischen den beiden Protonen wesentlich größer ist als die Kopplungskonstante (Spektren, bei denen diese Voraussetzung nicht gegeben ist, sollen an späterer Stelle besprochen werden.) Beim Dichloracetaldehyd (Abb. 26) wird jedes Protonensignal durch die Wechselwirkung mit dem Nachbarn in zwei Linien aufgespalten. Da die Kopplung des Aldehydprotons mit dem Methinproton durch die gleichen Bindungselektronen erfolgt, wie die Kopplung des

Methinprotons mit dem Aldehydwasserstoff, sind die beiden Aufspaltungen
gleich groß. Die Kopplungskonstante $J$ ist durch den Abstand der beiden
Linien in den Dubletts gegeben. Hat ein Proton zwei Nachbarn, wie etwa
das Aldehydproton im Chloracetaldehyd, so können sich die Methylenprotonen auf dreierlei Weise einstellen, entweder beide parallel zum Feld
oder beide antiparallel, ferner das erste parallel, das zweite antiparallel oder
umgekehrt. Dadurch wird das Aldehydproton entweder nach tieferem oder
nach höherem Feld verschoben oder die beiden Einflüsse heben sich gegenseitig auf. Entsprechend diesen Einstellungen spaltet das Resonanzsignal des Aldehydprotons in drei Linien auf mit den relativen Intensitäten 1:2:1 (Abb. 27). Das Signal der Methylengruppe wird durch
Kopplung mit dem Aldehydproton in ein Dublett aufgespalten. Hat das
betrachtete Atom drei Nachbarn, so beobachtet man wegen der verschiedenen Einstellungsmöglichkeiten der drei Atome vier Linien mit
den relativen Intensitäten 1:3:3:1, wie es in Abb. 28 am Beispiel des
1,1-Difluor-1-chlor-äthans gezeigt ist. Das Signal der Methylgruppe
spaltet durch Kopplung mit den beiden Fluoratomen in ein Triplett auf.

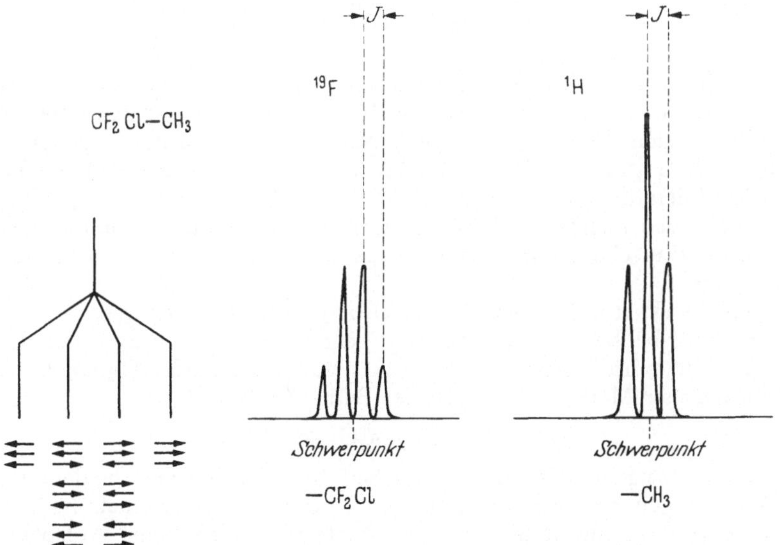


Abb. 28. Linienaufspaltung im $^{19}F$- bzw. $^1H$-Spektrum von 1,1-Difluor-1-chloräthan

Allgemein findet man bei n Nachbaratomen n+1 Linien, deren relative
Intensitäten sich wie die n-ten Binominalkoeffizienten verhalten (Tab. 7),
d. h. also, bei vier Nachbarn 5 Linien mit den Intensitäten 1:4:6:4:1, bei
5 Nachbarn sechs Linien usw. Es ist dabei gleichgültig, ob die Nachbaratome einer Gruppe oder mehreren angehören. Wenn sie gleich sind, d. h.
die gleiche chemische Verschiebung und den gleichen Abstand vom betrachteten Atom haben, beteiligen sie sich in gleicher Weise an der Aufspaltung. So findet man für den tertiären Wasserstoff im i-Propylalkohol
$(CH_3)_2CH-OH$ wegen der sechs gleichen Methylprotonen sieben Linien

mit den Intensitäten $1:6:15:20:15:6:1$. Bei ungleichen Nachbarn sind die Spinkopplungen voneinander unabhängig und man findet eine Aufspaltung in $(n_1 + 1) \cdot (n_2 + 1)$ Linien. Bei der Crotonsäure $CH_3$—$CH$=$CH$—$COOH$ wird das Signal des Wasserstoffs am $\beta$-Kohlenstoffatom durch die Methylgruppe in ein Quadruplett und durch das olefinische Proton in $\alpha$-Stellung in ein Dublett aufgespalten. Das Signal dieses Protons besteht daher aus acht Linien (Abb. 29). Das Signal des Protons in $\alpha$-Stellung wird ebenfalls durch das benachbarte olefinische Proton und die Methylgruppe aufgespalten, die Kopplung mit der Methylgruppe ist wegen der größeren Entfernung jedoch geringer. Für die Methylgruppe beobachtet man vier Linien,

Tabelle 7

*Relative Intensitäten der Linien eines Spinmultipletts bei n gleichen Nachbarn*

| | | | | | | | | | |
|---|---|---|---|---|---|---|---|---|---|
| | | | | 1 | | | | | $n = 0$ |
| | | | 1 | | 1 | | | | $n = 1$ |
| | | 1 | | 2 | | 1 | | | $n = 2$ |
| | 1 | | 3 | | 3 | | 1 | | $n = 3$ |
| 1 | | 4 | | 6 | | 4 | | 1 | $n = 4$ |
| 1 | 5 | | 10 | | 10 | | 5 | 1 | $n = 5$ |
| 1 | 6 | 15 | | 20 | | 15 | 6 | 1 | $n = 6$ |

die durch die Kopplung mit den beiden olefinischen Wasserstoffen verursacht werden. Hat ein Atom viele verschiedene Nachbarn, so kann das Resonanzsignal sehr linienreich werden. Man sollte für $\beta$-Benzylbuttersäure $CH_3$—$CH(CH_2C_6H_5)$—$CH_2$—$COOH$ nach der obigen Regel $4 \times 3 \times 3$, also 36 Linien für das Proton am $\beta$-Kohlenstoff erwarten. Derartige Signale können in den meisten Fällen nicht in ihre Einzelkomponenten aufgelöst werden und erscheinen im Spektrum als mehr oder weniger strukturiertes Multiplett.

Sind zwei Atome gleich, haben also die gleiche chemische Verschiebung, dann beobachtet man keine gegenseitige Aufspaltung. Man findet daher z. B. beim Methylenjodid $CH_2J_2$ nur ein scharfes Signal. Ebenso geben die vier Methylenprotonen der Bernsteinsäure

$HOOC$—$CH_2$—$CH_2$—$COOH$

nur eine scharfe Bande. Auch zwischen Atomen, die verschiedenartigen Gruppen angehören und zufällig die gleiche chemische Verschiebung haben, tritt keine Aufspaltung ein. Ebenso beobachtet man keine Aufspaltung zwischen Atomen, deren chemische Verschiebung zwar in jedem Augenblick verschieden ist, die Unterschiede aber durch schnelle Molekularbewegungen herausgemittelt werden. Die beiden Methylenwasserstoffe des Chloracetaldehyds (Abb. 27) werden wegen der Stellung cis und trans zur Carbonylgruppe verschieden stark abgeschirmt. Wenn die Rotation um die C—C-Bindung eingefroren ist, kann man die unterschiedliche Verschiebung und eine Aufspaltung beobachten. Bei Raumtemperatur ist jedoch die Rotation sehr schnell, die beiden Wasserstoffe erfahren die gleiche mittlere Abschirmung und zeigen daher keine gegenseitige Aufspaltung.

Wenn eine Methylengruppe oder eine Isopropylgruppe mit einem asymmetrischen Kohlenstoffatom verknüpft oder nur wenige Bindungen von

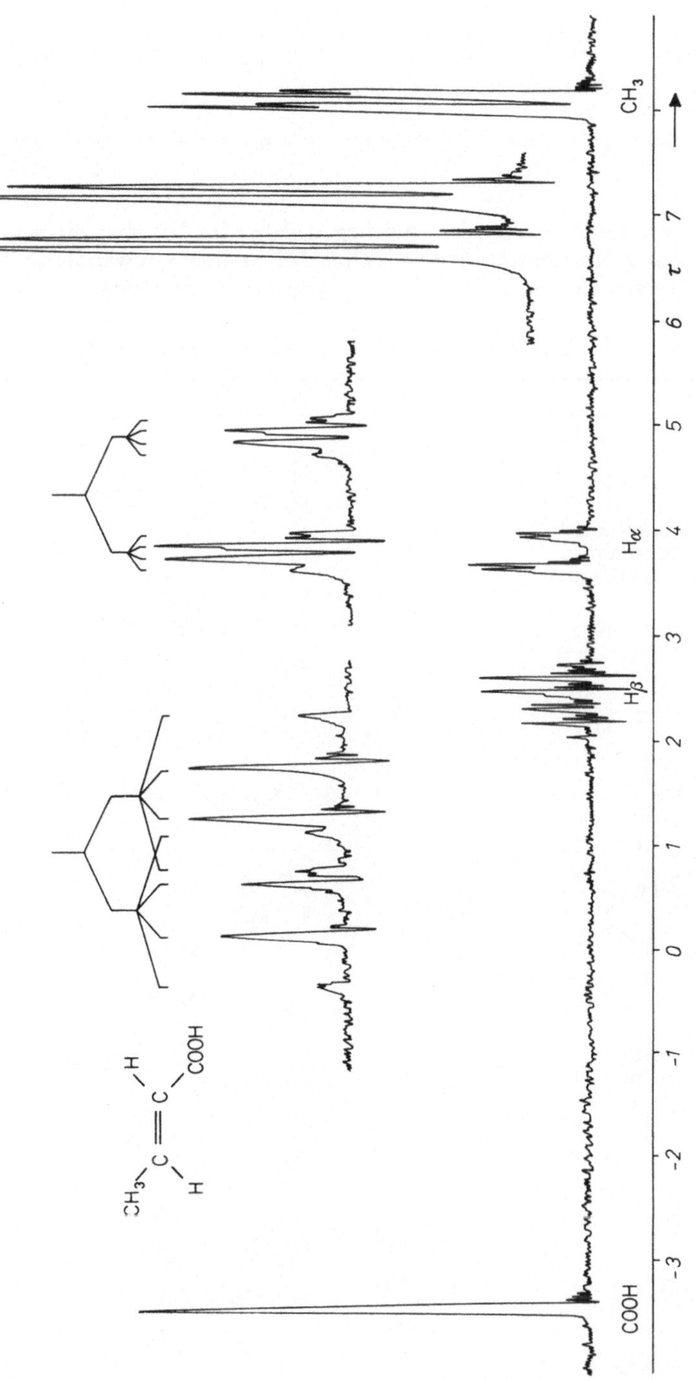



Abb. 29. ¹H-Spektrum von Crotonsäure

einer solchen Gruppe entfernt ist, beobachtet man oft eine unterschiedliche chemische Verschiebung der beiden Methylenprotonen bzw. Methylgruppen. Die drei Rotationsisomeren eines Moleküls

$$X-CH_2-\underset{\underset{R''}{|}}{\overset{\overset{R}{|}}{C}}-R'$$

haben verschiedene Energien und liegen daher im Gleichgewicht in unterschiedlicher Konzentration vor. Selbst bei rascher Umwandlung der Isomeren ineinander ist die mittlere Abschirmung der beiden Methylenpro-

Tabelle 8. *Typische Werte einiger Kopplungskonstanten*

| Bindungstyp | J in Hz | Bindungstyp | J in Hz |
|---|---|---|---|
| H—C—H | 10–20 | B—H | 30–150 |
| H—C—C—H | 2–8 | H—$^{13}$C | 120–250 |
| 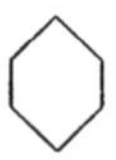 (Cyclohexan) axial/axial | 9.5–12 | H—N | 50 |
| axial/äquat. | 3.5–4.5 | H—P | 200–500 |
| äquat./äquat. | 2–3 | H—C—F | 40–80 |
| H,C=C,H (cis) | 6–14 | H—C—P | 10–20 |
| H,C=C,H (trans) | 10–18 | H—C—C—F | 5–30 |
| H,H>C=C (geminal) | 0–4 | H,C=C,F (cis) | 3–20 |
| C=C<CH,H | 4–10 | H,C=C,F (trans) | 10–40 |
| H,C=C,CH | 0.5–2.0 | H,F>C=C (geminal) | 70–90 |
| C=CH—CH=C | 10–13 | (Fluorbenzol) ortho | 6–10 |
|  (Benzol) ortho | 5–9 | meta | 6–8 |
| meta | 1–3 | para | 2–2.5 |
| para | 0.3–0.6 | | |
| F—$^{13}$C | 300 | F,C=C,F (cis) | 10–60 |
| F—Si | 300 | F,C=C,F (trans) | 115–130 |
| F—P | 1400 | (Difluorbenzol) ortho | 20–21 |
| F—C—F | 150–230 | meta | 2–4 |
| F—C—C—F | 0–20 | para | 12–15 |
| F—C—C—C—F | 7–10 | | |

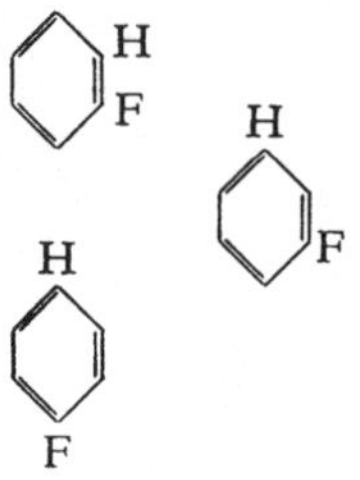

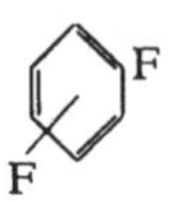

tonen verschieden[1]. So zeigen die beiden Methylenprotonen des Acetaldehyd-diäthyl-acetals eine unterschiedliche chemische Verschiebung und spalten in ein AB-Signal auf[2,3,4]. Durch Kopplung mit den Methylprotonen spaltet jede Linie noch einmal in ein Quadruplett auf. Die gleiche Erscheinung wurde bei Äthylgruppen in Estern[3], Sulfiten[3,5,6], Sulfoxyden[6,7], Sulfinsäureestern[8], Äthern[3,9,10], Ammoniumsalzen[7] und verschiedenartig substituierten Äthanen[11] beobachtet. Ebenso tritt bei substituierten N,N-Dimethyl-benzylaminen eine Aufspaltung der Methylenprotonen auf, wenn in Ortho- und Metastellung ein Substituent mit einem asymmetrischen Kohlenstoffatom steht[12]. Der Unterschied in der chemischen Verschiebung der beiden Methylenprotonen hängt von der Anisotropie der asymmetrischen Gruppen ab. Er wird durch die verschiedene Konzentration der Rotationsisomeren hervorgerufen und ändert sich oft bei Wechsel des Lösungsmittels[10,11]. Möglicherweise hat auch die Asymmetrie des Moleküls einen Einfluß auf die verschiedenartige Abschirmung[6,9].

Die Größe der Kopplungskonstanten hängt von der Art der beteiligten Atome und ihrer Stellung zueinander ab, wie es in Tab. 8 an einigen Beispielen gezeigt ist. Eine ausführlichere Behandlung wird bei der Besprechung der einzelnen Verbindungsklassen erfolgen. Eine umfassende Zusammenstellung neuerer Daten ist von MULLER[13] veröffentlicht worden.

Die in Tab. 8 angegebenen Kopplungskonstanten sind Absolutbeträge, wie sie aus den Bandenaufspaltungen gewonnen werden. Über die Vorzeichen der Konstanten ist damit noch keine Aussage gemacht. Sie können sowohl positiv wie negativ sein. Da aber das Aussehen der meisten Spektren unabhängig vom Vorzeichen der Kopplungskonstanten ist, reicht es für viele Analysen von NMR-Spektren aus, mit Absolutbeträgen zu rechnen. Wenn in den folgenden Kapiteln die Größen von Kopplungskonstanten erwähnt werden, so sind immer die Absolutbeträge gemeint, wenn nicht speziell auf das Vorzeichen hingewiesen wird.

Die Kenntnis der Vorzeichen von Kopplungskonstanten ist jedoch von großem theoretischem Interesse und es sollen daher kurz die Ergebnisse und die Methoden zu ihrer Bestimmung besprochen werden. Zunächst sei ein System aus zwei Kernen betrachtet. Beide koppeln miteinander und ergeben zwei Dubletts. Wenn die Kopplung über die Bindungselektronen erfolgt, wie es in Abb. 23 gezeigt wurde, können, je nach Einstellung der Elektronen, zwei verschiedene Fälle auftreten (Abb. 30). Im Fall I stehen die Bindungselektronen antiparallel und die Folge davon ist, daß das durch

[1] GUTOWSKY, H.S.: J. Chem. Phys. **37**, 2196 (1962). — [2] KAPLAN, F., and J. D. ROBERTS: J. A. C. S. **83**, 4666 (1961). — [3] SHAFER, P.R., D.R. DAVIS, M. VOGEL, K. NAGARAJAN, and J. D. Roberts: Proc. Natl. Acad. Sci. U.S. **47**, 49 (1961). — [4] ELVIDGE, J. A., and R. G. FOSTER: J. Chem. Soc. 981 (1964). — [5] FINEGOLD, H.: Proc. Chem. Soc. (London) 283 (1960). — [6] WAUGH, J. S., and F. A. COTTON: J. Phys. Chem. **65**, 562. (1961). — [7] COYLE, T. D., and F. G. A. STONE: J. A. C. S. **83**, 4138 (1961). — [8] WILT, J. W., and W. J. WAGNER: Chem. and Industrie 1389 (1964). — [9] WHITESIDES, G. M., D. HOLTZ, and J. D. ROBERTS: J. A. C. S. **86**, 2628 (1964). — [10] WHITESIDES, G.M., J. J. GROCKI, D. HOLTZ, H. STEINBERG, and J.D. ROBERTS: J. A. C. S. **87**, 1058 (1965). — [11] SNYDER, E. J.: J. A. C. S. **85**, 2624 (1963). — [12] RANDALL, J.C., J. J. McLeskey, III, P. SMITH, and M. E. HOBBS: J. A. C. S. **86**, 3229 (1964). — [13] MULLER, J.C.: Bull. Soc. Chim. France 2027 (1964).

die Einstellung des Kernspins von A am Ort des Kerns von B induzierte
Feld dem am Kern A entgegengesetzt ist. Im Fall II stehen die Bindungselektronen parallel und das am Kern B induzierte Moment ist dem Kern-
moment von A parallel. Fall I wird als positive Kopplung, Fall II als negative Kopplung bezeichnet. Durch die beiden Einstellungsmöglichkeiten von

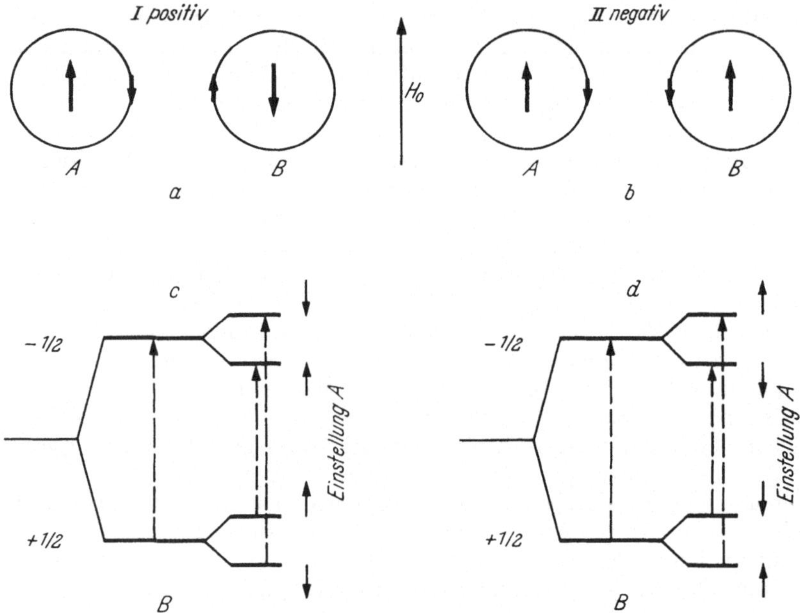



Abb. 30. Positive und negative Kopplung in einem System von zwei Kernen mit $I = {}^1/_2$

A wird das äußere Feld am Ort des Kernes B einmal verstärkt und einmal
geschwächt. Die Aufspaltung der beiden Terme des Kerns B kann auf zwei
verschiedene Weisen geschehen. Bei positiver Kopplung wird die Aufspaltung verkleinert, wenn Kern A parallel zum äußeren Feld steht und vergrößert bei antiparalleler Einstellung, bei negativer Kopplung ist es umgekehrt. In beiden Fällen zeigt die Bande von B die gleiche Aufspaltung. Bei
positiver Kopplung gehört die Linie des B-Dubletts, die bei höherem Feld
liegt, zur Einstellung des A-Kerns antiparallel zum Feld, bei negativer ist es
die Bande bei tieferem Feld (Abb. 30c und d). Aus den beiden Linienpaaren
des Spektrums kann man nicht erkennen, welcher der beiden Fälle vorliegt.
Da die beiden Bindungselektronen bei antiparalleler Einstellung eine geringere Energie besitzen, ist Fall I wesentlich wahrscheinlicher als Fall II, und
die Kopplungskonstante ist bei zwei kovalent miteinander verbundenen
Atomen positiv[1]. Bei Kopplungen über größere Entfernungen hinweg
können verschiedene Vorzeichen auftreten. Wenn die Kopplungen nur

---

[1] KARPLUS, M.: J. A. C. S. **84**, 2458 (1962).

über die $\sigma$-Elektronen verlaufen, dann würden in Analogie zu Abb. 30 Kopplungen im H—C—C—H-System (Abb. 31) abwechselnd positives und negatives Vorzeichen haben. (Hierbei ist angenommen worden, daß sich die Elektronenspins antiparallel einstellen.) Da neben der Kopplung über die $\sigma$-Bindung auch andere Kopplungsmechanismen auftreten können, läßt sich das Vorzeichen nicht durch einfaches Abzählen der Bindungen bestimmen. Im oben besprochenen Fall eines AB-Systems bleibt das Spektrum unverändert, wenn das Vorzeichen der Kopplungskonstanten vertauscht wird. Das gleiche gilt für $A_2B$-, $A_2X_2$- und $A_2X_3$-Systeme (Definition der Spektrentypen S. 55). In Systemen mit drei verschiedenen Kernen, wie ABX, hängt das Aussehen des Spektrums vom Vorzeichen ab. Wie auf S. 66 gezeigt wird, kann man in vielen Fällen aus dem Spektrum ersehen,

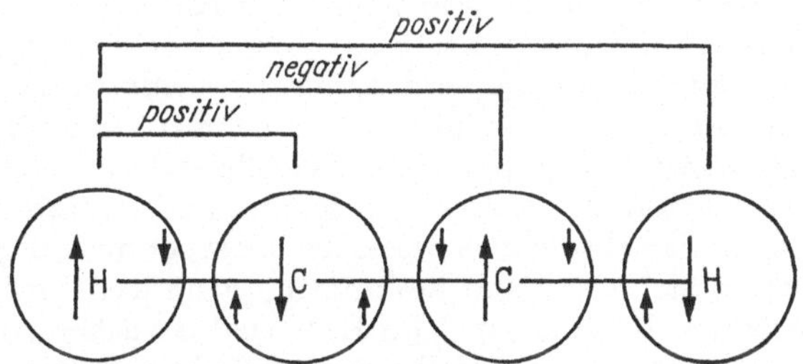


Abb. 31. Vorzeichen der Kopplungskonstanten in einem H–C–C–H-System

ob die Konstanten $J_{AX}$ und $J_{BX}$ gleiches oder entgegengesetztes Vorzeichen haben. Das Vorzeichen der Konstanten $J_{AB}$ läßt sich diesen Spektren nicht entnehmen. Bei ABC-Spektren haben die Vorzeichen aller drei Kopplungskonstanten einen Einfluß auf das Aussehen des Spektrums. Die Aussagen werden besonders eindeutig, wenn die chemische Verschiebung zwischen mindestens zwei Kernen von der gleichen Größenordnung ist wie die Kopplungskonstanten. In vielen Fällen hat man, um diese Bedingungen zu erfüllen, die Spektren absichtlich bei sehr niedrigen Feldstärken aufgenommen.

Man kann also in einigen Spektren die relativen Vorzeichen der Kopplungskonstanten bestimmen. Dieses Verfahren ist aber mühsam und nicht immer eindeutig. Auf sehr viel einfachere Weise können die relativen Vorzeichen der Kopplungskonstanten durch Doppelresonanzexperimente ermittelt werden. Dieses Verfahren ist von MAHER und EVANS[1] am Beispiel des Triäthylthalliums in besonders schöner Weise demonstriert worden. Das Thalliumisotop $^{205}$Tl, welches etwa 70 Prozent des Thalliums ausmacht, hat einen Spin von $1/_2$. Durch Spinkopplung mit dem Thallium werden die Signale der Methylen- und Methylgruppen aufgespalten und zwar betragen die Kopplungskonstanten $J_{Tl-CH_2} = 198\,\mathrm{Hz}$ und $J_{Tl-CH_3} = 396\,\mathrm{Hz}$. Die Kopplung mit der entfernteren Methylgruppe ist also wesentlich größer als die mit der benachbarten Methylengruppe. Ähnliche Fälle

[1] MAHER, J. P., and D. F. EVANS: Proc. Chem. Soc. (London) 208 (1961).

sind bei verschiedenen Schwermetallverbindungen beobachtet worden[1]. Das $^2$H-Spektrum von Triäthylthallium besteht daher aus zwei äußeren Triplettbanden für die Methylgruppen und zwei inneren Quadruplettbanden für die Methylengruppen. Strahlt man eine Zusatzfrequenz ein, die genau auf die Triplettbande bei höherem Feld abgestimmt ist, dann verschwindet die Aufspaltung des Methylensignals bei tieferem Feld, wenn die beiden Konstanten $J_{Tl-CH_3}$ und $J_{Tl-CH_2}$ entgegengesetztes Vorzeichen haben. Ebenso kann man auf eine Methylengruppe einstrahlen, und es fällt das Signal der entfernteren Methylgruppe zu einer Linie zusammen. Bei gleichen Vorzeichen der Kopplungskonstanten würde die am nähesten stehende Methylgruppe zusammenfallen. Diese Methode läßt sich auch auf Systeme anwenden, in denen alle drei koppelnden Kerne Protonen sind[2,3,4]. Die Bestimmung des Vorzeichens ist auch dann möglich, wenn das Spektrum erster Ordnung, also etwa vom AMX-Typ ist. Nach den beiden Verfahren können die relativen Vorzeichen von verschiedenen Kopplungskonstanten bestimmt werden. Ob sie positiv oder negativ sind, läßt sich nicht aus den Experimenten entnehmen. Berechnungen der Spinkopplungskonstanten dagegen ergeben Größe und Vorzeichen. Ein Vergleich der relativen Konstanten aus Experimenten und theoretischen Werten ist daher schwierig. Die absoluten Vorzeichen der experimentell gewonnenen Konstanten lassen sich erst dann bestimmen, wenn das Vorzeichen einer einzigen Konstanten bekannt ist. Von KARPLUS[5] ist daher vorgeschlagen worden, die Konstante $J_{13C-H}$ zwischen einem Kohlenstoffatom und einem direkt gebundenen Proton als positiv zu definieren. Diese Definition wird durch Berechnungen nach der Valence-bond-Methode wahrscheinlich gemacht. Nachdem das Vorzeichen einer Kopplungskonstanten bekannt ist, können nach einer der oben geschilderten Methoden weitere Vorzeichen bestimmt werden. Die Kopplung zwischen zwei nachbarständigen Protonen H—C—C—H ist danach ebenfalls positiv. Obwohl die Theorie für die vicinalen und die geminalen Kopplungskonstanten positives Vorzeichen vorhersagt[6,7], sind in einer Reihe von Untersuchungen entgegengesetzte Vorzeichen gefunden worden[8,9,10,11,12,13,14,15,16]. Da die vicinalen Kopplungskonstanten positiv sind, folgt daraus ein negatives Vorzeichen für die geminale Kopplung H—C—H. In vereinzelten Fällen wurden abweichende Ergebnisse gefunden. Z.B. haben in Äthylenoxyden die Kopplungskonstanten zwischen vicinalen und geminalen Wasserstoffen das gleiche Vorzei-

[1] STAFFORD, S. L., and J. D. BALDESCHWIELER: J. A. C. S. **83**, 4473 (1961). — [2] FREEMAN, R., and D. H. WHIFFEN: J. Mol. Phys. **4**, 321 (1961). — [3] FREEMAN, R., and D. H. WHIFFEN: J. Mol. Phys. **4**, 385 (1961). — [4] HOFFMAN, R. A., B. GESTBLOM, and S. FORSEN: J. Mol. Spec. **13**, 221 (1964). — [5] KARPLUS, M.: J. A. C. S. **84**, 2458 (1962). — [6] KARPLUS, M.: J. Chem. Phys. **30**, 11 (1959). — [7] KARPLUS M.: J. Chem. Phys. **64**, 1793 (1961). — [8] ANET, F. A. L.: J. A. C. S. **84**, 3767 (1962). — [9] ANET, F. A. L.: J. A. C. S. **84**, 1053 (1962). — [10] FRASER, R. R., R. U. LEMINEUX, and J. D. STEPHEN: J. A. C. S. **83**, 3901 (1961). — [11] McLAUCHLAN, A., and D. H. WHIFFEN: Proc. Chem. Soc. (London) 144 (1962). — [12] FRASER, R. R.: Can. J. Chem. **40**, 1483 (1962). — [13] FREEMAN, R., K. A. McLAUCHLAN, J. I. MUSHER, and K. G. R. PACHLER: J. Mol. Phys. **5**, 321 (1962). — [14] FINEGOLD, H.: Proc. Chem. Soc. (London) 213 (1962). — [15] LUSTIG, E.: J. Chem. Phys. **37**, 2725 (1962). — [16] KAPLAN, F., and J. D. ROBERTS: J. A. C. S. **83**, 4666 (1961).

chen [1,2,3,4]. Die Konstante $J_{H-C-O-H}$ ist positiv[5]. Unter der Annahme einer positiven Kopplung für $J_{13C-H}$ findet man für $J_{13C-C-H}$ ein negatives und für $J_{13C-C-C-H}$ ein positives Vorzeichen[6,7].

In ungesättigten Verbindungen treten neben die Kopplung durch $\sigma$-Bindungen andere Kopplungsmechanismen. Der Anteil der $\pi$-Elektronen ist von KARPLUS[8,9] berechnet worden. Die Ergebnisse sind mit den gemessenen Werten in Tab. 9 zusammengestellt. Die Kopplung über $\sigma$- und über $\pi$-Bindungen hängt in unterschiedlicher Weise von der Entfernung ab. Die

Tabelle 9

*Vergleich des Anteils der $\pi$-Elektronen an den Kopplungskonstanten mit experimentell bestimmten Kopplungswerten*

| Verbindung | $J_{HH}$, $(\pi)$ Hz theoretisch | $J_{HH}$, Hz experimentell |
|---|---|---|
| H–C=C–H | +1.5 | 5 bis 11 (cis) 10 bis 18 (trans) |
| H–C≡C–H | +4.6 | 9.1 |
| H–C=C–C–H | —1.7 | –1.4 bis –1.8 |
| H–C≡C–C–H | —3.7 | –2.1 bis –2.9 |
| H–C=C=C–H | —6.7 | 6.1 bis 7.0 (Vorzeichen unbekannt) |
| H–C–C=C–C–H | +2.0 | 1.2 bis 1.5 (Vorzeichen unbekannt) |
| H–C–C≡C–C–H | +2.9 | 2.9 (Vorzeichen unbekannt) |
| H–C=C=C=C–H | +7.8 | |

KARPLUS, M.: J. Chem. Phys. **33**, 1842 (1960).

erstere zeigt mit wachsendem Abstand der koppelnden Kerne einen wesentlich stärkeren Abfall. Bei Verbindungen vom Äthylentyp erfolgt die Kopplung $J_{H-C=C-H}$ im wesentlichen durch die $\sigma$-Bindungen. Beim Acetylen ist der Anteil der $\pi$-Elektronen bereits größer. Sind die Kerne mehr als drei Bindungen voneinander entfernt, so wird der Anteil der $\sigma$-Bindungen verschwindend klein. Bei den Kopplungen über größere Entfernungen ist die Übereinstimmung von gemessenen und den von KARPLUS berechneten Werten sehr gut, woraus deutlich wird, daß die Kopplung durch $\pi$-Elektronen überwiegt.

Bei Kopplungen über zwei und drei Bindungen, bei denen beide Kopplungsmechanismen auftreten, läßt sich das Vorzeichen nicht vorhersagen. In einer Reihe von Untersuchungen wurde gefunden, daß die Konstanten $J_{H-H}$ trans und $J_{H-H}$ cis in Äthylenverbindungen das gleiche Vorzeichen

[1] GUTOWSKY, H. S., M. KARPLUS, and D. M. GRANT: J. Chem. Phys. **31**, 1278 (1959). — [2] REILLY, C. A., and J. D. SWALEN: J. Chem. Phys. **35**, 1522 (1961). — [3] LAUTERBUR, P. C., and R. J. KURLAND: J. A. C. S. **84**, 3405 (1962). — [4] ELLEMAN, D. D., and S. L. MANATT: J. Chem. Phys. **36**, 2346 (1962). — [5] HRUSKA, F., T. SCHAEFER, and C. A. REILLY: Can. J. Chem. **42**, 697 (1964). — [6] DREESKAMP, H., u. E. SACKMANN: Z. Physik. Chem. **34**, 261 (1962). — [7] DREESKAMP, H., u. E. SACKMANN: Ber. Bunsenges. phys. Chem. **67**, 847 (1963). — [8] KARPLUS, M.: J. A. C. S. **82**, 4431 (1960). — [9] KARPLUS, M.: J. Chem. Phys. **33**, 1842 (1960).

haben[1,2,3,4,5,6]. Das gleiche Vorzeichen findet man für die Kopplung zwischen Protonen in den Systemen $\text{C=CH—CH}$ und $\text{C=CH—CH=C}$ [5,7,8,9,10,11]. Bezogen auf die $J_{13C-H}$-Konstante sind alle diese Konstanten positiv. Die Konstante für die Kopplung im System H—C—C=C—H ist vermutlich negativ[10,12]. Die Anteile der $\pi$-Elektronen an der Kopplung, die für olefinische Verbindungen berechnet wurden, lassen sich nicht auf Aromaten und Heterocyclen übertragen. Bei diesen Verbindungen ist der Anteil der $\pi$-Elektronen an der Kopplung gering[13]. An einer aromatischen Verbindung konnte von BUCKINGHAM und MCLAUCHLAN[14] das absolute Vorzeichen einer Kopplungskonstanten zum ersten Male experimentell bestimmt werden. Die untersuchten Moleküle von p-Nitrotoluol besitzen ein Dipolmoment und richten sich in einem elektrischen Feld aus. Durch Veränderung der Spinkopplung zwischen den Orthoprotonen bei Versuchen mit und ohne elektrischem Feld konnte gezeigt werden, daß die Orthokopplung zwischen Protonen positiv ist. Zu dem gleichen Ergebnis kommt man auch, wenn man, entsprechend dem Vorschlag von KARPLUS, die Konstante $J_{13C-H}$ als positiv annimmt. An verschiedenen fluorhaltigen Aromaten sind die relativen Vorzeichen der übrigen Kopplungskonstanten bestimmt worden. Hierbei wurden für $J_{H-H}$ meta, $J_{H-H}$ ortho, $J_{H-H}$ para, $J_{H-F}$ ortho und $J_{H-F}$ meta das gleiche, nach dem oben Gesagten, positive Vorzeichen gefunden. $J_{H-F}$ para hat ein entgegengesetztes Vorzeichen und ist somit negativ[15,16,17,18,19]. Für die Konstanten $J_{F-F}$ meta und $J_{F-F}$ para wurde ein gleiches, für $J_{F-F}$ ortho das entgegengesetzte Vorzeichen gefunden[19].

Über heterocyclische Verbindungen liegen nur wenige Angaben vor. Im Thiophen haben alle Kopplungskonstanten das gleiche Vorzeichen[18]. Im Furan und in Furanderivaten wurden ebenfalls für alle Konstanten $J_{H-H}$ die gleichen, vermutlich positiven Vorzeichen gefunden[18,20,21]. Die drei Konstanten im Heteroring des Chinolins und im 2,3-disubstituierten Pyridin haben das gleiche Vorzeichen und sind vermutlich positiv[22,23].

---

[1] ALEXANDER, S.: J. Chem. Phys. **28**, 358 (1958). — [2] ALEXANDER, S.: J. Chem. Phys. **32**, 1700 (1960). — [3] BANWELL, C.N., and N. SHEPPARD: J. Mol. Phys. **3**, 351 (1960). — [4] BISHOP, E.O., and R.E. RICHARDS: J. Mol. Phys. **3**, 114 (1960). — [5] BOTHNER-BY, A.A., and C. NAAR-COLIN: J.A.C.S. **83**, 231 (1961). — [6] CASTELLANO, S., and G. CAPARICCIO: J. Chem. Phys. **36**, 566 (1962). — [7] MORTIMER, F.S.: J. Mol. Spec. **3**, 335 (1959). — [8] COHEN, A.D., and N. SHEPPARD: Proc. Roy. Soc. (London) **A 252**, 488 (1959). — [9] FESSENDEN, R.W., and J.S. WAUGH: J. Chem. Phys. **30**, 944 (1959). — [10] FREEMAN, R.: J. Mol. Phys. **4**, 385 (1961). — [11] ELVIDGE, J.A., and L.M. JACKMAN: Proc. Chem. Soc. (London) 89 (1959). — [12] ELLEMAN, D.D., and S.L. MANATT: J. Chem. Phys. **36**, 2346 (1962). — [13] McCONNELL, H.M.: J. Mol. Spec. **1**, 11 (1957). — [14] BUCKINGHAM, A.D., and K.A. McLAUCHLAN: Proc. Chem. Soc. (London) 144 (1963). — [15] WILLIAMS, D.H., and H.S. GUTOWSKY: J. Chem. Phys. **25**, 1288 (1956). — [16] PATERSON, W.G., and H. SPEDDING: Can. J. Chem. **41**, 2706 (1963). — [17] DIEHL, P., and I. GRÄNACHER: J. Chem. Phys. **34**, 1846 (1961). — [18] GRANT, D.M., R.C. HIRST, and H.S. GUTOWSKY: J. Chem. Phys. **38**, 470 (1963). — [19] EVANS, D.F.: J. Mol. Phys. **6**, 179 (1963). — [20] FREEMAN, R., and D.H. WHIFFEN: J. Mol. Phys. **4**, 321 (1961). — [21] HOFFMAN, R.A., B. GESTBLOM, S. GRONOWITZ, and S. FORSEN: J. Mol. Spec. **11**, 454 (1963). — [22] PATERSON, W.G., and G. BIGAM: Can. J. Chem. **41**, 1841 (1963). — [23] RAO, B.D.N., and J.D. BALDESCHWIELER: J. Chem. Phys. **37**, 2473 (1962).

An einer Reihe von Fluorverbindungen sind die Vorzeichen von $J_{H-F}$ und $J_{F-F}$ bestimmt worden[1,2,3,4]. Die Ergebnisse zeigen für H—C—F, H—C—C—F das gleiche (positive) Vorzeichen. Bei Olefinen sind $J_{H-F}$ trans und $J_{H-F}$ gem. positiv, $J_{H-F}$ cis negativ. Die Konstanten $J_{F-F}$ sind in F—C—F, F—C—C—C—F positiv und in F—C—C—F negativ. Bei Fluorolefinen ist $J_{F-F}$ cis, $J_{F-F}$ gem. positiv, $J_{F-F}$ trans negativ. Ferner sind die Konstanten im System F—C—C=C—F (cis und trans) positiv, im F—C—C(F)=C negativ. Der Vorschlag von KARPLUS, die Konstante $J_{13C-H}$ als positive Bezugsgröße zu verwenden, läßt sich auch auf andere Elemente übertragen. Nach den gleichen Überlegungen sind die Konstanten zwischen diesen Elementen und den direkt gebundenen Protonen, wie $J_{B-H}$, $J_{N-H}$ und $J_{P-H}$, ebenfalls positiv und können als weitere Bezugsgrößen gelten. Dies gilt offenbar nur bei Bindungen mit Protonen, denn im Dichlorfluormethan haben $J_{13C-F}$ und $J_{13C-H}$ entgegengesetztes Vorzeichen[5]. Basierend auf einem positivem Vorzeichen für die P—H-Kopplung sind verschiedene Konstanten mit Phosphor bestimmt worden[6,7]. Danach sind die Konstanten in Systemen P—C—C—H, P—P—H, H—P—P—H, H—P—C—H, P—C—H, P—C=C—H (cis und trans) und =C(H)—P positiv, H—P—H und P—P negativ.

Die Fülle von experimentell bestimmten Kopplungskonstanten und deren Bedeutung für die Analyse von Spektren hat es nahegelegt, nach Beziehungen zwischen dieser Größe und anderen Parametern zu suchen. Für Strukturbestimmungen ist vor allem die Abhängigkeit der Kopplungskonstanten von Bindungswinkeln interessant. GUTOWSKY, KARPLUS und

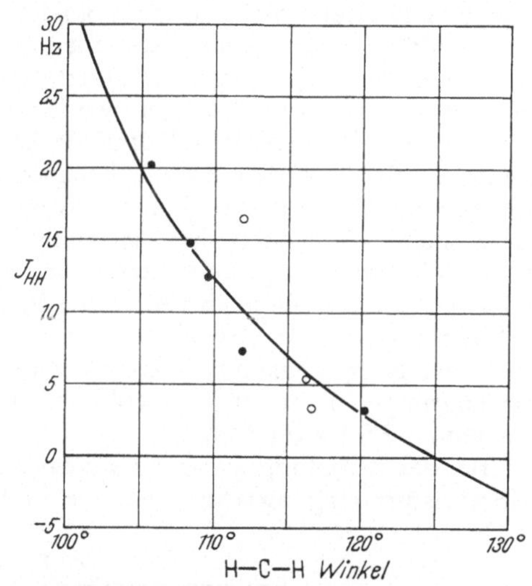


Abb. 32. Abhängigkeit der Kopplungskonstanten zwischen geminalen Protonen vom Winkel H–C–H. Die ausgezogene Kurve ist das berechnete Ergebnis, die Kreise sind Meßpunkte[8]

GRANT[8] haben die Abhängigkeit der Kopplungskonstanten zwischen geminalen Protonen vom Winkel (H—C—H) berechnet. Das Ergebnis die-


[1] BARFIELD, M., and J.D. BALDESCHWIELER: J. Mol. Spec. 12, 23 (1964).
[2] STAFFORD, S.L., and J.D. BALDESCHWIELER: J. A. C. S. 83, 4473 (1961). —
[3] MANATT, S.L., and D.D. ELLEMAN: J. A. C. S. 84, 1305 (1962). — [4] EVANS, D.E., S.L. MANATT, and D.D. ELLEMAN: J. A. C. S. 85, 238 (1963). — [5] TIERS, G.V.D.: J. A. C. S. 84, 3972 (1962). — [6] WHITESIDES, G.M., J.L. BEAUCHAMP, and J.D. ROBERTS: J. A. C. S. 85, 2665 (1963). — [7] MANATT, S.L., G.L. JUVINALL, and D.D. ELLEMAN: J. A. C. S. 85, 2664 (1963). — [8] GUTOWSKY, H.S., M. KARPLUS, and D.M. GRANT: J. Chem. Phys. 31, 1278 (1959).

ser Rechnung ist in Abb. 32 (als ausgezogene Linie) dargestellt. Es sagt einen Abfall der Kopplungskonstanten von 32 auf 0 Hz voraus, wenn der Winkel von 100 auf 125° steigt. Bei Winkeln über 125° ergeben die Rechnungen ein negatives Vorzeichen. Die wenigen Verbindungen, bei denen genaue Bindungswinkel bekannt sind, wurden in die Abbildung eingetragen. Für Verbindungen, bei denen die Substituenten $\pi$-Elektronen enthalten, wurden Abweichungen gefunden und zwar waren die gemessenen Werte größer als die berechneten[1]. Trotz dieser Abweichungen ist vorgeschlagen worden, die Kopplungskonstanten als bequemes Mittel zur Bestimmung von Bindungswinkeln zu benutzen. Gegen eine solche Anwendung müssen schwerwiegende Bedenken vorgebracht werden. Aus einer großen Anzahl neuerer Untersuchungen muß mit Sicherheit geschlossen werden, daß die geminalen Kopplungskonstanten negativ sind. Die Berechnungen ergeben aber positive Werte. Von BERNSTEIN und SHEPPARD[2] sind zahlreiche geminale Konstanten experimentell bestimmt worden. Sie liegen in vielen Fällen zwischen —10 und —20 Hz bei Bindungswinkeln von etwa 110°, also nicht in einem Bereich, in dem das Vorzeichen wechselt. Die experimentellen Ergebnisse stehen somit im Widerspruch zur Theorie, und die in Abb. 32 angegebene Funktion sollte nicht zur Bestimmung von Bindungswinkeln herangezogen werden.

Die Größe der geminalen Kopplungskonstanten hängt von verschiedenen Faktoren ab. Eine theoretische Behandlung und eine Zusammenstellung der neueren Daten ist von POPLE und BOTHNER-BY[3] veröffentlicht worden. In Kohlenwasserstoffen ist die geminale Kopplungskonstante negativ (—12.4 Hz im Methan). Elektronegative Substituenten in $\alpha$-Stellung verschieben den Wert in positiver, solche in $\beta$-Stellung in negativer Richtung. $\pi$-Elektronen in Nachbarschaft zu einer —CH$_2$-Gruppe verschieben den Wert der Kopplungskonstanten in negativer Richtung. Für olefinische Methylengruppen findet man sowohl positive wie negative Kopplungskonstanten (+2.5 Hz im Äthylen).

Bei der Kopplung zwischen vicinalen Protonen (H—C—C—H) ist die Übereinstimmung zwischen Theorie und Experiment wesentlich besser.

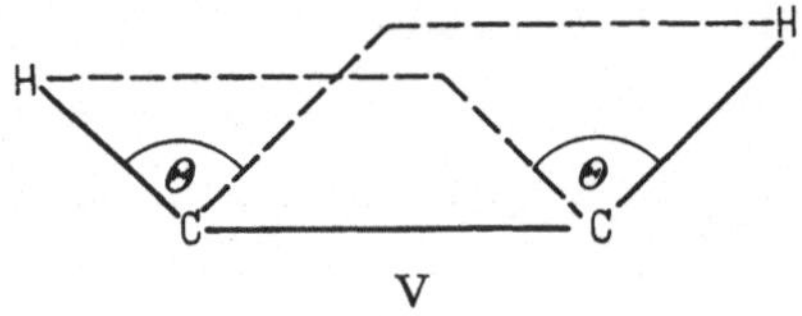


Von KARPLUS wurde die Größe der Konstanten in Abhängigkeit vom Winkel $\Theta$ berechnet[4]. Sie läßt sich wiedergeben durch die Gleichungen

$$J_{HH} = 8.5 \cos^2 \Theta - 0.28 \quad \text{für den Bereich von 0 bis 90° und} \qquad (29)$$
$$J_{HH} = 9.5 \cos^2 \Theta - 0.28 \quad \text{für den Bereich von 90 bis 180°.}$$

[1] BARFIELD, M., and D. M. GRANT: J. A. C. S. **83**, 4726 (1961). — [2] BERNSTEIN, H. J., and N. SHEPPARD: J. Chem. Phys. **37**, 3012 (1962). — [3] POPLE, J. A., and A. A. BOTHNER-BY: J. Chem. Phys. **42**, 1339 (1965). — [4] KARPLUS, M.: J. Chem. Phys. **30**, 11 (1959).

In Abb. 33 ist diese Winkelabhängigkeit der Kopplungskonstanten graphisch dargestellt worden. Das Vorzeichen ist bei den experimentell bestimmten Werten und den Berechnungen positiv. Für Winkel von 60° findet man in cyclischen Systemen Konstanten von 2—4 Hz, die Rechnung gibt einen Wert von 1.7 Hz. Bei einem Winkel von 180° werden Werte von 5—8 Hz gefunden, die Berechnung ergibt 9.2 Hz. Wenn freie Drehbarkeit um die C—C-Bindung vorliegt, hat die Kopplungskonstante einen mittleren Wert, der sich aus

$$J_{HH} = \tfrac{1}{3} [2 \, (8.5 \cos^2 60) + 9.5 \, (\cos^2 180)] \tag{30}$$

zu 4.6 Hz berechnet. Die experimentell gefundenen Werte liegen meistens zwischen 6 und 7 Hz, sind also etwas größer. Mit Hilfe dieser Berechnungen konnte vorhergesagt werden, daß in cyclischen Verbindungen die Konstante $J_{aa}$ (180°) größer ist als $J_{ee}$ (60°). Diese Beziehungen sind vielfach herangezogen worden, um Bindungswinkel in cyclischen Verbindungen zu bestimmen. Trotz der guten Übereinstimmung zwischen Theorie und Experiment sollten nicht zu hohe Anforderungen an die Genauigkeit der berechneten Werte gestellt werden, weil die Größe der Kopplungskonstanten außer vom Winkel noch von der Hybridisierung des Kohlenstoffs und der Bindungslänge abhängt[1], die wiederum vom Substituenten beeinflußt werden. In vielen Fällen müssen noch Korrekturen an den Kopplungskonstanten angebracht werden, bevor genaue Aussagen über die Bindungswinkel gemacht werden können[1]. Bei ungesättigten Verbindungen ist die Winkelabhängigkeit ähnlich. Für transständige Protonen (180°) wurde von KARPLUS eine Kopplungskonstante von 11.9 Hz berechnet, für cisständige (0°) eine von 6.1 Hz. Die experimentellen Werte von 13—18 Hz für die Transkopplung und 6—11 Hz für die Ciskopplung stehen hiermit recht gut in Einklang. Die Abhängigkeit der Proton-Fluor- und Fluor-Fluorkopplung in Fluorolefinen wurde ebenfalls von KARPLUS[2] berechnet. Je nach den für die Rechnung verwendeten Parametern fand er für $J_{HF \text{ trans}} =$ 25—38 Hz (experimentell 12—40 Hz), $J_{HF \text{ cis}} = $ 13—19 Hz (exp. 1—8 Hz), $J_{FF \text{ trans}} = $ 53—120 Hz (exp. 115—124 Hz) und $J_{FF \text{ cis}} = $ 28—62 Hz (exp. 33—58 Hz). Die Übereinstimmung mit den Experimenten ist hier nicht so gut wie bei den reinen Protonenkopplungen. Die Abhängigkeit der Kopplungskonstanten von Substituenteneffekten ist ebenfalls untersucht worden und soll in späteren Kapiteln besprochen werden. Die Winkelab-

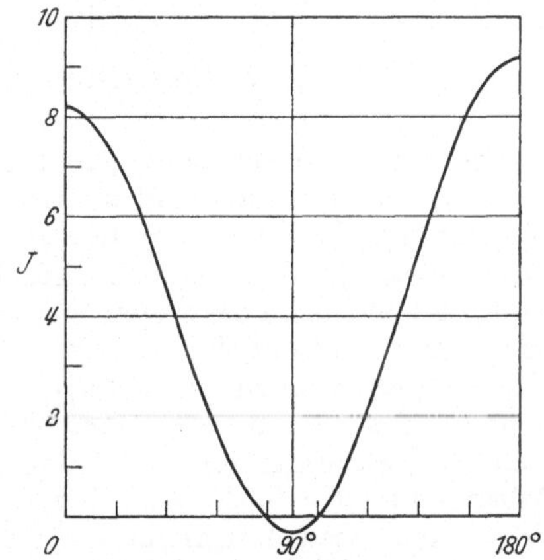

Abb. 33. Abhängigkeit der vicinalen Kopplungskonstanten $J_{\text{H–C–C–H}}$ vom Winkel

---

[1] KARPLUS, M.: J. A. C. S. **85**, 2870 (1963). — [2] KARPLUS, M.: J. Chem. Phys. **30**, 111 (1959).

hängigkeit der „long range"-Kopplung zwischen zwei Protonen in einem H—C—C—C—H-System ist von Barfield[1] berechnet worden.

Bei sehr kleinen Kopplungskonstanten können die Signale nicht in die einzelnen Komponenten aufgelöst werden. In vielen Fällen ist es dann mit Hilfe der „wiggle beat"-Methode möglich, die Kopplungskonstanten zu bestimmen[2,3,4]. Wenn ein Resonanzsignal schnell durchfahren wird, folgen der Resonanzlinie eine Reihe von Nachschwingungen (wiggles), deren Intensitäten exponentiell abfallen. Besteht das Signal aus zwei oder mehr Linien mit gleichem Abstand, so zeigen sich in den Nachschwingungen charakteristische Schwankungen (wiggle beats). Der Abstand zwischen den Schwankungsmaxima beträgt $1/J$ und kann zur Bestimmung der Kopplungskonstanten benutzt werden. Ferner ist aus dem Verlauf der Nachschwingungen zu sehen, ob ein scharfes Resonanzsignal oder mehrere dicht beieinander liegende Linien vorliegen.

### III. 2. Aufspaltungen höherer Ordnung

Die im voranstehenden Abschnitt gegebenen Regeln für die Aufspaltung gelten nur in dem Fall, daß die chemische Verschiebung zwischen den Atomen bedeutend größer ist als die Kopplungskonstante. Diese Voraussetzung ist immer dann gegeben, wenn es sich um verschiedene Isotopen handelt, also etwa um Wasserstoff und Fluor, Fluor und Phosphor oder Wasserstoff und Bor. Die Regeln gelten auch für die Kopplung von gleichartigen Atomen, wenn der Unterschied in der chemischen Verschiebung mindestens zehnmal größer ist als die Kopplungskonstante. So findet man bei Feldstärken von 14000 Gauß für Acetaldehyd mit $J/\delta = 0.006$ und Äthanol mit $J/\delta = 0.03$ noch nahezu symmetrische Multipletts, deren Intensitäten die oben beschriebenen einfachen Verhältnisse aufweisen. Bei geringeren Feldstärken wird das Verhältnis $J/\delta$ größer und die Signale verändern ihr Aussehen. Die gleiche Erscheinung beobachtet man bei der Untersuchung von Verbindungen, bei denen die koppelnden Atome ähnliche chemische Verschiebungen haben. Durch Erhöhung der Feldstärke könnte man diese Spektren wieder vereinfachen, weil dadurch das Verhältnis $J/\delta$ wieder kleiner wird. Diesem Verfahren sind jedoch apparative Grenzen gesetzt. In Spektren, in denen $J/\delta > 0.1$ ist, treten Aufspaltungen höherer Ordnung auf: Die Linien der Spinmultipletts zeigen nicht mehr ganzzahlige Intensitätsverhältnisse und die Bandenabstände sind nicht mehr identisch mit den Kopplungskonstanten. In den folgenden Abschnitten sollen die Spektren einfacher Atomgruppierungen besprochen werden, bei denen die Voraussetzung $J \ll \delta$ nicht mehr erfüllt wird.

Für die Bezeichnung von Molekülgruppen hat sich eine von Bernstein, Pople und Schneider[5] vorgeschlagene Terminologie eingebürgert. Danach

---

[1] Barfield, M.: J. Chem. Phys. **41**, 3825 (1964). — [2] Glick, R. E., and A. A. Bothner-By: J. Chem. Phys. **25**, 362 (1956). — [3] Reilly, C. A.: J. Chem. Phys. **25**, 604 (1956). — [4] Turner, J. J.: J. Mol. Phys. **3**, 417 (1960). — [5] Bernstein, H. J., J. A. Pople, and W. G. Schneider: Can. J. Chem. **35**, 65 (1957).

werden Atome mit der gleichen chemischen Verschiebung mit dem gleichen großen Buchstaben bezeichnet, dem man als Index die Zahl der Atome dieser Art anhängt, also A, $A_2$, $A_3$ usw. Bei Molekülen, in denen Atome mit unterschiedlicher chemischer Verschiebung vorkommen, bezeichnet man jede Sorte mit einem großen Buchstaben. Sind die Unterschiede nicht groß, so wählt man die ersten Buchstaben des Alphabetes, also $A_m B_n$, $A_m B_n C_q$ usw. Ist die Verschiebung groß, verglichen mit der Kopplungskonstanten, so verwendet man die ersten und die letzten Buchstaben des Alphabets, also $A_m X_n$. Die im vorigen Abschnitt besprochenen Verbindungen werden in folgender Weise bezeichnet: Fluorwasserstoff H—F, Tetrachlorfluoräthan $HCCl_2$—$CCl_2F$ und Dichloracetaldehyd $CHCl_2$—CHO als AX, Chloracetaldehyd $CH_2Cl$—CHO als $A_2X$, Difluorchloräthan $CF_2Cl$—$CH_3$ als $A_3X_2$, i-Propylalkohol $(CH_3)_2CHOH$ als $A_6B$ und die Crotonsäure $CH_3$—CH = CH—COOH als $ABX_3$. Das Hydroxyl- und das Carboxylproton der letzten beiden Verbindungen koppelt nicht mit den übrigen Protonen des Moleküls und wird nicht in die Gruppenbezeichnung aufgenommen. Sind die koppelnden Atome verschiedene Isotope, wie im Fluorwasserstoff, in Phosphorfluoriden oder Borwasserstoffen, so liegt immer ein $A_n B_m . . . X_q Y_p . . .$ System vor. Will man zwischen einer mittleren und einer sehr großen chemischen Verschiebung unterscheiden, so verwendet man zweckmäßig auch noch Buchstaben aus der Mitte des Alphabets. Ein Fluoracetaldehyd $CH_2F$—CHO wäre dann ein $A_2 M X$-System.

Kerne mit der gleichen chemischen Verschiebung (chemisch äquivalent), deren Kopplungskonstanten zu anderen Kernen verschieden groß sind (magnetisch nicht äquivalent), bezeichnet man mit gestrichenen Buchstaben, z.B. A A' A'' . . . B B' B'' usw.

Für Gruppierungen AX, $A_2X$, $A_2X_2$, $A_3X_2$ usw. gelten die einfachen Regeln, die in den voranstehenden Abschnitten besprochen wurden. Für Gruppierungen, für die der Wert $J/\delta$ nicht mehr vernachlässigbar klein ist, also AB, $A_2B$, $A_2B_2$ usw., kann man die Bandenlagen und die Intensitäten berechnen. Im folgenden sollen die Ergebnisse dieser Rechnungen wiedergegeben werden. Die Ableitungen selbst können hier jedoch aus Platzmangel nicht gebracht werden. Ausführliche Zusammenstellungen der Rechenmethoden sind von POPLE, SCHNEIDER und BERNSTEIN[1] und von CORIO[2] veröffentlicht worden.

Die folgenden Angaben über Bandenlagen und Intensitäten gelten nur für Kerne mit einem Spin von $m = 1/2$, also für Protonen, Fluor, Kohlenstoff $^{13}C$ usw. Während die im vorigen Abschnitt beschriebenen Regeln über die Spinkopplung und die Multiplizität von Signalen eine einfache Bestimmung von chemischen Verschiebungen und Kopplungskonstanten zulassen, sind derartige Bestimmungen bei Spektren mit Aufspaltungen höherer Ordnung, abgesehen vom einfachsten Fall AB, immer recht kompliziert. Es erscheint daher angebracht, der Besprechung der einzelnen Spektraltypen eine Bemerkung über die Bedeutung einer voll-

---

[1] POPLE, J. A., W. G. SCHNEIDER, and H. J. BERNSTEIN: High-resolution Nuclear Magnetic Resonance. New York: McGraw-Hill 1959. — [2] CORIO, P. L.: Chem. Rev. 60, 363 (1960).

ständigen Analyse komplizierter Spektren voranzuschicken. Die überwiegende Mehrzahl der Aufgaben, denen sich ein Kernresonanzspektroskopiker gegenüberstehen sieht, sind Probleme der Strukturaufklärung. Es ist hier-

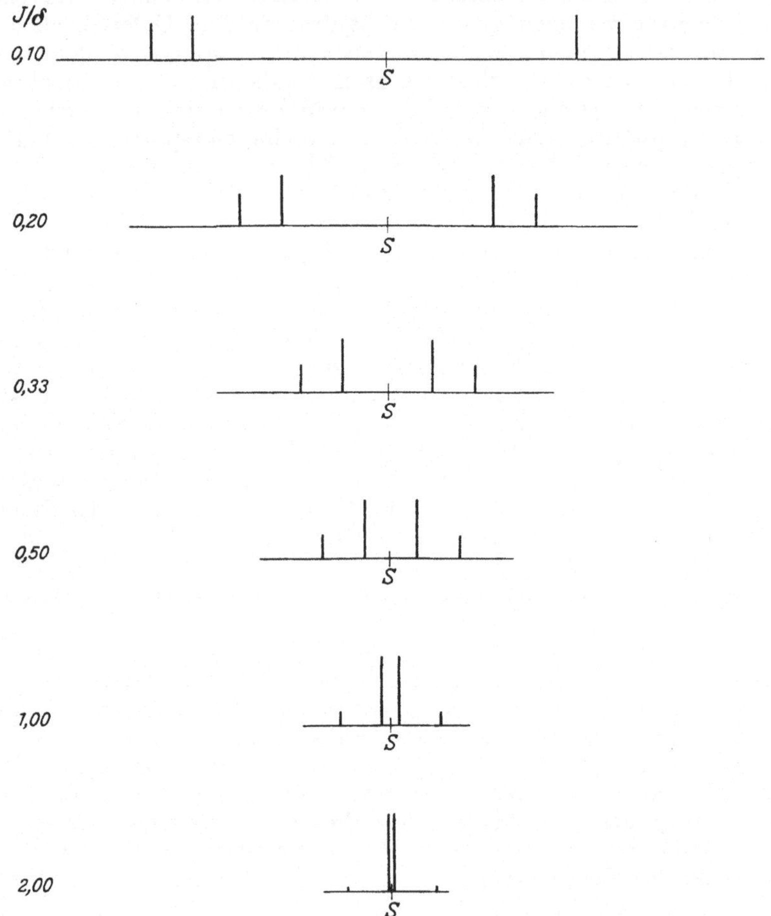


Abb. 34. Bandenlagen in einem $AB$-Spektrum bei verschiedenen Verhältnissen $J/\delta$

bei von Wichtigkeit, die Art und die Anzahl der Atome und Gruppen im Molekül und ihre Stellung zueinander herauszufinden. Die Lagen der einzelnen Banden und die Kopplungskonstanten interessieren erst in zweiter Linie. Es ist daher bei solchen Problemen häufig ausreichend, das Auftreten bestimmter Strukturelemente wie AB, ABX oder $A_3B_2$ qualitativ festzustellen, ohne daß die Einzelgrößen genau bestimmt werden. Werden jedoch einzelne Verbindungsklassen systematisch untersucht, sollen Aussagen über den Einfluß verschiedener Substituenten oder den räumlichen Bau der Moleküle gemacht werden, so ist eine genaue Kenntnis der chemischen Verschiebungen und Kopplungskonstanten meist unerläßlich.

### III. 2a *Spektren vom Typ AB*

Ein System aus zwei Kernen kann ein Spektrum vom Typ AX, AB oder $A_2$ geben. Die beiden Möglichkeiten AX und $A_2$ sind bereits im vorigen Abschnitt behandelt worden. Das AX-Spektrum besteht aus vier Linien, jeweils einem Paar für das A- und für das X-Atom. Der Abstand der Linien eines Paares ist gleich der Kopplungskonstanten, der Abstand der Schwerpunkte der Paare gleich dem Unterschied in den chemischen Verschiebungen. Haben die beiden Atome die gleiche Verschiebung wie im Fall $A_2$, so besteht das Spektrum aus einer einzigen Linie. Spektren vom AB-Typ bestehen ebenfalls aus vier Linien. Bandenlagen und Intensitäten werden durch das Verhältnis $J/\delta$ bestimmt, wobei $\delta = \nu_A - \nu_B$ der Unterschied in den chemischen Verschiebungen der beiden Atome in Hertz bedeutet. Wenn sich das Verhältnis den beiden Grenzfällen $J/\delta$ gleich Null bzw. Unendlich nähert, nehmen die Spektren das Aussehen von AX- und $A_2$-Spektren an. Ist $J \approx \delta$, so sind die inneren Linien stärker als die äußeren. In Abb. 34 sind berechnete Spektren für verschiedene Werte $J/\delta$ angegeben. In dieser Abbildung wird $\delta$ bei konstanter Kopplungskonstante von oben nach unten kleiner. Die Spektren sind symmetrisch um den

Tabelle 10. *Bandenintensitäten und Bandenlagen in einem AB-Spektrum*

| | Intensität | Frequenz |
|---|---|---|
| 1 | $1 - J/Q$ | $\frac{1}{2}(-J - Q)$ |
| 2 | $1 + J/Q$ | $\frac{1}{2}(J - Q)$ |
| 3 | $1 + J/Q$ | $\frac{1}{2}(-J + Q)$ |
| 4 | $1 - J/Q$ | $\frac{1}{2}(J + Q)$ |

Schwerpunkt $S = \frac{1}{2}(\nu_A + \nu_B)$. Werden die Banden von links nach rechts mit 1, 2, 3, und 4 bezeichnet, so ist der Abstand $1-2 = 3-4 = J_{AB}$ und der Abstand $1-3 = 2-4 = Q = \sqrt{\delta^2 + J^2}$. Aus den Formeln der Tab. 10 lassen sich für beliebige Verhältnisse $J/\delta$ die auf den Schwerpunkt bezogenen Bandenlagen und die Intensitäten berechnen. Aus den AB-Spektren läßt sich der Betrag $\nu_A - \nu_B$ entnehmen, nicht aber das Vorzeichen. Man kann daher auf Grund des Spektrums nicht angeben, welches der beiden Atome bei tieferem Feld liegt. Häufig läßt sich diese Entscheidung durch Vergleich mit ähnlichen Verbindungen treffen. Ebenso läßt sich das Vorzeichen der Kopplungskonstanten nicht aus dem Spektrum ersehen.

### III. 2b *Spektren vom Typ $A_2B$*

Ein Grenzfall dieses Spektrentyps mit $J \ll \delta$ ist bereits im vorigen Abschnitt besprochen worden (vgl. Abb. 27). Man findet bei solchen Spektren im A-Teil zwei gleich große Banden mit dem Abstand $J_{AX}$ und der Gesamtintensität zwei. Der andere Grenzfall, bei dem die chemische Verschiebung von A und B gleich wird, gibt nur eine Resonanzlinie. Sind die Kopplungskonstanten von der gleichen Größenordnung wie die chemischen Verschiebungen, so liegt ein $A_2B$ bzw. $AB_2$ Spektrum vor. Es besteht aus 9 Linien, von denen vier den Übergängen des Atoms A und vier den Übergängen des Atoms B zugeordnet werden müssen. Eine weitere Linie entspricht einem gemischten Übergang. Das Aussehen der Spektren hängt nur vom Verhältnis $J_{AB}/\delta$ ab, wobei $\delta = v_A - v_B$ ist. Die Kopplungskonstanten und

Tabelle 11. *Intensitäten und Bandenlagen in einem $A_2B$-Spektrum*

| | Intensität | Frequenz |
|---|---|---|
| $A_1$ | $\dfrac{(Q - \sqrt{2})^2}{1 + Q^2}$ | $\tfrac{1}{2}\,(\delta + \tfrac{3}{2}\cdot J + R)$ |
| $A_2$ | $\dfrac{(Q' + \sqrt{2})^2}{1 + Q'^2}$ | $\tfrac{1}{2}\,(\delta - \tfrac{3}{2}\cdot J + R')$ |
| $A_3$ | $\dfrac{[Q\,(1 + \sqrt{2}\,Q') + \sqrt{2}]^2}{(1 + Q^2)\cdot(1 + Q'^2)}$ | $\delta + \tfrac{1}{2}\,(R - R')$ |
| $A_4$ | $\dfrac{[Q'\,(\sqrt{2}\,Q - 1) + \sqrt{2}]^2}{(1 + Q^2)\cdot(1 + Q'^2)}$ | $\delta + \tfrac{1}{2}\,(R' - R)$ |
| $B_1$ | $\dfrac{(\sqrt{2}\,Q + 1)^2}{1 + Q^2}$ | $\tfrac{1}{2}\,(\delta + \tfrac{3}{2}\cdot J - R)$ |
| $B_2$ | $\dfrac{(1 - \sqrt{2}\,Q')^2}{1 + Q'^2}$ | $\tfrac{1}{2}\,(\delta - \tfrac{3}{2}\cdot J - R')$ |
| $B_3$ | $\dfrac{[\sqrt{2}\,(Q - Q') - 1]^2}{(1 + Q^2)\,(1 + Q'^2)}$ | $\delta - \tfrac{1}{2}\,(R + R')$ |
| $B_4$ | $1$ | $0$ |
| $M_1$ | $\dfrac{[Q\,(\sqrt{2} - Q') - \sqrt{2}\,Q']^2}{(1 + Q^2)\,(1 + Q'^2)}$ | $\delta + \tfrac{1}{2}\,(R + R')$ |

$$R = \sqrt{\delta^2 - \delta J + \tfrac{9}{4}\cdot J^2} \qquad\qquad R' = \sqrt{\delta^2 + \delta J + \tfrac{9}{4}\cdot J^2}$$

$$Q = \frac{\sqrt{2}J}{\delta - \tfrac{1}{2}\cdot J + R} \qquad\qquad Q' = \frac{\sqrt{2}J}{\delta + \tfrac{1}{2}\cdot J + R'}$$

die chemischen Verschiebungen lassen sich dem Spektrum relativ leicht entnehmen. Die Lagen und Intensitäten der Banden können mit Hilfe der Formeln in Tab. 11 berechnet werden. In Abb. 35 sind eine Reihe von $A_2B$-Spektren für verschiedene Verhältnisse $J_{AB}/\delta$ wiedergegeben, wobei $J_{AB}$ konstant gehalten wurde und $\delta$ von oben nach unten abnimmt. In Abb. 36 sind für die gleichen Verhältnisse $J/\delta$ die Spektren bei konstanter chemischer Verschiebung und von oben nach unten ansteigendem $J_{AB}$ aufgetragen. Man sieht, daß sich die beiden Abbildungen nur durch den Abszissenmaßstab unterscheiden. Die Lage der intensitätsschwachen Bande $M_1$ ist durch eine punktierte Linie angedeutet. Werden die Linien in Abb. 35 und 36 von links nach rechts mit den Buchstaben a bis i bezeichnet, so gibt die Linie c unmittelbar die chemische Verschiebung $v_B$ und der Mittelwert, gebildet aus Linie e und g, die Verschiebung $v_A$.

Oft wird es nicht möglich sein, alle Linien des Spektrums zu trennen. Dies gilt besonders für die beiden starken Banden e und f. Wenn $J/\delta \gg 1$ wird, dann haben die äußeren Linien des Spektrums nur noch geringe Intensität und sind schwer aufzufinden. Man geht dann am besten so vor, daß man an

Hand von Abb. 35 und 36 näherungsweise das Verhältnis $J/\delta$ bestimmt und mit Hilfe der Formeln der Tab. 11 für verschiedene, ähnliche Verhältnisse die Spektren berechnet, bis Übereinstimmung zwischen den beobachteten

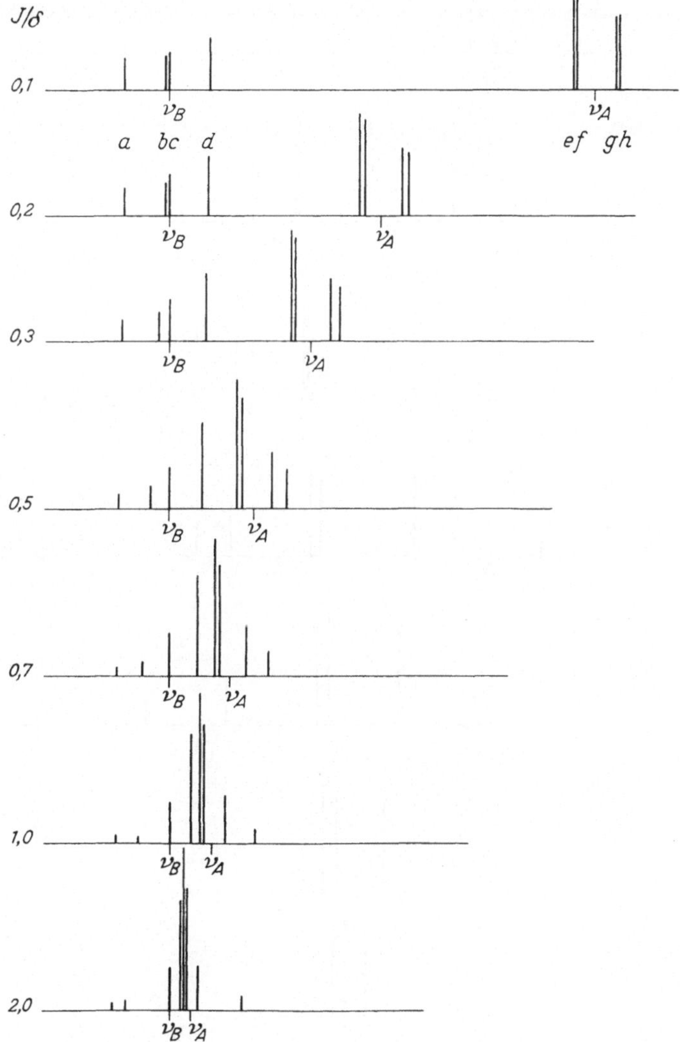

Abb. 35. Bandenlagen in $A_2B$-Spektren bei verschiedenen Werten $J/\delta$ . $J_{AB}$ ist konstant gehalten, $\delta = v_A - v_B$ nimmt von oben nach unten ab

und den berechneten Werten besteht. Zur Erleichterung dieses Vergleichs sind im Anhang in Tab. 111 für verschiedene Verhältnisse die Bandenlagen in Hz, bezogen auf die Bande c in Abb. 35 und 36, angegeben.

Die Formeln in Tab. 11 und die Werte in Tab. 111 im Anhang gelten für ein $A_2B$-Spektrum, bei dem das Signal des A-Atoms bei höherem Feld liegt, als das des B-Atoms. Liegt A bei tieferem Feld, so sind die Spektren die Spiegelbilder der beiden Abbildungen. Der Abstand $\delta = \nu_A - \nu_B$ ist in

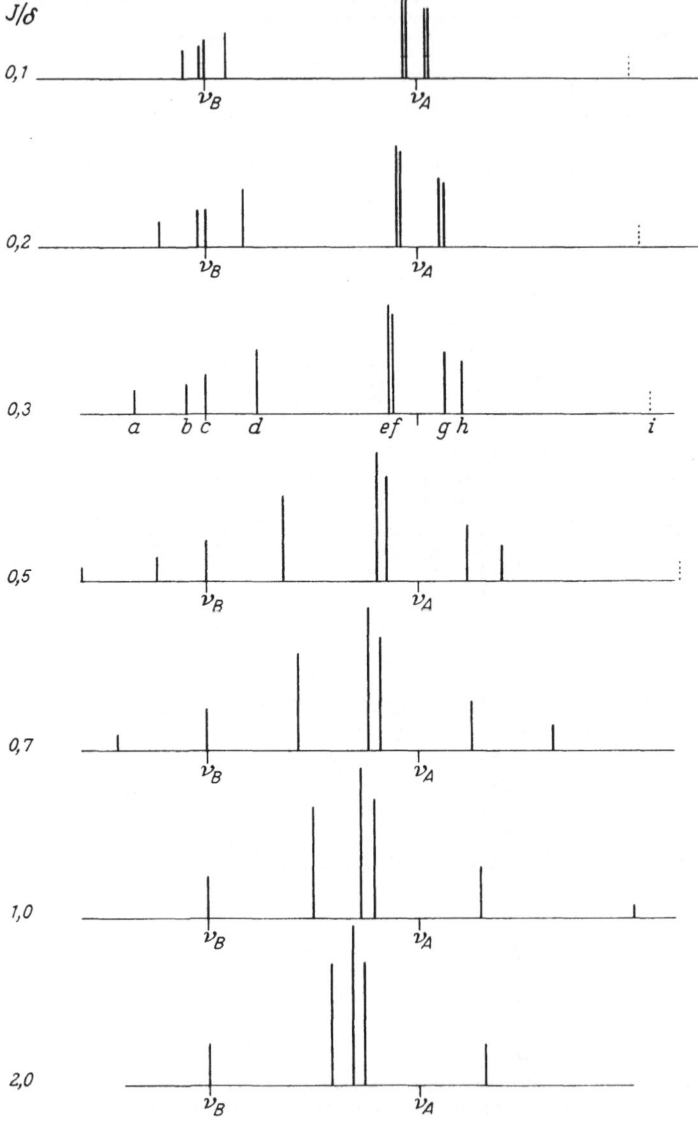

Abb. 36. Bandenlagen in $A_2B$-Spektren bei verschiedenen Werten von $J/\delta$. $\delta = \nu_A - \nu_B$ ist konstant gehalten, $J_{AB}$ nimmt von oben nach unten zu

den Tab. 11 und 111 gleich eins gesetzt. Zur Konstruktion von Vergleichsspektren mit Hilfe der Daten der Tab. 111 geht man am besten so vor, daß man durch Vergleich der gemessenen Spektren mit den Abb. 35 und 36 (oder deren Spiegelbildern) die ungefähre Lage der Banden c, e und g bestimmt, oder falls diese getrennt erscheinen, genau ausmißt und daraus $\delta$

Tabelle 12. *Intensitäten und Bandenlagen in $A_3B$-Spektren*

|  | Intensität | Frequenz |
|---|---|---|
| $A_1$ | $\dfrac{(\sqrt{3} + Q_3)^2}{1 + Q_3{}^2}$ | $\frac{1}{2}\,(\delta + 2J + R_3)$ |
| $A_2$ | $\dfrac{(\sqrt{3}\,Q_4 - 1)^2}{1 + Q_4{}^2}$ | $\frac{1}{2}\,(\delta - 2J + R_4)$ |
| $A_3$ | $\dfrac{2\,(1 + Q_1)^2}{1 + Q_1{}^2}$ | $\frac{1}{2}\,(\delta + J + R_1)$ |
| $A_4$ | $\dfrac{2\,(1 - Q_1)^2}{1 + Q_1{}^2}$ | $\frac{1}{2}\,(\delta - J + R_1)$ |
| $A_5$ | $\dfrac{[(2Q_2 - 1)\,Q_4 + \sqrt{3}]^2}{(1 + Q_2{}^2)\,(1 + Q_4{}^2)}$ | $\frac{1}{2}\,(2\delta + R_2 - R_4)$ |
| $A_6$ | $\dfrac{[Q_2 + 2 + \sqrt{3}\,Q_2Q_4]^2}{(1 + Q_2{}^2)\,(1 + Q_4{}^2)}$ | $\frac{1}{2}\,(2\delta - R_2 + R_4)$ |
| $A_7$ | $\dfrac{[(Q_3 - \sqrt{3})\,Q_2 - 2Q_3]^2}{(1 + Q_2{}^2)\,(1 + Q_3{}^2)}$ | $\frac{1}{2}\,(2\delta - R_2 + R_3)$ |
| $A_8$ | $\dfrac{(\sqrt{3}\,Q_3 + 2Q_2 + 1)^2}{(1 + Q_3{}^2)\,(1 + Q_2{}^2)}$ | $\frac{1}{2}\,(2\delta + R_2 - R_3)$ |
| $B_1$ | $\dfrac{(\sqrt{3}\,Q_3 - 1)^2}{1 + Q_3{}^2}$ | $\frac{1}{2}\,(\delta + 2J - R_3)$ |
| $B_2$ | $\dfrac{(Q_4 + \sqrt{3})^2}{1 + Q_4{}^2}$ | $\frac{1}{2}\,(\delta - 2J - R_4)$ |
| $B_3$ | $\dfrac{2\,(1 - Q_1)^2}{1 + Q_1{}^2}$ | $\frac{1}{2}\,(\delta + J - R_1)$ |
| $B_4$ | $\dfrac{2\,(1 + Q_1)^2}{1 + Q_1{}^2}$ | $\frac{1}{2}\,(\delta - J - R_1)$ |
| $B_5$ | $\dfrac{[Q_4(Q_2 + 2) - \sqrt{3}\,Q_2]^2}{(1 + Q_2{}^2)\,(1 + Q_4{}^2)}$ | $\frac{1}{2}\,(2\delta - R_2 - R_4)$ |
| $B_6$ | $\dfrac{[\sqrt{3}\,Q_3 + 1)\,Q_2 - 2]^2}{(1 + Q_3{}^2)\,(1 + Q_2{}^2)}$ | $\frac{1}{2}\,(2\delta - R_2 - R_3)$ |
| $M_1$ | $\dfrac{(2Q_2 - 1 - \sqrt{3}\,Q_4)^2}{(1 + Q_2{}^2)\,(1 + Q_4{}^2)}$ | $\frac{1}{2}\,(2\delta + R_2 + R_4)$ |
| $M_2$ | $\dfrac{(2Q_3Q_2 + Q_3 - \sqrt{3})^2}{(1 + Q_3{}^2)\,(1 + Q_2{}^2)}$ | $\frac{1}{2}\,(2\delta + R_2 + R_3)$ |

$$R_1 = \sqrt{\delta^2 + J^2} \qquad Q_1 = \dfrac{J}{\delta - R_1} \qquad Q_3 = \dfrac{\sqrt{3}J}{J - \delta - R_3}$$

$$R_2 = \sqrt{\delta^2 + 4J^2}$$

$$R_3 = \sqrt{(\delta - J)^2 + 3J^2} \qquad Q_2 = \dfrac{2J}{\delta - R_2} \qquad Q_4 = \dfrac{\sqrt{3}J}{J + \delta - R_4}$$

$$R_4 = \sqrt{(\delta + J)^2 + 3J^2}$$

Corio, P. L.: Chem. Rev. **60**, 363 (1960).

bestimmt. Den Abstand der beiden chemischen Verschiebungen wählt man dann als Längeneinheit, multipliziert alle Frequenzwerte der Tab. 111 mit diesem Betrag (in mm) und erhält so die Bandenlagen im gleichen Maßstab wie im experimentellen Spektrum.

Die Kopplungskonstante $J_{AA}$ ist bisher nicht besprochen worden. Sie hat jedoch keinen Einfluß auf das Aussehen der $A_2B$ Spektren. Ebenso ändert sich das Aussehen dieser Spektren nicht, wenn das Vorzeichen von

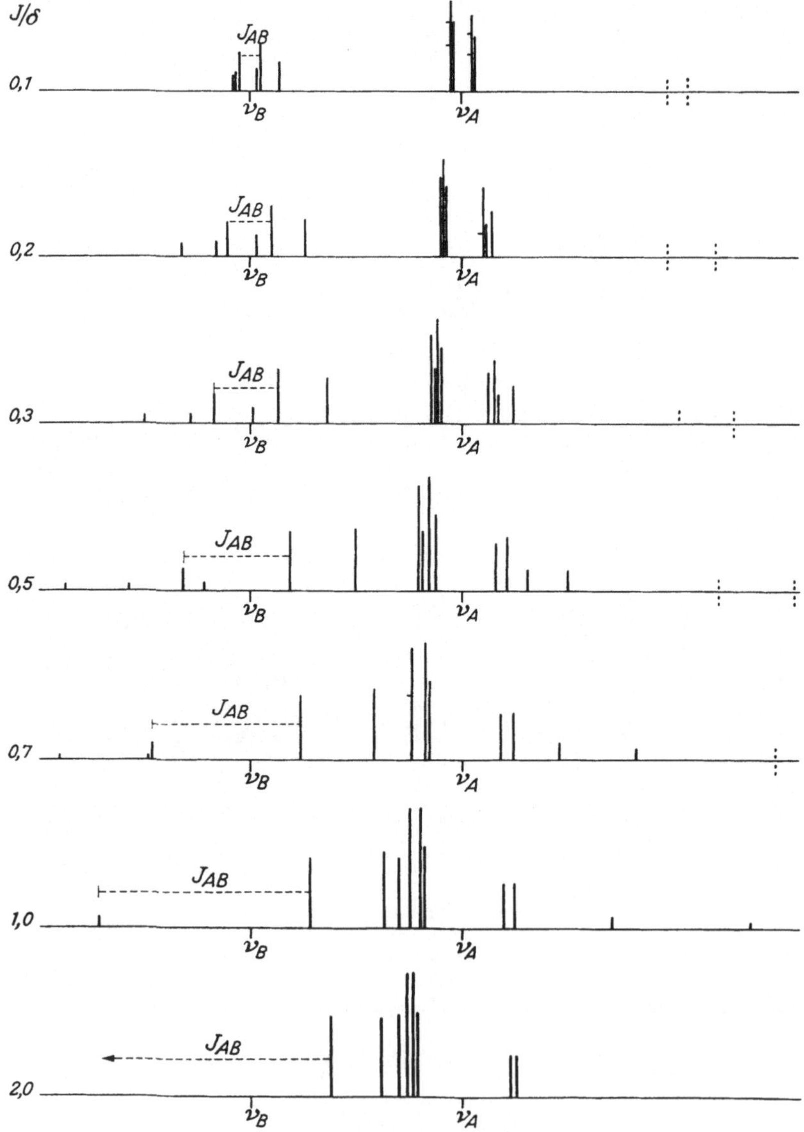

Abb. 37. Bandenlagen in $A_2B$-Spektren bei verschiedenen Werten von $J/\delta$

$J_{AB}$ wechselt. Man kann daher aus diesen Spektren zwar den Betrag von $J_{AB}$, nicht aber das Vorzeichen bestimmen. Dagegen läßt sich Betrag und Vorzeichen von $|\,v_A\!-\!v_B\,|$ bestimmen, weil sich auf Grund der Bandenintensitäten leicht erkennen läßt, ob das einzelne oder die beiden gleichartigen Atome bei höherem bzw. tieferem Feld liegen.

### III. 2 c *Spektren vom $A_3B$-Typ*

Spektren dieses Typs bestehen aus 16 Linien, von denen 8 Übergänge dem A-Atom, 6 dem B-Atom und zwei gemischten Übergängen zugeordnet werden können. Die Größe der Kopplungskonstanten zwischen den A-Atomen hat keinen Einfluß auf das Aussehen der $A_3B$ Spektren, das wiederum nur vom Verhältnis $J_{AB}/\delta$ bestimmt wird. Die Lagen der Banden und ihre Intensitäten können mit Hilfe der Formeln der Tab. 12 bestimmt werden. In Abb. 37 sind die berechneten Spektren für einige Verhältnisse von $J_{AB}/\delta$ aufgezeichnet. Die Kopplungskonstante läßt sich den Spektren als Differenz zweier Linien im B-Teil leicht entnehmen, die chemischen Verschiebungen müssen durch Rechnung ermittelt werden. Man bestimmt dazu durch Vergleich des gemessenen Spektrums mit den Spektren der Abb. 37 oder deren Spiegelbildern den ungefähren Betrag $J/\delta$, der dann mit Hilfe der Formeln der Tab. 12 oder den für verschiedene Verhältnisse bestimmten numerischen Werten in Tab. 112 weiter angenähert werden kann. Aus Abb. 37 ist ersichtlich, daß die chemische Verschiebung der A-Atome etwa in der Mitte der beiden Bandengruppen des A-Teiles liegt, die chemische Verschiebung des B-Atoms läßt sich jedoch nur durch Rechnung bestimmen. Das Vorzeichen von $J_{AB}$ läßt sich dem Spektrum nicht entnehmen. Die im Anhang in Tab. 112 gegebenen Werte sind auf die chemische Verschiebung des Einzelatoms bezogen und der Wert $\delta = v_A\!-\!v_B$ ist als Frequenzeinheit verwendet worden.

### III. 2 d *Spektren vom $ABX$-Typ*

Wenn drei Kerne miteinander in Wechselwirkung treten, können die Spektren vom AMX-, ABX- oder vom ABC-Typ sein. Im ersten Fall sind die chemischen Verschiebungen wesentlich größer als die Kopplungskon-

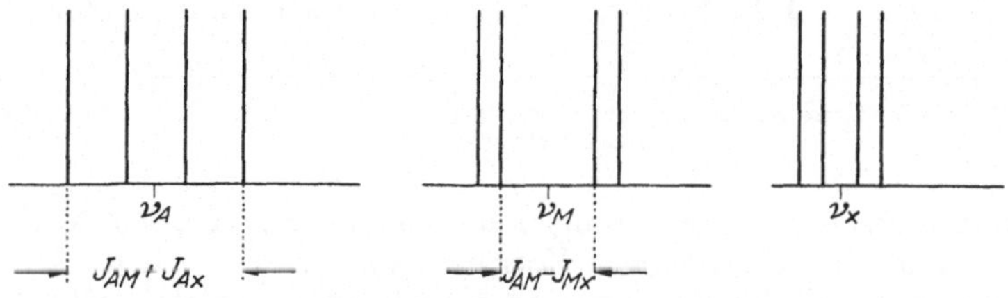


Abb. 38. Banden eines AMX-Systems

stanten, und das Spektrum besteht aus drei Gruppen von je vier gleich starken Banden, die symmetrisch um $v_A$, $v_M$ und $v_X$ liegen (Abb. 38). Der Abstand der äußeren Linien im A-Teil beträgt $J_{AM}+J_{AX}$, der der inneren

Linien $J_{AM}-J_{AX}$. Bei den M- und X-Banden sind die Beträge $J_{AM}+J_{MX}$, und $J_{AM}-J_{MX}$ bzw. $J_{AX}+J_{MX}$ und $J_{AX}-J_{MX}$. Welche Aufspaltung von welchem Atom herrührt, läßt sich leicht durch Vergleich der drei Banden

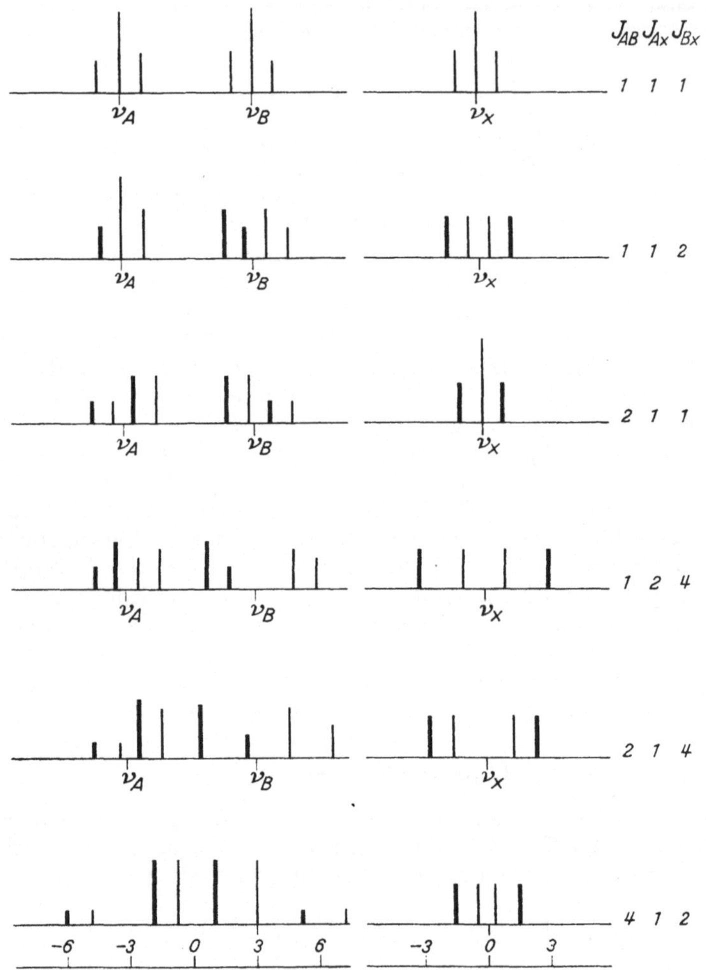



Abb. 39. ABX-Spektren bei verschiedenen Werten der Kopplungskonstanten. Der Abstand $\nu_A-\nu_B$ ist gleich 6 Hz gesetzt worden

bestimmen. Bei der zweiten Kombination von drei Kernen, dem ABX-Typ, ist die Differenz der chemischen Verschiebungen zwischen den Atomen A und B von der Größenordnung der Kopplungskonstanten, während die Verschiebung zwischen diesen beiden Atomen und dem X-Atom wesentlich größer ist. Das X-Atom kann ein anderes Isotop sein, wie im

$$HCFCl-CHCl_2,$$

oder es ist von der gleichen Art, wenn die Abschirmung wesentlich verschieden von der der anderen beiden Atome ist, wie im

$$\overline{CH}=CH\underline{\hspace{2em}}CHCl\underline{\hspace{1em}}CO\underline{\hspace{1em}}\overline{O}.$$

Die Spektren dieses Typs bestehen im AB-Teil aus 8 Linien und im X-Teil aus 6 Linien, wobei zwei von gemischten Übergängen herrühren. In Abb. 39 sind einige ABX-Spektren mit verschiedenen Kopplungskonstanten zusammengestellt. Eine ausführliche Zusammenstellung der numerischen Werte der Bandenlagen und Intensitäten findet sich im Anhang in Tab. 113. Wenn $J_{AX}=J_{BX}$ ist, erscheint der X-Teil des Spektrums als Triplett. Das gleiche tritt auf, wenn $J_{AB}\gg\Delta\nu+{}^{1}/_{2}\,(J_{AX}-J_{BX})$ ist.

Den Spektren können ohne großen Rechenaufwand eine Reihe von Informationen entnommen werden. Der AB-Teil besteht aus zwei Quadrupletts, die sich häufig überlagern. Der Abstand der äußeren Linien der Quadrupletts ist gleich $J_{AB}$. Der Abstand der Schwerpunkte der beiden Quadrupletts beträgt ${}^{1}/_{2}\,(J_{AX}+J_{BX})$. Der Abstand zwischen den beiden Schwerpunkten der äußeren Quadruplettlinien beträgt im einen Falle

$$2D_{+}=\sqrt{[\delta+{}^{1}/_{2}(J_{AX}-J_{BX})]^{2}+J_{AB}{}^{2}},$$

im anderen Fall

$$2D_{-}=\sqrt{[\delta-{}^{1}/_{2}(J_{AX}-J_{BX})]^{2}+J_{AB}{}^{2}}.$$

Hierbei ist $\delta$ der Unterschied der chemischen Verschiebungen von A und B. An Stelle der Schwerpunktabstände kann man auch die Abstände der Linien 2—7 bzw. 4—8 und 1—5 bzw. 3—6 zur Bestimmung von $2D_{+}$ und $2D_{-}$

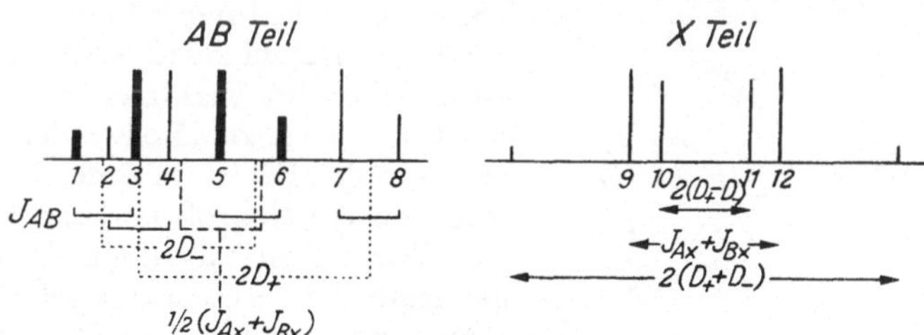


Abb. 40. Zusammenhang zwischen den Größen $D_{+}$, $D_{-}$ und $(J_{AX}+J_{BX})$ und den Resonanzlinien in einem ABX-Spektrum

heranziehen. Der X-Teil des Spektrums besteht aus 6 Linien, die in drei Paaren symmetrisch um $\nu_{X}$ angeordnet sind. Die beiden äußeren Linien sind oft von geringerer Intensität und daher nicht immer wahrnehmbar. Der Abstand der Linien des inneren Paares ist $2(D_{+}-D_{-})$, der des mittleren Paares $J_{AX}+J_{BX}$ und der der äußeren Linien $2(D_{+}+D_{-})$. Zur Veranschaulichung sind in Abb. 40 die entsprechenden Größen in ein ABX-Spektrum eingezeichnet.

In Abb. 40 sind im AB-Teil die Banden 1,3,5,6 und 2,4,7,8 zu den beiden Quartetts zusammengefaßt. Ebensogut könnte man die Zusammenstellung 1,3,7,8 und 2,4,5,6 gewählt haben. Ein Vergleich der aus den Schwerpunkten berechneten Größe $J_{AX}+J_{BX}$ mit dem aus dem X-Teil bestimmten Wert zeigt, welche Kombination die richtige ist. Man kann also einem ABX-Spektrum leicht $\nu_{X}$ und die Beträge von $|J_{AB}|$ und $|J_{AX}+J_{BX}|$ entnehmen. Das Aussehen der Spektren ändert sich jedoch nicht, wenn nur $J_{AB}$ oder wenn $J_{AX}$ und $J_{BX}$ gleichzeitig das Vorzeichen ändern. Aus den gewonnenen Größen können die übrigen mit Hilfe der Formeln 31 und 32 berechnet werden.

$$(\nu_A - \nu_B) + \frac{J_{AX} - J_{BX}}{2} = \pm \sqrt{4\,D_+^2 - J_{AB}^2} \tag{31}$$

$$(\nu_A - \nu_B) - \frac{J_{AX} - J_{BX}}{2} = \pm \sqrt{4\,D_-^2 - J_{AB}^2} \tag{32}$$

Die absoluten Vorzeichen von $J_{AX}$ und $J_{BX}$ lassen sich nicht bestimmen. In vielen Fällen kann man jedoch die relativen Vorzeichen den Spektren entnehmen. Dies soll an einem Beispiel erläutert werden[1]. Die Bandenlagen eines der berechneten Spektren der Tab. 113 sind 93.43, 95.35, 97.43, 99.35, 101.07, 102.15, 105.07, 106.15 im AB-Teil und 98.50, 99.58, 100.42, 101.50 im X-Teil. Die beiden Quartetts sind 93.43, 97.43, 101.07, 105.07 und 95.35, 99.35, 102.15, 106.15. Hieraus folgen die Werte $J_{AB} = 4.00$, $D_+$ und $D_-$ 3.82 bzw. 3.40. Aus den Schwerpunkten der Quartetts und den äußeren Linien des X-Teils folgt $J_{AX} + J_{BX} = 3.00$. Setzt man diese Werte in die Formeln 31 und 32 ein, so ergeben sich zwei Möglichkeiten, nämlich $|\Delta\nu_{AB}| = 6.00$, $|J_{AX} - J_{BX}| = 1.00$ und $|\Delta\nu_{AB}| = 0.50$, $|J_{AX} - J_{BX}| = 12.00$, woraus sich die Kopplungskonstanten im ersten Fall zu $J_{AX} = 2.00$, $J_{BX} = 1.00$, im zweiten zu $J_{AX} = 7.5$, $J_{BX} = -4.5$ ergeben. Welche dieser beiden Kombinationen die richtige ist, läßt sich auf Grund der Intensitäten der X-Banden entscheiden. Bei der ersten Lösung sind die Intensitäten der äußeren Banden verschwindend klein und man sollte daher ein Vierlinienspektrum beobachten. Die letzten Reihen der Tab. 113 zeigen in den Fällen, in denen die Kopplungskonstanten groß sind und verschiedene Vorzeichen haben, ein Sechslinienspektrum. Da das oben angegebene Spektrum nur 4 Linien im X-Teil aufweist, ist in diesem Fall also sicher, daß $J_{AX}$ und $J_{BX}$ das gleiche Vorzeichen haben. Eine Entscheidung über das relative Vorzeichen der beiden Kopplungskonstanten ist jedoch nicht immer möglich. Die Bandenlagen der beiden Spektren $J_{AB} = 1.00$, $J_{AX} = 1.00$, $J_{BX} = 2.00$ und $J_{AB} = 1.00$, $J_{AX} = 1.00$, $J_{BX} = -2.00$ unterscheiden sich nur um einen Betrag von 0.1—0.2 Hz, der häufig innerhalb der experimentellen Fehlergrenze liegt. Auch die relativen Intensitäten unterscheiden sich kaum. In einem solchen Fall gibt es daher zwei Sätze von Kopplungskonstanten, die beide das gleiche Spektrum ergeben. Die oben beschriebene Entscheidung auf Grund der Intensitäten der X-Banden versagt hier. Dieser Weg ist nur möglich, wenn die Kopplungskonstanten $J_{AX}$ und $J_{BX}$ etwa so groß sind wie der Betrag von $\nu_A - \nu_B$. In den Abb. 39 und 40 ist angenommen worden,

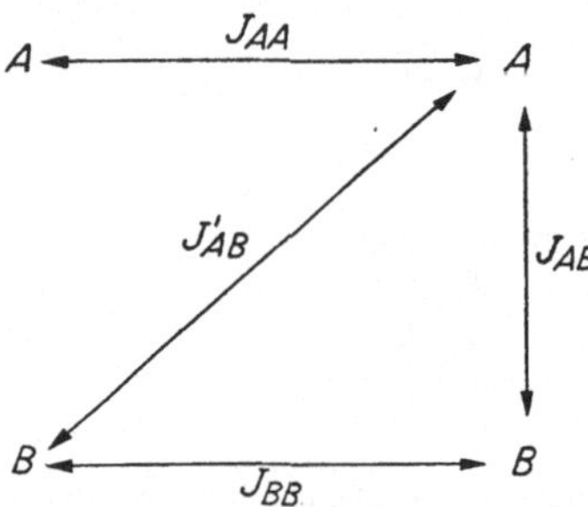



Abb. 41. Kopplungskonstanten in einem $A_2B_2$-System

---

[1] WIBERG, K. B., and B. J. NIST: Interpretation of Nuclear Magnetic Resonance Spectra. New York: W. A. Benjamin, Inc. 1962.

daß das A-Atom bei tieferem Feld absorbiert. Liegt A bei höherem Feld, so ist das beobachtete Spektrum des AB-Teils das Spiegelbild der abgebildeten Spektren.

### III. 2e. *Spektren vom $A_2B_2$-Typ*

Bei einer Gruppe von vier Atomen, die vom $A_2B_2$- oder $A_2X_2$-Typ sind, können vier verschiedene Kopplungskonstanten auftreten, nämlich $J_{AA}$, $J_{BB}$, $J_{AB}$ und $J'_{AB}$ (vgl. Abb. 41). Als erstes soll der Fall $J_{AB}=J'_{AB}$, bzw. $J_{AX}=J'_{AX}$ besprochen werden. Ein $A_2X_2$-Spektrum besteht unter dieser Voraussetzung aus zwei Tripletts, deren mittlere Banden $\nu_A$ und $\nu_X$ geben. Der Abstand der Banden innerhalb der Tripletts ist gleich $J_{AX}$. Spektren

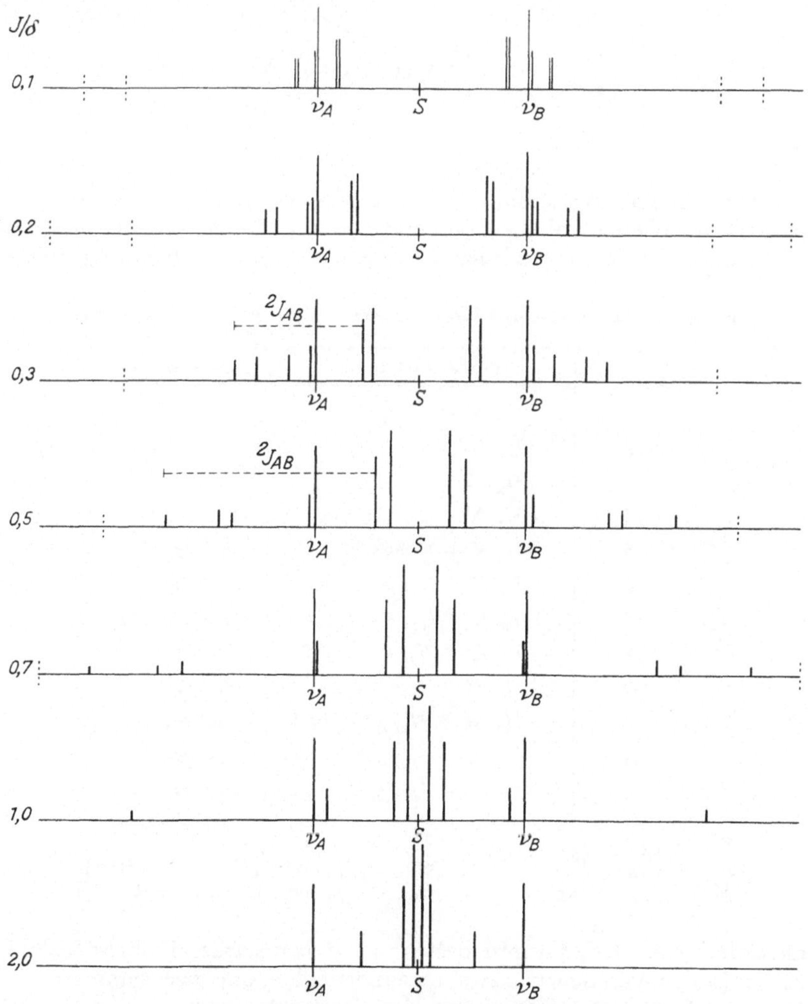

Abb. 42. $A_2B_2$-Spektren bei verschiedenen Werten $J/\delta$. ($J_{AB} = J'_{AB}$)

vom $A_2B_2$-Typ bestehen unter der gleichen Voraussetzung aus 14 Linien, die symmetrisch um $^1/_2\,(\nu_A+\nu_B)$ angeordnet sind. Das Aussehen dieser Spektren wird nur durch das Verhältnis $J_{AB}/\Delta\nu$ bestimmt. Numerische Werte für Bandenlagen und Intensitäten bei verschiedenen Verhältnissen $J/\delta$ sind im Anhang in Tab. 114 zusammengestellt. In Abb. 42 sind mehrere dieser Spektren angegeben. Können alle Linien des Spektrums getrennt werden, so ist es leicht, die Kopplungskonstante und die chemischen Verschiebungen zu bestimmen, denn der Abstand zweier Banden ist gleich $2\,J_{AB}$ und die chemischen Verschiebungen $\nu_A$ und $\nu_B$ werden durch zwei starke Linien wiedergegeben.

In vielen Molekülen sind die Kopplungskonstanten $J_{AX}$ und $J'_{AX}$ bzw. $J_{AB}$ und $J'_{AB}$ nicht von der gleichen Größe, wie etwa im

$$\begin{array}{ccc}
\text{F}\diagdown\!\diagup\text{H} & & \\
\quad\text{C}=\text{C}\quad & \text{und} & \\
\text{F}\diagup\!\diagdown\text{H} & & 
\end{array}$$

VI　　　　　　　　　VII

Im ersten Fall $A_2X_2$ sind es die Kopplungskonstanten $J_{HF\,\text{cis}}$ und $J_{HF\,\text{trans}}$, im zweiten Fall $J_{HH\,\text{ortho}}$ und $J_{HH\,\text{meta}}$. Im $A_2X_2$ Fall findet man je 12 Linien für den A und den X Teil, die symmetrisch um $\nu_A$ und $\nu_X$

Tabelle 13. *Bandenlagen und Intensitäten im A-Teil eines $A_2X_2$-Spektrums*

|  | Frequenz rel. zu $\nu_A$ | Intensität |
|---|---|---|
| 1 | $^1/_2\,N$ | 1 |
| 2 | $^1/_2\,N$ | 1 |
| 3 | $-\,^1/_2\,N$ | 1 |
| 4 | $-\,^1/_2\,N$ | 1 |
| 5 | $^1/_2\,K + ^1/_2\sqrt{K^2+L^2}$ | $\sin^2\Theta_s$ |
| 6 | $-\,^1/_2\,K + ^1/_2\sqrt{K^2+L^2}$ | $\cos^2\Theta_s$ |
| 7 | $^1/_2\,K - ^1/_2\sqrt{K^2+L^2}$ | $\cos^2\Theta_s$ |
| 8 | $-\,^1/_2\,K - ^1/_2\sqrt{K^2+L^2}$ | $\sin^2\Theta_s$ |
| 9 | $^1/_2\,M + ^1/_2\sqrt{M^2+L^2}$ | $\sin^2\Theta_a$ |
| 10 | $-\,^1/_2\,M + ^1/_2\sqrt{M^2+L^2}$ | $\cos^2\Theta_a$ |
| 11 | $^1/_2\,M - ^1/_2\sqrt{M^2+L^2}$ | $\cos^2\Theta_a$ |
| 12 | $-\,^1/_2\,M - ^1/_2\sqrt{M^2+L^2}$ | $\sin^2\Theta_a$ |

$$
\begin{aligned}
K &= J_{AA} + J_{BB} & N &= J_{AB} + J'_{AB} \\
L &= J_{AB} - J'_{AB} & \Theta_s &= ^1/_2\,\cos^{-1}\,[K/(K^2+L^2)^{1/2}] \\
M &= J_{AA} - J_{BB} & \Theta_a &= ^1/_2\,\cos^{-1}\,[M/(M^2+L^2)^{1/2}]
\end{aligned}
$$

angeordnet sind. Jede Gruppe besteht aus einem starken Dublett (gebildet aus vier Linien, von denen je zwei zusammenfallen) und zwei symmetrischen Quartetts. Lagen und Intensitäten der Banden können aus den Formeln der Tab. 13 berechnet werden[1]. Die ersten vier Linien bilden das Dublett mit dem Abstand $N$, die Linien 5,6,7,8, und 9,10,11,12 die beiden Quartetts. Aus einem gemessenen Spektrum läßt sich jedoch nicht entnehmen, welches Paar von inneren Linien zu welchem Paar von Außenlinien gehört. Zur Veranschaulichung sind in Abb. 43 die beiden Quartetts herausgezeichnet.

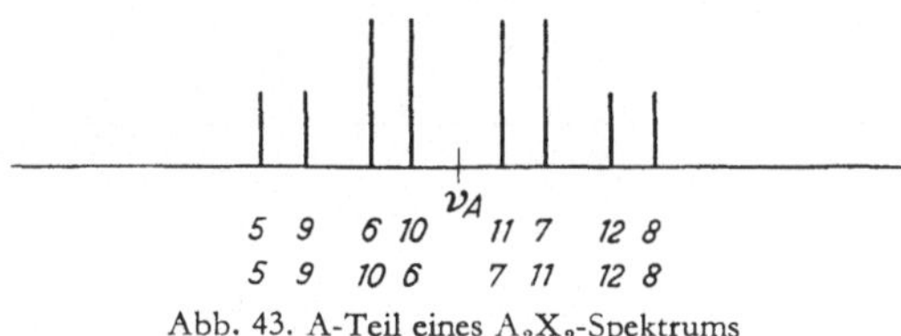


Abb. 43. A-Teil eines $A_2X_2$-Spektrums

Die darunter geschriebenen Ziffern geben die beiden möglichen Zuordnungen. Die Abstände 5—6 bzw. 7—8 sind gleich $K$, diejenigen 9—10 bzw. 11—12 gleich $M$. Aus den Abständen 5—7 bzw. $6-8 = \sqrt{K^2+L^2}$ und 9—11 bzw. $10-12 = \sqrt{M^2+L^2}$ kann man den Wert von $L$ berechnen und entscheiden, welche der beiden Zuordnungen der Abb. 43 die richtige ist, denn nur sie gibt nach beiden Rechnungen den gleichen Wert für $L$.

Man kann aus dem Spektrum nicht entnehmen, welchem der beiden Quartetts die Numerierung 5,6,7,8, in Tab. 13 zukommt, d. h. man kann zwischen $K$ und $M$ nicht unterscheiden. Da $K$, $L$ und $M$ in der Tab. 13 quadratisch auftreten, kann man ihr Vorzeichen nicht bestimmen. Es lassen sich den $A_2X_2$-Spektren, wenn alle Linien getrennt werden können, alle vier Kopplungskonstanten entnehmen, es ist jedoch nicht möglich, zwischen $J_{AA}$ und $J_{XX}$ sowie $J_{AX}$ und $J'_{AX}$ zu unterscheiden. Eine Zuordnung kann häufig durch Vergleich mit anderen Molekülen getroffen werden. So weiß man beim $CF_2 = CH_2$, daß $J_{FF} > J_{HH}$ und $J_{HF\,trans} > J_{HF\,cis}$ ist und kann auf Grund dieser Erfahrungen die richtige Kombination heraussuchen.

Bei den bisher behandelten Spektren ist angenommen worden, daß $\delta$ sehr groß gegenüber den Kopplungskonstanten ist, daß also ein $A_2X_2$-Typ vorliegt. Wenn diese Voraussetzung nicht mehr gegeben ist, ändert sich das Aussehen der Spektren. Die Banden sind dann nicht mehr symmetrisch um $\nu_A$ und $\nu_B$. Diejenigen, die dem gemeinsamen Schwerpunkt am nächsten liegen, bekommen größere Intensitäten, die äußeren werden schwächer. In vielen Fällen ist es möglich, solche Spektren näherungsweise wie $A_2X_2$-Typen zu behandeln und so die ungefähren Werte für Kopplungskonstanten und chemische Verschiebungen zu bestimmen. Für eine exakte Behandlung muß auf die Literatur verwiesen werden[1].

### III. 2f. *Spektren vom $A_3B_2$-Typ*

Spektren von fünf Kernen, bei denen jeweils zwei und drei von der gleichen Art sind, können dem $A_3X_2$- oder $A_3B_2$-Typ angehören. Der erste Fall ist bereits besprochen worden, er gibt ein Triplett für den A-Teil und

---

[1] POPLE, J. A., W. G. SCHNEIDER, and H. J. BERNSTEIN: High-resolution Nuclear Magnetic Resonance. New York: McGraw-Hill 1959.

ein Quadruplett für den X-Teil. Von den $A_3B_2$-Spektren soll hier nur der Sonderfall, bei dem alle Kopplungskonstanten $J_{AB}$ gleich sind, besprochen werden. Es spielt dabei keine Rolle, ob sie in jedem Augenblick gleich sind,

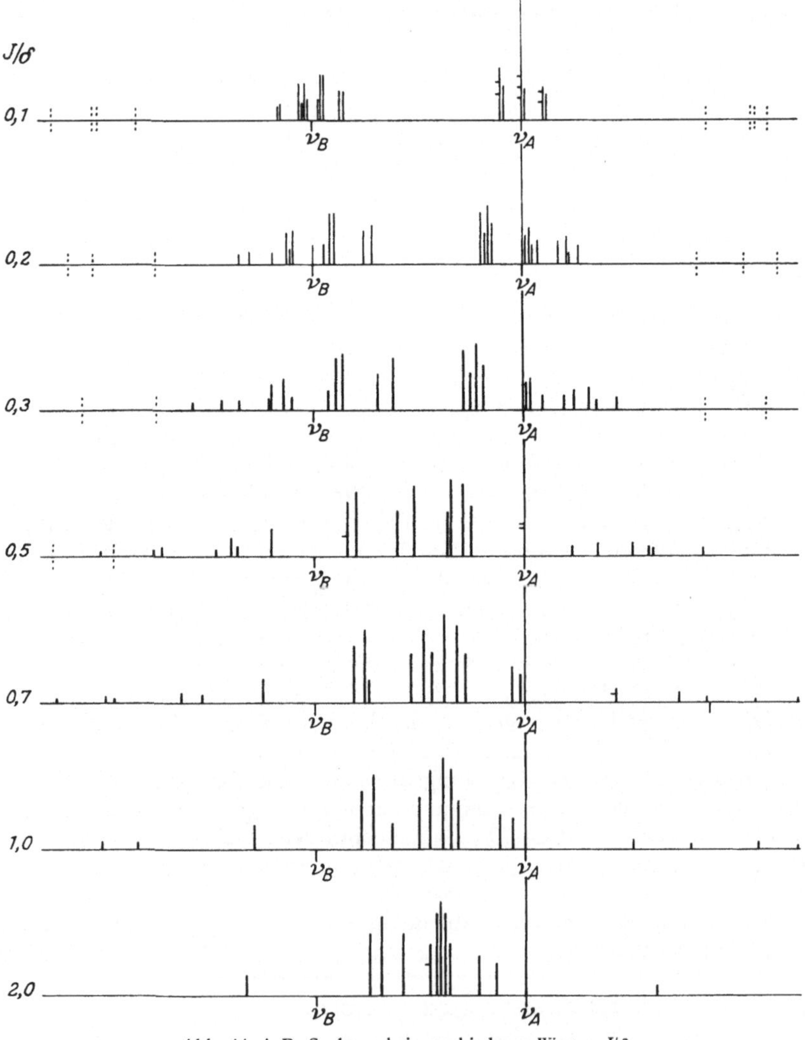

Abb. 44. $A_3B_2$-Spektren bei verschiedenen Werten $J/\delta$

oder, wie bei den Äthylderivaten, durch rasche Rotation einen Mittelwert annehmen. Spektren dieser Art bestehen aus 34 Linien, 13 im A-Teil, 12 im B-Teil und 9 von gemischten Übergängen. Letztere haben im allgemeinen nur geringe Intensität (vgl. Tab. 115). Das Aussehen der Spektren wird nur durch das Verhältnis $J_{AB}/(\nu_A-\nu_B)$ bestimmt. In Abb. 44 sind für einige Verhältnisse die theoretischen Spektren aufgezeichnet, und im Anhang in

Tabelle 14. *Literaturangaben über komplizierte Spektren*

| Spektraltyp | Literaturstelle |
| --- | --- |
| $AB_3$ | SHOOLERY, J. N., L. F. JOHNSON, and W. A. ANDERSON: J. Mol. Spec. **5**, 110 (1960). |
| $AB_4$ | CHAPMAN, D., and R. K. HARRIS: J. Chem. Soc. (London) 237 (1963). BODEN, N., J. W. EMSLEY, J. FEENEY, and L. H. SUTCLIFFE: Trans. Farad. **59**, 620 (1963). |
| $A_2B_2$ | RAO, B. D. N., and P. VENKATESWARLU: Proc. Indian Acad. Sci. **54A**, 1 (1961). POPLE, J. A., W. G. SCHNEIDER, and H. J. BERNSTEIN: Can. J. Chem. **35**, 1060 (1957). GRANT, D. M., R. C. HIRST, and H. S. GUTOWSKY: J. Chem. Phys. **38**, 470 (1963). HIRST, R. C., and D. M. GRANT: J. Chem. Phys. **40**, 1909 (1964). MATHIASSON, B.: Acta Chem. Scand. **17**, 2133 (1963). GESTBLOM, B., R. A. HOFFMAN, and S. RODMAR: J. Mol. Phys. **8**, 425 (1964). — — — Acta Chem. Scand. **18**, 1222 (1964). |
| $A_2B_3$ | RICHARDS, R. E., and T. SCHAEFER: Proc. Roy. Chem. Soc. **A246**, 429 (1958). McGARVEY, B. R., and G. SLOMP, Jr.: J. Chem. Phys. **30**, 1586 (1959). NARASIMHAN, P. T., and M. T. ROGERS: J. A. C. S. **82**, 5983 (1960). |
| $A_2X_4$ | LYNDEN-BELL, R. M.: Trans. Faraday Soc. **57**, 888 (1961). — J. Mol. Phys. **6**, 601 (1963). |
| $A_6B_2$ | FERGUSON, R., and D. W. MARQUARDT: J. Chem. Phys. **41**, 2087 (1964). |
| $A_9B$ | — — J. Chem. Phys. **41**, 2087 (1964). |
| $A_2(X_2)_3$ | ARIVOS, J. V.: J. Mol. Phys. **5**, 1 (1962). |
| $A_nB_m$ | ANDERSON, W. A.: Phys. Rev. **102**, 151 (1956). WHITMAN, D. R.: J. Mol. Spec. **10**, 250 (1963). WAUGH, J. S., and F. W. DOBBS: J. Chem. Phys. **31**, 1235 (1959). |
| ABX | BERNSTEIN, H. J., J. A. POPLE, and W. G. SCHNEIDER: Can. J. Chem. **35**, 65 (1957). |
| AA'K | REILLY, C. A., and J. D. SWALEN: J. Chem. Phys. **32**, 1378 (1960). |
| ABK | — — J. Chem. Phys. **32**, 1378 (1960). |
| ABC | CASTELLANO, S., and J. S. WAUGH: J. Chem. Phys. **34**, 295 (1961). WHITMAN, D. R.: J. Mol. Spec. **10**, 250 (1963). HOBGOOD, R. T., Jr., R. E. MAYO, and J. H. GOLDSTEIN: J. Chem. Phys. **39**, 2501 (1963). CAVANAUGH, J. R.: J. Chem. Phys. **39**, 2378 (1963). REILLY, C. A., and J. D. SWALEN: J. Chem. Phys. **32**, 1378 (1960). BRÜGEL, W., T. ANKEL u. F. KRÜCKEBERG: Z. Elektrochem. **64**, 1121 (1960) WHIPPLE, E. B., and Y. CHIANG: J. Chem. Phys. **40**, 713 (1964). |
| $ABX_2$ | COHEN, A. D., and N. SHEPPARD: Proc. Roy. Soc. **A252**, 488 (1959). |
| $ABX_3$ | KOWALEWSKI, V. J., and D. G. DE KOWALEWSKI: J. Chem. Phys. **33**, 1794 (1960). FESSENDEN, R. W., and J. S. WAUGH: J. Chem. Phys. **30**, 944 (1959). RANDALL, E. W., and J. D. BALDESCHWIELER: J. Mol. Spec. **8**, 365 (1962). |
| $AB_2X$ | ABRAHAM, R. J., E. O. BISHOP, and R. E. RICHARDS: J. Mol. Phys. **3**, 485 (1960). |
| ABB'XX' | DIEHL, P., R. G. JONES, and H. J. BERNSTEIN: Can. J. Chem. **43**, 81 (1965). |

Tabelle 14 (Fortsetzung)

| Spektraltyp | Literaturstelle |
| --- | --- |
| $ABC_2$ | ANDERSON, W.A.: Phys. Rev. **102**, 151 (1956). |
| $A_2BC$ | WHITMAN, D.R.: J. Mol. Spec. **10**, 250 (1963). |
| $A_2A_2'X$ | SCHAEFER, T.: Can. J. Chem. **37**, 882 (1959). |
| $A_2B_2X$ | RICHARDS, R.E., and T. SCHAEFER: Proc. Roy. Soc. **A246**, 429 (1958).<br>BAK, B., J.N. SHOOLERY, and R.E. WILLIAMS: J. Mol. Spec. **2**, 525 (1958).<br>HUTTON, H.M., and T. SCHAEFER: Can. J. Chem. **41**, 2774 (1963).<br>GESTBLOM, B., and S. RODMAR: Acta Chem. Scand. **18**, 1767 (1964). |
| $A_2B_2C$ | MATSUOKA, J.S., and S. HATTORI: Sci. Rept. Kanazawa Univ. **6**, 33 (1958), C. A. 1959, 15771c.<br>DHARMATTI, S.S., G. GOVIL, C.R. KANEKAR, and Y.P. VIRMANI: Proc. Indian Acad. Sci. **56A**, 86 (1962). |
| $AB_2C_2$ | BERRY, R.S., R. DEHL, and W.R. VAUGHAN: J. Chem. Phys. **34**, 1460 (1961). |
| $AB_2X_2$ | SCHNEIDER, W.G., J.H. BERNSTEIN, and J.A. POPLE: Can. J. Chem. **35**, 1487 (1957). |
| $AB_2X_p$ | DIEHL, P., and J.A. POPLE: J. Mol. Phys. **3**, 557 (1960). |
| $AB_4X$ | HARRIS, R.K., and K.J. PARKER: J. Chem. Soc. (London) 3077 (1962). |
| $A_3B_2X$ | NARASIMHAN, P.T., and M.T. ROGERS: J. Chem. Phys. **34**, 1049 (1961). |
| $A_3B_2C$ | — — J. Chem. Phys. **33**, 727 (1960). |
| $A_nB_mX$ | CORIO, P.L.: J. Mol. Spec. **8**, 193 (1962). |
| $A_3B_2X_2$ | GLAZKOV, V.I.: Opt. Spectry. (USSR) **9**, 217 (1960). |
| $A_3B_2X_3$ | SHEPPARD, N., and J.J. TURNER: J. Mol. Phys. **3**, 168 (1960). |
| ABXY | ABRAHAM, R.J., and H.J. BERNSTEIN: Can. J. Chem. **39**, 216 (1961).<br>— — J. Chem. Phys. **36**, 266 (1962).<br>RAO, B.D.N., and P. VENKATESWARLU: Proc. Indian Acad. Sci. **54A**, 305 (1961).<br>KOWALEWSKI, V.J., and D.G. DE KOWALEWSKI: J. Chem. Phys. **36**, 266 (1962).<br>CASTELLANO, S., and A.A. BOTHNER-BY: J. Chem. Phys. **41**, 3863 (1964). |
| ABKL | — — J. Chem. Phys. **37**, 2603 (1962).<br>— — J. Chem. Phys. **36**, 266 (1962). |
| ABKX | REILLY, C.A., and J.D. SWALEN: J. Chem. Phys. **34**, 980 (1961). |
| $ABR_pX_q$ | POPLE, J.A., and T. SCHAEFER: J. Mol. Phys. **3**, 547 (1960). |
| ABCX | BANWELL, C.N., and N. SHEPPARD: Proc. Roy. Soc. **A263**, 136 (1961).<br>RAO, B.D.N., and P. VENKATESWARLU: Proc. Indian Acad. Sci. **54A**, 305 (1961).<br>REDDY, G.S., and J.H. GOLDSTEIN: J. Mol. Spec. **8**, 475 (1962).<br>RAO, B.D.N.: J. Mol. Phys. **7**, 307 (1964).<br>STOTHERS, J.B., J.D. TALMAN, and R.R. FRASER: Can. J. Chem. **42**, 1530 (1964). |
| ABCD | REILLY, C.A., and J.D. SWALEN: J. Chem. Phys. **32**, 1378 (1960), **34**, 980 (1961).<br>WHITMAN, D.R.: J. Mol. Spec. **10**, 250 (1963).<br>KOWALEWSKI, V.J., and D.G. DE KOWALEWSKI: J. Chem. Phys. **37**, 2603 (1962).<br>CLOUGH, S.: J. Mol. Phys. **2**, 349 (1959). |

Tabelle 14 (Fortsetzung)

| Spektraltyp | Literaturstelle |
| --- | --- |
| | ELLEMAN, D.D., S.L. MANATT, and C.D. PEARCE: J. Chem. Phys. **42**, 650 (1965). |
| AA'KL | KOWALEWSKI, V.J., and D.G. DE KOWALEWSKI: J. Chem. Phys. **37**, 2603 (1962). |
| AA'BB' | WHITMAN, D.R.: J. Mol. Spec. **10**, 250 (1963). |
| AA'$X_nX_n$' | HARRIS, R.K.: Can. J. Chem. **42**, 2275 (1964). |
| $A_2B_2$XY | BAK, B., J.N. SHOOLERY, and R.E. WILLIAMS: J. Mol. Spec. **2**, 525 (1958). |
| AA'BB'XY | BARBIER, C., J. DELMAU, and J. RANFT: THL 3339 (1964). |
| $A_2B_2$CX | FUJIWARA, S., and H. SHIMIZU: J. Chem. Phys. **32**, 1636 (1960). |
| $ABCD_3$ | ELLEMAN, D.D., S.L. MANATT, and C.D. PEARCE: J. Chem. Phys. **42**, 650 (1965). |
| ABB'CC' | WHITMAN, D.R.: J. Mol. Spec. **10**, 250 (1963). |
| ABCDMXY | RAO, B.D.N., and J.D. BALDESCHWIELER: J. Mol. Spec. **11**, 440 (1960). |
| AA'BB'MM'XX' | — — J. Mol. Spec. **11**, 440 (1960). |

Tab. 115 findet sich eine Zusammenstellung der numerischen Werte. Man sieht aus der Abbildung, daß die stärkste Linie im A-Teil immer an der Stelle $v_A$ liegt und daß $v_B$ durch den Mittelwert zweier Banden gegeben wird. Wenn auf diese Weise die chemischen Verschiebungen bestimmt worden sind, läßt sich $J_{AB}$ durch Vergleich des gemessenen Spektrums mit Abb. 44 oder den Werten der Tab. 115 abschätzen.

### III. 2g. *Spektren höherer Ordnung*

Neben den hier beschriebenen einfachen Systemen sind eine Reihe komplizierterer Systeme berechnet worden. Die Spektren sind sehr linienreich und ihre exakte Behandlung ist umständlich und oft nur näherungsweise möglich. Zur Analyse solcher Spektren läßt man oft durch elektronische Rechenmaschinen mit abgeschätzten Kopplungskonstanten und chemischen Verschiebungen die Spektren berechnen und korrigiert die Parameter so lange, bis eine möglichst gute Übereinstimmung von gemessenen und berechneten Spektren erzielt ist[1]. Eine Behandlung der komplizierteren Spektren und der Näherungsmethoden geht über das Ziel dieses Buches hinaus. Es sollen daher hier nur die entsprechenden Literaturstellen genannt werden. In einer Zusammenfassung hat CORIO[2] numerische Werte für die Systeme $A_2B$, $A_3B$, $A_2B_2$ und $A_3B_2$ tabelliert. Die hierin gegebenen Tabellen finden sich im Anhang dieses Buches. Von WIBERG und NIST[3] sind Spektren vom $A_2B$, ABX, ABC, $AB_3$, $A_2B_2$, $AB_4$ und $A_2B_3$-Typ tabelliert worden. Weitere Literaturstellen sind in Tab. 14 zusammengestellt.

---

[1] WHITEMAN, D.R.: J. Chem. Phys. **36**, 2085 (1962). — [2] CORIO, P.L.: Chem. Rev. **60**, 363 (1960). — [3] WIBERG, K.B., and B.J. NIST: Interpretation of Nuclear Magnetic Resonance Spectra. New York: W.A. Benjamin, Inc. 1962.

# IV. Zeitabhängige Phänomene

In den vorangegangenen Kapiteln ist stets angenommen worden, daß sich die zu untersuchenden Verbindungen chemisch nicht verändern. Man kann die an solchen Systemen gewonnenen Ergebnisse ohne Schwierigkeiten auf langsam verlaufende chemische Prozesse ausdehnen. Die Spektren zeigen dann alle Komponenten des Reaktionsgemisches und es ist möglich, durch Bestimmung der zeitlichen Änderung der Bandenintensitäten den Reaktionsablauf zu verfolgen. Auf diese Weise sind die Geschwindigkeiten der Deuterierung von

$$R_1,R_2,H,S,R_3 \quad VIII \quad + \quad D^+ \quad \rightleftarrows \quad R_1,R_2,D,S,R_3 \quad + \quad H^+$$

Thiophenhomologen VIII[1], verschiedenen Estern der phosphorige Säure[2,3,4,5] sowie von Kobalthexaminkomplexen[6] und Aminen[7] bestimmt worden. Voraussetzung für derartige Untersuchungen ist ein genügend langsamer Reaktionsablauf, bei dem man die Änderung während der Messung vernachlässigen kann. Obwohl die Kernresonanz ein bequemes analytisches Verfahren zur Messung der Reaktionskinetik darstellt, ist von dieser Anwendung bisher erst wenig Gebrauch gemacht worden. Häufiger ist die Kernresonanz auf die Untersuchung sehr schneller Reaktionen angewandt worden und hat auf diesem Gebiet der Reaktionskinetik zu zahlreichen wertvollen Ergebnissen geführt, die im folgenden an einigen Beispielen besprochen werden sollen. Über das Prinzip der Methode und verschiedene Anwendungen sind bereits einige zusammenfassende Arbeiten veröffentlicht worden[8-15]. Zunächst soll ein Gemisch zweier Substanzen

[1] BRESLOW, R.: J. A. C. S. **78**, 5182 (1956). — [2] LUZ, Z., and B. SILVER: J. A. C. S. **83**, 4518 (1961). — [3] LUZ, Z., and B. SILVER: J. A. C. S. **84**, 1095 (1962). — [4] HAMMOND, P. R.: J. Chem. Soc. (London) 1365 (1962). — [5] EMERSON, M. T., E. GRUNWALD, M. L. KAPLAN, and R. A. KROMHOUT: J. A. C. S. **82**, 6307 (1960). — [6] GASSER, R. P. H., and R. E. RICHARDS: J. Mol. Phys. **3**, 163 (1960). — [7] MULLER, N., and J. GOLDENSTEIN: J. A. C. S. **78**, 5182 (1956). — [8] POPLE, J. A., W. G. SCHNEIDER, and H. J. BERNSTEIN: High-resolution Nuclear Magnetic Resonance. New York: McGraw-Hill 1959. — [9] MEIBOOM, S.: Nuovo cimento **6**, 1194 (1957). — [10] MEIBOOM, S.: Ber. Bunsenges. phys. Chem. **64**, 50 (1960). — [11] HAMMES, G. G., and L. E. ERICKSON: J. Chem. Educ. **35**, 611 (1958). — [12] EYRING, H., T. REE, D. M. GRANT u. R. C. HIRST: Ber. Bunsenges. phys. Chem. **64**, 146 (1960). — [13] PHILLIPS, W. D.: Determination of Organic Structure by Physical Methods. New York: Academic Press 1962. — [14] LOEWENSTEIN, A., u. T. M. CONNOR: Ber. Bunsenges. phys. Chem. **67**, 280 (1963). — [15] STREHLOW, H.: Magnetische Kernresonanz und chemische Struktur. Darmstadt: D. Steinkopf 1962.

A und B betrachtet werden, die jede für sich ein scharfes Signal bei den Frequenzen $\nu_A$ bzw. $\nu_B$ ergibt. Zur Vereinfachung sei angenommen, daß beide Substanzen in der gleichen Konzentration vorliegen und die Banden gleiche Breite besitzen. Ferner sei angenommen, daß sich die beiden Verbindungen ineinander umwandeln können, wobei jeweils aus einem Molekül A ein Molekül B entsteht und umgekehrt. Das Aussehen des Spektrums der Mischung hängt dann weitgehend von der Geschwindigkeit der Umwandlung ab, wie es in Abb. 45 angedeutet ist. Wenn die mittlere Lebensdauer $\tau'$ der Moleküle A und B sehr viel größer ist als der reziproke

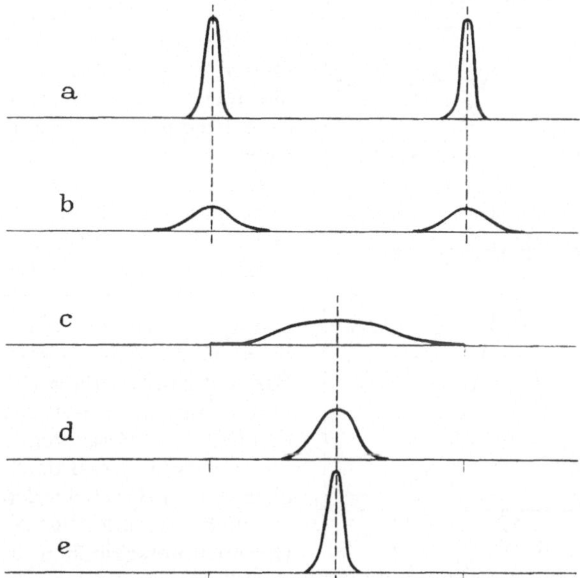

Abb. 45. Spektren eines Gemisches aus gleichen Teilen A und B bei verschieden großen Austausch-geschwindigkeiten (Bandenintensitäten sind nicht untereinander vergleichbar)

Bandenabstand (in Hz), so beobachtet man zwei scharfe Linien (Abb. 45a). Ist die Lebensdauer sehr kurz, verglichen mit diesem Wert, so besteht das Spektrum aus einer einzigen scharfen Linie bei $\frac{1}{2}(\nu_A+\nu_B)$ (Abb. 41e). Ist $\tau' = \sqrt{2} / 2\pi(\nu_A-\nu_B)$, so fallen die beiden Banden zusammen (Abb. 45c)[1]. Zwischen diesen drei Fällen liegen Übergänge, bei denen zwei (Abb. 45b) oder eine breite Linie (Abb. 45d) gefunden werden. Für den Fall des Zusammenfallens der beiden Banden kann man unmittelbar die Reaktionsgeschwindigkeit angeben, wenn der Abstand der ursprünglichen Banden — etwa durch getrennte Messung — bekannt ist. Bei unimolekularen Reaktionen ist $k = 1/\tau'$, bei Reaktionen höherer Ordnung ist $1/\tau' = k$ $(A)^{m-1}(C)^n \ldots$, wobei $m$ und $n$ die Ordnung der Reaktion in bezug auf die Verbindungen A, C usw. bedeuten. Da bei der Protonenresonanz Banden-

---

[1] GUTOWSKY, H. S., and C. H. HOLM: J. Chem. Phys. **25**, 1228 (1956).

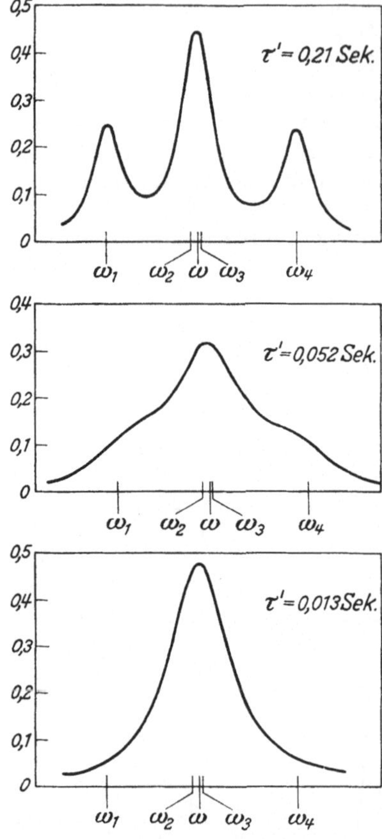

Abb. 46. Berechnete Kurvenform für das Hydroxylproton in Äthanol bei drei verschiedenen mittleren Lebensdauern $\tau'$ [8]

abstände zwischen 10 und 1000 Hz auftreten können, lassen sich nach dieser Methode Reaktionen mit mittleren Lebensdauern von 0.02 bis 0.0002 Sek. messen. Natürlich wird das Gemisch zweier Verbindungen selten den besonders günstigen Fall der Abb. 45c zeigen, sondern meistens eine der anderen in der Abbildung dargestellten Form aufweisen. Man kann das Aussehen der Spektren dadurch ändern, daß man bei anderer Feldstärke mißt. Dieser Weg ist aber umständlich, da die meisten Spektrometer auf eine feste Frequenz eingestellt sind. Einfacher ist es, $\tau'$ zu verändern, etwa durch Änderung von Temperatur, Lösungsmittel, Konzentration oder durch Zugabe von Katalysatoren. Auch in den Fällen, in denen das Zusammenfallen der beiden Banden nicht beobachtet werden kann, lassen sich die $\tau'$-Werte näherungsweise aus der Bandenform bestimmen[1,2]. Die obigen Überlegungen lassen sich auch für den Fall $\tau'_A \neq \tau'_B$ anwenden[3-7]. Wenn die mittleren Lebensdauern der Teilchen A und B verschieden groß sind, ist auch ihre Gleichgewichtskonzentration unterschiedlich und die Bandenhöhen sind verschieden. Die Molbrüche sind dann

$$P_A = \frac{\tau'_A}{\tau'_A + \tau'_B} \quad \text{bzw.} \quad P_B = \frac{\tau'_B}{\tau'_A + \tau'_B}.$$

Systeme mit $n$ verschiedenen Teilchen, die sich ineinander umwandeln oder Protonen austauschen, sind ebenfalls behandelt worden[8,9]. Bei sehr schneller Reaktion wird die Lage der gemeinsamen Bande durch $1/n(\nu_A + \nu_B + \cdots)$ bestimmt. Zahlreiche Untersuchungen über die Geschwin-

[1] GUTOWSKY, H. S., D. W. McCALL, and C. P. SLICHTER: J. Chem. Phys. 21, 279 (1953). — [2] McCONNELL, H. M.: J. Chem. Phys. 28, 430 (1958). — [3] GUTOWSKY, H. S., and A. SAIKA: J. Chem. Phys. 21, 1688 (1953). — [4] TAKEDA, M., and E. O. STEJSKAL: J. A. C. S. 82, 25 (1960). — [5] HERTZ, H. G.: Ber. Bunsenges. phys. Chem. 65, 36 (1960). — [6] DIEHL, P.: Helv. Phys. Acta 31, 686 (1958). — [7] CHARMAN, H. B., D. R. VINARD, and M. M. KREEVOY: J. A. C. S. 84, 347 (1962). — [8] ARNOLD, J. T.: Phys. Rev. 102, 136 (1956). — [9] FORSEN, St., and R. HOFFMAN: J. Chem. Phys. 40, 1189 (1964).

digkeiten des Protonenaustausches sind gemacht worden in: Wasser[1,2,3], Wasserstoffperoxyd[4], Alkoholen[5,6,7,8], Thioalkoholen[9], Aminen[10-24], Phosphinen[25] und Acetylenen[26,27,28].

In manchen Fällen beobachtet man, daß Spinmultipletts durch Austauschvorgänge oder Umlagerungen zusammenfallen. Diese Vorgänge können ähnlich wie die im vorigen Abschnitt beschriebenen Austauschphänomene behandelt werden[29]. Besonders einfach sind die Verhältnisse in einem AX-System, in dem nur das Atom A am Austausch beteiligt ist und der Austausch zwischen gleichartigen Molekülen erfolgt. Ein solcher Fall liegt im Dichlormethylalkohol $HCCl_2OH$ vor, bei dem das Hydroxylproton zwischen verschiedenen Alkoholmolekülen hin- und herwechselt. Man kann die beiden Spinzustände im Alkoholatrest (mit der Einstellung des Dichlormethylprotons parallel und antiparallel zum äußeren Feld) als zwei getrennte Moleküle betrachten, zwischen denen der Austausch erfolgt. Ist der Protonenaustausch langsam und verbleibt das Proton lange genug in der Nähe eines bestimmten Methylprotons, so beobachtet man das durch Spinkopplung verursachte Dublett. Ist der Austausch schnell, so erfährt das Methylproton den zeitlichen Mittelwert verschiedener Spineinstellungen zahlreicher Hydroxylprotonen und die Aufspaltung verschwindet. Der Punkt, an dem die beiden Linien gerade zu einer einzigen verschmelzen, ist wieder gegeben durch $\tau' = \sqrt{2}/2\pi J$. Da die meisten Kopplungskonstanten etwa 5—100 Hz betragen, kann man durch derartige Messungen $\tau'$-Werte von 0.04 bis 0.002 Sek. bestimmen.

Die Aufspaltung eines Spinmultipletts kann auch dadurch verschwinden, daß das Nachbaratom seine Spineinstellung sehr rasch verändert, also

[1] MEIBOOM, S.: J. Chem. Phys. 34, 375 (1961). — [2] MEIBOOM, S.: Z. LUZ, and D. GILL: J. Chem. Phys. 27, 1411 (1957). — [3] LOEWENSTEIN, A., and A. SZOKE: J. A. C. S. 84, 1151 (1962). — [4] ANBAR, M., A. LOEWENSTEIN, and S. MEIBOOM: J. A. C. S. 80, 2063 (1958). — [5] LUZ, Z., D. GILL, and S. MEIBOOM: J. Chem. Phys. 30, 1540 (1959). — [6] KRAKOWER, E., and L. W. REEVES: Trans. Farad. Soc. 59, 2528 (1963). — [7] GRUNWALD, E., C. F. JUMPER, and S. MEIBOOM: J. A. C. S. 84, 4664 (1962) — [8] GRUNWALD, E., C. F. JUMPER, and S. MEIBOOM: J. A. C. S. 85, 522 (1963). — [9] SHEINBLATT, M., and Z. LUZ: J. Phys. Chem. 66, 1535 (1962). — [10] GRUNWALD, E., A. LOEWENSTEIN, and S. MEIBOOM: J. Chem. Phys. 27, 630 (1957). — [11] LOEWENSTEIN, A., and S. MEIBOOM: J. Chem. Phys. 27, 1067 (1957). — [12] CONNOR, T. M., and A. LOEWENSTEIN: J. A. C. S. 83, 560 (1961). — [13] OGG, R. A.: J. Chem. Phys. 22, 560 (1954). — [14] EMERSON, M. T., E. GRUNWALD, and R. A. KROMHOUT: J. Chem. Phys. 33, 547 (1960). — [15] GRUNWALD, E., G. J. KARABATSOS, R. A. KROMHOUT, and E. L. PURLEE: J. Chem. Phys. 33, 556 (1960). — [16] MEIBOOM, S., A. LOEWENSTEIN, and S. ALEXANDER: J. Chem. Phys. 29, 969 (1958). — [17] TAKEDA, M., and E. O. STEJSKAL: J. A. C. S. 82, 25 (1960). — [18] BERGER, A., A. LOEWENSTEIN, and S. MEIBOOM: J. A. C. S. 8, 162 (1959). — [19] FRAENKEL, G., and C. FRANCONI: J. A. C. S. 82, 4478 (1960). — [20] SUNNERS, B., L. H. PIETTE, and W. G. SCHNEIDER: Can. J. Chem. 38, 681 (1960). — [21] SAIKA, A.: J. A. C. S. 82, 3540 (1960). — [22] SHEINBLATT, M.: J. Chem. Phys. 36, 3103 (1962). — [23] REYNOLDS, W. F., and T. SCHAEFER: Can. J. Chem. 42, 2641 (1964). — [24] GRUNWALD, E., and E. PRICE: J. A. C. S. 86, 2965 (1964). — [25] SILVER, B., and Z. LUZ: J. A. C. S. 83, 786 (1961). — [26] CHARMAN, H. B., D. R. VINARD, and M. M. KREEVOY: J. A. C. S. 84, 347 (1962). — [27] CHARMAN, H. B., G. V. D. TIERS, M. M. KREEVOY, and G. FILIPOVICH: J. A. C. S. 81, 3149 (1959). — [28] DRENTH, W., et A. LOEWENSTEIN: Recueil Trav. Chim. Pays-Bas 81, 635 (1962). — [29] GUTOWSKY, H. S., D. W. McCALL, and C. P. SLICHTER: J. Chem. Phys. 21, 279 (1953).

eine kurze Spin-Gitter-Relaxationszeit hat. Solche Erscheinungen beobachtet man oft dann, wenn das Nachbaratom ein elektrisches Quadrupolmoment besitzt und die Spin-Gitter-Relaxation durch veränderliche elektrische Felder verursacht wird. Ist die Relaxationszeit sehr kurz, wie etwa beim Chlor, so findet man keine Aufspaltung (Methylchlorid $CH_3Cl$ gibt eine scharfe Bande). Bei mittleren Relaxationszeiten, wie beim $^{14}N$, beobachtet man eine starke Verbreiterung der Bande der Nachbaratome (im Protonenspektrum ergibt wasserfreies $^{15}NH_3$ ein scharfes Dublett, $^{14}NH_3$ drei breite Banden)[1]. Bei sehr langen Relaxationszeiten treten wieder scharfe Linien auf. Man kann die Aufspaltung eines Spinmultipletts auch dadurch

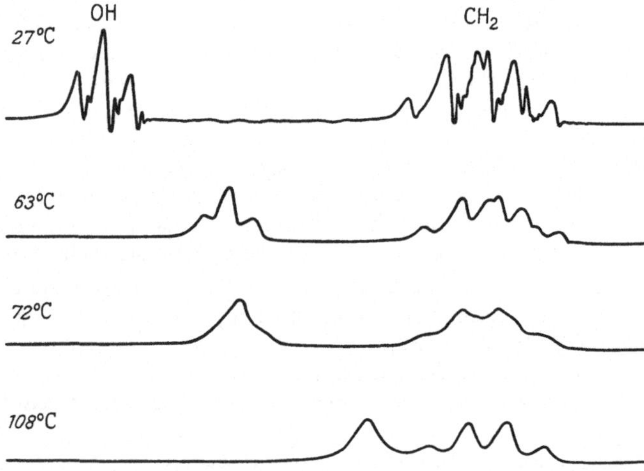


Abb. 47. Spektren von reinem Äthanol bei verschiedenen Temperaturen (Methylbande ist nicht gezeigt)[2]

aufheben, daß man eine zusätzliche Frequenz einstrahlt und eine Kernsorte magnetisch sättigt[3-5]. Dieser Vorgang wird als Doppelresonanz oder Spinentkopplung bezeichnet. Die zusätzliche Frequenz wird etwa im Fall eines A—X-Moleküls genau auf die Frequenz des A-Atoms eingestellt und bewirkt einen sehr raschen Wechsel der Spineinstellung dieses Atoms. Das benachbarte X-Atom erfährt dann nur noch einen mittleren Effekt aus vielen Spineinstellungen und die Aufspaltung verschwindet.

Mehrere der in den voranstehenden Abschnitten besprochenen Erscheinungen können im Spektrum des Äthylalkohols wiedergefunden werden. In reinem, trockenem Äthanol ist das Signal des Hydroxylprotons durch Spinkopplung mit den beiden Methylenprotonen in ein Triplett aufgespalten. Der Austausch des Hydroxylprotons zwischen verschiedenen Alkoholmolekülen verläuft unter diesen Bedingungen langsam. Durch Zugabe von Säure oder Lauge wird dieser Vorgang stark beschleunigt. Je nach Konzentration der Katalysatoren findet man entweder drei breite Banden, oder den

[1] OGG, R.A., and J.D. RAY: J. Chem. Phys. 26, 1515 (1957). — [2] POPLE, J.A., W.G. SCHNEIDER, and H.J. BERNSTEIN: High-resolution Nuclear Magnetic Resonance. New York: McGraw-Hill 1959. — [3] BLOCH, F.: Phys. Rev. 93, 944 (1954). — [4] ROYDEN, V.: Phys. Rev. 96, 543 (1954). — [5] BLOOM, A.L., and J.N. SHOOLERY: Phys. Rev. 97, 1261 (1954).

Übergang zu einer einzigen oder eine scharfe Bande (Abb. 46)[1]. Den gleichen Effekt kann man beobachten, wenn man das Spektrum des Äthylalkohols bei verschiedenen Temperaturen aufnimmt[2], wie es in Abb. 47 gezeigt ist. Bei etwa 72° fallen die Banden des Hydroxyltripletts zusammen und das Signal der Methylenprotonen nimmt die Form eines stark verbreiterten Quadrupletts an. Wird die Temperatur weiter erhöht, so wird der Protonenaustausch noch schneller und die Banden werden schärfer. Man sieht ferner in Abb. 47, daß mit zunehmender Temperatur die Hydroxylbande nach höherem Feld verschoben wird. Dieser Vorgang ist durch die Assoziation des Alkohols bedingt, die mit steigender Temperatur abnimmt (vgl.

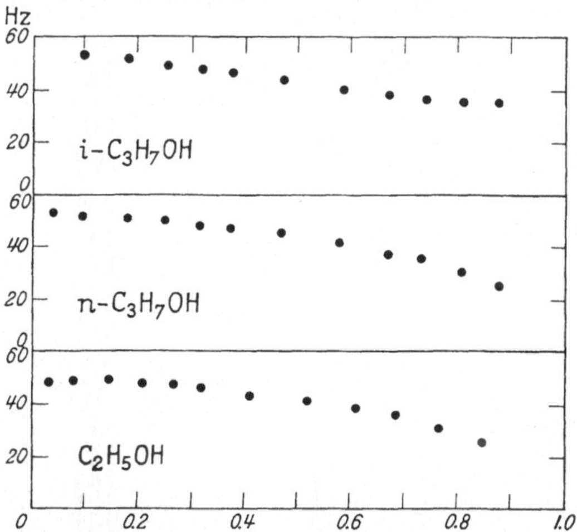


Abb. 48. Abstand von Hydroxyl- und Wasserbande in Gemischen von Alkoholen und schwerem Wasser als Funktion des Molenbruches des schweren Wassers (60 MHz)[4]

Kap. VII 4). In Gemischen aus Äthanol und Wasser kann man ebenfalls interessante Austauschphänomene beobachten. Mit steigendem Wassergehalt verbreitern sich Hydroxyl- und Wasserbande und es ist angegeben worden[3], daß sie bei einem Molverhältnis von etwa 1:1 zusammenfallen. Neuere Untersuchungen führten zu anderen Ergebnissen[4]. In Gemischen aus Alkoholen und schwerem Wasser mit einem geringen Gehalt an H$_2$O wurden bis zu etwa 90 Molprozent Wasser noch getrennte Signale gefunden (Abb. 48). Bei noch höheren Wasserkonzentrationen läßt sich die Hydroxylbande nicht mehr auffinden. Eine Extrapolation der Meßwerte aus Abb. 48 zeigt, daß ein Zusammenfallen der Hydroxyl- und der Wasserbande lediglich bei sehr geringen Alkoholkonzentrationen auftreten kann. Die früheren Untersuchungen haben vermutlich deshalb zu Fehlschlüssen geführt, weil die breite Hydroxylbande durch die starke Wasserbande verdeckt worden ist. Nimmt man Alkohol-Wassergemische mit geringem Wassergehalt bei verschiedenen Temperaturen auf, so kann man die

[1] ARNOLD, J. T.: Phys. Rev. **102**, 136 (1956). — [2] POPLE, J. A., W. G. SCHNEIDER, and H. J. BERNSTEIN: High-resolution Nuclear Magnetic Resonance. New York: McGraw-Hill 1959. — [3] WEINBERG, I., and J. R. ZIMMERMANN: J. Chem. Phys. **23**, 748 (1955). — [4] CERNICKI, C. B.: Ber. Bunsenges. phys. Chem. **69**, 57 (1965).

Auslöschung der Spinkopplung zwischen Hydroxyl- und Methylenprotonen
und das Zusammenfallen von Hydroxyl- und Wasserbande beobachten
(Abb. 49). Bei der tiefsten Temperatur ist noch deutlich die Triplettstruktur der Hydroxylbande und Multiplettstruktur der Methylenbande zu
erkennen. Bei Raumtemperatur fällt das Triplett zu einer einzigen Bande

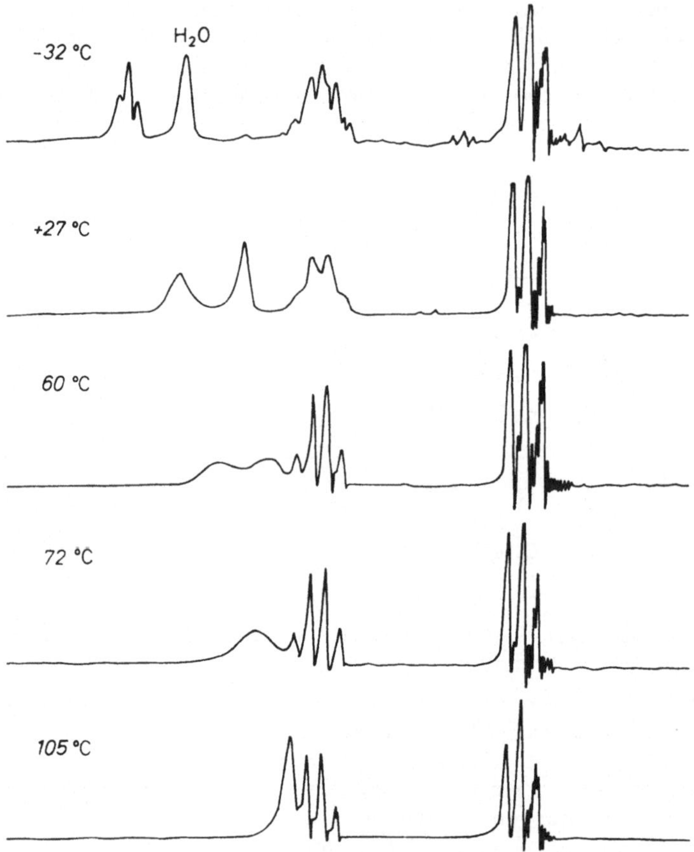


Abb. 49. Spektren eines Gemisches aus 2 Teilen Äthanol und einem Teil Wasser bei verschiedenen
Temperaturen[1]

zusammen und die Methylengruppe erscheint als Quadruplett. Wird die
Temperatur weiter erhöht, so beobachtet man bei 72° den Zusammenfall
von Wasser und Hydroxylbande[1]. Da der Abstand der Banden des Tripletts
wesentlich geringer ist (ca. 5 Hz) als der Unterschied der chemischen Verschiebung zwischen Wasser- und Hydroxylbande (ca. 30 Hz bei einer Feldstärke von 10000 G), verschwindet die Triplettaufspaltung der Hydroxylbande bereits bei geringeren Geschwindigkeiten ($\tau' \sim 0.05$ Sek.) als Wasser-
und Hydroxylbande zusammenfallen ($\tau' \sim 0.007$ Sek.). Dieses System ist
besonders interessant, weil es hier möglich ist, zwei verschiedene Geschwin-

<hr>

[1] SCHNEIDER, W.G., and L.W. REEVES: Ann. NY Acad. Sci. **70**, 858 (1958).

digkeiten auf einfache Weise zu bestimmen und die Aktivierungsenergie zu berechnen. Sie beträgt in diesem Fall 7.6 kcal/Mol. Nimmt man das Spektrum von reinem Äthylalkohol mit einer Spur Säure auf, so besteht dieses aus sehr scharfen Signalen, einer Einzelbande für das Hydroxylproton, einem Quadruplett für die Methylenprotonen und einem Triplett für die

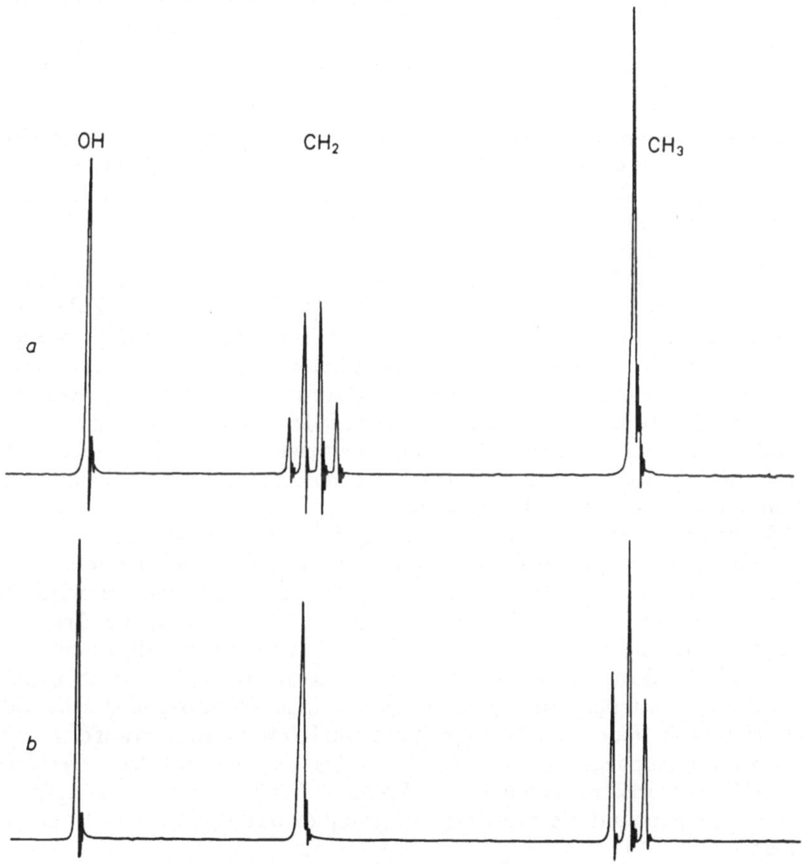


Abb. 50. Spinentkopplung im Äthanol

Methylgruppe. Strahlt man jetzt eine zusätzliche Frequenz ein, die so stark ist, daß man ein Signal, z. B. die Methylengruppe, sättigt, so verschwindet die Aufspaltung der Methylprotonen (Abb. 50a). Wird die Zusatzfrequenz auf die Methylbande eingestellt, so erscheint die Methylenbande als unaufgespaltenes Signal (Abb. 50b). Die beiden Spektren machen deutlich, daß man durch Doppelresonanz ein gegebenes Spektrum vereinfachen kann. Voraussetzung für eine Spinentkopplung ist allerdings, daß die chemischen Verschiebungen der beiden Gruppen nicht zu ähnlich sind. Diese Vereinfachung ist bei der Analyse komplizierter Spektren von sehr großem Wert. Weil aber eine zusätzliche Frequenz benötigt wird, und damit weiterer technischer Aufwand nötig ist, ist diese Methode bisher erst wenig angewandt worden.

# V. Protonenresonanz

## V. 1. Strukturbestimmungen

Die Protonenresonanz ist das am besten und am genauesten untersuchte Gebiet der kernmagnetischen Resonanz. Der Grund hierfür liegt einmal in der Vielfalt und Bedeutung protonenhaltiger Verbindungen, zum anderen darin, daß sich die Kernresonanzspektroskopie am Wasserstoff verhältnismäßig leicht durchführen läßt, weil Wasserstoff im natürlich vorkommenden Gemisch zu 99.8 Prozent aus dem Isotop $^1$H besteht und dieses von allen Isotopen das stärkste Resonanzsignal gibt (vgl. Tab. 1). Mit Hilfe der Protonenresonanz sind Untersuchungen über Substituenteneinflüsse, Wasserstoffbrücken, Protonenaustausch, Beweglichkeit von Polymeren usw. durchgeführt worden. Das wichtigste Anwendungsgebiet ist jedoch die Strukturaufklärung von organischen Molekülen. Der Bedeutung entsprechend soll in den folgenden Abschnitten vorwiegend die Strukturanalyse berücksichtigt werden. Den speziellen Anwendungsgebieten sind mehrere Kapitel am Ende des Buches gewidmet.

Bei den meisten Strukturuntersuchungen liegen einheitliche, organische Verbindungen vor, deren Bruttoformeln bekannt sind und die auf Grund ihrer Kernresonanzspektren identifiziert werden sollen. Hierbei wird die Anzahl und Art der verschiedenen Gruppen im Molekül, die Art ihrer Verknüpfung und ihre räumliche Anordnung gesucht. Im allgemeinen ist das Problem gelöst, wenn es gelingt, die Strukturformel für die unbekannte Substanz aufzustellen. In einzelnen Fällen wird es notwendig sein, den Einfluß von Temperatur, Lösungsmitteln und Konzentrationen auf das Spektrum zu untersuchen, um Auskünfte über Assoziationsgrad, freie Drehbarkeit oder Isomerisierungen geben zu können. Auch ohne diese zusätzlichen Fragestellungen sind die Probleme oft komplex und durchaus nicht immer lösbar.

Bei vielen Strukturproblemen ist es nicht nötig, eine vollständige Analyse des Spektrums durchzuführen. Wenn es sich um synthetische Produkte handelt, so lassen sich oft auf Grund des Syntheseweges mehrere mögliche oder wahrscheinliche Strukturformeln aufstellen. Hierdurch vereinfachen sich die Probleme und es ist in vielen Fällen ausreichend, begrenzte Teile des Spektrums zu deuten und zuzuordnen, um aus den verschiedenen Strukturvorschlägen den richtigen auswählen zu können. Da sich Kernresonanzspektren in den meisten Fällen nur durch einen Vergleich mit denen anderer Verbindungen, also rein empirisch deuten lassen und nur wenige Regeln über die Bandenzuordnung bekannt sind, sollten alle Schlüsse, die aus den Spektren gezogen werden, vorsichtig und kritisch behandelt werden, und es sollten alle verfügbaren Informationen, die sich aus anderen chemischen oder physikalischen Untersuchungen gewinnen lassen, herangezogen werden. Je mehr Daten vorliegen, um so größer ist die Wahrscheinlichkeit, daß sich aus den verschiedenen Einzelinformationen das richtige Strukturbild zusammensetzen läßt. Im folgenden soll an einem einfachen Beispiel gezeigt werden, wie eine Strukturbestimmung durchgeführt wird. Von der zu untersuchenden Substanz sei nur bekannt, daß

Tabelle 15. *Bereiche der* $^1$*H-Resonanzen in verschiedenen Verbindungstypen*

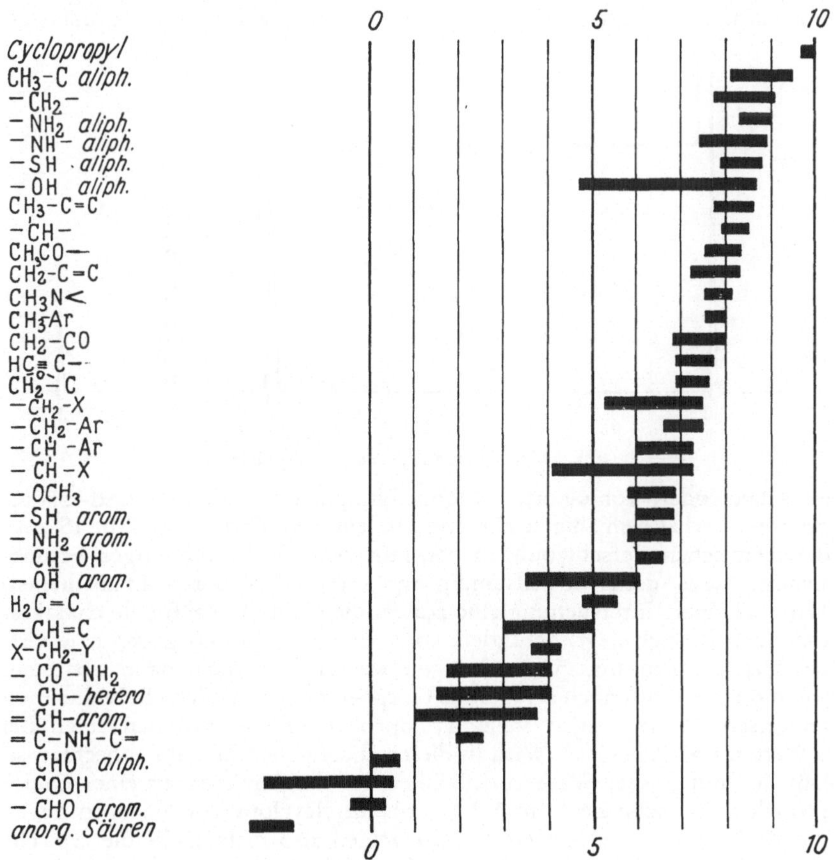


sie chemisch einheitlich ist. Wenn es sich um eine Flüssigkeit handelt, kann ein Protonenresonanzspektrum von der reinen Substanz oder von einer Lösung aufgenommen werden, bei festen Substanzen müssen Lösungen hergestellt werden. Lösungsmittel, Eichsubstanzen und günstigste Konzentrationen sind bereits in Kapitel I besprochen worden. Das Protonenspektrum der Substanz zeige mehrere, gut voneinander getrennte Banden, deren Lagen in Einheiten von $\delta$ oder $\tau$ bestimmt werden. Aus diesen Banden-

lagen soll nun geschlossen werden, welche Gruppen in der Untersuchungssubstanz vorkommen. Dies geschieht durch Vergleich mit tabellierten
Werten von chemischen Verschiebungen anderer Verbindungen (Tab. 15).
Hierdurch ist im allgemeinen bereits eine grobe Zuordnung möglich, und
man kann entscheiden, ob die Verbindung Methylgruppen, olefinische
Protonen oder Aldehydgruppen enthält. Die Zuverlässigkeit solcher Aussagen ist jedoch begrenzt, denn die Bandenlagen vieler Gruppen überschneiden sich. Dies gilt besonders für den Bereich zwischen $\tau = 6$ und $\tau = 9$, in
dem die Banden sehr verschiedenartiger Gruppen auftreten. In anderen
Bereichen können Zuordnungen mit wesentlich größerer Sicherheit getroffen werden. So lassen sich etwa viele Cyclopropylderivate, Protonen an

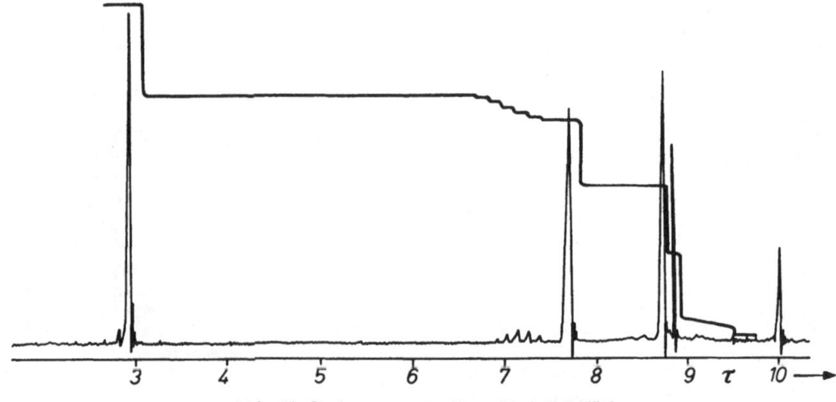

Abb. 51. Spektrum von p-Cumol bei 60 MHz[1]

einfachen oder konjugierten Doppelbindungen, Aldehyd- und Säure-
gruppen verhältnismäßig leicht und eindeutig auffinden. In Tab. 15 sind
die chemischen Verschiebungen von nur etwa 400 Verbindungen berücksichtigt, sie ist daher unvollständig und kann lediglich als Anhalt dienen.
Wird bei einer Untersuchung eine Bande, die nicht in dem für sie charakteristischen Bereich liegt, gefunden, so ist dies kein Beweis gegen eine vorgeschlagene Struktur. Abweichungen werden vor allem dann auftreten,
wenn die Verbindungen anisotrope Gruppen oder zahlreiche Substituenten
aufweisen. Z. B. zeigen viele Cyclopropanderivate Resonanzlinien bei
$\tau$-Werten von 9.5—10.5. Wird in diesem Bereich ein Signal beobachtet, so
läßt sich mit großer Wahrscheinlichkeit auf die Anwesenheit einer Cyclopropylgruppe schließen. Im 1,2,3,-Tribenzoylcyclopropan dagegen liegen
die Dreiringprotonen bei etwa $\tau = 6$, zeigen also nicht mehr die typische
Lage einer Cyclopropylbande. Große Abweichungen können auch bei
Gruppen auftreten, die Wasserstoffbrücken bilden können, wie OH- und
NH-Gruppen.

Als nächster Schritt der Strukturbestimmung sollte das Spektrum inte-
griert werden, damit festgestellt werden kann, wieviele Protonen in den
einzelnen Gruppen vorkommen. Abb. 51 zeigt das Spektrum und die

---

[1] High-resolution Nuclear Magnetic Resonance, Spectra Catalog (1), Varian
Associates. California: Palo Alto.

Integrationskurve einer Verbindung mit der Bruttoformel $C_{10}H_{14}$. Die Banden des Spektrums sind leicht zuzuordnen; die bei $\tau = 2.92$ zeigt aromatische Protonen an, die bei $\tau = 7.70$ Methylgruppen am aromatischen Kern und die bei $\tau = 8.77$ aliphatische Methylprotonen. Das Multiplett bei $\tau = 7.13$ deutet auf ein tertiäres Wasserstoffatom in $a$-Stellung zum Benzolring hin. Der letzte Schluß ist allerdings unsicher, denn Tab. 15 zeigt, daß verschiedene Gruppen in diesem Bereich Signale ergeben. Aus den Stufen der Integralkurve kann man die Anzahl der Protonen in den einzelnen Gruppen bestimmen. Sie verhalten sich wie $4:1:3:6$. Ist das Molekulargewicht bzw. die Bruttoformel bekannt, so folgt aus der Integration, daß das Molekül vier aromatische Protonen, eine aromatische und zwei aliphatische Methylgruppen und ein tertiäres Wasserstoffatom enthält. Die Verknüpfung der Gruppen läßt sich aus der Feinstruktur der Banden ersehen. Das Signal der aliphatischen Methylgruppen ist in ein Dublett aufgespalten. Auf Grund der in Kapitel 3 angegebenen Regeln sind sie daher einer —CH-Gruppe benachbart. Das Signal des tertiären Protons zeigt in der Abbildung fünf Linien, bei höherer Verstärkung sind es sieben. Es hat also sechs gleiche Nachbarn. Aus dem gleichen Linienabstand im Heptett und Dublett sieht man, daß beide Signale zusammengehören, es liegt also eine Isopropylgruppe vor. Die untersuchte Verbindung ist somit ein Methylisopropylbenzol. Wie die Stellung der Substituenten am Benzolring ist, läßt sich auf Grund des Kernresonanzspektrums nicht entscheiden.

Wesentlich für den Erfolg einer Strukturermittlung ist eine möglichst genaue Zuordnung der von den einzelnen Gruppen herrührenden Banden. Je besser die Gruppen und ihre Nachbarn charakterisiert werden können, um so leichter läßt sich die Gesamtstruktur angeben. Wenn etwa eine erste Zuordnung eines Spektrums ergeben hat, daß die untersuchte Substanz Methylgruppen enthält, so sollte als nächstes versucht werden zu entscheiden, welcher Art die Verknüpfung dieser Gruppen ist, ob aliphatische, allylische, $O—CH_3$-, $N—CH_3$-Gruppen usw. vorliegen. Die Werte der Tab. 15 geben nur einen groben Anhalt und sind für eine feinere Unterscheidung nicht ausreichend. In den folgenden Tabellen sind für einige, häufig auftretende Gruppen, wie Methyl-, Äthyl-, Isopropyl- und t-Butylgruppen, genauere Angaben über die chemische Verschiebung zusammengestellt. Im Anschluß daran sollen Regeln besprochen werden, die es gestatten, die chemische Verschiebung von Methylen- und Methinprotonen abzuschätzen. Für die übrigen Gruppen werden die Bandenlagen und ihr Zusammenhang mit der Struktur bei den einzelnen Verbindungsklassen besprochen.

## V. 2. Die Spektren von Methyl-, Äthyl-, Isopropyl-, t-Butyl- und Cyclopropylverbindungen

### Methylverbindungen

Die Lage der Methylgruppen im NMR-Spektrum erstreckt sich über einen Bereich von fast 5 ppm. In Tab. 16 sind die Positionen einer größeren Anzahl von Methylverbindungen wiedergegeben. Die Tabelle zeigt, daß bestimmte Methylgruppen charakteristische Lagen in begrenzten Bereichen des Spektrums besitzen. Dies trifft für Paraffine oder längere aliphatische Reste zu, deren Methylbanden in einem Bereich von $\tau = 8.8$ bis 9.1 gefunden werden. Methylgruppen in $CH_3-CH_2-O-$ bzw. $CH_3-CH-O$-Gruppierungen werden im Bereich von 8.3 bis 8.8 gefunden, während aliphatische Methoxygruppen im Bereich von 6.3 bis 6.6 und aromatische Methoxygruppen zwischen 5.7 und 6.1 erscheinen. Die Lage der Methylester ist auf den engen Bereich von $\tau = 5.8-6.2$ begrenzt. Ebenfalls leicht zu erkennen sind Methylgruppen in Nachbarschaft zu einer Ketogruppe. Aliphatische

Tabelle 16. *Absorptionsbereiche von Methylgruppen in verschiedenen Bindungstypen*

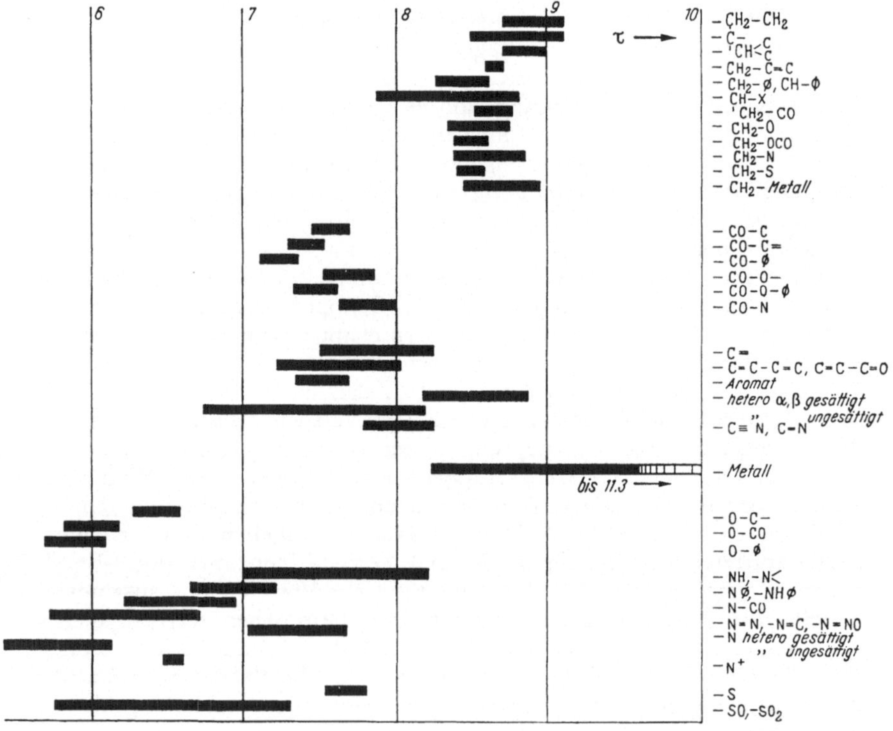


Methylketone zeigen Signale bei 7.4 bis 7.7, Methylarylketone bei 7.1 bis 7.3, während die Methylgruppen in aliphatischen Estern der Essigsäure bei 7.8 bis 8.1 und in aromatischen Estern bei 7.5 bis 7.8 erscheinen. Methylgruppen an aromatischen Resten geben Signale in einem Bereich von 7.4 bis 7.7. In anderen Gruppierungen, wie etwa den Aminen, deren Banden in einem größeren Bereich erscheinen, ist es schwieriger, auf Grund der Bandenlage eine Zuordnung zu treffen. Das gleiche gilt für die Lage der Methylgruppen in Heterocyclen oder Schwefelverbindungen.

### Äthylverbindungen

Recht einfach läßt sich im Spektrum das Vorliegen von Äthylgruppen erkennen. Sie zeigen stets eine Triplettstruktur für die Methylgruppe. Wenn sie mit einem quarternären Kohlenstoffatom verbunden ist, erscheint die Methylengruppe in Form eines Quadrupletts. Das gleiche gilt für die meisten —O-Äthyl-, —S-Äthyl-, —N-Äthyl-, Halogenäthyl- oder Metalläthylverbindungen. Der Abstand der Linien im Triplett und Quadruplett beträgt 6—8 Hz. Ist die Äthylgruppe mit einer CH- oder $CH_2$-Gruppe verknüpft oder mit einem Atom, das ein magnetisches Moment besitzt, so

Tabelle 17. *Absorptionsbereiche von Äthylgruppen in verschiedenen Bindungstypen*

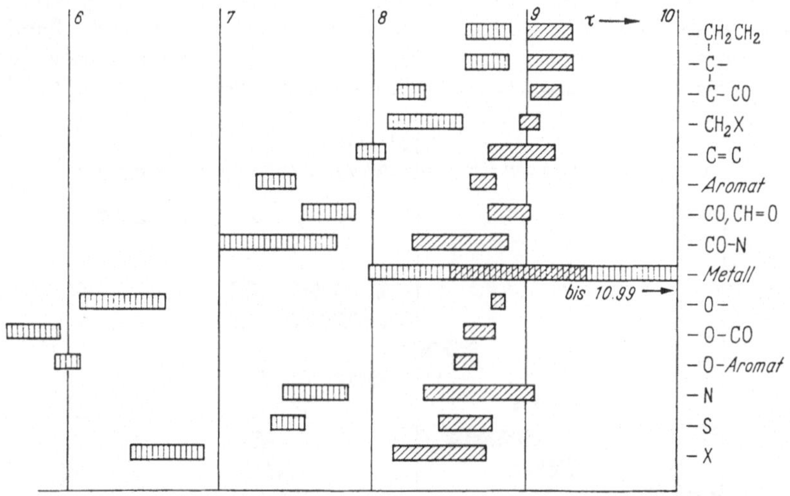


ist die Methylengruppe weiter aufgespalten. Ist sie mit einer olefinischen Doppelbindung verbunden, so können auch entfernter liegende Protonen eine Aufspaltung verursachen. In Tab. 17 sind die Schwerpunktlagen der Methylen- und Methylgruppen einer größeren Anzahl von Äthylverbindungen wiedergegeben. Die chemische Verschiebung der Methylgruppen ändert sich nur wenig und liegt im wesentlichen zwischen $\tau = 8.2$ und 9.2. Die Lage der Methylengruppen erstreckt sich über einen Bereich von 4 bis 5 ppm, und es ist in vielen Fällen möglich, auf Grund der Bandenlage die Art der Verknüpfung zu erkennen. Leicht zu identifizieren sind Äthylgruppen in Paraffinen oder längeren aliphatischen Resten, bei denen die Methylengruppen in einem sehr begrenzten Bereich von $\tau = 8.6$—8.9 liegen, während die Methylgruppen Signale zwischen $\tau = 8.9$ und 9.2 ergeben. Auch Äthylgruppen am aromatischen Kern haben typische Lagen von $\tau = 8.7$—9.0 für die Methylgruppen und 7.2—7.5 für die Methylengruppe. Leicht zu erkennen sind auch N-Äthyl- und O-Äthylgruppen. Erstere geben Signale bei $\tau = 7.3$—7.8 und $\tau = 8.3$—9.1; die letzteren in aliphatischen Äthoxyverbindungen bei $\tau = 6.1$—6.6 und 8.8, in aromatischen Verbindungen bei $\tau = 5.9—6.1$ und $8.5—8.7$. Äthylester zeigen Signale bei $\tau = 5.6—5.9$ und $\tau = 8.6—8.8$. Die Banden von $C_2H_5CO$-Verbindungen erstrecken sich über einen größeren Bereich, lassen sich aber ebenfalls ohne große Schwierigkeiten auffinden. Das gleiche gilt für Äthylgruppen, die mit einer Doppelbindung verbunden sind. Für andere Substituenten liegt nicht genug experimentelles Material vor, um zu entscheiden, ob es auch in diesen Fällen typische Bandenlagen gibt.

### *i-Propylverbindungen*

Oft läßt sich im Spektrum das Vorhandensein einer Isopropylgruppe erkennen. Sie zeigt sich durch ein Dublett für die Methylgruppen und ein Heptett für das tertiäre Proton. Da sich die Intensitäten der Heptettlinien wie $1:6:15:20:15:6:1$ verhalten, sind die schwachen, äußeren Banden nicht immer zu erkennen und das Signal erscheint als Pentett. Durch einen hohen Verstärkungsgrad lassen sich im allgemeinen auch diese Banden

Tabelle 18

*Absorptionsbereiche von i-Propylgruppen in verschiedenen Bindungstypen*

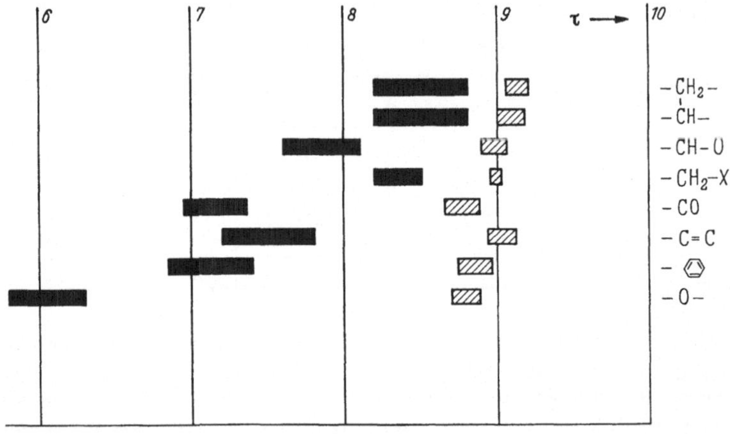


auffinden. Ist dies nicht möglich, so kann man oft durch Vergleich der relativen Intensitäten erkennen, ob das beobachtete Signal ein Pentett mit den Intensitäten $1:4:6:4:1$ oder der innere Teil eines Heptetts ist. Wenn in Nachbarstellung zur Isopropylgruppe ein CH-, $CH_2$- oder $CH_3$-Rest oder ein Atom mit einem magnetischen Moment steht, ist die Bande des tertiären Protons weiter aufgespalten, und es ist meist nicht möglich, alle Linien des Signals zu trennen. In komplizierteren Spektren ist die Bande des tertiären Protons häufig verdeckt, und es kann dann nur auf Grund der Lage, Aufspaltung und Intensität der Methylsignale auf das Vorhandensein von Isopropylgruppen im Molekül geschlossen werden. In Tab. 18 sind die Absorptionsbereiche einer Reihe von Isopropylverbindungen zusammengestellt. Die Lage der Methylprotonen ändert sich nur wenig, und es ist daher kaum möglich, aus ihr auf die Art der Verknüpfung der Gruppe zu schließen. Die Positionen der Methingruppen erstrecken sich dagegen über einen Bereich von 3 ppm und können wertvolle Hinweise auf die Struktur der untersuchten Verbindung geben. In Paraffinen und längeren aliphatischen Resten erscheinen die Isopropylgruppen bei $\tau = 8.2-8.8$ und $\tau = 9.0$ und 9.2. Wenn sie mit aromatischen Resten verbunden sind, liegen die Banden bei $\tau = 6.8-7.4$ und $\tau = 8.7-8.9$. Für Isopropylgruppen an olefinischen Doppelbindungen werden Werte von $\tau = 7.2-7.8$ und $\tau = 8.9-9.1$ gefunden. Leicht zu erkennen sind auch i-$C_3H_7$-O-Gruppierungen, die in einem Bereich von $\tau = 5.8-6.3$ bzw. $\tau = 8.7-8.9$ erscheinen. Für weitere Substituenten liegt nicht genügend Material vor, um Verallgemeinerungen zuzulassen.

Das übliche Signal der Isopropylgruppen mit dem Methyldublett und dem Heptett des tertiären Wasserstoffatoms tritt nur auf, wenn die chemischen Verschiebungen der beiden Methylgruppen gleich sind, oder wenn

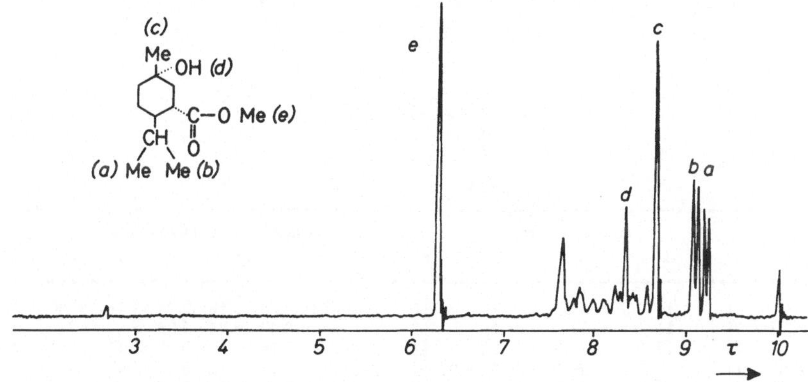


Abb. 52. Spektrum von 1-Methyl-3-acetyl-4-i-propyl-cyclohexanol bei 60 MHz[1]

die Rotation der Gruppe schnell genug ist, um die Unterschiede herauszumitteln. Diese Voraussetzungen sind jedoch nicht immer gegeben. Abb. 52 zeigt einen Fall, in dem die freie Drehbarkeit durch die benachbarte Estergruppe erschwert wird, die beiden Methylgruppen des Isopropylrestes eine unterschiedliche chemische Verschiebung haben und getrennte Signale geben. Da jede der Methylgruppen durch das tertiäre Proton aufgespalten wird, beobachtet man vier Linien. Das Signal des tertiären Protons ist in diesem Spektrum nicht zu erkennen. Wegen der Verschiedenheit der Methylgruppen und der Kopplung mit dem tertiären Proton des Ringes sollte die Bande aus $(n+1) \cdot (m+1) \cdot (p+1) = 32$ Linien bestehen, die sich natürlich nicht trennen lassen. Auch bei freier Drehbarkeit der i-Propylgruppe können vier Linien für die Methylprotonen auftreten. Man findet dies oft bei Verbindungen, in denen die i-Propylgruppe mit einem asymmetrischen Kohlenstoffatom verknüpft ist oder in der Nähe einer solchen Gruppierung steht (vgl. S. 44).

[1] High-resolution, Spectra Catalog (1), Varian Associates. California: Palo Alto.

Tabelle 19. *Absorptionsbereiche von t-Butylgruppen in verschiedenen Bindungstypen*

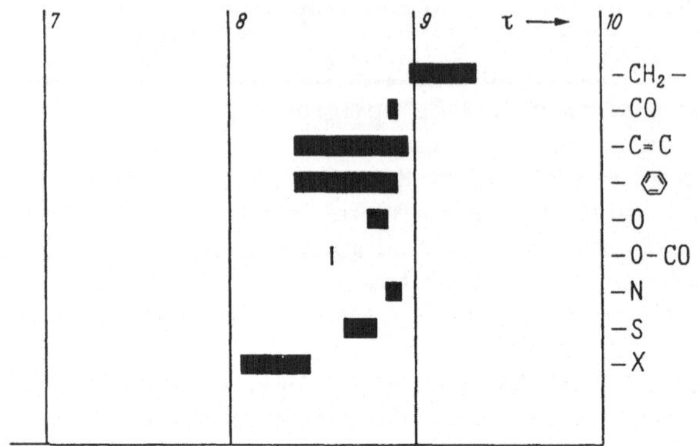


Tabelle 20. *Chemische Verschiebungen in substituierten Cyclopropanen*

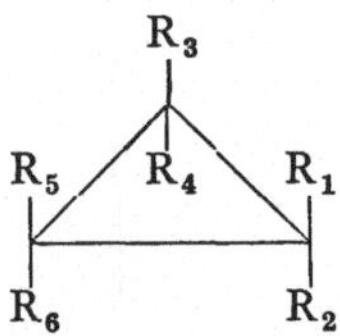

| Substituenten | | | | | | Chemische Verschiebungen | | | | | | Lit. |
|---|---|---|---|---|---|---|---|---|---|---|---|---|
| 1 | 2 | 3 | 4 | 5 | 6 | 1 | 2 | 3 | 4 | 5 | 6 | |
| H | H | H | H | H | H | 9.78 | 9.78 | 9.78 | 9.78 | 9.78 | 9.78 | a |
| COOH | H | H | H | H | H | – | 8.42 | 8.94 | 9.03 | 8.94 | 9.03 | a |
| Br | H | H | H | H | H | – | 7.16 | 9.12 | 9.00 | 9.12 | 9.00 | a |
| COOH | H | H | H | COOH | Ph | – | 7.63 | 7.92 | 8.44 | – | – | a |
| COOH | H | H | H | COOH | CH₃ | – | 8.02 | 8.32 | 8.77 | – | – | a |
| Ph | Br | H | H | H | H | – | – | 9.11 | 8.83 | 9.11 | 8.83 | b |
| COOH | H | CH₃ | CH₃ | H | H | – | 8.61 | – | – | 9.01 | 9.21 | b |
| COOMe | H | COOMe | CH₃ | H | H | – | 8.07 | – | – | 8.35 | 8.85 | b |
| COOMe | H | CH₃ | COOMe | H | H | – | 7.77 | – | – | 8.80 | 8.52 | b |
| Cl | Cl | H | H | H | H | – | – | 8.53 | 8.53 | 8.53 | 8.53 | b |
| CH₃ | CH₃ | H | H | H | H | – | – | 9.80 | 9.80 | 9.80 | 9.80 | b |
| CH₃ | Ph | Cl | Cl | H | H | – | – | – | – | 8.29 | 8.53 | c |
| CH₃ | H | Cl | Cl | Ph | H | – | 8.27 | – | – | – | 7.79 | c |
| OCH₃ | H | Cl | Cl | H | H | – | 6.38 | – | – | 8.49 | 8.33 | c |
| OC₂H₅ | H | Cl | Cl | H | H | – | 6.51 | – | – | 8.64 | 8.49 | c |
| COOH | H | COOH | COOH | H | H | – | 6.72 | – | – | 7.57 | 7.70 | c |
| COPh | H | H | COPh | H | COPh | – | 5.51 | 5.87 | – | 5.87 | – | c |
| COOH | H | =CH₂ | =CH₂ | H | COOH | – | 8.17 | – | – | 8.17 | – | c |
| H | H | CN | CN | CN | CN | 6.53 | 6.53 | – | – | – | – | d |
| CH₃ | H | CN | CN | CN | CN | – | 6.49 | – | – | – | – | d |
| C₂H₅ | H | CN | CN | CN | CN | – | 6.47 | – | – | – | – | e |
| Ph | H | CN | CN | CN | CN | – | 5.07 | – | – | – | – | e |
| Cl | H | CH₃ | CH₃ | H | H | – | 7.39 | – | – | 9.49 | 9.62 | e |


a  WIBERG, K. B., and B. J. NIST: J. A. C. S. **85**, 2788 (1963).
b  PATEL, D. J., M. E. H. HOWDEN, and J. D. ROBERTS: J. A. C. S. **85**, 3218 (1963).
c  GRAHAM, J. D., and M. T. ROGERS: J. A. C. S. **84**, 2249 (1962).
d  HART, H., and F. FREEMAN: J. Org. Chem. **28**, 1220 (1963).
e  HUTTON, H. M., and T. SCHAEFER: Can. J. Chem. **41**, 1623 (1963).

## t-Butylgruppen

Über die Lage von t-Butylgruppen im Spektrum liegt nur wenig Material vor. Da diese Banden aber sehr scharf und von großer Intensität sind, lassen sie sich leicht im Spektrum auffinden. Tab. 19 gibt eine Zusammenstellung der Lagen dieser Gruppen. Entsprechend der größeren Entfernung

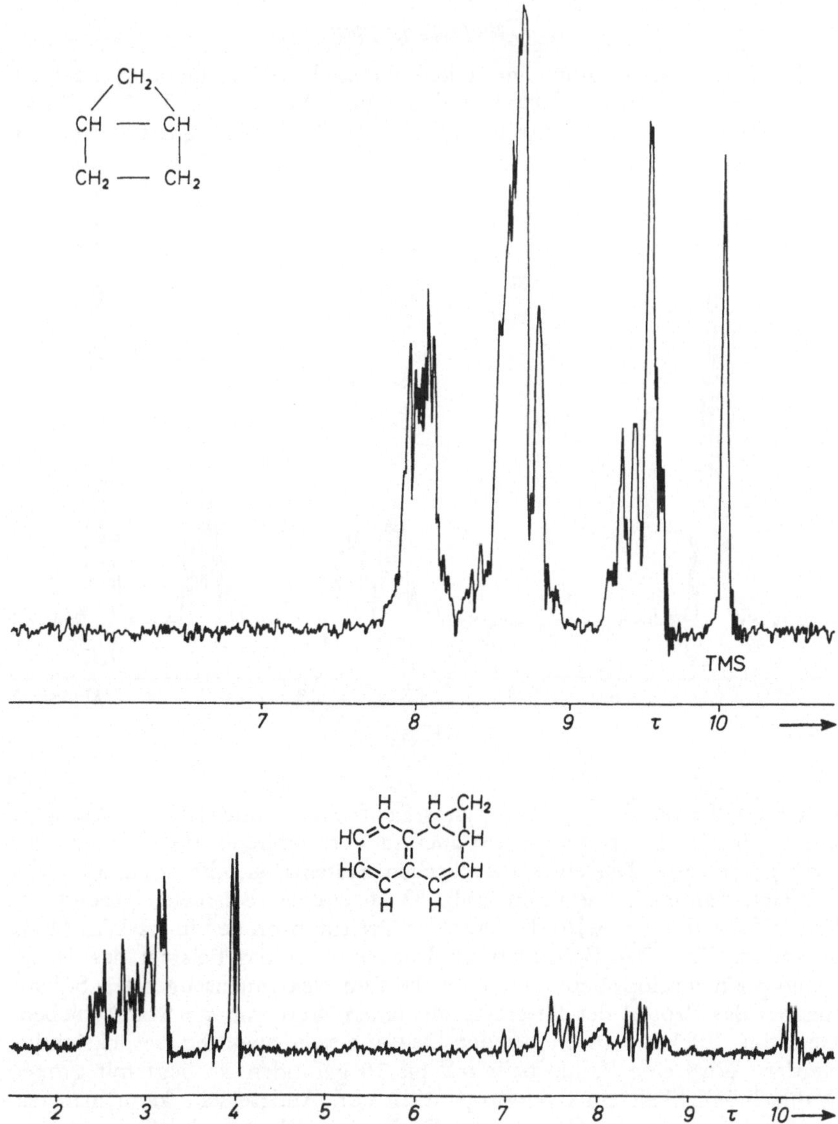

Abb. 53a, b. Spektren von drei bicyclischen Verbindungen, die einen Cyclopropanring enthalten
Standardfrequenz 56.4 MHz (Abb. 53c S. 92)

der Methylgruppen vom Substituenten ändert sich die chemische Verschiebung der Protonen nur wenig. Verhältnismäßig leicht läßt sich entscheiden, ob die Gruppe mit einem aliphatischen Rest ($\tau = 9.0—9.3$), einer olefinischen Doppelbindung bzw. einem Aromaten verknüpft ist ($\tau = 8.4—8.9$). Für andere Substituenten lassen sich an Hand des begrenzten Materials keine typischen Bandenlagen angeben.

### *Cyclopropylgruppen*

Die in Tab. 15 zusammengestellten chemischen Verschiebungen zeigen für Cyclopropan und für Cyclopropylderivate $\tau$-Werte von 9.0—10.5. Da in diesem Bereich des Spektrums nur sehr wenige Gruppen Signale geben, läßt

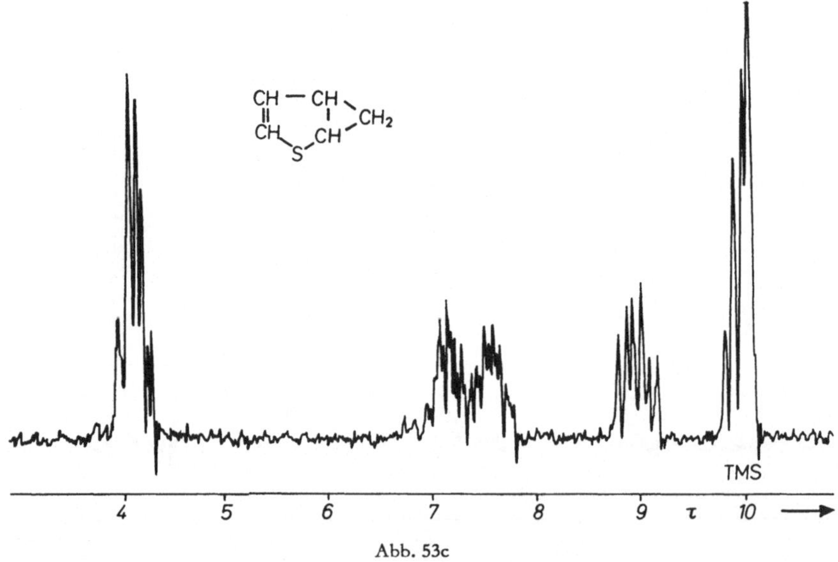

Abb. 53c

sich das Auftreten von Cyclopropylresten oft einfach und sicher nachweisen. Diese typische Resonanzlage tritt auch in Verbindungen auf, in denen der Cyclopropanring Teil eines bicyclischen Systems ist, ebenso in Bicyclen mit Heteroatomen, wie es in Abb. 53 an einigen Beispielen gezeigt ist. Durch Substituenten wird die Lage der Dreiringprotonen in starkem Maße verändert (Tab. 20). Besonders eindrucksvoll ist das Beispiel des Tetracyano-phenylcyclopropans, bei dem die fünf elektronensaugenden Substituenten das Proton des Dreirings auf einen Wert von $\tau = 5$ verschieben. Derartige Effekte müssen bei der Deutung von Spektren berücksichtigt werden. Wird eine Bande bei $\tau = 9$ bis 10 gefunden, so liegt mit großer Wahrscheinlichkeit ein Cyclopropanring vor. Andererseits kann man das Vorhandensein eines substituierten Dreiringes nicht ausschließen, wenn in diesem Bereich kein Signal gefunden wird.

## V. 3. Substituenteneinflüsse bei aliphatischen Verbindungen

*Monosubstitutionsprodukte*

Die in den Tab. 16—18 zusammengestellten chemischen Verschiebungen zeigen sehr verschiedenartige Substituenteneffekte. Ein bestimmter Substituent, z. B. ein Sauerstoff, oder eine Doppelbindung haben jedoch auf die Verschiebung der Methylgruppen in $CH_3$—X-Verbindungen und auf die Methylen- bzw. Methingruppen in $CH_3$—$CH_2$—X- bzw. $(CH_3)_2CH$—X Verbindungen etwa den gleichen Einfluß. Dies legt den Gedanken nahe, daß dem Substituenteneinfluß einfache Gesetzmäßigkeiten zugrunde liegen.

Tabelle 21. *Chemische Verschiebungen von Methylverbindungen*

| Verbindung | $\tau$ rein extrapol. auf unendl. Verd. | $CCl_4$ | Lit. | $\tau$ gasförmig | Lit. |
|---|---|---|---|---|---|
| $CH_4$ | | | | 9.87 | b |
| $CH_3$–$NO_2$ | 5.99 | 5.28 | a | 5.96 | b |
| $CH_3$–F | 6.90 | 5.33 | a | 5.87 | b |
| $CH_3OCH_3$ | 7.42 | 6.35 | a | 6.77 | b |
| $CH_3$–Cl | 6.90 | 6.54 | a | 7.16 | b |
| $CH_3$–Br | 6.82 | 6.90 | a | 7.55 | b |
| $CH_3$–J | 6.80 | 7.39 | a | 8.02 | b |
| $(CH_3)_2CO$ | 8.14 | 7.50 | a | 8.05 | b |
| $CH_3CN$ | 7.95 | 7.68 | a | 8.34 | b |
| $(CH_3)_3N$ | 7.97 | – | a | 7.84 | b |
| $C(CH_3)_4$ | 9.15 | 8.65 | a | 9.04 | b |
| $CH_3$–$CH_3$ | | | | 9.12 | b |
| $(CH_3)_2S$ | | | | 7.97 | b |
| $CH_3CHO$ | | | | 8.08 | b |
| $(CH_3)_4Si$ | | | | 10.00 | b |
| $(CH_3)_4Sn$ | | | | 9.77 | b |
| $(CH_3)_4Pb$ | | | | 9.30 | b |
| $(CH_3)_4Ge$ | | | | 9.87 | b |

a ALLRED, A.L., and E.G. ROCHOW: J. A. C. S. **79**, 5361 (1957), alle Werte umgerechnet und bezogen auf TMS (TMS—$H_2O$: = 4.80; POPLE, J.A., W.G. SCHNEIDER, and H. J. BERNSTEIN: High-resolution Nuclear Magnetic Resonance. New York: McGraw-Hill 1959).
b SPIESECKE, H., and W.G. SCHNEIDER: J. Chem. Phys. **35**, 722 (1961), bezogen auf gasförmiges TMS = 10.00.

Substituenten, die Elektronen fortziehen, verschieben die Signale benachbarter Gruppen nach tieferem Feld und erhöhen zugleich deren Azidität. Man könnte daher an einen Zusammenhang zwischen der Verschiebung und den aus chemischen Umsetzungen bekannten Aziditäten denken. Diese steigen in der Reihenfolge:

$$—CH < —SH < CO—CH < —OH < —COOH < —SO_2OH$$

und in der gleichen Reihenfolge wird das Protonensignal nach tieferem Feld verschoben. Es gibt aber eine Reihe von Widersprüchen zu dieser Annahme.

So liegt das saure Proton des Acetylens bei höherem Feld als das weniger
saure Äthylenproton, und auch die Lage der Aldehydprotonen steht mit
der geringen Azidität dieser Verbindungen nicht im Einklang. Es sind also
neben der Azidität noch weitere Effekte wirksam. Da die Lage einer Bande
auch durch Nachbarmoleküle oder durch Wechselwirkung mit dem Lösungsmittel verändert werden kann, sind für genauere Untersuchungen von Substituenteneffekten am besten die chemischen Verschiebungen einfacher,
gasförmiger Verbindungen geeignet. (Die in den Tab. 16—18 für den Vergleich bei Strukturaufklärungen zusammengestellten Werte sind im allgemeinen komplexen Molekülen entnommen.) In den Tab. 21 und 22 sind
die Verschiebungen von gasförmigen Methyl- und Äthylverbindungen
nach Messungen von Spiesecke und Schneider[1] zusammengestellt. Die
Werte der reinen Methylverbindungen und die auf unendliche Verdünnung
in Tetrachlorkohlenstoff extrapolierten chemischen Verschiebungen[2] sind
zum Vergleich der Größe von Assoziations- und Solvatationseffekten
ebenfalls angegeben. Die Werte zeigen deutlich, daß zwischen der Resonanzlage der unverdünnten Verbindungen und derjenigen bei unendlicher
Verdünnung recht beträchtliche Unterschiede auftreten können und daß
auch die Bandenlage in unendlicher Verdünnung im inerten Lösungsmittel
von der im Gaszustand abweicht (vgl. Kap. VII 3). Für den Fall, daß die
chemischen Verschiebungen durch induktive Einflüsse verursacht werden,
sollten die Verschiebungen mit der Lage der Bindungselektronen zusammenhängen, die wiederum durch die Elektronegativität des Substituenten
bestimmt wird. Je größer die Elektronegativität ist, um so mehr sind die
Bindungselektronen in Richtung auf den Substituenten verschoben und
um so geringer sollte die Abschirmung der Protonen sein. In einer Reihe
von Untersuchungen der Protonen-, $^{19}$F- und $^{13}$C-Resonanz sind lineare
Zusammenhänge zwischen Elektronegativität und chemischer Verschiebung
beobachtet worden[1-5]. Neben der Elektronegativität des Substituenten
können noch eine Reihe anderer Effekte, wie Molekülassoziationen oder
Solvatationen, die Bandenlage beeinflussen. Um diese Einflüsse möglichst
weitgehend auszuschalten, sind von Dailey und Shoolery die Differenzen
der chemischen Verschiebungen von Methyl- und Methylengruppen bei
Äthylderivaten in flüssigem Zustand mit den Elektronegativitäten der
Substituenten verglichen worden. Die Äthylhalogenide zeigten hierbei
einen linearen Zusammenhang[6,7]:

$$E = 0.695\,(\tau_{CH_3} - \tau_{CH_2}) + 1.71. \tag{33}$$

Mit Hilfe dieser Gleichung können die Elektronegativitäten weiterer
Substituenten berechnet werden, und die so erhaltenen Werte stehen mit
denen aus anderen Messungen gut in Einklang. Ein besonders interessanter
Fall tritt auf, wenn die Elektronegativität des Substituenten 1.71 beträgt,

[1] Spiesecke, H., and W.G. Schneider: J. Chem. Phys. 35, 722 (1961). —
[2] Allred, A.L., and E.G. Rochow: J. A. C. S. 79, 5361 (1957). — [3] Shoolery,
J.N.: J. Chem. Phys. 21, 1899 (1953). — [4] Laszlo, P., and P. von R. Schleyer:
J. A. C. S. 85, 2709 (1963). — [5] Muller, J.C.: Bull. Soc. Chim. France 1815
(1964). — [6] Dailey, B.P., and J.N. Shoolery: J. A. C. S. 77, 3977 (1955). —
[7] Cavanaugh, J.R., and B.P. Dailey: J. Chem. Phys. 34, 1094 (1961).

weil dann die Signale von Methyl- und Methylengruppen zusammenfallen. Bei $E < 1.71$ dreht sich das Spektrum um, d. h. die Methylbanden liegen bei tieferem Feld als die Methylenbanden. Erscheinungen dieser Art werden beim Tetraäthylblei, Tetraäthylsilan und Triäthylaluminium gefunden[1].

Beziehungen zwischen chemischer Verschiebung und Elektronegativität bestehen jedoch nicht in allen Verbindungsklassen. Erwartungsgemäß liegt bei Methyl- und Äthylhalogeniden die Fluorverbindung bei tieferem Feld als die Jodverbindung. Bei den Isopropylhalogeniden aber ist die Reihenfolge umgekehrt[2,3]. SPIESECKE und SCHNEIDER zeigten bei der Untersuchung der Protonen- und $^{13}$C-Resonanz gasförmiger Methyl- und Äthylverbindungen, daß vor allem bei anisotropen Nachbargruppen die lineare

Tabelle 22. *Chemische Verschiebung von Äthylverbindungen in der Gasphase*

| Verbindung | $\tau\,CH_2$ | $\tau\,CH_3$ | $\Delta$ |
|---|---|---|---|
| $CH_3CH_2F$ | 5.65 | 8.73 | 3.08 |
| $CH_3CH_2Cl$ | 6.65 | 8.58 | 1.93 |
| $CH_3CH_2Br$ | 6.75 | 8.40 | 1.65 |
| $CH_3CH_2J$ | 6.90 | 8.21 | 1.31 |
| $(CH_3CH_2)_2O$ | 6.58 | 8.85 | 2.27 |
| $(CH_3CH_2)_3N$ | 7.48 | 8.97 | 1.49 |
| $(CH_3CH_2)_4C$ | 8.60 | 9.15 | 0.55 |
| $CH_3CH_3$ | 9.12 | 9.12 | 0 |
| $CH_3CH_2CH_2CH_3$ | 8.66 | 9.06 | 0.40 |
| $(CH_3CH_2)_2S$ | 7.49 | 8.77 | 1.28 |
| $CH_3CH_2CN$ | 7.92 | 8.79 | 0.87 |
| $(CH_3CH_2)_4Si$ | 9.30 | 8.97 | −0.33 |
| $(CH_3CH_2)_4Pb$ | 9.13 | 9.13 | 0.00 |

SPIESECKE, H., and W. G. SCHNEIDER: J. Chem. Phys. **35**, 722 (1961).

Abhängigkeit von chemischer Verschiebung und Elektronegativität aufgehoben wird. In Abb. 54 sind die Verschiebungen der Methylbanden in Abhängigkeit von der Elektronegativität aufgetragen. Man sieht deutlich, daß die Halogene und Schwefel erhebliche Abweichungen geben. Da sich der Einfluß der Anisotropie am Kohlenstoffatom noch stärker auswirkt als an den Protonen, die eine Bindung weiter entfernt sind, ist der Zusammenhang zwischen der Elektronegativität und der mit der $^{13}$C-Resonanz gemessenen chemischen Verschiebung der Methylgruppen noch wesentlich schlechter erfüllt. Z. B. findet man auch für Sauerstoff und Fluor Abweichungen, während die Werte bei der Protonenresonanz noch auf der gemeinsamen Geraden liegen. Dagegen zeigen die chemischen Verschiebungen von symmetrischen Verbindungen, bei denen keine Anisotropie der Abschirmung auftritt, wie Tetraalkylammoniumion, Tetraalkylsilan und Tetraalkylmethan, einen linearen Zusammenhang mit der Elektronegativität. Bei den chemischen Verschiebungen der Methyl- und Methylen-

---

[1] BAKER, E. B.: J. Chem. Phys. **26**, 960 (1957). — [2] BOTHNER-BY, A. A., and C. NAAR-COLIN: J. A. C. S. **80**, 1728 (1958). — [3] CAVANAUGH, J. R., and B. P. DAILEY: J. Chem. Phys. **34**, 1094 (1961).

gruppen in gasförmigen Äthylderivaten besteht nur ein ungefährer Zusammenhang mit der Elektronegativität (Abb. 55). Die Abweichungen von den gemeinsamen Geraden in Abb. 55, die vor allem die Halogenverbindungen

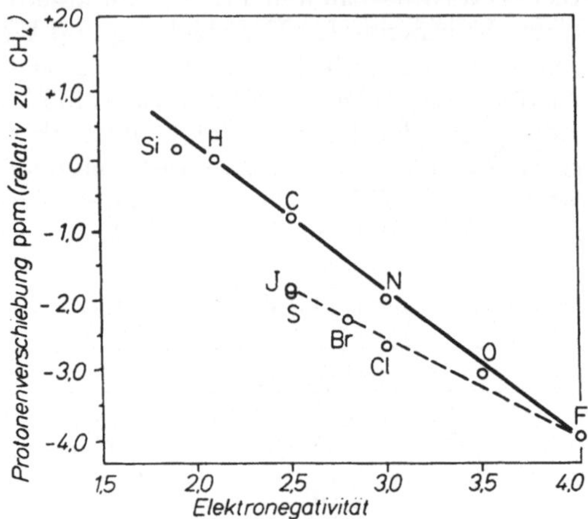

Abb. 54. Abhängigkeit der Protonenverschiebung in Methylgruppen von der Elektronegativität des Nachbaratoms[1]

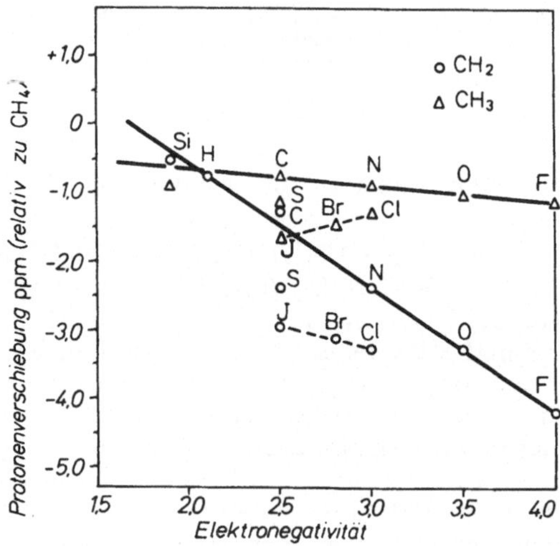

Abb. 55. Abhängigkeit der Protonenverschiebung von Methyl- und Methylengruppen in verschiedenen Äthylverbindungen von der Elektronegativität des Nachbaratoms[1]

geben, sind bei den Methyl- und Methylenprotonen etwa gleich groß und gehen in der gleichen Richtung. Setzt man die Differenz der beiden Verschiebungen in Beziehung zur Elektronegativität, so heben sich die Abweichungen weitgehend heraus. Es ist daher mehr ein glücklicher Zufall als

---

[1] SPIESECKE, H., and W.G. SCHNEIDER: J. Chem. Phys. **35**, 722 (1961).

eine physikalische Gesetzmäßigkeit, daß die Gleichung 33 in vielen Fällen
richtige Ergebnisse gibt[1]. Andererseits wäre es sehr nützlich, wenn eine
so einfache, exakte Beziehung zur Elektronegativität bestünde. Sobald
genügend experimentelles Material vorliegt, um die Anisotropie der Substituenten abschätzen zu können, kann man die Werte der chemischen
Verschiebungen korrigieren und so eine sehr bequeme Methode zur Bestimmung von Elektronegativitäten erhalten.

Die Tab. 15—19 zeigen, daß der Substituenteneinfluß sich nur über geringe Entfernungen auswirkt. Schon bei Protonen am $\beta$-Kohlenstoffatom
ist er gering, am $\gamma$-Kohlenstoffatom oft nur noch durch sehr genaue
Messungen nachweisbar. Diese Erscheinung ist nicht überraschend, da
bekannt ist, daß induktive Effekte bei größerem Abstand immer geringer
werden. Ein Vergleich der Verschiebungen von Methyl- und Methylengruppe
der Äthylverbindungen in Tab. 22 mit den Werten des Äthans zeigt, daß
der Abklingfaktor keineswegs konstant ist. Ist das Nachbaratom Sauerstoff,
Kohlenstoff oder Stickstoff, so sinkt der Substituenteneinfluß an der
Methylgruppe auf etwa ein zehntel, bei Chlor-, Brom- oder Cyanogruppen
auf ein viertel bis ein drittel und bei der Jodverbindung auf 0.4. Auch dies
zeigt wieder die Beteiligung verschiedener Einflüsse an der Änderung der
chemischen Verschiebung. Während der induktive Effekt mit etwa $1/r^2$
längs einer Kette abnimmt, ist die Abnahme der gerichteten Anisotropieeffekte, die sich besonders bei den größeren Halogenatomen und der
Cyanogruppe bemerkbar machen, geringer.

### *Mehrfach substituierte Verbindungen*

Eine weitere Gesetzmäßigkeit des Substituenteneinflusses zeigt sich bei
der Untersuchung von mehrfach substituierten Methylen- und Methinverbindungen. Hier beobachtet man, daß sich die Wirkungen der verschiedenen
Substituenten verstärken, wie es in Tab. 23 am Beispiel der Brommethane

Tabelle 23. *Chemische Verschiebungen von Brommethanen*

| Verbindung | $\tau$ | $\varDelta$ ppm |
|---|---|---|
| Methan . . . . . . . . | 9.77 | |
| | | 2.45 |
| Brommethan . . . . . . | 7.32 | |
| | | 2.26 |
| Dibrommethan . . . . . | 5.06 | |
| | | 1.89 |
| Bromoform . . . . . . | 3.17 | |

gezeigt ist. Die Verschiebungen, die bei zunehmender Substitution auftreten, sind nicht konstant, sondern nehmen mit steigender Zahl der Substituenten ab. Wie auch von vielen chemischen Umsetzungen bekannt ist,
hat der erste Substituent den größten Einfluß auf die Reaktivität. Wenn der
Substituent elektronensaugend ist, kann man sich leicht vorstellen, daß es

---

[1] SPIESECKE, H., and W.G. SCHNEIDER: J. Chem. Phys. **35**, 722 (1961).

mit zunehmender Zahl von Substituenten immer schwerer wird, die Elektronendichte weiter zu verringern. Die Werte der Tab. 23 zeigen, daß die Unterschiede beim ersten und zweiten Substitutionsschritt ähnlich sind. Bei Methylenverbindungen kann man daher von einer Additivität der Substituenteneinflüsse sprechen, die mit geringerer Genauigkeit auch für die dreifach substituierten Verbindungen gilt. Diese Additivität ist schon bei sehr frühen Kernresonanzmessungen bemerkt worden[1] und ist als „Shoolery Rule" in die Literatur eingegangen[2]. SHOOLERY hat aus den Unterschieden der chemischen Verschiebungen von $CH_4$—$CH_3X$ und $CH_3X$—$CH_2X_2$ einen mittleren Wert gewählt, — wobei der erste Substitutionsschritt etwas stärker berücksichtigt worden ist — und ihn als

Tabelle 24 A

*Effektive Abschirmungskonstanten zur Berechnung der chemischen Verschiebung von mehrfach substituierten Methanen*

| Substituent | $\sigma_{eff}$ (ppm) | Substituent | $\sigma_{eff}$ (ppm) |
|---|---|---|---|
| $CH_3$ | 0.47 | Cl | 2.53 |
| $CF_3$ | 1.14 | Br | 2.33 |
| $CR=CR^I R^{II}$ | 1.32 | J | 1.82 |
| $C_6H_5$ | 1.83 | OH | 2.56 |
| $C\equiv C\text{–}H$ | 1.44 | OR | 2.36 |
| $CR=O$ | 1.70 | $OC_6H_5$ | 3.23 |
| COOR | 1.55 | OCOR | 3.13 |
| $CONH_2$ | 1.59 | $NR^I R^{II}$ | 1.57 |
| $C\equiv N$ | 1.70 | S– | 1.64 |

SHOOLERY, J.N.: Varian Techn. Inform. Bull. **2**, No. 3 (1959).

effektive Abschirmungskonstante für den entsprechenden Substituenten angegeben. In Tab. 24A sind diese Abschirmungskonstanten, ergänzt durch zwei Werte von JACKMAN[3], zusammengestellt. Mit ihrer Hilfe ist es möglich, die chemischen Verschiebungen von Verbindungen mit verschiedenen Substituenten vorherzusagen. Die Bandenlage von Verbindungen X—$CH_2$—Y und X—CH—Y in Einheiten von $\tau$ wird gegeben durch die

Beziehung

$$\tau = 9.767 - \sum \sigma_{eff}. \tag{34}$$

Der Wert 9.767 entspricht der chemischen Verschiebung des unsubstituierten Methans. Diese Additivitätsbeziehung liefert für zweifach substituierte Methane recht brauchbare Ergebnisse. Bei dreifach substituierten Methanen sind die Abweichungen schon erheblich größer (Tab. 24B). Die Unterschiede zwischen berechneten und gefundenen Werten betragen bei Methylenverbindungen im Mittel 0.08 ppm, bei Methinverbindungen 0.5 ppm. Sie sind am größten bei den Jodverbindungen, und zwar liegen die be-

---

[1] GUTOWSKY, H.S., D.W. McCALL, B.R. McGARVEY, and L.H. MEYER: J. A. C. S. **74**, 4809 (1952). — [2] SHOOLERY, J.N.: Varian Techn. Inform. Bull. **2**, No. 3 (1959). — [3] JACKMAN, L.M.: Applications of Nuclear Magnetic Resonance Spectroscopy in Organic Chemistry. London: Pergamon Press 1959.

rechneten Banden bei wesentlich höherem Feld als die beobachteten. Es ist versucht worden[1], mit komplizierteren Modellen, die den $\tau$-Wert in Anteile vom Kohlenstoffgerüst und von Substituenten in verschiedenen

Tabelle 24B

*Vergleich von berechneten und gefundenen Verschiebungen bei einigen substituierten Methanen in ppm*

| Verbindung | berechnet | gefunden | Abweichung |
|---|---|---|---|
| $Br—CH_2—Cl$ | 4.89 | 4.84 | + 0.05 |
| $C_6H_5—CH_2—Cl$ | 5.39 | 5.49 | — 0.10 |
| $C_6H_5—CH_2—OR$ | 5.56 | 5.59 | — 0.03 |
| $C_6H_5—CH_2—Br$ | 5.59 | 5.58 | + 0.01 |
| $(Cl—CH_2—C{=})_2$ | 5.91 | 5.96 | — 0.05 |
| $—CH{=}CH—CH_2—OH$ | 6.08 | 6.09 | — 0.01 |
| $C_6H_5—CH_2—CO—$ | 6.22 | 6.21 | + 0.01 |
| $C_6H_5—CH_2—NR_2$ | 6.36 | 6.44 | — 0.08 |
| ${=}C—CH_2—CO—$ | 6.74 | 6.84 | — 0.10 |
| $CH_3—CH_2—OR$ | 6.84 | 6.63 | + 0.21 |
| $CH_3—CH_2—C_6H_5$ | 7.38 | 7.38 | 0.00 |
| $CH_3—CH_2—CO—$ | 7.51 | 7.61 | — 0.10 |
| $CH_3—CH_2—S—$ | 7.58 | 7.61 | — 0.03 |
| $CH_3—CH_2—NR_2$ | 7.64 | 7.58 | + 0.06 |
| $J—CH_2—J$ | 6.13 | 5.91 | + 0.22 |
| $Cl—CH_2—Cl$ | 4.69 | 4.66 | + 0.03 |
| $Br—CH_2—Br$ | 5.09 | 5.06 | + 0.03 |
| $C_6H_5—CH_2—C_6H_5$ | 6.09 | 6.08 | + 0.01 |
| ${=}C—CH_2—C{=}$ | 7.13 | 7.09 | + 0.04 |
| $Cl—CH_2—J$ | 5.42 | 5.01 | + 0.41 |
| $(CH_3)_3CH$ | 8.37 | 8.44 | — 0.07 |
| $C_6H_5CH(CH_3)_2$ | 7.00 | 7.13 | — 0.13 |
| $(C_6H_5)_2CHCH_3$ | 5.64 | 5.80 | — 0.16 |
| $(CH_3)_2CHCl$ | 6.31 | 5.87 | + 0.44 |
| $(CH_3)_2CHBr$ | 6.51 | 5.80 | + 0.71 |
| $(CH_3)_2CHJ$ | 7.02 | 5.76 | + 1.26 |
| $C_6H_5CHCl_2$ | 2.86 | 3.39 | — 0.53 |

Abständen zerlegen, genauere Vorhersagen der Bandenlagen zu ermöglichen. Da sich diese Berechnungen aber auf halogen- und sauerstoffhaltige Verbindungen beschränken und keine wesentliche Verbesserung gegenüber der Formel von SHOOLERY bringen, sollen sie hier nicht wiedergegeben werden.

## V. 4. Spektren gesättigter Kohlenwasserstoffe

Die chemischen Verschiebungen der Methyl-, Methylen- und Methingruppen in gesättigten Kohlenwasserstoffen unterscheiden sich nur wenig voneinander. Bei vielen Verbindungen überlappen daher die Banden und ergeben wenig charakteristische Spektren. Wegen der großen Zahl der Protonen ist eine exakte Analyse nur bei den allereinfachsten Paraffinen

---

[1] PRIMAS, H., R. ARNDT, and R. ERNST: Int. Meeting of Mol. Spectroscopy. Bologna 1959.

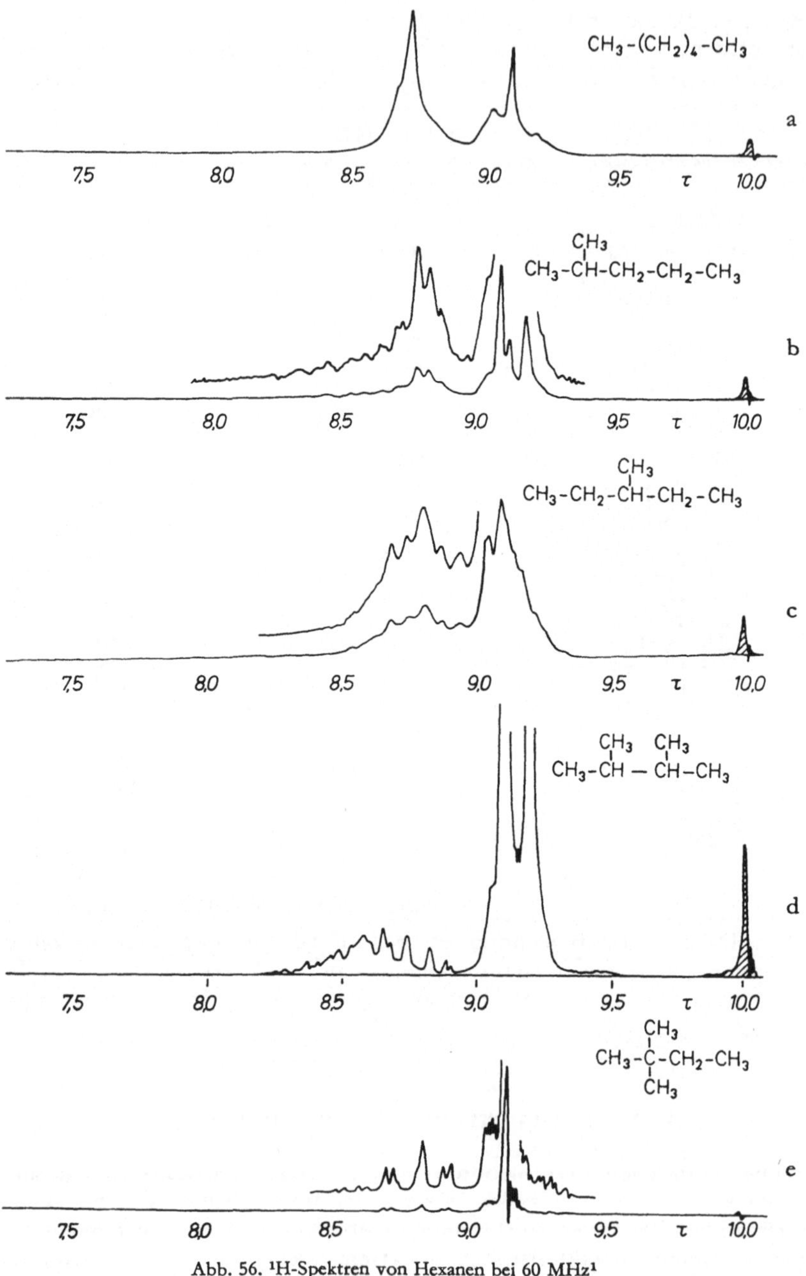


Abb. 56. ¹H-Spektren von Hexanen bei 60 MHz[1]

[1] Nuclear Magnetic Resonance Spectral Data. American Petroleum Institut. Texas: College Station.

möglich. Methan und Äthan geben scharfe Einfachbanden, aber schon Propan zeigt ein kompliziertes Spektrum, dessen vollständige Analyse schwierig ist[1-6]. Ähnlich kompliziert ist das Spektrum des n-Butans, während Isobutan ein Dublett für die Methylgruppen und ein linienreiches Multiplett für das tertiäre Proton zeigt. Von den isomeren Pentanen geben die n- und die iso-Verbindung komplizierte Spektren mit sich überlappenden Signalen, das 2,2-Dimethylpropan eine scharfe Bande[7]. Die Spektren der verschiedenen Hexane sind in Abb. 56 wiedergegeben. Das unverzweigte Hexan zeigt eine breite, ungegliederte Bande bei $\tau = 8.73$ für die Methylenprotonen und eine Bande von der Form eines unsymmetrischen Tripletts für die endständigen Methylgruppen. 2-Methyl- und 3-Methyl-pentan geben komplizierte Spektren mit sich überlappenden Signalen. Einfacher ist das Spektrum des 2,3-Dimethylbutans, das ein linienreiches Multiplett bei $\tau = 8.78$ für die tertiären Protonen und ein Dublett bei $\tau = 9.18$ für die Methylgruppen zeigt. Aus dem Abstand der beiden Methyllinien läßt sich leicht die Kopplungskonstante $J = 6$ Hz entnehmen. Beim 2,2-Dimethylbutan zeigt das Spektrum eine große Einzelbande bei $\tau = 9.13$, die durch die drei Methylgruppen der t-Butylgruppe verursacht wird, die Banden von Methylen- und endständiger Methylgruppe sind kompliziert und teilweise verdeckt, so daß eine genaue Zuordnung der Linien nicht ohne weiteres möglich ist. Die höheren Homologen zeigen oft uncharakteristische Spektren. In Tab. 25 sind die Bandenlagen für einige Kohlenwasserstoffe ange-

Tabelle 25. *Chemische Verschiebungen von Paraffinen, gemessen in Tetrachlorkohlenstoff*

| | Kohlenwasserstoff | $C_n$ | Konz. % | $CH_3$ Endst. Kette | $CH_2$ Endst. Kette | $CH_3$–$CH_2$– | $CH_3$<br>$>$CH–<br>$CH_3$ | $(CH_3)_3C$– | $CH_3$<br>\|<br>R–C–R<br>\|<br>$CH_3$ | Lit. |
|---|---|---|---|---|---|---|---|---|---|---|
| 1 | Methan | 1 | | 9.77 | | | | | | a |
| 2 | Äthan | 2 | | 9.14 | | | | | | a |
| 3 | n-Propan | 3 | | 9.09 | 8.55 | | | | | b |
| 4 | n-Butan | 4 | 50 | 9.10 | 8.77 | | | | | c |
| 5 | n-Pentan | 5 | 50 | 9.11 | 8.74 | | | | | c |
| 6 | n-Hexan | 6 | 50 | 9.10 | 8.73 | | | | | c |
| 7 | n-Heptan | 7 | 50 | 9.09 | 8.71 | | | | | c |
| 8 | n-Octan | 8 | 10 | 9.18 | 8.82 | | | | | c |
| 9 | n-Nonan | 9 | 50 | 9.11 | 8.73 | | | | | c |
| 10 | n-Undecan | 11 | 50 | 9.13 | 8.70 | | | | | c |
| 11 | n-Dodecan | 12 | 50 | 9.11 | 8.72 | | | | | c |
| 12 | n-Pentadecan | 15 | 50 | 9.1 | 8.72 | | | | | c |
| 13 | n-Hexadecan | 16 | 10 | 9.1 | 8.74 | | | | | c |

[1] NARASIMHAN, P. T., N. LAINE, and M. T. ROGERS: J. Chem. Phys. **28**, 1257 (1958). — [2] NARASIMHAN, P. T., N. LAINE, and M. T. ROGERS: J. Chem. Phys. **29**, 1184 (1958). — [3] NARASIMHAN, P. T., and M. T. ROGERS: J. Chem. Phys. **31**, 1302 (1959). — [4] WHITMAN, D. R., L. OHNSAGER, M. SAUNDERS, and H. E. DUBB: J. Chem. Phys. **32**, 67 (1960). — [5] SHEPPARD, N., and J. J. TURNER: Mol. Phys. **3**, 168 (1960). — [6] FERGUSON, R., and D. W. MARQUARDT: J. Chem. Phys. **41**, 2087 (1964). — [7] BROWN, M. P., and D. E. WEBSTER: J. Phys. Chem. **64**, 698 (1960).

Tabelle 25 (Fortsetzung)

| Kohlenwasserstoff | $C_n$ | Konz. % | CH₃ Endst. | CH₂ Kette | CH₃–CH₂– | | (CH₃)₂CH– | | (CH₃)₃C– | R–C(CH₃)₂–R | Lit. |
|---|---|---|---|---|---|---|---|---|---|---|---|
| 14  CH₃–CH₂–CH(CH₂-CH₃)–CH₂–CH₃ | 7 | 50 | | | 9.18 | 8.73 | | | | | c |
| 15  CH₃–CH₂–C(CH₃)(CH₃)–CH₂–CH₃ | 7 | 10 | | | 9.29 | 8.84 | | | | 9.15 | c |
| 16  CH₃–CH₂–C(CH₂-CH₃)(CH₃)–CH₂–CH₃ | 8 | 50 | | | 9.24 | 8.85 | | | | | c |
| 17  CH₃–CH₂–C(CH₂-CH₃)(CH₂-CH₃)–CH₂–CH₃ | 9 | 50 | | | 9.27 | 8.88 | | | | | c |
| 18  CH₃–CH(CH₃)–CH₃ | 4 | 50 | | | | | 9.12 | 8.23 | | | c |
| 19  CH₃–CH(CH₃)–CH(CH₃)–CH₃ | 6 | 50 | | | | | 9.18 | 8.78 | | | c |
| 20  CH₃–CH(CH₃)–CH₂–CH(CH₃)–CH₃ | 7 | 10 | | | | | 9.14 | 8.53 | | | c |
| 21  CH₃–CH(CH₃)–CH₂–CH₂–CH(CH₃)–CH₃ | 8 | 50 | | | | | 9.15 | 8.5 | | | c |
| 22  CH₃–C(CH₃)(CH₃)–CH₂–CH(CH₃)–CH₃ | 8 | 10 | | | | | 9.05 | 8.45 | 9.11 | | c |
| 23  CH₃–CH(CH₃)–C(CH₃)(CH₃)–CH(CH₃)–CH₃ | 9 | 50 | | | | | 9.20 | 8.32 | | 9.14 | c |
| 24  CH₃–C(CH₃)(CH₃)–CH₃ | 5 | 5 | | | | | | | 9.07 | | d |
| 25  CH₃–C(CH₃)(CH₃)–CH₂–CH₃ | 6 | 50 | 8.83 | | | | | | 9.13 | | c |
| 26  CH₃–C(CH₃)(CH₃)–CH₂–CH₂–CH₃ | 7 | 50 | 8.8 | | | | | | 9.15 | | c |
| 27  CH₃–C(CH₃)(CH₃)–CH₂–CH₂–CH₂–CH₃ | 8 | 50 | 8.8 | | | | | | 9.15 | | c |
| 28  CH₃–C(CH₃)(CH₃)–C(CH₃)(CH₃)–CH₃ | 8 | 5 | | | | | | | 9.13 | | d |

Tabelle 25 (Fortsetzung)

| Kohlenwasserstoff | $C_n$ | Konz. % | $CH_3$ $CH_2$ Endst. Kette | $CH_3–CH_2–$ | $CH_3$ $>CH–$ $CH_3$ | $(CH_3)_3C–$ | $CH_3$ R–C–R $CH_3$ | Li |
|---|---|---|---|---|---|---|---|---|
| 29  $CH_3$ $CH_3–C–CH_2–CH_2–CH_2–CH_2–CH_3$ $CH_3$ | 9 | 50 | | | | 9.15 | | c |
| 30  $CH_3$ $CH_3$ $CH_3–C---CH–CH_2–CH_3$ $CH_3$ | 9 | 50 | | | | 9.17 | | c |
| 31  $CH_3$ $CH_2–CH_3$ $CH_3–C---CH–CH_2–CH_3$ $CH_3$ | 9 | 50 | | | | 9.17 | | c |
| 32  $CH_3$ $CH_3$ $CH_3–C–CH_2–C–CH_3$ $CH_3$ $CH_3$ | 9 | 10 | 8.87 | | | 9.02 | | c |
| 33  $CH_3$ $CH_3$ $CH_3–C–CH_2–CH_2–C–CH_3$ $CH_3$ $CH_3$ | 10 | 90 | 8.9 | | | 9.05 | | c |
| 34  $CH_3$ $CH_3$ $CH_3–C–(CH_2)_4–C–CH_3$ $CH_3$ $CH_3$ | 12 | 50 | 8.78 | | | 9.13 | | c |
| 35  $CH_3$ $CH_3$ $CH_3–CH–C–CH_2–CH_3$ $CH_3$ | 8 | 50 | | | | | 9.24 | c |
| 36  $CH_3$ $CH_3$ $CH_3–CH–C–CH_2–CH_2–CH_3$ $CH_3$ | 9 | 50 | | | | | 9.21 | c |
| 37  $CH_3$ $CH_3$ $CH_3–CH_2–C---CH–CH_2–CH_3$ $CH_3$ | 9 | 50 | | | | | 9.21 | c |
| 38  $CH_3$ $CH_3$ $CH_3$ $CH_3–CH–C---CH–CH_3$ $CH_3$ | 9 | 50 | | | | | 9.31 | c |
| 39  $CH_3$ $CH_3$ $CH_3–CH_2–C–CH_2–CH–CH_2–CH_3$ $CH_3$ | 10 | 50 | | | | | 9.17 | c |


[a] MORITZ, A.G., and N. SHEPPARD: J. Mol. Phys. **5**, 361 (1962).

[b] SHEPPARD, N., and J.J. TURNER: J. Mol. Phys. **3**, 168 (1960).

[c] Nuclear Magnetic Resonance Spectral Data, American Petroleum Institute Texas: College Station.

[d] BROWN, M.P., and D.E. WEBSTER: J. Phys. Chem. **64**, 698 (1960).

geben, bei denen eine Bandenzuordnung besonders einfach ist. Die unverzweigten Paraffine mit n>6 ähneln in ihren Spektren dem des n-Hexans (Abb. 56a). Alle Methylengruppen fallen bei diesen Verbindungen in einem einzigen Signal zusammen, während die endständigen Methylgruppen wieder als unsymmetrisches Triplett erscheinen. Aus dem Intensitätsverhältnis der Banden ist es möglich, die Kettenlänge der gemessenen Verbindung abzuschätzen. In einigen Kohlenwasserstoffen läßt sich die Lage von $CH_3$—$CH_2$-Gruppierungen bestimmen (Nr. 14—17), in anderen die von $(CH_3)_2CH$-Resten (Nr. 18—23). An beiden Gruppen können ohne Schwierigkeiten die Kopplungskonstanten bestimmt werden, die in allen Fällen 6—7 Hz betragen. $(CH_3)_3C$- und $R$—$C(CH_3)_2$—$R$-Gruppen ergeben scharfe Banden (vgl. Abb. 51e) und sind daher in den Spektren vieler Kohlenwasserstoffe nachzuweisen (beide Banden treten bei $\tau = 9.1$ bis $9.2$ auf (Nr. 24—34 bzw. 35—39)). Eine umfangreiche Sammlung von Spektren der Paraffine und Regeln für die Bandenzuordnung sind von BARTZ und CHAMBERLAIN[1] veröffentlicht worden.

Voraussetzung für die Strukturermittlung eines Paraffins mit Hilfe der Kernresonanz ist stets, daß die zu untersuchende Verbindung frei von Homologen und Isomeren ist. Nur in besonders günstigen Fällen mag es auch möglich sein, die Spektren von Gemischen richtig zu interpretieren. Oft sind jedoch auch die Spektren einer einzigen Verbindung unspezifisch und geben keine Hinweise auf die Struktur. In dieser Substanzklasse ist daher eine Analyse mit Hilfe der Kernresonanz anderen Verfahren, wie etwa der Massenspektroskopie oder der Gaschromatographie an Kapillarsäulen, deutlich unterlegen.

### V. 5. Cyclische und bicyclische Kohlenwasserstoffe

Von den cyclischen Kohlenwasserstoffen liegen nur beim Cyclopropan alle Kohlenstoffatome in einer Ebene. Bei allen größeren Ringen treten räumliche Strukturen auf und die Protonen können in axialer oder äquatorialer Lage stehen. (Für die räumliche Anordnung des Cyclobutans vgl.[2]). Im Kernresonanzspektrum der cyclischen Paraffine beobachtet man jedoch nur eine scharfe Bande und muß daraus schließen, daß die Umwandlung von einer Konformation in die andere sehr schnell erfolgt. Die Richtigkeit dieser Vorstellung läßt sich leicht durch das Experiment nachweisen. Nimmt man das Spektrum von Cyclohexan bei verschiedenen Temperaturen auf, so findet man unterhalb von —70° zwei breite Banden im Abstand von 0.46 ppm, oberhalb von —50° eine Einzelbande, die mit steigender Temperatur schärfer wird[3,4]. In substituierten Cyclohexanen ist der Umklappvorgang erschwert, und durch voluminöse Substituenten wird das Molekül oft in einer bestimmten Konformation festgelegt. Aus den Banden substituier-

[1] BARTZ, K. W., N. F. CHAMBERLAIN: J. Analyt. Chem. **36**, 2151 (1964). — [2] LAMBERT, J. B., and J. D. ROBERTS: J. A. C. S. **85**, 3710 (1963). — [3] JENSEN, F. R., D. S. NOYCE, C. H. SEDERHOLM, and A. J. BERLIN: J. A. C. S. **82**, 1256 (1960). — [4] JENSEN, F. R., D. S. NOYCE, and A. J. BERLIN: J. A. C. S. **84**, 386 (1962).

ter Verbindungen kann man schließen, daß von den beiden Signalen des Cyclohexans bei tiefer Temperatur dasjenige bei höherem Feld durch die axialen Protonen hervorgerufen wird. In Tab. 26 sind die Bandenlagen einiger Cycloparaffine bei Raumtemperatur angegeben. Die Resonanzlage für Ringe mit $n > 4$ ändert sich nur wenig. Cyclobutan liegt etwa 0.7 ppm bei tieferem Feld, Cyclopropan um 1.0 ppm bei höherem Feld, verglichen mit den Methylgruppen geradkettiger Paraffine. Im Cyclopropan sind die Bindungselektronen beweglicher als in den größeren Ringen. Es ist möglich, daß im Cyclopropan unter dem Einfluß des äußeren Feldes ein Ringstrom (vgl. S. 33) hervorgerufen wird, der im Bereich der Protonen das äußere Feld schwächt und dadurch die Verschiebung der Signale nach höherem Feld verursacht[1]. Entsprechend ist der Abschirmungseffekt einer Cyclopropylgruppe anisotrop und benachbarte Protonen, die oberhalb der Ringebene liegen, wie die 4-Protonen in der Spiroverbindung VIIIa, zeigen

VIIIa

gegenüber der entsprechenden Dimethylverbindung eine Bandenverschiebung nach höherem Feld[2,3]. Vom Cyclobutan an nähert sich mit zunehmender Ringgröße die chemische Verschiebung der Methylengruppen derjenigen von offenkettigen Paraffinen ($\tau = 8.75$). Vom Cyclopentan bis zum Cyclodecan liegen die Banden bei $\tau = 8.5$ und vom Cyclododecan bis zum Cycloheptadecan bei $\tau = 8.66$ bis $8.68$.

Da die Bindungswinkel im Dreiring festliegen, bieten Cyclopropanderivate interessantes Material, um Zusammenhänge zwischen Bindungswinkeln und Kopplungskonstanten zu untersuchen[4]. Die Kopplungskonstanten für zahlreiche Cyclopropanderivate sind bestimmt worden und betragen: $J_{cis}$ 9 bis 11 Hz, $J_{trans}$ 5 bis 7 Hz und $J_{gem}$ —4 bis —6 Hz[1,5-9]. An Dichlorcyclopropanen wurde mit steigender Elektronegativität des Substituenten ein linearer Abfall aller Kopplungskonstanten beobachtet[10,11].

In vielen bicyclischen Kohlenwasserstoffen ist die räumliche Anordnung der Atome festgelegt und es können keine Umklappvorgänge mehr stattfinden. Die Spektren dieser Verbindungen geben meist breite, wenig strukturierte Banden. So zeigt das 1.1.0-Bicyclobutan ein kompliziertes Multiplett bei $\tau = 8.6$ mit der relativen Intensität 4 und eine schmale Bande

[1] PATEL, D. J., M. E. H. HOWDEN, and J. D. ROBERTS: J. A. C. S. **85**, 3218 (1963). — [2] FORSEN, S., and T. NORIN: THL 2845 (1964). — [3] TORI, K., and K. KITAHONOKI: J. A. C. S. **87**, 386 (1965). — [4] HUTTON, H. M., and T. SCHAEFER: Can. J. Chem. **40**, 875 (1962). — [5] GRAHAM, J. D., and M. T. ROGERS: J. A. C. S. **84**, 2249 (1962). — [6] HUTTON, H. M., and T. SCHAEFER: Can. J. Chem. **41**, 684 (1963). — [7] HUTTON, H. M., and T. SCHAEFER: Can. J. Chem. **41**, 1623 (1963). — [8] HUTTON, H. M., and T. SCHAEFER: Can. J. Chem. **41**, 2429 (1963). — [9] WIBERG, K. B., and B. J. NIST: J. A. C. S. **85**, 2788 (1963). — [10] WILLIAMSON, K. L., C. A. LANFORD, and C. R. NICHOLSON: J. A. C. S. **86**, 762 (1964). — [11] SCHAEFER, T., F. HRUSKA, and G. KOTOWITZ: Can. J. Chem. **43**, 75 (1965).

mit wenig Struktur bei $\tau = 9.55$ mit der Intensität $2^{1,2}$, 2.2.0-Bicyclohexan eine sehr breite Bande bei $\tau = 7.66^{3}$, 2.1.1-Bicyclohexan drei Signale, ein breites der Intensität 2 bei $\tau = 7.47$, eine scharfe Bande der Intensität 6 bei $\tau = 8.41$ und ein Quartett der Intensität 2 bei $\tau = 9.13^{4}$. Cis-3.3.0-Bicyclo-

Tabelle 26. *Chemische Verschiebungen von Cycloparaffinen*

| Verbindung | $\tau$ | Lit. | Verbindung | $\tau$ | Lit. |
|---|---|---|---|---|---|
| Cyclopropan . . . | 9.78 | [a] | Cyclononan . . . | 8.47 | [b] |
| Cyclobutan . . . . | 8.04 | [a] | Cyclodecan . . . . | 8.49 | [b] |
| Cyclopentan . . . | 8.49 | [a] | Cycloundecan . . . | 8.55 | [b] |
| Cyclohexan . . . . | 8.56 | [a] | Cyclododecan . . . | 8.66 | [b] |
| Cycloheptan . . . | 8.46 | [a] | Cyclopentadecan | 8.67 | [b] |
| Cyclooctan . . . . | 8.46 | [a] | | | |

[a] WIBERG, K.B., and B.J. NIST: J. A. C. S. **83**, 1226 (1961) (in 15%iger CCl₄-Lösung).

[b] BURKE, J.J., and P.C. LAUTERBUR: J. A. C. S. **86**, 1870 (1964) (bei unendlicher Verdünnung in $CS_2$).

octan hat ein breites Signal bei $\tau = 8.55$, cis-4.3.0-Bicyclononan (Hydrindan) zwei scharfe Linien bei $\tau = 8.45$ und 8.62, die sich bei tiefer Temperatur verbreitern, die trans-Verbindung ein breites Signal bei $\tau = 8.52$, cis-Decalin eine Bande bei $\tau = 8.56$ mit einer Schulter bei $\tau = 8.47$ und trans-Decalin ein breites Multiplett bei $\tau = 8.75^{5}$. Im 2.2.1-Bicycloheptan liegen die Signale der Brückenkopfprotonen bei $\tau = 7.80$, die der Methylengruppen bei $8.74^{6}$. Zahlreiche Abkömmlinge des 2.2.2-Bicyclooctans[7] und des Camphans[8] sind tabelliert worden.

## V. 6. Aliphatische Halogenverbindungen

Halogene beeinflussen durch induktive Effekte und durch die Anisotropie der C—X-Bindung die Protonen in ihrer Nähe. Der induktive Effekt bewirkt eine Verschiebung nach tieferem Feld. Er ist beim Fluor wegen der hohen Elektronegativität am größten und nimmt mit steigendem Atomgewicht des Halogens ab. Der Anisotropieeffekt steigt vom Fluor zum Jod und verschiebt die Signale nach höherem Feld. Da die beiden Effekte sich zum Teil aufheben, findet man bei Chlor-, Brom- und Jodverbindungen oft ähnliche Bandenlagen. Beide Effekte klingen mit wachsender Entfernung vom Halogenatom rasch ab. Die Verschiebungen gegenüber dem Kohlenwasserstoff betragen für die Protonen am gleichen Kohlen-

[1] LEMAL, D.M., F. MENGER, and G.W. CLARK: J. A. C. S. **85**, 2529 (1963). — [2] SRINIVASAN, R.: J. A. C. S. **85**, 4045 (1963). — [3] CREMER, S., and R. SRINIVASAN: THL **21**, 24 (1960). — [4] SRINIVASAN, R.: J. A. C. S. **83**, 2590 (1961). — [5] MONITZ, W.B., and J.A. DIXON: J. A. C. S. **83**, 1671 (1961). — [6] TORI, K., Y. HATA, R. MUNEYUKI, Y. TAKANO, T. TSUJI, and H. TANIDA: Can. J. Chem. **42**, 926 (1964). — [7] TORI, K., Y. TAKANO, and K. KITAHONOKI: Ber. Bunsenges. phys. Chem. **97**, 2798 (1964). — [8] FLANTT, T.J., and W.F. ERMAN: J. A. C. S. **85**, 3112 (1963).

stoffatom etwa 3 ppm, für Protonen am benachbarten Kohlenstoff nur noch 0.5—1 ppm und sind in größerem Abstand kaum noch wahrnehmbar. Wie schon in Tab. 23 gezeigt worden ist, sind die Einflüsse der Halogene bei Polyhalogenverbindungen annähernd additiv. In Tab. 27 sind die chemischen Verschiebungen einiger einfacher Halogenverbindungen zusammen-

Tabelle 27. *Chemische Verschiebungen von Halogenverbindungen*

| | F | Cl | Br | J | Lit. |
|---|---|---|---|---|---|
| $CH_3X$ | 5.74 | 6.95 | 7.32 | 7.81 | a, d |
| $CH_2X_2$ | — | 4.67 | 5.06 | 6.10 | a |
| $CHX_3$ | — | 2.74 | 3.17 | 5.09 | a, b, c |
| $CH_3CH_2X$ | 8.73 | 8.58 | 8.40 | 8.27 | e |
| | 5.65 | 6.65 | 6.75 | 6.90 | |
| $CH_2X–CH_2X$ | — | 6.31 | 6.38 | — | a |
| $CH_3–CHX_2$ | — | — | 7.51 | — | c |
| | — | — | 4.05 | — | |
| $CHX_2–CH_2X$ | — | 6.03 | — | — | a |
| | — | 4.26 | — | — | |
| $CH_3–CX_3$ | — | 7.28 | — | — | a |
| $CHX_2–CX_3$ | — | 3.95 | — | — | a |
| $CHX_2–CHX_2$ | — | 4.06 | 3.97 | — | a |
| $CH_3–CH_2–CH_2X$ | — | 8.96 | 8.96 | 8.96 | a |
| | — | 8.17 | 8.11 | 8.14 | |
| | — | 6.55 | 6.64 | 6.80 | |
| $CH_3–CHX–CH_3$ | — | 8.46 | 8.29 | 8.12 | a |
| | — | 5.87 | 5.80 | 5.76 | |
| $CH_2X–CH_2–CH_2X$ | — | 7.80 | 7.64 | — | b, a |
| | — | 6.30 | 6.42 | — | |
| $CH_3–CH_2–CH_2–CH_2X$ | — | 9.04 | 9.04 | 9.04 | a |
| | — | — | — | — | |
| | — | 8.34 | 8.30 | 8.33 | |
| | — | 6.54 | 6.66 | 6.81 | |
| $(CH_3)_2CH–CH_2X$ | — | 8.99 | 8.96 | 9.02 | a |
| | — | 8.42 | 8.20 | 8.44 | |
| | — | 6.65 | 6.74 | 6.93 | |
| $(CH_3)_3CX$ | — | 8.42 | 8.24 | 8.07 | a, c |
| $CH_3–CH_2–CHX–CH_3$ | — | 9.02 | — | 8.98 | a, b |
| | — | 8.32 | — | 8.30 | |
| | — | 6.10 | — | 5.83 | |
| | — | 8.53 | — | 8.08 | |
| $CH_2X–CH_2–CH_2–CH_2X$ | — | 6.43 | 6.58 | — | a |
| | — | 8.04 | — | — | |
| $C_3H_5X$  2 | — | 9.31 | 9.06 | — | c, f |
| 1 | — | 7.03 | 7.16 | — | |
| $C_5H_9X$  1 | — | 5.70 | 5.60 | 5.67 | c |
| 2 | — | 8.17 | 8.10 | 8.12 | |
| 3 | — | 8.17 | 8.10 | 8.12 | |
| $C_6H_{11}X$  1 | — | 6.11 | 5.89 | 5.67 | a, c |
| 2 | — | 8.13 | 8.07 | — | |
| 3 | — | 8.45 | 8.46 | — | |
| 4 | — | 8.45 | 8.46 | — | |

**Literatur zu Tabelle 27.**

[a] TIERS, G. V. D.: Characteristic Nuclear Magnetic Resonance Shielding Values for Hydrogen in Organic Structures.

[b] High-resolution Nuclear Magnetic Resonance Spectra Catalog (1), Varian Associates. California: Palo Alto.

[c] BOTHNER-BY, A. A., and C. NAAR-COLIN: J. A. C. S. **80**, 1728 (1958).

[d] ALLRED, A. L., and E. G. ROCHOW: J. A. C. S. **79**, 5361 (1957).

[e] SPIESECKE, H., and W. G. SCHNEIDER: J. Chem. Phys. **35**, 722 (1961).

[f] WIBERG, K. B., and B. J. NIST: J. A. C. S. **85**, 2788 (1963).

gestellt. Die Bandenlagen anderer Gruppierungen und die von Verbindungen, die verschiedene Halogene enthalten, lassen sich mit recht guter Genauigkeit an Hand der auf S. 98 gegebenen Näherungsformel bestimmen. Die Zusammenstellung in Tab. 27 zeigt, daß —$CH_2Cl$-Gruppen bei $\tau = 6.3$—$6.7$ erscheinen, —$CH_2Br$ Gruppen bei $\tau = 6.4$—$6.8$ und —$CH_2J$ bei $\tau = 6.8$—$6.9$. In cyclischen Kohlenwasserstoffen hängt die Lage von der Ringgröße ab. Beim Cyclopentan liegen Chlor-, Brom- und Jodverbindung sehr dicht beieinander, bei $\tau = 5.6$—$5.7$, bei den Cyclohexylderivaten bei $\tau = 5.6$—$6.2$. Auffällig ist, daß sich bei den letzteren die Reihenfolge der chemischen Verschiebungen umgedreht hat und die Jodverbindung bei tieferem Feld liegt als die Chlorverbindung. Die gleiche Erscheinung findet man auch bei den Isopropyl- und t-Butylhalogeniden. Auch dies zeigt wieder das Zusammenspiel von induktivem und anisotropem Effekt, deren relative Stärke vom Halogenatom und der Geometrie des Moleküls abhängt.

## V. 7. Aliphatische Stickstoffverbindungen

### *Nitro-, Azo- und Diazoverbindungen*

Über die Kernresonanzspektren einfacher Stickstoffverbindungen liegen nur wenige systematische Untersuchungen vor. In Tab. 28 sind die wesentlichen, in der Literatur vorhandenen Daten zusammengestellt. Gegenüber Paraffinen wird durch den Stickstoff eine Verschiebung benachbarter Protonen nach tieferem Feld verursacht. Sie tritt in besonders starkem Maße bei den Nitroverbindungen auf, bei denen man für $CH_3$—$NO_2$ einen Wert von $\tau = 5.7$, für —$CH_2$—$NO_2$ einen Wert von $\tau = 5.6$ und für —$CH$—$NO_2$ einen Wert von $\tau = 5.3$—$5.5$ beobachtet. In $\beta$-Stellung sind die Verschiebungen geringer, und man findet je nach Verbindung Signale zwischen $\tau = 8.0$ und $8.5$; in $\gamma$-Stellung ist der Effekt der Nitrogruppe kaum noch festzustellen. Der Einfluß dieses Substituenten verläuft nicht nur über die Bindungen, sondern übt auch eine Richtwirkung durch den Raum aus, ähnlich wie es auf S. 36 für die Carbonylgruppe gezeigt wurde. In einem trichterförmigen Gebiet oberhalb und unterhalb der Ebene der $NO_2$-Gruppe wird das Magnetfeld geschwächt, und die Signale der Protonen in diesem Gebiet werden nach höherem Feld verschoben. In der Ebene der Gruppen findet eine Verschiebung nach tieferem Feld statt. Dies sieht man z. B. an den Verschiebungen der Protonen im 4-t-Butyl-nitro-cyclohexan. Durch die sperrige t-Butylgruppe, die aus räumlichen Gründen nur in äquatorialer Lage stehen kann, wird das Umklappen des Cyclohexanringes verhindert und es ist daher möglich, cis- und trans-Verbindungen zu trennen. Steht die Nitrogruppe axial, so werden die beiden äquatorialen Protonen in 2- und 6-Stellung deutlich nach tiefem Feld verschoben[1].

Tabelle 28. *Chemische Verschiebungen von aliphatischen Stickstoffverbindungen*

| Verbindung | $\tau$ | | | | | | Lösungs-mittel | Lit. |
|---|---|---|---|---|---|---|---|---|
| | $a$ | $\beta$ | $\gamma$ | $\delta$ | $\varepsilon$ | $\zeta$ | | |
| $CH_3NO_2$ | 5.72 | — | — | — | — | — | $CCl_4$ | a |
| $CH_2(NO_2)_2$ | 3.90 | — | — | — | — | — | $CCl_4$ | b |
| $CH(NO_2)_3$ | 2.48 | — | — | — | — | — | $CCl_4$ | b |
| $CH_3-CH_2-NO_2$ | 5.71 | 8.52 | — | — | — | — | $CCl_4$ | c |
| $CH_3-CH_2-CH_2-NO_2$ | 5.62 | 7.93 | 8.97 | — | — | — | $CDCl_3$ | d |
| $(CH_3)_2CH-NO_2$ | 5.33 | 8.45 | — | — | — | — | $CDCl_3$ | d |
| $CH_3-CH_2-CH(NO_2)-CH_3$ | 5.48 | 8.1 | 9.05 | — | — | — | $CDCl_3$ | d |
| | | 8.42 | | | | | | |
| $CH_3-CH_2-CH_2-CH_2-NO_2$ | 5.67 | 7.97 | 8.54 | 9.00 | — | — | $CCl_4$ | b |
| $CH_3-(CH_2)_4-NO_2$ | 5.70 | 7.97 | 8.57 | 8.57 | 9.04 | — | $CCl_4$ | b |
| $CH_3-(CH_2)_5-NO_2$ | 5.70 | 8.00 | 8.63 | 8.63 | 8.63 | 9.08 | $CCl_4$ | b |
| $CH_2=CH-CH_2-NO_2$ | 5.13 | 3.80 | 4.42 | — | — | — | $CCl_4$ | e |
| | — | — | 4.49 | — | — | — | — | |
| cis-4-t-Butylnitrocyclohexan | 5.57 | 7.42 e | — | — | — | — | — | f |
| trans-4-t-Butylnitrocyclohexan | 5.77 | 8.10 e | — | — | — | — | — | f |
| | | 7.78 a | | | | | | |
| $CH_3-N=N-CH_3$ | 6.32 | — | — | — | — | — | $CCl_4$ | g |
| $(CH_3)_3C-N=N-C(CH_3)_3$ | — | 8.87 | — | — | — | — | $CCl_4$ | g |
| $CH_3-N=N-CH_2-C_6H_5$ | 6.65 | — | — | — | — | — | $CCl_4$ | g |
| $CH_3-N=N-C_6H_5$ | 6.10 | — | — | — | — | — | $CCl_4$ | g |
| $(CH_3)_2CH-N=N-C_6H_5$ | 7.50 | 9.10 | 3.00 (Ph) | — | — | — | $CCl_4$ | h |
| $C_6H_{11}-N=N-C_6H_5$ | 7.40 | 8.50 | 3.00 (Ph) | — | — | — | $CCl_4$ | h |
| $(CH_3)_3C-N=\overset{O}{N}-C(CH_3)_3$ | — | 8.72 | — | — | — | — | $CCl_4$ | g |
| | | 8.52 | | | | | | |
| $CH_3-N=\overset{O}{N}-CH_3$ | 6.93 | — | — | — | — | — | $CCl_4$ | g |
| | 5.95 | | | | | | | |
| $C_6H_5-\overset{O}{N}=N-CH_2-CH_3$ | 6.22 | — | — | — | — | — | $CCl_4$ | i |
| $CH_3-\overset{O}{N}=N-O-CH_3$ | 6.07 | — | — | — | — | — | $CCl_4$ | i |
| | 6.20 | | | | | | | |
| $CH_3-\overset{O}{N}=N-O-Ts$ | 6.03 | — | — | — | — | — | $CCl_4$ | i |
| $C_6H_5-CH_2-\overset{O}{N}=N-O-Ts$ | 4.82 | — | — | — | — | — | $CCl_4$ | i |
| $CH_3-N=CH-C_6H_5$ | 6.65 | — | — | — | — | — | $CCl_4$ | g |
| $CH_3-\overset{O}{N}=CH-C_6H_5$ | 6.25 | — | — | — | — | — | $CCl_4$ | g |
| $(CH_3)_3C-NO$ dimer | — | 8.75 | — | — | — | — | $CCl_4$ | g |
| $cis(CH_3-NO)_2$ | 5.80 | — | — | — | — | — | $CCl_4$ | g |
| $trans(CH_3-NO)_2$ | 6.00 | — | — | — | — | — | $CCl_4$ | g |
| $CH_2N_2$ | 6.80 | — | — | — | — | — | $CCl_4$ | k |
| $CH_3-CHN_2$ | 6.78 | 8.30 | — | — | — | — | $CCl_2FCF_2Cl$ | l |
| $CH_2=CH-CHN_2$ | 5.42 | 6.72 | 8.93 | — | — | — | $CCl_4$ | l |
| $C_2H_5OCO-CHN_2$ | 5.04 | — | — | — | — | — | — | l |
| $C_6H_5-CHN_2$ | 5.42 | — | — | 3.10 (Ph) | — | — | $CCl_4$ | l |
| $CH_3-N=N-O^-$ cis | 6.30 | — | — | — | — | — | $(CD_3)_2SO$ | k |
| $CH_3-N=N-O^-$ trans | 6.80 | — | — | — | — | — | $(CD_3)_2SO$ | k |

---

[1] Huitric, A.C., and W.F. Trager: J. Org. Chem. **27**, 1926 (1962).

Tabelle 28 (Fortsetzung)

| Verbindung | $\tau$ | | | | Lösungsmittel | Lit. |
|---|---|---|---|---|---|---|
| | NH | $\alpha$ | $\beta$ | $\gamma$ | | |
| $CH_3-NH_2$ | 6.74 | 7.54 | — | — | $CCl_4$ | f |
| $CH_3-CH_2-NH_2$ | — | 7.64 | 8.69 | — | $CCl_4$ | f |
| $CH_3-CH_2-CH_2-NH_2$ | — | 7.39 | 8.58 | 9.08 | $CCl_4$ | f |
| $(CH_3)_2CH-NH_2$ | — | 7.13 | 8.99 | — | $CCl_4$ | a |
| $CH_3(CH_2)_3-NH_2$ | 8.90 | 7.30 | 8.69 | 9.08 | $CDCl_3$ | d |
| $CH_3CH_2CH(NH_2)CH_3$ | 8.75 | 7.22 | 8.95 | 9.10 | $CDCl_3$ | d |
| $(CH_3)_3C-NH_2$ | 8.77 | — | 8.85 | — | $CDCl_3$ | d |
| $CH_2=CH-CH_2-NH_2$ | 8.47 | 6.70 | 4.08 | $5.03_{tr.}$ $5.13_{cis}$ | $CDCl_3$ | d |
| $C_6H_5-CH_2-NH_2$ | 8.89 | 6.28 | 2.83(Ph) | | $CCl_4$ | k |
| $C_6H_5-CH(CH_3)-NH_2$ | 8.42 | 5.90 | 8.62 | — | $CDCl_3$ | d |
| Cyclopropylamin | 8.17 | 7.70 | 9.65 | — | $CDCl_3$ | d |
| Cyclohexylamin | — | 7.53 | — | — | $CHCl=CCl_2$ | m |
| $(CH_3)_2NH$ | 9.2 | 7.69 | — | — | $CCl_4$ | k |
| $(CH_3-CH_2)_2NH$ | 9.56 | 7.49 | 8.97 | — | $CCl_4$ | k |
| $(CH_3-CH_2-CH_2)_2NH$ | 9.10 | 7.51 | 8.64 | — | $CCl_4$ | k |
| $[CH_3(CH_2)_3]_2NH$ | 9.10 | 7.47 | — | — | $CCl_4$ | k |
| $[(CH_3)_2CHCH_2]_2NH$ | 9.36 | 7.68 | 8.4 | 9.13 | $CCl_4$ | k |
| $CH_3CH_2NH-CH_2CH_2OH$ | 6.47 | 7.3 | 8.88 | — | $CDCl_3$ | d |
| $C_6H_5-NH-CH_3$ | 6.66 | 7.29 | — | — | $CCl_4$ | k |
| $(CH_3)_3N$ | — | 7.88 | — | — | $CCl_4$ | a |
| $(CH_3-CH_2)_3N$ | — | 7.58 | 9.05 | — | $CCl_4$ | a |
| $(CH_3)_2N-CH_2CH_2OH$ | — | 7.75 7.55 | 6.40 | — | $CDCl_3$ | d |
| $CH_3-NH_3^+$ | — | 6.80 | — | — | $D_2SO_4$ 5% | k |
| $(CH_3)_2NH_2^+$ | — | 4.82 | — | — | $D_2SO_4$ 5% | k |
| $(CH_3)_4N^+$ | — | 6.67 | — | — | $CF_3COOH$ | a |
| $(CH_3-CH_2)_4N^+$ | — | 6.60 | 8.59 | — | $CF_3COOH$ | a |


[a] TIERS, G.V.D.: Characteristic Nuclear Magnetic Resonance Shielding Values for Hydrogen in Organic Structures (1958).

[b] HOFMAN, W., L. STEFANIAK, T. URBANSKI, and M. WITANOWSKI: J.A.C.S. **86**, 554 (1964).

[c] CAVANAUGH, J.R., and B.P. DAILEY: J. Chem. Phys. **34**, 1099 (1961).

[d] High-resolution Nuclear Magnetic Resonance Spectra Catalog (1), Varian Associates. California: Palo Alto.

[e] BASKOV, Y.V., T. URBANSKI, M. WITANOWSKI, and L. STEFANIAK: TH **20**, 1519 (1964).

[f] HUITRIC, A.C., and W.F. TRAGER: J. Org. Chem. **27**, 1926 (1962).

[g] FREEMAN, J.P.: J. Org. Chem. **28**, 2508 (1963).

[h] O'CONNOR, R.: J. Org. Chem. **26**, 4375 (1961).

[i] STEVENS, T.E.: J. Org. Chem. **29**, 311 (1964).

[k] SUHR, H.: Chem. Ber. **96**, 1720 (1963).

[l] LEDWITH, A., and E.C. FRIEDRICH: J. Chem. Soc. 504 (1964).

[m] NEIKAM, W.C., and B.P. DAILEY: J. Chem. Phys. **38**, 445 (1963).


Die Signale von Methylgruppen in $CH_3$—N= -Gruppen, wie in Dimethylazobenzol, Methyldiazotaten und Schiffschen Basen, erscheinen bei $\tau = 6.3$ bis $6.8$[1,2]. In den Azoxyverbindungen wird gegenüber der Azoverbindung die Methylgruppe am quarternären Stickstoff nach tieferem, die entferntere nach höherem Feld verschoben, woraus auf eine Anisotropieabschirmung durch die NO-Gruppe geschlossen werden kann[1,3]. Die Banden-

---

[1] FREEMAN, J.P.: J. Org. Chem. **28**, 2508 (1963). — [2] SUHR, H.: Chem. Ber. **96**, 1720 (1963). — [3] KORSCH, B.H., and N.V. RIGGS: THL 523 (1964).

lage in den Dimeren des Nitrosomethans ist der von $CH_3$—$NO = N$-Gruppen sehr ähnlich, und man muß daher annehmen, daß diese Verbindungen als $CH_3$—$NO = NO$—$CH_3$ vorliegen. Ein Vergleich der Werte der t-Butylverbindungen zeigt in schwächerem Maße die gleichen Erscheinungen, wie sie bei den Methylverbindungen auftreten. Im Azoxybutan findet man zwei Signale, und es läßt sich durch Vergleich mit anderen Verbindungen zeigen, daß das Signal bei tieferem Feld durch die Butylgruppe am quarternären Stickstoff hervorgerufen wird. Die Nitrosoverbindung liegt bei Raumtemperatur als Gemisch von Monomerem und Dimerem ($\tau = 8.40$ bzw. $8.75$) vor. Die Bandenlage vom Dimeren zeigt wieder große Ähnlichkeit mit der der Azoxyverbindung und macht eine Struktur wie beim Dimeren des Nitrosomethans wahrscheinlich. Die Bandenlage vom Diazomethan ist ähnlich der von $CH_3$—$N = N$-Verbindungen, von anderen Diazoverbindungen liegen die Signale bei $\tau = 5$ bis $5.5$. Auffällig ist die chemische Verschiebung der $\gamma$-Protonen im Vinyldiazomethan. Diese Verbindung liegt vermutlich zu einem beträchtlichen Anteil als

$$\overset{\ominus}{CH_2}\text{—}CH = CH\text{—}\overset{\oplus}{N} \equiv N \qquad\qquad IX$$

vor.

### *Amine*

Protonen, die direkt an Stickstoff gebunden sind, können je nach Verbindungstyp ganz verschiedenartige Signale geben. Da Stickstoff eine magnetische Quantenzahl von $m = 1$ hat, sollte man für alle NH-Protonen drei gleich große Banden erwarten. Dieses Bild findet man z. B. bei völlig trockenem Ammoniak[1] und bei Alkylammoniumsalzen[2,5]. Der Abstand der Banden und damit die Kopplungskonstante beträgt 50 bis 60 Hz[2,3,4]. Solche NH-Tripletts erscheinen jedoch nur, wenn der Austausch der Protonen genügend langsam erfolgt. Enthält Ammoniak eine Spur Feuchtigkeit, so findet ein rascher Platzwechsel der Protonen statt und die drei Linien verschmelzen zu einer Bande. In den meisten freien Aminen liegt dieser Fall vor und sie zeigen deshalb scharfe Banden für die Aminprotonen. Wieder anders sehen die Spektren von vielen Säureamiden und von Pyrrol aus, die breite Banden ohne Feinstruktur ergeben. Gelegentlich sind sie so breit, daß sie im Spektrum nicht auffindbar sind. Die Verbreiterung kann zweierlei Ursachen haben. Einmal kann die mittlere Lebensdauer der Protonen am Stickstoff gerade von der Größe der reziproken Kopplungskonstanten sein (vgl. S. 77), zum anderen kann das Quadrupolmoment des Stickstoffs die Relaxationszeiten stark herabsetzen und die Banden verbreitern. ROBERTS konnte zeigen[1], daß in vielen Fällen die Linienbreite mit steigender Temperatur zunimmt. Dadurch ist ausgeschlossen worden, daß die Verbreiterung durch Austausch hervorgerufen wird, denn in diesem

[1] OGG, R.A.: J. Chem. Phys. **22**, 560 (1954). — [2] ROBERTS, J.D.: J.A.C.S. **78**, 4495 (1956). — [3] BERNHEIM, R.A., and H. BATIZ-HERNANDEZ: J. Chem. Phys. **40**, 3446 (1964). — [4] ANDERSON, J.M., and J.D. BALDESCHWIELER: J. Chem. Phys. **40**, 3241 (1964). — [5] GRUNWALD, E., A. LOEWENSTEIN, and S. MEIBOOM: Chem. Phys. **27**, 630 (1957).

Fall sollte die Reaktionsgeschwindigkeit mit steigender Temperatur zu-
nehmen und die Bande schmaler werden. Die Ursache für die beobachtete
Temperaturabhängigkeit liegt vermutlich darin, daß bei langsameren
Molekülbewegungen (tiefer Temperatur) der Einfluß der elektrischen
Felder am Stickstoff auf die Relaxation der NH-Protonen besonders groß ist.

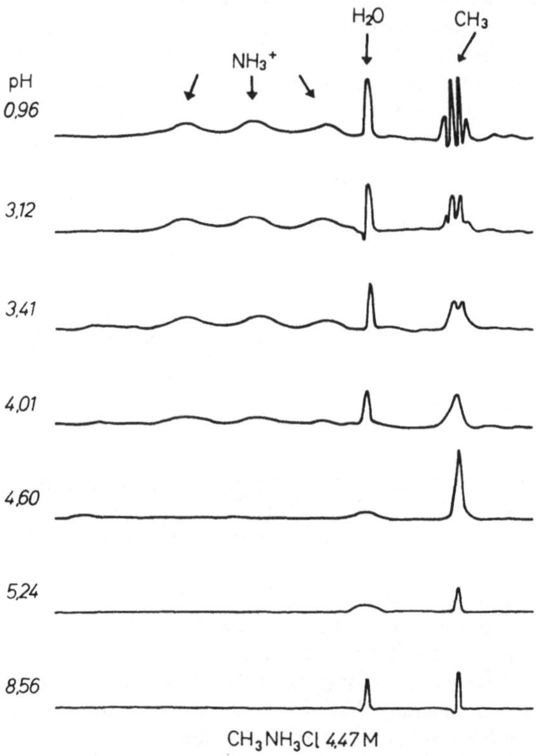


Abb. 57. ¹H-Spektren von wässerigem Methylamin bei verschiedenem pH (Konzentration 4.47 Mol/l,
Standardfrequenz 31.65 MHz. Die Wasserbande wurde mit geringerer Verstärkung aufgenommen[2])

Der Austausch der NH-Protonen in den freien Aminen ist basenkataly-
siert. Verläuft er langsam, so kann man ihn durch Zusätze von starken
Basen, wie Natriumamid, beschleunigen und dadurch oft schärfere Banden
erhalten[1]. Durch Zusatz von Säure wird der Austausch verlangsamt und ist
in stark sauren Lösungen so weit unterbunden, daß man wieder die Spinkopplung mit dem Stickstoffatom beobachtet. Die Spektren der Amine sind
also von der Wasserstoffionenkonzentration abhängig, wie es besonders
eindrucksvoll von GRUNWALD, LOEWENSTEIN und MEIBOOM[2] bei den
Untersuchungen des Methylamins gezeigt ist (Abb. 57). Bei pH = 0.96 liegt
das Molekül in der Ammoniumform vor und der Austausch der Protonen

---


[1] ROBERTS, J. D.: J. A. C. S. **78**, 4495 (1956). — [2] GRUNWALD, E., A. LOEWEN-
STEIN, and S. MEIBOOM: J. Chem. Phys. **27**, 630 (1957).

erfolgt langsam. Das Methylsignal ist durch die benachbarte $—NH_3^+$-Gruppe in ein Quadruplett und das Signal der NH-Protonen durch den Stickstoff in ein Triplett aufgespalten. Die Kopplung der NH-Protonen mit der Methylgruppe läßt sich bei den breiten Banden nicht nachweisen. Bei Erhöhung des pH-Wertes verbreitern sich die Banden der Methylgruppe und fallen bei pH = 4.01 zusammen, während das Triplett der NH-Protonen gerade noch wahrnehmbar ist. Da die Aufspaltung der Methylgruppe nur etwa 5 Hz beträgt, verschwindet sie bei geringeren Austauschgeschwindigkeiten als die des NH-Tripletts, deren Aufspaltung etwa 60 Hz beträgt. Bei pH = 4.60 fallen auch die Signale des Tripletts zusammen. Die Bande ist in diesem Falle sehr breit und nur schwer aufzufinden. Bei pH = 8.56 erfolgt der Protonenaustausch rasch, die NH-Protonen fallen mit der Wasserbande zusammen und die Methylgruppe erscheint als scharfes Signal.

Amine bilden starke Wasserstoffbrücken, und die Spektren sind von der Konzentration und dem verwendeten Lösungsmittel abhängig. In inerten Lösungsmitteln liegen die NH-Protonen um etwa 1 bis 2 ppm bei höherem Feld als in den reinen Aminen[1-4]. Die Assoziationsverschiebung benachbarter Alkylgruppen beträgt etwa 0.3 ppm. Stärker als zwischen den Aminmolekülen untereinander sind Wasserstoffbrücken zu Lösungsmitteln, die gute Donatoreigenschaften haben, wie Aceton, Pyridin oder Dimethylsulfoxyd. In diesen Lösungsmitteln können die Aminbanden um mehrere ppm nach tieferem Feld verschoben werden[5,6] (vgl. Kap. VII 4). In wässerigen oder alkoholischen Lösungen fallen, infolge des schnellen Austausches, die Aminbanden mit den Lösungsmittelbanden zusammen[7,8]. Weitere Komplikationen in den Spektren der Amine können durch das Umklappen der Konfiguration am Stickstoff in cyclischen[9-12] und tertiären Aminen[13] hervorgerufen werden.

Aus dem Voranstehenden wird deutlich, daß die Amine ein reizvolles Gebiet darstellen, in dem verschiedenartige Erscheinungen der Kernresonanzspektroskopie untersucht werden können. Auf der anderen Seite sind die Effekte oft unerwünscht und können Angaben über chemische Verschiebungen verfälschen. Die Werte der Tab. 28 stammen aus Messungen in Tetrachlorkohlenstoff bzw. Chloroform. Da mit Tetrachlorkohlenstoff vermutlich keine und mit Chloroform nur schwache Komplexe gebildet werden, kommen die Werte in diesen Lösungsmitteln denen der freien unsolvatisierten Amine nahe. Der Absorptionsbereich der $NH_2$-Protonen in aliphatischen Aminen liegt im allgemeinen zwischen $\tau = 8.5$ und $\tau = 9.0$.

[1] FEENEY, J., and L. H. SUTCLIFFE: Proc. Chem. Soc. (London) 118 (1961). — [2] FEENEY, J., and L. H. SUTCLIFFE: J. Chem. Soc. 1123 (1962). — [3] GIESSNER-PRETTRE, C.: Compt. Rend. 254, 4165 (1962). — [4] HOWARD, B. B., C. F. JUMPER, and M. T. EMERSON: J. Mol. Spec. 10, 117 (1963). — [5] ELIEL, E. L., E. W. DELLA, and T. H. WILLIAMS: THL 831 (1963). — [6] SUHR, H.: J. Mol. Phys. 6, 153 (1963). — [7] GRUNWALD, E., A. LOEWENSTEIN, and S. MEIBOOM: J. Chem. Phys. 27, 630 (1957). — [8] HUYSKENS, P., et TH. ZEEGER-HUYSKENS: Bull. Soc. Chim. Belges 69, 267 (1960). — [9] BOTTINI, A. I., and J. D. ROBERTS: J. A. C. S. 78, 5126 (1956). — [10] BOTTINI, A. T., and J. D. ROBERTS: J. A. C. S. 80, 5203 (1958). — [11] BOTTINI, A. T., R. L. van ETTEN, and A. J. DAVIDSON: J. A. C. S. 87, 754 (1965). — [12] SPECKAMP, W. N., U. K. PANDIT, and H. O. HUISMAN: THL 3279 (1964). — [13] SAUNDERS, M., and F. YAMADA: J. A. C. S. 85, 1882 (1963).

Da in diesem Bereich auch die Methylenprotonen vieler Alkylgruppen erscheinen, tritt bei vielen Aminen eine Überlagerung mit den Alkylbanden auf.

Über die Lage von NH-Protonen von offenkettigen, sekundären Aminen liegt zu wenig experimentelles Material vor, um typische Bandenlagen angeben zu können. Die ungewöhnliche Bandenlage im N-Äthyl-äthanolamin rührt daher, daß durch schnellen Protonenaustausch die Banden von Amino- und Hydroxylgruppe zusammenfallen. Die Protonen an Kohlenstoffatomen in Nachbarstellung zur Aminogruppe sind gegenüber Paraffinen nach tieferem Feld verschoben, und zwar $a$-ständige Methylengruppen nach $\tau = 7.4$—$7.6$, Methingruppen nach $\tau = 7.1$—$7.2$. Methylengruppen in $\beta$-Stellung erscheinen bei $\tau = 8.6$—$9.0$. Bei Aminen, die im Alkylrest weitere Substituenten tragen, können wesentlich andere Werte gefunden werden. Die Verschiebungen der Alkylreste in sekundären und tertiären Aminen sind denen in primären Aminen ähnlich, doch zeigt sich, daß mit zunehmender Alkylsubstitution der Einfluß des Stickstoffs auf die Lage der Alkylbanden immer geringer wird.

Durch Protonisierung des Stickstoffs werden die Banden der benachbarten Alkylgruppen nach tieferem Feld verschoben. (Beim Tetraäthylammoniumsalz beobachtet man eine Kopplung zwischen Stickstoff und Methylgruppe von $J = 1.7$ Hz, nicht aber zwischen Stickstoff und der benachbarten Methylengruppe[1,2].) Diesen Effekt kann man sich oft bei Strukturaufklärung zunutze machen, um zu entscheiden, welches Signal von einer Gruppe in Nachbarstellung zum Stickstoff herrührt. Bei der Protonisierung verschieben sich die NH-Banden sehr stark oder fallen mit der Lösungsmittelbande zusammen. Wenn sich die Aminobande mit anderen Signalen überlappt, kann man auf diese Weise oft ein Spektrum vereinfachen. Zweckmäßig arbeitet man hierbei in Trifluoressigsäure, die stark genug ist, die meisten Amine zu protonisieren. Bei säureempfindlichen Substanzen kann man durch Aufnahme des Spektrums in Deuteriumoxyd die Aminbanden ebenfalls entfernen.

### V. 8. Aliphatische Alkohole, Äther und Ester

#### *Die Hydroxylbande*

Die chemische Verschiebung der Hydroxylbande von Alkoholen ist von der Konzentration, der Temperatur und vom Lösungsmittel abhängig. Es ist daher möglich, daß das Hydroxylsignal des gleichen Alkohols, je nach Versuchsbedingungen, an verschiedenen Stellen des Spektrums gefunden wird. Der Grund für diese Erscheinung liegt darin, daß Alkohole starke Wasserstoffbrücken entweder untereinander, oder zum Lösungsmittel ausbilden können (vgl. Kap. VII 4). In Substanz und in konzentrierten Lösungen inerter Lösungsmittel liegen die meisten Alkohole

---

[1] BULLOCK, E., D.G. TUCK, and E.J. WOODHOUSE: J. Chem. Phys. **38**, 2318 (1963). — [2] ANDERSON, J.M., J.D. BALDESCHWIELER, D.C. DITTMER, and W.D. PHILLIPS: J. Chem. Phys. **38**, 1260 (1960).

polymer vor. Durch Erwärmen oder Verdünnen wird der Anteil an Monomerem erhöht, und da ein Hydroxylproton in einer Wasserstoffbrücke bei tieferem Feld liegt als die freie Hydroxylgruppe, sind beide Vorgänge mit einer Verschiebung der Bande nach höherem Feld verbunden. Abb. 58 zeigt, daß sich beim Verdünnen mit Tetrachlorkohlenstoff die Lage der Hydroxylbande von Äthanol um mehrere ppm verändert[1]. Die Assoziationsverschiebung — die Differenz der chemischen Verschiebungen eben

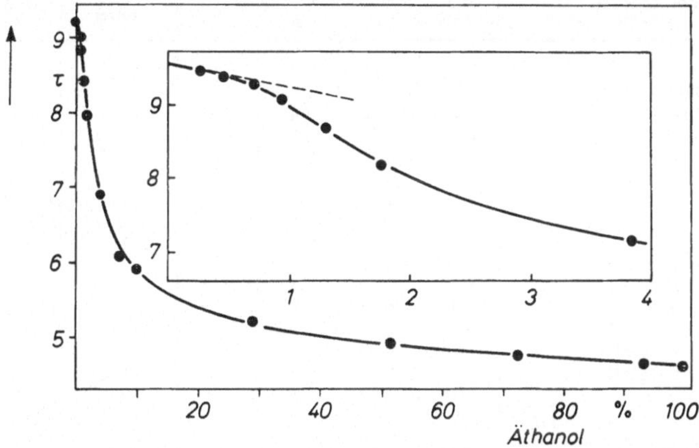

Abb. 58. Chemische Verschiebung des Hydroxylprotons von Äthanol in Abhängigkeit von der Konzentration in Tetrachlorkohlenstoff[1]

oberhalb des Schmelzpunktes und bei unendlicher Verdünnung — kann je nach Verbindung bis zu 4 ppm betragen[2-9]. Noch stärker als Wasserstoffbrücken zwischen Alkoholmolekülen sind solche zu Lösungsmittelmolekülen von Ketonen oder Aminen. Werden Alkohole mit diesen Lösungsmitteln verdünnt, so verschiebt sich die Hydroxylbande nach tieferem Feld[10-15]. Die chemischen Verschiebungen der Hydroxylprotonen können daher nur bei großer Verdünnung mit inerten Lösungsmitteln bestimmt werden. Die genauesten Werte erhält man durch Messung bei verschiedenen Konzentrationen und Extrapolation auf unendliche Verdünnung. Da diese Arbeitsweise mit erheblichem experimentellem Aufwand

[1] BECKER, E.D., U. LIDDEL, and J.N. SHOOLERY: J. Mol. Spec. 2, 1 (1958). — [2] CONNOR, T.M., and C. REID: J. Mol. Spec. 7, 32 (1961). — [3] MARTIN, M., et M. QUILBEUF: Compt. Rend. 252, 4151 (1961). — [4] DAVIS, Jr., J.C., K.S. PITZER, and C.N.R. RAO: J. Phys. Chem. 64, 1744 (1960). — [5] SAUNDERS, M., and J.B. HYNE: J. Chem. Phys. 29, 253 (1958). — [6] SAUNDERS, M., and J.B. HYNE: J. Chem. Phys. 29, 1319 (1958). — [7] SAUNDERS, M., and J.B. HYNE: J. Chem. Phys. 31, 270 (1959). — [8] BECKER, E. D.: J. Chem. Phys. 31, 269 (1959). — [9] DAVIS, Jr., J.C.: U.S. Atomenergie-Comm. UCRL 8909, 3 (1959), C.A. 17058 (1960). — [10] CANTACUZENE, J., J. GASSIER, Y. L'HERMITE, et M. MARTIN: Compt. Rend. 250, 1474 (1960). — [11] CANTACUZENE, J., J. GASSIER, et M. MARTIN: Compt. Rend. 251, 866 (1960). — [12] OKI, M., and H. IWAMURA: Bull. Chem. Soc. Japan 33, 1632 (1960). — [13] CORIO, P.L., R.L. RUTLEDGE, and J.R. ZIMMERMANN: J. Mol. Spec. 3, 592 (1959). — [14] LEMANCEAU, B., C. LUSSAN, et N. SOUTY: J. Chim. Phis. 59, 148 (1962). — [15] LUSSAN, C., B. LEMANCEAU, et N. SOUTY: Compt. Rend. 254, 1980 (1962).

verbunden ist, liegen in der Literatur nur wenige exakte Werte vor. Im allgemeinen wurden Werte für $\tau = 8$ bis 9 für die freie Hydroxylgruppe gefunden. Die in Tab. 29 zusammengestellten Verschiebungen einfacher Alkohole erfüllen nur zum Teil die eben gegebenen Voraussetzungen. Bei

Tabelle 29. *Chemische Verschiebungen von aliphatischen Alkoholen*

| Verbindung | $\tau$ | | | | Lösungs-mittel | Konzen-tration % | Lit. |
|---|---|---|---|---|---|---|---|
| | –OH | $\alpha$ | $\beta$ | $\gamma$ | | | |
| $CH_3–OH$ | 8.57 | 6.53 | – | – | $CDCl_3$ | 5 | a |
| $CH_3–CH_2–OH$ | 7.42 | 6.30 | 8.78 | – | $CDCl_3$ | 5 | a |
| $CH_3–CH_2–CH_2–OH$ | 7.72 | 6.42 | 8.43 | 9.08 | $CDCl_3$ | 5 | a |
| $(CH_3)_2CH–OH$ | 8.40 | 6.00 | 8.80 | – | $CDCl_3$ | 5 | a |
| $CH_3–CH_2–CH_2–CH_2–OH$ | 5.42 | 6.53 | 8.55 | – | – | 20 | b |
| $(CH_3)_2CH–CH_2–OH$ | 4.86 | 6.61 | 8.32 | 9.02 | – | 100 | b |
| $CH_3–CH_2–CHOH–CH_3$ | 4.89 | 6.26 | 8.78 | 9.00 | – | 100 | b |
| | | | 8.36 | | | | |
| $(CH_3)_3C–OH$ | – | – | 8.78 | – | $CCl_4$ | 5 | c |
| $CH_3–(CH_2)_3–CH_2–OH$ | 5.20 | 6.40 | – | – | – | – | b |
| $CH_3–CH_2–CHOH–CH_2–CH_3$ | 5.45 | 6.58 | 8.59 | 9.07 | – | – | b |
| $(CH_3–CH_2)_2CH–CH_2–OH$ | 5.81 | 6.62 | 8.72 | – | – | 20 | b |
| $CH_3–(CH_2)_5–CH_2–OH$ | 5.58 | 6.59 | – | – | – | 20 | b |
| $CH_3–(CH_2)_7–CH_2–OH$ | 5.73 | 6.60 | – | – | – | 20 | b |
| $CH_3–(CH_2)_8–CH_2–OH$ | 7.97 | 6.37 | 8.72 | – | $CDCl_3$ | 5 | a |
| Cyclodecanol | 6.12 | 6.48 | – | – | – | – | b |
| Cyclohexanol | – | 6.73[a] | – | – | – | – | d |
| | | 6.13[e] | | | | | |
| $CH_2Cl–CH_2–OH$ | 7.20 | 6.04 | – | – | $CDCl_3$ | 5 | a |
| $CF_3–CH_2–OH$ | 6.62 | 6.07 | – | – | $CDCl_3$ | 5 | a |
| $(CH_3)_2N–CH_2–CH_2–OH$ | 6.40 | 6.40 | 7.55 | – | $CDCl_3$ | 5 | a |
| $CH_2{=}CH–CH_2–OH$ | 6.42 | 5.87 | – | – | $CDCl_3$ | 5 | a |
| $HC{\equiv}C–CH_2–OH$ | 7.18 | 5.72 | – | – | $CDCl_3$ | 5 | a |
| $C_6H_5–CH{=}CH–CH_2–OH$ | 4.96 | 5.68 | – | – | $CS_2$ | – | b |
| $C_6H_5–CH_2–OH$ | 7.57 | 5.42 | – | – | $CDCl_3$ | 5 | a |
| $(C_6H_5)_2CH–OH$ | 5.81 | 4.55 | – | – | $CS_2$ | – | b |
| $(C_6H_5)_3C–OH$ | 7.30 | – | – | – | $CS_2$ | – | b |

a High-resolution Nuclear Magnetic Resonance Spectra Catalog (1), Varian Associates. California: Palo Alto.

b Nuclear Magnetic Resonance Spectral Data, American Petroleum Institute. Texas: College Station.

c TIERS, G.V.D.: Characteristic Nuclear Magnetic Resonance Shielding Values for Hydrogen in Organic Structures.

d NEIKAM, W.C., and B.P. DAILEY: J. Chem. Phys. **38**, 445 (1963).

einigen Alkoholen liegen nur Daten für höhere Konzentrationen vor. Da Chloroform mit Alkoholen schwache Komplexe bildet, ist es nicht als völlig inertes Lösungsmittel anzusehen. Die Werte der Tabelle erstrecken sich daher über einen weiten Bereich. Oft ist es schwierig zu entscheiden, welche Bande eines Spektrums dem Hydroxylproton zuzuordnen ist. Eine Spin-kopplung mit benachbarten CH-Protonen wird nur selten beobachtet[1] (in extrem sauberen und trockenen Alkoholen), meistens erfolgt der Austausch der Hydroxylprotonen so rasch, daß nur eine Einzelbande gefunden wird. Bei mittelschnellem Austausch beobachtet man gelegentlich breite unstruk-

[1] BRUCE, J.M., and P. KNOWLES: Proc. Roy. Soc. (London) 294 (1964).

turierte Hydroxylbanden. Durch Zusatz von wenig Säure kann man den Austausch beschleunigen und die Bandenbreite verringern. Diese Technik hat daneben den Vorteil, daß die benachbarten CH-Protonen von der Hydroxylgruppe entkoppelt werden und einfachere und schärfere Banden ergeben. Durch Aufnahme des Spektrums in Trifluoressigsäure oder starken Wasserstoffbrückenbildnern, wie Aceton und Pyridin, kann man die Hydroxylbanden entweder gänzlich verschwinden lassen (Zusammenfallen mit der COOH-Bande) oder nach tiefem Feld verschieben und auf diese Weise bestimmen, welche Bande im ursprünglichen Spektrum dem Hydroxylproton zukommt.

### Signale benachbarter Gruppen

Die Lage der CH-Protonen in $\alpha$- oder $\beta$-Stellung zum Hydroxyl ist in weit geringerem Maße vom Lösungsmittel und von der Konzentration abhängig, und daher leicht zu erkennen. Für O—$CH_2$-Gruppen in einfachen Alkoholen findet man Werte von $\tau = 6.3$—$6.6$, für O—CH-Gruppen solche von $\tau = 6.0$—$6.3$. Die Werte für CH-Protonen in $\beta$-Stellung liegen bei $8.4$—$8.8$. In $\gamma$-Stellung ist der Einfluß der Hydroxylgruppe kaum noch zu bemerken. Bei tiefen Temperaturen findet man für das $\alpha$-Proton des

Tabelle 30. *Chemische Verschiebungen von Diolen*

| | OH | CHOH<br>$CH_2OH$ | Lösungs-<br>mittel | Konzen-<br>tration<br>% | Lit. |
|---|---|---|---|---|---|
| 1,2-Äthan-diol . . . . . . . | 4.99 | 6.59 | Aceton | | o |
| 1,2-Propan-diol . . . . . . | 5.72 | 6.20<br>6.55 | $CHCl_3$ | 5 | b, c |
| 1,3-Butan-diol . . . . . . . | 6.38 | 5.97<br>6.20 | $CHCl_3$ | 5 | b |
| 2,3-Butan-diol . . . . . . . | 6.95 | 6.20 | $CHCl_3$ | 5 | b |
| 1,4-Butan-diol . . . . . . . | 4.96 | 6.41 | $CHCl_3$ | | c |
| 1,5-Pentan-diol . . . . . . . | 5.52 | 6.56 | $CHCl_3$ | | c |

[b] High-resolution Nuclear Magnetic Resonance Spectra Catalog (1), Varian Associates. California: Palo Alto.

[c] Nuclear Magnetic Resonance Spectral Data, American Petroleum Institute. Texas: College Station.

Cyclohexanols verschiedene Werte für axiale und äquatoriale Stellung. Bei Normaltemperatur ist der Umklappvorgang von einer Sesselform in die andere so rasch, daß nur ein mittlerer Wert beobachtet wird[1]. In substituierten Alkoholen verändern sich die Bandenlagen der CH-Protonen je nach Art und Entfernung des Substituenten. Die ungefähre Lage läßt sich leicht auf Grund der auf S. 98 gegebenen Regel über die Additivität der Substituenteneinflüsse berechnen. In Diolen (Tab. 30) werden etwa die gleichen chemischen Verschiebungen beobachtet wie in einfachen Alko-

[1] Neikam, W.C., and B.P. Dailey: J. Chem. Phys. **38**, 445 (1963).

holen. Auch bei unsymmetrischen Diolen fallen die beiden Hydroxylbanden infolge schnellen Austausches zusammen. Werden die Spektren von Alkoholen in Dimethylsulfoxyd aufgenommen, so verschiebt sich das Signal des Hydroxylprotons nach tiefem Feld ($\tau = 4$ bis 6). Der Austausch des Hydroxylprotons wird in diesem Lösungsmittel so verlangsamt, daß man eine

Tabelle 31. *Chemische Verschiebungen von Äthern*

| Verbindung | $a$ $CH_3O$ | $a$ CHO | $\beta$ | $\gamma$ | –O–CH–O | Lit. |
|---|---|---|---|---|---|---|
| $CH_3$–O–$CH_3$ | 6.76 | – | – | – | – | a |
| $(CH_3$–$CH_2)_2O$ | – | 6.64 | 8.84 | – | – | b |
| $((CH_3)_2CH)_2O$ | – | 6.44 | 8.93 | – | – | c |
| $(CH_3$–$CH_2$–$CH_2)_2O$ | – | 6.72 | 8.46 | 9.08 | – | c |
| $(CH_3)_2CH$–O–$CH(CH_3)_2$ | – | 6.22 | 8.82 8.88 | – | – | d |
| $C_6H_5$–$CH_2$–O–$CH_3$ | 6.58 | 5.54 | – | – | – | e |
| $CH_3$–O–$CH_2$–O–$CH_3$ | 6.72 | – | – | – | 5.51 | b |
| $CH_3$–O–$CH_2$–$CH_2$–O–$CH_3$ | 6.63 | 6.46 | – | – | – | e |
| $CH_3$–O–$C(CH_3)_2$–O–$CH_3$ | 6.82 | – | 7.64 | – | – | e |
| $(CH_3)_2CH$–O–$CH_2$–O–$CH(CH_3)_2$ | – | 5.98 | 8.71 | – | 5.23 | e |
| $CH*_3$–CH–$(O$–$CH_2$–$CH_3)_2$ | – | 6.4 | 8.80 8.62* | – | 5.28 | d |
| $(CH_3$–$CH_2$–O$)_3$CH | – | 6.41 | 8.82 | – | 4.88 | e |

a   Allred, A.L., and E.G. Rochow: J. A. C. S. **79**, 5361 (1957).
b   Tiers, G.V.D.: Characteristic Nuclear Magnetic Resonance Shielding Values for Hydrogen in Organic Structures.
c   Cavanaugh, J.R., and B.P. Dailey: J. Chem. Phys. **34**, 1099 (1961).
d   High-resolution Nuclear Magnetic Resonance Spectra Catalog (1), Varian Associates. California: Palo Alto.
e   Nuclear Magnetic Resonance Spectral Data, American Petroleum Institute. Texas: College Station.

Tabelle 32. *Absorptionsbereiche von Alkoholen, Äthern und Estern*

| Verbindung | $\tau$ | Verbindung | $\tau$ |
|---|---|---|---|
| $CH_3$–OH | 6.5 | –$CH_2$–OH | 6.3–6.6 |
| $CH_3$–OR | 6.6–6.8 | –$CH_2$–OR | 6.6–6.7 |
| $CH_3$–OCO– | 6.2–6.4 | –$CH_2$–OCO– | 5.7–5.9 |
| $CH_3$–C–OH | 8.6–8.8 | –$CH_2$–C–OH | 8.4–8.7 |
| $CH_3$–C–OR | 8.8–8.9 | –$CH_2$–C–OR | 8.5 |
| $CH_3$–C–OCO– | 8.7–8.75 | –$CH_2$–C–OCO– | – |

Spinkopplung mit den benachbarten Alkylprotonen findet. Auf Grund der Multiplizität des Hydroxylsignals kann man dann entscheiden, ob ein primärer, sekundärer oder tertiärer Alkohol vorliegt[1]. Wegen der geringen Austauschgeschwindigkeit erhält man für unsymmetrische Diole zwei verschiedene Hydroxylsignale. Auch Alkohol-Wasser-Gemische geben in

---

[1] Chapman, O.L., and R.W. King: J. A. C. S. **86**, 1256 (1964).

Tabelle 33 A. *Chemische Verschiebungen von Estergruppen*

| Säurerest | $CH_3$– | –$CH_2$–$CH_3$ | | –$CH_2$–$CH_2$–$CH_2$– | | $C_6H_5$–$CH_2$– | $(CH_3)_3C$– |
|---|---|---|---|---|---|---|---|
| HCOO– | 6.23[b] | – | | – | | – | – |
| $CH_3$COO– | 6.41[c] | 5.88 | 8.75[b] | – | | 4.76[c] | 8.55[b] |
| $CH_3$–$CH_2$–$CH_2$–COO– | 5.99[c] | – | | – | | – | – |
| $CH_2$(COO–)$_2$ | – | 5.78 | 8.73[b] | – | | – | – |
| ($CH_2$–COO–)$_2$ | 6.38[c] | 5.85 | 8.75[b] | – | | – | – |
| (CH–COO–)$_2$ cis | – | 5.72 | 8.70[b] | – | | – | – |
| (CH–COO–)$_2$ trans | – | 5.73 | 8.68[b] | – | | – | – |
| $CH_2$Cl–COO– | – | 5.75 | 8.70[b] | – | | – | – |
| $CHCl_2$–COO– | – | 5.67 | 8.65[b] | – | | – | – |
| $CH_2$=CH–COO– | 6.25[b] | 5.78 | 8.82[b] | – | | – | – |
| $C_6H_5$–COO– | 5.96 | – | | – | | 4.46[c] | – |
| $CF_3$–COO– | 6.04[a] | 5.61 | 8.59[a] | 5.71 | 8.37 | – | – |
| | | | | 8.37 | 9.03[a] | | |

Tabelle 33 B
*Chemische Verschiebungen von Methylestern anorganischer Säuren und von einigen
Phosphorverbindungen*

| Verbindung | $\tau$ | | Lösungs-mittel | Kopplungs-konstanten | Lit. |
|---|---|---|---|---|---|
| | $a$ | $\beta$ | | | |
| Borsäure | 6.49 | – | $CCl_4$ | – | d |
| Kohlensäure | 6.23 | – | $CCl_4$ | – | d |
| Salpetersäure | 5.85 | – | $CCl_4$ | – | d |
| Kieselsäure | 6.44 | – | $CCl_4$ | – | d |
| Phosphorsäure | 6.24 | – | $CCl_4$ | – | d |
| Schwefelsäure | 6.04 | – | $CCl_4$ | – | d |
| Schweflige Säure | 6.41 | – | $CCl_4$ | – | d |
| Perchlorsäure | 5.70 | – | $CCl_4$ | – | d |
| $(CH_3)_3P$ | 9.06 | – | $CDCl_3$ | 2.7 | e |
| $(CH_3)_2PCl$ | 8.35 | – | $CDCl_3$ | 8.31 | e |
| $(CH_3O)_3P$ | 6.54 | – | $CCl_4$ | 10.7 | c,d |
| $[(CH_3)_2CHO]_3P$ | 5.59 | 8.80 | $CCl_4$ | – | c |
| $(CH_3O)_2POC_6H_5$ | 6.31 | 2.5(Ph) | $CCl_4$ | 10.9 | c |
| $(CH_3CH_2O)_2POC_6H_5$ | 5.95 | 8.70 | $CCl_4$ | – | c |
| $(CH_3CH_2O)_2POCH*_2C_6H_5$ | 6.09 | 8.81<br>7.00* | $CCl_4$ | $J_{P-CH_2}=21.8$ | c |
| $[(CH_3)_2CHO]_3PO$ | 5.53 | 8.70 | $CCl_4$ | – | c |
| $[(CH*_3CH_2)_2CHO]_3PO$ | 5.75 | 8.46<br>9.06* | $CCl_4$ | – | c |
| $CH_3POCl$–$C_6H_5$ | 7.85 | – | $CCl_4$ | 14.1 | c |
| $CH_3CH_2$–$POCl_2$ | 7.39 | 8.58 | $CCl_4$ | $J_{P-CH_2}=14$<br>$J_{P-CH_3}=30$ | c |
| $(CH_3)_2CHPOCl_2$ | 5.5 | 8.46 | $CCl_4$ | $J_{P-CH_3}=28$ | c |
| $(CH_3)_3C$–$POCl_2$ | – | 8.58 | $CCl_4$ | 24.8 | c |

[a] TIERS, G.V.D.: Characteristic Nuclear Magnetic Resonance Shielding Values for Hydrogen in Organic Structures.

[b] High-resolution Nuclear Magnetic Resonance Spectra Catalog (1), Varian Associates. California: Palo Alto.

[c] Nuclear Magnetic Resonance Spectral Data, American Petroleum Institute. Texas: College Station.

[d] HAMMOND, P.R.: J. Chem. Soc. (London) 1370 (1962).

[e] HARRIS, R.K., and R.G. HAGTER: Can. J. Chem. **42**, 2282 (1964).

diesem Lösungsmittel getrennte Banden. Die Hydroxylbanden liegen in Dimethylsulfoxyd bei so tiefem Feld, daß weder die Lösungsmittelbande noch ihre $^{13}$C-Satelliten das Hydroxylsignal verdecken. Es ist daher nicht nötig, bei diesen Untersuchungen deuteriertes Dimethylsulfoxyd zu verwenden.

### Äther und Ester

Die Bandenlagen der Alkylgruppen in einfachen Äthern (Tab. 31) ähneln in starkem Maße denen der Alkohole, sind jedoch um 0.1 bis 0.2 ppm nach höherem Feld verschoben, wie die Gegenüberstellung in Tab. 32 zeigt. Der Unterschied findet sich auch noch in der $\beta$-Stellung, allerdings stark abgeschwächt. Ein Vergleich von Benzylalkohol (5.42) und Methylbenzyläther (5.54) zeigt den gleichen Effekt. Da die Unterschiede gering sind und die Bereiche sich teilweise überschneiden, wird es im allgemeinen schwer sein zu entscheiden, ob ein Signal von einer Alkylgruppe in einem Alkohol oder einem Äther herrührt. Mit steigender Anzahl der OR-Substituenten wird das Signal der CH-Protonen in zunehmendem Maße nach tieferem Feld verschoben, wie die chemischen Verschiebungen der Acetale und des Orthoameisensäureesters zeigen. Die chemischen Verschiebungen einiger Alkylester sind in Tab. 33A zusammengestellt. Die Bandenlagen erstrecken sich nur über einen engen Bereich. Ein Vergleich mit den Positionen in Alkoholen und Äthern (Tab. 32) zeigt, daß die Estergruppen deutlich andere Lagen haben und daß eine Zuordnung daher im allgemeinen leicht durchzuführen ist. Die Methylester einiger anorganischer Säuren sind in Tab. 33B wiedergegeben. Wegen ihrer technischen Bedeutung sind Derivate des Phosphins und der Phosphorsäuren besonders eingehend untersucht worden[1-8] (vgl. Kap. VI. 6).

## V. 9 Aliphatische Aldehyde, Ketone, Säuren und deren Derivate

### Aldehyde

Die chemischen Verschiebungen von Alkylgruppen in $\alpha$- oder $\beta$-Stellung zu einer Carbonylgruppe sind in Aldehyden, Ketonen, Säuren, Estern oder Amiden annähernd gleich. Aus diesem Grunde sollen alle aliphatischen Carbonylverbindungen gemeinsam behandelt werden. In offenkettigen Carbonylverbindungen werden nachbarständige Alkylreste gegenüber den Kohlenwasserstoffen um 1.2 bis 1.4 ppm nach tieferem Feld verschoben, in $\beta$-Stellung beträgt die Verschiebung 0.2—0.3 ppm. In cyclischen Verbindungen lassen sich keine einfachen Regeln aufstellen. Da die Abschir-

[1] HARRIS, R. K., and R. G. HAGTER: Can. J. Chem. **42**, 2282 (1964). — [2] KÖHLER, H.-J.: Z. Physik. Chem. (Leipzig) **226**, 283 (1964). — [3] VETTER, H. J.: Naturwiss. **51**, 240 (1964). — [4] MARTIN, G., et A. BESNARD: Compt. Rend. **257**, 898 (1963). — [5] STOTHERS, J. B., and J. R. ROBINSON: Can. J. Chem. **42**, 967 (1964). — [6] SIDALL, III, T. H., and C. A. PROHASKA: J. A. C. S. **84**, 3467 (1962). — [7] GORDON, M., and C. E. GRIFFIN: Can. J. Chem. **41**, 2570 (1964). — [8] RAMIREZ, F., A. V. PATWARDAN, and S. R. HELLER: J. A. C. S. **86**, 516 (1964).

mung durch eine Carbonylgruppe anisotrop ist, hängt ihr Einfluß von der räumlichen Anordnung der Moleküle ab[1,2]. In der Ebene der $O=C<$-Gruppe wird das äußere Feld verstärkt und die Resonanzsignale von Protonen in diesem Bereich werden nach tieferem Feld verschoben. Oberhalb und unterhalb der Ebene wird das Feld geschwächt und die Signale nach höherem Feld verschoben (Abb. 21, S. 36). Besonders stark macht sich die abschirmende Wirkung der Carbonylgruppe in den Aldehyden bemerkbar. Das Proton in unmittelbarer Nachbarschaft liegt bei extrem tiefem Feld und zeigt $\tau$-Werte von 0.3 bis 0.5 (Tab. 34). Da an dieser Stelle

Tabelle 34. *Chemische Verschiebungen von Aldehyden*

| Verbindung | –CHO | $\alpha$ | $\beta$ | $\gamma$ | Lit. |
|---|---|---|---|---|---|
| H–CHO | 0.39 | – | – | – | a |
| $CH_3$–CHO | 0.28 | 7.83 | – | – | b |
| $CH_3$–$CH_2$–CHO | – | 7.54 | 8.88 | – | c |
| $(CH_3)_2$CH–CHO | 0.43[b] | 7.61 | 8.89 | – | c |
| $CH_3$–$CH_2$–$CH_2$–CHO | 0.26 | 7.58 | 8.33 | 9.03 | d |
| NC–$CH_2CH_2C(CH_3)_2$CHO | 0.53 | – | 8.08 ($CH_2$) 8.88 ($CH_3$) | | d |
| $CH_3$–CH=CH–CHO trans | 0.52 | – | – | – | d |
| $C_6H_5$–CH=CH–CHO | 0.30 | – | – | – | e |
| [furyl]–CH=CH–CHO | 0.43 | – | – | – | d |
| $CH_2$=CH–CHO | 0.47 | – | – | – | f |

a SHAPIRO, B.L., R.M. KOPCHIK, and S.J. EBERSOLE: J. Chem. Phys. 39, 3154 (1963).
b TIERS, G.V.D.: Characteristic Nuclear Magnetic Resonance Shielding Values for Hydrogen in Organic Structures.
c CAVANAUGH, J.R., and B.P. DAILEY: J. Chem. Phys. 34, 1099 (1961).
d High-resolution Nuclear Magnetic Resonance Spectra Catalog (1), Varian Associates. California: Palo Alto.
e Nuclear Magnetic Resonance Spectral Data, American Petroleum Institute. Texas: College Station.
f KLINCK, R.E., and J.B. STOTHERS: Can. J. Chem. 40, 1071 (1962).

im Spektrum keine anderen Signale (abgesehen von aromatischen Aldehyden) auftreten, ist das Vorliegen von Aldehydgruppen leicht und sicher zu erkennen. Es ist allerdings zu bedenken, daß einfache Aldehyde in wässeriger Lösung teilweise in der Hydratform oder als Polymere vorliegen. Die Bande der hydratisierten Aldehydgruppe liegt bei $\tau = 5.1$[3], die der Polymeren hängt von der Kettenlänge ab[4]. Die Bandenlage von Alkylgruppen in Nachbarstellung zur Aldehydfunktion ist auf einen sehr engen Bereich begrenzt. Man findet für die Methylgruppe $\tau - 7.83$, für Methylengruppen und Methingruppen $\tau = 7.5$ bis 7.6. Für $\beta$-ständige

[1] POPLE, J.A.: Proc. Roy. Soc. (London) A 239, 541 (1957). — [2] NARASIMHAN, P.T., and M.T. ROGERS: J. Phys. Chem. 63, 1388 (1959). — [3] LOMBARDI, E., and P.B. SOGO: J. Chem. Phys. 32, 635 (1960). — [4] SKELL, P.S., u. H. SUHR: Chem. Ber. 94, 3317 (1961).

Methylgruppen liegen die Werte bei $\tau = 8.9$ und diejenigen für Methylengruppen bei $\tau = 8.1$ bis 8.3. In $\gamma$-Stellung ist der Einfluß des Substituenten kaum noch zu bemerken.

### Ketone

Die Bandenlagen einfacher Ketone (Tab. 35) ähneln denen der Aldehyde. Methylgruppen in Nachbarstellung zur Ketogruppe liegen bei $\tau = 7.8 - 7.9$, Methylengruppen in einfachen Ketonen bei $\tau = 7.5 - 7.6$, in substituierten Ketonen findet man je nach Substituent andere Werte. Da

Tabelle 35. *Chemische Verschiebungen von Ketonen*

| Verbindung | $a$ | | $\beta$ | Lit. |
|---|---|---|---|---|
|  | $CH_3$ | $CH_2$ |  |  |
| $CH_3-CO-CH_3$ | 7.83 | – | – | b |
| $CH_3-CO-CH_2-CH_3$ | 7.87 | 7.53 | 8.95 | b |
| $CH_3-CH_2-CO-CH_2-CH_3$ | – | 7.61 | 8.96 | a |
| $(CH_3)_2CH-CH_2-CO-CH_3$ | 7.88 | 7.72 | 9.07 | b |
| $C_6H_5-CH_2-CH_2-CO-CH_3$ | 8.04 | 7.38 | 7.21 | f |
| $(C_6H_5-CH_2-CH_2)_2CO$ | – | 7.56 | 7.30 | e |
| $C_6H_5-CH_2-CO-CH_3$ | 7.78 | 6.26 | – | c |
| $(C_6H_5)_2CH-CO-CH_3$ | 7.80 | 4.92 | – | b |
| $CH_3-CO-CO-CH_3$ | 7.77 | – | – | a |
| $CH_3-CO-CH_2-CO-CH_3$ | 7.91 | 6.11 | – | h |
| Cyclopropanon | – | – | – |  |
| Cyclobutanon | 6.97 | 8.04 | – | d |
| Cyclopentanon | 7.94 | 7.98 | – | d |
| Cyclohexanon | 7.78 | 8.21 | – | d |
| Cycloheptanon | 7.62 | 8.34 | 8.34 | d, g |
| Cyclooctanon | 7.70 | – | – | d |
| Cyclodecanon | 7.56 | – | – | g |
| Cyclododecanon | 7.63 | 8.36 | 8.73 | g |
| Cyclopentadecanon | 7.68 | 8.43 | 8.72 | g |


[a] TIERS, G. V. D.: Characteristic Nuclear Magnetic Resonance Shielding Values for Hydrogen in Organic Structures.
[b] High-resolution Nuclear Magnetic Resonance Spectra Catalog (1), Varian Associates. California: Palo Alto.
[c] Nuclear Magnetic Resonance Spectral Data, American Petroleum Institute. Texas: College Station.
[d] WIBERG, K. B., and B. J. NIST: J. A. C. S. **83**, 1226 (1961).
[e] BRAILLON, B., et R. ROMANET: Bull. Soc. Chim. France **28**, 842 (1961).
[f] DANYLUCK, S. S.: Can. J. Chem. **41**, 387 (1963).
[g] SUHR, H.: unveröffentlicht.
[h] REEVES, L. W., and W. G. SCHNEIDER: Can. J. Chem. **36**, 793 (1958).


die Lagen der Alkylbanden in direkter Nachbarschaft von Ketongruppen vom verwendeten Lösungsmittel abhängig sind[1], wurden in die Tab. 35 nur Messungen in inerten Lösungsmitteln aufgenommen[2]. Während im Cyclo-


[1] DANYLUCK, S. S.: Can. J. Chem. **41**, 387 (1963). — [2] WIBERG, K. B., and B. J. NIST: J. A. C. S. **83**, 1226 (1961).

butanon die Methylengruppen in $a$-Stellung etwa 1 ppm bei tieferem Feld liegen als die $\beta$-Methylenprotonen, fallen im Cyclopentanon beide Banden zusammen. Erst bei hoher Auflösung zeigt sich ein kompliziertes Spektrum[1], aus dem ein Unterschied der beiden Methylengruppen von 0.3 ppm abgeschätzt werden kann. Cyclohexanon wiederum zeigt zwei Banden mit den relativen Intensitäten von 4:6 und aus dem Vergleich mit substituierten

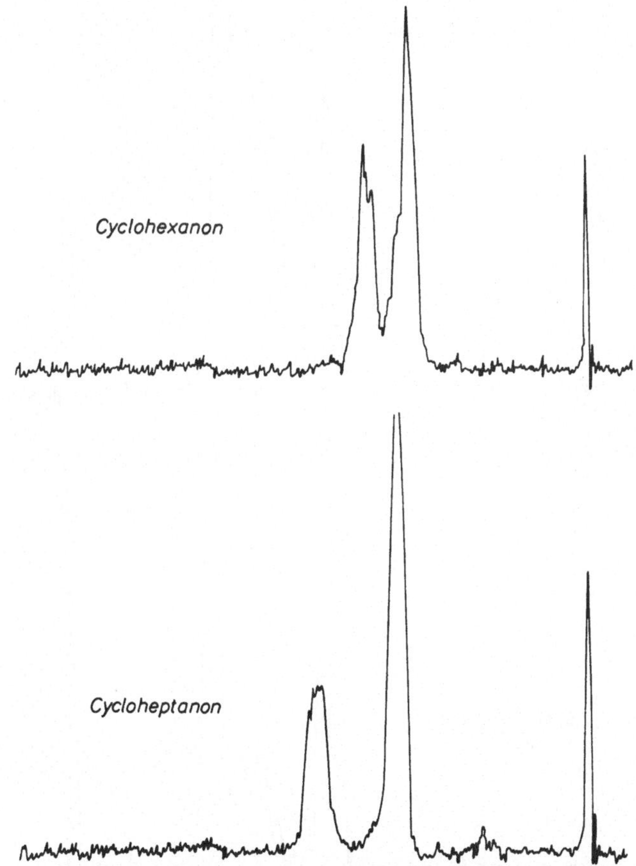


Cyclohexanonen läßt sich entnehmen, daß die kleinere Bande den $a$-Methylenprotonen zukommt. Cycloheptanon zeigt zwei scharfe Banden mit den relativen Intensitäten 4:8. Die größeren Ringketone geben kompliziertere Spektren, bei denen sich die Banden teilweise überlappen (Abb. 59). Mit zunehmender Größe werden die Ringe beweglicher und man beobachtet nur noch eine mittlere Verschiebung, die sich aus den verschiedenen Einstellmöglichkeiten des Moleküls ergibt. Die Bandenlagen der $a$-Methylen-

---

[1] ANET, F. A. L.: Can. J. Chem. **39**, 2316 (1961).

protonen nähern sich dann den Werten der offenkettigen Verbindungen und die Signale nehmen mit zunehmender Ringgröße die Form eines symmetrischen Tripletts an. Molekülmodelle zeigen, daß vom Decanon an

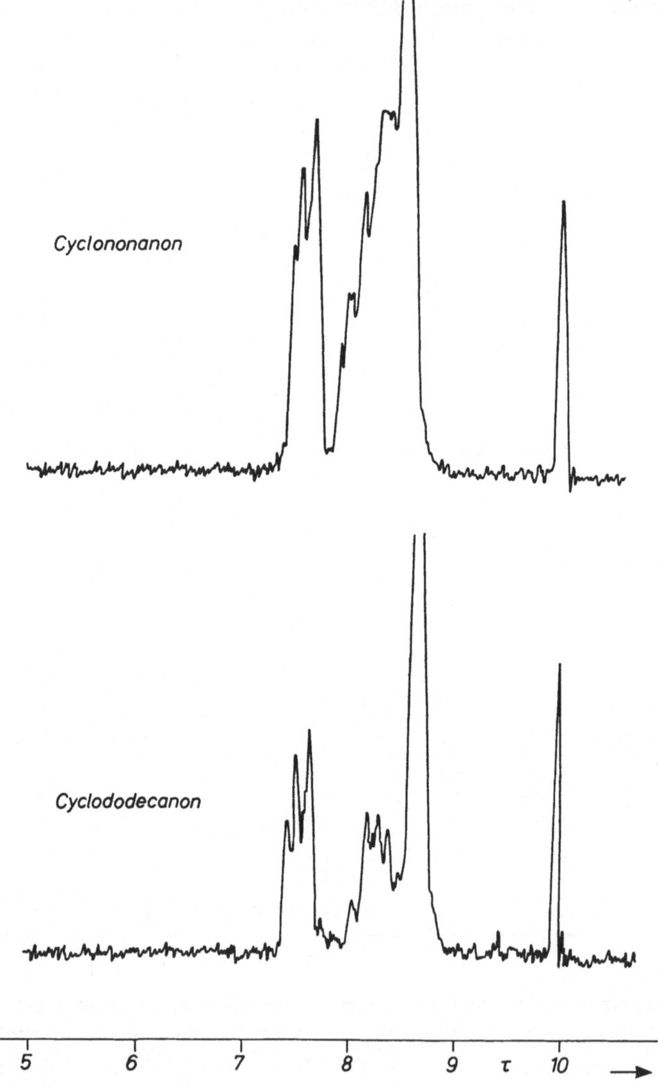


Abb. 59. Spektren cyclischer Ketone bei 56.4 MHz in Tetrachlorkohlenstoff

die Ketogruppe auch ins Innere des Ringes zeigen könnte. Aus den bei Raumtemperatur gemessenen Spektren bis zu einer Ringgröße von n = 15 läßt sich jedoch kein Hinweis auf diese Erscheinung entnehmen. An einer größeren Anzahl von Derivaten des Cyclobutanons wurde der Einfluß von Substituenten auf die chemischen Verschiebungen und die Kopplungskonstanten bestimmt[1].

Tabelle 36. *Chemische Verschiebung des Hydroxylprotons in enolisierten Ketonen*

| Struktur | $\tau$ | Lit. |
|---|---|---|
| 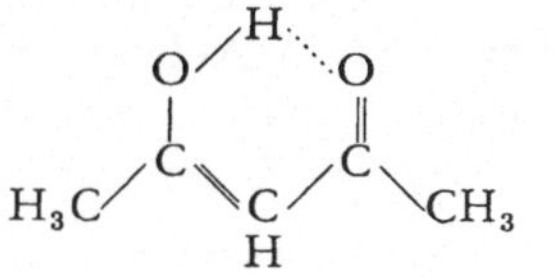 $H_3C$–(Enol, $CH_3$) | — 5.5 | a |
| 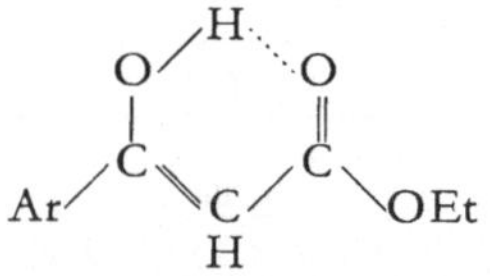 $Ar$–(Enol, $OEt$) | — 5.3 | b |
| 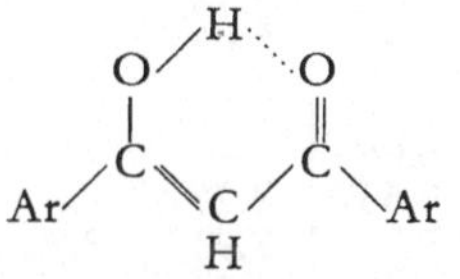 $Ar$–(Enol, $Ar$) | — 6.61 | b |
| 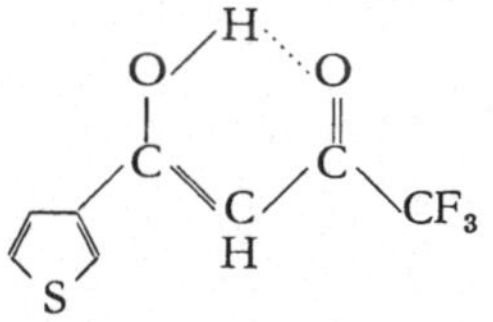 Thienyl–(Enol, $CF_3$) | — 4.17 | b |
| 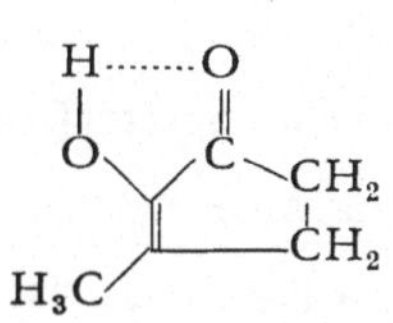 $H_3C$–(Cyclo-Enol, $CH_2CH_2$) | + 3.27 | b |

---

[a] REEVES, L.W., and W.G. SCHNEIDER: Can. J. Chem. **36**, 793 (1958).
[b] High-resolution Nuclear Magnetic Resonance Spectra Catalog (1), Varian Associates. California: Palo Alto.

Manche Ketone liegen im Gleichgewicht teilweise in der Enolform vor. Die Spektren zeigen dann die Banden beider tautomerer Formen, und man kann aus den Bandenintensitäten die Zusammensetzung der Gemische berechnen (vgl. Kap. VII 1b). Die Enolbande liegt bei sehr tiefem Feld, im Acetylaceton bei $\tau = $ —5.5, und ist daher im Spektrum leicht zu erkennen.

---

[1] BRAILLON, B., J. SALAÜN, J. GORE, et J.M. COMIA: Bull. Soc. Chim. France 1981 (1964).

Für eine Hydroxylgruppe an einer Doppelbindung würde man einen ähnlichen Wert wie bei phenolischen Hydroxylgruppen ($\tau \sim 5$) erwarten. In 1,3-Dicarbonylverbindungen tritt jedoch ein zusätzlicher Effekt auf. Das Hydroxylproton bildet eine starke Wasserstoffbrücke zur Carbonylgruppe und wird dadurch um mehrere ppm nach tieferem Feld verschoben. Durch die Ausbildung der Wasserstoffbrücke kommt das Proton der Carbonylgruppe sehr nahe und wird, ähnlich wie ein Aldehydproton, durch die Anisotropie der Carbonylbindung weiter nach tieferem Feld verschoben.

Tabelle 37. *Chemische Verschiebungen aliphatischer Carbonsäuren*

| Verbindung | $\tau$-Werte | | | | Lösungs-mittel | Lit. |
|---|---|---|---|---|---|---|
| | –COOH | $\alpha$ | $\beta$ | $\gamma$ | | |
| $CH_3$–COOH | –1.37 | 7.90 | – | – | $CDCl_3$ | a |
| $CH_3$–$CH_2$–COOH | –1.61 | 7.65 | 8.89 | – | kein | b |
| $CH_3$–$CH_2$–$CH_2$–COOH | – | 7.70 | 8.33 | 9.01 | $CCl_4$ | c |
| $(CH_3)_2CH$–COOH | – | 7.54 | 8.79 | – | $CCl_4$ | c |
| $(CH_3)_3C$–COOH | –2.47 | – | 8.78 | – | kein | b |
| $C_3H_5$–COOH | – | 8.37 | 9.07 | – | $CDCl_3$ | a |
| $C_4H_7$–COOH | –2.35 | – | – | – | kein | c |
| $CH_2OH$–COOH | 4.23 | 6.06 | – | – | Aceton | b |
| $CH_3$–CHCl–COOH | –1.22 | 5.53 | 8.27 | – | $CDCl_3$ | a |
| $CH_3$–$CH_2$–CHBr–COOH | –0.97 | 5.77 | 7.93 | 8.92 | $CDCl_3$ | a |
| $CH_2J$–$CH_2$–COOH | –1.52 | 6.92 | 6.70 | – | $CDCl_3$ | a |
| $(CH_3)_2C{=}C$–COOH | –1.95 | 4.28 | – | – | $CDCl_3$ | a |
| $C_6H_5$–CH$=$CH–COOH | –3.21 | 3.54 | – | – | $CDCl_3$ | a |
| $C_6H_5$–$CH_2$–COOH | –2.07 | 6.26 | – | – | $CHCl_3$ | b |
| $C_6H_5$–$CH_2$–$CH_2$–COOH | –1.09 | 7.23 | 6.93 | – | kein | b |
| $CH_2(COOH)_2$ | – | 6.63 | – | – | $CDCl_3$ | a |
| $(CH_2$–$COOH)_2$ | – | 7.38 | – | – | kein | b |
| 1,1-Cyclobutandicarbon-säure | –0.83 | – | – | – | $D_2O$ | b |

[a] High-resolution Nuclear Magnetic Resonance Spectra Catalog (1), Varian Associates. California: Palo Alto.
[b] Nuclear Magnetic Resonance Spectral Data, American Petroleum Institute. Texas: College Station.
[c] CAVANAUGH, J.R., and B.P. DAILEY: J. Chem. Phys. **34**, 1099 (1961).

In Tab. 36 sind die Bandenlagen einiger Enolverbindungen zusammengestellt. Der zum Vergleich angegebene Wert der Enolform des 3-Methylcyclopentandion-1,2 zeigt, daß die extreme Verschiebung der Enolbande an ganz bestimmte räumliche Voraussetzungen gebunden ist.

### Carbonsäuren

In den Spektren aliphatischer Carbonsäuren findet man bei $\tau$-Werten von —3 bis —1 das Signal des Carboxylprotons (Tab. 37). In inerten Lösungsmitteln liegen Carbonsäuren im wesentlichen als Dimere vor. Die Bande der Protonen in dimeren Säuren ist für alle einfachen Carbonsäuren etwa gleich ($\tau = -2.2 \pm 0.1$) und ändert sich im Konzentrations-Bereich von 25—100 Proz. nicht[1]. Nur Ameisensäure, Essigsäure und Trifluoressigsäure, die höhere Multimere bilden können, zeigen ein anderes Verhalten[2-5]. Bei Konzentrationen unter 25 Proz. zerfallen die Dimeren und das Signal der Carboxylprotonen verschiebt sich nach höheren Feldstärken (vgl. Abb. 109, S. 325). In polaren Lösungsmitteln werden die Monomeren begünstigt und die Bandenlage hängt dann von der Art des Lösungsmittels und von der Konzentration ab (vgl. Kap. VII 4). In hydroxylhaltigen Lösungs-

Tabelle 38. *Chemische Verschiebungen einiger Säurederivate*

| Verbindung | $CH_3-$ | $-CH_2CO-$ | $-CH_2-O-$ | Lösungs-mittel | Lit. |
|---|---|---|---|---|---|
| $CH_3-CO-O-CO-CH_3$ | 7.84 | – | – | kein | a |
| $CH_3-COCl$ | 7.34 | – | – | $CCl_4$ | b |
| $CH_3-COBr$ | 7.19 | – | – | $CCl_4$ | b |
| Propiolacton | – | 6.52 | 5.78 | $CCl_4$ | b |
| $\gamma$-Butyrolacton | – | 7.69 | 5.72 | $CCl_4$ | b |
|  | – | 7.92 ($\beta$–$CH_2$) |  | – |  |
| $\delta$-Valerolacton | – | 7.73 | 5.94 | $CCl_4$ | b |
|  |  | 8.38 ($\beta$, $\gamma$–$CH_2$) |  |  |  |

[a] Nuclear Magnetic Resonance Spectral Data, American Petrolcum Institut. Texas: College Station.
[b] TIERS, G.V.D.: Characteristic Nuclear Magnetic Resonance Shielding Values for Hydrogen in Organic Structures.

mitteln fallen infolge schnellen Protonenaustausches die Bande der Carboxylgruppe und die des Lösungsmittels zusammen. Die gleiche Erscheinung tritt bei Oxycarbonsäuren auf, bei denen ein gemeinsames Signal für beide OH-Protonen beobachtet wird. Die chemischen Verschiebungen von Alkylprotonen in Nachbarschaft zur Carboxylgruppe sind denen von Aldehyden und Ketonen ähnlich und betragen: $\tau = 7.6$—$7.7$ für Methylengruppen in $\alpha$-Stellung und $\tau = 8.8$—$8.9$ für eine Methylgruppe in $\beta$-Stellung, in substituierten Carbonsäuren werden je nach Substituent andere Werte gefunden[6,7]. Die Bandenlagen des Säurerestes in Estern unterscheiden sich praktisch nicht von denen freier Carbonsäuren, wie folgende Zusammenstellung zeigt:

| | | | |
|---|---|---|---|
| Essigsäure | 7.90 | Essigsäureester | 7.90—8.00 |
| Malonsäure | 6.63 | Malonsäurediäthylester | 6.63 |
| Bernsteinsäure | 7.38 | Bernsteinsäurediäthylester | 7.38 |

[1] REEVES, L.W.: Trans. Farad. **55**, 1684 (1959). — [2] LIPPERT, E.: Ber. Bunsenges. phys. Chem. **67**, 267 (1963). — [3] DAVIS, Jr., J.C., and K.S. PITZER: J. Phys. Chem. **64**, 886 (1960). — [4] PARMIGIANI, A., A. PEROTTI, e V. RIGANTI: Gazz. Chim. Ital. **91**, 1148 (1961). — [5] PEROTTI, A., e M. COLA: Gazz. Chim. Ital. **91**, 1153 (1961). — [6] STOREY, W.H.: J. am. Oil Chemists Soc. **37**, 676 (1960), C. A. **55**, 4011 g. — [7] SHIMIZU, H., and S. FUJIWARA: Chem. Pharm. Bull. (Tokyo) **8**, 272 (1960), C. A. **55**, 9048 f.

*Säurederivate*

Das gleiche gilt für diejenigen Säurederivate, in denen die CO—O-Gruppierung erhalten ist, wie in Säureanhydriden (Acetanhydrid 7.84). Von Säurehalogeniden werden je nach Halogenatom andere Werte gefunden (Tab. 38). Auch in Lactonen weichen die Werte von denen der freien Säuren ab. Je näher der Lactonsauerstoff an der —$CH_2$—CO-Gruppe liegt, um so weiter sind die Banden nach tiefem Feld verschoben. Bei größeren Ringen kommt die chemische Verschiebung der $CH_2$—CO-Gruppe derjenigen von freien Säuren nahe (Tab. 38). Die Bande der $\alpha$-Methyl- und Methylenprotonen von Säureamiden erscheint an der gleichen Stelle wie in den freien Säuren, oder ist um etwa 0.1 ppm nach höherem Feld verschoben (Tab. 39). Die Protonen in $\beta$-Stellung sind von denen der freien Säuren nicht zu unterscheiden. Die Aminbande der Säureamide ist im allgemeinen breit und zeigt keine Aufspaltung durch den Stickstoff[1]. Ihre Lage bei $\tau = 3.6$ hängt nur wenig von der Art der Säure ab. Die N-Methylgruppen in Alkylamiden liegen bei $\tau = 6.5$—7.0, doch ist die Lage vom verwendeten Lösungsmittel abhängig[2-5]. In Dialkylamiden (X) ist infolge der Mesomerie die freie Drehbarkeit um die Kohlenstoff-Stickstoffbindung eingeschränkt.



Die beiden Alkylgruppen cis und trans zur Carbonylgruppe zeigen eine unterschiedliche chemische Verschiebung und geben zwei getrennte Signale, die jedoch bei höherer Temperatur, wenn die Rotation beschleunigt wird, zusammenfallen[6-9]. Bei unsymmetrischen Dialkylamiden wird die Anordnung der Alkylgruppen durch sterische Effekte bestimmt. In Dialkylformamiden steht die größere Gruppe bevorzugt in Transstellung zur Carbonylgruppe, in Dialkylacetamiden bevorzugt in Cisstellung[10,11]. Auch beim Formamid findet man einen Unterschied in der chemischen Verschiebung der NH-Protonen, der durch die Einstellung cis und trans zur Carbonylgruppe verursacht wird[12]. Unter normalen Bedingungen zeigt das Spektrum der Verbindung breite Banden (Abb. 60a). Entkoppelt man die Protonen durch Einstrahlen einer zusätzlichen Frequenz, dann erhält man eine Reihe scharfer Linien (Abb. 60b). Bei tiefem Feld liegt das Signal des Aldehydprotons, das durch Kopplung mit $H_{(2)}$ und $H_{(3)}$ aufgespalten ist ($J_{12} = 13\,\text{Hz}$; $J_{13} = 2.1\,\text{Hz}$),


[1] ROBERTS, J.D.: J. A. C. S. **78**, 4495 (1956). — [2] HATTON, J.V., and R.E. RICHARDS: J. Mol. Phys. **3**, 253 (1960). — [3] HATTON, J. V., and R. E. RICHARDS: J. Mol. Phys. **5**, 139 (1962). — [4] WOODBREY, J.C., and M.T. ROGERS: J. A. C. S. **84**, 13 (1962). — [5] MORIARTI, R.M.: J. Org. Chem. **28**, 1296 (1963). — [6] PHILLIPS, W.D.: J. Chem. Phys. **23**, 1363 (1955). — [7] GUTOWSKY, H.S., and C.H. HOLM: J. Chem. Phys. **25**, 1228 (1956). — [8] KOWALEWSKI, V. J., and D.G. DE KOWALEWSKI: J. Chem. Phys. **32**, 1272 (1960). — [9] ROGERS, M. T., and J.C. WOODBREY: J. Phys. Chem. **66**, 540 (1962). — [10] LA PLANCHE, L.A., and M.T. ROGERS: J. A. C. S. **85**, 3728 (1963). — [11] LA PLANCHE, L.A., and M.T. ROGERS: J. A. C. S. **86**, 337 (1964). — [12] PIETTE, L.H., J.D. RAY, and R.A. OGG: J. Mol. Spec. **2**, 66 (1958).

bei hohem Feld  das Signal des Protons $H_{(2)}$, das durch $J_{12}$ in ein Dublett aufgespalten ist, und in der Mitte das Signal des Protons $H_{(3)}$.

Tabelle 39. *Chemische Verschiebungen von Amiden und Nitrilen*

| Verbindung | NH | $NCH_3$ | $a$ | $\beta$ | Lösungsmittel | Lit. |
|---|---|---|---|---|---|---|
| $H-CON(CH_3)_2$ | – | 7.12 <br> 7.03 | 1.98 <br> (CHO) | – | $CDCl_3$ | a |
| $H-CON(CH_3)(C_2H_5)$ | – | 7.17 <br> 7.02 | – | 8.95 <br> 8.86 | kein | b |
| $H-CON(CH_3)(C_3H_7\ i)$ | – | 7.29 <br> 7.17 | – | 8.91 <br> 8.81 | kein | b |
| $H-CON(CH_3)(C_4H_9\ t)$ | – | 7.22 <br> 7.12 | – | 8.66 <br> 8.64 | kein | b |
| $H-CON(CH_2CH_3)_2$ | – | – | 6.65 <br> 6.65 | 8.92 <br> 8.84 | kein | c |
| $CH_3-CONH_2$ | – | – | 7.98 <br> $(COCH_3)$ | – | – | d |
| $CH_3-CON(CH_3)_2$ | – | 7.15 <br> 6.97 | 7.98 <br> $(COCH_3)$ | – | kein | c |
| $CH_3-CON(CH_3)(C_2H_5)$ | – | 7.14 <br> 6.97 | – | 8.98 <br> 8.86 | kein | b |
| $CH_3CON(CH_3)(C_3H_7\ i)$ | – | 7.30 <br> 7.17 | – | 8.97 <br> 8.85 | kein | b |
| $CH_3-CON(CH_3)(C_4H_9\ t)$ | – | 7.11 <br> 7.11 | – | 8.55 <br> 8.55 | kein | b |
| $CH_3-CH_2-CONH_2$ | 3.58 | – | 7.77 | 8.87 | $CDCl_3$ | a |
| $(CH_3)_2CH-CH_2-CH_2-CONH_2$ | 3.81 | – | 7.80 | 8.47 | $CDCl_3$ | a |
| $CH_2=C(CH_3)-CONH_2$ | 3.62 | – | – | 8.05 | $CDCl_3$ | a |
| $C_5H_4N-CH_2-CONH_2\ (a)$ | 3.54 | – | 6.28 | – | $CDCl_3$ | a |
| $Cl-CON(CH_3)_2$ | – <br> – | 6.79 <br> 6.86 | – <br> – | – <br> – | kein <br> – | c |

| Verbindung | $CH_3$ | $a$ | $\beta$ | $\gamma$ | | Lösungsmittel | Lit. |
|---|---|---|---|---|---|---|---|
| $CH_3CN$ | 8.10 | – | – | – | – | kein | e |
| $CH_3-CH_2-CN$ | – | 7.92 | 8.79 | – | – | gasf. | f |
| $BrCH_2-CH_2-CH_2-CN$ | – | 7.42 | 7.77 | – | – | $CDCl_3$ | a |
| $CH_3O-CH_2-CH_2-CN$ | – | 7.38 | 6.38 | – | 6.60 | $CDCl_3$ | a |
| $CH_3-CO-CH_2-CH_2-CN$ | – | 7.38 | 7.38 | – | 6.25 | $CDCl_3$ | a |
| $CH_3-CH_2-CH_2-CN$ | – | 7.71 | 8.29 | 8.89 | – | $CCl_4$ | g |
| $(CH_3)_2CH-CN$ | – | 7.33 | 8.66 | – | – | $CCl_4$ | g |
| $CHO-C(CH_3)_2-CH_2CH_2-CN$ | – | 7.73 | 8.08 | 8.88 | – | $CDCl_3$ | a |
| $CH_2=CH-CH_2-CN$ | – | 6.85 | – | – | – | $CDCl_3$ | a |
| $CH_3O-CH_2-CN$ | – | 5.20 | – | – | 6.53 | $CDCl_3$ | a |
| $NC-CH_2-CH_2-S-CH_2-CH_2-CN$ | – | 7.28 | 7.12 | – | – | $CDCl_3$ | a |

[a] High resolution Nuclear Magnetic Resonance Spectra Catalog (1), Varian Associates. California: Palo Alto.
[b] La Planche, L.A., and M.T. Rogers: J. A. C. S. **85**, 3728 (1963).
[c] Hatton, J.V., and R.E. Richards: J. Mol. Phys. **5**, 139 (1962).
[d] Jackman, L.M.: Application of Nuclear Magnetic Resonance Spectroscopy in Organic Chemistry. London: Pergamon Press 1959 (S. 57).
[e] Allred, A.L., and E.G. Rochow: J. A. C. S. **79**, 5361 (1957).
[f] Spiesecke, H., and W.G. Schneider: J. Chem. Phys. **35**, 722 (1961).
[g] Cavanaugh, J.R., and B.P. Dailey: J. Chem. Phys. **34**, 1099 (1961).

### *Nitrile*

Die Spektren von Nitrilen sind denen der Amide ähnlich. Die Cyanogruppe ist stark elektronensaugend und sollte daher die Banden benachbarter Alkylgruppen nach tiefem Feld verschieben. Andererseits ist die
abschirmende Wirkung der Cyanogruppe anisotrop. Da die benachbarten
Alkylgruppen genau in der Richtung der C—N-Dreifachbindung liegen,

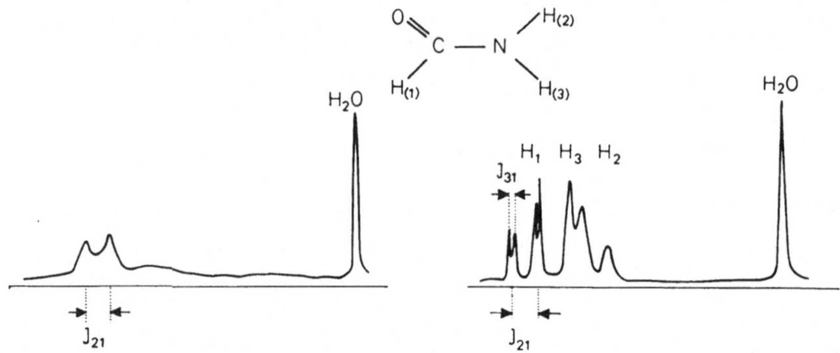


Abb. 60. ¹H-Spektrum einer wässerigen Lösung von Formamid bei 40 MHz (a). Doppelresonanz-
spektrum (b)[1]

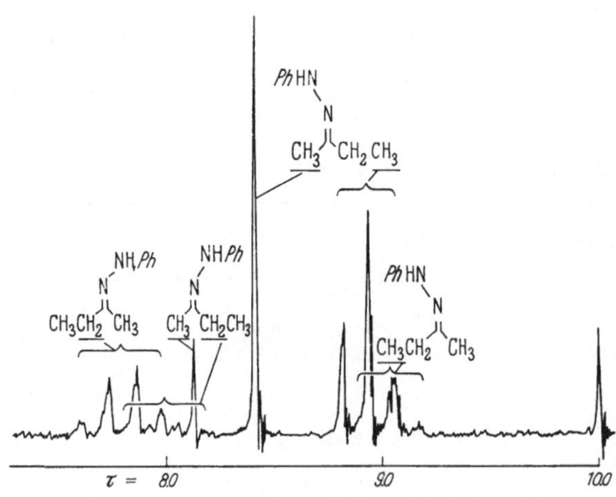


Abb. 61. Butanon-phenylhydrazon bei 60 MHz (5 prozentige Lösung in CCl₄)[2]

wird, ähnlich wie bei Acetylenderivaten, auf Grund der Anisotropie ihr
Signal nach höherem Feld verschoben und der induktive Effekt teilweise
aufgehoben. Die chemischen Verschiebungen einiger Nitrile sind in Tab. 39
wiedergegeben. Bei einfachen Verbindungen liegen die $\alpha$-Methylengruppen
bei $\tau = 7.3$ bis 7.9, die in $\beta$-Stellung bei $\tau = 8.3$ bis 8.7.

---


[1] Piette, L.H., J.D. Ray, and R.A. Ogg: J. Mol. Spec. **2**, 66 (1958). —
[2] Karabatsos, G.J., and R.A. Taller: J. A. C. S. **85**, 3624 (1963).

### Derivate von Aldehyden und Ketonen

Zur chemischen Charakterisierung von Aldehyden und Ketonen werden eine Reihe von Umsetzungen benutzt. Die Kernresonanzspektren der gebräuchlichsten Derivate sollen hier kurz behandelt werden. Durch Umsetzung mit Phenylhydrazin bilden sich aus Aldehyden und Ketonen

Tabelle 40. *Chemische Verschiebungen von Phenylhydrazonen*

Verbindung:   $\begin{array}{c} R' \\ \diagdown \\ \diagup \\ R'' \end{array} C{=}N{-}NH{-}C_6H_5$       in $CCl_4$

| Carbonylverbindung | R' | | R" | | | Lit. |
|---|---|---|---|---|---|---|
| | H | $CH_3$ | $\alpha$ | $\beta$ | | |
| $CH_3-CHO$ | – | – | 8.29 cis | – | – | a |
| | 3.59 | – | 8.12 tr. | – | – | |
| $CH_3-CH_2-CHO$ | – | – | – | 9.02 cis. | – | a |
| | 3.78 | – | 7.87 | 9.00 tr. | – | |
| $(CH_3)_2CH-CHO$ | 3.52 | – | – | 9.05 | – | a |
| | 3.88 | – | 7.67 | 8.98 | – | a |
| $CH_3-CO-CH_3$ | – | 8.36 | 8.36 | – | – | a |
| | – | 8.08 | 8.08 | – | – | |
| $CH_3-CO-CH_2-CH_3$ | – | 8.40 | 7.97 | 9.03 | – | a |
| | – | 8.12 | 7.78 | 8.93 | – | |
| $CH_3-CO-CH(CH_3)_2$ | – | 8.43 | – | 9.03 | – | a |
| | – | 8.18 | 7.55 | 8.93 | – | |
| $CH_3-CO-C(CH_3)_3$ | – | 8.40 | – | – | – | a |
| | – | – | – | 8.88 | – | |
| $CH_3-CO-CH_2-CH(CH_3)_2$ | – | 8.40 | – | 9.08 $(\gamma)$ | – | a |
| | – | 8.10 | – | 9.08 $(\gamma)$ | – | |
| $CH_3-CO-C_6H_5$ | – | 8.00 | – | – | – | a |
| $CH_3-CO-CH_2-C_6H_5$ | – | 8.40 | 6.58 | – | – | a |
| | – | 8.07 | 6.52 | – | – | |
| $CH_3-CO-CH_3$ | – | 8.10 | 8.10 | – | NH 2.00 | b |
| | – | 8.10 | 8.10 | – | $NCH_3$ 7.30[1]) | b |
| $C_6H_{10}O$ | – | 8.00 | 8.00 | 8.50 | NH 2.00 | b |
| $C_6H_{10}O$ | – | 8.00 | 8.00 | 8.50 | $NCH_3$ 7.30[1]) | b |

Obere Zeile syn-, untere anti-Isomeres (im syn-Isomeren steht die kleinere Gruppe cis zum Phenylring)

[a] KARABATSOS, G. J., and R. A. TALLER: J. A. C. S. **85**, 3624 (1963).
[b] O'CONNOR, R.: J. Org. Chem. **26**, 4375 (1961).
[1]) mit Methylphenylhydrazin berechnet auf $\tau_{H_2O} = 5.0$.

Phenylhydrazone. Die chemischen Verschiebungen einiger Phenylhydrazone sind in Tab. 40 zusammengestellt. Da diese Verbindungen syn- und anti-Isomere bilden können, findet man in den Kernresonanzspektren zwei Paare von Signalen (Abb. 61). Auf Grund der Lösungsmittelabhängigkeit kann eine Zuordnung der Banden getroffen werden[1-4]. Bei der Her-

[1] KARABATSOS, G. J., J. D. GRAHAM, and F. M. VANE: J. A. C. S. **84**, 753 (1962). — [2] KARABATSOS, G. J., B. L. SHAPIRO, F. M. VANE, J. S. FLEMING, and J. S. RATKA: J. A. C. S. **85**, 2784 (1963). — [3] KARABATSOS G. J., R. A. TALLER, and F. M. VANE: J. A. C. S. **85**, 2327 (1963). — [4] KARABATSOS, G. J., F. M. VANE, R. A. TALLER, and N. HSI: J. A. C. S. **86**, 3351 (1964)

stellung dieser Verbindungen entsteht zuerst die syn-Form, die sich dann teilweise in die anti-Form umlagert. Die syn-Form überwiegt im Gemisch und liegt z. B. beim Methyl-äthylketon-phenylhydrazon zu 86% vor. Bei längerem Stehen isomerisieren sich die Hydrazone teilweise zu Azoverbindungen. O'CONNOR[1] fand, daß sich Cyclohexanon-phenylhydrazon in Cyclohexan in 7 Min., in Tetrachlorkohlenstoff in 30 Min. unter Veränderung des Spektrums vollständig in die Azoverbindung umlagert. In Methanol

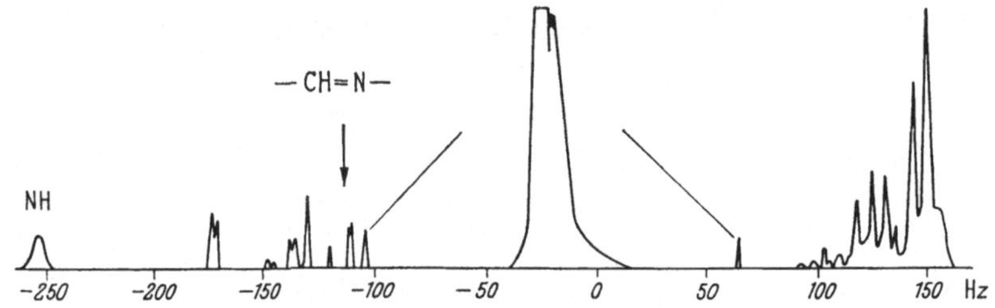


Abb. 62. a-Äthylbutyraldehyd-2,4-dinitrophenylhydrazon in Methylenchlorid bei 40 MHz. Bandenabstand in Hz, bezogen auf Wasser[2]

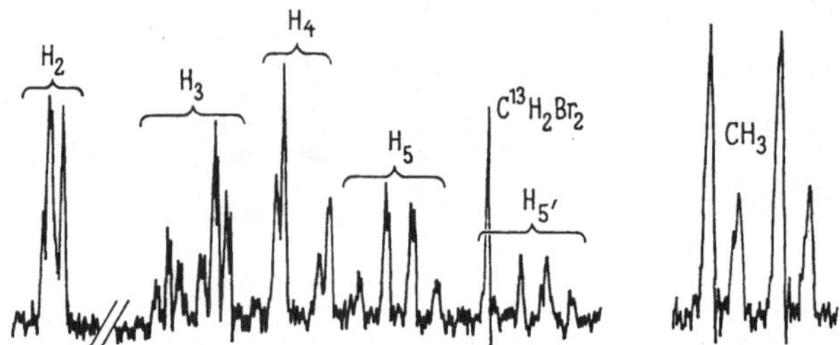


Abb. 63. Acetaldehyd-2,4-Dinitrophenylhydrazon in Methylenbromid bei 60 MHz nach Einstellung des Gleichgewichts. Die Bezeichnung der Banden ist die gleiche wie in Tabelle 41[3]

stellt sich mit wesentlich langsamerer Geschwindigkeit ein Gleichgewicht ein. Bei N-Methyl-phenylhydrazonen findet eine derartige Umlagerung nicht statt. Eine Isomerisierung zum Enhydrazinderivat ($C = C$—NH—NH—) wurde in keinem Fall beobachtet. Die Spektren der 2,4-Dinitrodiphenylhydrazone können ebenfalls wertvolle Informationen geben. Ein typisches Beispiel ist in Abb. 62 gezeigt. Neben den Banden des aromatischen Ringes läßt sich die Bande des Aldehydprotons erkennen (Pfeil). Bei Verwendung von Methylenchlorid als Lösungsmittel ist allerdings zu beachten, daß in diesem Bereich auch die durch $^{13}$C verursachte Seitenbande des Lösungsmittels liegt. Die 2,4-Dinitrophenylhydrazone entstehen zunächst immer in der syn-Form und lagern sich anschließend teilweise in das anti-Isomere um. Bei höherer Auflösung als sie im Spektrum Abb. 62 verwendet wurde, lassen sich im Gleichgewicht beide Formen deutlich erkennen (Abb. 63).


[1] O'CONNOR, R.: J. Org. Chem. **26**, 4375 (1961). — [2] CURTIN, D.Y., J.A. GOURSE, W.H. RICHARDSON, and K.L. RINEHART: J. Org. Chem. **24**, 93 (1959). — [3] KARABATSOS, G.J., B.L. SHAPIRO, F.M. VANE, J.S. FLEMING, and J.S. RATKA: J. A. C. S. **85**, 2784 (1963).

Die Bandenlagen einiger einfacher Dinitrophenylhydrazone sind in Tab. 41 zusammengestellt. Die Spektren von Semicarbazonen sind einfacher zu deuten, weil die aromatischen Protonen, die bei den 2,4-Dinitrophenylhydrazonen in der Nähe der Aldehydprotonen liegen, entfallen. Wegen der

Tabelle 41. *Chemische Verschiebungen von 2,4-Dinitrophenylhydrazonen*

|  | Lösungsmittel | $H_1$ | $H_2$ | $H_3$ | $H_4$ | $H_5$ | $H_5'$ | Lit. |
|---|---|---|---|---|---|---|---|---|
| Formaldehyd | $CH_2Br_2$ | −1.07 | 0.95 | 1.67 | 2.10 | 2.75 | 3.25 | a |
| Acetaldehyd | $CDCl_3$ | −1.02 | 0.92 | 1.73 | 2.10 | 2.40 | 2.88 | a |
| Propionaldehyd | $CH_2Br_2$ | −0.87 | 0.97 | 1.80 | 2.12 | 2.33 | − | a |
| n-Butyraldehyd | $CH_2Br_2$ | −1.00 | 0.97 | 1.70 | 2.12 | 2.37 | − | a |
| i-Butyraldehyd | $CHCl_3$ | −0.93 | 0.95 | 1.75 | 2.12 | 2.40 | − | a |
| Aceton | $CH_2Cl_2$ | −0.80 | − | − | − | − | − | b |
| Methyläthylketon | $CH_2Cl_2$ | −0.80 | − | − | − | − | − | b |

[a] KARABATSOS, G. J., B. L. SHAPIRO, F. M. VANE, J. S. FLEMING, and J. S. RATKA: J. A. C. S. **85**, 2784 (1963).

[b] CURTIN, D. Y., J. A. GOURSE, W. H. RICHARDSON, and K. L. RINEHART, Jr.: J. Org. Chem. **24**, 93 (1959).

geringen Löslichkeit der Semicarbazone liegen bisher erst wenige Messungen vor[1]. Abb. 64 zeigt das Spektrum eines Aldehydsemicarbazons. Das gemeinsame Kennzeichen von Hydrazonen und Semicarbazonen ist die bei

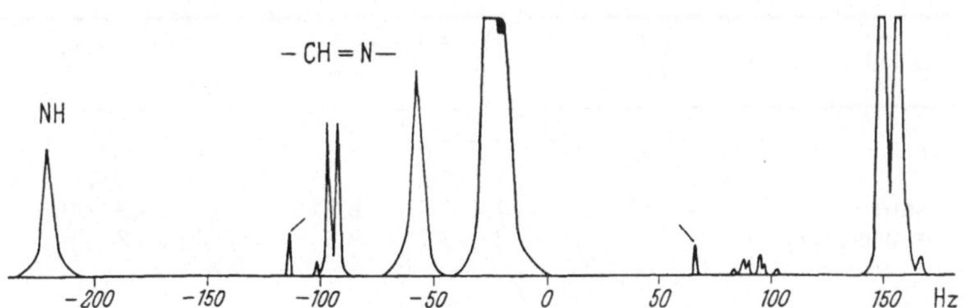


Abb. 64. Isobutyraldehyd-semicarbazon in Methylenchlorid bei 40 MHz. Bandenabstand in Hz bezogen auf Wasser[1]

tiefem Feld ($\tau = 1$ bis 2) liegende breite Bande des NH-Protons, die bei der Umlagerung von Hydrazonen in Azoverbindungen verschwindet. Bei Aldehydderivaten findet man in Phenylhydrazonen das Aldehydproton

[1] CURTIN, D. Y., J. A. GOURSE, W. H. RICHARDSON, and K. L. RINEHART, Jr.: J. Org. Chem. **24**, 93 (1959).

Tabelle 42. *Chemische Verschiebungen einiger Ketonderivate*

| | OH | α | β | Lösungsmittel | Lit. |
|---|---|---|---|---|---|
| Dicyclopropylketoxim . . . . . | 0.60 | 7.54 | — | $CDCl_3$ | a |
| 2,3-Butandionoxim . . . . . . | 1.11 | 7.60 | 8.00 | $CDCl_3$ | a |
| Cyclopentanonoxim . . . . . . | 0.20 | 7.65 | 8.28 | $CCl_4$ | b |
| Cyclohexanonoxim . . . . . . | 0.16 | 7.56 | 8.41 | $CCl_4$ | b |
| Cycloheptanonoxim . . . . . . | —0.10 | 7.58 | 8.43 | $CCl_4$ | b |
| Cyclooctanonoxim . . . . . . | —0.05 | 7.70 | 8.51 | $CCl_4$ | b |
| Cyclononanoxim . . . . . . . | 0.10 | 7.72 | 8.53 | $CCl_4$ | b |
| Cycloundecanonoxim . . . . . | —0.18 | 7.72 | 8.58 | $CCl_4$ | b |
| Cyclopentanonoxim . . . . . . | 0.29 | 7.85 | 8.65 | $CCl_4$ | b |
| Acetoncyanhydrin . . . . . . | 7.75 (OH) | 8.37 | — | $CDCl_3$ | a |

| | a | b | c | d | B | | |
|---|---|---|---|---|---|---|---|
| Bis(acetylaceton)-äthylendiimin | —0.90 | 5.17 | 8.15 | 8.10 | 6.56 | $CCl_4$ | c |
| Bis(acetylaceton)-trimethylenimin | —0.90 | 5.17 | 8.10 | 8.10 | 6.62 | $CCl_4$ | c |
| Acetylaceton-phenylimin | —2.6 | 4.96 | 8.02 | 8.02 | — | $CCl_4$ | c |
| Bis(benzoylaceton)äthylendiimin | —1.6 | 4.29 | 7.96 | — | 6.45 | $CHCl_3$ | c |

Die Bezifferung der letzten vier Verbindungen ist entsprechend den folgenden Formeln:



---

<sup>a</sup> High-resolution Nuclear Magnetic Resonance Spectra Catalog I, Varian Associates. California: Palo Alto.
<sup>b</sup> SUHR, H.: unveröffentlicht.
<sup>c</sup> DUDEK, G.O., and R.H. HOLM: J. A. C. S. **83**, 2099 (1961).

Tabelle 43. *Die Lage von Alkylgruppen in Carbonylverbindungen und deren Derivaten*

| Verbindung | typische Bande | Methylengruppe | | Methylgruppe | | |
|---|---|---|---|---|---|---|
| | | α | β | α | β | γ |
| Aldehyd | 0.4–0.5 | 7.5–7.6 | 8.3 | 7.8 | 8.9 | 9.0 |
| Keton | – | 7.5–7.6 | – | 7.8–7.9 | 9.0 | 9.1 |
| Carbonsäure | –3 bis –1 | 7.6–7.7 | 8.3 | 7.9 | 8.8–8.9 | 9.0 |
| Carbonsäureester | – | 7.6–7.7 | 8.3 | 7.9–8.0 | 8.8–8.9 | 9.0 |
| Carbonsäureanhydrid | – | – | – | 7.8 | – | – |
| Carbonsäurehalogenid | – | – | – | 7.2–7.3 | – | – |
| Lacton | – | 7.7 | – | – | – | – |
| Carbonsäureamid | 3.6(NH) 6.4–7.0($NCH_3$) | 7.7–7.8 | – | 8.0 | – | – |
| Nitril | – | 7.7–7.9 | 8.3 | 8.1 | 8.8 | 8.9 |
| Phenylhydrazon | 2.0(NH) 3.6–3.9(Ald.) | 7.8–8.0 | – | 8.1–8.4 | 8.9–9.1 | – |
| Oxim | 0–1.0 | 7.6–7.8 | 8.3–8.6 | 7.6 | – | – |
| Cyanhydrin | 6.8(OH) | – | – | 8.4 | – | – |
| Acetal | 6.7($OCH_3$) | 5.2–5.5 | – | – | – | – |

bei etwa 3.5, in Dinitrophenylhydrazonen bei etwa $\tau = 2.4$ und in Semicarbazonen bei etwa $\tau = 3.0$, in Ketonderivaten fehlen diese Banden. Aus dem Auftreten dieser Bande kann man also schließen, daß ein Aldehyd- und nicht ein Ketonderivat vorliegt[1].

Oft werden zur Charakterisierung von Carbonylverbindungen Oxime hergestellt. Die Bande des Oximprotons liegt bei $\tau = 0$ bis 1, die Lagen der Banden der Alkylsubstituenten sind denen der Carbonylverbindungen sehr ähnlich (Tab. 42). Auch bei Oximen lassen sich in den Spektren syn- und anti-Isomere nachweisen (vgl. Kap. VII 6). Über weitere Derivate, wie Cyanhydrine und Schiffsche Basen, liegt nur wenig experimentelles Material vor (vgl. Tab. 42). Schiffsche Basen, die sich vom Acetylaceton ableiten, liegen im wesentlichen als Ketamine (XI) vor[2].

$$\begin{array}{ccc}
& CH_3 & \\
& | & \\
& C{=}O & \\
& / & \ddots \\
HC & & H \\
\| & & / \\
& C{-}N & \\
& | & \backslash \\
& CH_3 & R \\
& XI &
\end{array}$$

In den voranstehenden Abschnitten sind die chemischen Verschiebungen von einfachen Carbonylverbindungen und ihren Derivaten besprochen worden. Absorptionsbereiche für nachbarständige Methylen- und Methylgruppen sind in Tab. 43 noch einmal zusammengestellt. Man sieht deutlich, daß die Alkylbanden in allen Verbindungsklassen, mit Ausnahme der Carbonsäurehalogenide und der Acetale, praktisch an der gleichen Stelle liegen. Es ist daher oft nicht möglich, an Hand eines Spektrums zu entscheiden, welche Carbonylverbindung vorliegt. Manche der Verbindungen, wie Aldehyde, Säuren oder Oxime, besitzen weitere typische Banden, auf Grund derer in vielen Fällen die Auswahl zwischen den in Frage kommenden Verbindungsarten getroffen werden kann.

## V. 10. Schwefelverbindungen

Schwefelverbindungen sind bisher erst in geringem Umfang untersucht worden, und es ist daher schwer, Absorptionsbereiche für die verschiedenen Derivate anzugeben. Aus den in Tab. 44 angegebenen Daten lassen sich einige Anhaltspunkte entnehmen. Die Sulfhydrilgruppe liegt bei hohem Feld (etwa $\tau = 8{-}9$), doch läßt sich keine genaue chemische Verschiebung angeben, weil Mercaptane Wasserstoffbrücken bilden können und daher die Bandenlagen lösungsmittel- und konzentrationsabhängig sind[3–6]. Die

[1] Curtin, D. Y., J. A. Gourse, W. H. Richardson, and K. L. Rinehart, Jr.: J. Org. Chem. 24, 93 (1959). — [2] Dudek, G. O., and R. H. Holm: J. A. C. S. 83, 2099 (1961). — [3] Forsen, S.: Acta Chem. Scand. 13, 1472 (1959). — [4] Murthy, A. S. N., and C. N. R. Rao: Can. J. Chem. 40, 963 (1962). — [5] Rao, B. D. N., P. Venkateswarlu, A. S. N. Murthy, and C. N. R. Rao: Can. J. Chem. 40, 963 (1962). — [6] Colebrook, L. D., and D. S. Tarbell: Proc. Natl. Acad. Sci. U.S. 47, 993 (1961).

Wasserstoffbrücken sind schwächer als die bei Alkoholen, und die mit der Depolymerisierung verbundene Assoziationsverschiebung beträgt z. B. beim Äthylmercaptan nur 0.4 ppm. Die chemischen Verschiebungen von Alkylgruppen in Nachbarschaft zu Schwefelatomen sind in Thioäthern, Sulfoxyden und Sulfonen voneinander verschieden. In Thioäthern und

Tabelle 44. *Chemische Verschiebungen von einfachen Schwefelverbindungen*

| Verbindung | $\alpha$ | | $\beta$ | | $\gamma$ | Lit. |
|---|---|---|---|---|---|---|
| | SH | $SCH_3$ | $SCH_2-$ | $S-C-CH_3$ $S-C-CH_2-$ | | |
| $H_2S$ | 9.28 | – | – | – | – | a |
| $CH_3-SH$ | 9.09 | 8.05 | – | – | – | g |
| $CH_3-CH_2-SH$ | – | – | 7.56 | 8.69 | – | b |
| $H-S-CH_2-CH_2-CH_2-SH$ | 8.65 | – | 7.38 | 8.12 | – | c |
| $\overset{\displaystyle\diagdown_{\displaystyle O}\diagup}{\phantom{.}}-CH_2-SH$ | 8.10 | – | 6.27 | – | – | c |
| $CH_3-CO-SH$ | 5.27 | – | – | 7.60 | – | c |
| $CH_3-CO-S-CH_3$ | – | 7.74 | – | – | – | g |
| $CH_3-S-CH_3$ | – | 7.90 | – | – | – | b/c |
| $CH_3-S-CH_2-CH_3$ | – | 7.90 | 7.47 | 8.73 | – | c |
| $CH_3-S-(CH_2)_4CH_3$ | – | 7.92 | 7.50 | – | – | c |
| $CH_3-CH_2-S-CH_2-CH_3$ | – | – | 7.51 | 8.76 | – | d |
| $(CH_3-CH_2-CH_2)_2S$ | – | – | 7.61 | 8.44 | 9.03 | b/d |
| $(CH_3)_2CH-S-CH(CH_3)_2$ | – | – | 7.07 | 8.76 | – | d |
| $(CH_3)_3C-S-C(CH_3)_3$ | – | – | – | 8.68 | – | c |
| $(CH_2=CH-CH_2)_2S$ | – | – | 6.92 | – | – | c |
| $CH_3-S-CH=CH_2$ | – | 7.75 | – | – | – | c |
| $CH_3-S-S-CH_3$ | – | 7.70 | – | – | – | g |
| $CH_3-CH_2-S-S-CH_2-CH_3$ | – | – | 7.33 | 8.66 | – | d |
| $CH_3-CH_2-CH_2-S-S-CH_2-CH_2-CH_3$ | – | – | 7.38 | 8.29 | 8.98 | d |
| $C_{12}H_{25}-S-S-C_{12}H_{25}$ | – | – | 7.43 | – | – | e |
| $C_6H_5-CH_2-S-S-CH_2-C_6H_5$ | – | – | 6.41 | – | – | e |
| $CH_3-SO-CH_3$ | – | 7.50 | – | – | – | b |
| $CH_3-SO-OCH_3$ | – | 7.54 | – | – | – | g |
| $C_{12}H_{25}-SO-C_{12}H_{25}$ | – | – | 7.36 | – | – | e |
| $C_{12}H_{25}-S-SO-C_{12}H_{25}$ | – | – | 7.09 7.04 | – | – | e |
| $C_6H_5-CH_2-SO-S-CH_2-C_6H_5$ | – | – | 5.73 5.77 | – | – | e |
| $CH_3-SO_2-CH_3$ | – | 7.16 | – | – | – | g |
| $CH_3-SO_2-CF_3$ | – | 6.87 | – | – | – | b |
| $CH_3-SO_2-CH=CH_2$ | – | 7.38 | – | – | – | b |
| $C_{12}H_{25}-SO_2-S-C_{12}H_{25}$ | – | – | 6.79 6.91 | – | – | e |
| $C_6H_5-CH_2-SO_2-S-CH_2-C_6H_5$ | – | – | 5.81 5.98 | – | – | e |
| $C_{12}H_{25}-SO_2-SO_2-C_{12}H_{25}$ | – | – | 6.74 | – | – | e |
| $CH_3O-SO-OCH_3$ | – | 6.42 | – | – | – | b |
| $CH_3-CH_2-O-SO-O-CH_2-CH_3$ | – | – | 6.07 | – | – | f |
| $C_4H_9-O-SO-O-C_4H_9$ n | – | – | 6.07 | – | – | f |
| $CH_3O-SO_2-OCH_3$ | – | 6.06 | – | – | – | b |
| $CH_3-SO_2F$ | – | 6.37 | – | – | – | b |
| $CH_3-SO_2Cl$ | – | 6.36 | – | – | – | b |
| $CH_3-CH_2-SO_2F$ | – | – | 6.72 | 8.44 | – | b |
| $CH_3-SCN$ | – | 7.37 | – | – | – | b |
| $CH_3-CH_2-NCS$ | – | – | 6.39 | 8.60 | – | b |

**Literatur zu Tabelle 44.**

[a] SCHMIDBAUR, H., u. W. SIEBERT: Chem. Ber. **97**, 2090 (1964).
[b] TIERS, G. V. D.: Characteristic Nuclear Magnetic Resonance Shielding Values for Hydrogen in Organic Structures.
[c] High-resolution Nuclear Magnetic Resonance Spectra Catalog (1), Varian Associates. California: Palo Alto.
[d] CAVANAUGH, J. R., and B. P. DAILEY: J. Chem. Phys. **34**, 1099 (1961).
[e] ALLEN, P., P. J. BERNER, and E. R. MALINOWSKI: Chem. & Ind. 1164 (1961), Chem. & Ind. 208 (1963).
[f] FINEGOLD, H.: Proc. Chem. Soc. (London) 283 (1960).
[g] PETTIT, G. R., J. B. DOUGLASS, and R. A. HILL: Can. J. Chem. **42**, 2357 (1964).

Mercaptanen liegen $\alpha$-ständige Methylgruppen bei $\tau = 7.9$, $\beta$-ständige bei 8.7. Die entsprechenden Werte für Methylengruppen sind 7.4—7.6 bzw. 8.4—8.5. In Dialkyldisulfiden werden die gleichen Werte gefunden. In Sulfoxyden liegen $\alpha$-ständige Methylgruppen bei $\tau = 7.5$, Methylengruppen

Tabelle 45
*Chemische Verschiebungen von Lithium-, Magnesium- und Aluminiumverbindungen*

| Verbindung | $\tau$ | | | Lösungsmittel | Lit. |
|---|---|---|---|---|---|
| | $\alpha$ | $\beta$ | $\gamma$ | | |
| $CH_3Li$ | 11.3 | – | – | Äther | a |
| $CH_3CH_2Li$ | 10.99 | 8.67(a') | – | Äther | a/a' |
| $CH_2=CH-CH_2-Li$ | 7.53 | – | – | Tetrahydrofuran | a |
| $CH_3-Mg^+J^-$ | 11.3 | – | – | Äther | a |
| $CH_3-Mg-CH_3$ | 11.3 | – | – | Äther | a |
| $CH_3-CH_2-Mg^+Br^-$ | 10.62 | 8.81 | – | Äther | a |
| $(CH_3)_2CHMg^+Br^-$ | 10.20 | – | – | Äther | a |
| $(CH_3-CH_2)_2Mg$ | 10.67 | 8.74 | – | Diäthyläther | b |
| $CH_3-CH_2-CH_2-Mg^+Br^-$ | 10.51 | 8.50 | 9.07 | Diäthyläther | b |
| $(CH_3-CH_2-CH_2)_2Mg$ | 10.57 | 8.50 | 9.10 | Diäthyläther | b |
| $(CH_3)_3Al$ | 10.29 | – | – | – | c |
| $(CH_3)_2Al_2Cl_4$ | 10.11 | – | – | Cyclopentan | d |
| $(CH_3-CH_2)_3Al$ | 9.46 | 8.76 | – | – | c |

[a] FRAENKEL, G., D. G. ADAMS, and J. WILLIAMS: THL 767 (1963).
[a'] BROWN, T. L., D. W. DICKERHOOF, and D. A. BAFUS: J. A. C. S. **84**, 1371 (1962).
[b] EVANS, D. F., and J. P. MAHER: J. Chem. Soc. 5124 (1962).
[c] HOFFMANN, E. G.: Ber. Bunsenges. phys. Chem. **64**, 144 (1960).
[d] GROENEWEGE, M. P., J. SMIDT, and H. DE VRIES: J. A. C. S. **82**, 4425 (1960).

bei 7.4, in Sulfonen bei 6.9 bzw. 6.7. Aus den in Tab. 44 angegebenen Werten von Dialkyldisulfiden und ihren Oxydationsprodukten läßt sich erkennen, daß bei der Oxydation einer —S—S- zu einer —SO—S-Gruppe die Signale der Alkylgruppen auf beiden Seiten um etwa 0.5 ppm nach tieferem Feld verschoben werden. Das gleiche gilt für die Überführung in ein —SO$_2$—S-System. (Aus der Tatsache, daß hierbei zwei verschiedene Signale erscheinen, kann die symmetrische —SO—SO-Form ausgeschlossen werden[1,2].) Eine größere Anzahl von S—$CH_3$-Verbindungen ist von PETTIT, DOUGLASS und HILL untersucht worden[3]. Hierbei wurden —S—$CH_3$-Gruppen im Bereich von $\tau = 7.4$—$8.0$, —SO—$CH_3$-Gruppen bei $\tau = 7.5$ und —$SO_2$—$CH_3$-Gruppen zwischen $\tau = 6.8$ und $7.3$ gefunden.

Zwischen den chemischen Verschiebungen von Sauerstoff- und Schwefelverbindungen bestehen deutliche Unterschiede. Da die Elektronegativität von Schwefel kleiner ist als die von Sauerstoff (2.5 gegenüber 3.5), ziehen Schwefelatome in geringerem Maße Elektronen von benachbarten Gruppen fort. Ferner ist die Kohlenstoff—Schwefel-Bindung stark anisotrop (vergleichbar etwa der Kohlenstoff—Jod-Bindung). Sowohl der induktive Effekt wie die Anisotropie der C—S-Bindung haben zur Folge, daß Schwefelverbindungen bei höherem Feld absorbieren als entsprechende Sauerstoffderivate.

Bei Dialkylsulfiten, cyclischen Sulfiten und Sulfinsäureestern ist gelegentlich eine Aufspaltung der Signale der $a$-Alkylgruppe gefunden worden[4,5,6]. Die Ursache für diese Erscheinung liegt vermutlich in einer nichtebenen Anordnung der Molekeln (vgl. S. 45).


## V. 11.  Metallverbindungen

Aus der Vielzahl der Untersuchungen über Metallhydride und Metallalkyle sollen hier nur die Ergebnisse, die für den Bereich der organischen Chemie von besonderem Interesse sind, wiedergegeben werden. Bei den Spektren von Lithiumverbindungen[7,8,9] ist die Lage der Banden bei $\tau \approx 11$ auffallend (Tab. 45). Wegen der geringen Elektronegativität des Lithiums (ca. 1.0) erscheint im Lithiumäthyl die Methylenbande bei höherem Feld als die Methylbande (vgl. S. 94). Obwohl das im natürlichen Gemisch der Isotope zu etwa 93 Prozent vorkommende $^7Li$ eine Spinquantenzahl von $^3/_2$ besitzt, wurde in den Lithiumverbindungen keine Kopplung zwischen Lithium und den Alkylprotonen beobachtet. Die Ursache hierfür könnten entweder sehr kleine Kopplungskonstanten oder ein rascher Austausch sein. Im Allyllithium wird ein schneller Austausch dadurch deutlich, daß das Spektrum vom $AX_4$-Typ ist. Auch bei Vinyllithium und anderen Verbindungen wurden Austauschvorgänge beobachtet[10]. Die Spektren von einfachen Alkylmagnesiumhalogeniden und Dialkylmagnesiumverbindungen (Tab. 45) sind praktisch identisch mit denen von Lithiumverbindun-

[1] ALLEN, P., P. J. BERNER, and E. R. MALINOWSKI: Chem. & Ind. 1164 (1961). — [2] ALLEN, P., P. J. BERNER, and E. R. MALINOWSKI: Chem. & Ind. 208 (1963). — [3] PETTIT, G. R., and J. B. DOUGLASS: Can. J. Chem. **42**, 2357 (1964). — [4] FINEGOLD, H.: Proc. Chem. Soc. (London) 283 (1960). — [5] PRITCHARD, J. G., and P. C. LAUTERBUR: J. A. C. S. **83**, 2105 (1961). — [6] WAUGH, J. S., and F. A. COTTON: J. Phys. Chem. **65**, 562 (1961). — [7] JOHNSON, Jr., C. S., M. A. WEINER, J. S. WAUGH, and D. SEYFERTH: J. A. C. S. **83**, 1306 (1961). — [8] BROWN, L. T., D. W. DICKERHOOF, and D. A. BAFUS: J. A. C. S. **84**, 1371 (1962). — [9] FRAENKEL, G., D. G. ADAMS, and J. WILLIAMS: THL 767 (1963). — [10] FRAENKEL, G., D. G. ADAMS, and J. WILLIAMS: THL 767 (1963).

gen[1]. Die Tatsache, daß Grignard- und Dialkylmagnesiumverbindungen die gleichen Spektren geben, macht eine einfache R—Mg—X-Struktur für die ersteren unwahrscheinlich. Untersuchungen über Lösungsmittel- und Konzentrationsabhängigkeit der Spektren ergeben eher eine Struktur der Art (XII)[2,3,4],

$$
\begin{array}{ccc}
R\diagdown & X & Y\diagdown Y \\
 & Mg \quad\quad Mg & \\
R\diagup & X & Y\diagup Y
\end{array}
\qquad
\begin{array}{l}
R = Alkyl \\
X = Halogen \\
Y = \ddot{A}ther
\end{array}
$$

XII

bei der ein schneller Austausch der Alkylreste stattfindet[1]. Die Spektren von Magnesiumalkenylhalogeniden sind besonders ausführlich untersucht worden. Während Vinyllithium und Vinylmagnesiumbromid erwartungsgemäß Spektren vom ABX-Typ ergeben[1,5,6], beobachtet man beim Allylmagnesiumbromid wie bei der Lithiumverbindung ein $AX_4$-Spektrum[7], woraus man auf ein schnelles Gleichgewicht (XIII a—b)

$$
H_2C\overset{CH}{\diagup}\diagdown CH_2MgBr \;\rightleftarrows\; BrMgCH_2\overset{CH}{\diagup}\diagdown CH_2 \qquad H_2C\overset{CH}{\diagup}\diagdown CH_2
$$

XIIIa            XIIIb            XIIIc

schließen muß. Eine symmetrische Struktur (XIIIc) ist unwahrscheinlich, denn es konnte am $\gamma,\gamma$-Dimethylallylmagnesiumbromid gezeigt werden, daß die Bande der Methylgruppen bei tiefer Temperatur aufspaltet. Während sich beim Allylmagnesiumbromid bis —60° keine Temperaturabhängigkeit des Spektrums nachweisen ließ, konnte bei dieser Verbindung der Austausch der Magnesiumatome so sehr verlangsamt werden, daß getrennte Signale für cis- und transständige Methylgruppen erschienen. Obwohl beim Dimethylallylmagnesiumbromid wie beim Butenylmagnesiumbromid ein schnelles Gleichgewicht zwischen den tautomeren Formen besteht, liegen die Verbindungen im wesentlichen als $(CH_3)_2C{=}CH{-}CH_2{-}MgBr$ bzw. $CH_3{-}CH{=}CH{-}CH_2MgBr$ vor[8,9].

Trimethylaluminium liegt in Lösung als Dimeres vor, zeigt jedoch bei Raumtemperatur infolge raschen Austausches im Spektrum nur eine Sorte von Alkylprotonen. Bei tiefer Temperatur findet man entsprechend der Formel XIV

$$
\begin{array}{ccc}
CH_3\diagdown & CH_3 & CH_3\diagup \\
 & Al \quad\quad Al & \\
CH_3\diagup & CH_3 & CH_3\diagdown
\end{array}
\qquad XIV
$$

---

[1] Fraenkel, G., D.G. Adams, and J. Williams: THL 767 (1963). — [2] Roos, H., u. W. Zeil: Ber. Bunsenges. phys. Chem. **67**, 28 (1963). — [3] Evans, D.F., and J.P. Maher: J. Chem. Soc. 5124 (1962). — [4] Ashby, E.C., and W.E. Becker: J. A. C. S. **85**, 118 (1963). — [5] Johnson, Jr., C.S., M.A. Weiner, J.S. Waugh, and D. Seyferth: J. A. C. S. **83**, 1306 (1961). — [6] Hobgood, Jr., R.T., and J.H. Goldstein: Spectrochim. Acta **18**, 1280 (1962). — [7] Nordlander, J.E., and J.D. Roberts: J. A. C. S. **81**, 1769 (1959). — [8] Whitesides, G.M., J.E. Nordlander, and J.D. Roberts: J. A. C. S. **84**, 2010 (1962). — [9] Nordlander, J.E., W.G. Young, and J.D. Roberts: J. A. C. S. **83**, 494 (1961).

Tabelle 46. *Chemische Verschiebungen von Siliciumverbindungen*

| Verbindung | SiH | $\alpha$ | $\beta$ | $J_{Si-H}$ | $J_{Si-C-H}$ | Lit. |
|---|---|---|---|---|---|---|
| $SiH_4$ | 6.78 | – | – | 202.5 | – | [a/b] |
| $Si_2H_6$ | 6.78 | – | – | 199.0 | – | [c] |
| $CH_3–SiH_3$ | 6.45 | 9.88 | – | 194.0 | – | [d] |
| $CH_3–SiH_2F$ | 5.21 | 9.63 | – | 222.0 | – | [d] |
| $(CH_3–SiH_2)_2O$ | 5.33 | 9.74 | – | 212.0 | – | [d] |
| $CH_3–SiH_2Cl$ | 5.28 | 9.49 | – | 229.0 | – | [d] |
| $(CH_3–SiH_2)_3N$ | 5.48 | 9.75 | – | 204.0 | – | [d] |
| $CH_3–SiH_2Br$ | 5.51 | 9.32 | – | 231.0 | – | [d] |
| $CH_3–SiH_2J$ | 5.92 | 9.07 | – | 231.0 | – | [d] |
| $C_6H_5–SiH_3$ | 5.81 | – | – | – | – | [e] |
| $(C_6H_5)_2SiH_2$ | 5.14 | – | – | – | – | [e] |
| $(C_6H_5)_3SiH$ | 4.57 | – | – | – | – | [e] |
| $(CH_3)_4Si$ | – | 10.00 | – | – | 6.78 | [f] |
| $(CH_3)_3SiCl$ | – | 9.58 | – | – | 7.10 | [g/h] |
| $(CH_3)_3SiF$ | – | 9.80 | – | – | 7.00 | [h] |
| $(CH_3)_3SiBr$ | – | 9.29 | – | – | 7.23 | [h] |
| $(CH_3)_3SiJ$ | – | 9.22 | – | – | 7.30 | [h] |
| $(CH_3)_2SiCl_2$ | – | 9.20 | – | – | – | [g] |
| $CH_3–SiCl_3$ | – | 8.86 | – | – | – | [g] |
| $(CH_3)_3Si–Si(CH_3)_3$ | – | 9.96 | – | – | – | [g] |
| $(CH_3)_3Si–O–Si(CH_3)_3$ | – | 9.95 | – | – | 6.86 | [f/g] |
| $(CH_3)_3Si–CH_2–Si(CH_3)_3$ | – | 9.97 | – | – | 6.7(CH_3) | [i] |
|  |  | 10.26 | (CH_2) |  | 8.8 |  |
| $(CH_3–CH_2)_4Si$ | – | 9.50 | 9.07 | – | – | [f] |
| $(CH_2=CH)_4Si$ | – | 3.88 | 3.94(tr) | – | – | [k] |
|  |  |  | 4.23(cis) |  |  |  |
| $(CH_3–CH_2)_3SiF$ | – | 9.03 | 9.13 | – | – | [e] |
| $CH_3–CH_2–Si(OCH_2–CH_3)_3$ | – | 9.38 | 9.00 | – | – | [l] |
|  |  | 6.18 | 8.77(OCH_2CH_3) |  |  |  |
| $(CH_3O)_4Si$ | – | 6.44 | – | – | – | [e] |


[a]  REEVES, L.W., and E. J. WELLS: Can. J. Chem. **41**, 2698 (1963).
[b]  SCHNEIDER,W.G., H.J.BERNSTEIN, and J.A. POPLE: J.Chem. Phys. **28**,601(1958).
[c]  DRAKE, J. E., and W.L. JOLLY: J. Chem. Phys. **38**, 1033 (1963).
[d]  EBSWORTH, E.A.V., and S.G. FRANCIS: Trans. Faraday Soc. **59**, 1518 (1963).
[e]  TIERS, G.V.D.: Characteristic Nuclear Magnetic Resonance Shielding Values for Hydrogen in Organic Structures.
[f]  SCHMIDBAUR, H., H. HUSSEK u. F. SCHINDLER: Chem. Ber. **97**, 255 (1964).
[g]  BROWN, M.P., and D.E. WEBSTER: J. Phys. Chem. **64**, 698 (1960).
[h]  SCHMIDBAUR, H.: J. A. C. S. **85**, 2336 (1963).
[i]  — Chem. Ber. **97**, 270 (1964).
[k]  HOBGOOD, R.T., Jr., R.E. MAYO, and J.H. GOLDSTEIN: J. Chem. Phys. **39**, 2501 (1963).
[l]  High-resolution Nuclear Magnetic Resonance Spectra Catalog (1), Varian Associates. California: Palo Alto.


zwei Signale der Intensitäten $2:1$[1–7]. Tri-t-butoxyaluminium liegt in Lösung ebenfalls dimer vor und zeigt zwei Signale mit den relativen Intensitäten


[1] HOFFMANN, E.G.: Ber. Bunsenges. phys. Chem. **64**, 144 (1960). — [2] HOFFMANN, E.G.: Trans. Farad. **58**, 642 (1962). — [3] MULLER, N., and D.E. PRITCHARD: J. A. C. S. **82**, 248 (1960). — [4] BROWNSTEIN, S., B.C. SMITH, G. ERLICH, and A.W. LAUBENGAYER: J.A. C.S. **82**,1000 (1960). — [5] GROENEWEGE, M.P., J. SMIDT, and H. DE VRIES: J. A. C. S. **82**, 4425 (1960). — [6] SMIDT, J., M.P. GROENEWEGE, et H. DE VRIES: Recueil Trav. Chim. Pays-Bas **81**, 729 (1962). — [7] ALLRED, A.L., and C.R. McCOY: THL **27**, 25 (1960).

2:1. Tri-i-propoxyaluminium liegt in Lösung als Tetrameres vor und gibt sechs Signale für die Methylgruppen[1]. Wie bei den Magnesium- und Lithiumverbindungen, liegt im Triäthylaluminium die Methylengruppe bei höherem Feld als die Methylgruppe[2,3] (Tab. 45).

Wegen ihrer Ähnlichkeit mit Kohlenstoffverbindungen sind Siliciumverbindungen von großem Interesse. Die chemischen Verschiebungen einer Reihe einfacher Verbindungen sind in Tab. 46 zusammengestellt. Trägt man die $\tau$-Werte von Siliciumverbindungen vom Typ RR'R''SiH

Tabelle 47. *Chemische Verschiebungen einfacher Metallverbindungen*

| Verbindung | Metall–H | $\alpha$ | $\beta$ | Kopplungskonstanten | Lit. |
|---|---|---|---|---|---|
| $GeH_4$ | 6.83 | – | – | – | a |
| $Ge_2H_6$ | 6.76 | – | – | – | a |
| $CH_3GeH_3$ | 6.51 | 9.65 | – | – | b |
| $(CH_3)_2GeH_2$ | 6.28 | 9.71 | – | – | b |
| $(CH_3)_3GeH$ | 6.08 | 9.79 | – | – | b |
| $(CH_3)_4Ge$ | – | 9.87 | – | $J73_{Ge-CH} = 2.9$ | c/d |
| $(CH_3)_3Ge-Ge(CH_3)_3$ | – | 9.78 | – | – | e |
| $SnH_4$ | 6.15 | – | – | $J117_{Sn-H} = 1842$<br>$J119_{Sn-H} = 1933$ | f/a |
| $CH_3SnH_3$ | 5.85 | 9.73 | – | – | f |
| $(CH_3)_2SnH_2$ | 5.24 | 9.83 | – | $J119_{Sn-H} = 1797$<br>$J119_{Sn-CH} = 60.2$ | f/g |
| $(CH_3)_3SnH$ | 5.27 | 9.82 | – | – | f |
| $(CH_3)_4Sn$ | – | 9.93 | – | $J119_{Sn-CH} = 53.7$ | h |
| $(CH_3)_3Sn-Sn(CH_3)_3$ | – | 9.79 | – | $J117_{Sn-CH} = 49.6$<br>$J119_{Sn-CH} = 47.0$ | e/k |
| n $C_4H_9SnH_3$ | 5.98 | – | – | $J117_{Sn-H} = 1720$<br>$J119_{Sn-H} = 1800$ | l |
| (n $C_4H_9)_2SnH_2$ | 5.23 | – | – | $J117_{Sn-H} = 2119$<br>$J119_{Sn-H} = 2219$ | l |
| (n $C_4H_9)_3SnH$ | 7.93 | – | – | $J117_{Sn-H} = 1650$<br>$J119_{Sn-H} = 1722$ | l |
| $(CH_3)_3SnCl$ | – | 9.37 | – | $J117_{Sn-CH} = 56.0$<br>$J119_{Sn-CH} = 58.5$ | e/i |
| $(CH_3)_2SnCl_2$ | – | 8.84 | – | $J117_{Sn-CH} = 66.6$<br>$J119_{Sn-CH} = 69.7$ | e/i |
| $CH_3-SnCl_3$ | – | 8.35 | – | $J117_{Sn-CH} = 95.3$<br>$J119_{Sn-CH} = 99.5$ | e/i |
| $(CH_3\ CH_2)_4Sn$ | – | – | – | $J117_{Sn-CH} = 30.8$<br>$J119_{Sn-CH} = 32.2$<br>$J117_{Sn-CH_3} = 68.1$<br>$J119_{Sn-CH_3} = 71.2$ | e/i |

<hr>

[1] SHINER, Jr., V. J., D. WHITTAKER, and V. P. FERNANDEZ: J. A. C. S. **85**, 2318 (1963). — [2] BAKER, E. B.: J. Chem. Phys. **26**, 960 (1957). — [3] HOFFMANN, E. G.: Ber. Bunsenges. phys. Chem. **64**, 144 (1960).

Tabelle 47 (Fortsetzung)

| Verbindung | Metall–H | $\alpha$ | $\beta$ | Kopplungskonstanten | Lit. |
|---|---|---|---|---|---|
| $(CH_3)_3PbH$ | 2.32 | 9.15 | – | $J_{207_{Pb-H}} = 2380$ | f/g |
| | | | | $J_{207_{Pb-CH}} = 66.7$ | |
| $(CH_3)_4Pb$ | – | 9.13 | – | $J_{207_{Pb-CH}} = 60.5$ | f |
| $(CH_3-CH_2)_4Pb$ | – | 9.13 | 9.13 | $J_{207_{Pb-CH_2}} = 41.0$ | m |
| | | | | $J_{207_{Pb-CH_3}} = 125$ | |
| $CH_3-HgBr$ | – | 8.98 | – | $J_{199_{Hg-H}} = 207$ | n |
| $CH_3-Hg-CH_3$ | – | 9.71 | – | $J_{199_{Hg-H}} = 103$ | o |
| $CH_3-HgCN$ | – | 8.88 | – | $J_{199_{Hg-H}} = 175$ | n |
| $CH_3-CH_2-HgCl$ | – | 8.10 | 8.67 | $J_{199_{Hg-CH_2}} = 216$ | p |
| | | | | $J_{199_{Hg-CH_3}} = 296$ | |
| $CH_3-CH_2-HgBr$ | – | 7.98 | 8.64 | – | m/o |
| $CH_3-CH_2-HgCN$ | – | 8.31 | 8.59 | $J_{199_{Hg-CH_2}} = 186$ | p |
| | | | | $J_{199_{Hg-CH_3}} = 222$ | |
| $(CH_3-CH_2)_2Hg$ | – | 9.00 | 8.71 | $J_{199_{Hg-CH_2}} = 87.6$ | l/m/o |
| | | | | $J_{199_{Hg-CH_3}} = 115.2$ | l/o |
| $CH_3-CH_2ZnJ$ | – | 9.65 | 8.78 | – | o |
| $(CH_3-CH_2)_2 Zn$ | – | 9.78 | 8.87 | – | o |
| $(CH_3-CH_2)_2Cd$ | – | 9.31 | 8.74 | – | o |

[a] EBSWORTH, E.A.V., S.G. FRANCIS, and A.G. ROBIETTE: J. Mol. Spec. **12**, 299 (1964).
[b] SCHMIDBAUR, H.: Chem. Ber. **97**, 1639 (1964).
[c] SCHMIDBAUR, H.: Chem. Ber. **97**, 270 (1964).
[d] SMITH, G.W.: J. Chem. Phys. **39**, 2031 (1963).
[e] BROWN, M.P., and D.E. WEBSTER: J. Phys. Chem. **64**, 698 (1960).
[f] FLITCROFT, N., and H.D. KAESZ: J. A. C. S. **85**, 1377 (1963).
[g] REEVES, L.W., and E.J. WELLS: Can. J. Chem. **41**, 2698 (1963).
[h] High-resolution Nuclear Magnetic Resonance Spectra Catalog (1), Varian Associates. Texas: Palo Alto.
[i] HOLMES, J.R., and H.D. KAESZ: J. A. C. S. **83**, 3903 (1961).
[k] CLARK, H.C., J.T. KWON, L.W. REEVES, and E.J. WELLS: Can. J. Chem. **42**, 941 (1964).
[l] POTTER, P.E., L. PRATT, and G. WILKENSON: J. Chem. Soc. 524 (1964).
[m] NARASIMHAN, P.T., and M.T. ROGERS: J. Chem. Phys. **34**, 1049 (1961).
[n] WELLS, P.R., and W. KITCHING: THL 1531 (1963).
[o] EVANS, D. F., and J. P. MAHER: J. Chem. Soc. 5124 (1962).
[p] HATTON, J.V., W.G. SCHNEIDER, and W. SIEBRAND: J. Chem. Phys. **39**, 1330 (1963).

gegen die Werte der entsprechend substituierten Kohlenstoffverbindungen auf, so erhält man Punkte, die auf einer Geraden mit der Steigung 0.4 liegen[1]. Die an Silicium gebundenen Protonen werden also weniger von Substituenten beeinflußt als die Kohlenstoffanaloga. Die Abschirmung der an Silicium gebundenen Methylgruppen nimmt erwartungsgemäß mit zunehmender Halogensubstitution von $(CH_3)_4Si$ nach $CH_3{-}SiCl_3$ ab[2].

[1] EBSWORTH, E.A.V., and S.G. FRANCIS: Trans. Farad. **59**, 1518 (1963). —
[2] BROWN, M.P., and D.E. WEBSTER: J. Phys. Chem. **64**, 698 (1960).

In einer großen Zahl von verschiedenartigen Verbindungen wurden für die Methylgruppen in $(CH_3)_3Si-$ etwa der gleiche Wert wie für Tetramethyl-

Tabelle 48

*Chemische Verschiebungen und Kopplungskonstanten in Vinylverbindungen. (Verwendete Lösungsmittel: a) TMS, b und e) ohne Lsm., c) $CCl_4$, d) bei Flüssigkeiten ohne Lsm., bei Festkörpern $CCl_4$, f) Diäthyläther)*

$$H_3\diagdown \qquad \diagup R_4$$
$$C = C$$
$$H_2\diagup \qquad \diagdown H_1$$

| | 1 | 2 | 3 | 4 | $J_{12}$ | $J_{13}$ | $J_{23}$ | $J_{14}$ | $J_{24}$ | $J_{34}$ | Lit. |
|---|---|---|---|---|---|---|---|---|---|---|---|
| $H_2C=CH_2$ | 4.71 | – | – | – | – | – | – | – | – | – | a |
| $H_2C=CH-CH_3$ | 4.27 | 5.12 | 5.04 | 8.34 | 10.02 | 16.81 | 2.08 | 6.40 | –1.33 | –1.75 | b |
| $H_2C=CH-CH_2-CH_3$ | 4.21 | 5.13 | 5.05 | 8.02 9.00 | 10.32 | 17.23 | 1.96 | 6.22 | –1.26 | –1.66 | b |
| $H_2C=CH-CH_2-CH_2-CH_3$ | 4.26 | 5.13 | 5.06 | 7.96 | 10.23 | 17.03 | 2.23 | 6.55 | –1.18 | –1.51 | b |
| $H_2C=CH-CH(CH_3)_2$ | 4.30 | 5.08 | 5.07 | 8.02 | 10.13 | 17.02 | 2.05 | 7.00 | –1.15 | –1.43 | c |
| $H_2C=CH-C(CH_3)_3$ | 4.23 | 5.04 | 5.06 | 8.07 | 10.02 | 17.10 | 2.37 | 7.46 | –0.94 | –1.32 | c |
| Hexen-1 | 4.34 | 5.19 | 5.18 | – | 10.0 | 17.0 | 0.1 | – | – | – | d |
| Octen-1 | 4.24 | 5.07 | 5.06 | – | 10.0 | 16.8 | 0.1 | – | – | – | d |
| $H_2C=CH-C_6H_5$ | 3.74 | 5.21 | 4.70 | – | 10.6 | 17.6 | 1.1 | – | – | – | d |
| 4-Vinylpyridin | 3.73 | 4.97 | 4.44 | – | 10.6 | 17.3 | 0.7 | – | – | – | d |
| $H_2C=CH-CH_2OH$ | 4.14 | 5.01 | 4.35 | – | 10.3 | 17.4 | 2.0 | – | – | – | d |
| $H_2C=CH-CN$ | 4.54 | 4.19 | 4.06 | – | 12.1 | 18.3 | 0.8 | – | – | – | d |
| $H_2C=CH-COOH$ | 4.11 | 4.29 | 3.80 | – | 9.7 | 15.4 | 0.8 | – | – | – | d |
| $H_2C=CH-OCH_3$ | 3.79 | 6.26 | 6.07 | – | 6.7 | 14.0 | –2.0 | – | – | – | d |
| $H_2C=CH-OCH_2-CH_3$ | 3.81 | 6.35 | 6.14 | – | 6.9 | 14.3 | –1.8 | – | – | – | d |
| $H_2C=CH-OC_6H_5$ | 3.73 | 5.97 | 5.52 | – | 6.1 | 13.8 | –1.5 | – | – | – | d |
| $H_2C=CH-OCOCH_3$ | 2.93 | 5.65 | 5.37 | – | 6.4 | 13.6 | –1.6 | – | – | – | d |
| $H_2C=CH-OCOCH_2CH_3$ | 2.87 | 5.70 | 5.38 | – | 6.3 | 14.2 | –1.5 | – | – | – | d |
| $H_2C=CH-COCH_3$ | 3.37 | 3.89 | 3.48 | – | 10.77 | 17.83 | 1.10 | – | – | – | e |
| $H_2C=CH-COCH_2CH_3$ | 3.49 | 4.05 | 3.62 | – | 11.34 | 17.63 | 1.03 | – | – | – | e |
| N-Vinylpiperidon | 2.29 | 5.58 | 5.45 | – | 9.4 | 16.3 | 0.9 | – | – | – | d |
| $H_2C=CH-NO_2$ | 3.19 | 4.39 | 3.84 | – | 7.6 | 15.0 | 2.0 | – | – | – | d |
| $H_2C=CH-SC_6H_5$ | 3.74 | 4.95 | 4.90 | – | 9.4 | 16.7 | 0.2 | – | – | – | d |
| $(H_2C=CH)_2SO_2$ | 3.25 | 3.85 | 3.68 | – | 11.8 | 16.0 | –0.9 | – | – | – | d |
| $H_2C=CHF$ | 4.16 | 6.38 | 6.08 | – | 4.7 | 12.7 | –3.2 | – | – | – | d |
| $H_2C=CHCl$ | 3.93 | 4.28 | 4.73 | – | 7.4 | 14.3 | –1.5 | – | – | – | d |
| $H_2C=CHBr$ | 3.67 | 3.91 | 4.04 | – | 7.1 | 15.5 | –2.0 | – | – | – | d |
| $(H_2C=CH)_4Sn$ | 3.57 | 3.79 | 4.23 | – | 16.1 | 20.7 | 2.6 | – | – | – | d |
| $H_2C=CH-Li$ | – | – | – | – | 19.3 | 23.9 | 7.1 | – | – | – | f |


a REDDY, G.S., and J.H. GOLDSTEIN: J. A. C. S. **83**, 2045 (1961).
b BOTHNER-BY, A.A., and C. NAAR-COLIN: J. A. C. S. **83**, 231 (1961).
c BOTHNER-BY, A.A., C. NAAR-COLIN, and H. GÜNTHER: J. A. C. S. **84**, 2748 (1962).
d BRÜGEL, W., T. ANKEL u. F. KRÜCKEBERG: Z. Elektrochem. **64**, 1121 (1960).
e CASTELLANO, S., and J.S. WAUGH: J. Chem. Phys. **37**, 1951 (1962).
f JOHNSON, Jr., C.S., M.A. WEINER, J.S. WAUGH, and D. SEYFERTH: J. A. C. S. **83**, 1306 (1961).


silan $(\tau = 10.00)$ gefunden[1-4]. In Äthylsiliciumverbindungen liegen, wegen der geringen Elektronegativität des Siliciums, die Methylengruppen bei höherem Feld als die Methylgruppen[5]. An einer größeren Anzahl von

[1] SCHMIDBAUR, H.: J. A. C. S. **85**, 2336 (1963). — [2] SCHMIDBAUR, H.: Chem. Ber. **97**, 270 (1964). — [3] SCHMIDBAUR, H., H. HUSSEK u. F. SCHINDLER: Chem. Ber. **97**, 255 (1964). — [4] SCHMIDBAUR, H., u. S. WALDMANN: Chem. Ber. **97**, 3381 (1964). — [5] NARASIMHAN, P.T., and M.T. ROGERS: J. A. C. S. **82**, 5983 (1960).

$CH_3$—$SiH_2$—X-Verbindungen wurde beobachtet, daß mit steigender Elektronegativität von X die Signale der SiH-Protonen nach tieferem Feld verschoben werden, die Banden der Methylprotonen zeigen jedoch keinen Zusammenhang mit der Elektronegativität[1,2,27]. Im natürlichen Isotopengemisch des Siliciums liegt zu 4.7% das Isotop $^{29}$Si mit einem Spin von $^1/_2$ vor. Die Spinkopplung $J_{29\,Si-H}$ beträgt ungefähr 200 Hz, die von $J_{29\,Si-C-H}$ ungefähr 7 Hz[3-9]. Bei $CH_3$—$SiH_2$—X wurden vicinale Kopplungskonstanten von 3—4 Hz gefunden. Die Kopplungskonstanten $J_{13C-H}$ in mehrfach substituierten Methanen lassen sich additiv aus den für die einzelnen Substituenten charakteristischen Größen berechnen (vgl. Kap. VI 2). Bei den $J_{29\,Si-H}$ Konstanten sind die Abweichungen von der Additivität recht erheblich[10].

Die chemischen Verschiebungen und Kopplungskonstanten einiger weiterer Metallverbindungen sind in Tab. 47 zusammengestellt. Die Bandenlagen von Protonen, die direkt an Metalle gebunden sind, verschieben sich mit steigendem Atomgewicht des Metalls nach tiefem Feld. Die Lagen der Protonen in Metallalkylen sind denen der Siliciumverbindungen ähnlich. Die Kopplungskonstanten $J_{M-H}$ und $J_{M-CH}$ steigen mit zunehmendem Atomgewicht des Metalls stark an[3,6,7,9,11]. Bei schweren Kernen ist der Ausdruck $(J_{X-H}/\gamma_X\,\gamma_H)^{1/2}$ der Atomnummer von X proportional, wobei $\gamma$ das gyromagnetische Verhältnis ist. Ähnliche Beziehungen gelten auch für $J_{X-C-H}$, $J_{X-F}$ und $J_{X-C-F}$[12-20]. Bei Zinn, Quecksilber- und Bleitetraäthylverbindungen ist die Kopplung mit den entfernteren Methylprotonen größer als mit den Methylenprotonen und die Vorzeichen der beiden Kopplungskonstanten sind entgegengesetzt[21-24]. Weitere Untersuchungen sind an Germanium-[25-27], Zinn-[28-35], Blei-[36], Quecksilber-[28,37-40] und Thalliumverbindungen[41-43] durchgeführt worden.

[1] BRUNE, H.A.: Chem. Ber. **97**, 2829 (1964). — [2] EBSWORTH, E.A.V., and J.J. TURNER: Trans. Farad. **60**, 256 (1964). — [3] REEVES, L.W., and E.J. WELLS: Can. J. Chem. **41**, 2698 (1963). — [4] EBSWORTH, E.A.V., and S.G. FRANCIS: Trans. Farad. **59**, 1518 (1963). — [5] EBSWORTH, E.A.V., and S.G. FRANCIS: J.A.C.S. **85**, 3516 (1963). — [6] DRAKE, J.E., and W.L. JOLLY: J. Chem. Phys. **38**, 1033 (1963). — [7] DREESKAMP, H.: Z. Physik. Chem. **38**, 121 (1963). — [8] McGARVEY, B.R., and G. SLOMP, Jr.: J. Chem. Phys. **30**, 1586 (1959). — [9] SMITH, G.W.: J. Chem. Phys. **39**, 2031 (1963). — [10] JUAN, C., and H.S. GUTOWSKY: J. Chem. Phys. **37**, 2198 (1962). — [11] HOLMES, J.R., and H.D. KAESZ: J.A.C.S. **83**, 3903 (1961). — [12] REEVES, L.W., and E.J. WELLS: Can. J. Chem. **41**, 2698 (1963). — [13] REEVES, L.W.: J. Chem. Phys. **40**, 2128 (1964). — [14] REEVES, L.W.: J. Chem. Phys. **40**, 2132 (1964). — [15] REEVES, L.W.: J. Chem. Phys. **40**, 2423 (1964). — [16] INGLEFIELD, P.T., and L.W. REEVES: J. Chem. Phys. **40**, 2424 (1964). — [17] INGLEFIELD, P.T., and L.W. REEVES: J. Chem. Phys. **40**, 2425 (1964). — [18] WELLS, E.J., and L.W. REEVES: J. Chem. Phys. **40**, 2036 (1963). — [19] SMITH, G.W.: J. Chem. Phys. **40**, 2037 (1964). — [20] SMITH, J.W.: J. Chem. Phys. **42**, 435 (1965). — [21] NARASIMHAN, P.T., and M.T. ROGERS: J. Chem. Phys. **31**, 1431 (1959). — [22] NARASIMHAN, P.T., and M.T. ROGERS: J.A.C.S. **82**, 34 (1960). — [23] NARASIMHAN, P.T., and M.T. ROGERS: J. Chem. Phys. **34**, 1049 (1961). — [24] STAFFORD, S.L., and J.D. BALDESCHWIELER: J.A.C.S. **83**, 4473 (1961). — [25] CAWLEY, S., and S.S. DANYLUK: Can. J. Chem. **41**, 1850 (1963). — [26] TZALMONA, A.: J. Mol. Phys. **7**, 497 (1964). — [27] SCHMIDBAUR, H.: Chem. Ber. **97**, 1639 (1964). — [28] MOORE, D.W., and J.A. HAPPE: J. Phys. Chem. **65**, 224 (1961). — [29] CLARK, H.C., J.T. KWON, L.W. REEVES, and E.J. WELLS: Can. J. Chem. **41**, 3005 (1963). — [30] MAIRE, J.C., et F. HEMMERT: Bull.

Tabelle 49

*Chemische Verschiebungen und Kopplungskonstanten von 2,2'-disubstituierten Äthylenen*

$$\begin{array}{c} {}_{(1)}H \\ {}_{(2)}H \end{array} C = C \begin{array}{c} R_{(4)} \\ R_{(3)} \end{array}$$

| $R_{(3)}$ | $R_{(4)}$ | $H_{(1)}$ | $H_{(2)}$ | $R_{(3)}$ | $R_{(4)}$ | $J_{12}$ | $J_{13}$ | $J_{14}$ | $J_{23}$ | $J_{24}$ | Lösungsmittel | Lit. |
|---|---|---|---|---|---|---|---|---|---|---|---|---|
| $CH_3$ | $CH_3$ | 5.41 | 5.41 | 8.30 | 8.30 | – | 1.25 | 1.25 | – | – | Cyclohex. TMS | a/b |
| $CH_3$ | $CH_3CH_2$ | 5.37 | 5.37 | 8.32 | 8.00 | – | – | – | – | – | – | c |
| $CH_3CH_2$ | $CH_3CH_2$ | 5.36 | 5.36 | 7.98 | 7.98 | – | – | – | – | – | – | c |
| $CH_3$ | $CH_2Cl$ | – | – | – | – | 1.6 | 0.85 | – | 1.5 | – | Cyclohex. | a |
| $CH_3$ | CHO | – | – | – | – | 1.1 | 1.0 | – | 1.6 | – | Cyclohex. | a |
| $CH_3$ | $OCOCH_3$ | – | – | – | – | 1.0 | 0.6 | – | 1.2 | – | Cyclohex. | a |
| $CH_3$ | CN | 4.07 | 4.08 | 8.11 | – | 0.9 | 1.2 | – | 1.7 | – | TMS | d |
| $CH_3$ | Cl | – | – | – | – | 1.25 | 0.65 | – | 1.38 | – | Cyclohex. | a |
| $CH_3$ | Br | 4.48 | 4.67 | 7.72 | – | 2.0 | 0.8 | – | 1.4 | – | Cyclohex. CDCl$_3$ | a/e |
| $CH_3$ | COOH | 3.70 | 4.28 | 8.03 | –1.57 | – | – | – | – | – | CDCl$_3$ | e |
| Cl | CN | 4.15 | 4.05 | – | – | 1.96 | – | – | – | – | TMS | f |
| $CH_3$ | $C_6H_5$ | 4.64 | 4.95 | 7.88 | – | – | – | – | – | – | CDCl$_3$ | e |
| Cl | $CH_2Cl$ | 4.58 | 4.41 | – | 5.85 | 1.9 | – | – | – | – | CDCl$_3$ | e/g |
| Methylencyclobutan | | 5.30 | 5.30 | 7.30 | $(8.08\beta)$ | – | – | – | – | – | CDCl$_3$ | e |
| Methylencyclopentan | | 5.18 | 5.30 | 7.78 | $(7.78\beta)$ | – | – | – | – | – | CDCl$_3$ | e |
| Methylencyclohexan | | 5.45 | – | – | – | – | – | – | – | – | CDCl$_3$ | e |

a WHIPPLE, E.B., J.H. GOLDSTEIN, and L. MANDELL: J.A.C.S. **82**, 3010 (1960).

b REDDY, G.S., and J.H. GOLDSTEIN: J. A. C. S. **83**, 2045 (1961).

c Nuclear Magnetic Resonance Spectral Data, American Petroleum Institute Texas: College Station.

d REDDY, G.S., J.H. GOLDSTEIN, and L. MANDELL: J. A. C. S. **83**, 1300 (1961).

e High-resolution Nuclear Magnetic Resonance Spectra Catalog (I), Varian Associates. California: Palo Alto.

f WATTS, V.S., G.S. REDDY, and J.H. GOLDSTEIN: J. Mol. Spec. **11**, 325 (1963).

g BOTHNER-BY, A.A., and C. NAAR-COLIN: J. A. C. S. **83**, 231 (1961).

Fortsetzung der Literatur von Seite 144

Soc. Chim. France 2785 (1960). — [31] LORBERTH, J., u. M.R. KULA: Chem. Ber. **97**, 3444 (1964). — [32] VLADIMIROFF, T., and E.R. MALINOWSKI: J. Chem. Phys. **42**, 441 (1965). — [33] KULA, M.R., E. AMBERGER, u. K.K. MAYER: Chem. Ber. **98**, 634 (1965). — [34] KULA, M.R., C.G. KREITER, u. J. LORBERTH: Chem. Ber. **97**, 1294 (1964). — [35] VAN DEN BERGHE, E.V., u. G.P. VAN DER KELEN: Ber. Bunsenges. Physik. Chem. **68**, 652 (1964). [36] DUFFY, R., J. FEENEY, and A.K. HOLLIDAY: J. Chem. Soc. 1144 (1962). — [37] COTTON, F.A., and J.R. LETO: J. A. C. S. **80**, 4823 (1958). — [38] EVANS, D.F., and J.P. MAHER: J. Chem. Soc. 5124 (1962). — [39] HATTON, J.V., W.G. SCHNEIDER, and W. SIEBRAND: J. Chem. Phys. **39**, 1330 (1963). — [40] DESSY, R.E., T.J. FLAUT, H.H. JAFFÉ, and G.F. REYNOLDS: J. Chem. Phys. **30**, 1422 (1959). — [41] MAHER, J.P., and D.F. EVANS: Proc. Chem. Soc. 176 (1963). — [42] MAHER, J.P., and D.F. EVANS: J. Chem. Soc. 5534 (1963). — [43] HATTON, J.V.: J. Chem. Phys. **40**, 933 (1964).

## V. 12. Ungesättigte Verbindungen

*Chemische Verschiebungen*

Die Kernresonanzspektroskopie ungesättigter Verbindungen ist ein sehr interessantes und vielfach untersuchtes Gebiet. Wegen der Fülle des vorliegenden Untersuchungsmaterials können die Ergebnisse hier nur auszugsweise wiedergegeben werden. Die Banden olefinischer Protonen in Verbindungen mit nur einer Doppelbindung liegen im allgemeinen zwischen $\tau = 3.5$ und $5.5$. In den Tab. 48—52 sind die chemischen Verschiebungen einer Reihe von einfach, zweifach und dreifach substituierten Äthylenen zusammengestellt. Der Einfluß von Substituenten ist weniger übersichtlich als bei aliphatischen Verbindungen, doch lassen sich aus dem vorliegenden Material einige Regeln ableiten. Die Resonanzlinie des unsubstituierten Äthylens liegt bei $\tau = 4.71$. Wird eines der Protonen durch eine

Tabelle 50. *Chemische Verschiebungen und Kopplungskonstanten von cis-Olefinen*

$$\substack{(1)H \\ \phantom{} \\ (2)R} \diagdown \diagup \substack{H(4) \\ \phantom{} \\ R(3)} \quad C = C$$

| $R_{(2)}$ | $R_{(3)}$ | $H_{(1)}$ | $H_{(4)}$ | $R_{(2)}$ | $R_{(3)}$ | $J_{12}$ | $J_{13}$ | $J_{14}$ | $J_{23}$ | $J_{24}$ | Lösungs-mittel | Lit. |
|---|---|---|---|---|---|---|---|---|---|---|---|---|
| $CH_3$ | $CH_2CH_3$ | 4.72 | 4.72 | 8.43 | 7.98 | 5.0 | – | – | – | – | – | a |
| $CH_3$ | $CH_3$ | 4.67 | 4.67 | – | – | – | – | – | – | – | TMS | b |
| $CH_3$ | Cl | 4.27 | 4.22 | – | – | – | – | – | – | – | TMS | b |
| $CH_3$ | CN | 3.73 | 4.86 | 8.05 | – | 6.8 | – | 11.0 | – | 1.4 | TMS | c |
| $C_6H_5$ | COOH | – | – | – | – | – | – | 12.3 | – | – | – | d |
| $C_6H_5$ | $C_6H_5$ | 3.45 | 3.45 | – | – | – | – | – | – | – | $CDCl_3$ | e |
| COOEt | COOEt | 3.72 | 3.72 | – | – | – | – | – | – | – | $CDCl_3$ | e |
| $CH_2Cl$ | Cl | – | – | – | – | 7.3 | – | 7.1 | – | –1.2 | – | f |


[a] Nuclear Magnetic Resonance Spectral Data, American Petroleum Institute Texas: College Station.
[b] REDDY, G.S., and J.H. GOLDSTEIN: J. A. C. S. **83**, 2045 (1961).
[c] —, J.H. GOLDSTEIN, and L. MANDELL: J. A. C. S. **83**, 1300 (1961).
[d] BISHOP, E.O., and R.E. RICHARDS: J. Mol. Phys. **3**, 114 (1960).
[e] High-resolution Nuclear Magnetic Resonance Spectra Catalog (I), Varian Associates. California: Palo Alto.
[f] BOTHNER-BY, A.A., and C. NAAR-COLIN: J. A. C. S. **83**, 231 (1961).


Methylgruppe ersetzt, so verschiebt sich das Signal des $a$-Protons um 0.4 ppm nach tieferem Feld, diejenigen der $\beta$-Protonen nach höherem Feld (das transständige um 0.4 ppm, das cisständige um 0.3 ppm). Die höhere Abschirmung der $\beta$-Protonen ist vermutlich eine Wirkung der Hyperkonjugation, die geringere des $a$-Protons wird durch die Anisotropie der C—C-Bindung verursacht. Die gleichen Effekte werden auch durch andere Alkylgruppen hervorgerufen, und sie treten ebenfalls in substituierten Äthylenen auf, doch hängt die Größe der Verschiebung vom Zweitsubstituenten ab. Diese Effekte gestatten eine Berechnung des Einflusses von

Tabelle 51. *Chemische Verschiebungen und Kopplungskonstanten von trans-Olefinen*

$$\text{(1)}H \diagdown \qquad \diagup R_{(4)} \atop C = C$$
$$\text{(2)}R \diagup \qquad \diagdown H_{(3)}$$

| $R_{(2)}$ | $R_{(4)}$ | $H_{(1)}$ | $H_{(3)}$ | $R_{(2)}$ | $R_{(4)}$ | $J_{12}$ | $J_{13}$ | $J_{14}$ | $J_{23}$ | $J_{34}$ | Lösungs-mittel | Lit. |
|---|---|---|---|---|---|---|---|---|---|---|---|---|
| $CH_3$ | $CH_3$ | 4.74 | 4.74 | – | – | – | – | – | – | – | TMS | a |
| $CH_3$ | $CH_2CH_3$ | 4.70 | 4.70 | 8.35 | 8.08 | – | – | – | – | – | – | b |
| $CH_3$ | CN | 3.47 | 4.78 | 8.20 | – | 6.7 | 16.0 | – | 1.5 | – | TMS | c |
| $CH_2Cl$ | Cl | – | – | – | – | 7.1 | 13.1 | – | 0.5 | – | – | d |
| $CH_3$ | COOH | 2.90 | 4.17 | 8.10 | –2.18 | – | – | – | – | – | $CDCl_3$ | e |
| $CH_3$ | CHO | 3.13 | 3.97 | 7.97 | 0.52 | – | – | – | – | – | $CDCl_3$ | e |
| $C_6H_5$ | COOH | 2.17 | 3.54 | – | –3.21 | – | 15.8 | – | – | – | $CDCl_3$ | e |
| $C_6H_5$ | Br | – | – | – | – | – | 14.5 | – | – | – | – | f |
| $C_6H_5$ | $NO_2$ | 3.72 | 3.92 | 8.17 | – | – | 14.0 | – | – | – | $CDCl_3$ | e/f |
| $C_6H_5$ | $C_6H_5$ | 2.90 | 2.90 | – | – | – | – | – | – | – | $CDCl_3$ | e |

[a] REDDY, G.S., and J.H. GOLDSTEIN: J. A. C. S. **83**, 2045 (1961).
[b] Nuclear Magnetic Resonance Spectral Data, American Petroleum Institute Texas: College Station.
[c] REDDY, G.S., J.H. GOLDSTEIN, and L. MANDELL: J. A. C. S. **83**, 1300 (1961).
[d] BOTHNER-BY, A.A., and C. NAAR-COLIN: J. A. C. S. **83**, 231 (1961).
[e] High-resolution Nuclear Magnetic Resonance Spectra Catalog (I), Varian Associates. California: Palo Alto.
[f] BISHOP, E.O., and R.E. RICHARDS: J. Mol. Phys. **3**, 114 (1960).

Tabelle 52. *Chemische Verschiebungen von dreifach substituierten Äthylenen*

$$H \diagdown \qquad \diagup R_{(4)} \atop C = C$$
$$\text{(2)}R \diagup \qquad \diagdown R_{(3)}$$

| $R_{(2)}$ | $R_{(3)}$ | $R_{(4)}$ | H | $R_{(2)}$ | $R_{(3)}$ | $R_{(4)}$ | Lösungs-mittel | Lit. |
|---|---|---|---|---|---|---|---|---|
| $CH_3$ | $CH_3$ | $CH_3$ | 4.89 | 8.43 | – | – | – | a |
| $CH[C(CH_3)_3]_2$ | $CH_3$ | $CH_3$ | 4.79 | 8.12 | 8.28 | 8.44 | $CCl_4$ | b |
| COOH | $CH_3$ | $CH_3$ | 4.28 | –1.95 | 7.82 | 8.07 | $CDCl_3$ | c |
| Cl | $CH_3$ | $CH_3$ | 4.23 | – | 8.23 | 8.23 | $CDCl_3$ | c |
| COOH | $CH_3$ | Cl | 3.90 | –1.82 | 7.42 | – | $CDCl_3$ | c |
| $CH_3$ | COOH | $CH_3$ | 3.82 | 7.94 | –2.75 | 8.10 | – | d |
| $CH_3$ | $CH_3$ | COOH | 3.03 | 8.13 | 8.13 | –2.62 | – | d |
| $C_6H_5$ | CN | CN | 1.89 | – | – | – | $CDCl_3$ | c |

[a] Nuclear Magnetic Resonance Spectral Data, American Petroleum Institute Texas: College Station.
[b] BOTHNER-BY, A.A., C. NAAR-COLIN, and H. GÜNTHER: J. A. C. S. **84**, 2748 (1962).
[c] High-resolution Nuclear Magnetic Resonance Spectra Catalog (I), Varian Associates. California: Palo Alto.
[d] FRASER, R.R.: Can. J. Chem. **38**, 549 (1960).

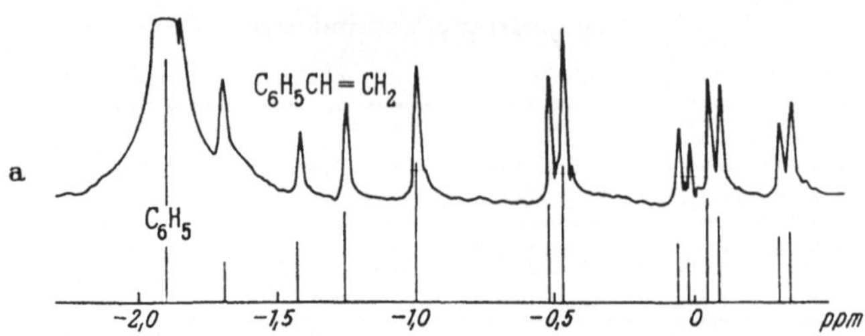
a
C_6H_5CH=CH_2
C_6H_5
-2,0   -1,5   -1,0   -0,5   0   ppm

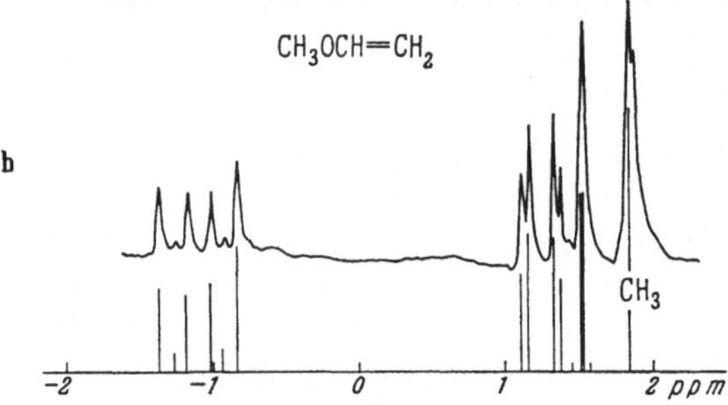
b
CH_3OCH=CH_2
CH_3
-2   -1   0   1   2 ppm

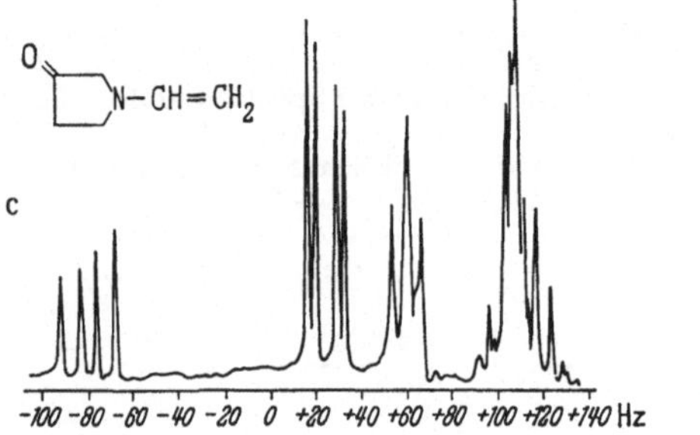
c
O
N-CH=CH_2
-100 -80 -60 -40 -20 0 +20 +40 +60 +80 +100 +120 +140 Hz

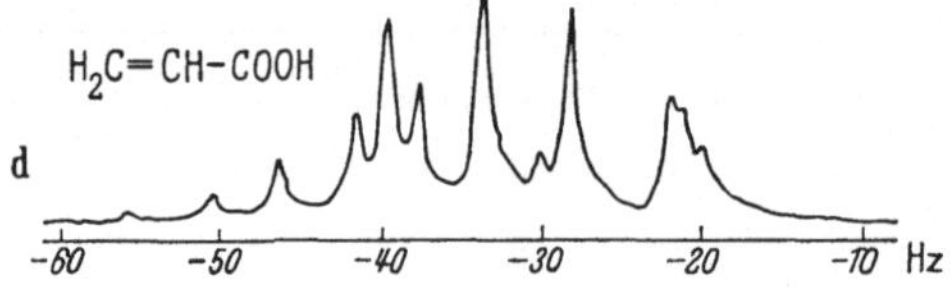
d
H_2C=CH-COOH
-60   -50   -40   -30   -20   -10 Hz

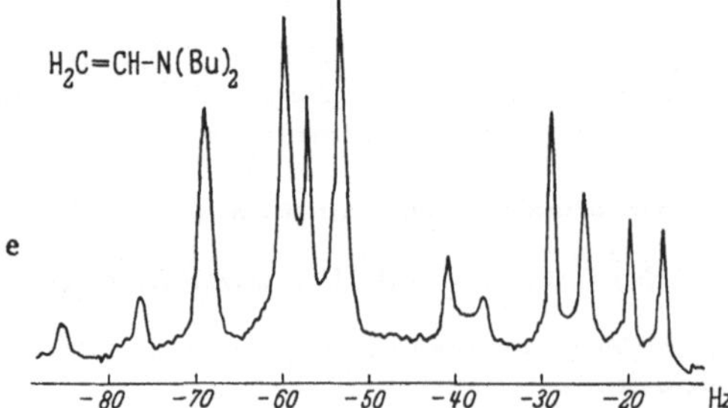
e
H_2C=CH-N(Bu)_2
-80   -70   -60   -50   -40   -30   -20 Hz

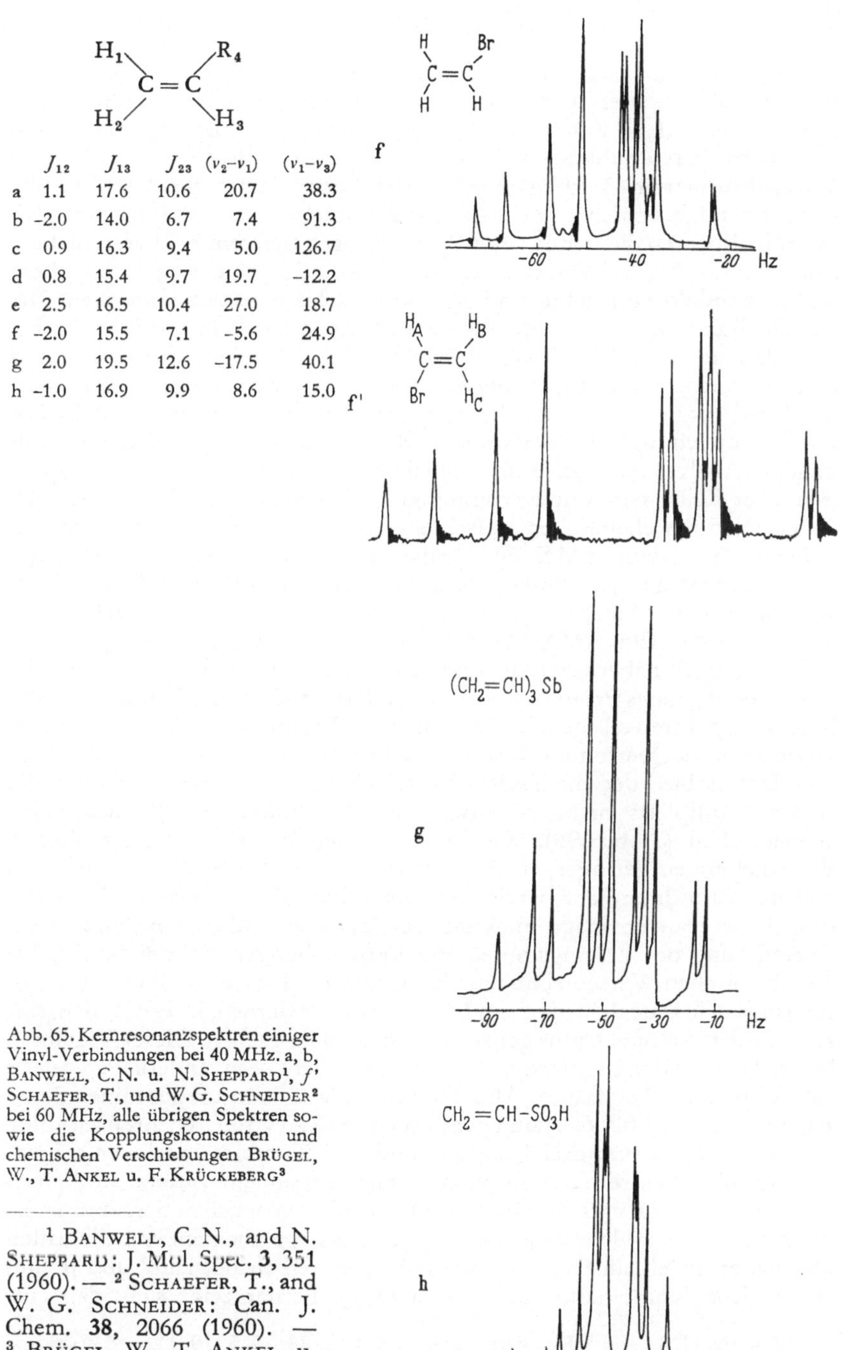



|   | $J_{12}$ | $J_{13}$ | $J_{23}$ | $(\nu_2-\nu_1)$ | $(\nu_1-\nu_3)$ |
|---|---|---|---|---|---|
| a | 1.1 | 17.6 | 10.6 | 20.7 | 38.3 |
| b | -2.0 | 14.0 | 6.7 | 7.4 | 91.3 |
| c | 0.9 | 16.3 | 9.4 | 5.0 | 126.7 |
| d | 0.8 | 15.4 | 9.7 | 19.7 | -12.2 |
| e | 2.5 | 16.5 | 10.4 | 27.0 | 18.7 |
| f | -2.0 | 15.5 | 7.1 | -5.6 | 24.9 |
| g | 2.0 | 19.5 | 12.6 | -17.5 | 40.1 |
| h | -1.0 | 16.9 | 9.9 | 8.6 | 15.0 |

Abb. 65. Kernresonanzspektren einiger Vinyl-Verbindungen bei 40 MHz. a, b, BANWELL, C. N. u. N. SHEPPARD[1], f' SCHAEFER, T., und W. G. SCHNEIDER[2] bei 60 MHz, alle übrigen Spektren sowie die Kopplungskonstanten und chemischen Verschiebungen BRÜGEL, W., T. ANKEL u. F. KRÜCKEBERG[3]


[1] BANWELL, C. N., and N. SHEPPARD: J. Mol. Spec. 3, 351 (1960). — [2] SCHAEFER, T., and W. G. SCHNEIDER: Can. J. Chem. 38, 2066 (1960). — [3] BRÜGEL, W., T. ANKEL, u. F. KRÜCKEBERG: Z. Elektrochem. 64, 1121 (1960).

Alkylsubstituenten auf die Bandenlage der olefinischen Protonen[1]. Bei anderen Substituenten wurde keine derartige Konstanz der Substituenteneinflüsse gefunden. Oft ist die Richtung der Verschiebung, die durch einen bestimmten Substituenten hervorgerufen wird, in einfach und mehrfach substituierten Verbindungen gleich, doch unterscheiden sich die Absolutbeträge. In den untersuchten Verbindungen wurde beobachtet, daß alle Substituenten die Bande der $\alpha$-Protonen nach tieferem Feld verschieben. Über die Größe der Verschiebungen lassen sich keine Regeln angeben, weil hier induktive Effekte und Anisotropieeffekte zusammenwirken. Die Verschiebung der $\beta$-Protonensignale nach höherem Feld wird, außer bei Alkylderivaten, auch bei vielen Sauerstoff-, Schwefel-, Stickstoff- und Fluorderivaten gefunden, wobei der Effekt im allgemeinen auf das transständige Proton größer ist. Die Spektren einfach substituierter Äthylene sind linienreich und oft überlappen sich einzelne Banden, so daß eine vollständige Analyse des Spektrums schwierig wird. In Abb. 65 sind die Spektren einer Reihe von Vinylverbindungen wiedergegeben, die sich, je nach Unterschied der chemischen Verschiebungen, stark unterscheiden. Im einfachsten Fall, dem AMX-Typ, gäbe jedes Proton ein symmetrisches Quartettsignal. Durch Spinkopplung mit dem Substituenten (z. B. Alkyl) können weitere Aufspaltungen auftreten, die hier nicht berücksichtigt werden sollen. Ein AMX-Spektrum wird bei Vinylverbindungen nicht gefunden, doch nähern sich manche dem ABX-Fall, bei dem die chemische Verschiebung eines Protons wesentlich anders ist als die der beiden anderen. In diesen Spektren erscheint das Signal des X-Protons als mehr oder weniger symmetrisches Quartett (Abb. 60a, b, c). Das Signal der AB-Protonen hängt vom Unterschied der chemischen Verschiebungen ab. Überlappen sich die beiden Multipletts nicht, so macht die Zuordnung der Banden keine Schwierigkeit (Abb. 60a). Werden die Unterschiede in den chemischen Verschiebungen geringer, so findet man ein ABC-System (Abb. 60d—h), und eine Zuordnung der Banden ist schwieriger. Durch teilweise Deuterierung kann man derartige Spektren vereinfachen[2], oder man kann durch Veränderung des Lösungsmittels die Verschiebungen beeinflussen[3, 4]. Da die chemischen Verschiebungen der einzelnen Protonen durch das Lösungsmittel in unterschiedlichem Maße verändert werden, ist es möglich, einzelne Linien des Spektrums gegeneinander zu verschieben. Dieses Verfahren ist von besonderem Interesse, wenn alle Linien dicht beieinanderliegen, wie es das Beispiel der Acrylsäure (Abb. 66) zeigt. Das Spektrum der reinen Säure zeigt 13 Linien (Abb. 66a) und gehört dem ABC-Typ an. Theoretisch sollte ein solches Spektrum drei Quartetts und drei Kombinationslinien zeigen. Werden die Spektren der Acrylsäure mit steigendem Zusatz an Benzol aufgenommen, so verschieben sich die Banden gegeneinander, und es ist leicht zu sehen, welche Banden ihre relative Lage zueinander beibehalten und daher zu einem Quartett zusammengehören (bcde, fhik' und jk"lm) und welche Kombinationslinien sind (a, g). Ferner zeigt sich, daß eine

[1] REDDY, G. S., and J. H. GOLDSTEIN: J. A. C. S. 83, 2045 (1961). — [2] WHIPPLE, E. B., E. W. STEWART, G. S. REDDY, and J. H. GOLDSTEIN: J. Chem. Phys. 34, 2136 (1961). — [3] SCHAEFER, T., and W. G. SCHNEIDER: Can. J. Chem. 38, 2066 (1960). — [4] ARATA, Y., H. SHIMIZU, and S. FUJIWARA: J. Chem. Phys. 36, 1951 (1962).

Linie, die im ursprünglichen Spektrum als Einzelbande erschien, beim Verdünnen mit Benzol in zwei Linien aufspaltet (k' und k''). Neben der

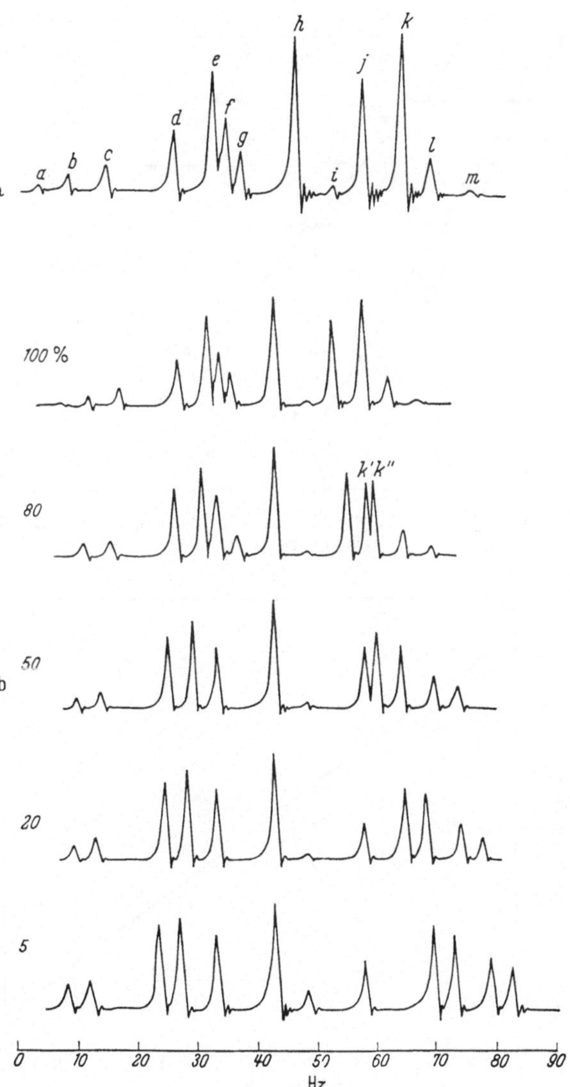

Abb. 66. Spektrum von Acrylsäure in Gemischen mit Benzol (die Zahlen geben Volumprozente des Aromaten) bei 56.4 MHz[1]

Aufnahme der Spektren in Benzol empfiehlt sich auch die Verwendung von polaren Lösungsmitteln, wie Aceton oder Acetonitril, in denen oft Verschiebungen in anderer Richtung auftreten. Eine weitere Möglichkeit, die

[1] ARATA, Y., H. SHIMIZU, and S. FUJIWARA: J. Chem. Phys. **36**, 1951 (1962).

Analyse der Spektren zu erleichtern, besteht in der Verwendung höherer Feldstärken. Die Abb. 65f und f' zeigen Spektren von Vinylbromid bei

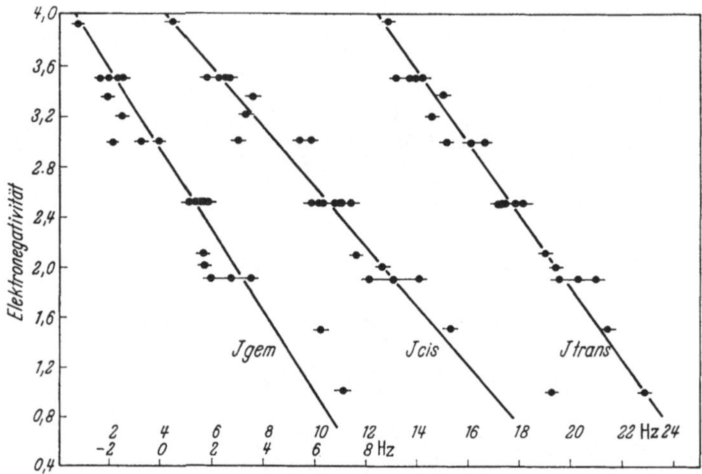


Abb. 67. Kopplungskonstanten bei Vinylverbindungen in Abhängigkeit von der Elektronegativität des angrenzenden Atoms[1]

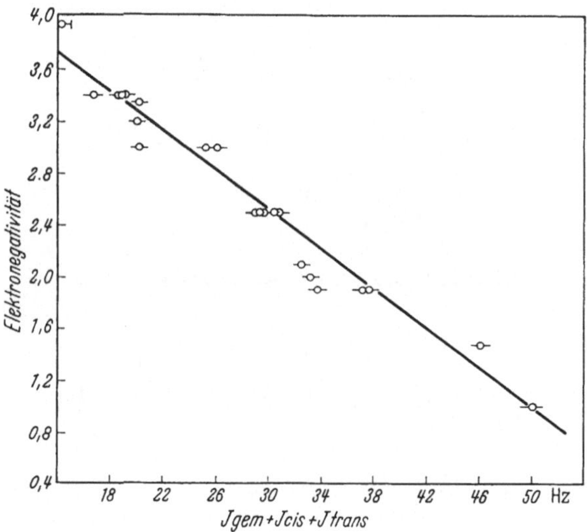


Abb. 68. Summe der Kopplungskonstanten in Vinylverbindungen, aufgetragen gegen die Elektronegativität des angrenzenden Atoms[1]

40 und 60 MHz. Bei der höheren Frequenz nähert sich das Spektrum dem ABX-Typ und ist wesentlich leichter zu deuten.

[1] SCHAEFER, T.: Can. J. Chem. **40**, 1 (1962).

### *Kopplungskonstanten*

Eine große Hilfe bei der Analyse der Spektren bieten die Kopplungskonstanten. Die drei Kopplungskonstanten in Vinylverbindungen, $J_{trans}$, $J_{cis}$ und $J_{geminal}$, sind von BRÜGEL, ANKEL und KRÜCKEBERG[1] für eine Reihe von Verbindungen bestimmt worden. Neben dieser ausführlichen Arbeit liegen noch eine große Anzahl von Einzeluntersuchungen[2-27] vor. In den Tab. 48—51 sind die drei Kopplungskonstanten, die bei Vinylverbindungen und disubstituierten Äthylenen gefunden wurden, bei den jeweiligen Verbindungen angegeben. Die Zusammenstellungen zeigen, daß die Konstanten in der Reihenfolge $J_{trans} > J_{cis} > J_{gem}$ abfallen und daß in den meisten Fällen Werte von $J_{trans} = 14$—18, $J_{cis} = 7$—10 und $J_{gem} = -2$ bis $+2$ Hz gefunden werden. Eine genauere Betrachtung der Tabellen gibt in einzelnen Fällen allerdings auch stark abweichende Werte ($J_{trans}$ bis 24 Hz, $J_{cis}$ 5 und 19 Hz, $J_{gem}$ 7 Hz). Das umfangreiche Tatsachenmaterial, das über die Kopplungskonstanten vorliegt, nimmt übersichtlichere Formen an, wenn man die Gesetzmäßigkeiten betrachtet, die ihnen zugrunde liegen. Zwischen den drei Kopplungskonstanten bestehen nämlich einfache Zusammenhänge. Ist die Konstante $J_{trans}$ groß, so sind es auch die beiden anderen, ist sie klein, so ist auch $J_{cis}$ klein und $J_{gem}$ klein oder negativ. Trägt man die drei Kopplungskonstanten gegen die Elektronegativität des Atoms in Nachbarstellung zur Vinylgruppe auf, so liegen die Werte auf drei annähernd parallelen Geraden[9,28,29] (Abb. 67). Noch genauer wird der Zusammenhang mit der Elektronegativität von der Summe $J_{trans} + J_{cis} + J_{gem}$ erfüllt, einmal, weil sich hierbei die Meßfehler teilweise aufheben und zum anderen, weil diese Größe vielen Spektren ohne vollständige Analyse entnommen werden kann[6] (Abb. 68). In beiden Darstellungen sind nur die

[1] BRÜGEL, W., T. ANKEL u. F. KRÜCKEBERG: Z. Elektrochem. **64**, 1121 (1960). — [2] REDDY, G. S., and J. H. GOLDSTEIN: J. A. C. S. **83**, 2045 (1961). — [3] BOTHNER-BY, A. A., and C. NAAR-COLIN: J. A. C. S. **83**, 231 (1961). — [4] BOTHNER-BY, A. A., C. NAAR-COLIN, and H. GÜNTHER: J. A. C. S. **84**, 2748 (1962). — [5] CASTELLANO, S., and J. S. WAUGH: J. Chem. Phys. **34**, 295 (1961). — [6] CASTELLANO, S., and J. S. WAUGH: J. Chem. Phys. **37**, 1951 (1962). — [7] JOHNSON, Jr., C. S., M. A. WEINER, J. S. WAUGH, and D. SEYFERTH: J. A. C. S. **83**, 1306 (1961). — [8] BISHOP, E. O., and R. E. RICHARDS: J. Mol. Phys. **3**, 114 (1960). — [9] BANWELL, C. N., and N. SHEPPARD: J. Mol. Phys. **3**, 351 (1960). — [10] REDDY, G. S., J. H. GOLDSTEIN, and L. MANDELL: J. A. C. S. **83**, 1300 (1961). — [11] ALEXANDER, S.: J. Chem. Phys. **28**, 358 (1958). — [12] REDDY, G. S., C. E. BOOZER, and J. H. GOLDSTEIN: J. Chem. Phys. **34**, 700 (1961). — [13] MORTIMER, F. S.: J. Mol. Spec. **3**, 335 (1959). — [14] COHEN, A. D., and N. SHEPPARD: Proc. Roy. Soc. (London) **A 252**, 488 (1959). — [15] BANWELL, C. N., N. SHEPPARD, and J. J. TURNER: Spectrochim. Acta **16**, 794 (1960). — [16] FESSENDEN, R. W., and J. S. WAUGH: J. Chem. Phys. **30**, 944 (1959). — [17] HOBGOOD, R. T., G. S. REDDY, and J. H. GOLDSTEIN: J. Phys. Chem. **67**, 110 (1963). — [18] CASTELLANO, S., and G. CAPARICCIO: J. Chem. Phys. **36**, 566 (1962). — [19] FREEMAN, R.: J. Chem. Phys. **40**, 3571 (1964). — [20] MOORE, D. W., and J. A. HAPPE: J. Phys. Chem. **65**, 224 (1961). — [21] BASKOV, Y. V., T. URBANSKI, M. WITANOWSKI, and L. STEFANIAK: TII **20**, 1519 (1964). — [22] DE WOLF, M. Y., and J. D. BALDESCHWIELER: J. Mol. Spec. **13**, 344 (1964). — [23] FORSEN, S., and R. A. HOFFMAN: Acta Chem. Scand. **18**, 249 (1964). — [24] LASZLO, P., et R. v. RAGUÉ SCHLEYER: Bull. Soc. Chim. France **1**, 87 (1964). — [25] PIZEY, J. S., and W. E. TRUCE: J. Chem. Soc. (London), 865 (1964). — [26] SCHAEFER, T., and T. YONEMOTO: Can. J. Chem. **42**, 2318 (1964). — [27] WELLS, P. R., W. KITCHING, and R. F. HENZELL: THL 1029 (1964). — [28] WAUGH, J. S., and S. CASTELLANO: J. Chem. Phys. **35**, 1900 (1961). — [29] SCHAEFER, T.: Can. J. Chem. **40**, 1 (1962).

Tabelle 53. *Chemische Verschiebungen und Kopplungskonstanten in Butadienen*

$$\begin{array}{c}
H_B\diagdown\qquad\diagup H_A\\
C=C\\
H_C\diagup\qquad\diagdown\ H_{C'}\\
C=C\\
H_{A'}\diagup\qquad\diagdown H_{B'}
\end{array}$$

|  |  | $A'=$ $CH_3O$ | $A'=$ $(CH_3)_3C$ | $A'=Cl$ $A=Cl$ | $A'=CH_3$ $A=CH_3$ | $C=CO-R$ $A=CH_3$ | $B=COOH$ $B'=COOH$ | $C=CH_3$ $B'=COOH$ |
|---|---|---|---|---|---|---|---|---|
| $A$ | 3.74 | 3.96 | 3.66 | – | (8.13) | – | 2.66 d | |
| $A'$ | 3.74 | (6.41) | (8.93) | – | (8.13) | 2.16 | 2.66 d | 2.64 |
| $B$ | 4.95 | 4.99 | 5.07 | 5.85 | 5.10 | 3.93 | – | |
| $B'$ | 4.95 | 5.93 | 5.03 | 5.85 | 5.10 | 4.66 | – | (–2.03) |
| $C$ | 4.84 | 4.52 | 4.69 | 4.56 | 5.02 | – | 3.79 d | (8.13) |
| $C'$ | 4.84 | 5.96 | 5.25 | 4.56 | 5.02 | 4.46 | 3.79 d | 4.21 |
| $J_{AA'}$ | 10.41 | – | – | – | – | – | 11.7 | – |
| $J_{AB}$ | 10.17 | 10.82 | 10.80 | – | – | – | – | – |
| $J_{AB'}$ | –0.86 | 0.00 | $+1.00$ | – | – | – | – | – |
| $J_{AC}$ | 17.05 | 17.27 | 17.00 | – | – | – | 15.79 | – |
| $J_{AC'}$ | –0.83 | 0.00 | $+0.40$ | – | – | – | –0.71 | – |
| $J_{A'B}$ | –0.86 | – | – | – | – | $\pm0.55$ | – | – |
| $J_{A'B'}$ | 10.17 | – | – | – | – | 10.86 | – | – |
| $J_{A'C}$ | –0.83 | – | – | – | – | – | –0.71 | – |
| $J_{A'C'}$ | 17.05 | – | – | – | – | 17.73 | 15.79 | – |
| $J_{BB'}$ | 1.30 | 1.50 | 0.00 | 1.90 | – | $\pm1.59$ | – | – |
| $J_{BC}$ | 1.74 | 1.87 | 2.30 | –1.70 | – | – | – | – |
| $J_{BC'}$ | 0.60 | 0.57 | 0.00 | 0.55 | – | $\pm0.59$ | – | – |
| $J_{B'C}$ | 0.60 | 0.51 | 0.00 | 0.55 | – | – | – | – |
| $J_{B'C'}$ | 1.74 | –1.90 | 1.70 | –1.70 | – | 1.34 | – | – |
| $J_{CC'}$ | 0.69 | 0.51 | 0.00 | 0.59 | – | – | 0.5 | – |
| Lit. | a | a | a | a | a | b | b/d | c |

Lösungsmittel: a) kein, b) kein, c) $CDCl_3$, d) $CCl_4$

---

[a] HOBGOOD, R.T., and J.H. GOLDSTEIN: J. Mol. Spec. **12**, 76 (1964).
[b] BISHOP, E.O., and J.I. MUSHER: J. Mol. Phys. **6**, 621 (1963).
[c] High-resolution Nuclear Magnetic Resonance Spectra Catalog (2), Varian Associates. California: Palo Alto.
[d] ELVIDGE, J.A., and L.M. JACKMAN: Proc. Chem. Soc. 89 (1959) (für Dimethylester).

Elektronegativitäten der Nachbaratome berücksichtigt worden und das Ergebnis zeigt, daß auch nur sie ausschlaggebend sind. Diese Feststellung erleichtert die Analyse unbekannter Olefine sehr wesentlich. Liegt etwa eine C—Vinylverbindung vor, so sind die ungefähren Werte der Kopplungskonstanten bekannt (etwa 17, 10 und 1). Lassen sich andererseits dem Spektrum die Kopplungskonstanten entnehmen, so kann man entscheiden, mit welchem Atom die Vinylgruppe verbunden ist. Schließlich bietet sich mit dieser Gesetzmäßigkeit eine einfache Möglichkeit, die bei der Analyse eines Spektrums gefundenen Ergebnisse nachzuprüfen*.

---

* Die Beobachtung von REDDY u. GOLDSTEIN[1], daß die Summe der Kopplungskonstanten entweder 20 oder 30 Hz beträgt, wurde an einer verhältnismäßig kleinen Anzahl von Verbindungen gewonnen. Untersuchungen an zahlreichen Vinylverbindungen ergaben Werte von 14—50 Hz.

[1] REDDY, G.S., and J.H. GOLDSTEIN: J. Chem. Phys. **35**, 380 (1961).

Ein weiterer Zusammenhang besteht zwischen $J_{gem}$ und dem Winkel H—C—H[1-3]. Da die Winkel aber nur in wenigen Fällen bekannt sind, hat diese Beziehung für die Analyse von Spektren keine Bedeutung. Die Größe der Kopplungskonstanten zwischen einem olefinischen und einem benachbarten Alkylproton (—CH—CH=) hängt von der räumlichen Anordnung der beiden Protonen ab. Der höchste Wert tritt bei trans-Stellung auf (etwa 11.5), der kleinste, wenn die beiden Protonen in gauche-Stellung stehen[4]. Bei Propen und vielen Propenderivaten sind alle Rotationsisomeren gleichberechtigt und die Kopplungskonstante besitzt einen mittleren Wert von 6.5—7.5 Hz. Bei sperrigen Substituenten wird dasjenige Rotationsisomere bevorzugt, bei dem die geringste Hinderung auftritt (Stellung der beiden Protonen trans) und man findet andere Werte für die Kopplungskonstanten. So wurde z. B. im 3,3-Di-t-butylpropen-1 eine Kopplungskonstante von 10.65 Hz beobachtet. Eine geringe Lösungsmittelabhängigkeit für $J_{gem}$ wurde beim $\alpha$-Chloracrylnitril beobachtet, bei dem der Wert von 1.96 Hz in Cyclohexan auf 3.24 Hz in Dimethylsulfoxyd ansteigt[5-7]. Auch bei Verbindungen vom Typ $H_2C{=}CY{—}CH_2X$ zeigt die Alkylkopplung eine Abhängigkeit vom Lösungsmittel[8]. Die Spektren von Verbindungen mit mehreren Doppelbindungen sind linienreich und daher oft schwer zu analysieren. In einigen Fällen ist es gelungen, die Kopplungskonstanten und chemischen Verschiebungen von Verbindungen mit konjugierten Doppelbindungen durch Vergleich mit substituierten Verbindungen oder durch teilweise Deuterierung zu bestimmen[9-11]. Die bei diesen Untersuchungen gefundenen Werte sind in Tab. 53 zusammengestellt. Verglichen mit Äthylen und seinen Derivaten sind die Signale der Protonen im inneren einer Dienkette um etwa 1 ppm nach tieferem Feld verschoben. Die Bandenlagen für Protonen am Ende des Diensystems sind bei alkylsubstituierten Butadienen denen der Vinylverbindungen ähnlich, bei andersartigen Substituenten treten Abweichungen in beiden Richtungen auf. Die Spektren einiger Cyaninfarbstoffe mit längeren Ketten konjugierter Doppelbindungen sind ebenfalls beschrieben worden[12,13].

Die Spektren von Allenen[14-17] sind verhältnismäßig einfach (Tab. 54). Die Kopplungskonstante $J_{-HC=C=CH-}$ beträgt etwa 6 Hz und ist vermutlich negativ, $J_{-HC=C=C-CH}$ beträgt 2—3 Hz und ist positiv.

[1] KARPLUS, M., and D. H. ANDERSON: J. Chem. Phys. 30, 6 (1958). — [2] GUTOWSKY, H.S., M. KARPLUS, and D.M. GRANT: J. Chem. Phys. 31, 1278 (1959). — [3] BANWELL, C.N., and N. SHEPPARD: J. Mol. Phys. 3, 351 (1960). — [4] BOTHNER-BY, A. A., and C. NAAR-COLIN: J. A. C. S. 84, 2748 (1962). — [5] WATTS, V.S., G. S. REDDY, and J.H. GOLDSTEIN: J. Mol. Spec. 11, 325 (1963). — [6] BATES, P., S. CAWLEY, and S.S. DANYLUCK: J. Chem. Phys. 40, 2415 (1964). — [7] WATTS, V.S., J.H. GOLDSTEIN: J. Chem. Phys. 42, 228 (1965). — [8] WHIPPLE, E.B., J.H. GOLDSTEIN, and G.R. McCLURE: J. A. C. S. 82, 3812 (1960). — [9] ELVIDGE, J.A., and L.M. JACKMAN: Proc. Chem. Soc. 89 (1959). — [10] BISHOP, E.O., and J.I. MUSHER: J. Mol. Phys. 6, 621 (1963). — [11] HOBGOOD, R.T., and J.H. GOLDSTEIN: J. Mol. Spec. 12, 76 (1964). — [12] FRIEDRICH, H. J.: Z. Angew. Chem. 75, 298 (1963). — [13] SCHEIBE, G., W. SEIFERT, H. WENGENMAYR u. C. JUTZ: Ber. Bunsenges. phys. Chem. 67, 560 (1963). — [14] WHIPPLE, E.B., J. H. GOLDSTEIN, and W. E. STEWART: J. A. C. S. 81, 4761 (1959). — [15] WHIPPLE, E. B., J. H. GOLDSTEIN, and L. MANDELL: J. Chem. Phys. 30, 1109 (1959). — [16] MANATT, S. L., and D.D. ELLEMAN: J. A. C. S. 84, 1579 (1962). — [17] WALZ, H., u. P. KURTZ: Z. Naturforsch. 18b, 334 (1963).

## Cycloolefine

Die Spektren von Cycloolefinen sind denen offenkettiger Verbindungen ähnlich. In kleinen und mittleren Ringen können die olefinischen Protonen nur in cis-Stellung zueinander stehen und man findet daher nur eine Kopplungskonstante. An einer großen Zahl einfacher und substituierter Cycloolefine wurde beobachtet, daß sie von der Ringgröße abhängt[1-4] und zwar findet man in

| | |
|---|---|
| Dreiringen | 0.5— 1.5 Hz |
| Vierringen | 2.5— 3.7 Hz |
| Fünfringen | 5.4— 7.0 Hz |
| Sechsringen | 9.9—10.5 Hz |
| Siebenringen | 9.7—12.5 Hz |
| Achtringen | 11.8—12.8 Hz. |

Tabelle 54. *Chemische Verschiebungen und Kopplungskonstanten in Allenen*

$$\text{(1)}H{\diagdown}\atop\text{(2)}H{\diagup}\quad C=C=C\quad {\diagup}H\text{(3)}\atop{\diagdown}H\text{(4)}$$

| Verbindung | $H_{(1)}$ | $H_{(4)}$ | $J_{H(1)-H(3)}$ | $J_{H(1)-CH_3}$ | $J_{H(3)-CH_3}$ | Lösungsmittel | Lit. |
|---|---|---|---|---|---|---|---|
| $H_2C{=}C{=}CH_2$ | 5.33 | 5.33 | $\pm$ 7.0 | – | – | $CCl_4$ Cyclohex. | a/b |
| $H_2C{=}C{=}CHCl$ | 4.85 | 4.16 | $\pm$ 6.1 | – | – | Cyclohex. | c |
| $H_2C{=}C{=}CHBr$ | 5.05 | 4.03 | $\pm$ 6.1 | – | – | Cyclohex. | c |
| $H_2C{=}C{=}CHJ$ | 5.41 | 4.25 | $\pm$ 6.3 | – | – | Cyclohex. | c |
| $CH_3CH{=}C{=}CHCl$ | 4.47 | 4.07 | — 5.8 | 7.2 | 2.4 | kein | d |
| $(CH_3)_2C{=}C{=}CHCl$ | – | – | – | – | 2.14 | kein | d |
| $(CH_3)_2C{=}C{=}CH_2$ | – | – | – | – | 3.03 | kein | d |

[a] High-resolution Nuclear Magnetic Resonance Spectra Catalog (2), Varian Associates. California: Palo Alto.
[b] WHIPPLE, E. B., J. H. GOLDSTEIN, and W. E. STEWART: J. A. C. S. **81**, 4761 (1959).
[c] — — and L. MANDELL: J. Chem. Phys. **30**, 1109 (1959).
[d] SNYDER, E. J., and J. D. ROBERTS: J. A. C. S. **84**, 1582 (1962).

Die Kopplungskonstante steigt also mit zunehmender Ringgröße an und erreicht etwa beim Siebenring einen konstanten Wert, der dem in offenkettigen Olefinen ähnlich ist. Die Kopplungskonstante $J_{-HC-HC=}$ hängt vom Winkel ab, den die beiden Kohlenstoff-Wasserstoff-Bindungen miteinander bilden. Sie steigt vom Cyclopropen mit einem Winkel von 66° und einer Kopplungskonstanten von 1.8 Hz zum Cycloocten mit einem Winkel von 15° auf einen Wert von 7.8 Hz[3]. Die chemischen Verschiebungen und Kopplungskonstanten einiger einfacher Cycloolefine sind in Tab. 55 zusammengestellt. Das Aussehen der Spektren cyclischer Polyolefine hängt stark vom Verbindungstypus ab. Cyclopentadien zeigt nur zwei Banden mit

[1] WIBERG, K. B., and B. J. NIST: J. A. C. S. **83**, 1226 (1961). — [2] CHAPMAN, O. L.: J. A. C. S. **85**, 2014 (1963). — [3] SMITH, G. V., and H. KRILOFF: J. A. C. S. **85**, 2016 (1963). — [4] LASZLO, P., and P. v. R. SCHLEYER: J. A. C. S. **85**, 2017 (1963).

wenig Feinstruktur, ebenso Cyclooctadien–(1,5), dagegen geben Bicycloheptadien–(1,2,2) und Cycloheptatrien linienreiche Spektren (Abb. 69)[1,2]. Bei

Tabelle 55
*Chemische Verschiebungen und Kopplungskonstanten in Cycloolefinen*

| Verbindung | =CH | =C—CH$_2$ | $J_{CH-CH=}$ | $J_{HC=CH}$ | $J_{CH-C=CH}$ | Lösungsmittel | Lit. |
|---|---|---|---|---|---|---|---|
| Cyclopropen | 2.99 | 9.08 | 1.8 | 0.5–1.5 | – | CCl$_4$ | a |
| Cyclobuten | 4.03 | 7.46 | 1.5 | 4.0 | –1.5 | CCl$_4$ | a/b/i |
| Cyclopenten | 4.40 | 7.72 | 2.1 | 5.1 | –1.4 | CCl$_4$ | a/b |
| Cyclohexen | 4.41 | 8.04 | 3.1 | 8.8 | –1.4 | CCl$_4$ | a/b |
| Cyclohepten | 4.29 | 7.89 | 5.7 | 10.8 | –1.0 | CCl$_4$ | a/b |
| Cycloocten cis | 4.44 | 7.89 | 7.8 | 10.3 | –0.8 | CCl$_4$ | a/b |
| Cyclononen cis | – | – | 8.2 | 10.7 | –0.7 | – | b |
| Cyclodecen cis | – | – | 7.8 | 10.8 | –0.8 | – | b |
| Cyclodecen trans | – | – | 6.8 | 15.1 | –0.8 | – | b |
| Cyclopentadien | 3.58 | 7.10 | – | – | – | CCl$_4$ | c |
| Cyclohexadien–(1,3) | 4.22 | 7.84 | – | – | – | CCl$_4$ | c |
| Cyclooctadien–(1,3) | 4.37 | 7.80 | – | – | – | CDCl$_3$ | d |
| | 4.23 | 8.48 | | | | | |
| Cyclooctadien–(1,5) | 4.42 | 7.62 | – | – | – | CDCl$_3$ | e |
| Dimethylfulven | 3.7 | 7.87 | – | – | – | CCl$_4$ | h |
| Bicyclohexadien–(0,2,2) | 3.45 | 6.16 | – | – | – | Pyridin | f |
| Bicycloheptadien–(1,2,2) | 3.00 | 6.19 | 2.9 | 3.45 | 0.95 | – | g |
| | | 7.79 | | | | – | |
| Norbornadien | 3.35 | 6.53 | – | – | – | CCl$_4$ | c |
| | | 8.05 | | | | | |
| Cycloheptatrien | 3.45[4] | 7.80 | – | – | – | CDCl$_3$ | d |
| | 3.88[3] | | | | | | |
| | 4.72[2] | | | | | | |
| Cyclooctatrien–(1,3,5) | 4.26 | 7.69 | – | – | – | CCl$_4$ | c |
| Cyclooctatetraen | 4.31 | – | – | – | – | CCl$_4$ | c |

[a] Wiberg, K. B., and B. J. Nist: J. A. C. S. **83**, 1226 (1961).
[b] Smith, G. V., and H. Kriloff: J. A. C. S. **85**, 2016 (1963).
[c] Tiers, G. V. D.: Characteristic Nuclear Magnetic Resonance Shielding Values for Hydrogen in Organic Structures.
[d] High-resolution Nuclear Magnetic Resonance, Spectra Catalog (1), Varian Associates. California: Palo Alto.
[e] High-resolution Nuclear Magnetic Resonance, Spectra Catalog (2), Varian Associates. California: Palo Alto.
[f] v. Tamelen, E. E., and S. P. Pappas: J. A. C. S. **85**, 3297 (1963).
[g] Mortimer, F. S.: J. Mol. Spec. **3**, 528 (1959).
[h] Smith, W. B., and B. A. Shoulders: J. A. C. S. **86**, 3118 (1964).
[i] Borčić, S., and J. D. Roberts: J. A. C. S. **87**, 1056 (1965).

Verbindungen mit konjugierten Doppelbindungen liegen, wie bei den offenkettigen Polyenen, die Signale für Protonen im Innern der konjugierten Kette bei tiefstem Feld. Über höhergliedrige cyclische Polyolefine liegen

[1] Mortimer, F. S.: J. Mol. Spec. **3**, 528 (1959). — [2] Nelson, N. A., J. H. Fassnacht, and J. U. Piper: J. A. C. S. **83**, 206 (1961).

nur wenige Untersuchungen vor[1-3]. Auf Grund von verschiedenartigen Befunden muß angenommen werden, daß im Cycloheptatrien nicht alle Kohlenstoffatome in einer Ebene liegen. Bei Raumtemperatur lagern sich die Stereoisomeren rasch ineinander um und das Signal für die Methylengruppe hat die Form eines symmetrischen Tripletts. Beim Abkühlen verbreitern sich die Linien, bei —140° zeigt das Spektrum nur ein breites

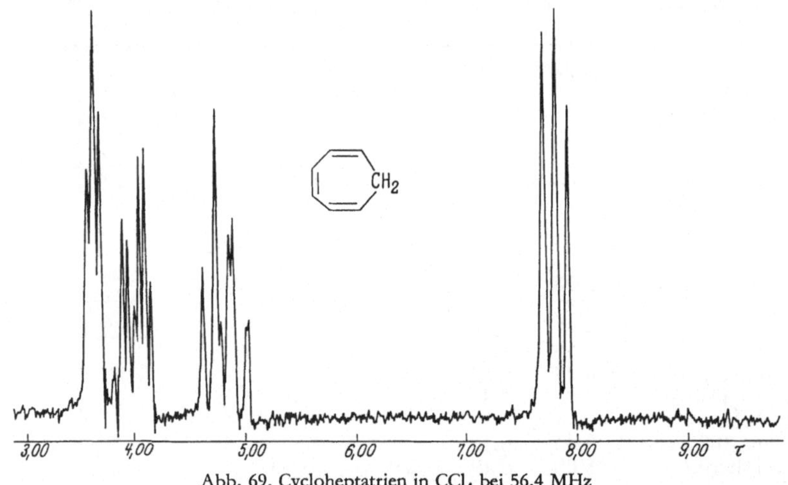

Abb. 69. Cycloheptatrien in CCl₄ bei 56.4 MHz

Signal und bei noch tieferen Temperaturen spaltet es in zwei verschiedene Banden für axiale und äquatoriale Protonen auf[4-6]. Den Spektren konnten auch bei höherer Temperatur keine Anzeichen dafür entnommen werden, daß die Verbindung teilweise als Norcaradien vorliegt. Eine Reihe von Untersuchungen sind über Metallkomplexe von Olefinen und Cycloolefinen durchgeführt worden, auf die hier nur hingewiesen sei[7-21]. Die chemischen Verschiebungen und Kopplungskonstanten einiger Fulvene sind ebenfalls beschrieben worden[22,23].

[1] UNTCH, K. G.: J. A. C. S. 85, 345 (1963). — [2] UNTCH, K. G., and R. J. KURLAND: J. Mol. Spec. 14, 156 (1964). — [3] RADLICK, P., and S. WINSTEIN: J. A. C. S. 85, 344 (1963). — [4] ANET, F. A. L.: J. A. C. S. 86, 458 (1964). — [5] JENSEN, F. R., and L. A. SMITH: J. A. C. S. 86, 956 (1964). — [6] TOCHTERMANN, W., U. WALTER, and A. MANNSCHRECK: THL 2981 (1964). — [7] MOORE, D. W., H. B. JONASSEN, and T. B. JOGNER: Chem. and Industrie 1304 (1960). — [8] POWELL, D. B., and N. SHEPPARD: J. Chem. Soc. 2519 (1960). — [9] BURTON, R., L. PRATT, and G. WILKINSON: J. Chem. Soc. 594 (1961). — [10] CHIEN, J. C. W., and H. C. DEHM: Chem. and Industrie 745 (1961). — [11] BENNETT, M. A., L. PRATT, and G. WILKINSON: J. Chem. Soc. 2037 (1961). — [12] FISCHER, E. O., and H. WERNER: THL 1, 17 (1961). — [13] FRITZ, H. P., u. H. KELLER: Chem. Ber. 95, 158 (1962). — [14] FRITZ, H. P., u. K. E. SCHWARZHAUS: Chem. Ber. 97, 1390 (1964). — [15] FRITZ, H. P., u. C. G. KREITER: Chem. Ber. 97, 1398 (1964). — [16] GREEN, M. L. H., and P. L. J. NAGY: J. Chem. Soc. 189 (1963). — [17] CRAMER, R.: J. A. C. S. 86, 217 (1964). — [18] MOY, D., J. P. OLIVER, and M. T. EMERSON: J. A. C. S. 86, 371 (1964). — [19] HÜTTEL, R., H. DIETL, u. H. CHRIST: Chem. Ber. 97, 2137 (1964). — [20] HÜTTEL, R., H. CHRIST u. K. HERZOG: Chem. Ber. 97, 2710 (1964). — [21] McCLEVERTY, J. A., and G. WILKINSON: J. Chem. Soc. (London) 4200 (1964). — [22] CRAMER, R.: J. A. C. S. 86, 217 (1964). — [23] SMITH, W. B., and B. A. SHOULDERS: J. A. C. S. 86, 3118 (1964).

In neuerer Zeit sind Untersuchungen über bicyclische Olefine bekannt geworden[1–8]. Derartige starre Moleküle sind besonders geeignet, um den Einfluß von Substituenten auf die chemischen Verschiebungen und die Kopplungskonstanten zu studieren. In Norbornenderivaten (Bicyclo-[1,2,2]-hepten-(2))

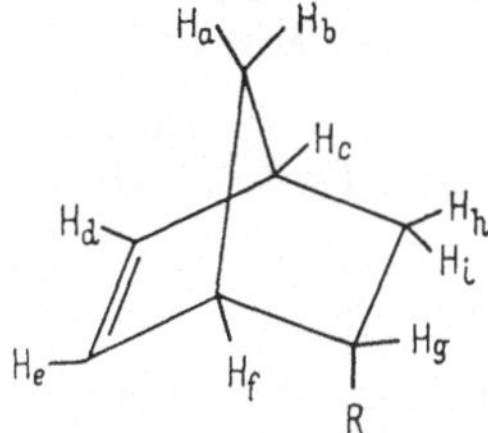


hängen die Bandenlagen vom Substituenten ab, wobei die Differenz der chemischen Verschiebungen ($H_g$—$H_h$) bzw. ($H_g$—$H_f$) eine lineare Funktion der Elektronegativität ist[3]. Die Kopplungskonstanten $J_{gh}$ und $^1/_2(J_{gi}+J_{fg})$ werden mit zunehmender Elektronegativität des Substituenten kleiner, wobei wieder eine lineare Beziehung zwischen beiden Größen besteht[3,9]. Bei der Analyse zahlreicher Norbornene und Norbornadiene wurden für die übrigen Kopplungskonstanten folgende Werte gefunden[1,2,5]:

$$J_{ab} = 8.7\text{—}9.4 \qquad J_{ac} = 1.5\text{—}2.0 \qquad J_{cd} = 2.3\text{—}3.7$$
$$J_{ce} = 0.5\text{—}1.0 \qquad J_{de} = 4.3\text{—}6.5 \qquad J_{ch} = 2.3\text{—}2.7$$
$$J_{ae} = 0 \qquad\qquad J_{be} = 0.70\text{—}0.85$$

Die stereospezifische "long range"-Kopplung zwischen den Vinylprotonen und dem Brückenproton in anti-Stellung ermöglicht die Bestimmung der Konfiguration des Substituenten in 7-Stellung[1]. Wenn die Spektren beider Isomere bekannt sind, kann man zwischen beiden Konfigurationen auch dadurch unterscheiden, daß die Summe der vicinalen und der allylischen Kopplungskonstanten zwischen dem Brückenkopfproton und den olefinischen Protonen am größten ist, wenn das Brückenproton in syn-Stellung zur Doppelbindung steht (ca. 4.5—5.0 Hz gegenüber 3.5—3.6 Hz). Ferner liegt bei dieser Konfiguration das Brückenkopfproton um etwa 0.2 ppm bei höherem Feld als bei der anti-Stellung[1].

Bei 5-substituierten Norbornenen läßt sich die Konfiguration mit Hilfe der Bandenlage des Protons am Kohlenstoff-5 bestimmen[2]. In endo-Stellung liegt es bei höherem Feld als in exo-Stellung. Der Unterschied (0.5 bis 0.65 ppm) hängt nur wenig von der Art des Substituenten ab und ist der Anisotropie der Doppelbindung zugeschrieben worden[1,10]), die die exo-


[1] Snyder, E. J., and B. Franzus: J. A. C. S. 86, 1166 (1964). — [2] Laszlo, P., and P. v. Rague Schleyer: J. A. C. S. 86, 1171 (1964). — [3] Laszlo, P., and P. v. Rague Schleyer: J. A. C. S. 85, 2709 (1963). — [4] Neale, R.S., and E.B. Whipple: J. A. C. S. 86, 3130 (1964). — [5] Hogeveen, H., G. Maccagnani, F. Montanavi, and F. Taddei: J. Chem. Soc. (London) 682 (1964). — [6] Wong, E. W.C., and C.C. Lee: Can. J. Chem. 42, 1245 (1964). — [7] Roll, D.B., B.J. Nist, and A.C. Huitric: TH 20, 2851 (1964). — [8] LaLonde, R.T., S. Emmi, and R.R. Fraser: J. A. C. S. 86, 5548 (1964). — [9] Williamson, K.L.: J. A. C. S. 85, 516 (1963). — [10] Fraser, R.R.: Can. J. Chem. 40, 78 (1962).

Protonen nach tieferem, die endo-Protonen nach höherem Feld verschiebt. Bei der Hydrierung sollte daher das Signal der exo-Protonen nach höherem, dasjenige der endo-Protonen nach tieferem Feld verschoben werden. Die Untersuchungen an mehreren Norbornenen ergaben jedoch bei der Hydrierung für beide Protonensorten eine Verschiebung nach höherem Feld. Am Beispiel des 5-Acetoxy-norbornen läßt sich erkennen, daß die Verschiebung des exo-Protons stärker ausgeprägt ist[1]:

| | | |
|---|---|---|
| endo-5-Acetoxy-norbornen | (Proton steht exo) | $\tau = 4.81$ |
| endo-5-Acetoxy-norbornan | (Proton steht exo) | $\tau = 5.13$ |

$\Delta\tau = 0.32$

| | | |
|---|---|---|
| exo-5-Acetoxy-norbornen | (Proton steht endo) | $\tau = 5.43$ |
| exo-5-Acetoxy-norbornan | (Proton steht endo) | $\tau = 5.46$ |

$\Delta\tau = 0.03$

Diese Unterschiede sind sicher nicht nur eine Folge der Anisotropie der Doppelbindung, denn die beiden Protonen am Kohlenstoff-7 haben annähernd die gleiche chemische Verschiebung. Außerdem beobachtet man auch nach der Hydrierung noch einen Unterschied von 0.3—0.5 ppm zwischen endo- und exo-Protonen[2].

*Acetylene*

Die Spektren von Acetylenverbindungen sind ausführlich untersucht worden[3-18]. In Tab. 56 sind einige Ergebnisse dieser Untersuchungen zusammengestellt. Besonders auffallend ist, daß Acetylenprotonen bei wesentlich höherem Feld liegen als olefinische Protonen. Da in den Acetylenverbindungen das Proton auf der Achse der Kohlenstoffdreifachbindung liegt, kommt die Anisotropie dieser Bindung stark zur Wirkung (vgl. S. 36). Das Protonensignal wird dadurch nach höherem Feld verschoben und der induktive Effekt des Doppelbindungssystems, der eine Verschiebung nach tieferem Feld verursachen würde, wird weitgehend aufgehoben. Der Anisotropieeffekt nimmt mit steigender Entfernung schnell ab und man findet daher für benachbarte Alkylgruppen etwa die gleichen Bandenlagen wie bei Äthylenen. Die chemische Verschiebung der Acetylenprotonen hängt vom Substituenten ab. Mit zunehmender Elektronegativität des Substituenten wird die Bande des Acetylenprotons nach tieferem Feld verscho-

[1] WONG, E. W. C., and C. C. LEE: Can. J. Chem. **42**, 1245 (1964) — [2] MUSHER, J. I.: J. Mol. Phys. **6**, 93 (1963). — [3] HATTON, J. V., and R. E. RICHARDS: Trans. Farad. **56**, 315 (1960). — [4] HATTON, J. V., and R. E. RICHARDS: Trans. Farad. **57**, 28 (1961). — [5] REDDY, G. S., L. MANDELL, and J. H. GOLDSTEIN: J. A. C. S. **83**, 4729 (1961). — [6] REDDY, G. S., and J. H. GOLDSTEIN: J. Chem. Phys. **39**, 3509 (1963) — [7] WHIPPLE, E. B., J. H. GOLDSTEIN, L. MANDELL, G. S. REDDY, and G. R. McCLURE: J. A. C. S. **81**, 1321 (1959). — [8] BRAILLON, B.: Compt. Rend. **251**, 1625 (1960). — [9] BRAILLON, B.: J. Chim. Phys. **58**, 495 (1961). — [10] DRENTH, W., et A. LOEWENSTEIN: Recueil Trav. Chim. Pays-Bas **81**, 635 (1962). — [11] SNYDER, E. J., L. J. ALTMAN, and J. D. ROBERTS: J. A. C. S. **84**, 2004 (1962). — [12] SNYDER, E. J., and J. R. ROBERTS: J. A. C. S. **84**, 1582 (1962). — [13] HIRST, R. C., and D. M. GRANT: J. A. C. S. **84**, 2009 (1962). — [14] ZEIL, W., u. H. BUCHERT: Z. Physik. Chem. **38**, 47 (1963). — [15] COOK, C. D., and S. S. DANYLUCK: TH **19**, 177 (1963). — [16] CHARMAN, H. B., D. R. VINARD, and M. M. KREEVOY: J. A. C. S. **84**, 347 (1962). — [17] KREEVOY, M. M., H. B. CHARMAN, and D. R. VINARD: J. A. C. S. **83**, 1978 (1961). — [18] HEEL, H., u. W. ZEIL: Z. Elektrochem. **64**, 962 (1960).

ben. Vergleicht man die Bandenlagen von $HC \equiv C—R$-Verbindungen mit der Differenz der chemischen Verschiebungen von Methylgruppe und Methylengruppe in $CH_3—CH_2—R$-Verbindungen (die wiederum eine lineare Funktion der Elektronegativität ist; vgl. S. 94), so erhält man Werte, die annähernd auf einer Geraden liegen (Abb. 70)[1]. Die Abweichungen, die besonders stark bei Alkoxysubstituenten auftreten, werden vermutlich durch die Beteiligung mesomerer Formen wie $HC^- = C = O^+ —R$ hervorgerufen.

Tabelle 56. *Chemische Verschiebungen und Kopplungskonstanten in Acetylenen*

| Verbindung | $HC\equiv$ | $\equiv CR$ | $\equiv C—C—R$ | $J$ | Lösungsmittel | Lit. |
|---|---|---|---|---|---|---|
| $H–C\equiv C–H$ | 8.20 | – | – | 9.1 | $CCl_4$/kein | a/b |
| $H–C\equiv C–CH_3$ | 8.20 | 8.20 | – | 2.9–3.6 | kein | b |
| $H–C\equiv C–CH_2–CH_3$ | 8.24 | 7.83 | 8.85 | – | – | c |
| $H–C\equiv C–C_3H_7n$ | 8.21 | – | – | 2.7 | $CCl_4$ | a/d |
| $H–C\equiv C–CH_2Cl$ | 7.60 | 6.05 | – | 2.7 | $CCl_4$ | a/d |
| $H–C\equiv C–CH_2OH$ | 7.67 | 5.72 | 7.18(OH) | 2.7 | $CCl_4$/$CDCl_3$ | a/e |
| $H–C\equiv C–CHO$ | 8.11 | – | – | >0.5 | $CCl_4$ | a |
| $H–C\equiv C–CH_2CN$ | 7.74 | 6.64 | – | 2.85 | $CCl_4$ | a |
| $H–C\equiv C–C_6H_5$ | 7.13 | – | – | – | $CCl_4$ | f |
| $H–C\equiv C–C_6H_4–NO_2$ (p) | 6.79 | – | – | – | $CCl_4$ | f |
| $H–C\equiv C–C_6H_4–NH_2$ (p) | 7.29 | – | – | – | $CCl_4$ | f |
| $CH_3–C\equiv C–CH_3$ | – | 8.32 | – | 2.7 | – | b |
| $CH_3–C\equiv C–CH_2–CH_3$ | – | – | – | 2.55 | 50% $CS_2$ | g |
| $H–C\equiv C–OCH_3$ | 8.67 | 6.11 | – | – | $CCl_4$ | h |
| $H–C\equiv C–OCH_2–CH_3$ | 8.67 | 5.94 | 8.12 | – | $CCl_4$ | h |
| $H–C\equiv C–SCH_2–CH_3$ | 7.36 | 7.27 | 8.59 | – | $CCl_4$ | h |
| $HC\equiv C–C\equiv CH$ | – | – | – | 2.2 | kein | b |
| $CH_3–C\equiv C–C\equiv C–CH_3$ | – | – | – | 1.3 | $CCl_4$ | b |
| $CH_3–C\equiv C–C\equiv C–C\equiv C–CH_2OH$ | – | – | – | 0.4 | $CH_3OH$ | b |

[a] KREEVOY, M.M., H.B. CHARMAN, and D.R. VINARD: J. A. C. S. **83**, 1978 (1961).
[b] SNYDER, E.J., and J.D. ROBERTS: J. A. C. S. **84**, 1582 (1962).
[c] Nuclear Magnetic Resonance Spectral Data, American Petroleum Institute Texas: College Station.
[d] REDDY, G.S., and J.H. GOLDSTEIN: J. Chem. Phys. **39**, 3509 (1963).
[e] High-resolution Nuclear Magnetic Resonance, Spectra Catalog (1), Varian Associates. California: Palo Alto.
[f] COOK, C.D., and S.S. DANYLUCK: TH **19**, 177 (1963).
[g] BRAILLON, B.: J. Chem. Phys. **58**, 495 (1961).
[h] DRENTH, W., et A. LOEWENSTEIN: Recueil Trav. Chim. Pays-Bas **81**, 635 (1962).

In Verbindungen vom $R—C \equiv C—X$-Typ haben Substituenten an der Acetylenbindung (z. B. Cl, Br, J usw.) ebenfalls einen Einfluß auf die Lage von Alkylbanden und zwar hängen die Verschiebungen wieder linear von der Elektronegativität des Substituenten ab[2]. In Phenylacetylenen verändern Substituenten am aromatischen Ring die Bandenlage. Elektronensaugende Gruppen in Parastellung verschieben die Banden nach tieferem Feld, elektronenschiebende nach höherem. Die Unterschiede der

---

[1] DRENTH, W., et A. LOEWENSTEIN: Recueil Trav. Chim. Pays-Bas **81**, 635 (1962). — [2] ZEIL, W., u. H. BUCHERT: Z. Physik. Chem. **38**, 47 (1963).

Bandenlagen sind gering, zeigen aber eine lineare Abhängigkeit von den Taft'schen $\sigma^0$-Konstanten. Die Verschiebung durch Metasubstituenten ist gering, Orthosubstituenten verschieben die Banden stets nach tieferem Feld[1]. Da Acetylenverbindungen mit vielen Lösungsmitteln Komplexe bilden können, hängt die Bandenlage vom Lösungsmittel ab. In Dioxan

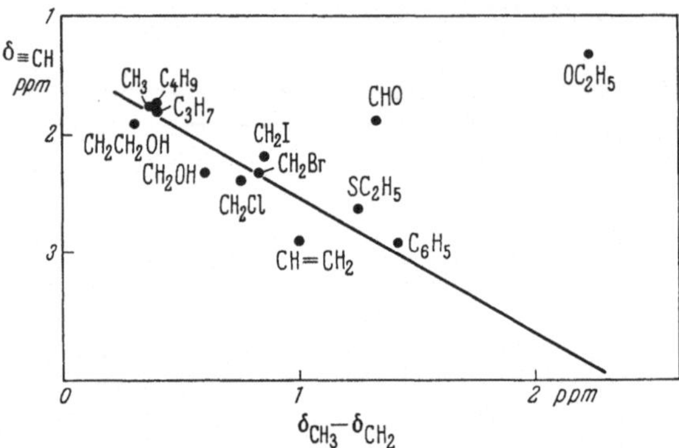


Abb. 70. Abhängigkeit der chemischen Verschiebung bei HC≡C—R von der Differenz zwischen Methyl- und Methylenverschiebungen in CH₃—CH₂—R-Verbindungen[2]

liegen die Signale etwa um 1 ppm bei tieferem Feld, in Benzol um ca. 0.2 ppm bei höherem Feld als in inerten Lösungsmitteln[2-6]. Die Kopplungskonstante zwischen einem Acetylenproton und einer vier Bindungen entfernten Alkylgruppe beträgt 2—3 Hz und ist etwa von der gleichen Größe für die durch fünf Bindungen getrennten Alkylprotonen auf beiden Seiten einer Dreifachbindung. In Polyacetylenverbindungen hat man sogar Spinkopplungen über neun Bindungen hinweg beobachtet[7,8].

### *Strukturuntersuchungen bei Olefinen*

Die Signale von olefinischen Protonen lassen sich im Spektrum leicht auffinden und sind, selbst bei komplizierten Molekülen, selten von anderen Banden verdeckt. Ihre Analyse ist bei der Strukturaufklärung von großer Bedeutung. Die Spektren von Monoolefinen lassen sich in den meisten Fällen ohne allzu große Schwierigkeiten deuten und können wertvolle Hinweise auf die Struktur geben. Da sich die Kopplungskonstanten $J_{trans}$, $J_{cis}$ und $J_{geminal}$ wesentlich unterscheiden, lassen sich mit ihrer Hilfe leicht die relativen Stellungen der Wasserstoffatome bestimmen. In vielen ungesättigten Verbindungen sind "long range"-Kopplungen beobachtet wor-


[1] Cook, C.D., and S.S. Danyluck: TH **19**, 177 (1963). — [2] Drenth, W., et A. Loewenstein: Recueil Trav. Chim. Pays-Bas **81**, 635 (1962). — [3] Whipple, E.B., J.H. Goldstein, L. Mandell, G.S. Reddy, and G.R. McClure: J. A. C. S. **81**, 1321 (1959). — [4] Braillon, B.: Compt. Rend. **251**, 1625 (1960). — [5] Hatton, J.V., and R.E. Richards: Trans. Farad. **57**, 28 (1961). — [6] Petrov, A.A., and N.V. Elsakov: Zhur. Obshehei Khim. **33**, 319 (1963). — [7] Snyder, E. J., and J.D. Roberts: J. A. C. S. **84**, 1582 (1962). — [8] Snyder, E. J., L. J. Altman, and J.D. Roberts: J. A. C. S. **84**, 2004 (1962).

den. Auf Grund der Berechnungen von Karplus (Kap. III) sollten die Kopplungskonstanten in HC=C—CH —1.7 Hz, in HC=C=CH —6.7 Hz, in HC—C=C—CH +2 Hz und in HC=C=C=C=CH +7.8 Hz betragen. Der experimentelle Wert der Allylkopplung stimmt mit der Voraussage recht gut überein, ebenso das Vorzeichen, das jedoch nicht in allen Untersuchungen bestimmt worden ist (Zusammenstellung der Literatur vgl. bei Pinhey und Sternhell[1]). Die Größe der Homoallylkopplung (H—C—C=C—C—H) beträgt etwa 1.5 Hz[2-6] und stimmt ebenfalls mit der Vorhersage überein. Sie hängt vom Winkel zwischen den Substituenten ab[1], und ist am größten, wenn die Alkylgruppen zueinander in trans-Stellung stehen. Die bei Allenverbindungen beobachteten Kopplungskonstanten stimmen ebenfalls mit den Voraussagen überein. Bei mehrfach ungesättigten Systemen wird die Analyse der Spektren durch die Vielzahl der Linien sehr erschwert und ist nur in Ausnahmefällen möglich.

Wieder andere Schwierigkeiten bei der Strukturermittlung treten auf, wenn die Doppelbindung nur ein einziges Proton trägt oder wenn alle Positionen durch Substituenten besetzt sind. Bei solchen Verbindungen kann man sich die Beobachtungen zunutze machen, daß der Einfluß von Substituenten auf die trans-Stellung und die cis-Stellung verschieden groß ist. Systematische Untersuchungen[7-10] an Verbindungen vom Typ HXC=CHX, $H_2C=CXCH_3$ und $(CH_3)_2C=CXCH_3$ haben gezeigt, daß Substituenten X mit großer Anisotropie die olefinischen Protonen oder die Methylgruppen, die in cis-Stellung zum Substituenten stehen, stärker beeinflussen als die in trans-Stellung. Bei Carbonylgruppen und bei aromatischen Ringen sind die Unterschiede so groß, daß man mit ihrer Hilfe die relativen Stellungen der Gruppen bestimmen kann[11]. Der Wert $\tau_{cis}-\tau_{trans}$ beträgt für olefinische Protonen bei $X=COOCH_3$ —0.55, bei $CONH_2$ —0.39, bei $COCl$ —0.46, bei $COCH_3$ —0.20, bei CHO —0.30, bei $C_6H_5$ —0.20 und für Methylgruppen bei $X=COOCH_3$ —0.28, bei $COCl$ —0.15 und bei $COCH_3$ —0.20. Bei anderen Substituenten sind die Unterschiede geringer und reichen im allgemeinen nicht aus, um auf dieser Basis zwischen den verschiedenen Isomeren zu unterscheiden.

## V. 13. Aromatische Verbindungen

### V. 13 a *Benzolderivate*

Die Spektren der aromatischen Verbindungen spiegeln viele der Besonderheiten dieses Verbindungstyps wieder. Wegen der sechszähligen Symmetrie des Benzolrings treten im allgemeinen nur drei verschiedene Kopp-

[1] Pinhey, J. T., and S. Sternhell: THL **4**, 275 (1963). — [2] Gronowitz, S., B. Gestblom, and R. A. Hoffman: Acta Chem. Scand. **15**, 1201 (1961). — [3] Beach, W. F., and J. H. Richards: J. Org. Chem. **26**, 3011 (1961). — [4] Richards, J. H., and W. F. Beach: J. Org. Chem. **26**, 623 (1961). — [5] Fraser, R. R.: Can. J. Chem. **38**, 549 (1960). — [6] Hoffman, R. A.: J. Mol. Phys. **1**, 326 (1958). — [7] Jackman, L. M.: Proc. Chem. Soc. 196 (1958). — [8] Morris, R., C. A. Vernon, and R. F. M. White: Proc. Chem. Soc. 303 (1958). — [9] Jackman, L. M., and R. H. Wiley: J. Chem. Soc. 2881 (1961). — [10] Jackman, L. M., and R. H. Wiley: J. Chem. Soc. 2886 (1961). — [11] Barber, M. S., J. B. Davis, L. M. Jackman, and B. C. L. Weedon: J. Chem. Soc. 2870 (1961).

lungskonstanten zwischen Protonen in Ortho-, Meta- und Parastellung ($J_o$, $J_m$ und $J_p$) auf. Ferner liegen wegen der $sp^2$-Hybridisierung der Kohlenstoffatome alle mit dem Ring verbundenen Substituenten in der Ringebene (von Abweichungen, die gelegentlich auftreten, wird noch die Rede sein). Eine weitere Eigenart aromatischer Verbindungen ist das vollständige System von $\pi$-Elektronen. Werden sie in ein Magnetfeld gebracht, so beginnen die Elektronen zu kreisen. Der dadurch auftretende Ringstrom erzeugt ein Magnetfeld, das dem äußeren Feld entgegengesetzt ist (vgl. S. 33) und verschiebt Protonen oberhalb der Ringebene nach höheren Feldern, solche in der Ringebene nach tieferen. Die einzelnen Erscheinungen und ihre Abhängigkeit von Substituenten sollen in den folgenden Abschnitten besprochen werden.

Das Spektrum des Benzols besteht aus einer scharfen Bande bei $\tau = 2.74$ (gemessen in 2 proz. Lsg. von $CCl_4$)[1]. Vergleicht man diesen Wert mit der Verschiebung im Cyclohexadien—1,3 ($\tau = 4.22$), so ist das Protonensignal um 1.5 ppm nach tieferem Feld verschoben, und diese Differenz ist ein experimentelles Maß für den Ringstromeffekt. Berechnungen ergeben —1.75 ppm bzw. —2.2 ppm (vgl. S. 33). Die Unterschiede zwischen experimentellem und theoretischem Wert kommen möglicherweise dadurch zustande, daß der Ringstrom in den Rechnungen überbewertet wird, oder daß noch andere, im Modell nicht berücksichtigte Faktoren eine Rolle spielen[2,3]. Die Größe des Ringstromeffektes für die verschiedenen Abstände vom Benzolring ist von Johnson und Bovey berechnet worden[4,5]. Die Ergebnisse sind in Abb. 20 (S. 34) wiedergegeben. Die Abstände in dieser Darstellung sind in Ringradien (1.39 Å) gegeben. Für aromatische Protonen, die bei einer C—H-Bindungslänge von 1.08 Å 1.78 Ringradien entfernt in der Ebene des Ringes liegen, zeigt die Abbildung den experimentell gefundenen Wert von —1.5 ppm.

Bei der Untersuchung von zahlreichen Benzolderivaten wurden für nachbarständige Protonen Kopplungskonstanten von 7—9 Hz, für metaständige von 1—3 Hz und für paraständige von etwa 0.3 Hz gefunden[6,7]. Alle drei Kopplungskonstanten haben das gleiche Vorzeichen[8,9]. Die Kopplung durch $\pi$-Elektronen ist klein und beträgt nur 1—2 Hz[10,11]. Da die beobachteten Werte wesentlich größer und bei nachbarständigen Protonen dem Wert von aliphatischen Verbindungen ähnlich sind, muß man annehmen, daß die Ortho- und Metakopplung im wesentlichen durch die $\sigma$-Bindungen bewirkt werden. Die Parakopplung, sowie „long range" Kopplungen (z. B. 1—5, 1—7 und 2—6 im Naphthalin) werden dagegen zur Hauptsache durch $\pi$-Elektronen bewirkt. Da sich die Verteilung der

[1] Tiers, G. V. D.: Characteristic Nuclear Magnetic Resonance Shielding Values for Hydrogen in Organic Structures. 1958. — [2] Jonathan, N., S. Gordon, and B. P. Dailey: J. Chem. Phys. **36**, 2443 (1962). — [3] Dailey, B. P.: J. Chem. Phys. **41**, 2304 (1964). — [4] McWeeny, R.: J. Mol. Phys. **1**, 311 (1958). — [5] Johnson, C. E., and F. A. Bovey: J. Chem. Phys. **29**, 1012 (1958). — [6] Gutowsky, H. S., C. H. Holm, A. Saika, and G. A. Williams: J. A. C. S. **79**, 4596 (1957). — [7] Richards, R. E., and T. P. Schaefer: Trans. Farad. **54**, 1280 (1958). — [8] Grant, D. M., R. C. Hirst, and H. S. Gutowsky: J. Chem. Phys. **38**, 470 (1963). — [9] Martin, J., and B. P. Dailey: J. Chem. Phys. **37**, 2594 (1962). — [10] McConnell, H. M.: J. Mol. Spec. **1**, 11 (1957). — [11] McConnell, H. M.: J. Chem. Phys. **30**, 126 (1959).

$\pi$-Elektronen durch Substitution verändert, sollte man erwarten, daß auch die Kopplungskonstanten eine Abhängigkeit vom Substituenten zeigen. Untersuchungen von Cox[1] haben dies bestätigt. Er fand bei paradisubsti-

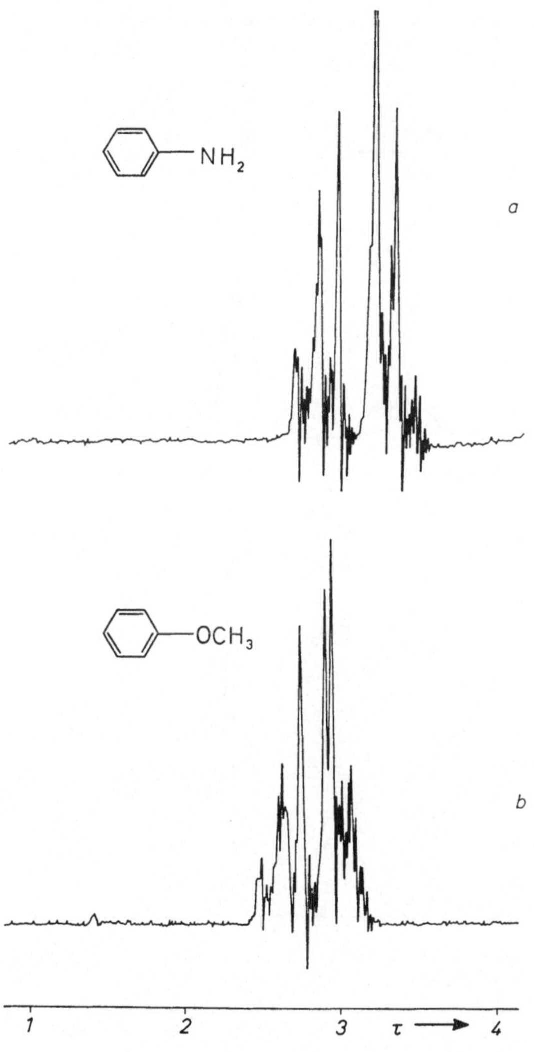



tuierten Benzolen eine lineare Abhängigkeit der Ortho- und Metakopplung von der Summe der Elektronegativitäten der Substituenten. Mit zunehmender Elektronegativität steigt $J_0$ von 7.8 auf 9 Hz, $J_m$ von 2.0 auf 2.8 Hz. Die Änderungen sind sehr gering und liegen innerhalb des Bereiches, der von McConell für den Anteil der $\pi$-Elektronen an den Kopplungskonstanten

---

[1] Cox, P.F.: J. A. C. S. **85**, 380 (1963).

berechnet worden ist. Für die Parakopplung wurde keine derartige Abhängigkeit beobachtet. Andere sorgfältige Untersuchungen ergaben, daß bei paradisubstituierten Benzolen die beiden Metakopplungskonstanten und

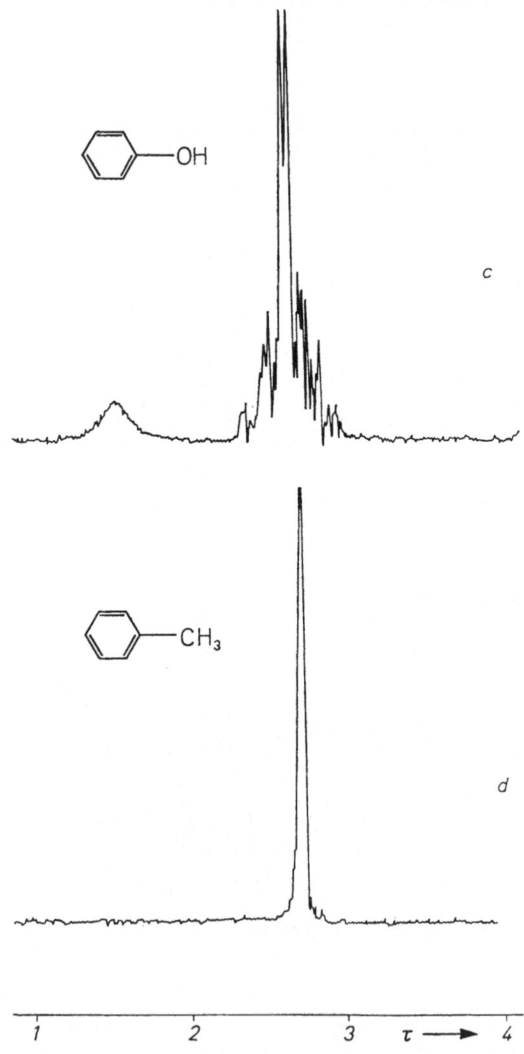

bei orthodisubstituierten Benzolen die beiden Orthokopplungskonstanten von verschiedener Größe sein können[1]. Z. B. wurde im m-Bromanisol $J_m = 3.0$ bzw. 2.5 gefunden und im o-Dichlorbenzol $J_0 = 8.1$ (3—4) bzw. 7.5 Hz (4—5). Für die übliche Strukturanalyse sind diese Abweichungen unbedeutend und es ist ausreichend, mit nur je einem Wert der Ortho- und

---

[1] GRANT, D. M., R. C. HIRST, and H. S. GUTOWSKY: J. Chem. Phys. 38, 470 (1963).

Metakonstanten zu rechnen. Die Kopplung zwischen Ringprotonen und Alkylsubstituenten ist gering; z. B. im Mesitylen ist $J_{H-CH_3(o)} = 0.9$, $J_{H-CH_3(p)} = 0.5$ Hz[1] und kann in den meisten Fällen vernachlässigt werden.

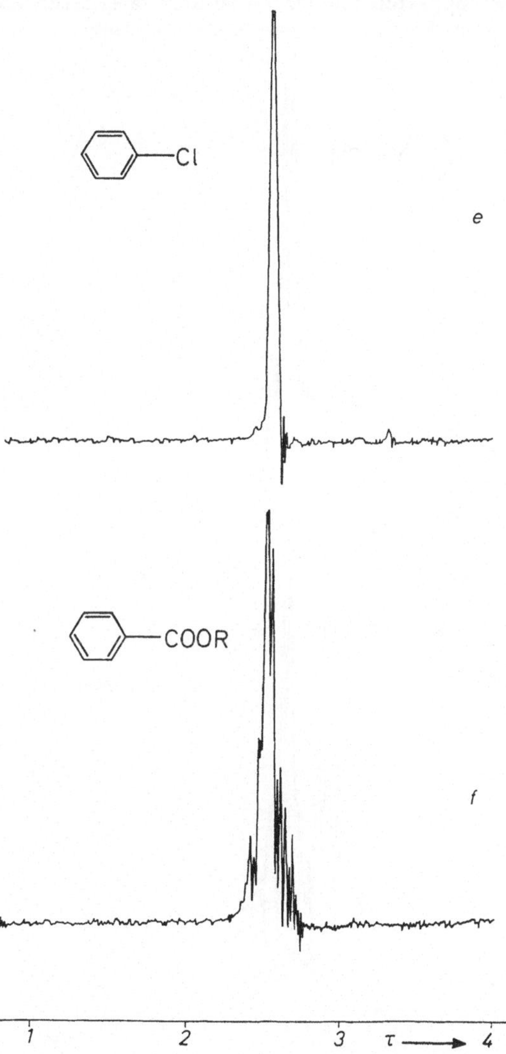


Durch Einführung von Substituenten wird die Elektronenverteilung der aromatischen Verbindungen geändert und damit auch die Abschirmung der aromatischen Protonen. Daneben können manche Substituenten auch durch Anisotropieeffekte die Lage der Protonensignale beeinflussen. Dieser Effekt ist besonders ausgeprägt in Nachbarstellung zum Substituenten.

---

[1] ACRIVOS, J. V.: J. Mol. Phys. **5**, 1 (1962).

Elektronische Effekte und Anisotropieeffekte haben zur Folge, daß sich
die chemische Verschiebung der Ringprotonen verändert und zwar je
nach Art und Stellung des Substituenten verschieden stark. Die in Abb. 71
wiedergegebenen Spektren einiger Benzolderivate lassen zweierlei erken-

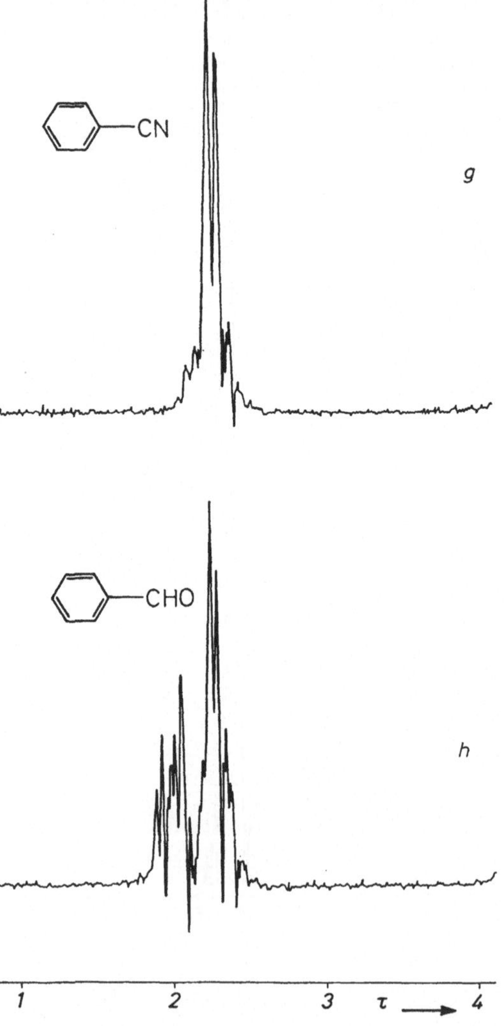

nen. Einmal verschieben Substituenten das Signal der aromatischen Protonen, elektronensaugende nach tiefem Feld ($CN$, $NO_2$ und $N_2^+$), elektronenspendende ($OH$, $NH_2$) nach höherem Feld. Ferner ist mit dieser
Verschiebung oft eine starke Verbreiterung des Protonensignals verbunden, die oft zu komplizierteren und linienreichen Spektren führt. Die
Spektren von Phenylverbindungen sind vom $A_2B_2C$-Typ und selbst in den
Fällen, in denen das Signal der aromatischen Protonen weit auseinander-

gezogen ist, wie beim Anilin (Abb. 71a), nur schwer zu analysieren. Eine bequeme Methode, die Spektren zu vereinfachen, besteht in der Messung partiell deuterierter Verbindungen[1-3]. Nach diesem Verfahren lassen sich

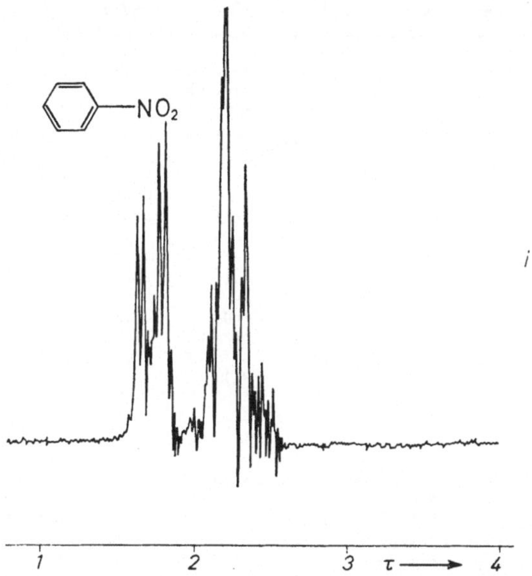



Abb. 71. Spektren einiger monosubstituierter Benzole in Aceton bei 56.4 MHz

genauere Daten für die chemischen Verschiebungen gewinnen, als es bei der vollständigen Analyse der Spektren möglich ist[4-15]. Vergleicht man die so bestimmten chemischen Verschiebungen von Benzolderivaten mit denen des Benzols, so läßt sich feststellen, um wieviel ppm der jeweilige Substituent das Protonensignal in Ortho-, Meta- und Parastellung verschiebt (Tab. 57). Ein weiteres Verfahren, um die Einwirkung von Substituenten auf die Protonensignale zu bestimmen, besteht in der Untersuchung mehrfach substituierter Verbindungen. Durch Messung von 2,6-Dimethyl-1-substituierten Benzolen kann man den Einfluß des Substituenten auf die Protonen in Meta- und Parastellung bestimmen[16]. Um die Substituenten-


[1] SPIESECKE, H., and W.G. SCHNEIDER: J. Chem. Phys. 35, 731 (1961). —
[2] LANGENBUCHER, F., E.D. SCHMID, and R. MECKE: J. Chem. Phys. 39, 1901 (1963). — [3] LANGENBUCHER, F., R. MECKE, and E.D. SCHMID: Ann. Chem. 669, 11 (1963). — [4] CORIO, P.L., and B.P. DAILEY: J. A. C. S. 78, 3043 (1956). —
[5] BOTHNER-BY, A.A., and R.E. GLICK: J. A. C. S. 78, 1071 (1956). — [6] BOTHNER-BY, A.A., and R.E. GLICK: J. Chem. Phys. 26, 1651 (1957). — [7] CHARTON-KOECHLIN, M., et M.A. LEROY: J. Chim. Phys. 56, 850 (1959). — [8] TAFT, Jr., R.W., S. EHRENSON, I.C. LEWIS, and R.E. GLICK: J. A. C. S. 81, 5352 (1959). —
[9] YAMAGUCHI, I., and N. HAYAKAMA: Bull. Chem. Soc. Japan 33, 1128 (1960). —
[10] BAK, B., J.N. SHOOLERY, and R.E. WILLIAMS: J. Mol. Spec. 2, 525 (1958). —
[11] FUJIWARA, S., M. KATAYAMA, and H. SHIMIZU: Bull. Chem. Soc. Japan 32, 102 (1959). — [12] GUTOWSKY, H.S., L.H. MEYER, and D.W. McCALL: J. Chem. Phys. 23, 982 (1955). — [13] BAKER, E.B.: J. Chem. Phys. 23, 984 (1955). —
[14] MARTIN, J., and B.P. DAILEY: J. Chem. Phys. 37, 2594 (1962). — [15] BOVEY, F.A., F.P. HOOD, III, E. PIER, and H.E. WEAVER: J.A.C.S. 87, 2060 (1965). —
[16] FRASER, R.R.: Can. J. Chem. 38, 2226 (1960).

Tabelle 57

*Einfluß von Substituenten auf die Verschiebung von aromatischen Protonen, gemessen an monosubstituierten Verbindungen, an disubstituierten Verbindungen, an substituierten m-Xylolen und an substituierten Mesitylenen und Durolen. Die Verschiebungen sind auf die Stammverbindungen Benzol, Xylol, Mesitylen usw. bezogen*

| Substi-tuent | Monosubst. Benzol | | | | Disubst. Benzol | | | | Xylole | | | Mesitylene | | Durole | |
|---|---|---|---|---|---|---|---|---|---|---|---|---|---|---|---|
| | $\delta$o | $\delta$m | $\delta$p | Lit. | $\delta$o | $\delta$m | $\delta$p | Lit. | $\delta$m | $\delta$p | Lit. | $\delta$m | Lit. | $\delta$p | Lit. |
| NH$_2$ | +0.76 | +0.20 | +0.63 | a | +0.68 | +0.22 | — | c | +0.07 | +0.54 | d | +0.05 | e | +0.42 | e |
| | — | +0.24 | — | b | — | — | — | | — | — | | — | | — | |
| N(CH$_3$)$_2$ | +0.60 | +0.10 | +0.61 | a | — | — | — | | +0.02 | +0.19 | d | +0.02 | f | +0.16 | f |
| OH | — | +0.14 | — | b | +0.50 | +0.16 | — | c | +0.02 | +0.41 | d | +0.02 | e | +0.29 | e |
| OCH$_3$ | +0.43 | +0.04 | +0.37 | a | +0.42 | +0.10 | +0.33 | c | +0.02 | +0.24 | d | — | | — | |
| | — | +0.09 | — | b | | | | | | | | — | | — | |
| F | +0.31 | +0.02 | +0.22 | a | +0.25 | +0.01 | — | c | —0.04 | +0.20 | d | —0.03 | e | +0.14 | e |
| Cl | —0.02 | +0.02 | +0.12 | a | —0.05 | +0.06 | +0.13 | c | — | — | | —0.10 | e | +0.04 | e |
| | — | +0.06 | — | b | | | | | — | — | | — | | — | |
| Br | —0.22 | +0.09 | +0.03 | a | —0.22 | +0.11 | +0.05 | c | —0.13 | +0.04 | d | —0.10 | e | +0.01 | e |
| | — | +0.13 | — | b | | | | | — | — | | — | | — | |
| J | —0.40 | +0.25 | +0.03 | a | —0.41 | +0.22 | — | c | —0.11 | 0.00 | d | —0.09 | e | +0.02 | e |
| CH$_3$ | — | +0.11 | — | b | +0.17 | +0.13 | +0.17 | c | — | — | | — | | — | |
| CH$_2$Cl | — | —0.01 | — | b | — | — | — | | — | — | | — | | — | |
| CHCl$_2$ | — | —0.06 | — | b | — | — | — | | — | — | | — | | — | |
| CHO | —0.58 | —0.21 | —0.28 | a | — | — | — | | — | — | | — | | — | |
| COOH | — | —0.14 | — | b | — | — | — | | —0.15 | —0.13 | d | — | | — | |
| COOCH$_3$ | — | —0.07 | — | b | —0.74 | —0.10 | —0.20 | c | — | — | | — | | — | |
| C$_6$H$_5$ | — | —0.08 | — | b | — | — | — | | — | — | | — | | — | |
| CN | — | —0.10 | — | b | —0.35 | —0.13 | — | c | —0.20 | —0.24 | d | — | | — | |
| NO$_2$ | —0.95 | —0.21 | —0.33 | a | —0.98 | —0.21 | — | | —0.21 | —0.16 | d | —0.14 | e | —0.16 | e |
| | — | —0.17 | — | b | — | — | — | | — | — | | —0.20 | f | —0.19 | f |

<sup></sup>
a SPIESECKE, H., and W. G. SCHNEIDER: J. Chem. Phys. **35**, 731 (1961).
b LANGENBUCHER, F., R. MECKE, and E. D. SCHMID: Liebigs Ann. Chem. **669**, 11 (1963).
c DIEHL, P.: Helv. Chim. Acta **44**, 829 (1961).
d FRASER, R. R.: Can. J. Chem. **38**, 2226 (1960).
e DIEHL, P., et G. SVEGLIADO: Helv. Chim. Acta **46**, 46 (1963).
f BULLOCK, E.: Can. J. Chem. **41**, 711 (1963).

effekte mit denen an monosubstituiertem Benzol vergleichen zu können, müssen die Verschiebungen in dieser Verbindungsklasse auf m-Xylol bezogen werden. Ein solcher Vergleich setzt voraus, daß die Wirkung der Substituenten durch die beiden Methylgruppen nicht verändert wird. Da die Spektren paradisubstituierter Verbindungen besonders einfach sind, wurden viele Untersuchungen an solchen Molekülen durchgeführt. Wird hierbei ein Substituent konstant gehalten, so lassen sich die Wirkungen des anderen Substituenten auf die Ortho- und Metastellung feststellen[1-13].

[1] MARTIN, J. S., and B. P. DAILEY: J. Chem. Phys. **37**, 2594 (1962). — [2] RICHARDS, R. E., and T. P. SCHAEFER: Trans. Farad. **54**, 1280 (1958). — [3] SCHAEFER, T., and W. G. SCHNEIDER: J. Chem. Phys. **32**, 1218 (1960). — [4] DIEHL, P.: Helv. Chim. Acta **44**, 829 (1961). — [5] DIEHL, P.: Helv. Chim. Acta **45**, 568 (1962). — [6] MARTIN, J. S., and B. P. DAILEY: J. Chem. Phys. **39**, 1722 (1963). — [7] DISCHLER, B., u. E. ENGLERT: Z. Naturforsch. **A 16**, 1180 (1961). — [8] SUHR, H.: Z. Elektrochem. **66**, 466 (1962). — [9] SUHR, H.: Chem. Ber. **96**, 1720 (1963). — [10] SMITH, G. W.: J. Mol. Spec. **12**, 146 (1964). — [11] ARULDHAS, G., and P. VENKATESWARLU: J. Mol. Phys. **7**, 65 (1963). — [12] ARULDHAS, G., and P. VENKATESWARLU: J. Mol. Phys. **7**, 77 (1963). — [13] GOETZ, H., F. NERDEL, and K. REHSE: Liebigs Ann. Chem. 681 (1965).

Die an m-Xylolen und an paradisubstituierten Verbindungen gefundenen Substituenteneffekte sind ebenfalls in Tab. 57 mit aufgenommen worden. Bei einem Vergleich von Substituenteneffekten muß beachtet werden, daß alle aromatischen Verbindungen beim Verdünnen mit inerten Lösungsmitteln eine mehr oder weniger große Verschiebung der Banden nach tieferem Feld zeigen. Beim Verdünnen mit Aceton und anderen polaren Lösungsmitteln werden die Banden ebenfalls nach tieferem Feld verschoben, beim Verdünnen mit Benzol nach höherem Feld[1-5]. Wegen der Vielfalt der Lösungsmitteleffekte, die in Kap. VII 3 noch ausführlich behandelt werden sollen, lassen sich Vergleiche der Substituenteneffekte nur anstellen, wenn die Messungen in inerten Lösungsmitteln (Kohlenwasserstoffen, Tetrachlorkohlenstoff) und bei sehr geringer Konzentration durchgeführt worden sind. Am besten ist es, Messungen bei verschiedenen Konzentrationen durchzuführen und dann auf unendliche Verdünnung zu extrapolieren.

Durch ausführliche Untersuchungen, vor allem von Diehl[3], wurde nachgewiesen, daß sich bei meta- und paradisubstituierten Benzolen die Veränderungen der chemischen Verschiebungen, die durch die beiden Substituenten hervorgerufen werden, addieren. Es ist daher möglich, aus den chemischen Verschiebungen von monosubstituierten Benzolen die Bandenlagen von disubstituierten Verbindungen vorherzusagen. Z. B. ergeben sich durch Addition der Substituenteneffekte von Nitrobenzol und Brombenzol Werte für die chemischen Verschiebungen von m-Nitro-brombenzol, die mit den experimentellen Werten[6] bis auf einige hundertstel ppm übereinstimmen:

(35)

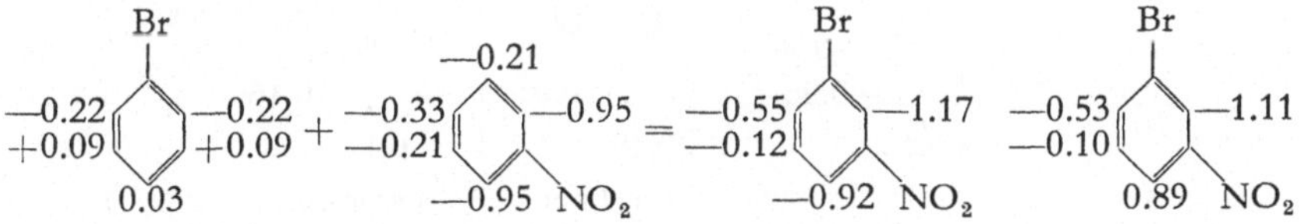

$$
\begin{array}{c}
\text{Br} \\
-0.22 \underset{+0.09}{\bigcirc} -0.22 \\
0.03
\end{array}
\;+\;
\begin{array}{c}
-0.21 \\
-0.33 \underset{-0.21}{\bigcirc} -0.95 \\
-0.95 \; NO_2
\end{array}
\;=\;
\begin{array}{c}
\text{Br} \\
-0.55 \underset{-0.12}{\bigcirc} -1.17 \\
-0.92 \; NO_2 \\
\text{berechnet}
\end{array}
\qquad
\begin{array}{c}
\text{Br} \\
-0.53 \underset{-0.10}{\bigcirc} -1.11 \\
0.89 \; NO_2 \\
\text{gefunden}
\end{array}
$$

Nur in seltenen Fällen übersteigen die Unterschiede zwischen den gemessenen und den auf Grund der Additivitätsregel berechneten Werten 0.1 ppm. Durch etwas kompliziertere Gleichungen lassen sich die mittleren Fehler sogar auf etwa 0.015 ppm herabdrücken[7].

Die Substituenteneffekte an Xylolen, Mesitylenen und Durolen sind annähernd die gleichen wie bei mono- und disubstituierten Verbindungen[8,9] (Tab. 57). Der Einfluß auf die Verschiebungen der Paraprotonen nimmt mit steigender Zahl der Methylgruppen etwas ab. Bei den Nitro- und

[1] Schaefer, T., and W. G. Schneider: J. Chem. Phys. 32, 1218 (1960). — [2] Bothner-By, A. A., and R. E. Glick: J. A. C. S. 78, 1071 (1956). — [3] Diehl, P.: Helv. Chim. Acta 44, 829 (1961). — [4] Diehl, P.: Helv. Chim. Acta 45, 568 (1962). — [5] Bak, B., J. B. Jensen, A. Larsen, and J. Rastrup-Andersen: J. Chem. Phys. 16, 1031 (1962). — [6] Martin, J. S., and B. P. Dailey: J. Chem. Phys. 39, 1722 (1963). — [7] Fraser, R. R.: Can. J. Chem. 38, 2226 (1960). — [8] Diehl, P., et G. Svegliado: Helv. Chim. Acta 46, 46 (1963). — [9] Bullock, E.: Can. J. Chem. 41, 711 (1963).

Dimethylaminoderivaten zeigen sich starke Abweichungen gegenüber den Verschiebungen von mono- und disubstituiertem Benzol. Beide Substituenten werden durch nachbarständige Methylgruppen aus der Ebene des Ringes herausgedreht und können dann nicht mehr mesomer, sondern nur noch induktiv wirken. Dieser Effekt macht sich auch bei den benachbarten Methylgruppen bemerkbar. Im o-Nitrotoluol ist die Nitrogruppe um 34° aus der Ebene des Ringes gedreht und die Verschiebung der nachbarständigen Methylgruppe beträgt —0.22 ppm, im Nitromesitylen beträgt der Winkel 60° und die Verschiebung —0.01 ppm, bezogen auf Toluol bzw. Mesitylen[1], der mesomere Effekt der Nitrogruppe ist also im Mesitylen auf 0—10% abgesunken[2]. In stark gehinderten Nitroverbindungen ist nur noch der induktive Effekt wirksam. Da er für die Meta- und Parastellung etwa den gleichen Wert besitzt, sind bei diesen Verbindungen die Verschiebungen beider Positionen etwa gleich. Die Additivitätsregeln, die in inerten Lösungsmitteln ermittelt wurden, gelten auch in anderen. Da die Signale in Ortho- und Metastellung zum Substituenten eine unterschiedliche Lösungsmittelabhängigkeit zeigen, läßt sich das Aussehen der Spektren durch Wechsel des Lösungsmittels in gewissen Grenzen verändern. Für viele Substituenten sind die Lösungsmitteleffekte tabelliert worden und es ist möglich, durch geeignete Korrekturen aus den Daten der Tab. 57 die Bandenlagen in anderen Lösungsmitteln vorherzusagen[3]. Die Additivitätsregel versagt, wenn zwei Substituenten in Orthostellung zueinander stehen, wie es die Beispiele des o-Dichlorbenzols und des Phthalsäuredimethylesters zeigen[4]:

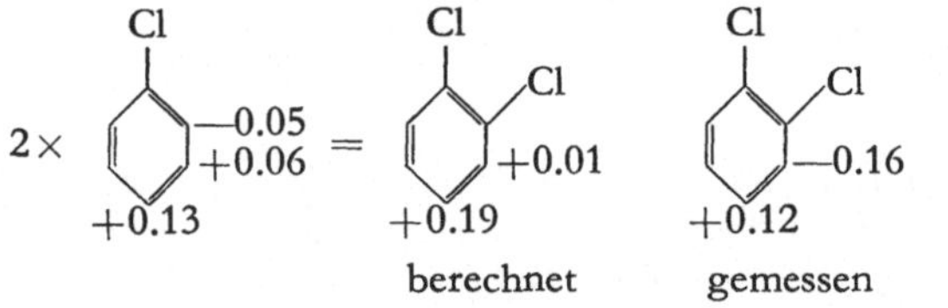

$$2\times \quad \begin{array}{c} Cl \\ \text{—0.05} \\ \text{+0.06} \\ \text{+0.13} \end{array} \quad = \quad \begin{array}{c} Cl \quad Cl \\ \text{+0.01} \\ \text{+0.19} \\ \text{berechnet} \end{array} \quad \begin{array}{c} Cl \quad Cl \\ \text{—0.16} \\ \text{+0.12} \\ \text{gemessen} \end{array} \qquad (36)$$

$$2\times \quad \begin{array}{c} COOCH_3 \\ \text{—0.74} \\ \text{—0.12} \\ \text{—0.20} \end{array} \quad = \quad \begin{array}{c} COOCH_3 \quad COOCH_3 \\ \text{—0.84} \\ \text{—0.32} \\ \text{berechnet} \end{array} \quad \begin{array}{c} COOCH_3 \quad COOCH_3 \\ \text{—0.41} \\ \text{—0.17} \\ \text{gemessen} \end{array} \qquad (37)$$

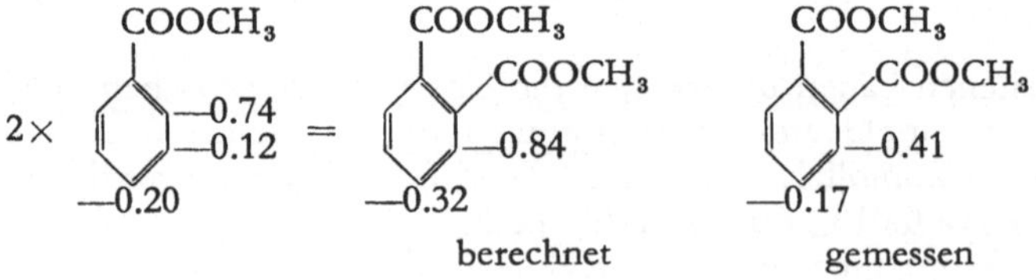

Die Unterschiede zwischen berechneten und gemessenen Werten sind hier so groß, daß es bei diesen Verbindungen nicht einmal möglich ist, das Vorzeichen der Effekte vorherzusagen. Diese auffällige Abweichung wird durch die gegenseitige Behinderung der Substituenten bewirkt.

Zur Veranschaulichung von Größe und Richtung des Substituenteneinflusses sind die chemischen Verschiebungen der Protonen von mono-

[1] YAMAGUCHI, I.: Can. J. Chem. 105 (1963). — [2] DIEHL, P., et G. SVEGLIADO: Helv. Chim. Acta 46, 46 (1963). — [3] DIEHL, P.: Helv. Chim. Acta 45, 568 (1962). — [4] DIEHL, P.: Helv. Chim. Acta 44, 829 (1961).

substituierten Benzolderivaten in Abb. 72 aufgetragen. Es wird deutlich, daß durch stark elektronensaugende Substituenten, wie Nitro- oder Carbonylgruppen, alle Banden nach tiefem Feld verschoben werden. Elektronenspendende Substituenten, wie Methoxy- und Aminogruppe, verschieben alle Signale nach höherem Feld, bei schwachen und mittelstarken

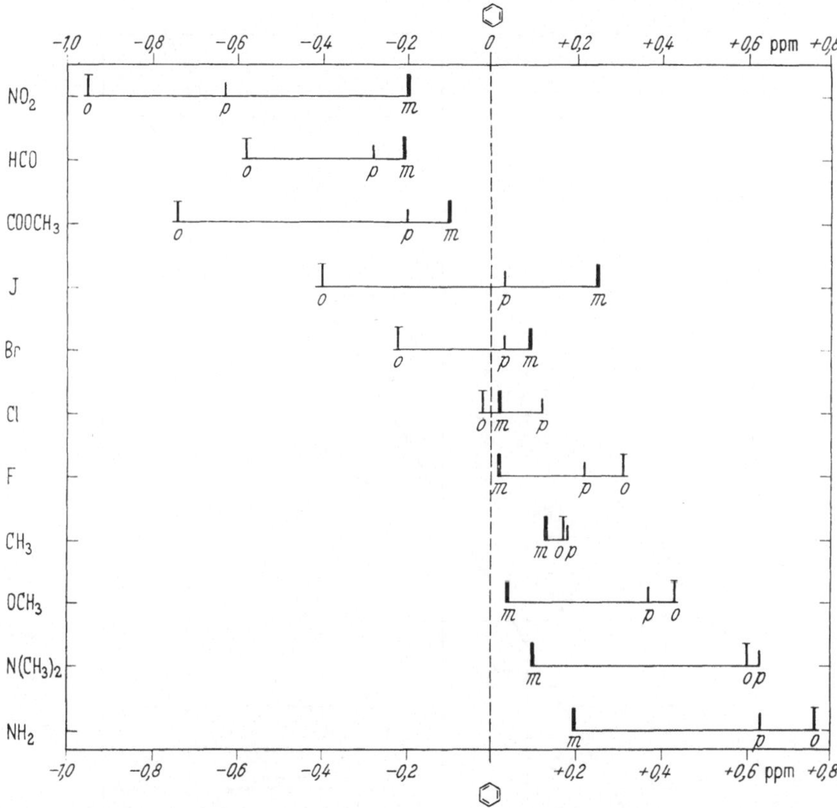



Abb. 72. Chemische Verschiebungen von ortho-, meta- und paraständigen Protonen in substituierten Benzolen bezogen auf die Verschiebung von Benzol

Substituenten werden die Verschiebungen weniger übersichtlich. In einer Reihe von Untersuchungen sind Zusammenhänge zwischen chemischer Verschiebung und anderen Parametern aufgezeigt worden, die in Kap. VII 8 noch ausführlich besprochen werden sollen. Am einfachsten liegen die Verhältnisse beim Proton in Parastellung zum Substituenten. Die chemischen Verschiebungen dieses Protons geben lineare Beziehungen zu $^{13}$C- und $^{19}$F-Verschiebungen substituierter Benzole, sowie zu den Hammettschen $\sigma$-Konstanten und zu Dipolmomenten[1-5]. Auf Grund der linearen Bezie-


[1] FRASER, R.R.: Can. J. Chem. **38**, 2226 (1960). — [2] DIEHL, P.: Helv. Chim. Acta **44**, 829 (1961). — [3] LAUTERBUR, P.C.: THL 274 (1961). — [4] SPIESECKE, H., and W.G. SCHNEIDER: J. Chem. Phys. **35**, 731 (1961). — [5] TAFT, Jr., R.W., S. EHRENSON, I.C. LEWIS, and R.E. GLICK: J. A. C. S. **81**, 5352 (1959).

hungen zu den verschiedenartigen Größen muß man annehmen, daß die
Verschiebung der Paraprotonen nur durch Veränderungen der $\pi$-Elektro-
nenverteilung bestimmt wird. Die Wegnahme eines $\pi$-Elektrons von einem
Kohlenstoffatom bewirkt am benachbarten Proton eine Verschiebung um
etwa 10 ppm[1]. Da sich der Bereich der chemischen Verschiebungen der

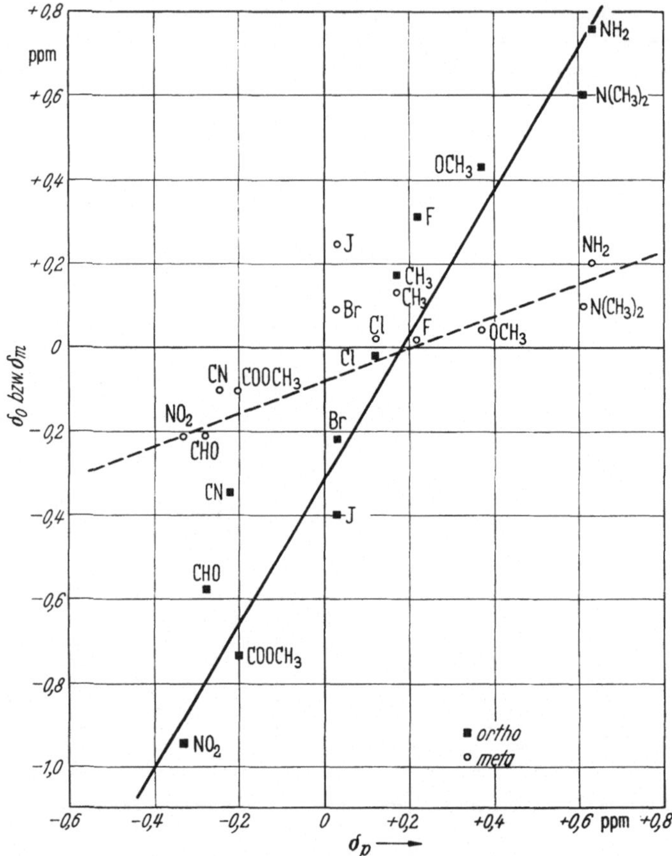

Abb. 73. Chemische Verschiebungen von ortho- und metaständigen Protonen in monosubstituierten
Benzolen in Abhängigkeit von den Verschiebungen der paraständigen Protonen (Bezugspunkt:
unsubstituiertes Benzol)

Paraprotonen über 1.2 ppm erstreckt, ändern sich die $\pi$-Elektronendichten
am Parakohlenstoffatom insgesamt um etwa 0.1 Einheiten, was mit molecular orbital-Berechnungen in gutem Einklang steht. Die Verschiebungen
der Metaprotonen erstrecken sich nur über 0.4 ppm. Vergleicht man sie mit
$\sigma_m$-Werten, $^{13}$C- und $^{19}$F-Verschiebungen oder Dipolmomenten, so tritt
in keinem Fall eine exakte Korrelation auf, obwohl sich qualitative Zu-

---

[1] SPIESECKE, H., and W.G. SCHNEIDER: THL **14**, 468 (1961).

sammenhänge zeigen[1,2,3]. Auch mit den induktiven Konstanten $\sigma_I$ wird keine lineare Beziehung gefunden. Am besten wird ein Zusammenhang mit den $\sigma_p$-Konstanten erfüllt[1,2], aber auch hierbei zeigen die Halogene, Carboxyl-

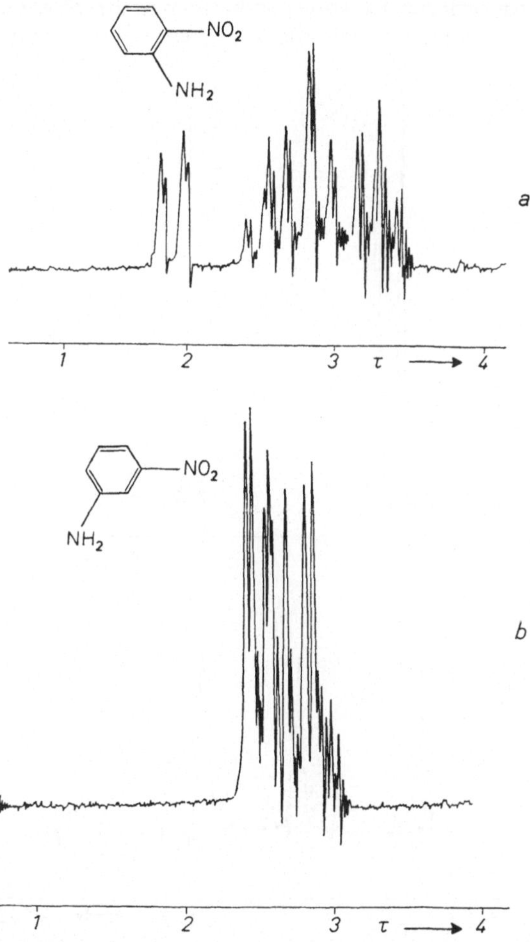

und Phenylgruppen erhebliche Abweichungen (Abb. 73). Das unregelmäßige Verhalten der Metaprotonen läßt sich nur schwer erklären. Anisotropieeffekte des Substituenten sollten in Metastellung nur eine untergeordnete Rolle spielen. Vermutlich werden die Verschiebungen der Metaprotonen zur Hauptsache durch Änderung der $\pi$-Elektronenverteilung bewirkt. Da diese aber in Metastellung klein ist, können andere schwache Effekte die Ergebnisse in erheblichem Maße beeinflussen. Die Verschiebungen der Banden

[1] DIEHL, P.: Helv. Chim. Acta **44**, 829 (1961) — [2] LANGENBUCHER, F., R. MECKE, and E. D. SCHMID: Liebigs Ann. Chem. **669**, 11 (1963). — [3] MARTIN, J. S., and B. P. DAILEY: J. Chem. Phys. **39**, 1722 (1963).

von Orthoprotonen sind am größten und erstrecken sich über einen Bereich von fast 2 ppm. Da die Theorie für die Ortho- und Parastellung etwa die gleichen $\pi$-Elektronendichten vorhersagt, sollten die chemischen Verschiebungen von Ortho- und Paraprotonen ähnlich sein. Wie Abb. 73 zeigt, sind sie einander proportional. Entsprechend zeigen natürlich auch die Orthoverschiebungen dieselben linearen Abhängigkeiten von anderen Parametern

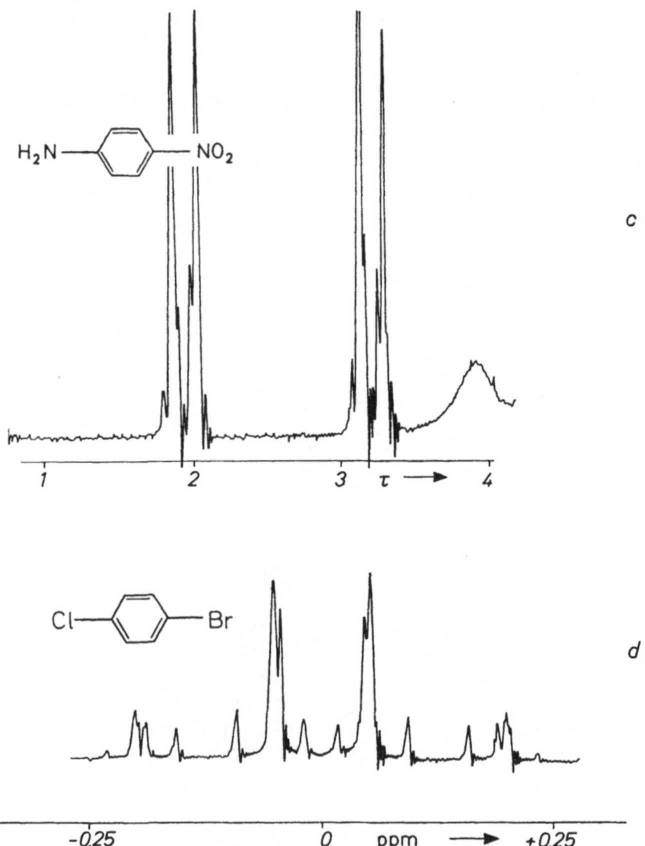


Abb. 74. Spektren von disubstituierten Benzolen. a), b), c) bei 56.4 MHz in Aceton; d) GRANT, D. M., R. C. HIRST u. H. S. GUTOWSKY[1], bei 60 MHz

($\sigma_p$, Dipolmoment usw.) wie die Paraverschiebungen. Es treten jedoch bei gewissen Substituenten, wie den Halogenen, der Cyano- und der Nitrogruppe, Abweichungen auf, die sich qualitativ durch Anisotropieeffekte erklären lassen. Auf Grund der in Abb. 73 dargestellten Ergebnisse muß man annehmen, daß auch die Verschiebungen der Orthoprotonen im wesentlichen durch Veränderungen im $\pi$-Elektronensystem verursacht werden, denen aber bei

---

[1] GRANT, D. M., R. C. HIRST, and H. S. GUTOWSKY: J. chem. Phys. **38**, 470 (1963).

Substituenten mit starker magnetischer Anisotropie andere Einflüsse überlagert werden.

Die Spektren disubstituierter Benzole sind zum Teil noch recht kompliziert. Bei zwei gleichen Substituenten sind die Orthoverbindungen vom

Tabelle 58

*Chemische Verschiebung der Protonen in kondensierten Ringen, bezogen auf die chemische Verschiebung des Benzols ($\tau = 2.74$) sowie die nach dem verfeinerten Modell a (*JONATHAN, GORDON *and* DAILEY*) und dem einfachen Modell b (*BERNSTEIN-SCHNEIDER-POPLE*) berechneten Werte. Meßwerte und Größe des Ringstroms nach* N. JONATHAN, S. GORDON *and* B.P. DAILEY: J. Chem. Phys. **36**, 2443 (1962). *Messungen bei 60 MHz in* $CCl_4$ *oder* $CS_2$ *extrapoliert auf unendliche Verdünnung.*

| | | a) $\delta_{\text{ber.}}$ | b) $\delta_{\text{ber.}}$ | $J_{1-2}$ | $J_{2-2'}$ | $J_{1-2'}$ | Ringstrom A | Ringstrom B |
|---|---|---|---|---|---|---|---|---|
| | | $\delta_{\text{gem.}}$ | | | | | | |
| 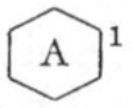 1 | 0 | 0 | 0 | – | – | – | 1.000 | – |
| 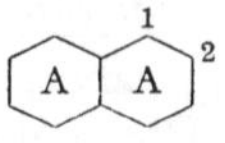 1 | –0.54 | –0.85 | –0.60 | 8.1 | 6.4 | 1.1 | 1.093 | – |
| 2 | –0.19 | –0.42 | –0.23 | – | – | – | – | – |
| 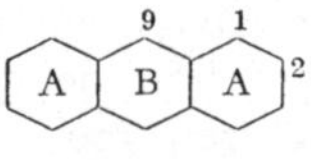 1 | –0.64 | –1.14 | –0.78 | 8.3 | 6.5 | 1.2 | 1.085 | 1.280 |
| 2 | –0.12 | –0.55 | –0.31 | – | – | – | – | – |
| 9 | –1.04 | –1.83 | –1.21 | – | – | – | – | – |
| 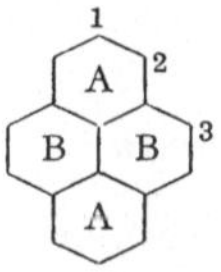 1 | –0.72 | –1.12 | –0.56 | 7.6 | – | – | 1.329 | 0.964 |
| 2 | –0.89 | –1.55 | –0.98 | – | – | – | – | – |
| 3 | –0.79 | –1.40 | –1.09 | – | – | – | – | – |
| 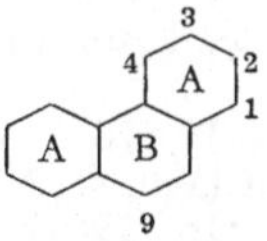 1 | –0.16 | –0.99 | –0.74 | – | – | – | 1.133 | 0.975 |
| 2 | bis | –0.56 | –0.32 | – | – | – | – | – |
| 3 | –0.73 | –0.61 | –0.37 | – | – | – | – | – |
| 4 | –1.44 | –1.38 | –1.21 | – | – | – | – | – |
| 9 | –0.44 | –0.99 | –0.86 | – | – | – | – | – |
| 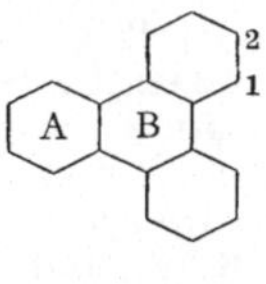 1 | –1.29 | –1.34 | – | 8.3 | 6.5 | 1.2 | 1.111 | 0.747 |
| 2 | –0.34 | –0.91 | – | – | – | – | – | – |
| 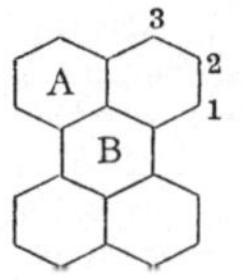 1 | –0.82 | –1.03 | – | 8.0 | 7.3 | 1.2 | 0.979 | 0.247 |
| 2 | –0.14 | –0.50 | – | – | – | – | – | – |
| 3 | –0.33 | –0.84 | – | – | – | – | – | – |
| 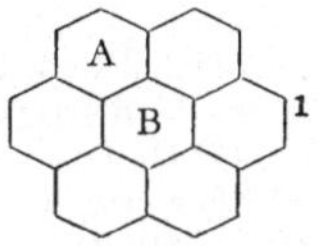 1 | –1.57 | –2.74 | – | – | – | – | 1.460 | 1.038 |

$A_2B_2$-Typ, Metaverbindungen vom $A_2BC$-Typ. Paraverbindungen geben wegen der Gleichheit der chemischen Verschiebungen nur eine Linie. Die vollständige Analyse von einigen Ortho- und Metaverbindungen ist in der Literatur beschrieben worden[1-6]. Sind die beiden Substituenten verschieden, so sind die Spektren der Ortho- und Metaverbindungen vom ABCD-Typ und die der Paraverbindungen vom $A_2B_2$-Typ. Auch wenn die Substituenten sehr verschiedenartig sind, wie bei den Nitroanilinen, sind die Spektren der Ortho- und Metaverbindungen (Abb. 74a/b) so kompliziert, daß eine Analyse nur in Sonderfällen möglich ist[7,8]. Am besten ist es, diese Spektren durch teilweise Deuterierung der Verbindungen zu vereinfachen. Die Spektren paradisubstituierter Verbindungen dagegen sind relativ einfach und es ist daher oft leicht, auf Grund des Aussehens der Spektren zu entscheiden, ob die beiden Substituenten ortho- bzw. meta- oder paraständig sind. Bei geringerer Auflösung und in stark verdünnten Lösungen sind oft nur noch die stärksten Banden des $A_2B_2$-Systems zu erkennen (Abb. 74c), und die Spektren können dann näherungsweise als AB-Spektren berechnet werden. Bei Verbindungen, bei denen die Unterschiede der chemischen Verschiebungen der Ringprotonen etwa 30 Hz überschreiten, nähert sich das Spektrum dem $A_2X_2$-Typ, das sich leicht analysieren läßt. Die Spektren dreifach substituierter Benzole sind vom $A_2B$, ABC oder ABX-Typ. Da das Vorzeichen und die ungefähre Größe der in Frage kommenden Kopplungskonstanten bekannt sind, lassen sich die Spektren meistens ohne allzu große Schwierigkeiten deuten[9-15].

### V. 13b *Verbindungen mit kondensierten aromatischen Ringen*

Die Spektren einer Reihe von Kohlenwasserstoffen mit kondensierten Ringen sind in der Literatur beschrieben worden[2,16-25]. Sie sind trotz der großen Anzahl von Protonen nicht übermäßig kompliziert, weil praktisch


[1] GRANT, D. M., R. C. HIRST, and H. S. GUTOWSKY: J. Chem. Phys. **38**, 470 (1963). — [2] POPLE, J. A., W. G. SCHNEIDER, and H. J. BERNSTEIN: Can. J. Chem. **35**, 1060 (1957). — [3] DISCHLER, B., u. W. MAIER: Z. Naturforsch. **16a**, 318 (1961). — [4] DISCHLER, B., u. E. ENGLERT: Z. Naturforsch. **16a**, 1180 (1961). — [5] MARTIN, J. S., and B. P. DAILEY: J. Chem. Phys. **37**, 2594 (1962). — [6] ABRAHAM, R. J., E. O. BISHOP, and R. E. RICHARDS: J. Mol. Phys. **3**, 485 (1960). — [7] FREEMAN, R., N. S. BHACCA, and C. A. REILLY: J. Chem. Phys. **38**, 293 (1963). — [8] CLOUGH, S.: J. Mol. Phys. **2**, 349 (1959). — [9] RICHARDS, R. E., and T. SCHAEFER: J. Mol. Phys. **1**, 331 (1958). — [10] BANWELL, C. N.: J. Mol. Phys. **4**, 265 (1961). — [11] LEANE, J. B., and R. E. RICHARDS: Trans. Farad. **55**, 707 (1959). — [12] FESSENDEN, R. W., and J. S. WAUGH: J. Chem. Phys. **31**, 996 (1959). — [13] DHARMATTI, S. S., G. GOVIL, C. R. KANEKAR, C. L. KHETRAPAL, and Y. R. VIRMANI: Proc. indian Acad. Sci. **54A**, 331 (1961), C. A. **56**, 12452a. — [14] RAO, B. D. N., and P. VENKATESWARLU: Proc. indian Acad. Sci. **52A**, 109 (1960), C. A. **55**, 4154c. — [15] ACRIVOS, J. V.: J. Mol. Phys. **5**, 1 (1962). — [16] BERNSTEIN, H. J., and W. G. SCHNEIDER: J. Chem. Phys. **24**, 468 (1956). — [17] BERNSTEIN, H. J., W. G. SCHNEIDER, and J. A. POPLE: Proc. Roy. Soc. (London) **A 236**, 515 (1956). — [18] JONATHAN, N., S. GORDON, and B. P. DAILEY: J. Chem. Phys. **36**, 2443 (1962). — [19] MEMORY, J. D., and T. B. COBB: J. Chem. Phys. **38**, 1453 (1962). — [20] MEMORY, J. D., and T. B. COBB: J. Chem. Phys. **39**, 2386 (1963). — [21] MEMORY, J. D.: J. Chem. Phys. **38**, 1341 (1963). — [22] REID, C.: J. A. C. S. **78**, 3225 (1956). — [23] REID, C.: J. Mol. Spec. **1**, 18 (1957). — [24] BERNSTEIN, H. J., and W. G. SCHNEIDER: J. Chem. Phys. **26**, 957 (1957). — [25] MARTIN, R. H., N. DEFAY, F. GEERTS-EVRARD, and S. DELAVARENNE: TH **20**, 1073 (1964).

keine Kopplung zwischen Protonen in verschiedenen Ringen stattfindet. So ist ein Naphthalinspektrum und ein Anthracenspektrum vom $A_2B_2$-Typ, ein Pyrenspektrum nur vom $AB_2$-Typ. In Tab. 58 sind die chemischen Verschiebungen und Kopplungskonstanten einiger Kohlenwasserstoffe mit kondensierten Ringen angegeben. (Die Ergebnisse früherer Arbeiten geben zum Teil andere Bandenlagen, weil die Messungen in höheren Konzentrationen oder in Schmelzen durchgeführt wurden.) Da mehrere Kreisströme in den Molekülen auftreten, sind die Banden gegenüber denen des Benzols nach tieferem Feld verschoben. Jeder Kreisstrom verändert das Magnetfeld am Ort der Protonen. Unter der Voraussetzung, daß sich die Wirkungen addieren, sollte dasjenige Proton ein Signal bei niedrigsten Feldstärken geben, das die meisten Kreisströme in seiner Nähe hat. Auf Grund solcher Überlegungen sind von BERNSTEIN, SCHNEIDER und POPLE[1] die chemischen Verschiebungen einzelner Ringprotonen berechnet worden. Hierbei wurde für alle Ringe der gleiche Ringstrom wie im Benzol angenommen und der Abstand der Protonen vom Zentrum der einzelnen Ringe bestimmt. Die chemische Verschiebung ist dann (bezogen auf Äthylen)

$$\delta = -\frac{e^2 a^2}{2mc^2} \sum_i r_i^{-3}, \tag{38}$$

wobei $a$ der Radius des Ringes und $r_i$ der Abstand des Protons vom Mittelpunkt des $i$-ten Ringes ist. Für die 1-Stellung im Anthracen (XV) z. B. tragen alle drei Kreisströme, allerdings in verschieden starkem Maße, zur Verschiebung bei:

XV

Die so berechneten chemischen Verschiebungen für die Protonen des Anthracens in 1-, 2- und 9-Stellung betragen $\tau = 1.96$, $2.43$ und $1.53$ gegenüber den gemessenen Werten von $\tau = 2.10$, $2.62$ und $1.70$. Die relative Reihenfolge mit dem Proton in 9-Stellung bei tiefstem Feld wird durch das einfache Modell recht gut wiedergegeben, die berechneten Effekte sind jedoch etwas größer als die Experimente ergeben. Mit verbesserten Modellen, bei denen eine kreisförmige $\pi$-Elektronenwolke oberhalb und unterhalb der Ringebene angenommen wurde, erzielten JOHNSON und BOVEY[2], sowie WAUGH und FESSENDEN[3] etwa die gleichen Ergebnisse. Wird zusätzlich berücksichtigt, daß der Kreisstrom in den Ringen verschieden groß ist, so ergeben sich etwas bessere Werte, aber auch sie sind noch etwa um den Faktor zwei größer als die gegenüber dem Benzol beobachteten Verschiebungen und bringen keine wesentlichen Verbesserungen gegenüber den einfachen

---

[1] BERNSTEIN, H. J., W. G. SCHNEIDER, and J. A. POPLE: Proc. Roy. Soc. (London) **A 236**, 515 (1956). — [2] JOHNSON, C. E., and F. A. BOVEY: J. Chem. Phys. 29, 1012 (1958). — [3] WAUGH, J. S., and R. W. FESSENDEN: J. A. C. S. **79**, 846 (1957).

Modellen. Es ist auffällig, daß die experimentellen Werte für Protonen in
4- und 5-Stellung am Phenanthren und in 1-Stellung am Triphenylen und

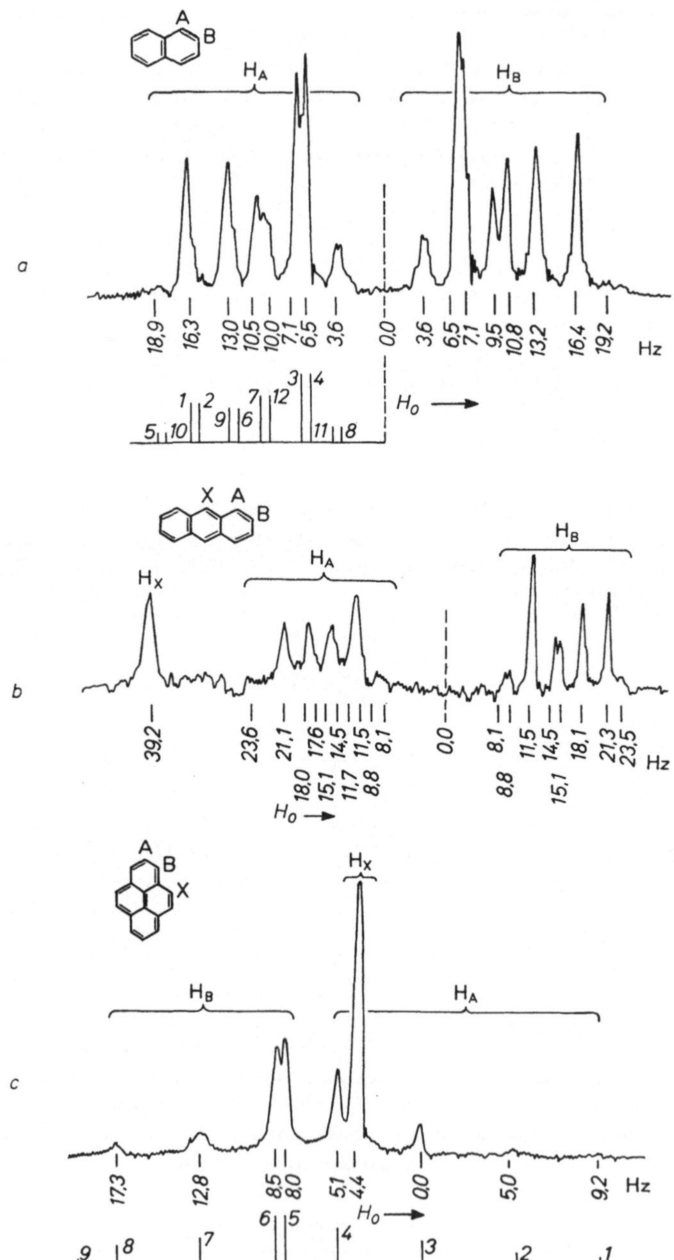

Perylen besonders groß sind und mit der berechneten (üblicherweise zu groß en!) Verschiebung zusammenfallen. In diesen drei Verbindungen behindern sich die „nach innen" gerichteten Protonen und zwingen das Molekül

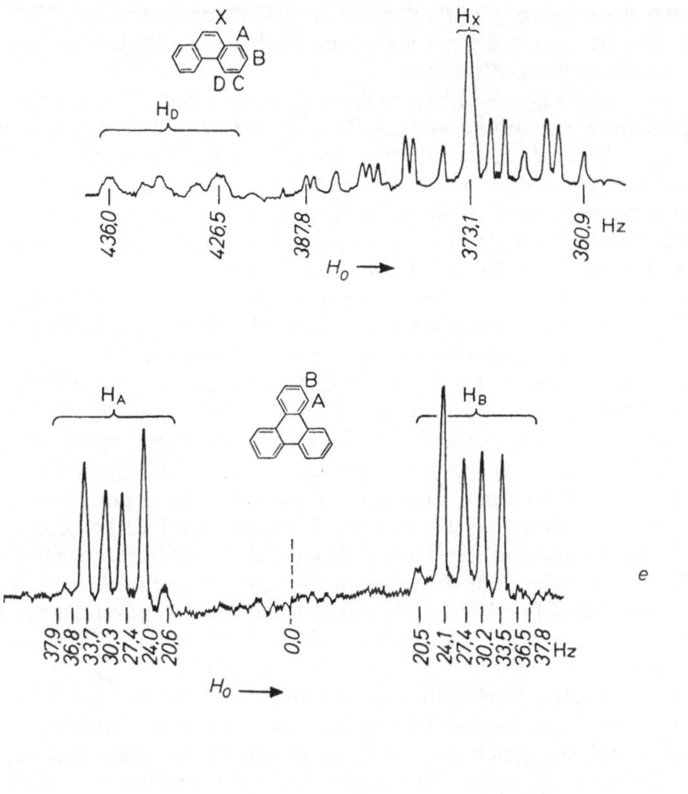

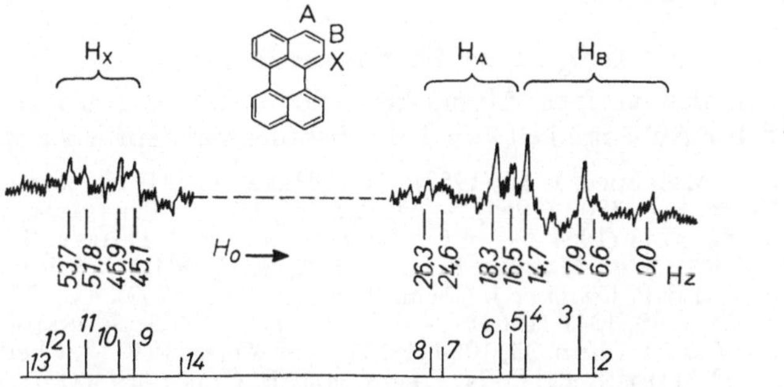

Abb. 75. a) Naphthalin, b) Anthracen, c) Pyren, d) Phenanthren, e) Triphenylen, f) Perylen, bei 60 MHz in verdünnten Lösungen von $CCl_4$ bzw. $CS_2$[1]

---

[1] JONATHAN, N., S. GORDON, and B. P. DAILEY: J. Chem. Phys. 36, 2443 (1962).

aus der ebenen Lage[1-3]. Dadurch sollte, ähnlich wie bei Gasen unter hohem Druck, eine Verschiebung nach tieferem Feld erfolgen [4,5]. In der Tabelle sind ebenfalls die relativen Ringströme (bezogen auf Benzol gleich 1) angegeben. Sie unterscheiden sich meistens nur wenig von eins[6,7]. Nur bei gestreckten Molekülen, wie Anthracen und Pentacen, oder bei Molekülen wie Coronen, bei denen die $\pi$-Elektronen auch an der Peripherie umlaufen können, treten größere Werte auf.

Die Spektren einiger Kohlenwasserstoffe sind in Abb. 75 wiedergegeben. Das Naphthalinspektrum ist vom $A_2B_2$-Typ und ist von POPLE, SCHNEIDER und BERNSTEIN[8] analysiert worden. Durch Vergleich mit teilweise deuteriertem Naphthalin konnte nachgewiesen werden, daß das Signal der $a$-Protonen bei tieferem Feld liegt. Im Spektrum des Anthracens ist deutlich die scharfe Bande der 9,10-Protonen, die nicht mit den anderen koppeln, zu erkennen. Die übrigen Banden bilden wieder ein $A_2B_2$-System. Noch einfacher ist das Spektrum des Pyrens, bei dem das Signal der X-Protonen als scharfe Bande und die restlichen Linien als $AB_2$-System zu erkennen sind. Das Spektrum von Phenanthren ist recht kompliziert (ABCD-Typ). Leicht zu erkennen ist lediglich das Singulett der 9,10-Protonen. Durch Vergleich mit 4-Methylphenanthren konnte das Signal bei tiefstem Feld den 4- und 5-Protonen zugeordnet werden. Das Spektrum des Triphenylens ist wieder vom $A_2B_2$-Typ. In Analogie zu Naphthalin und Anthracen läßt sich das Signal bei tiefem Feld den $a$-Protonen zuordnen. Wegen des geringen Abstandes zwischen den verschiedenen $a$-Protonen sind diese Signale weit nach tiefem Feld verschoben. Den gleichen Effekt beobachtet man bei den 1-Protonen im Perylen, bei dem die Signale so weit getrennt sind, daß das Spektrum als ABX-Typ behandelt werden kann. Das Spektrum des Coronens besteht wegen der Gleichheit aller Protonen aus einer einzigen scharfen Bande.

Bei substituierten Verbindungen, die mehrere kondensierte Ringe enthalten, ändern sich die Intensitäten der Aromatenbanden. Durch Integration der Signale und Vergleich mit den Integrationskurven der Grundkörper kann oft die Stellung der Substituenten bestimmt werden. Es sind jedoch bisher nur wenig Untersuchungen über substituierte Verbindungen dieses Typs durchgeführt worden[9-13].

### V. 13c *Die Signale der Substituenten am Aromaten*

Nachdem in den vorigen Abschnitten die Banden der aromatischen Protonen und ihre Abhängigkeit von den Substituenten besprochen worden

[1] REID, C.: J. Mol. Spec. **1**, 18 (1957). — [2] HERBSTEIN, F.H., and G.H.J. SCHMIDT: J. Chem. Soc. 3302 (1954). — [3] NAGATA, W., T. TERASAWA, and K. TORI: J.A.C.S. **86**, 3746 (1964). — [4] GORDON, S., and B.P. DAILEY: J. Chem. Phys. **34**, 1084 (1961). — [5] MARTIN, R.H.: TH **20**, 897 (1964). — [6] JONATHAN, N., S. GORDON, and B.P. DAILEY: J. Chem. Phys. **36**, 2443 (1962). — [7] MEMORY, J.D.: J. Chem. Phys. **38**, 1341 (1963). — [8] POPLE, J.A., W.G. SCHNEIDER, and H.J. BERNSTEIN: Can. J. Chem. **35**, 1060 (1957). — [9] WELLS, P.R.: J. Chem. Soc. 1967 (1960). — [10] MARTIN, R.H., N. DEFAY, and F. GEERTS-EVRARD: TH **20**, 1091 (1964). — [11] DONCKT, E.V., R.H. MARTIN, and F. GEERTS-EVRARD: TH **20**, 1495 (1964). — [12] MARTIN, R.H., N. DEFAY, and F. GEERTS-EVRARD: TH **20**, 1505 (1964). — [13] NAGASAMPAGI, B.A., R.C. PANDEY, V.S. PANSARE, J.R. PRAHLAD, and S. DEV: THL 411 (1964).

sind, sollen im folgenden die Signale dieser Substituenten behandelt werden. Diese Gruppen, die auch schon bei den aliphatischen Verbindungen behandelt wurden, können in aromatischen Verbindungen auf Grund von Mesomerie oder durch den Ringstromeffekt veränderte Bandenlagen zeigen. Besonders einfach liegen die Verhältnisse bei den Alkylderivaten. Da die Mesomerie mit dem Aromaten keine wesentliche Rolle spielt, werden die Verschiebungen gegenüber analogen aliphatischen Verbindungen nur durch den Ringstrom verursacht. Die Verschiebung der Methylbande im Toluol gegenüber derjenigen im 1-Methylcyclohexen ($\tau = 8.40$) beträgt 0.76 ppm und gibt ein Maß für die Größe des Ringstromeffektes. Berechnet

Tabelle 59. *Chemische Verschiebungen von Alkylbenzolen und Hydroaromaten*

| Verbindung | $\tau$ | Lösungsmittel | Lit. |
|---|---|---|---|
| Toluol | 7.64 | $CCl_4$ | a |
| p–Toluidin | 7.82 | $CCl_4$ | b |
| p–Kresol | 7.70 | $CCl_4$ | a |
| p–Methylbenzaldehyd | 7.60 | – | c |
| p–Bromtoluol | 7.48 | – | c |
| p–Fluortoluol | 7.70 | $CCl_4$ | a |
| 3,5–Dibromtoluol | 7.68 | $CCl_4$ | a |
| p–Nitrotoluol | 7.52 | $CCl_4$ | d |
| o–Xylol | 7.77 | $CCl_4$ | a |
| m–Xylol | 7.73 | $CCl_4$ | a |
| p–Xylol | 7.73 | $CCl_4$ | a |
| 2,6–Dimethylanilin | 7.89 | – | f |
| 2,6–Dimethylphenol | 7.88 | – | f |
| 2,6–Dimethylbrombenzol | 7.61 | – | f |
| 2,6–Dimethylnitrobenzol | 7.68 | – | f |
| Tetrachlor–p–xylol | 7.13 | – | c |
| Mesitylen | 7.78 | $CCl_4$ | a |
| 1,2,3,–Trimethylbenzol | 7.90 (2) 7.80 (1) | – | c |
| Aminomesitylen | 7.98 (2) 7.82 (4) | Hexan | d |
| Chlormesitylen | 7.74 (2) 7.86 (4) | Hexan | d |
| Nitromesitylen | 7.81 (2) 7.75 (4) | Hexan | d |
| Trinitromesitylen | 7.66 | $CCl_4$ | e |
| Durol | 7.86 | $CCl_4$ | a |
| Aminodurol | 8.07 (2) 7.88 (3) | Hexan | d |
| Bromdurol | 7.71 (2) 7.81 (3) | Hexan | d |
| Chlordurol | 7.76 (2) 7.82 (3) | Hexan | d |
| Nitrodurol | 7.95 (2) 7.80 (3) | Hexan | d |
| Pentamethylbenzol | 7.80 | $CDCl_3$ | g |
| 1–Methylnaphthalin | 7.25 | – | c |
| 2–Methylnaphthalin | 7.60 | – | c |
| 2,3–Dimethylnaphthalin | 7.70 | – | c |
| 2,5–Dimethylnaphthalin | 7.45 | – | c |
| 2,6–Dimethylnaphthalin | 7.55 | $CDCl_3$ | c |
| 9–Methylanthracen | 7.03 | $CDCl_3$ | g |

Tabelle 59 (Fortsetzung)

| Verbindung | $\alpha$ | $\beta$ | $\gamma$ | Lösungsmittel | Lit. |
|---|---|---|---|---|---|
| Äthylbenzol | 7.38 | 8.80 | – | $CCl_4$ | a |
| p–Methyläthylbenzol | 7.44 | 8.81 | – | – | c |
| p–Diäthylbenzol | 7.50 | 8.80 | – | – | c |
| 1,3,5–Triäthylbenzol | 7.42 | 8.79 | – | – | c |
| 2–Äthylnaphthalin | 7.23 | 8.70 | – | $CDCl_3$ | g |
| n–Propylbenzol | 7.44 | 8.37 | 9.04 | – | c |
| i–Propylbenzol | 7.25 | 8.85 | – | – | c |
| 1,3,5–Tri–i–propylbenzol | 7.17 | 8.80 | – | $CCl_4$ | a/c |
| t–Butylbenzol | – | 8.68 | – | $CCl_4$ | a |
| 1,2,4,5–Tetra–t–butylbenzol | – | 8.52 | – | $CS_2$ | h |
| Benzocyclobuten | 6.83 | – | – | $CCl_4$ | i |
| Inden | 6.67 | 3.50 | 3.18 | $CDCl_3$ | g |
| Indan | 7.31 | 8.16 | – | $CCl_4$ | |
| Fluoren | 6.19 | – | – | $CCl_4$ | a |
| Acenaphthen | 6.66 | – | – | $CCl_4$ | a |
| Tetralin | 7.30 | 8.22 | – | $CCl_4$ | a |
| Dihydroanthracen 9,10 | 6.13 | – | – | $CDCl_3$ | g |

a Tiers, G.V.D.: Characteristic Nuclear Magnetic Resonance Shielding Values for Hydrogen in Organic Structures.
b Suhr, H.: Z. Elektrochem. **66**, 466 (1962).
c Nuclear Magnetic Resonance Spectral Data, American Petroleum Institute Texas: College Station.
d Diehl, P., et G. Svegliado: Helv. Chim. Acta **46**, 46 (1963).
e Bullock, E.: Can. J. Chem. **41**, 711 (1963).
f Fraser, R.R.: Can. J. Chem. **38**, 2226 (1960).
g High-resolution Nuclear Magnetic Resonance, Spectra Catalog (1), Varian Associates. California: Palo Alto.
h Hoogzand, C., and W. Huebel: THL 637 (1961).
i Fraenkel, G., Y. Asahi, M.J. Mitchell, and M.P. Cava: T.H. **20**, 1179 (1964).

man mit Hilfe der von Johnson und Bovey (S. 34) angegebenen Abschirmungswerte unter der vereinfachten Annahme, daß sich die Protonen in der Ebene des Ringes befinden, die Lage der Methylgruppe im Toluol, so ergibt sich ein Wert von $\tau = 7.52$ gegenüber dem gemessenen von 7.64. Die Übereinstimmung der beiden Werte ist recht gut und zeigt die Möglichkeit, Bandenlagen von Alkylaromaten zu berechnen. In Tab. 59 sind die Lagen der Methylbanden in einer Anzahl von aromatischen Verbindungen zusammengestellt. In Benzolderivaten liegen sie zwischen 7.5 und 8.0 und zeigen in abgeschwächter Form den gleichen Gang wie die Verschiebungen der Ringprotonen[1], werden also auch durch elektronensaugende Substituenten nach tieferem Feld und durch elektronenschiebende Substituenten nach höherem Feld verschoben. Neben diesem Effekt, den man bei p-substituierten Verbindungen wieder durch die Hammettschen $\sigma$-Konstanten beschreiben kann, tritt bei Alkylgruppen in Nachbarstellung zum Substituenten noch der Anisotropieeffekt und die sterische Behinderung auf, die, wie etwa beim Nitrodurol, eine koplanare Einstellung des

[1] Diehl, P., et G. Svegliado: Helv. Chim. Acta **46**, 46 (1963).

Substituenten verhindert. Bei Methylgruppen in Verbindungen mit kondensierten Ringen liegen die Banden bei tieferem Feld als in einfachen Ringsystemen, weil sich hier die verschiedenen Ringstromeffekte addieren[1]. Stehen Äthyl-, i-Propyl- und t-Butylgruppen am Benzolring, so findet man die gleichen Gesetzmäßigkeiten wie bei Methylverbindungen, wobei naturgemäß alle Effekte in der $\beta$-Position stark abgeschwächt sind (Tab. 59). Stehen sperrige Substituenten, wie t-Butylgruppen, in Nachbarstellung zu einem Substituenten, so werden durch die Wechselwirkung zwischen beiden Gruppen die Signale des Substituenten und der Butylgruppe nach tieferem Feld verschoben[2,3].

In den Spektren von Hydroaromaten gelten die gleichen Gesetzmäßigkeiten wie bei Alkylsubstituenten. Für die $\alpha$- und $\beta$-Position im Tetralin wurden von JOHNSON und BOVEY[4] die $\tau$-Werte zu 7.34 und 8.07 berechnet. Die gefundenen Werte $\tau = 7.30$ und 8.22 stimmen recht gut damit überein. Beim Indan liegt die $\beta$-Methylengruppe näher am Ring und zeigt daher eine stärkere Verschiebung nach tiefem Feld. Die Auswirkung des Ringstromes auf die Protonen in den Verbindungen XVI und XVII sind deutlich kleiner als

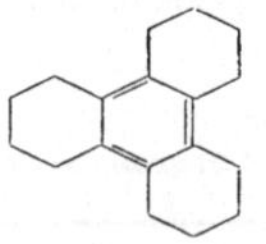

XVI 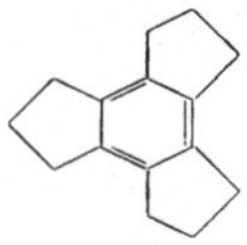          XVII

im Tetralin und Indan[5], und man kann daher annehmen, daß in diesen Verbindungen der Ringstrom geringer ist. Auf Grund der Spannung in den äußeren Ringen liegt der innere Sechsring wahrscheinlich teilweise als Cyclohexatrien vor[6,7]. Im Fluoren, wie im 9,10-Dihydroanthracen, ist die Verschiebung der Methylengruppen wegen der Nähe der beiden aromatischen Ringe besonders groß. Im Acenaphthen und seinen Derivaten findet man zwischen der Methylengruppe und dem benachbarten Proton eine Kopplung von 1.5 Hz, zum gegenüberliegenden Proton eine von 0.5 Hz[8]. Bei Untersuchungen am Inden[9-13] wurde ebenfalls eine Kopplung von 0.5 Hz gefunden und der Wechselwirkung des $\beta$-Olefinprotons mit dem benachbarten aromatischen Proton zugeschrieben. Eine besonders interessante Verbindungsklasse bilden die 1,4-Polymethylenbenzole. Sind acht oder mehr Methylengruppen in der Kette, so liegen die mittleren Methylengruppen oberhalb der Ringebene und erfahren auf Grund des

[1] FREYMANN, R., M. DVOLAITZKY, et J. JAQUES: Compt. Rend. **253**, 1436 (1961). — [2] GIL, V.M.S., and W.A. GIBBONS: J. Mol. Phys. **8**, 199 (1964). — [3] GIBBONS, W.A., and H. FISCHER: THI. **43** (1964). — [4] JOHNSON, C.E., and F.A. BOVEY: J. Chem. Phys. **29**, 1012 (1958). — [5] SUHR, H., u. H. MEIER: unveröffentlicht. — [6] ANET, R., and F.A.L. ANET: J.A.C.S. **86**, 525 (1964). — [7] KATRITZKY, A.R., and R.E. REAVILL: Rec. Trav. Chim. **83**, 1230 (1964). — [8] DEWAR, M.J.S., and R.F. FAHEY: J.A.C.S. **85**, 2704 (1963). — [9] ELLEMAN, D.D., and S.L. MANATT: J. Chem. Phys. **36**, 2346 (1962). — [10] BERGSON, G., and A.M. WEIDLER: Acta Chem. Scand. **17**, 2691 (1963). — [11] WAUGH, J.S., and R.W. FESSENDEN: J. A. C. S. **79**, 846 (1957). — [12] VOGEL, E., u. H.D. ROTH: Z. Angew. Chem. **76**, 145 (1964). — [13] WEIDLER, A.M., and G. BERGSON: Acta Chem. Scand. **18**, 1487 (1964).

Ringstromes eine Verschiebung nach höherem Feld. An dieser Stelle
soll noch erwähnt werden, daß im Cyclodecapentaen (XVIII) und im 2,7-
Diacetoxy-15,16-dihydropyren (XIX)

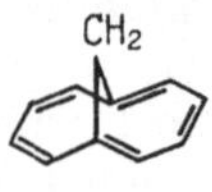

XVIII 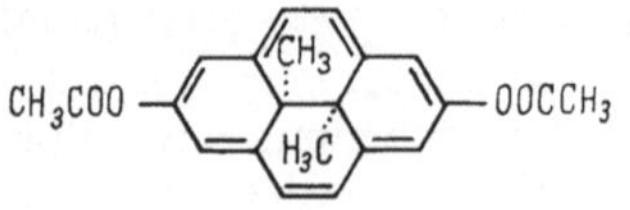                                          XIX

auf Grund der chemischen Verschiebungen der inneren Methylen- bzw.
Methylgruppen ebenfalls ein starker Ringstrom angenommen werden
muß[8,1], 9,10-Dihydronaphthalin liegt jedoch als normales Olefin vor[2].

Die Bandenlagen einiger Halogenmethylderivate sind in Tab. 60 angegeben. Andere Verbindungen lassen sich nach der auf S. 98 gegebenen
Additivitätsregel berechnen. Die Spektren aromatischer Aldehyde sind in
einer Reihe von Untersuchungen behandelt worden[3–7]. Die chemische
Verschiebung des Aldehydprotons wird durch eine Reihe von Effekten

Tabelle 60

*Chemische Verschiebungen von Halogenmethylgruppen in aromatischen Verbindungen (in* $CCl_4$*)*

|                      |       | Lit. |
|----------------------|-------|------|
| Benzylchlorid        | 5.50  | a    |
| Xyloldichlorid       | 5.50  | a    |
| Benzylbromid         | 5.57  | a    |
| Xyloldibromid        | 5.59  | a    |
| Benzalchlorid        | 3.39  | a    |

[a] TIERS, G. V. D.: Characteristic Nuclear Magnetic Resonance Shielding Values
for Hydrogen in Organic Structures.

bestimmt. Die Hauptursache für die Lage bei tiefem Feld ist, wie bei den
aliphatischen Aldehyden, die Anisotropie der Carbonylgruppe, und die
Bandenlage ist daher bei den beiden Verbindungsklassen ähnlich. Daneben
wirkt sich bei aromatischen Aldehyden der Ringstromeffekt aus, der die
Banden nach tieferem Feld verschiebt. Ein Vergleich der $\tau$-Werte von
Acrolein (0.47) und Benzaldehyd (0.04) zeigt eine Verschiebung von
0.43 ppm, die auf diesen Effekt zurückzuführen ist. Bei kondensierten
aromatischen Ringen ist der Effekt größer. Berechnungen mit Hilfe der von
JOHNSON und BOVEY angegebenen Werte für den Ringstromeffekt ergeben
für 1-Naphthaldehyd eine Verschiebung von —0.38, für 2-Naphthaldehyd

[1] BOEKELHEIDE, V., and J. B. PHILLIPS: Science 140, 379 (1963). — [2] v. TAMELEN,
E. E., and B. PAPPAS: J. A. C. S. 85, 3296 (1963). — [3] KLINCK, R. E., and J. B.
STOTHERS: Can. J. Chem. 40, 1071 (1962). — [4] KLINCK, R. E., and J. B. STOTHERS:
Can. J. Chem. 40, 2329 (1962). — [5] DE KOWALEWSKI, D. G., and V. J. KOWA-
LEWSKI: J. Chem. Phys. 37, 1009 (1962). — [6] YAMAGUCHI, I.: Bull. Chem. Soc.
Japan 34, 353 (1961). — [7] KARABATSOS, G. J., and F. M. VANE: J. A. C. S. 85,
3886 (1963). — [8] VOGEL, E., u. H. D. ROTH: Z. Angew. Chem. 76, 145 (1964).

—0.15, für 9-Anthraldehyd —0.75 ppm gegenüber Benzaldehyd. Die beobachteten Differenzen betragen 0.12, 0.36, 0.37 und 1.51 ppm und stimmen, mit Ausnahme der letzten, recht gut mit den berechneten Werten überein. Eine weitere Wirkung des Benzolringes besteht darin, daß er Elektronen vom Aldehydproton fortzieht und dessen Abschirmung vermindert. Durch Substituenten am Aromaten sollte dieser Effekt beeinflußt werden und zwar wird durch elektronenschiebende Substituenten in Meta- oder Parastellung das Aldehydsignal nach höheren Feldern verschoben,

Tabelle 61

*Chemische Verschiebungen aromatischer Aldehyde in inerten Lösungsmitteln*

| | $\tau$ | $\tau$ |
|---|---|---|
| | $CCl_4$ | $CDCl_3$ |
| Benzaldehyd | 0.04 | −0.02 |
| p-Dimethylaminobenzaldehyd | 0.35 | − |
| p-Methoxybenzaldehyd | 0.19 | − |
| p-Methylbenzaldehyd | 0.11 | − |
| p-Chlorbenzaldehyd | 0.06 | − |
| p-Nitrobenzaldehyd | − | −0.18 |
| m-Methylbenzaldehyd | 0.10 | − |
| m-Nitrobenzaldehyd | − | −0.13 |
| o-Hydroxybenzaldehyd | 0.14 | − |
| o-Methylbenzaldehyd | −0.18 | − |
| o-Nitrobenzaldehyd | −0.37 | − |
| o-Methoxybenzaldehyd | −0.39 | − |
| o-Chlorbenzaldehyd | −0.45 | − |
| Mesitylaldehyd | −0.49 | − |
| Piperonal | 0.24 | − |
| Vanillin | − | 0.18 |
| 1-Naphthaldehyd | −0.31 | −0.38 |
| 2-Naphthaldehyd | − | −0.14 |
| 9-Anthraldehyd | − | −1.51 |
| Phenanthren-9-aldehyd | − | −0.39 |

KARABATSOS, G. J., and F. M. VANE: J. A. C. S. **85**, 3886 (1963).

durch elektronensaugende nach tieferem Feld (Tab. 61). Die chemischen Verschiebungen der Aldehydprotonen dieser Verbindungen zeigen einen linearen Zusammenhang mit den Hammettschen $\sigma$-Konstanten. Die Signale von orthosubstituierten Benzaldehyden liegen mit Ausnahme desjenigen des Salicylaldehyds, der wegen der Wasserstoffbrücke zum Hydroxyl eine Sonderstellung einnimmt, bei tieferem Feld als die der entsprechenden Meta- und Paraverbindungen. Es muß daher angenommen werden, daß der Orthosubstituent die Aldehydgruppe aus der Ebene des Ringes herausdreht und dadurch die Mesomerie zwischen Aldehydgruppe und dem Benzolring schwächt. Daneben spielen sicher auch Wasserstoffbrücken zum Substituenten und Anisotropieeffekte eine Rolle. Die ungewöhnliche Lage des 9-Anthraldehydes wird neben der Wirkung der drei Ringströme durch die sterische Behinderung der Aldehydgruppe durch die Wasserstoffe in 1- und 8-Stellung verursacht. Beim Vergleich der Bandenlagen von aromatischen

Aldehyden ist zu bedenken, daß sie in starkem Maße vom Lösungsmittel abhängen[1].

Das Proton der Aldehydgruppe gibt entweder ein scharfes Signal oder zeigt eine geringe Aufspaltung durch Kopplung mit dem aromatischen Proton in Metastellung[2,3]. Die Größe der Kopplungskonstanten hängt vom Winkel ab. Stehen Aldehydproton und aromatisches Proton trans zueinander (XX, Winkel 180°), so beträgt diese 0.7 Hz, stehen sie cis (XXI,

$$J=0.7 \qquad\qquad XX \qquad\qquad XXI \qquad\qquad J=0$$

Winkel 0°), so beträgt sie 0 Hz. Bei parasubstituierten Benzaldehyden kann die Aldehydgruppe frei rotieren und die Kopplungskonstante zeigt einen Mittelwert von etwa 0.35 Hz. Stehen zwei Substituenten in Orthostellung,

Tabelle 62. *Chemische Verschiebungen von aromatischen Ketonen und Carbonsäuren*

| Verbindung | $\tau$ | Lösungsmittel | Lit. |
|---|---|---|---|
| Acetophenon | 7.45 | $CCl_4$ | a |
| p-Chloracetophenon | 7.42 | $CDCl_3$ | b |
| p-Bromacetophenon | 7.38 | $CCl_4$ | a |
| 3-Methoxy-4-hydroxyacetophenon | 7.43 | $CDCl_3$ | b |
| 1-Acetonaphthon | 7.32 | $CCl_4$ | a |
| Benzoesäure | −3.03 | − | c |
| o-Methoxybenzoesäure | −1.00 | $CDCl_3$ | b |
| Phthalsäuremonomethylester | −2.48 | − | c |
| Benzoesäuremethylester | 6.10 | $CCl_4$ | a |
| 4-Methylbenzoesäuremethylester | 6.10 | − | c |
| Phthalsäuredimethylester | 6.18 | $CCl_4$ | a |
| Tetrachlorphthalsäuredimethylester | 6.00 | − | c |
| Benzoesäurebenzylester | 4.46 | − | c |

a TIERS, G. V. D.: Characteristic Nuclear Magnetic Resonance Shielding Values for Hydrogen in Organic Structures.

b High-resolution Nuclear Magnetic Resonance, Spectra Catalog (1), Varian Associates. California: Palo Alto.

c Nuclear Magnetic Resonance Spectral Data, American Petroleum Institute Texas: College Station.

so wird die Aldehydgruppe fast rechtwinklig aus der Ebene des Ringes herausgedreht und koppelt mit beiden Metaprotonen. Das Aldehydsignal erscheint dann als Triplett mit einer Aufspaltung von 0.35 Hz. Bei einem Winkel von 90° beträgt demnach die Kopplungskonstante 0.35 Hz.

[1] KLINCK, R. E., and J. B. STOTHERS: Can. J. Chem. **40**, 2329 (1962). — [2] KARABATSOS, G. J., and F. M. VANE: J. A. C. S. **85**, 3886 (1963). — [3] DE KOWALEWSKI, D. G., and V. J. KOWALEWSKI: J. Chem. Phys. **37**, 1009 (1962).

Die Bandenlagen einiger aromatischer Ketone, Säuren und Ester sind in Tab. 62 wiedergegeben. Die Lage von Acetylgruppen hängt nur in geringem Maße von anderen Substituenten ab. Bei meta- und para-Substituenten besteht eine lineare Abhängigkeit zwischen den chemischen Verschiebungen und den Hammettschen $\sigma$-Konstanten[1]. Die Carboxylbanden in aromatischen Säuren liegen bei etwas tieferem Feld als die von aliphatischen Säuren, doch wird dieser Effekt oft durch die starke Lösungsmittel- und Konzentrationsabhängigkeit dieser Banden überdeckt. Bei den Estergruppen ist der Unterschied zu den aliphatischen Verbindungen gering,

Tabelle 63. *Chemische Verschiebungen der Hydroxylbande von Phenolen*

| Verbindung | $\tau$ | Lösungsmittel | Lit. |
|---|---|---|---|
| Phenol | 5.73 | $CCl_4$ | a |
| p-Chlorphenol | 5.67 | $CCl_4$ | a |
| m-Methylphenol | 4.33 | $CDCl_3$ | b |
|  | 1.94 | kein | c |
| Thymol | 5.25 | $CDCl_3$ | b |
| Vanillin | 3.53 | $CDCl_3$ | b |
| Brenskatechin | 4.55 | $CDCl_3$ | b |
| 2,6-Di-t-butylphenol | 5.00 | $CCl_4$ | d |
| 2,6-Di-t-butyl-4-methylphenol | 5.22 | $CCl_4$ | e |
| 2,6-Di-t-butyl-4-methoxyphenol | 5.48 | $CCl_4$ | e |
| 3,5-Di-t-butyl-4-hydroxybenzaldehyd | 4.39 | $CCl_4$ | e |
| 3,5-Di-t-butyl-4-hydroxybenzonitril | 4.27 | $CCl_4$ | e |
| 2,6-Di-t-butyl-4-nitrophenol | 4.12 | $CCl_4$ | d |
| 2,6-Di-t-butyl-4-bromphenol | 4.94 | $CCl_4$ | d |

[a] PATERSON, W.G., and N.R. TIPMAN: Can. J. Chem. **40**, 2122 (1962).
[b] High-resolution Nuclear Magnetic Resonance, Spectra Catalog (1), Varian Associates. California: Palo Alto.
[c] Nuclear Magnetic Resonance Spectral Data, American Petroleum Institute Texas: College Station.
[d] COHEN, L.A., and W.M. JONES: J.A.C.S. **85**, 3397 (1963).
[e] SUHR, H.: unveröffentlicht.

weil der Ringstromeffekt wegen des größeren Abstandes nur noch in geringem Maße zur Auswirkung kommt. Die chemischen Verschiebungen einiger einfacher Phenole sind in Tab. 63 wiedergegeben. Bei höheren Konzentrationen liegen Phenole als Multimere vor, die über Wasserstoffbrücken verknüpft sind. Da Hydroxylprotonen in Wasserstoffbrücken bei tieferen Feldern absorbieren als freie Hydroxylgruppen, hängt die Lage der phenolischen Hydroxylgruppen von der Konzentration ab, wie es das Beispiel des m-Kresols in Tab. 63 zeigt. Die in der Literatur angegebenen Daten sind bei unterschiedlichen Konzentrationen bestimmt worden und ergeben keine einheitliche Bandenlage. Da viele Lösungsmittel mit der Hydroxylgruppe oder dem aromatischen Ring eine Wechselwirkung zeigen,

[1] YUKAWA, Y., M. SAKAI, K. KABAZAWA, and Y. TSUNO: Mem. Inst. Sci. Ind. Res. Osaka Univ. **17**, 185 (1960), C.A. **55**, 116h (1961).

sind Phenolspektren in hohem Maße lösungsmittelabhängig[1-6]. Einen besseren Einblick in die Wirkung des Substituenten geben substituierte Phenole, die in Nachbarstellung zur Hydroxylgruppe zwei t-Butylgruppen tragen, und bei denen praktisch keine Assoziation mehr auftritt[7-13]. In

Tabelle 64

*Chemische Verschiebungen der Methoxy- und Äthoxygruppen
in substituierten Anisolen und Phenetolen*

| Substituent | $\tau$ | | | Lit. |
|---|---|---|---|---|
| | $-O-CH_3$ | $-O-CH_2-$ | $O-C-CH_3$ | |
| kein . . . . . . . . . | 6.34 | 6.13 | 8.68 | a |
| o-Methyl- . . . . . . . | 6.35 | 6.11 | 8.66 | a |
| m-Methyl- . . . . . . . | 6.38 | 6.13 | 8.68 | a |
| p-Methyl- . . . . . . . | 6.38 | 6.15 | 8.69 | a |
| p-Amino- . . . . . . . | 6.27 (b) | 6.20 | 8.73 | a |
| p-Acetamino- . . . . . | 6.30 (a) | 6.00 | 8.62 | b |
| p-Brom-. . . . . . . . | 6.36 (a) | 6.07 | 8.63 | b |
| o-Nitro- . . . . . . . | 6.16 | – | – | a |
| m-Nitro- . . . . . . . | 6.16 | – | – | a |
| p-Nitro- . . . . . . . | 6.16 | 5.93 | 8.57 | a |
| 2,4-Dichlor- . . . . . . | 6.23 | – | – | a |
| 2,4-Dinitro- . . . . . . | 5.90 | – | – | a |
| 3,5-Dimethoxy-. . . . . | 6.30 | – | – | c |
| 2,3,4,5,6-Pentamethoxy- . | 6.21 | – | – | c |

a HEATHCOCK, C.: Can. J. Chem. **40**, 1865 (1962).

b High-resolution Nuclear Magnetic Resonance, Spectra Catalog (1), Varian Associates. California: Palo Alto.

c ZWEIG, A., J. E. LEHNSEN, J. E. LANCASTER, and M. T. NEGLIA: J. A. C. S. **85**, 3940 (1963).

diesen Verbindungen zeigt sich ein deutlicher Gang der chemischen Verschiebungen. Elektronensaugende Substituenten verschieben die Banden nach tieferem Feld, elektronenspendende nach höherem Feld, und die Veränderungen zeigen eine lineare Abhängigkeit von den $\sigma$-Konstanten der Hammettbeziehung. Die chemischen Verschiebungen von Methoxy- und Äthoxybanden in substituierten Anisolen und Phenetolen sind in Tab. 64 wiedergegeben. Die Bandenlagen ändern sich bei Wechsel des Substituenten nur wenig, von den Verschiebungen meta- und parasubstituierter Anisole

[1] GRÄNACHER, I.: Helv. Phys. Acta **31**, 734 (1958). — [2] GRÄNACHER, I.: Helv. Phys. Acta **34**, 272 (1961). — [3] MARTIN, M., et F. HERAIL: Compt. Rend. **248**, 1994 (1959). — [4] MARTIN, M.: J. Chim. Phys. **59**, 736 (1962) — [5] YAMAGUCHI, I.: Bull. Chem. Soc. Japan **34**, 1602 (1961). — [6] YAMAGUCHI, I.: Bull. Chem. Soc. Japan **34**, 744 (1961). — [7] BROWN, J. M.: TH 2215 (1964). — [8] COHEN, L. A., and W. M. JONES: J. A. C. S. **85**, 3397 (1963). — [9] SUHR, H.: unveröffentlicht. — [10] BROWNSTEIN, S., and K. U. INGOLD: J. A. C. S. **84**, 2258 (1962). — [11] FREEMAN, R.: J. Mol. Phys. **6**, 535 (1963). — [12] RICKBORN, B., D. A. MAY, and A. A. THELEN: J. Org. Chem. **29**, 91 (1964) — [13] ALLAN, E. A., and L. W. REEVES: J. Phys. Chem. **67**, 591 (1963).

wird wieder die Hammettbeziehung erfüllt[1,2]. Die chemischen Verschiebungen einiger aromatischer Amine und ihrer Derivate sind in Tab. 65 zusammengestellt[3,4]. Die Lage der Aminbande hängt sehr stark vom Lö-

Tabelle 65
*Chemische Verschiebungen von aromatischen Aminen und ihren Alkyl- und Acetylderivaten*

| Verbindung | NH | $\alpha$ | $\beta$ | Lösungs-mittel | Literatur |
|---|---|---|---|---|---|
| Anilin | 6.66 | – | – | $CCl_4$ | a |
| p-Chloranilin | 6.62 | – | – | $CCl_4$ | a |
| p-Methylanilin | 6.79 | – | – | $CCl_4$ | a |
| p-Methoxyanilin | 6.94 | – | – | $CCl_4$ | a |
| p-Fluoranilin | 6.70 | – | – | $CCl_4$ | a' |
| m-Methylanilin | 6.72 | – | – | $CCl_4$ | a' |
| o-Methoxyanilin | 6.27 | – | – | $CDCl_3$ | b |
| 1,3,5-Trimethylanilin | 6.88 | – | – | $CCl_4$ | a' |
| N-Methylanilin | 6.71 | 7.41 | – | $CCl_4$ | a' |
| N-Methyl-p-chloranilin | 6.56 | 7.33 | – | $CCl_4$ | a' |
| N-Methyl-p-nitroanilin | 5.97 | 7.05 | – | $CDCl_3$ | c |
| N,N-Dimethylanilin | – | 7.10 | – | $CCl_4$ | d |
| p-Dimethylaminobenzaldehyd | – | 6.95 | – | $CCl_4$ | d |
| p,p'-Dimethylaminobenzophenon | – | 6.96 | – | $CDCl_3$ | b |
| N,N-Diäthylanilin | – | 6.79 | 8.91 | $CCl_4$ | a' |
| p-Methylacetanilid | 2.12 | – | 7.88 ($COCH_3$) | $CDCl_3$ | a' |
| N-Methyl-o-methyl-acetanilid | – | 6.80 | 8.22 ($COCH_3$) | $CDCl_3$ | a' |
| N-Methyl-N-nitroso-p-chloranilin | – | 6.68 | – | $CCl_4$ | e |

a SUHR, H.: Z. Elektrochem. **66**, 466 (1962).
a' — unveröffentlicht.
b High-resolution Nuclear Magnetic Resonance, Spectra Catalog (1), Varian Associates. California: Palo Alto.
c High-resolution Nuclear Magnetic Resonance, Spectra Catalog (2), Varian Associates. California: Palo Alto.
d TIERS, G.V.D.: Characteristic Nuclear Magnetic Resonance Shielding Values for Hydrogen in Organic Structures.
e SUHR, H.: Chem. Ber. **96**, 1720 (1963).

sungsmittel ab[5,6]. Die Signale der Aminprotonen liegen um etwa 2 ppm bei tieferem Feld als die aliphatischer Verbindungen. Diese Verschiebung ist wesentlich größer als man auf Grund des Ringstromeffektes erwarten sollte und wird vermutlich durch die teilweise Ausbildung mesomerer Formen, wie XXII

XXII

[1] HEATHCOCK, C.: Can. J. Chem. **40**, 1865 (1962). — [2] ZWEIG, A., J.E. LEHNSEN, J.E. LANCASTER, and M.T. NEGLIA: J. A. C. S. **85**, 3940 (1963). — [3] SUHR, H.: Z. Elektrochem. **66**, 466 (1962). — [4] FRAENKEL, G.: J. Chem. Phys. **39**, 1614 (1963). — [5] SUHR, H.: J. Mol. Phys. **6**, 153 (1963). — [6] CLOUGH, S.: J. Mol. Phys. **2**, 349 (1959).

bedingt sein. Die Banden der Alkylgruppen in N-Alkyl- und N,N-Dial-kylanilinen sind gegenüber aliphatischen Aminen nach tieferem Feld verschoben. Diese Verschiebung wird durch den Ringstromeffekt und die

Tabelle 66. *Chemische Verschiebungen von quasiaromatischen Verbindungen*

| Verbindung | | $\tau$ in $CH_2Cl_2$ | | | $\tau$ in $CF_3COOH$ | Lit. |
|---|---|---|---|---|---|---|
| Azulen | Fünfring 1,3 | 2.54 | 3 | | 2.27 | a |
| | 2 | 2.05 | 2 | | 1.90 | |
| | Siebenr. 4,8 | 1.61 | 4 | | 0.89 | a |
| | 5,7 | 2,74 | 5 | | 0.98 | |
| | 6 | 2.36 | 6 | | 1.07 | |
| 4,6,8-Trimethylazulen | Fünfring 1,3 | 2.55 | 3 | | 2.35 | a |
| | 2 | 2.24 | 2 | | 2.17 | |
| | Siebenr. 5,7 | 2.83 | 5 | | 1.34 | a |
| | | – | 7 | | 1.45 | |
| | Lösungsmittel | | | | | |
| (14) Annulen | CDCl$_3$ | 4.42 | – | | – | b |
| (18) Annulen | THF | 1.1 | – | TFE | 11.8 | b |
| (24) Annulen | CDCl$_3$ | 3.16 | – | | – | b |
| $(C_5H_5)^-Na^+$ | THF | 4.37 | – | | – | c |
| $(C_5H_5)^-Li^+$ | CH$_3$CN | 4.57 | – | | – | c |
| $(C_7H_7)^+Br^-$ | CH$_3$CN | 0.83 | – | | – | c |
| Ferrocen | CCl$_4$ | 5.95 | – | | – | d |
| $C_6H_5C^+(CH_3)_2SbF_6^-$ | SO$_2$ | 2.05(o) | 1.13(m) | 1.45(p) | 6.40($CH_3$) | e |
| $(C_6H_5)_2C^+CH_3SbF_6^-$ | SO$_2$ | 2.47(o) | 2.04(m) | 1.88(p) | 6.30($CH_3$) | e |
| $(C_6H_5)_2C^+HSbF_6^-$ | SO$_2$ | 2.08(o) | 1.51(m) | 1.63(p) | 0.2($CH^+$) | e |
| $(C_6H_5)_3C^+SbF_6^-$ | SO$_2$ | 2.99(o) | 2.49(m) | 2.24(p) | – | e |

[a] DANYLUCK, S.S., and W.G. SCHNEIDER: Can. J. Chem. **40**, 1777 (1962).

[b] JACKMAN, L.M., F. SONDHEIMER, Y. AMIEL, D.A. BEN-EFRAIM, Y. GAONI, R. WOLOVSKY, and A.A. BOTHNER-BY: J.A.C.S. **84**, 4307 (1962).

[c] SCHAEFER, T., and W.G. SCHNEIDER: Can. J. Chem. **41**, 966 (1963).

[d] TIERS, G.V.D.: Characteristic Nuclear Magnetice Resonanc Shielding Values for Hydrogen in Organic Structures.

[e] OLAH, G.A.: J.A.C.S. **86**, 932 (1964).

Mesomerie der Aminogruppe mit dem Benzolring bewirkt. Eine Reihe weiterer Derivate von aromatischen Aminen, wie Ammoniumsalze, Diazoniumsalze, Nitroso- und Azoverbindungen, auf die hier nicht eingegangen werden soll, sind in der Literatur beschrieben worden[1-6].

[1] SUHR, H.: Z. Elektrochem. **66**, 466 (1962). — [2] FRAENKEL, G.: J. Chem. Phys. 39, 1614 (1963). — [3] SUHR, H.: Chem. Ber. **96**, 1720 (1963). — [4] GRÄNACHER, I., H. SUHR, A. ZENHÄUSERN, et H. ZOLLINGER: Helv. Chim. Acta **44**, 313 (1961). — [5] REYNOLDS, W.F., and T. SCHAEFER: Can. J. Chem. **41**, 2339 (1963). — [6] WEBB, D.L., and H.H. JAFFÉ: J. A. C. S. **86**, 2419 (1964).

## V. 13d *Quasiaromatische Verbindungen und aromatische Ionen*

Von quasiaromatischen Verbindungen liegen bisher nur wenige Daten vor. Am besten untersucht sind das Azulen und seine Derivate[1-9], deren Spektren eine große Anzahl von Linien zeigen. Da keine Kopplung zwischen den Protonen im Fünf- und Siebenring stattfindet, erscheinen die Signale des Fünfringes als $A_2B$-Spektrum und sind leicht zuzuordnen. Die chemischen Verschiebungen der einzelnen Protonen im Azulen und im Trimethylazulen sind in Tab. 66 wiedergegeben. In starken Säuren, wie Trifluoressigsäure, werden die Verbindungen protonisiert. Das Proton geht hierbei

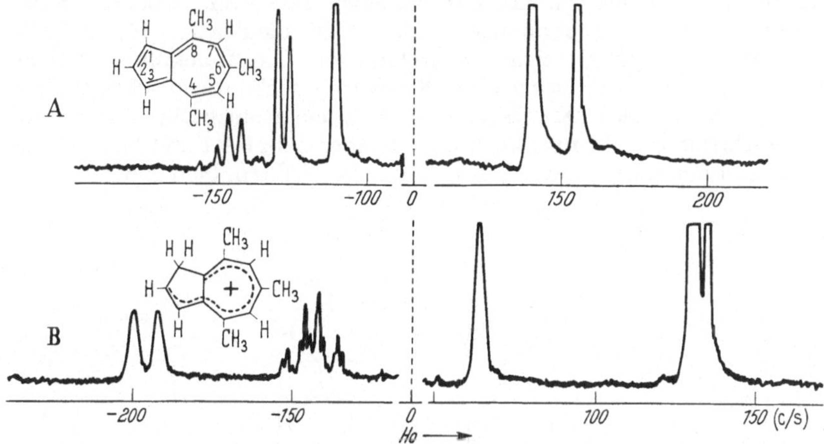

Abb. 76. Spektrum von 4,6,8-Trimethylazulen in $CH_2Cl_2$ und $CF_3COOH$ bei 60 MHz. Die Bandenlage ist bezogen auf Methylenchlorid ($\tau = 4.67$)[2]

an die Stelle mit der größten $\pi$-Elektronendichte und dies ist nach quantenmechanischen Rechnungen[10] die Stellung 1 oder 3 im Fünfring. Durch diese Anlagerung werden die Ringströme und die $\pi$-Elektronenverteilungen in beiden Ringen verändert. Die Auswirkung dieser Effekte auf die Spektren veranschaulicht Abb. 76 am Beispiel des 4,6,8-Trimethylazulens (vgl. auch Kap. VII. 2., S. 310). Das Signal der Fünfringprotonen im Grundkörper zeigt die Triplett- und Dublettstruktur eines typischen $A_2B$-Spektrums mit einer Kopplungskonstanten von 3.9 Hz. Die gleichartigen Protonen in 5- und 7-Stellung ergeben eine scharfe Bande. Ferner treten zwei deutlich verschiedene Methylsignale für die Gruppen in 4-, bzw. 8- und in 6-Stellung auf. Im

[1] Danyluck, S.S., and W.G. Schneider: J. A. C. S. **82**, 997 (1960). —
[2] Danyluck, S.S., and W.G. Schneider: Can. J. Chem. **40**, 1777 (1962). —
[3] Schneider, W.G., H.J. Bernstein, and J.A. Pople: J.A.C.S. **80**, 3497 (1958).—
[4] Bernstein, H.J., J.A. Pople, and W.G. Schneider: Can.J. Chem. **35**, 65 (1957).—
[5] Schaefer, T., and W.G. Schneider: Can. J. Chem. **41**, 966 (1963). — [6] Pople, J.A.: J. Mol. Phys. **1**, 175 (1958). — [7] Spiesecke, H., and W.G. Schneider: THL **14**, 468 (1961). — [8] Schulze, J., and F.A. Long: J. A. C. S. **86**, 322 (1964). — [9] Hoffmann, E.G.: Ann. Chem. **624**, 47 (1959). — [10] Pariser, R.: J. Chem. Phys. **25**, 1112 (1956).

Trimethylazuleniumion erscheint das Signal der Protonen in 1-Stellung bei wesentlich höherem Feld. Die Protonen in 2- und 3-Stellung zeigen die vier Linien eines AB-Systems, wobei jede Linie durch die Protonen in 1-Stellung wieder in ein Triplett aufgespalten wird. Die beiden Banden bei tiefstem Feld gehören zu den Protonen in 5- und 7-Stellung. Die Banden der Methylgruppen unterscheiden sich nur noch wenig, denn durch die Protonisierung hat der Siebenring große Ähnlichkeit mit einem Tropyliumion bekommen, in dem sich die Elektronendichten in den verschiedenen Positionen nur geringfügig unterscheiden.

Die Spektren einiger größerer Ringe mit konjugierten Doppelbindungen und 14, 18 und 24 Kohlenstoffatomen sind von JACKMAN, SONDHEIMER u. Mitarb. aufgenommen worden[1,2]. Die Banden des (14)- und (24)-Annulens liegen im Bereich der Cycloolefine. Die Moleküle sind sicher nicht eben und zeigen weder einen Ringstrom noch aromatischen Charakter. Im (18)-Annulen (XXIII) dagegen liegt ein aromatisches System vor. Das Spektrum besteht aus zwei breiten Banden bei $\tau = 1.1$ und $11.8$, mit den relativen Intensitäten von 2:1. Das Signal bei tieferem Feld rührt

$$XXIII$$

von den 12 äußeren Protonen her, die gegenüber den Signalen im (14)-Annulen und (24)-Annulen um 2—3 ppm nach tieferem Feld verschoben sind (Tab. 66) und dadurch auf einen starken Ringstrom hinweisen. Besonders auffällig ist das Signal bei $\tau = 11.8$ für die Protonen, die ins Innere des Ringes weisen. In diesem Bereich wird das äußere Magnetfeld durch den Ringstromeffekt am stärksten vermindert, was sich in der drastischen Verschiebung der Banden nach höherem Feld zeigt. Von großem Interesse sind die Spektren des Pentadienylanions und des Tropyliumkations[3–8] und

[1] JACKMAN, L.M., F. SONDHEIMER, Y. AMIEL, D.A. BEN-EFRAIM, Y. GAONI, R. WOLOVSKY, and A.A. BOTHNER-BY: J. A. C. S. **84**, 4307 (1962). — [2] GAONI, Y., A. MELERA, F. SONDHEIMER, and R. WOLOVSKI: Proc. Chem. Soc. (London) 397 (1964). — [3] SCHAEFER, T., and W.G. SCHNEIDER: Can. J. Chem. **41**, 966 (1963). — [4] LETO, J.R., F.A. COTTON, and J.S. WAUGH: Nature **180**, 978 (1957). — [5] MACLEAN, S., and P. HAYNES: Can. J. Chem. **41**, 1231 (1963). — [6] FRAENKEL, G., R. E. CARTER, A. D. McLACHLAN, and J.H. RICHARDS: J.A.C.S. **82**, 5846 (1960). — [7] BRESLOW, R., and H.W. CHANG: J. A. C. S. **83**, 3727 (1961). — [8] WULFMAN, C.E., and C.F. YARNELL: Chem. and Industrie 1440 (1960).

anderer aromatischer Ionen[1-21]. Die beiden ersten Verbindungen haben wie Benzol 6 $\pi$-Elektronen, die sich gleichmäßig auf 5 bzw. 7 Kohlenstoffatome verteilen. In diesen Verbindungen sind daher die $\pi$-Elektronendichten

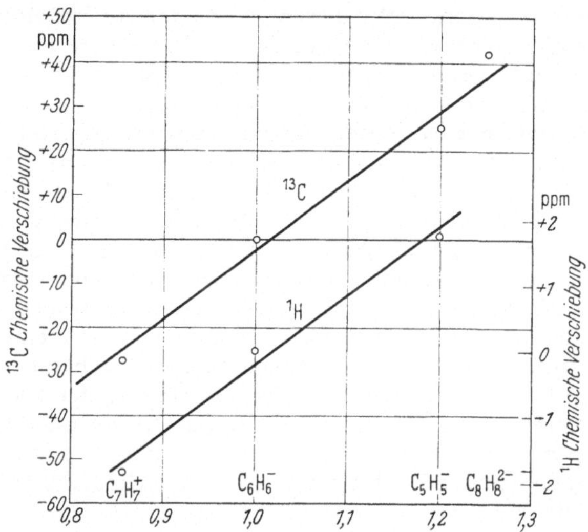


Abb. 77. Abhängigkeit der chemischen Verschiebungen der Protonen und des Kohlenstoff-13 in einigen quasiaromatischen Verbindungen von der Dichte der $\pi$-Elektronen pro Kohlenstoffatom[22]

bekannt und es ist interessant, sie mit den chemischen Verschiebungen der Protonen und des Kohlenstoffs zu vergleichen. Es zeigt sich in beiden Fällen eine lineare Abhängigkeit der chemischen Verschiebungen von der Elektronendichte[22] (Abb. 77), wobei die Änderungen der $^{13}$C-Verschiebung etwa fünfzehnmal größer sind als die der Protonenverschiebung. Beim Übergang vom Benzol mit je einem $\pi$-Elektron pro Kohlenstoff zum Tropy-

[1] MacLean, C., J.H. van D. Waals, and E.L. Mackor: J. Mol. Phys. 1, 247 (1958). — [2] LaLancette, E.A., and R.E. Benson: J. A. C. S. 85, 2853 (1963). — [3] Katz, T.J.: J. A. C. S. 82, 3784 (1960), 3785 (1960). — [4] Katz, T.J., and P.J. Garratt: J. A. C. S. 85, 2552 (1963). — [5] O'Reilly, D.E., and H.P. Leftin: J. Phys. Chem. 64, 1555 (1960). — [6] MacLean, C., and E.L. Mackor: J. Mol. Phys. 4, 241 (1961). — [7] MacLean, C., and E.L. Mackor: J. Chem. Phys. 34, 2208 (1961). — [8] Moodie, R.B., T.M. Connor, and R. Stewart: Can. J. Chem. 37, 1402 (1959). — [9] Dehl, R., W.R. Vaughan, and R.S. Berry: J. Org. Chem. 24, 1617 (1959). — [10] Berry, R.S., R. Dehl, and W.R. Vaughan: J. Chem. Phys. 34, 1460 (1961). — [11] Hoijting, G.J., et W.P. Weigland: Recueil Trav. Chim. Pays-Bas 76, 836 (1957). — [12] Hart, H., and R.W. Fish: J. A. C. S. 82, 5419 (1960). — [13] McLachlan, A.D.: J. Chem. Phys. 36, 1159 (1962). — [14] Olah, G.A., E.B. Baker, and M.B. Comisarow: J. A. C. S. 86, 1265 (1964). — [15] Farnum, D.G.: J. A. C. S., 86 934 (1964). — [16] Olah, G.A.: J. A. C. S. 86, 932 (1964). — [17] Katz, T.J., and M. Rosenberger: J. A. C. S. 84, 865 (1962). — [18] Katz, T.J., M. Rosenberger, and R.K. O'Hara: J. A.C.S. 86, 249 (1964). — [19] Birchall, T., and R.J. Gillespie: Can. J. Chem. 42, 502 (1964). — [20] Birchall, T., A.N. Bourus, R.J. Gillespie, and P.J. Smith: Can. J. Chem. 1433 (1964). — [21] Perkampus, H.H., und E. Baumgarten: Z. Angew. Chem. 76, 965 (1964). — [22] Spiesecke, H., and W.G. Schneider: THL 14, 468 (1961).

liumion mit nur $^6/_7$ $\pi$-Elektron pro Kohlenstoff beträgt die Verschiebung der Ringprotonen —1.91 ppm. Für das gesamte Molekül ist sie $7 \times (-1.91) = -13.4$ ppm. Der Mittelwert aus verschiedenen Messungen, bei dem noch eine Korrektur für die unterschiedliche Ringgröße angebracht wurde, beträgt 10.7 ppm[1]. Mit diesem Wert, der auf ungefähr $\pm 1$ ppm genau ist, lassen sich die Bandenlagen anderer Ionen berechnen, denn eine Änderung der Zahl der $\pi$-Elektronen um eine Einheit ist stets mit einer Änderung der Summe aller Protonenverschiebungen um 10.7 ppm verbunden. Eine solche Berechnung ist natürlich nur sinnvoll, wenn man annehmen kann, daß sich die Ladung gleichmäßig über das gesamte Molekül verteilt. Umgekehrt kann man aus den Bandenlagen von einfachen aromatischen Molekülen, wie Anilin oder Pyridin, die Verteilung der $\pi$-Elektronen berechnen und gelangt dabei zu Werten, die in guter Übereinstimmung mit den Ergebnissen aus „molecular orbital" Berechnungen stehen. Ebenso lassen sich aus den Bandenlagen die Elektronenverteilungen in aromatischen Ionen bestimmen. Bei Verbindungen mit mehreren Ringen müssen die Wirkungen der verschiedenen Ringströme berücksichtigt und die chemischen Verschiebungen vor der Berechnung der Elektronenverteilungen entsprechend korrigiert werden[1]. Quasiaromatische Cycloolefine bilden Komplexe mit Metallionen und Metallcarbonylen. Vor allem über die Dicyclopentadienylverbindungen liegen zahlreiche Kernresonanzuntersuchungen vor[2-18].

## V. 14. Heterocyclische Verbindungen

Neben einer großen Anzahl von Einzelbeobachtungen an mehr oder weniger komplizierten heterocyclischen Verbindungen liegen nur wenige systematische Untersuchungen an einfacheren Vertretern dieser Klasse vor. Bei den Spektren komplizierter Verbindungen ist eine vollständige Analyse nicht immer möglich, außerdem können aus diesen Spektren, wegen der Vielfalt der auftretenden Effekte, nur gelegentlich allgemeingültige Schlüsse gezogen werden. Aus diesem Grunde sollen in den folgenden Abschnitten

[1] SCHAEFER, T., and W.G. SCHNEIDER: Can. J. Chem. **41**, 966 (1963). — [2] FRITZ, H.P., u. K.-E. SCHWARZHANS: Chem. Ber. **97**, 1390 (1964). — [3] WATTERSON, K.F., and G. WILKINSON: Chem. and Industrie 1358 (1960). — [4] CURPHEY, T. J., J. O. SANTER, M. ROSENBLUM, and J. H. RICHARDS: J. A. C. S. **82**, 5249 (1960). — [5] RAUSCH, M.D., and V. MARK: J. Org. Chem. **28**, 3225 (1963). — [6] BRENNER, K.S., E.O. FISCHER, H.P. FRITZ u. C.G. KREITER: Chem. Ber. **96**, 2632 (1963). — [7] FRITZ, H.P., u. C.G. KREITER: Chem. Ber. **96**, 2008 (1963). — [8] FRITZ, H.P., u. H.J. KELLER: Chem. Ber. **96**, 1676 (1963). — [9] LEVY, D.A., and L.E. ORGEL: J. Mol. Phys. **3**, 583 (1960). — [10] JONES, D., G.W. PARSHALL, L. PRATT, and G. WILKINSON: THL 48 (1961). — [11] MULAY, L.N., and A. ATTALLA: J. A. C. S. **85**, 702 (1963). — [12] HOLM, C.H., and J.A. IBERS: J. Chem. Phys. **30**, 885 (1959). — [13] BENKESER, R.A., Y. NAGAI, and J. HOOZ: Bull. Chem. Soc. Japan **36**, 482 (1963). — [14] MULAY, L.N., E.G. ROCHOW, E.O. STEJSKAL, and N.E. WELIKY: J. Inorg. and Nucl. Chem. **16**, 23 (1960). — [15] FRITZ, H.P., u. C.G. KREITER: Chem. Ber. **97**, 1398 (1964). — [16] NESMEYANOV, A.N., N.S. KOCHETKOVA, and R.B. MATERIKOVA: Dokl. Akad. Nauk SSSR **136**, 1096 (1961), C. A. 18692b (1961). — [17] GREEN, M.L.H., J.A. McCLEVERTY, L. PRATT, and G. WILKINSON: J. Chem. Soc. 4854 (1961). — [18] LEVENBERG, M.J., and J.H. RICHARDS: J. A. C. S. **86**, 2634 (1964).

nur die einfachsten Vertreter der verschiedenen Ringsysteme behandelt werden. Die Besprechungen beschränken sich auf die Heteroatome Stickstoff, Sauerstoff und Schwefel. Dabei werden in Anlehnung an die Einteilung bei den voranstehenden Kapiteln zuerst die völlig hydrierten, dann die teilweise ungesättigten und zum Schluß die Heterocyclen mit aromatischem Charakter besprochen werden.

### V. 14a *Cyclische Amine*

Die chemischen Verschiebungen cyclischer Amine (Tab. 67) sind denen der offenkettigen Amine ähnlich (vgl. Tab. 28). Amine können starke Wasserstoffbrücken bilden und neigen zur Assoziation und zur Wechselwirkung mit dem Lösungsmittel[1-14]. Die Bandenlagen sind daher von der Konzentration und der Art des Lösungsmittels abhängig. Genaue Daten können nur durch Konzentrationsreihen in inerten Lösungsmitteln und anschließende Extrapolation auf unendliche Verdünnung gewonnen werden. (Für die Messungen der chemischen Verschiebungen von Aminen ist Chloroform nicht als völlig inertes Lösungsmittel anzusehen). Die in der Literatur angegebenen Daten erfüllen diese Anforderungen nur näherungsweise und dies erklärt die großen Unterschiede in den Ergebnissen der verschiedenen Autoren. Die Banden des Aminoprotons der meisten cyclischen Amine liegen bei etwa $\tau = 8$. Eine Ausnahme bilden die Derivate des Äthylenimins, von denen, ähnlich wie im Cyclopropan, die Banden der Amino- und der Ringprotonen nach höherem Feld verschoben sind. Bei den größeren Ringen sind die Lagen der $\alpha$- und der $\beta$-Methylenprotonen denen der offenkettigen Amine etwa gleich. Bei Piperidinen, für die ein reichhaltigeres Untersuchungsmaterial vorliegt[15], wurde gefunden, daß Alkyl- und Hydroxyalkylsubstituenten nur einen geringen Einfluß auf die Lage der Banden von Aminprotonen und $\alpha$- und $\beta$-Methylengruppen ausüben. Durch Acetyl-, Thioacetyl- und Phosphoroxy-Substituenten werden die Signale der $\alpha$-Protonen nach tieferem Feld verschoben, die der Protonen in $\beta$-Stellung und $\gamma$-Stellung ändern sich nur wenig. Die Lage von N-Alkylgruppen ist etwa die gleiche wie von offenkettigen Aminen. Durch Protonisierung des Stickstoffs werden die chemischen Verschiebungen aller Protonen stark verändert und zwar in um so stärkerem Maße, je kleiner die Entfernung des Protons vom Stickstoff ist. Durch weitere Heteroatome

[1] Joop, N., u. H. Zimmermann: Z. Elektrochem. **66**, 440 (1962). — [2] Joop, N., u. H. Zimmermann: Z. Elektrochem. **66**, 541 (1962). — [3] Korinek, G. J., and W. G. Schneider: Can. J. Chem. **35**, 1157 (1957). — [4] Yamaguchi, I.: Bull. Chem. Soc. Japan **34**, 1602 (1961). — [5] Murthy, A. S. N., and C. N. R. Rao: Can. J. Chem. **40**, 963 (1962). — [6] Rao, B. D. N., P. Venkateswarlu, A. S. N. Murthy, and C. N. R. Rao: Can. J. Chem. **40**, 963 (1962). — [7] Giessner-Prettre, C.: Compt. Rend. **252**, 3238 (1961). — [8] Giessner-Prettre, C.: Compt. Rend. **254**, 4165 (1962). — [9] Hyne, J. B.: Can. J. Chem. **38**, 125 (1960). — [10] Feeney, J., and L. H. Sutcliffe: Proc. Chem. Soc. (London) 118 (1961). — [11] Feeney, J., and L. H. Sutcliffe: J. Chem. Soc. 1123 (1962). — [12] Huyskens, P., et Th. Zeeger-Huyskens: Bull. Soc. Chim. Belges **69**, 267 (1960). — [13] Schaefer, T., and W. G. Schneider: J. Chem. Phys. **32**, 1224 (1960). — [14] Schaefer, T., and W. G. Schneider: Can. J. Chem. **39**, 1864 (1961). — [15] Weitkamp, H., u. F. Korte: Chem. Ber. **95**, 2895 (1962).

im Ring, durch Phenylsubstituenten und Carbonylgruppen werden die Banden nach tieferem Feld verschoben. Besonders auffällig ist die Verschiebung bei den Lactamen. Die Bandenlagen einiger Vertreter dieser Gruppe sind am Ende der Tab. 67 angegeben. In diesen Verbindungen sind die Aminbanden wegen der Nähe zur stark anisotropen Ketogruppe und wegen der möglichen, innermolekularen Wasserstoffbrücke weit nach

Tabelle 67. *Chemische Verschiebungen von gesättigten cylischen Aminen*

| Verbindung | NH | $\alpha$ | $\beta$ | | Lösungs-mittel | Lit. |
|---|---|---|---|---|---|---|
| *Äthylenimin* | 9.12 | 8.64 | – | – | rein | b |
| | – | 8.19 | – | – | rein | e |
| | 9.97 | 8.38 | – | – | $CDCl_3$ | a |
| N-Äthyl- | – | 8.34 | – | – | rein | e |
| | – | 9.02 | – | – | – | |
| N-t-Butyl- | – | 8.29 | – | – | rein | e |
| N-Phenyl- | – | 8.12 | – | – | rein | |
| *Azacyclobutan* | | | | | | e |
| N-Nitroso- | – | 4.97 | 7.42 | – | rein | f |
| | – | 5.66 | – | – | – | |
| *Pyrrolidin* | – | 7.26 | 8.38 | – | $CDCl_3$ | a |
| Hydrochlorid | – | 5.84 | 7.24 | – | $D_2O$ | e |
| N-Methyl- | – | 7.44 | 8.14 | – | rein | e |
| N-Methyl-hydrochlorid | – | 5.54 | 7.04 | – | $D_2O$ | e |
| *Piperidin* | 8.05 | 7.33 | 8.54 | – | $CCl_4$ | g |
| N-Methyl- | – | 7.74 | 8.56 | $7.87(NCH_3)$ | $CCl_4$ | g |
| N-Äthyl- | – | 7.7 | 8.54 | $7.84(NCH_2\text{-})$ | $CCl_4$ | g |
| 2-Methyl- | 8.32 | 7.20 | 8.55 | $9.05(CH_3)$ | $CCl_4$ | g |
| 2,6-Dimethyl- | ~8.7 | 7.57 | 8.70 | $9.02(CH_3)$ | $CCl_4$ | g |
| 3-Methyl- | 8.24 | 7.27(2) | 8.52(3) | – | $CCl_4$ | g |
| 4-Methyl- | 8.23 | 7.19 | 7.46 | $9.04(CH_3)$ | $CCl_4$ | g |
| | – | 6.9ax. 7.40eq. | – | – | $CDCl_3$ | d |
| N-Acetyl- | – | 6.60 | 8.48 | $8.08(CH_3)$ | $CCl_4$ | g |
| N-Thioacetyl- | – | 6.25 | 8.31 | $7.43(CH_3)$ | $CCl_4$ | g |
| *Morpholin* | 8.08 | 7.13 | 6.33 | – | $CDCl_3$ | a |
| N-Methyl- | – | 7.72 | 6.42 | $7.80(CH_3)$ | $CCl_4$ | c |
| *Piperazin*, N-Methyl- | 7.88 | 7.63 | 7.12 | $7.73(CH_3)$ | $CDCl_3$ | a |
| *Hexahydrotriazin* | | | | | | |
| 1,3,5-Trimethyl- | – | 6.93 | – | $7.82(CH_3)$ | rein | h |
| *Urotropin* | – | 5.50 | – | – | $D_2O$ | h |
| *Tetrahydrochinolin* | 6.75 | 7.16 | 8.42 | 7.46(4) | $C_6H_6$ | i |
| 1-Methyl- | (7.41) | 7.12 | 8.25 | 7.41(4) | $C_6H_6$ | i |
| 1-Methyl-methyljodid | (6.04) | 5.68 | 7.60 | 6.87(4) | $CHCl_3$ | i |
| 2-Methyl- | 6.86 | 7.02 | 8.25–8.85 | – | $C_6H_6$ | i |
| 6-Methyl- | 6.28 | 7.12 | 8.36 | 7.47(4) | $C_6H_6$ | i |
| 6-Methoxy- | 6.51 | 6.78 | 8.07 | – | $CDCl_3$ | a |
| *2-Pyrrolidon* | 2.33 | 6.63 | 7.86(3) | 7.77(3) | $CCl_4$ | a, c |
| N-Methyl- | – | 6.60 | – | $7.17(CH_3)$ | $CDCl_3$ | a |
| N-Acetyl- | – | 6.17 | 7.94 | 7.38(3) | $CDCl_3$ | d |
| *2-Piperidon* | 1.87 | 6.83 | – | – | $CCl_4$ | g |
| N-Methyl- | – | 6.77 | – | $7.14(CH_3)$ | $CCl_4$ | g |
| N-Acetyl- | – | 6.52 | – | $7.64(CH_3)$ | $CCl_4$ | g |
| $\varepsilon$-*Caprolactam* | – | 6.88 | – | 7.69(3) | $CCl_4$ | c |

**Literatur zu Tabelle 67.**

[a] High-resolution Nuclear Magnetic Resonance, Spectra Catalog (1), Varian Associates. California: Palo Alto.

[b] MORTIMER, F. S.: J. Mol. Spec. **5**, 199 (1960).

[c] TIERS, G. V. D.: Characteristic Nuclear Magnetic Resonance Shielding Values for Hydrogen in Organic Structures.

[d] High-resolution Nuclear Magnetic Resonance, Spectra Catalog (2), Varian Associates. California: Palo Alto.

[e] BOTTINI, A. T., and J. D. ROBERTS: J. A. C. S. **80**, 5203 (1958).

[f] BUMGARDNER, C. L., K. S. McCALLUM, and J. P. FREEMAN: J. A. C. S. **83**, 4417 (1961).

[g] WEITKAMP, H., u. F. KORTE: Chem. Ber. **95**, 2895 (1962).

[h] Nuclear Magnetic Resonance Spectral Data, American Petroleum Institute Texas: College Station.

[i] BOOTH, H.: J. Chem. Soc. **4**, 1841 (1964).

tiefem Feld verschoben. Ebenso werden die Methylengruppen in Nachbarstellung zum Stickstoff und zur Carbonylgruppe nach tiefem Feld verschoben. Bei den weiter entfernt liegenden Gruppen hängt das Ausmaß der Verschiebung von der Ringgröße ab, ähnlich, wie es auf S. 122 bei den cyclischen Ketonen besprochen wurde.

Da in den Aminen die Substituenten und das freie Elektronenpaar des Stickstoffs an den Ecken einer dreiseitigen Pyramide liegen, treten bei di- und trisubstituierten Aminen optische Isomere auf. Das Elektronenpaar des Stickstoffs kann aber leicht durch die Pyramide durchschwingen, und die optischen Antipoden lassen sich daher nicht trennen. An einigen Verbindungen ist mit Hilfe der Kernresonanz das Vorhandensein der beiden Isomeren nachgewiesen und die Umlagerungsgeschwindigkeit bestimmt worden. Bei substituierten Äthyleniminen ist das Umklappen der Bindungen am langsamsten[1], und im Kernresonanzspektrum sind gelegentlich beide Isomere sichtbar[2-4]. Im N-Äthyl-äthylenimin (XXIV) stehen zwei



Protonen cis und zwei trans zur Äthylgruppe und haben daher eine unterschiedliche chemische Verschiebung. Bei Raumtemperatur verläuft das Umklappen der Äthylgruppe langsam und man beobachtet neben den Banden der Äthylgruppe vier Linien eines AB-Systems, die von den unterschiedlichen Ringprotonen herrühren. Bei höherer Temperatur verbreitern sich die Linien und verschmelzen bei 108° (bei 40 MHz) zu einer einzigen.

Bei anderen Verbindungen, wie dem N-Äthyl-2-methylenäthylenimin, ist der Umklappvorgang bei Raumtemperatur so schnell, daß man nur eine scharfe Bande für die beiden Ringprotonen findet. Beim Abkühlen der Verbindung auf —80° spaltet sie ebenfalls auf. Bei der Untersuchung verschiedener ein- und mehrfach substituierter Äthylenimine haben BOTTINI und ROBERTS[2,3] festgestellt, daß durch voluminöse Gruppen sowohl am Stickstoff

---

[1] KINCAID, J. F., and F. C. HENRIQUES, Jr.: J. A. C. S. **62**, 1474 (1940). — [2] BOTTINI, A. T., and J. D. ROBERTS: J. A. C. S. **78**, 5126 (1956). — [3] BOTTINI, A. T., and J. D. ROBERTS: J. A. C. S. **80**, 5203 (1958). — [4] LOEWENSTEIN, A., J. F. NEUMER, and J. D. ROBERTS: J. A. C. S. **82**, 3599 (1960).

als auch am Ring die Lebensdauer der Isomeren — vermutlich durch die sterische Behinderung zwischen Substituent und Ringprotonen — herabgesetzt wird. Besonders stark wird die Umklappgeschwindigkeit durch ungesättigte Gruppen erhöht. Ihr Einfluß beruht auf der mesomeren Wechselwirkung mit dem Stickstoff, die die Energie des planaren Übergangszustandes herabgesetzt.

Bei höhergliedrigen Ringen ist der Umklappvorgang schneller als beim Äthylenimin. Beim N-Äthylazacyclobutan[1] und beim N-Nitrosoazacyclobutan[2] lassen sich die beiden Isomeren noch nachweisen, beim

Tabelle 68. *Kernresonanzdaten einiger ungesättigter cyclischer Amine*

| Verbindung | NH | $C_2$ | $C_3$ | $C_4$ | $C_5$ | | | Lösungsmittel | Lit. |
|---|---|---|---|---|---|---|---|---|---|
| 2-Methyl-1-pyrrolin | – | – | 8.0 | 8.5 | 6.7 | 8.4 (2-Me) | – | rein | a |
| 3,3,5-Trimethyl-1-pyrrolin | – | – | 7.9 | – | 6.7 | 8.3 (2-Me) | 9.2 (4-Me) | rein | a |
| 2,2-Dimethyl-1-pyrrolin | – | 3.1 | 7.8 | 8.8 | – | – | 9.1 (5-Me) | rein | a |
| 3,3,5-Trimethyl-1-pyrrolin-1-oxid | – | – | 7.4 | – | 6.5 | 8.2 (2-Me) | 8.9 (4-Me) | rein | a |
| 2,2-Dimethyl-1-pyrrolin-1-oxid | – | 3.4 | 7.6 | 8.0 | – | – | 8.8 (5-Me) | rein | a |
| 4-Methoxy-pyrrolin-2-on (N–H) | ~3.7 | – | 4.95 | – | 6.08 | – | – | CDCl$_3$ | b |
| 2-Propyl-piperidein (N–CH$_2$–CH$_2$–CH$_3$) | – | – | 7.8 | 8.4 | 8.4 | 6.1 (6) | – | rein | c |
| Tetrahydropyridin (N–H) | 8.37 | 6.67 | 4.3 | 4.3 | 7.93 | 7.05 (6) | – | CDCl$_3$ | b |

[1] BOTTINI, A.T., and J.D. ROBERTS: J. A. C. S. **80**, 5203 (1958). — [2] BUMGARDNER, C.L., K.S. McCALLUM, and J.P. FREEMAN: J. A. C. S. **83**, 4417 (1961).

Tabelle 68 (Fortsetzung)

| Verbindung | NH | $C_2$ | $C_3$ | $C_4$ | $C_5$ | | | Lösungsmittel | Lit. |
|---|---|---|---|---|---|---|---|---|---|
| Pyridin, 3-CO-NH₂, N-CH₂-CH₂-CH₃ | – | 2.95 | – | 6.81 | 5.28 | 4.27 (6) | 6.91 (CH₂N) | CDCl₃ | d |
| Pyridin, 3-COCH₃, N-CH₂-C₆H₅ | – | 2.85 | – | 6.90 | 5.13 | 4.27 (6) | – | CHCl₃ | e |
| Pyridin, 3-CONH₂, N-CH₂-C₆H₅ | – | 2.90 | – | 6.90 | 5.33 | 4.33 (6) | – | CHCl₃ | e |
| Pyridin, N-C₆H₅ | – | 3.73 | 5.47 | 7.02 | 5.47 | 3.73 (6) | – | CCl₄ | e |
| Pyridin, 3-CONH₂, N-CH₂-C₆H₅ | – | 2.68 | – | 3.76 | 5.02 | 6.03 (6) | – | DMSO | e |
| Pyridin, 4-CH₃, 3-CONH₂, 6-CH₃, N-CH₂-C₆H₃Cl₂ | – | 6.38 | – | (8.13) | 5.35 | (7.97)(6) | – | DMSO | e |
| Pyridin, N-C₆H₅ | – | 5.74 | 4.97 | 4.12 | 5.06 | 3.59 (6) | – | CCl₄ | e |
| CH₂-CH₂ verbrücktes Diphenylamin (N-H) | 4.91 | 6.93 (CH₂) | – | – | – | – | – | CDCl₃ | d |

a BONNETT, R., and D. E. McGREER: Can. J. Chem. **40**, 177 (1962).
b High-resolution Nuclear Magnetic Resonance Spectra Catalog (1), Varian Associates. California: Palo Alto.
c BEYERMAN, H. C., M. v. LEEWEN, J. SMIDT, et A. v. VEEN: Recueil Trav. Chim. Pays-Bas **80**, 513 (1961).
d High-resolution Nuclear Magnetic Resonance Spectra Catalog (2), Varian Associates. California: Palo Alto.
e DIEKMANN, H., G. ENGLERT, and K. WALLENFELS: TH **20**, 281 (1964).

Piperidin nicht mehr. N,N-Dimethylpiperazin liegt in einer Sesselform vor.
Bei Raumtemperatur lagern sich die beiden möglichen Konformationen
rasch ineinander um und man findet für axiale und äquatoriale Protonen
ein gemeinsames Signal. Bei —40° treten getrennte Signale für die beiden
Protonensorten auf[1]. In quarternären Salzen cyclischer Amine ist ein
Umklappen der Bindungen nicht mehr möglich und man kann daher in
einigen Fällen die Konfiguration der Verbindungen bestimmen. So gibt



das Hydrochlorid des N-Methyl-2-methylpyrrolidins (XXV) für die beiden N-Methylgruppen zwei Signale unterschiedlicher Intensität. Da vermutlich die Verbindung mit transständigen Methylgruppen energieärmer ist,
gehört das stärkere Signal bei 6.79 zur Konfiguration XXVa, das schwächere bei 7.27 zu XXVb[2]. Ähnliche Beobachtungen wurden an Piperidin-
derivaten und bicyclischen Stickstoffverbindungen gemacht[3-8].
    Die chemischen Verschiebungen einiger cyclischer Amine mit einer oder
zwei Doppelbindungen sind in Tab. 68 zusammengestellt[9-14]. Bei den
Pyrrolinen treten keine NH-Banden auf und in 2-substituierten Verbindungen fehlen die Banden olefinischer Protonen. Dies zeigt, daß die Doppelbindung zwischen dem Stickstoff und dem Kohlenstoff 2 liegt. Ebenso
konnte auf Grund der NMR-Spektren die Lage der Doppelbindungen in
Dihydropyridinen geklärt werden. Die chemischen Verschiebungen von
ungesättigten Heterocyclen mit zwei Stickstoffatomen[15-18] sind in Tab. 69
zusammengestellt. Bei Pyrrazolinen können durch die verschiedene Anordnung der Substituenten in 4- und 5-Stellung Stereoisomere auftreten. Bei
diesen Verbindungen wurde beobachtet, daß die cis-Kopplungskonstanten
(10—14 Hz) größer sind als die Konstanten der Transkopplung (3—10 Hz).


[1] REEVES, L.W., and K.O. STRØMME: J. Chem. Phys. **34**, 1711 (1961). —
[2] BECCONSALL, J.K., and R.A.Y. JONES: THL 1103 (1962). — [3] CLOSS, G.L.: J.
A.C.S. **81**, 5456 (1956). — [4] MOYNCHAN, T.M., K. SCHOFIELD, R.A.Y. JONES,
and A.R. KATRITZKI: J. Chem. Soc. 2637 (1962). — [5] SHAMMA, M., and J.B.
MOSS: J.A.C.S. **84**, 1740 (1962). — [6] BISHOP, R.J., L.E. SUTTON, D. DINEEN,
R.A.Y. JONES, and A.R. KATRITZKI: Proc. Chem. Soc. 257 (1964). — [7] HAMLOW,
H.P., and S. OKUDA: THL 2553 (1964). — [8] BOHLMANN, F., D. SCHUMANN, and
H. SCHULZ: THL 173 (1965). — [9] BONNETT, R., and D.E. McGREER: Can. J.
Chem. **40**, 177 (1962). — [10] DUBB, H.E., M. SAUNDERS, and J.H. WANG: J.A.C.
S. **80**, 1767 (1958). — [11] SIMS, A.F.E., and P.W.G. SMITH: Proc. Chem. Soc.
(London) 282 (1958). — [12] HUTTON, R.F., and F.A. WESTHEIMER: TH **3**, 73
(1958). — [13] DIEKMANN, H., G. ENGLERT, and K. WALLENFELS: TH **20**, 281
(1964). — [14] VAN DER HAAK, P.J., et T.J. DE BOER: Recueil Trav. Chim. Pays-
Bas **83**, 186 (1964). — [15] BREY, Jr., W.S., and W.M. JONES: J. Org. Chem. **26**,
1912 (1961). — [16] HASSNER, A., and M.G. MICHELSON: J. Org. Chem. **27**, 3974
(1962). — [17] AVRAM, M., G.R. BEDFORD, et A.R. KATRITZKI: Recueil Trav. Chim.
Pays-Bas **82**, 1053 (1963). — [18] BESFORD, L.S., G. ALLEN, and J.M. BRUCE: J.
Chem. Soc. 2867 (1963).

Tabelle 69

*Kernresonanzdaten einiger ungesättigter Heterocyclen mit zwei Stickstoffatomen*

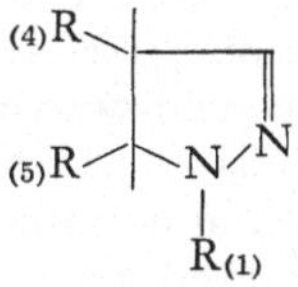

| $R_{(1)}$ | $R_{(3)}$ | $R_{(4)}$ | $R_{(5)}$ | $J_{45}$ cis | $J_{45}$ tr. | $\tau_{(5)}$ | Lösungsmittel | Lit. |
|---|---|---|---|---|---|---|---|---|
| $C_6H_5$ | $C_6H_5$ | H | $C_6H_5$ | 12 | 8 | 4.88 | $CDCl_3$ | a |
| $C_6H_5$ | $CH_3$ | H | $C_6H_5$ | 12 | 8 | 5.15 | $CDCl_3$ | a |
| H | $CO_2CH_3$ | $CO_2CH_3$ | $C_6H_5$ | 13 | 10 | 4.62 (cis)<br>4.87 (trans) | $CDCl_3$ | a |
| $C_6H_5$ | $C_6H_5$ | $C_6H_5$ | $C_6H_5$ | 10.4 | 5.5 | 4.51 (cis)<br>5.02 (trans) | $CDCl_3$ | a |
| $CH_3$ | $C_6H_5$ | H | $C_6H_5$ | 14 | 9.5 | 6.05 | $CDCl_3$ | a |
| 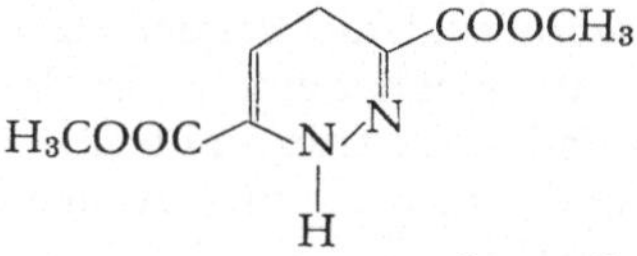 | | | | 1.60(NH) 6.80(4) 4.20(5) | | | $CDCl_3$ | b |
| 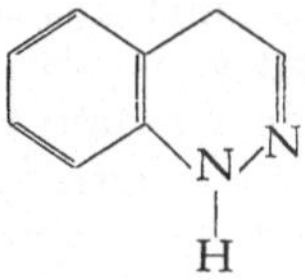 | | | | 2.02(NH) 6.81(4) | | | $CCl_4$ | c |
| 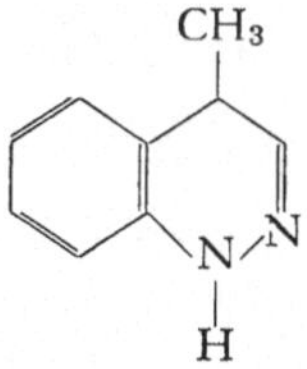 | | | | 1.75(NH) 6.79(4) 8.84 ($CH_3$) | | | $CCl_4$ | c |
| 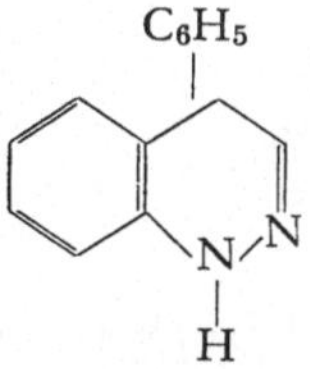 | | | | 2.12(NH) 5.59(4) | | | $CDCl_3$ | c |

[a] HASSNER, A., and M. J. MICHELSON: J. Org. Chem. **27**, 3974 (1962).
[b] AVRAM, M., G. R. BEDFORD, et A. R. KATRITZKI: Recueil Trav. Chim. Pays-Bas **82**, 1053 (1963).
[c] BESFORD, L. S., G. ALLEN, and J. M. BRUCE: J. Chem. Soc. 2867 (1963).

Dieser Befund steht im Gegensatz zu den Ergebnissen bei Olefinen, findet aber Parallelen bei Epoxyden und bei anderen heterocyclischen Fünfringen[1,2]. Bei Dicarboxymethyl-di-hydropyridazin wurde eine Kopplung des olefini-

[1] REILLY, C. A., and J. D. SWALEN: J. Chem. Phys. **32**, 1378 (1960). — [2] HYNE, J. B.: J. A. C. S. **81**, 6058 (1959).

schen Protons mit der benachbarten Methylengruppe (4.2 Hz) und mit dem NH-Proton (2.3 Hz) gefunden[1]. Im Dihydrocinnolin beträgt die Kopplungskonstante $J_{34}=2.4$ Hz[2]. Die chemischen Verschiebungen der NH-Protonen weichen in dieser Verbindungsklasse stark von der üblichen Lage ab. Die Verschiebung nach tiefem Feld wird vermutlich durch die Beteiligung mesomerer Strukturen mit positiver Ladung am Stickstoff verursacht. Pyrrazoline und Pyridazine können in tautomeren Formen existieren, doch zeigen die NMR-Spektren der Verbindungen aus Tab. 69, daß im wesentlichen nur eine Form vorliegt.

### V. 14b *Cyclische Äther*

Die einfachsten Vertreter dieser Gruppe, Äthylenoxyd und seine Derivate, sind in mehreren Veröffentlichungen behandelt worden[3,4-9]. Ein Teil der hierbei gefundenen Ergebnisse ist in Tab. 70 zusammengestellt. Vergleicht man die Bandenlagen der Methylenprotonen ($\tau = 6.9$—$7.7$) mit denen der offenkettigen Äther ($CH_2$ im Diäthyläther 6.64, im Glykoläther 6.46), so ist die Verschiebung nach höheren Feldstärken auffallend. Auch gegenüber den höhergliedrigen cyclischen Äthern sind die Banden nach höherem Feld verschoben. Diese Verschiebung ist offenbar eine Folge der besonderen Bindungsverhältnisse im Dreiring und kehrt etwa in gleichem Maße bei den cyclischen Paraffinen (S. 106) und den cyclischen Aminen (S. 198) wieder. Bei monosubstituierten Äthylenoxyden sind alle drei Ringprotonen verschieden und die Spektren sind vom ABC- oder ABK-Typ. Bei 1,2-disubstituierten Verbindungen treten cis- und trans-Isomere auf. Die Zuordnung der Spektren wird dadurch erleichtert, daß die Kopplungskonstanten nur wenig von der Art des Substituenten abhängen. Die gefundenen Werte liegen bei[3]

$$J_{AB} = 5.8 \pm 0.5$$
$$J_{AC} = 2.2 \pm 0.5$$
$$J_{BC} = 4.6 \pm 0.5$$

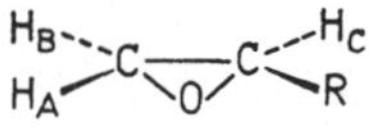

XXVI

Bei Epoxyden, die in 1-Stellung einen Phenylrest, in 2-Stellung einen anderen Substituenten tragen, wurde ein linearer Zusammenhang zwischen $J_{BC}$ und $J_{AC}$ und der Elektronegativität des Substituenten gefunden[10]. Ist der Substituent ein Proton, so ist $J_{BC} = 4.06$ und $J_{AC} = 2.5$ Hz, ist er eine Acetoxygruppe, so sind die Werte 2.5 und 0.5 Hz.


[1] AVRAM, M., G. R. BEDFORD, et A. R. KATRIRZKI: Recueil Trav. Chim. Pays-Bas **82**, 1053 (1963). — [2] BESFORD, L. S., G. ALLEN, and J. M. BRUCE: J. Chem. Soc. 2867 (1963). — [3] REILLY, C. A., and J. D. SWALEN: J. Chem. Phys. **32**, 1378 (1960). — [4] MORTIMER, F. S.: J. Mol. Spec. **5**, 199 (1960). — [5] JEFFERIES, P. R., R. S. ROSICH, and D. E. WHITE: THL **27**, 1853 (1963). — [6] REILLY, C. A., and J. D. SWALEN: J. Chem. Phys. **35**, 1522 (1961). — [7] REILLY, C. A., and J. D. SWALEN: J. Chem. Phys. **34**, 980 (1961). — [8] MUSHER, J. I.: J. Mol. Phys. **4**, 311 (1961). — [9] TORI, K., K. KITAHONOKI, H. TANIDA, and T. TSUJI: THL 559 (1964). — [10] LEHN, J. M., J. J. RIEHL: J. Mol. Phys. **8**, 33 (1964).

Tabelle 70
*Chemische Verschiebungen von substituierten Äthylenoxyden, cyclischen Äthern und Lactonen*

$$\text{(B)}H\cdots C \overset{}{\underset{O}{\diagdown}} C \cdots \overset{H\text{(C)}}{\underset{H\text{(D)}}{}}$$
$$\text{(A)}H$$

| Substituent R | A | B | C | D | Lösungsmittel | Lit. |
|---|---|---|---|---|---|---|
| kein | 7.42 | 7.42 | 7.42 | 7.42 | rein | a |
| Methyl | 7.71 | 7.71 | 7.34 | 8.72 | $CCl_4$ | b |
| Chlormethyl | 7.16 | 7.35 | 6.80 | 6.53/6.27 | – | c |
| Formyl | 6.90 | 6.84 | 6.64 | 1.08 | rein | d |
| Cyano | 6.89 | 7.00 | 6.50 | – | rein | e |
| Acetyl | 7.06 | 7.00 | 6.65 | – | rein | e |
| Carboxyl | 7.07 | 7.01 | 6.52 | – | rein | e |
| Phenyl | 7.49 | 7.19 | 6.39 | – | rein | e |
| Stilbenoxyd cis | – | 6.12 | 6.12 | – | $CDCl_3$ | f |
| Stilbenoxyd trans | 5.63 | – | 5.63 | – | $CDCl_3$ | f |
|  | *α* | *β* |  |  |  |  |
| Trimethylenoxyd | 5.27 | 7.28 | – | – | $CDCl_3$ | g |
| Tetrahydrofuran | 6.25 | 8.15 | – | – | $CDCl_3$ | g |
| Tetrahydropyran | 6.44 | 8.42 | 8.42 | – | $CCl_4$ | b |

| | A | B | C | D | Lösungsmittel | Lit. |
|---|---|---|---|---|---|---|
| | 5.51 (a) | – | – | – | $CDCl_3$ | f |
| | 6.27 (b) | – | – | – | – | |
| | 7.45 (c) | – | – | – | – | |
| | 6.16 (e) | – | – | – | – | |
| | 5.93 (f) | – | – | – | – | |
| | 5.65 (a) | – | – | – | $CDCl_3$ | f |
| | 7.43 (c) | – | – | – | – | |
| | 7.85 (d) | – | – | – | – | |
| | 6.17 (e) | – | – | – | – | |
| | 5.96 (f) | – | – | – | – | |
| | 5.41 (a) | 5.1 | – | – | Cyclohexan | h |
| | 6.10 (b) | – | – | – | | |
| | 6.12 (a) | – | – | – | $CCl_4$ | i |
| | 8.15 (b) | – | – | – | – | |
| | 8.15 (c) | – | – | – | – | |
| | 3.85 (d) | – | – | – | – | |

Die Kopplung des Protons $H_C$ mit dem Proton des Substituenten beträgt im Glycidaldehyd (R = CHO) 6.24 Hz; die anderen Konstanten betragen $J_{AR} = +0.03$ Hz, $J_{BR} = -0.31$ Hz[1]. Im Epichlorhydrin sind die chemischen Verschiebungen der beiden Protonen der Chlormethylengruppe unter-

---

[1] REILLY, C. A., and J. D. SWALEN: J. Chem. Phys. **34**, 980 (1961).

**Literatur zu Tabelle 70.**

[a] Mortimer, F.S.: J. Mol. Spec. **5**, 199 (1960).

[b] Tiers, G.V.D.: Characteristic Nuclear Magnetic Resonance Shielding Values for Hydrogen in Organic Structures.

[c] Reilly, C.A., and J.D. Swalen: J. Chem. Phys. **35**, 1522 (1961).

[d] —, and J.S. Swalen: J. Chem. Phys. **32**, 1378 (1960).

[e] —, and J.D. Swalen: J. Chem. Phys. **34**, 980 (1961).

[f] High-resolution Nuclear Magnetic Resonance Spectra Catalog (2), Varian Associates. California: Palo Alto.

[g] High-resolution Nuclear Magnetic Resonance Spectra Catalog (1), Varian Associates. California: Palo Alto.

[h] Rosowsky, A., and D.S. Tarbell: J. Org. Chem. **26**, 2255 (1961).

[i] Gagnaire, D., et E. Payo-Subiza: Bull. Soc. Chim. France 2623 (1963).

schiedlich, ebenso die Kopplungskonstanten zu den übrigen Protonen. Sie betragen $J_{AR} = -0.2$, $J_{AR'} = -0.1$, $J_{BR} = 0.6$, $J_{BR'} = -0.1$, $J_{CR} = -6.6$, $J_{CR'} = -4.0$ und $J_{RR'} = 11.7$. Dies bedeutet nicht unbedingt, daß die freie Drehbarkeit um die C—C-Bindung aufgehoben ist. Auch bei rascher Rotation um diese Bindung können die Mittelwerte für beide Protonen verschieden sein[1]. Auffälligerweise ist bei den Äthylenoxyden die Kopplungskonstante für cis-ständige Protonen größer als die bei Transanordnung. In den hier angeführten Arbeiten wurde angenommen, daß die Vorzeichen aller Kopplungskonstanten zwischen den Ringprotonen gleich sind. Durch Doppelresonanzexperimente konnte an drei Verbindungen die Richtigkeit dieser Annahme bewiesen werden[2,3]. Es ist anzunehmen, daß dieses Ergebnis auch für andere Äthylenoxyde gilt.

Die Spektren höhergliedriger, cyclischer Äther (Tab. 70) zeigen große Ähnlichkeit mit denen offenkettiger Verbindungen. Über die Kopplungskonstanten in diesen Verbindungen liegen bisher erst vereinzelte Angaben vor[5]. Durch Ketogruppen werden die Banden aller Protonen nach tieferem Feld verschoben, wie es in Tab. 70 am Beispiel zweier 3-Ketoverbindungen und in Tab. 71 an einigen Lactonen gezeigt ist. Der Einfluß der Ketogruppe auf die chemischen Verschiebungen der Ringprotonen hängt, wie bei cyclischen Ketonen, von der Ringgröße ab. Es lassen sich daher keine Regeln aufstellen, und es müssen für die Analyse von Spektren unbekannter Verbindungen die Spektren aller in Frage kommenden Modellsubstanzen zu Rate gezogen werden. Die chemischen Verschiebungen cyclischer Verbindungen mit zwei und mehr Sauerstoffatomen (Tab. 72) sind denen offenkettiger Äther sehr ähnlich[6–14]. Ein Vergleich der Gruppierungen

---

[1] Reilly, C. A., and J. D. Swalen: J. Chem. Phys. **35**, 1522 (1961). — [2] Elleman, D.D., and S.L. Manatt: J. Mol. Spec. **9**, 477 (1962). — [3] Elleman, D. D., S. L. Manatt, and C. D. Pearce: J. Chem. Phys. **42**, 650 (1965). — [4] Lehn, J. M., J. J. Riehl: J. Mol. Phys. **8**, 33 (1964). — [5] Gagnaire, D., et E. Payo-Subiza: Bull. Soc. Chim. France 2623 (1963). — [6] Caspi, E., T. A. Wittstruck, and D. M. Piatak: J. Org. Chem. **27**, 3183 (1962). — [7] Abouzov, B. A., and Y. Y. Samitov: THL **8**, 473 (1963). — [8] Mathiasson, B.: Acta Chem. Scand. **17**, 2133 (1963). — [9] Delmau, J., M. Davidson, G. Parc, et M. Hellin: Bull. Soc. Chim. France 241 (1964). — [10] Barbier, C.: Bull. Soc. Chim. France 1046 (1964). — [11] Barbier, C., J. Delmau, and J. Ranft: THL 3339, 3345, 3355 (1964). — [12] Delmau, J., and C. Barbier: J. Chem. Phys. **41**, 1106 (1964). — [13] Barbier, C., M. Davidson, et J. Delmau: Bull. Soc. Chim. France 1046 (1964). — [14] Crabb, T. A., and R. C. Cookson: THL 679 (1964).

—O—CH$_2$—O— und —O—CH$_2$—CH$_2$—O— in offenkettigen und cyclischen Verbindungen zeigt, daß die Banden in den letzteren um 0.2—0.3 ppm bei tieferem Feld liegen. Ungesättigte cyclische Äther sind erst wenig

Tabelle 71. *Chemische Verschiebungen von Lactonen*

| Verbindung | CH–O | CH–CO | | | Lösungsmittel | Lit. |
|---|---|---|---|---|---|---|
| Propiolacton . . | 5.71 | 6.44 | – | – | CDCl$_3$ | a |
| Butyrolacton. . . | 5.63 | 7.6 | – | – | CDCl$_3$ | b |
| 3,3,4,4-Tetramethylbutyrolacton | – | 7.57 | – | – | CDCl$_3$ | b |
| Valerolacton . . . | 5.94 | 7.73 | 8.38($\beta,\gamma$) | – | CCl$_4$ | f |
| Caprolacton . . . | 5.95 | 7.53 | – | – | – | c |
| 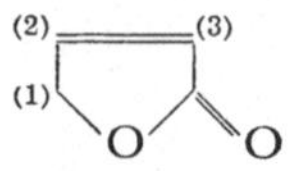 (Butenolid) | 5.08 | 3.85(3) | 2.37(2) | – | CDCl$_3$ | b |
| 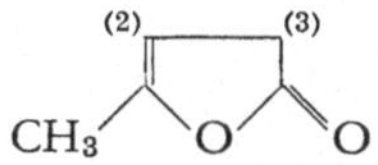 ($\beta$-Methylbutenolid) | – | 6.92 | 4.89(2) | 8.07(CH$_3$) | CCl$_4$ | d |
| 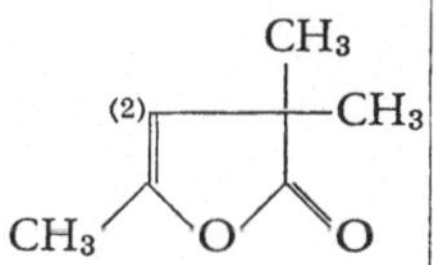 ($\beta,\gamma,\gamma$-Trimethylbutenolid) | – | – | 4.84(2) | 8.02($a$CH$_3$) | CDCl$_3$ | b |
|  | – | – | – | 8.72($\beta$CH$_3$) | – |  |
| 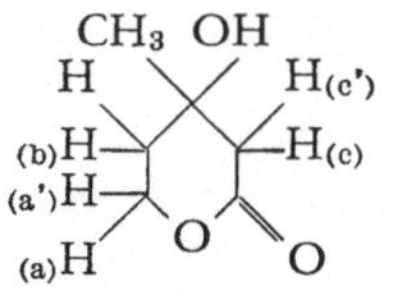 (Mevalonolacton) | 5.40(a) | 7.32(c) | 8.08(CH$_2$) | – | CDCl$_3$ | a |
|  | 5.67(a') | 7.49(c') | – | – | – |  |
| 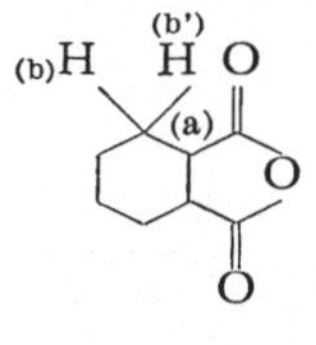 (Hexahydro-isochromandion) | – | 6.60(a) | 7.69(b) | – | CDCl$_3$ | e |
|  | – | – | 7.39(b') | – | – |  |

---

[a] High-resolution Nuclear Magnetic Resonance Spectra Catalog (2), Varian Associates. California: Palo Alto.

[b] High-resolution Nuclear Magnetic Resonance Spectra Catalog (1), Varian Associates. California: Palo Alto.

[c] Nuclear Magnetic Resonance Spectral Data, American Petroleum Institute Texas: College Station.

[d] Gagnaire, D., et E. Payo-Subiza: Bull. Soc. Chim. France 2623 (1963).

[e] Rao, B.D.N., and J.D. Baldeschwieler: J. Mol. Spec. **11**, 440 (1960).

[f] Tiers, G.V.D.: Characteristic Nuclear Magnetic Resonance Shielding Values for Hydrogen in Organic Structures.

Tabelle 72. *Chemische Verschiebungen von Heterocyclen mit mehreren Sauerstoffatomen*

| Verbindung | a | b | Lösungsmittel | Lit. |
|---|---|---|---|---|
| (b)$H_2C$—O, C(H(a))($C_{11}H_{23}$), (b)$H_2C$—O | 5.18 | 6.12 | $CDCl_3$ | a |
| (b) O / O C=O | – | 5.80 | $CCl_4$ | b |
| R—benzo[1,3]dioxol $CH_{2(a)}$ | 3.90–4.14 (13 Verbindungen) | | $CDCl_3$ | c |
| 1,4-Dioxan (b) | – | 6.29 | $CDCl_3$ | a |
| (b) O / O, $H_{(c)}C_6H_5$, $H_{(a)}C_6H_5$ | 5.22 | 5.58 | $CDCl_3$ | a |
| (b) O / O, $H_a C_6H_5$, $C_6H_5 H_{(a)}$ | 4.88 | 6.14 | $CDCl_3$ | a |
| (b) O / O, $H_{(a)}Cl$, $H_{(a)}Cl$ | 4.05 | 5.95 | $CDCl_3$ | a |
| (b) O / O, $H_a Cl$, $Cl H_a$ | 4.30 | 6.01 | $CDCl_3$ | a |
| (b) Bicyclisches Dioxan | 5.35 | 6.21 | $CDCl_3$ | a |
| (b) O / O $CH_{2(a)}$ | 5.21 | 6.22 | $CDCl_3$ | c |
| H, $CH_3$, $CH_3$, H, O, O, $CH_3$, $H_{(a)}$ | 4.95 | 8.60 | $CDCl_3$ | c |
| 1,3,5-Trioxan | 5.00 | – | $CCl_4$ | b |


a CASPI, E., T.A. WITTSTRUCK, and D.M. PIATAK: J. Org. Chem. **27**, 3183 (1962).
b TIERS, G.V.D.: Characteristic Nuclear Magnetic Resonance Shielding Values for Hydrogen in Organic Structures.
c High-resolution Nuclear Magnetic Resonance Spectra Catalog (1) und (2), Varian Associates. California: Palo Alto.

untersucht worden[1-4]. Liegt die Doppelbindung in Nachbarstellung zum Sauerstoff, so erscheinen die Banden der olefinischen Protonen etwa an der gleichen Stelle wie die der Vinyläther. Liegt die Doppelbindung eine oder zwei Bindungen entfernt, so tritt eine geringere Verschiebung nach tieferem Feld auf. Sie beträgt bei den in Tab. 73 angegebenen Verbindungen unge-

Tabelle 73
*Chemische Verschiebungen von ungesättigten cyclischen Äthern*

| Verbindung | $\tau$ | Lösungsmittel | Lit. |
|---|---|---|---|
| $C_6H_5$, $C_6H_5$ – Ringsystem mit O–O (a, b, c, d) | 3.69 (a)<br>5.21 (b)<br>3.80 (c)<br>5.70 (d) | $CCl_4$ | a |
| $C_6H_5$, $C_6H_5$ – Ringsystem mit O–O, $CH_3$ (e), $CH_3$ (f) (a, b, d) | 5.53 (b)<br>5.88 (d)<br>8.27 (e)<br>8.48 (f) | $CCl_4$ | a |
| Isobenzofuranon (a) | 4.68 (a) | $CDCl_3$ | b |
| Chinolon-Ringsystem, $H_3CO$, $CH_3$ (a, b) | 5.27 (a)<br>6.73 (b) | $CDCl_3$ | c |
| $H_3CO$–O–$OCH_3$ (b) | 5.48 cis  5.92 (b)<br>5.71 tr.  5.92 (b) | $CCl_4$ | d |
| Pyran (a, b, c) mit O | 3.63 (a)<br>5.35 (b)<br>6.03 (c) | $CDCl_3$ | c |
| Cumarin O–O (a, b) | 3.58 (a)<br>2.28 | $CDCl_3$ | c |
| Pyran (a, b, c) mit O | 3.84 (a)<br>5.37 (b)<br>7.34 (c) | $CCl_4$ | e |

[1] GAGNAIRE, D., et E. PAYO-SUBIZA: Bull. Soc. Chim. France 2623 (1963). — [2] GAGNAIRE, D., et P. VATTERO: Bull. Soc. Chim. France 2779 (1963). — [3] BADER, A.R., H.S. GUTOWSKY, and J.P. HEESCHEN: J. Org. Chem. 21, 821 (1956). — [4] WEINBERGER, M.A., and R. GREENHALGH: Can. J. Chem. 41, 1038 (1963).

Tabelle 73 (Fortsetzung)

| Verbindung | $\tau$ | Lösungsmittel | Lit. |
|---|---|---|---|
| 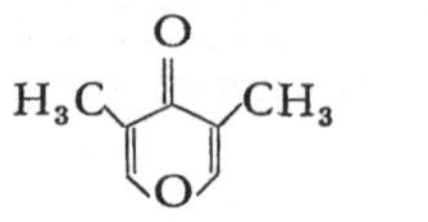 $H_3C$…$CH_3$ (O, O) | 3.97 (a)<br>7.77 ($CH_3$) | $CDCl_3$ | c |
| 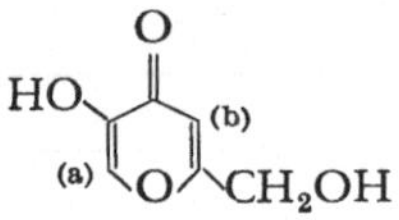 HO…$CH_2OH$ (a), (b) | 1.90 (a)<br>3.41 (b)<br>5.46 ($CH_2$) | $D_2O$ | b |
| 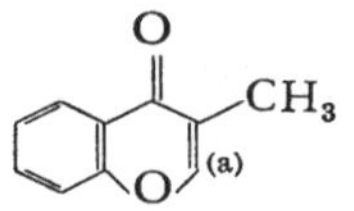 …$CH_3$ (a) | 2.22 (a) | $CDCl_3$ | b |
| 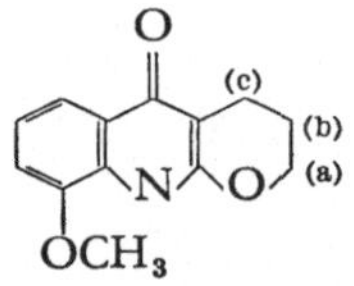 …N, O (a), (b), (c); $OCH_3$ | 5.67 (a)<br>7.95 (b)<br>7.30 (c) | $CDCl_3$ | c |

| | | | | | | | | |
|---|---|---|---|---|---|---|---|---|
| 7-Methoxy-<br>flavon | H-3 | 3.30 | H-5<br>H-6<br>H-8 | 1.90<br>3.03<br>3.09 | H-2',6'<br>H-3',4',5'<br>– | ~2.17<br>~2.51 | 6.10<br>($CH_3O$)<br>– | –<br>–<br>– | t |
| 7,4-Dimethoxy-<br>flavon | H-3 | 3.40 | H-5<br>H-6<br>H-8 | 1.94<br>3.04<br>3.13 | H-2',6'<br>H-3',5'<br>– | 2.22<br>3.05 | 6.11<br>6.08<br>– | –<br>–<br>– | t |
| 6-Acetoxy-<br>flavon | H-3 | 3.16 | H-5~<br>H-7~<br>H-8~ | 2.03<br>2.42<br>2.42 | H-2',6'<br>H-3',4',5'<br>– | ~2.03<br>~2.43 | –<br>–<br>– | 7.68<br>($CH_3CO$)<br>– | g |
| 6-Acetoxy-7-<br>methoxy-flav. | H-3 | 3.27 | H-5<br>H-8 | 2.18<br>2.98 | H-2',6'<br>H-3',4',5' | ~2.12<br>~2.47 | 6.07<br>– | 7.69<br>– | g |
| 6,7-Diacetoxy-<br>flavon | H-3 | 3.22 | H-5<br>H-8 | 2.00<br>2.49 | H-2',6'<br>H-3',4',5' | ~2.13<br>~2.47 | –<br>– | 7.68<br>– | g |
| 5,7-Dimethoxy-<br>flavon | H-3 | 3.35 | H-6<br>H-8 | 3.64<br>3.43 | H-2',6'<br>H-3',4',5' | ~2.19<br>~2.51 | 6.10<br>6.06 | –<br>– | g |
| 5,7-Dimethoxy-<br>isoflavon | H-2 | 2.22 | H-6<br>H-8 | 3.54<br>3.63 | H-2',3',4',5',6' | 2.58 | 6.12<br>6.07 | –<br>– | g |
| 5,7-Diacetoxy-<br>isoflavon | H-2 | 2.11 | H-6<br>H-8 | 3.15<br>2.76 | H-2',3',4',5',6' | 2.57 | –<br>– | 7.68<br>7.61 | g |

Lösungsmittel: $CDCl_3$

**Literatur zu Tabelle 73.**


a GAGNAIRE, D., et E. PAYO-SUBIZA: Bull. Soc. Chim. France 2623 (1963).
b High-resolution Nuclear Magnetic Resonance, Spectra Catalog (2), Varian Associates. California: Palo Alto.
c High-resolution Nuclear Magnetic Resonance, Spectra Catalog (1), Varian Associates. California: Palo Alto.
d GAGNAIRE, D., et P. VATTERO: Bull. Soc. Chim. France 2779 (1963).
e MASAMUNE, S., and N. T. CASTELLUCI: J. A. C. S. **84**, 2452 (1962).
f MASSICOT, J., et J. P. MARTHE: Bull. Soc. Chim. France 1962 (1962).
g MASSICOT, J., J. P. MARTHE et S. HEITZ: Bull. Soc. Chim. France 2712 (1963).

fähr 1 ppm, doch gestattet das geringe Tatsachenmaterial nicht, Gesetzmäßigkeiten über die Abhängigkeit dieser Verschiebung von Entfernung und Ringgröße zu erkennen.

Die Spektren zahlreicher Flavone und Isoflavone sind von MASSICOT, MARTHE und HEITZ beschrieben worden[1]. Das Signal des Protons in 3-Stellung von Flavonen erscheint bei $\tau = 3.0$ bis 3.5, dasjenige des Protons in 2-Stellung bei Isoflavonen bei $\tau = 2.05$ bis 2.2.

### V. 14c *Cyclische Schwefelverbindungen*

Über cyclische Sulfide und Sulfone liegen nur wenige Daten vor[2-10]. Die chemischen Verschiebungen einiger Äthylensulfide sind in Tab. 74 wiedergegeben. Da Schwefel eine geringere Elektronegativität als Sauerstoff hat, liegen Äthylensulfide bei höherem Feld als die entsprechenden Äthylenoxyde. Obwohl die Bindungslängen und Winkel in beiden Verbindungsklassen praktisch gleich groß sind, unterscheiden sich die Kopplungskonstanten beträchtlich, wie folgende Zusammenstellung zeigt[3]:

|                 | $J_{BC}$ | $J_{AC}$ | $J_{CD}$ | $J_{AB}$ | $J_{BD}$ | $J_{AD}$ |
|-----------------|----------|----------|----------|----------------|----------------|----------------|
| Äthylensulfid   | 7.1      | 5.6      | —        |                | —              | —              |
| Propylensulfid  | 6.3      | 5.4      | 5.3      | $\lesssim 0.4$ | $\lesssim 0.4$ | $\lesssim 0.4$ |
| Äthylenoxyd     | 4.4      | 3.1      | —        |                | —              | —              |
| Propylenoxyd    | 4.5      | 2.5      | 5.0      | 5.5            | 0.4            | 0.4            |

Dies läßt erkennen, daß neben den Winkeln und den Bindungslängen noch andere Faktoren eine wesentliche Rolle spielen. Die Bandenlagen in den anderen cyclischen Sulfiden (Tab. 74) ähneln wieder denen der offenkettigen Verbindungen. Die chemischen Verschiebungen ändern sich beim Übergang vom Sulfid zum Sulfon nur in geringem Maße. Die Spektren des 1,3,2-Dioxathiolan ($CH_2$—O—S—O—$CH_2$) und der Äthylensulfite zeigen linienreiche Multipletts, während das Äthylensulfat nur eine einzige scharfe Bande gibt. Aus dieser Tatsache muß geschlossen werden, daß die beiden ersteren Verbindungen nicht eben sind und die Protonen auf beiden Seiten des Ringes eine unterschiedliche chemische Verschiebung zeigen.

### V. 14d *Heterocyclische Verbindungen mit aromatischem Charakter*

Einige ungesättigte heterocyclische Verbindungen, wie Thiophen, Furan, Pyrrol, Pyridin, sind in ihrem chemischen Verhalten dem Benzol ähnlich. Diese Verwandtschaft kehrt auch in den Kernresonanzspektren

[1] MASSICOT, J., J.P. MARTHE, et S. HEITZ: Bull. Soc. Chim. France 2712 (1963). — [2] MORTIMER, F.S.: J. Mol. Spec. **5**, 199 (1960). — [3] MUSHER, J.I., and R.G. GORDON: J. Chem. Phys. **36**, 3097 (1962). — [4] CAMPAIGNE, E., N.F. CHAMBERLAIN, and B.E. EDWARDS: J. Org. Chem. **27**, 135 (1962). — [5] CLAESON, G., G.M. ANDROES, and M. CALVIN: J. A. C. S. **82**, 4428 (1960). — [6] CLAESON, G., G.M. ANDROES, and M. CALVIN: J. A. C. S. **83**, 4357 (1961). — [7] PRITCHARD, J. G., and P.C. LAUTERBUR: J. A. C. S. **83**, 2105 (1961). — [8] GRONOWITZ, S., and R. A. HOFFMAN: Arkiv Kemi **15**, 499 (1960). — [9] CAMPAIGNE, E., and M. GEORGIADIS: J. Org. Chem. **28**, 1044 (1963). — [10] LÜTTRINGHAUS, A., u. S. KABUSS: Z. Naturforsch. **16b**, 761 (1961).

der Verbindungen wieder. Wird ein aromatisches Molekül in ein Magnetfeld gebracht, so kreisen die $\pi$-Elektronen und erzeugen einen magnetischen Dipol, der sich durch charakteristische Verschiebungen der Banden von Kernen in der Nähe des Ringes bemerkbar macht. Dieser Ringstromeffekt kann als physikalisches Kennzeichen für den aromatischen Charakter einer Verbindung herangezogen werden. Es führt allerdings zu anderen Ergebnissen als die Ermittlung nach chemischen Gesichtspunkten.

Tabelle 74

*Chemische Verschiebungen von Äthylensulfiden und cyclischen Schwefelverbindungen*

$$H_{(B)}\cdots C - C \cdots H_{(C)}$$
$$H_{(A)} \diagup C \diagdown S \diagup C \diagdown H_{(D)}$$

| Substituent | A | B | C | D | Lösungsmittel | Lit. |
|---|---|---|---|---|---|---|
| kein | 7.73 | 7.73 | 7.73 | 7.73 | kein | a |
| $CH_3$ | 7.99 | 7.62 | 7.17 | (8.57) | – | b |
| Dimethyl (cis) | (8.41) | 6.91 | 6.91 | (8.41) | – | c |
| Dimethyl (trans) | 7.30 | (8.39) | 7.30 | (8.39) | – | c |
| Vinyl | 7.34 | 7.04 | 6.31 | – | – | c |
| Diphenyl (cis) | – | 6.04 | 6.04 | – | $CDCl_3$ | d |

| | $\alpha$ | $\beta$ | $\gamma$ | | |
|---|---|---|---|---|---|
| Tetrahydrothiophen | 7.18 | 8.07 | – | $CDCl_3$ | e |
| Tetrahydrothiopyran | 7.43 | – | – | $CDCl_3$ | e |
| 1,2-Dithian | 7.3 | 8.1 | – | $CS_2$ | f |
| 3,3,6,6-Tetramethyl-1,2-dithian | – | 8.85 ($CH_3$) | – | $CS_2$ | f |
| 1,3,5-Trithiacyclohexan | 5.82 | – | – | – | g |
| Tetramethylensulfon | 7.00 | 7.77 | – | $CDCl_3$ | d |
| 2,3-Dehydrotrimethylensulfon | 5.42 | – | 2.78 (2) | $CDCl_3$ | e |
|  | – | – | 3.20 (3) | – |  |
| 2,3-Dehydrotetramethylensulfon | 6.26 | – | 3.92 (2) | $CDCl_3$ | d |
| (Struktur) | ca. 5.33 (a) | – | – | $CDCl_3$ | d |
|  | ca. 5.65 (b) | – | – | – |  |
| (Struktur) | 5.57 | – | – | $CCl_4/CHCl_3$ | h |
| (Struktur) | 5.32 | – | – | $CCl_4/CHCl_3$ | h |
| (Struktur) | 6.9 | 7.5 | 5.22 | $CHCl_3$ | i |
| $\beta,\beta'$-Dimethyl- | 6.86 | 8.67 | 5.84 | $CHCl_3$ | i |
| $\gamma,\gamma'$-Dimethyl- | 6.6 | 7.5 | 8.45 | $CHCl_3$ | i |
| $a,a',\gamma$-Trimethyl- | 8.52 | 7.62 | 5.32 | $CHCl_3$ | i |
|  |  | 7.96 | 8.55 |  |  |

**Literatur zu Tabelle 74.**
[a] MORTIMER, F. S.: J. Mol. Spec. **5**, 199 (1960).
[b] MUSHER, J. I., and R. G. GORDON: J. Chem. Phys. **36**, 3097 (1962).
[c] Nuclear Magnetic Resonance Spectral Data, American Petroleum Institute Texas: College Station.
[d] High-resolution Nuclear Magnetic Resonance Spectra Catalog (2), Varian Associates. California: Palo Alto.
[e] High-resolution Nuclear Magnetic Resonance Spectra Catalog (1), Varian Associates. California: Palo Alto.
[f] CLAESON, G., G. ANDROES, and M. CALVIN: J. A. C. S. **83**, 4357 (1961).
[g] CAMPAIGNE, E., N. F. CHAMBERLAIN, and B. E. EDWARDS: J. Org. Chem. **27**, 135 (1962).
[h] PRITCHARD, J. G., and P. L. LAUTERBUR: J. A. C. S. **83**, 2105 (1961).
[i] OHLINE, R. W., A. L. ALLRED, and F. G. BORDWELL: J. A. C. S. **86**, 4641 (1964).

So ist das 18-Annulen auf Grund des Ringstromes eine aromatische Verbindung, auf Grund seiner Reaktivität jedoch ein Cycloolefin. Wenn man heterocyclische Verbindungen dem Betrag ihrer Resonanzenergie nach oder nach Gesichtspunkten der chemischen Reaktivität ordnet, so nimmt der aromatische Charakter in der Reihenfolge Furan < Pyrrol < Thiophen < Benzol < Pyridin zu. Man sollte erwarten, daß sich der Ringstromeffekt bei diesen Verbindungen in der gleichen Reihenfolge ändert. Über die Größe des Ringstromeffektes in heterocyclischen Verbindungen liegen keine Messungen vor, doch läßt sich die qualitative Reihenfolge auf Grund einfacher Überlegungen ermitteln. In den fünfgliedrigen Heterocyclen, Furan, Thiophen und Pyrrol, ist die Verteilung der $\pi$-Elektronen auf die einzelnen Ringatome nicht gleichmäßig wie beim Cyclopentadienylanion. Es treten höhere $\pi$-Elektronendichten in der Nähe der Heteroatome auf und zwar in um so stärkerem Maße, je größer deren Elektronegativität ist. Je ungleichmäßiger die Verteilung ist, um so geringer ist der Ringstrom. Man sollte daher auf Grund der Elektronegativitäten von Sauerstoff (3.5), Stickstoff (3.0) und Schwefel (2.5) erwarten, daß der Ringstromeffekt vom Furan über Pyrrol zum Thiophen ansteigt. Eine Reihe experimenteller Befunde, die in den folgenden Abschnitten ausführlich besprochen werden sollen, bestätigen diese Überlegung. Die Messung der Abschirmeffekte von Benzol-, Thiophen- und Furanresten in Diarylspiroketonen ergab für Thiophen 77, für Furan 60 Prozent des Ringstroms von Benzol[1].

## V. 14e *Furan*

Aus der Gruppe der fünfgliedrigen Heterocyclen sind die Spektren des Furans und seiner Derivate am einfachsten und sollen daher an erster Stelle behandelt werden. Durch den Einfluß des Sauerstoffs werden die Banden der $\alpha$-Protonen stark nach tiefem Feld verschoben. Der Unterschied in den chemischen Verschiebungen von $\alpha$- und $\beta$-Protonen beträgt etwa 1 ppm, und da die Kopplungskonstanten nur klein sind (1—3 Hz), ist das Spektrum des Furans vom $A_2X_2$-Typ und besteht aus zwei gleichmäßigen Tripletts (Abb. 78a). Alle monosubstituierten Furane sind vom ABX-Typ und meistens ohne große Schwierigkeiten zu deuten. Es liegt eine Reihe von

---

[1] DE JONGH, H. A. P., and H. WYNBERG: TH **21**, 515 (1965).

Untersuchungen über Furan und seine Derivate vor[1-10], die aber zum Teil unter sehr verschiedenen Versuchsbedingungen durchgeführt worden sind und deren Ergebnisse sich nur schwer miteinander vergleichen lassen. Der Lösungsmitteleinfluß auf die Bandenlage ist klein, so lange keine starken Wasserstoffbrückenbildner verwendet werden. Die Banden des Furans

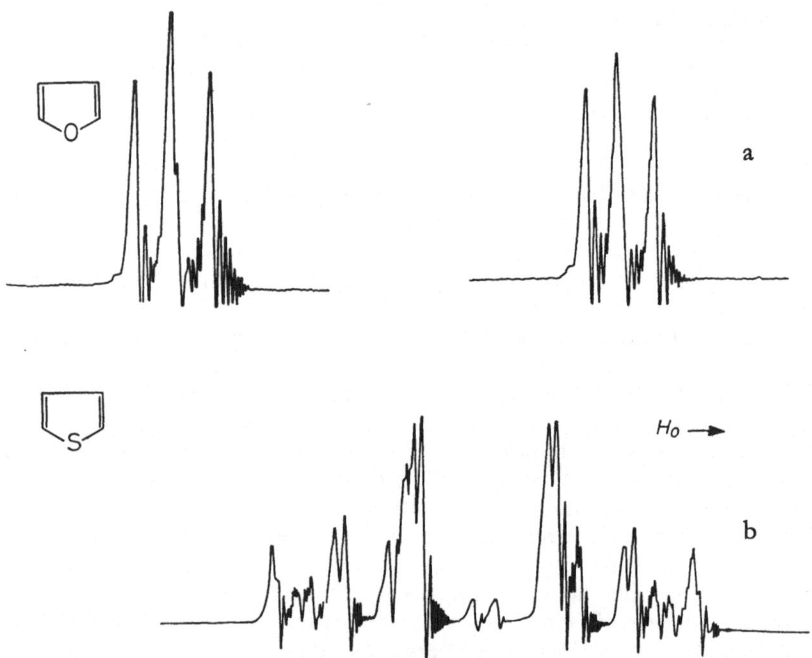



Abb. 78. [1]H-Spektren von Furan und Thiophen bei 60 MHz (Furan als Reinsubstanz, Thiophen in 50prozentiger Lösung in CHCl$_3$)[4]

liegen in Aceton um etwa 0.1 ppm bei tieferem Feld als in der unverdünnten Verbindung[6], bei den meisten anderen Lösungsmitteln ist der Einfluß noch kleiner. Da beim Verdünnen aromatischer Verbindungen mit inerten Lösungsmitteln eine Verschiebung der Banden nach tieferem Feld auftritt (vgl. Kap. VII 3), sollten auch die Bandenlagen des Furans


[1] REDDY, G.S., and J.H. GOLDSTEIN: J. Phys. Chem. **65**, 1539 (1961). — [2] REDDY, G.S., and J.H. GOLDSTEIN: J. A. C. S. **84**, 583 (1962). — [3] HOFFMAN, R.A., B. GESTBLOM, S. GRONOWITZ, and S. FORSEN: J. Mol. Spec. **11**, 454 (1963). — [4] GRANT, D.M., R.C. HIRST, and H.S. GUTOWSKY: J. Chem. Phys. **38**, 470 (1963). — [5] ABRAHAM, R.J., and H.J. BERNSTEIN: Can. J. Chem. **37**, 1056 (1959). — [6] ABRAHAM, R.J., and H.J. BERNSTEIN: Can. J. Chem. **39**, 905 (1961). — [7] COREY, E.J., G. SLOMP, S. DEV, S. TOBONAGA, and E.R. GLAZIER: J. A. C. S. **80**, 1204 (1958). — [8] ELVIDGE, J.A., and R.G. FOSTER: J. Chem. Soc. 590 (1963). — [9] GRONOWITZ, S., G. SÖRLIN, B. GESTBLOM, and R.A. HOFFMAN: Arkiv Kemi **19**, 483 (1963). — [10] PRUGH, J.D., A.C. HUITRIC, and W.C. CARTHY: J. Org. Chem. **29**, 1991 (1964).

und seiner Derivate von der Konzentration abhängen. Je größer ihre Konzentration ist, bei um so höherem Feld liegen die Banden. (Bei Verwendung eines inneren Standards hebt sich diese Verschiebung weitgehend heraus). Bei den Spektren monosubstituierter Furane findet man zwei verschiedene Typen. Entweder sind die chemischen Verschiebungen der beiden $\beta$-Protonen sehr ähnlich, wie im 2-Mercaptomethyl-furan, und das Spektrum besteht aus zwei Banden mit einem Intensitätsverhältnis von eins zu zwei, oder sie sind verschieden, wie im 2-Formyl-furan, und das Spektrum besteht aus drei deutlich voneinander getrennten Signalen. Im letzteren

Tabelle 75. *Chemische Verschiebungen substituierter Furane*

| Substituent | 2 | 3 | 4 | 5 | | Lösungsmittel | Lit. |
|---|---|---|---|---|---|---|---|
| Kein | 2.47 | 3.55 | 3.55 | 2.47 | – | rein | d |
| | 2.58 | 3.63 | 3.63 | 2.58 | – | $CDCl_3$ | a |
| | 2.73 | 3.77 | 3.77 | 2.73 | – | $C_6H_{12}$ | f |
| 2-Methoxy- | – | 5.04 | 3.93 | 3.30 | – | $C_6H_{12}$ | f |
| 2-Methyl- | – | 4.20 | 3.92 | 2.91 | 7.83 | $C_6H_{12}$ | f b |
| 2-Brom- | – | 3.85 | 3.79 | 2.75 | – | $C_6H_{12}$ | f |
| 2-Carbomethoxy- | – | 3.02 | 3.70 | 2.66 | – | $C_6H_{12}$ | f |
| 2-Acetyl- | – | 3.04 | 3.67 | 2.67 | – | $C_6H_{12}$ | f |
| 2-Formyl- | – | 2.97 | 3.58 | 2.51 | – | $C_6H_{12}$ | f |
| 2-Cyano- | – | 3.77 | 3.77 | 2.73 | – | $C_6H_{12}$ | f |
| 2-Amino- | – | 3.68 | 3.50 | 2.39 | – | rein | d |
| 2-Nitro- | – | 2.35 | 3.17 | 1.99 | – | rein | d |
| 3-Methoxy- | 3.08 | – | 3.98 | 2.99 | – | $C_6H_{12}$ | f |
| 3-Methyl- | 2.97 | – | 3.94 | 2.86 | – | $C_6H_{12}$ | f |
| 3-Carbomethoxy- | 2.17 | – | 3.37 | 2.76 | – | $C_6H_{12}$ | f |
| 3-Acetyl- | 2.16 | – | 3.34 | 2.74 | – | $C_6H_{12}$ | f |
| 3-Formyl- | 2.14 | – | 3.33 | 2.69 | – | $C_6H_{12}$ | f |
| 3-Cyano- | 2.17 | – | 3.48 | 2.64 | – | $C_6H_{12}$ | f |
| Benzofuran | 2.49 | 3.37 | – | – | – | $CCl_4$ | e |


a High-resolution Nuclear Magnetic Resonance Spectra Catalog (1), Varian Associates. California: Palo Alto.
b REDDY, G.S., and J.H. GOLDSTEIN: J. Phys. Chem. **65,** 1539 (1961).
d ABRAHAM, R.J., and H.J. BERNSTEIN: Can. J. Chem. **39,** 905 (1961).
e ELVIDGE, J.A., and R.G. FOSTER: J. Chem. Soc. 590 (1963).
f GRONOWITZ, S., G. SÖRLIN, B. GESTBLOM, and R.A. HOFFMAN: Arkiv Kemi **19,** 483 (1963).


Fall ist die Ermittlung der chemischen Verschiebungen und der Kopplungskonstanten sehr einfach, im ersteren ist eine vollständige Analyse der AB-Bande, die oft noch weitere Aufspaltung durch den Substituenten zeigt, nicht immer möglich. Die chemischen Verschiebungen einiger einfacher Furanderivate sind in Tab. 75 zusammengestellt. Durch Substituenten werden die Banden um 1—2 ppm verschoben und zwar die der Protonen in Nachbarstellung zum Substituenten am meisten. Bezieht man alle chemischen Verschiebungen auf das unsubstituierte Stammmolekül (in der gleichen Weise, wie es in Tab. 57 bei substituierten Benzolen durchgeführt wurde), so lassen sich einige Gesetzmäßigkeiten der Substituenteneffekte erkennen. Die durch einen Substituenten verursachte Veränderung der Bandenlage verläuft in allen Positionen in der gleichen Richtung. Steht der Substituent in 2-Stellung, so lassen sich durch einfache Gleichungen (39a und b)

$$\delta_3 = 3.08\,\delta_4 - 0.04 \quad \text{und} \quad \delta_5 = 1.23\,\delta_4 + 0.01 \tag{39}$$

die Veränderungen ($\delta$) der Bandenlagen zueinander in Beziehung setzen[1]. Die mittleren Abweichungen von diesen linearen Beziehungen sind kleiner als 0.1 ppm.

Ein Substituent am Furanring beeinflußt die Bandenlage der Ringprotonen auf zweierlei Art. Einmal ist seine Elektronegativität im allgemeinen größer als die vom Wasserstoff und er zieht daher in stärkerem Maße Elektronen in seine Richtung. Dies führt zu einer verminderten Abschirmung der Ringprotonen und einer Verschiebung aller Banden nach tieferem Feld, die um so stärker ausgeprägt ist, je geringer die Entfernung des Protons vom Substituenten ist. Zum anderen kann der Substituent durch mesomere Wechselwirkung mit dem $\pi$-Elektronensystem des Ringes die Elektronendichte erhöhen oder herabsetzen und dadurch die Abschirmung der Ringprotonen verstärken oder vermindern. Auch dieser Effekt ist bei dem Proton in Nachbarstellung zum Substituenten am größten. Hierin zeigt sich ein deutlicher Unterschied zwischen dem Furan- und dem Benzolsystem. Beim Benzol werden Protonen in Metastellung zum Substituenten nur durch induktive Effekte, in Ortho- und Parastellung vorwiegend durch mesomere Effekte beeinflußt. Beim Furan wirken mesomere Effekte sowohl auf die $\alpha$- wie auf die $\beta$-Position. Da die Substituenteneffekte bei den verschiedenen Ringprotonen linear voneinander abhängen (Gleichung 39), spielen Anisotropieeffekte offenbar keine sehr große Rolle. Die größten Unterschiede zwischen den gemessenen und den auf Grund von Gl. 39 berechneten Werten findet man allerdings bei starken anisotropen Substituenten, wie Nitro- oder Carbonylgruppen. Bei elektronenschiebenden Substituenten heben sich Effekte, die durch die Elektronegativität und die Wechselwirkung mit dem $\pi$-Elektronensystem auftreten, teilweise auf, bei elektronensaugenden Substituenten bewirken beide Effekte eine Verschiebung der Banden nach tieferem Feld. In mehrfach substituierten Furanen addieren sich die Einflüsse der Substituenten[1]; und es ist daher möglich, die Bandenlage in derartigen Verbindungen näherungsweise zu berechnen. Die Kopplungskonstanten im Furan betragen[2]

$$
\begin{aligned}
J_{23} &= 1.75\\
J_{24} &= 0.85\\
J_{25} &= 1.4\\
J_{34} &= 3.3
\end{aligned}
$$

XXVII

und ändern sich nur unwesentlich durch Substitution. Die mittleren Werte, die bei der Untersuchung einer größeren Anzahl von Furanderivaten gefun-

---

[1] ABRAHAM, R. J., and H. J. BERNSTEIN: Can. J. Chem. **39**, 905 (1961). —
[2] REDDY, G. S., and J. H. GOLDSTEIN: J. A. C. S. **84**, 583 (1962).

den wurden, betragen $J_{23}=1.80$, $J_{24}=0.80$, $J_{25}=1.55$ und $J_{34}=3.53$ Hz[1]. Die Kopplungskonstanten $J_{23}$, $J_{24}$ und $J_{34}$ haben das gleiche Vorzeichen und sind vermutlich positiv[2,3]. Die Konstante für die Kopplung einer 2-ständigen Methylgruppe mit dem Proton in 3-Stellung beträgt 0.9 Hz[1]. Im 2-Formyl-furan betragen die Kopplungskonstanten $J_{CHO-4}=0.30$, $J_{CHO-5}=0.65$ und $J_{CHO-3}=0$. Im 3-Formyl-furan beträgt die Kopplungskonstante des Aldehydprotons zum 2-Proton 0, zum 4-Proton 0.40 und zum 5-Proton 0.75 Hz. Von den „long range" Kopplungskonstanten der beiden Aldehyde haben alle, bis auf $J_{CHO-4}$ im 3-Formyl-furan, das gleiche Vorzeichen wie $J_{45}$, sind daher vermutlich auch positiv[4].

### V. 14f *Thiophen*

Das spektroskopische Verhalten von Thiophen und substituierten Thiophenen ist durch eine Reihe von Untersuchungen weitgehend geklärt worden[5-23]. Das Spektrum des unsubstituierten Thiophens[5,23] ist vom $A_2B_2$-Typ (Abb. 78b). Wegen der geringeren Elektronegativität des Schwefels liegen die $\alpha$- und $\beta$-Protonen dichter beieinander als im Furan. Die chemischen Verschiebungen der Ringprotonen lassen sich durch Wechsel des Lösungsmittels verändern[23,24,25]. Der Unterschied der chemischen Verschiebungen von $\alpha$- und $\beta$-Protonen beträgt in Hexan 0.19 ppm, in Aceton 0.28 und in Benzol 0.145 ppm. Durch teilweise Deuterierung des Moleküls läßt sich das Spektrum weiter vereinfachen, und es ist dann ohne Schwierigkeiten möglich, die Kopplungskonstanten und chemischen Verschiebungen zu bestimmen[9]. Die Spektren monosubstituierter Thiophene sind vom ABX- oder ABC-Typ. Wenn die Einzelsignale genügend weit voneinander getrennt sind, bietet die Bestimmung der chemischen Verschiebungen keine Schwierigkeiten, liegen sie nahe beieinander, so können die Werte aus den


[1] ABRAHAM, R. J., and H. J. BERNSTEIN: Can. J. Chem. **39**, 905 (1961). — [2] FREEMAN, R., and D. H. WHIFFEN: J. Mol. Phys. **4**, 321 (1961). — [3] COHEN, A. D., K. A. MCLAUCHLAN: J. Mol. Phys. **7**, 11 (1963). — [4] HOFFMAN, R. A., B. GESTBLOM, S. GRONOWITZ, and S. FORSEN: J. Mol. Spec. **11**, 454 (1963). — [5] ABRAHAM, R. J., and H. J. BERNSTEIN: Can. J. Chem. **37**, 2095 (1959). — [6] GRONOWITZ, S.: Arkiv Kemi **13**, 269 (1958). — [7] GRONOWITZ, S., and R. A. HOFFMAN: Arkiv Kemi **13**, 279 (1958). — [8] GRONOWITZ, S.: Arkiv Kemi **13**, 295 (1958). — [9] HOFFMAN, R. A., and S. GRONOWITZ: Arkiv Kemi **15**, 45 (1959). — [10] GRONOWITZ, S., and R. A. HOFFMAN: Arkiv Kemi **15**, 499 (1960).—[11] GRONOWITZ, S., P. MOSES, and R. HAKANSSON: Arkiv Kemi **16**, 267 (1960). — [12] HOFFMAN, R. A., and S. GRONOWITZ: Arkiv Kemi **16**, 501 (1960). — [13] HOFFMAN, R. A., and S. GRONOWITZ: Arkiv Kemi **16**, 563 (1960). — [14] HOFFMAN, R. A.: Arkiv Kemi **17**, 1 (1960). — [15] GRONOWITZ, S., P. MOSES, A. B. HÖRNFELDT, and R. HAKANSSON: Arkiv Kemi **17**, 165 (1960). — [16] GRONOWITZ, S., and B. GESTBLOM: Arkiv Kemi **18**, 513 (1961). — [17] GRONOWITZ, S., P. MOSES, and R. A. HOFFMAN: Acta Chem. Scand. **15**, 1201 (1961). — [18] GESTBLOM, B.: Acta Chem. Scand. **17**, 280 (1963). — [19] MATHIASSON, B.: Acta Chem. Scand. **17**, 2133 (1963). [20] TAKAHASHI, K., Y. MATSUKI, T. MASHIKO, and G. HAZATO: Bull. Chem. Soc. Japan **32**, 156 (1959). — [21] CORIO, P. L., and I. WEINBERG: J. Chem. Phys. **31**, 569 (1959). — [22] FORSEN, S., B. GESTBLOM, S. GRONOWITZ, and R. A. HOFFMAN: Acta Chem. Scand. **18**, 313 (1964). — [23] GRANT, D. M., R. C. HIRST, and H. S. GUTOWSKY: J. Chem. Phys. **38**, 470 (1963). — [24] SCHAEFER, T., and W. G. SCHNEIDER: J. Chem. Phys. **32**, 1224 (1960). — [25] HOFFMAN, R. A., and S. GRONOWITZ: Arkiv Kemi **16**, 515 (1960).

Spektren partiell deuterierter Verbindungen entnommen werden. In Tab. 76 sind Daten für einige substituierte Thiophene zusammengestellt. Wie bei Benzolderivaten und Furanen werden durch elektronensaugende Substituenten die Banden nach tieferem Feld verschoben, durch elektronenschiebende nach höherem Feld. Die Veränderungen sind jedoch in den verschiedenen Positionen sehr unterschiedlich. Bei elektronensaugenden Substituenten in 2-Stellung werden die Signale der Protonen in 3-Stellung stark nach tiefem Feld verschoben, die der Protonen in 5-Stellung nur ungefähr

Tabelle 76
Chemische Verschiebungen von substituierten Thiophenen bei unendlicher Verdünnung

| | 2 | 3 | 4 | 5 | | Lösungsmittel | Lit. |
|---|---|---|---|---|---|---|---|
| Thiophen | 2.70 | 2.90 | 2.90 | 2.70 | – | $CDCl_3$ | a |
| | 2.85 | 3.04 | 3.04 | 2.85 | – | $C_6H_{12}$ | b |
| 2-Nitro- | – | 2.22 | 3.07 | 2.55 | – | $C_6H_{12}$ | b |
| 2-Cyano- | – | 2.57 | 3.04 | 2.57 | – | $C_6H_{12}$ | b |
| 2-Formyl- | – | 2.39 | 2.94 | 2.39 | 0.14 | $C_6H_{12}$ | b |
| 2-Acetyl- | – | 2.47 | 3.04 | 2.57 | 7.62 | $C_6H_{12}$ | b |
| 2-Carbomethoxy- | – | 2.34 | 3.09 | 2.65 | 6.24 | $C_6H_{12}$ | b |
| 2-Jod- | – | 2.91 | 3.37 | 2.84 | – | $C_6H_{12}$ | b |
| 2-Brom- | – | 3.09 | 3.32 | 2.96 | – | – | |
| 2-Mercapto- | – | 3.04 | 3.25 | 2.92 | – | – | |
| 2-Methyl- | – | 3.41 | 3.28 | 3.12 | 7.61 | $C_6H_{12}$ | b |
| 2-Methoxy- | – | 3.98 | 3.47 | 3.67 | 6.27 | $C_6H_{12}$ | b |
| 2-Amino- | – | 3.99 | 3.49 | 3.70 | – | $C_6H_{12}$ | b |
| 3-Nitro- | 1.90 | – | 2.44 | 2.82 | – | | |
| 3-Cyano- | 2.22 | – | 2.84 | 2.70 | – | $C_6H_{12}$ | b |
| 3-Formyl- | 2.06 | – | 2.59 | 2.82 | 0.17 | $C_6H_{12}$ | b |
| 3-Acetyl- | 2.17 | – | 2.57 | 2.87 | 7.65 | $C_6H_{12}$ | b |
| 3-Carbomethoxy- | 2.06 | – | 2.57 | 2.90 | 6.27 | $C_6H_{12}$ | b |
| 3-Jod- | 2.79 | – | 3.04 | 3.04 | – | $C_6H_{12}$ | b |
| 3-Brom- | 2.96 | – | 3.12 | 2.95 | – | $C_6H_{12}$ | b |
| 3-Mercapto- | 3.07 | – | 3.24 | 2.95 | – | $C_6H_{12}$ | b |
| 3-Methyl- | 3.30 | – | 3.26 | 2.99 | 7.82 | $C_6H_{12}$ | b |
| 3-Methoxy- | 3.95 | – | 3.42 | 3.05 | 6.32 | $C_6H_{12}$ | b |
| 3-Amino- | 4.10 | – | 3.57 | 3.10 | – | $C_6H_{12}$ | b |

a High-resolution Nuclear Magnetic Resonance Spectra Catalog (1), Varian Associates. California: Palo Alto.

b HOFFMAN, R. A., and S. GRONOWITZ: Arkiv Kemi **16,** 515 (1960).

halb so viel und die der Protonen in 4-Stellung praktisch gar nicht. Steht der elektronensaugende Substituent in 3-Stellung, so werden die Protonen in 2-Stellung stark, die in 4-Stellung weniger und die in 5-Stellung fast nicht beeinflußt. Bei elektronenschiebenden Substituenten in 2-Stellung wird das Signal des Nachbarprotons stark nach höherem Feld verschoben, dasjenige in 5-Stellung in etwas geringerem Maße und das Proton in 4-Stellung ungefähr um die Hälfte des Betrages der Verschiebung in 3-Stellung. Steht der elektronenschiebende Substituent in 3-Stellung, so wird das Signal des

Protons in 2-Stellung stark nach höherem Feld verschoben, dasjenige des Protons in 4-Stellung etwa um die Hälfte und das in 5-Stellung um ein Viertel des Betrages der Verschiebung in 2-Stellung. Zur Veranschaulichung seien die auf Thiophen bezogenen Verschiebungen für einen elektronensaugenden und einen elektronenschiebenden Substituenten angegeben:

| | 2-substituiert | | | 3-substituiert | | |
|---|---|---|---|---|---|---|
| | 3 | 4 | 5 | 2 | 4 | 5 |
| Nitro | —0.82 | +0.03 | —0.30 | —0.95 | —0.60 | —0.03 |
| Amino | +0.95 | +0.45 | +0.85 | +1.25 | +0.53 | +0.25 |

In bezug auf die Substituenteneffekte ähnelt das Thiophen mehr dem Benzol als dem Furan. Wie im Benzol sind die Effekte des Substituenten auf die Position in Nachbarstellung sehr groß und auf die eine Bindung entferntere außerordentlich viel kleiner. Auch die Beträge der Substituenteneffekte sind sich in beiden Verbindungsklassen ähnlich. Eine eindeutige Beziehung zwischen den chemischen Verschiebungen der Ringprotonen in substituierten Thiophenen und den Hammettschen $\sigma$-Konstanten, mit denen sich die Verschiebung in substituierten Benzolen beschreiben lassen, besteht jedoch nicht. Dieser Befund ist nicht überraschend, da die Größe der mesomeren Effekte von der Geometrie der Moleküle abhängt. Dagegen besteht ein linearer Zusammenhang zwischen den chemischen Verschiebungen der Protonen in 3-Stellung und in 5-Stellung von 2-substituierten Thiophenen und Furanen (Abb. 79). Die Substituenteneffekte beider Verbindungsklassen (chemische Verschiebung im substituierten Molekül minus Verschiebung der Stammsubstanz) lassen sich mit guter Genauigkeit durch die Beziehungen

$$\delta_3 \text{ (Furan)} = 1.27 \times \delta_3 \text{ (Thiophen)}$$
$$\delta_5 \text{ (Furan)} = 0.60 \times \delta_5 \text{ (Thiophen)}$$

(40)

wiedergeben[1]. Diese Übereinstimmung ist überraschend. Es ist zwar zu erwarten, daß die Anisotropieeffekte in beiden Systemen ähnlich sind, doch zeigt die Parallelität der chemischen Verschiebungen in beiden Systemen, daß das gleiche für mesomere Effekte gilt. Ein Unterschied zwischen Thiophen und Furan besteht bei Ringprotonen, die in Nachbarschaft zum Substituenten stehen. Beim Thiophen mit einem Substituenten in 3-Stellung ist die Verschiebung des 2-Protons größer als die Verschiebung des 3-Protons bei einem Substituenten in 2-Stellung; beim Furan tritt die umgekehrte Reihenfolge auf. Bei Thiophenen mit einem elektronenschiebenden Substituenten in 3-Stellung ist der Substituenteneffekt wesentlich größer als bei den entsprechenden Furanen, bei elektronensaugenden Substituenten treten nur geringe Unterschiede auf. Aus diesem Grunde ergeben sich, wenn ein Substituent in 3-Position steht, keine linearen Beziehungen zwischen den chemischen Verschiebungen der beiden Verbindungsklassen.

Die Bandenlagen von Alkylgruppen am Thiophen hängen ebenfalls von den Substituenten ab, doch sind die Veränderungen nur gering. So ist im

---

[1] GRONOWITZ, S., G. SÖRLIN, B. GESTBLOM, and R. A. HOFFMAN: Arkiv Kemi **19**, 483 (1963).

2-Methyl-5-methoxy-thiophen die Methylgruppe um 0.150 ppm nach höherem Feld, im 2-Methyl-5-nitrothiophen um 0.03 ppm nach tieferem

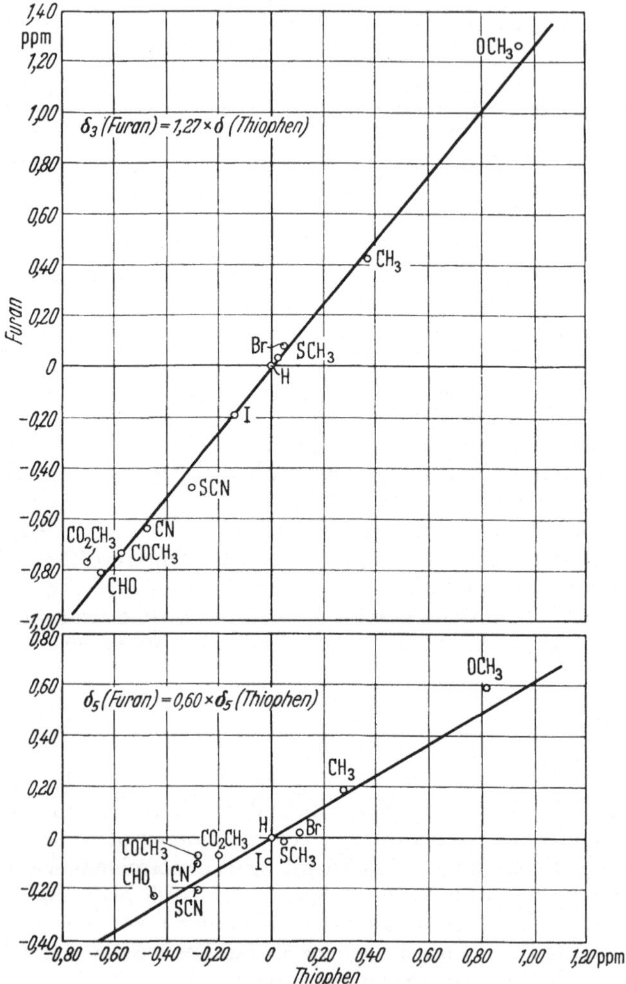


Abb. 79. a) Abhängigkeit der chemischen Verschiebungen der 3-Protonen in 2-substituierten Furanen von den Verschiebungen entsprechender Thiophene. b) Abhängigkeit der chemischen Verschiebungen der 5-Protonen in den gleichen Verbindungen[1]

Feld verschoben. Die Kopplungskonstanten im Thiophen betragen $J_{23}$ = 4.7, $J_{24}$ = 1.0, $J_{25}$ = 2.8$_5$ und $J_{34}$ = 3.3$_5$ Hz[2,3] und sind alle positiv. Durch Substituenten werden diese Werte praktisch nicht verändert. An einer


[1] GRONOWITZ, S., G. SÖRLIN, B. GESTBLOM, and R. A. HOFFMAN: Arkiv Kemi 19, 483 (1962). — [2] GRANT, D. M., R. C. HIRST, and H. S. GUTOWSKY: J. Chem. Phys. 38, 470 (1963). — [3] HOFFMAN, R. A., and S. GRONOWITZ: Arkiv Kemi 16, 501 (1960).

großen Anzahl von substituierten Thiophenen wurden folgende Werte gewonnen: $J_{23}=4.9\text{—}6.0$ (Mittelwert 5.1), $J_{24}=1.2\text{—}1.9$ (Mittelwert 1.5), $J_{25}=2.8\text{—}3.2$ (Mittelwert 2.9) und $J_{34}=3.4\text{—}4.5$ Hz (Mittelwert 3.7)[1-3]. Die Kopplung einer Methylgruppe in 2-Stellung mit den Ringprotonen beträgt $J_{CH3-3}=0.95\text{—}1.10$, $J_{CH3-4}=0.40$ und $J_{CH3-5}<0.4$ Hz[4,7].

V. 14 g Pyrrol

Die Kernresonanzspektren von Pyrrol und seinen Derivaten[5-15] zeigen eine Reihe interessanter Erscheinungen. Das Spektrum des reinen Pyrrols

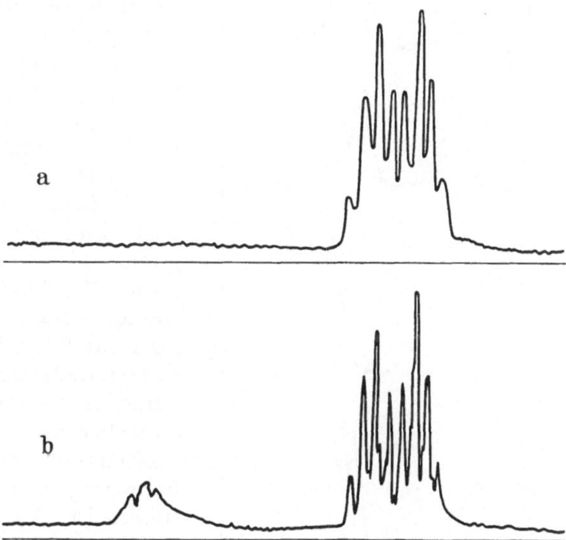


Abb. 80. a) Kernresonanzspektrum von reinem Pyrrol bei 40 MHz. b) Das gleiche Spektrum bei zusätzlicher Einstrahlung der Resonanzfrequenz des Stickstoffs $^{14}$N[16]

besteht aus einem komplizierten Multiplett mit relativ breiten Banden. Das Signal des NH-Protons ist kaum wahrnehmbar. Durch Einstrahlen einer


[1] HOFFMAN, R. A., and S. GRONOWITZ: Arkiv Kemi **16**, 501 (1960). — [2] HOFFMAN, R. A., and S. GRONOWITZ: Arkiv Kemi **16**, 515 (1960). — [3] HOFFMAN, R. A., and S. GRONOWITZ: Arkiv Kemi **16**, 563 (1960). — [4] GRONOWITZ, S., A. B. HÖRNFELDT, B. GESTBLOM, and R. A. HOFFMAN: Arkiv Kemi **18**, 133 (1961). — [5] GRONOWITZ, S., A. B. HÖRNFELDT, and R. A. HOFFMAN: Arkiv Kemi **18**, 151 (1961). — [6] GRONOWITZ, S., A. B. HÖRNFELDT, and R. A. HOFFMAN: J. Org. Chem. **26**, 2615 (1961). — [7] GESTBLOM, B., and B. MATHIASSON: Acta Chem. Scand. **18**, 1905 (1964). — [8] SÖDERBÄCK, E., S. GRONOWITZ, and A. B. HÖRNFELDT: Acta Chem. Scand. **15**, 227 (1961). — [9] GUTOWSKY, H. S., and A. L. PORTE: J. Chem. Phys. **35**, 839 (1961). — [10] ABRAHAM, R. J., and H. J. BERNSTEIN: Can. J. Chem. **37**, 1056 (1959). — [11] ABRAHAM, R. J., and H. J. BERNSTEIN: Can. J. Chem. **39**, 905 (1961). — [12] FREYMANN, M., et R. FREYMANN: Compt. Rend. **248**, 677 (1959). — [13] REINECKE, M. G., H. W. JOHNSON, Jr., and J. F. SEBASTIAN: J. A. C. S. **85**, 2859 (1963). — [14] REDDY, G. S., and J. H. GOLDSTEIN: J. A. C. S. **83**, 5020 (1961). — [15] HAPPE, J. A.: J. Phys. Chem. **65**, 72 (1961). — [16] Nuclear Magnetic Resonance at Work, Technische Informationen der Firma Varian.

Zusatzfrequenz ist es möglich, Stickstoff und Protonen zu entkoppeln und
für das Proton am Stickstoff ein breites Multiplett und auch für die Ringprotonen wesentlich schärfere Signale zu erhalten (Abb. 80). Man muß aus
dieser Erscheinung schlie-
ßen, daß die Ringprotonen
in nennenswertem Maße mit
dem Stickstoff gekoppelt
sind. In verdünnten Lösungen erhält man, je nach
Art des verwendeten Lö-
sungsmittels, unterschiedliche Spektren[1,2,3,4]. In Aceton erscheinen die Signale
der Ringprotonen als zwei
Quadrupletts im Abstand
von 0.69 ppm, in Hexan
im Abstand von 0.22 ppm
und in Benzol findet man je
nach Konzentration ein Singulett oder ein Multiplett
(Abb. 81). Dies ist ein besonders schönes Beispiel, wie
man durch Wechsel des Lö-
sungsmittels ein Spektrum
verändern und eventuell vereinfachen kann, so daß eine
vollständige Analyse ohne
Schwierigkeiten durchzu-
führen ist. Aus einem Vergleich mit den Spektren substituierter Pyrrole läßt sich
erkennen, daß das Quartett
bei tieferem Feld von den
$a$-Protonen herrührt. Die
Quartettstruktur der Banden
mit dem Intensitätsverhältnis
von 1:3:3:1 rührt daher, daß
die Ringprotonen mit dem

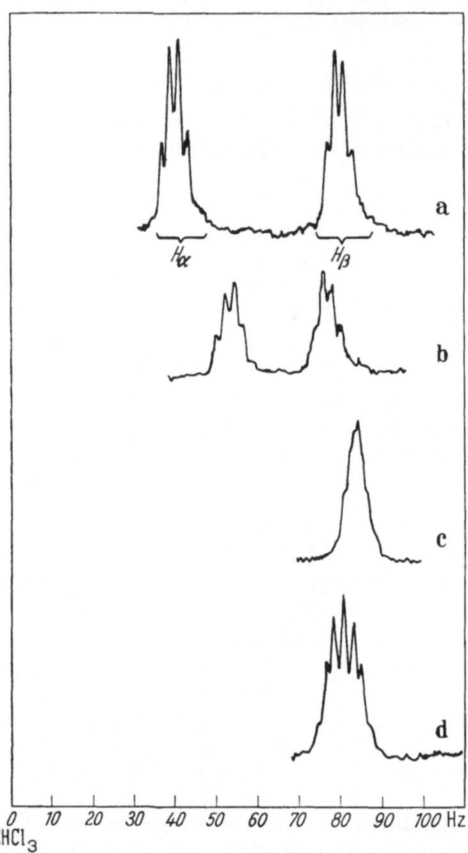



Abb. 81. Kernresonanzspektrum von Pyrrol bei 60 MHz in
verschiedenen Lösungsmitteln. a) 5proz. Lösung in Aceton,
b) 5proz. Lösung in Hexan, c) 5proz. Lösung in Benzol,
d) 20proz. Lösung in Benzol[3]

Proton am Stickstoff koppeln und die Werte $J_{12}$, $J_{13}$ und $J_{23}$ etwa gleich
groß sind. Diese Annahme erfährt eine Stütze durch das Spektrum des
N-Deutero-pyrrols, welches in Aceton zwei Tripletts mit den relativen
Intensitäten 1:2:1 ergibt[4]. Die Linien dieser Tripletts sind breiter als die
von Furan und Thiophen, was auf die Kopplung der Ringprotonen mit
dem Stickstoff und dem Deuterium zurückzuführen ist. Auch das Signal


[1] Abraham, R. J., and H. J. Bernstein: Can. J. Chem. 39, 905 (1961). —
[2] Freymann, M., et R. Freymann: Compt. Rend. 248, 677 (1959). — [3] Schaefer,
T., and W. G. Schneider: J. Chem. Phys. 32, 1224 (1960). — [4] Abraham, R. J.,
and H. J. Bernstein: Can. J. Chem. 37, 1056 (1959).

der Ringprotonen im 2,3-Dimethylpyrrol besteht aus zwei Tripletts und zeigt die Gleichheit der drei Kopplungskonstanten[1]. Wenn man Stickstoff und Protonen entkoppelt, ist das Spektrum einfacher, und es lassen sich leichter Konzentrations- und Lösungsmitteleinflüsse untersuchen[2]. Beim Verdünnen mit Cyclohexan verschieben sich alle Signale nach tieferem Feld und zwar das NH-Proton am stärksten, das Ringproton in $\beta$-Stellung am schwächsten. Die Verschiebung geht also in umgekehrter Richtung wie bei aliphatischen Aminen oder Alkoholen. Sie läßt sich verstehen, wenn man annimmt, daß sich bei höheren Konzentrationen zwei Pyrrolmoleküle zu einem Komplex zusammenlagern, wobei das NH-Proton jedes Moleküls mit dem $\pi$-Elektronensystem des anderen in Wechselwirkung tritt. Das NH-Proton liegt im Komplex oberhalb der Ringebene des anderen Moleküls und das Signal der NH-Protonen wird infolge des Ringstromes nach höherem Feld verschoben. Die $a$- und $\beta$-Protonen sind weiter von der Ringachse entfernt und ihre Verschiebung ist daher geringer. Beim Verdünnen dissoziieren die Komplexe, die Wirkung des Ringstroms wird abgeschwächt und die Signale werden nach tieferem Feld verschoben. Auf Grund der Verdünnungskurve kann die Gleichgewichtskonstante der Dimerisierung bestimmt werden[2,3]. Wird den Lösungen in Cyclohexan noch Pyridin zugesetzt, so verschieben sich die Signale nach tieferem Feld (vgl. Tab. 77), und man muß daraus auf die Ausbildung starker Wasserstoffbrücken zwischen dem NH-Proton des Pyrrols und dem Elektronenpaar am Pyridinstickstoff schließen.

Man kann die Kopplung der Ringprotonen mit dem NH-Proton auch dadurch aufheben, daß man den Protonenaustausch am Stickstoff beschleunigt. Sind zwei elektronensaugende Gruppen im Pyrrol, so genügt hierfür die Verwendung von basischen Lösungsmitteln, wie Dimethylsulfoxyd oder Dimethylformamid. Ist nur eine elektronensaugende Gruppe im Molekül, so kann der gleiche Effekt durch geringe Zusätze einer stärkeren Base (z. B. Piperidin) erreicht werden. Beim Pyrrol oder bei Methylpyrrolen ist ein größerer Basenzusatz erforderlich[4]. Es muß allerdings damit gerechnet werden, daß durch die Ausbildung von Wasserstoffbrücken des NH-Protons zum basischen Lösungsmittel oder zum Piperidin die chemischen Verschiebungen der Ringprotonen verändert werden. Für die systematische Untersuchung von Konzentrations-, Substituenten- und Lösungsmitteleffekten empfiehlt sich die Doppelresonanzmethode. Für die Strukturaufklärung substituierter Pyrrole, bei der es weniger auf die Kenntnis der genauen chemischen Verschiebungen ankommt, ist das Verfahren des Protonenaustausches wegen seiner experimentellen Einfachheit vorzuziehen.

Durch Substituenten werden die Bandenlagen der Ringprotonen verändert und zwar durch elektronensaugende in Richtung nach tieferem Feld, durch elektronenschiebende nach höherem Feld. In Tab. 77 sind die chemischen Verschiebungen einiger einfacher Pyrrolderivate zusammen-

[1] ABRAHAM, R. J., and H. J. BERNSTEIN: Can. J. Chem. 37, 1056 (1959). — [2] HAPPE, J. A.: J. Phys. Chem. 65, 72 (1961). — [3] VEYREX, M., and M. GOMEL: J. Chem. Phys. 258, 4506 (1964). — [4] GRONOWITZ, S., A. B. HÖRNFELDT, B. GESTBLOM, and R. A. HOFFMAN: Arkiv Kemi 18, 133 (1961).

gestellt. Das experimentelle Material ist nicht ausreichend, um Gesetz-mäßigkeiten bei den Substituenteneffekten erkennen zu lassen, doch scheinen Richtung und Größe von derselben Art wie bei den Thiophenen zu sein[1]. Die Kopplungskonstanten im Pyrrol betragen $J_{12}=2.1$, $J_{13}=2.1$, $J_{23}=2.1$ und $J_{24}=2.1$[2]. Bei einer Reihe von Derivaten des Pyrrols wurden

Tabelle 77. *Chemische Verschiebungen von substituierten Pyrrolen*
Ch = Cyclohexan, Py = Pyridin

| Substituent | NH | 2 | 3 | 4 | 5 | Lösungs-mittel | Lit. |
|---|---|---|---|---|---|---|---|
| Kein | 2.71 | 3.63 | 3.83 | 3.83 | 3.63 | 96% i. Ch. | d |
|  | 2.25 | 3.42 | 3.91 | 3.91 | 3.42 | ∞ Verd. i. Ch. | d |
|  | 2.12 | – | – | – | – | 1:6 Py. i. Ch. | d |
|  | –0.72 | – | – | – | – | 10:1 Py. i. Ch. | d |
|  | ~2.0 | 3.32 | 3.78 | 3.78 | 3.32 | $CDCl_3$ | a |
|  | – | 3.27 | 3.83 | 3.83 | 3.27 | Dioxan | c |
| 2-Methyl- | – | (7.76) | 4.25 | 4.06 | 3.48 | Dioxan | c |
| 2-Äthyl- | ~2.15 | – | 4.03 | 3.83 | 3.32 | $CDCl_3$ | a |
| 3-Propyl- | ~2.2 | 3.45 | – | 3.87 | 3.45 | $CDCl_3$ | a |
| 2,4-Dimethyl- | ~2.5 | – | 4.27 | – | 3.63 | $CDCl_3$ | a |
| 1,2,5-Trimethyl- | (6.95) | (7.99) | 4.41 | 4.41 | (7.99) | Dioxan | c |
| 2-Formyl- | –1.08 | (0.55) | 2.83 | 3.70 | 3.02 | $CDCl_3$ | a |
|  | – | (0.53) | 3.07 | 3.74 | 2.87 | Dioxan | c |
| 1,5-Dimethyl-2-formyl- | (6.13) | – | 3.19 | 3.98 | – | $CDCl_3$ | a |
| 2-Acetyl- | – | – | 3.10 | 3.81 | 2.98 | Dioxan | c |
| 1-Methyl-2-acetyl- | —(6.08) | – | 3.23 | 3.90 | 3.08 | $CDCl_3$ | a |
| 3-Carbomethoxy- | – | 2.56 | – | 3.43 | 3.24 | Dioxan | c |
| Protonisierte Verbindungen | | | | | | | |
| Pyrrol | – | 1.80 | 2.56 | 1.60 | 4.77 | $H_2SO_4$ | b |
| N-Methyl- | (5.93) | 1.12 | 2.98 | 1.98 | 4.93 | $H_2SO_4$ | b |
| 2-Methyl- | – | (7.13) | 2.95 | 1.90 | 4.97 | $H_2SO_4$ | b |
| 4-Methyl- | – | 1.07 | 2.97 | (7.32) | 4.95 | $H_2SO_4$ | b |

[a] High-resolution Nuclear Magnetic Resonance Spectra Catalog (1), Varian Associates. California: Palo Alto.
[b] CHIANG, Y., and E. B. WHIPPLE: J. A. C. S. **85**, 2763 (1963).
[c] GRONOWITZ, S., A. B. HÖRNFELD, B. GESTBLOM, and R. A. HOFFMAN: Arkiv Kemi **18**, 133 (1961).
[d] HAPPE, J. A.: J. Phys. Chem. **65**, 72 (1961).

folgende Werte gefunden: $J_{13}=2.3$—2.5, $J_{14}=2.1$—2.4, $J_{15}=2.3$—2.7, $J_{34}=3.4$—3.8, $J_{45}=2.4$—3.1, $J_{35}$ bzw. $J_{24}=1.35$—1.50 und $J_{25}=2.0$—2.2[1-4]. Alle Kopplungskonstanten haben das gleiche Vorzeichen und sind vermutlich positiv[5]. Werden Pyrrol oder N-Alkylpyrrole in konzentrierter Schwefelsäure gelöst, so tritt eine deutliche Veränderung des Spektrums

[1] GRONOWITZ, S., A. B. HÖRNFELDT, B. GESTBLOM, and R. A. HOFFMAN: Arkiv Kemi 18, 133 (1961). — [2] ABRAHAM, R. J., and H. J. BERNSTEIN: Can. J. Chem. 37, 1056 (1959). — [3] ABRAHAM, R. J., and H. J. BERNSTEIN: Can. J. Chem. 39, 905 (1961). — [4] WHIPPLE, E. B., Y. CHIANG: J. Chem. Phys. 40, 713 (1964). — [5] GUTOWSKY, H. S., and A. L. PORTE: J. Chem. Phys. 35, 839 (1961).

auf. Für die Ringprotonen treten 4 Signale mit den relativen Intensitäten 1:1:1:2 auf, die gegenüber den Signalen der freien Basen stark nach tiefem Feld verschoben sind. Die Kernresonanzspektren deuten auf eine Protonisierung in $\alpha$-Stellung hin[1]. Die Bandenlagen einiger protonisierter Pyrrole sind ebenfalls in Tab. 77 angegeben, wobei eine Protonisierung in 5-Stellung angenommen wurde.

Die chemischen Verschiebungen einiger einfacher Indole sind in Tab. 78 wiedergegeben[2–4]. Gegenüber Pyrrol sind die Banden der $\alpha$- und $\beta$-Protonen

Tabelle 78. *Chemische Verschiebungen substituierter Indole*

| | 1 | 2 | 3 | | Lösungs-mittel | Lit. |
|---|---|---|---|---|---|---|
| Indol | – | 3.46 | 3.66 | – | $CCl_4$ | a |
| | – | 2.71 | 3.53 | – | DMSO | a |
| 2-Methyl- | ~2.4 | (7.80) | 4.06 | – | $CCl_4$ | a  c  b |
| 3-Methyl- | ~2.6 | 3.65 | (7.70) | – | $CCl_4$ | a  c  b |
| N-Methyl- | (6.63) | 3.18 | 3.52 | – | $CCl_4$ | b |
| 3-Acetyl- | – | 1.66 | – | – | DMSO | a |
| 3-Carboxyl- | – | 1.82 | – | – | DMSO | a |
| 2-Carboxyl- | – | – | 2.80 | – | DMSO | a |
| 3-Phenyl- | – | 2.97 | – | – | $CCl_4$ | b |
| 2-t-Butyl- | 2.65 | (8.59) | 3.87 | – | $CDCl_3$ | d |
| 3-t-Butyl- | 2.50 | 3.17 | (8.55) | – | $CDCl_3$ | d |
| 2,5,7-Trimethyl- | 2.71 | (7.67) | 3.99 | – | $CDCl_3$ | d |
| 3,5,7-Trimethyl- | 3.11 | 3.53 | (7.62) | – | $CDCl_3$ | d |
| Triptamin | 1.33 | 3.08 | – | 8.72 ($NH_2$) | $CDCl_3$ | b |
| 1-Methyl-triptamin | (6.36) | 3.20 | – | 8.65 ($NH_2$) | $CDCl_3$ | b |
| N-Methyl-triptamin | 0.70 | 3.12 | – | 8.73 (NH)<br>7.58 ($NCH_3$) | $CDCl_3$ | b |

a JARDINE, R.V., and R.K. BROWN: Can. J. Chem. **41**, 2067 (1963).
b COHEN, L.A., J.W. DALY, H. KNY, and B. WITKOP: J. A. C. S. **82**, 2185 (1960).
c High-resolution Nuclear Magnetic Resonance Spectra Catalog (1), Varian Associates. California: Palo Alto.
d ROMANET, R., A. CHEMIZART, S. DUHOUX, et S. DAVID: Bull. Soc. Chim. France 1048 (1963).

im Indol und seinen Derivaten durch die Nähe des aromatischen Ringes etwas nach tiefem Feld verschoben. Ebenso wie beim Pyrrol ist auch das Kernresonanzspektrum des Indols vom Lösungsmittel abhängig[2]. Für 2- und 3-Methylindol wurden folgende Werte für die chemische Verschiebung der $\alpha$- bzw. $\beta$-Protonen gefunden:

| | $CCl_4$ | $CDCl_3$ | $(CH_3)_2CO$ | $(CH_3)_2SO$ | $C_4H_8O_2$ |
|---|---|---|---|---|---|
| 3-Methylindol | 3.65 | 3.39 | 3.0 | 2.94 | 3.13 ($\alpha$-Proton) |
| 2-Methylindol | 4.06 | 3.95 | 3.86 | 3.88 | 3.88 ($\beta$-Proton) |

[1] CHIANG, Y., and E.B. WHIPPLE: J. A. C. S. **85**, 2763 (1963). — [2] JARDINE, R.V., and R.K. BROWN: Can. J. Chem. **41**, 2067 (1963). — [3] COHEN, L.A., J.W. DALY, H. KNY, and B. WITKOP: J. A. C. S. **82**, 2185 (1960). — [4] ROMANET, R., A. CHEMIZART, S. DUHOUX, et S. DAVID: Bull. Soc. Chim. France 1048 (1963).

Die chemische Verschiebung des $\alpha$-Protons ist wesentlich stärker vom
Lösungsmittel abhängig als die des $\beta$-Protons. Da diese Erscheinung auch
bei anderen Indolderivaten wiederkehrt, läßt sich oft auf Grund der Lö-
sungsmittelabhängigkeit die Stellung des Substituenten erkennen[1]. Beim
Lösen in Schwefelsäure tritt Protonisierung in der $\beta$-Stellung ein[2,3]. Die
Kopplungskonstanten im Indol sind denen im Pyrrol ähnlich. Das Spek-
trum des Indols zeigt zwei Tripletts für die $\alpha$- und die $\beta$-Protonen. Beide
Protonen koppeln also untereinander und zusätzlich mit dem NH-Proton.
Beim Austausch des letzteren gegen Deuterium vereinfachen sich die
Signale der $\alpha$- und $\beta$-Protonen zu Dubletts. Eine Kopplung zwischen den
Protonen der beiden Ringe findet offenbar nicht oder nur in geringem
Maße statt.

### V. 14h *Pyridin*

Die Kernresonanzspektren des Pyridins und seiner Derivate sind in einer
Reihe ausführlicher Arbeiten behandelt worden[4-20]. Das Spektrum des
unsubstituierten Pyridins besteht aus einer großen Anzahl von Linien
(Abb. 82a) und läßt sich nicht ohne erheblichen Aufwand analysieren. Die
Banden der $\alpha$-Protonen sind am stärksten nach tiefem Feld verschoben und
deutlich von denen der übrigen Ringprotonen getrennt. Die durch Kopp-
lung der $\alpha$-Protonen mit dem Stickstoff verursachte Verbreiterung der
Banden läßt sich durch Spinentkopplung aufheben[21]. Das Spektrum des
Pyridins ist vom $AB_2X_2$-Typ und hat gewisse Ähnlichkeit mit dem vom
Nitrobenzol (Abb. 71i). Durch partielle Deuterierung der Verbindung
kann das Spektrum vereinfacht und Kopplungskonstanten und chemische
Verschiebungen können bestimmt werden[12,22]. Die Spektren monosubstituierter Pyridine haben weniger Linien. Am einfachsten sind die von
4-substituierten Verbindungen ($A_2X_2$-Typ). Von den 24 Linien dieses


[1] Reinecke, M.G., H.W. Johnson, Jr., and J.F. Sebastian: Chem. and In-
dustrie 151 (1964). — [2] Hinman, R.L., and J. Lang: THL 21, 12 (1960). —
[3] Hinman, R.L., and E.B. Whipple: J.A.C.S. 84, 2534 (1962). — [4] Brügel, W.:
Z. Elektrochem. 66, 159 (1962). — [5] Kowalewski, V.J., and D.G. de Kowa-
lewski: J. Chem. Phys. 36, 266 (1962). — [6] Kowalewski, V.J., and D.G. de
Kowalewski: J. Chem. Phys. 37, 2603 (1962). — [7] Katritzky, A.R., and J.M.
Lagowsky: J. Chem. Soc. 43 (1961). — [8] Baldeschwieler, J.D., and E.W.
Randall: Proc. Chem. Soc. (London) 303 (1961). — [9] Bernstein, H.J., J.A.
Pople, and W.G. Schneider: Can. J. Chem. 35, 65 (1957). — [10] Baker, E.B.:
J. Chem. Phys. 23, 1981 (1955). — [11] Bernstein, H.J., and W.G. Schneider:
J. Chem. Phys. 24, 468 (1956). — [12] Schneider, W.G., H.J. Bernstein, and
J.A. Pople: Can. J. Chem. 35, 1487 (1957). — [13] Abramovitch, R.A., G. Ch.
Seng, and A.D. Notation: Can. J. Chem. 38, 761 (1960). — [14] Abramovitch,
R.A., D.J. Kröger, and B. Staskun: Can. J. Chem. 40, 2030 (1962). — [15] Frey-
mann, M., R. Freymann, et D. Libermann: Compt. Rend. 250, 2185 (1960). —
[16] Biddiscombe, D.B., E.F.G. Herington, I.J. Lawrenson, and J.F. Martin:
J. Chem. Soc. 444 (1963). — [17] Rao, B.D.N., and P. Venkateswarlu: Proc. indian
Acad. Sci. 54A, 305 (1961), C.A. 56, 12450f. — [18] Katritzky, A.R., and R.E.
Reavill: J. Chem. Soc. 753 (1963). — [19] Gil, V.M.S., and J.N. Murrell: Trans.
Farad. 60, 248 (1964). — [20] Bedford, G.R., H. Dorn, G. Hilgetag, et A.R.
Katritzky: Recueil Trav. Chim. Pays-Bas 83, 189 (1964). — [21] Randall, E.W.,
and J.D. Baldeschwieler: Proc. Chem. Soc. (London) 303 (1961). — [22] Schnei-
der, W.G., H.J. Bernstein, and J.A. Pople: Ann. NY Acad. Sci. 70, 806 (1958).

Spektrums fallen einige zusammen und man findet meistens nur zwei Paare mit je vier Linien. Wegen der Einfachheit dieser Spektren sind $\gamma$-substituierte Pyridine leicht von anderen Derivaten zu unterscheiden. Die Schwerpunkte der beiden Bandengruppen geben die chemischen Verschie-

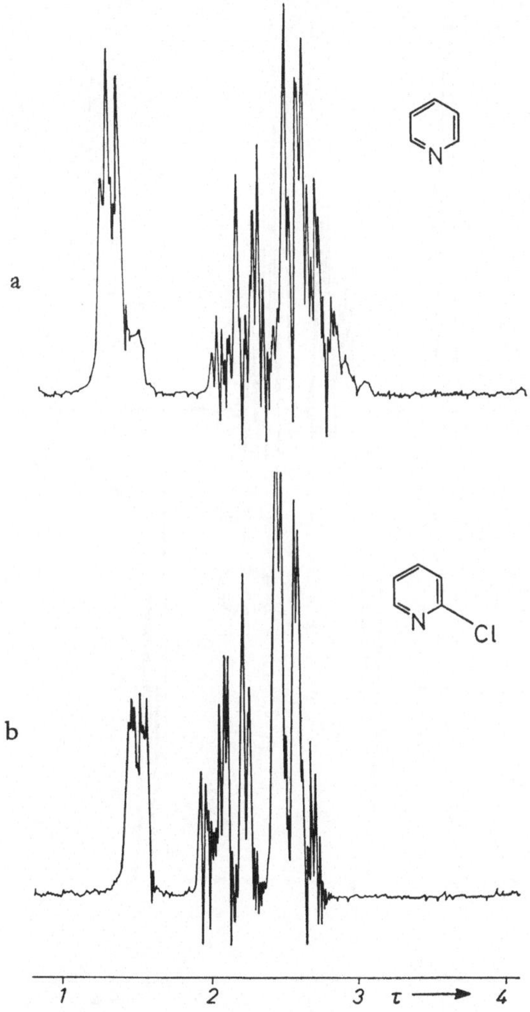

bungen an, zur Bestimmung der Kopplungskonstanten müssen einige zusätzliche Annahmen gemacht werden[1]. Bei manchen $\gamma$-substituierten Pyridinen sind die Banden der $\alpha$-Protonen verbreitert und können gelegentlich als Singulett erscheinen. Die Spektren von $\beta$-substituierten Pyridinen sind vom ABXY-Typ und haben, von wenigen Ausnahmen abgesehen,

---

[1] BRÜGEL, W.: Z. Elektrochem. **66,** 159 (1962).

etwa das gleiche Aussehen wie das Spektrum des 3-Chlorpyridins (Abb. 82c). Die Kopplung des Protons in 2-Stellung mit den übrigen Ringprotonen ist gering ($J_{24}$ ca. 2, $J_{25} < 1$ und $J_{26}$ ca. 0 Hz), so daß man dieses Signal abtrennen und den Rest des Spektrums als ABX-System behandeln

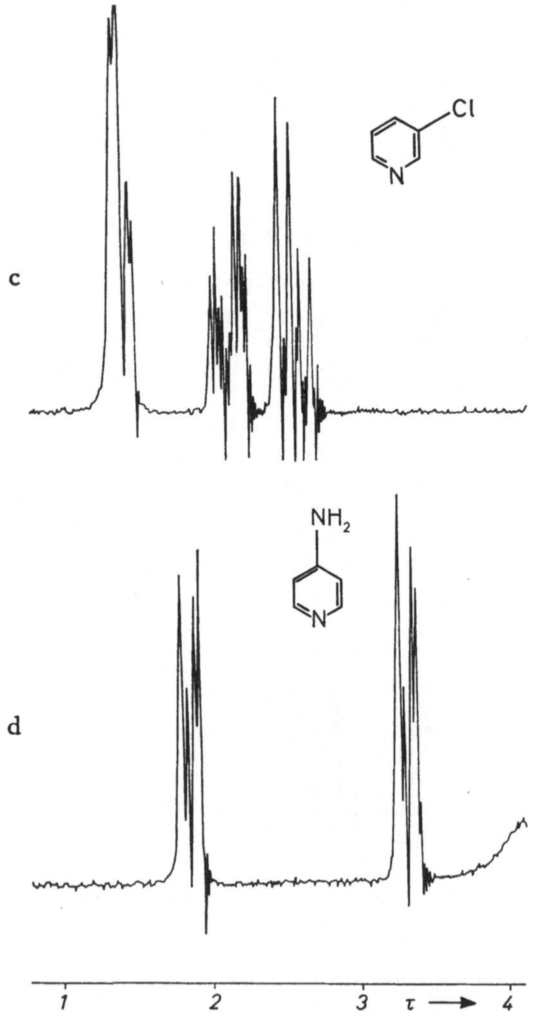

Abb. 82. Spektren von Pyridin und Monosubstitutionsprodukten bei 56.4 MHz in Aceton

kann. Bei stark elektronenschiebenden Substituenten werden die Unterschiede in den chemischen Verschiebungen der Protonen in 4- und 5-Stellung klein und die Signale überlappen sich teilweise. Die Spektren von Pyridinen mit einem Substituenten in $a$-Stellung sind vom ABCX-Typ (Abb. 81b). Die Banden des $a$-Protons sind weit nach tiefem Feld verschoben und erscheinen meist in Form eines symmetrischen Oktetts. Aus der Lage der Oktettmitte kann die chemische Verschiebung des Protons entnommen werden und aus den Aufspaltungen die Werte $J_{56}>J_{46}>J_{36}$. Die

Tabelle 79
*Chemische Verschiebungen von substituierten Pyridinen in 30%iger Lösung von Dimethylsulfoxyd*

| Substituent | 2 | 3 | 4 | 5 | 6 | |
|---|---|---|---|---|---|---|
| Kein | 1.71 | 2.62 | 2.25 | 2.62 | 1.71 | – |
| 2-Methyl- | – | 2.73 | 2.26 | 2.78 | 1.33 | – |
| 2-Äthyl- | – | 2.71 | 2.24 | 2.77 | 1.38 | 7.14 ($CH_2$) |
| | | | | | | 8.74 ($CH_3$) |
| 2-Benzyl- | – | 2.50 | 2.33 | 2.82 | 1.39 | 5.83 ($CH_2$) |
| 2-Hydroxymethyl- | – | 2.25 | 1.95 | 2.60 | 1.35 | 5.19 ($CH_2$) |
| | | | | | | 4.40 (OH) |
| 2-Chlor- | – | 2.30 | 1.96 | 2.33 | 1.31 | – |
| 2-Cyano- | – | 1.74 | 1.87 | 2.07 | 1.02 | – |
| 2-Formyl- | – | 1.69 | 1.83 | 2.12 | 0.97 | –0.24 (CHO) |
| 2-Acetyl- | – | 1.80 | 1.88 | 2.23 | 1.13 | 7.13 ($CH_3$) |
| 2-Benzoyl- | – | 2.00 | 1.70 | 2.30 | 1.13 | – |
| 2-Carboxyl- | – | 1.65 | 1.82 | 2.14 | 0.99 | –2.11 (COOH) |
| 2-Amino- | – | 3.30 | 2.56 | 3.40 | 1.89 | 3.79 ($NH_2$) |
| 2-Nitro- | – | 1.53 | 1.58 | 1.88 | 1.15 | – |
| 3-Methyl- | 1.43 | – | 2.31 | 2.71 | 1.43 | 7.71 ($CH_3$) |
| 3-Chlor- | 1.23 | – | 2.03 | 2.45 | 1.34 | – |
| 3-Cyano- | 0.78 | – | 1.53 | 2.19 | 0.91 | – |
| 3-Formyl- | 0.96 | – | 1.83 | 2.50 | 1.21 | –0.14 (CHO) |
| 3-Acetyl- | 0.69 | – | 1.57 | 2.32 | 1.04 | 7.27 ($CH_3$) |
| 3-Hydroxy- | 1.44 | – | 2.62 | 2.47 | 1.65 | 0.01 (OH) |
| 3-Amino- | 1.47 | – | 2.74 | 2.60 | 1.77 | 4.20 ($NH_2$) |
| 4-Methyl- | 1.40 | 2.72 | – | – | – | 7.68 ($CH_3$) |
| 4-Benzyl- | 1.41 | 2.77 | – | – | – | 6.05 ($CH_2$) |
| 4-Chlor- | 1.41 | 2.57 | – | – | – | – |
| 4-Cyano- | 0.95 | 2.00 | – | – | – | – |
| 4-Formyl- | 0.96 | 2.04 | – | – | – | –0.33 (CHO) |
| 4-Acetyl- | 1.01 | 2.04 | – | – | – | 7.25 ($CH_3$) |
| 4-Hydroxy- | 1.98 | 3.48 | – | – | – | – |
| 4-Methoxy- | 1.39 | 2.91 | – | – | – | 6.06 ($CH_3$) |
| 4-Amino- | 1.56 | 3.36 | – | – | – | 3.8 ($NH_2$) |
| 2,6-Dimethyl- | – | 2.96 | 2.42 | – | – | 7.56 ($CH_3$) |
| 2,6-Dicyano- | – | 1.51 | 1.48 | – | – | – |
| 2,6-Diacetyl- | – | 1.72 | 1.72 | – | – | 7.39 ($CH_3$) |
| 2,6-Diamino- | – | 4.10 | 2.78 | – | – | 4.46 ($NH_2$) |
| 2,6-Dihydroxy- | – | 3.65 | 2.08 | – | – | –1.3 (OH) |

BRÜGEL, W.: Z. Elektrochem. **66**, 159 (1962).

Spektren mehrfach substituierter Pyridine ergeben einfachere Spektraltypen und sind im allgemeinen leicht zu analysieren. Von einer großen Anzahl von ein- und mehrfach substituierten Pyridinen sind die chemischen Verschiebungen der Ringprotonen bestimmt worden und zwar von

W. Brügel[1] für 154, von V. J. Kowalewski und D. G. de Kowalewski[2,3] für 8 Pyridinderivate. In Tab. 79 sind die Werte für einige Verbindungen aus der Arbeit von Brügel — gemessen in 30%igen Lösungen von Dimethylsulfoxyd — wiedergegeben. Dimethylsulfoxyd kann, wegen seiner guten Lösungseigenschaft, für sehr viele Pyridinderivate verwendet werden. Es ist jedoch kein inertes Lösungsmittel, und die Daten entsprechen daher nicht denen der freien, unsolvatisierten Moleküle. Die Wechselwirkungen mit dem Lösungsmittel sind bei Hydroxy- und Aminverbindungen besonders stark ausgeprägt. Bei allen anderen kann ein annähernd konstanter Lösungsmitteleinfluß angenommen werden. Messungen am 4-Methylpyridin in drei verschiedenen Lösungsmitteln haben ergeben, daß der Lösungsmitteleffekt in dieser Verbindungsklasse sehr groß ist[4]:

|  |  | Hexan | Aceton | Benzol | DMSO[1] (30%ig) |
|---|---|---|---|---|---|
| 4-Methylpyridin | $\alpha$ | 2.64 | 1.75 | 2.05 | 1.40 |
|  | $\beta$ | 3.26 | 3.01 | 3.91 | 2.72 |

(die Werte gelten für 5 proz. Lösungen). Da Substituenten durch induktive und mesomere Effekte, sowie durch die Anisotropie die Bandenlage der Ringprotonen beeinflussen, ist es schwer, Regeln über die Substituenteneinflüsse aufzustellen. Der Tab. 79 lassen sich nur einige qualitative Befunde entnehmen. Durch elektronensaugende Substituenten in 2-Stellung werden alle Banden nach tieferem Feld verschoben. Der Effekt ist beim Proton in Nachbarstellung am größten, in den anderen Positionen kleiner aber untereinander etwa gleich. Bei starken elektronenschiebenden Substituenten in 2-Stellung werden alle Signale nach höherem Feld verschoben, am stärksten die der 3- und 5-Stellung, am geringsten das der 6-Stellung. Bei schwächeren elektronenschiebenden Substituenten werden die Protonen in 3- und 5-Stellung nach höherem Feld verschoben, dasjenige in 4-Stellung bleibt praktisch unbeeinflußt, und dasjenige in 6-Stellung wird auch bei diesen Substituenten nach tieferem Feld verschoben. Elektronensaugende Substituenten in 3- oder 4-Stellung verschieben alle Signale nach tieferem Feld, im ersteren Fall sind die Effekte in $2 > 4 \sim 6 > 5$, im zweiten Fall in $2 > 3$. Bei elektronenschiebenden Substituenten in 3- oder 4-Stellung werden die Signale der $\alpha$-Protonen nach tieferem, die der übrigen Nachbarprotonen nach höherem Feld verschoben. Bei mehrfach substituierten Pyridinen überlagern sich die Substituenteneinflüsse. Sind die Substituenten Methylgruppen, so lassen sich die Bandenlagen der mehrfach substituierten Verbindungen durch Addition der Substituenteneffekte von einfachen Methylpyridinen näherungsweise berechnen. Bei anderen Substituenten versagt dieses Verfahren. Bei $\gamma$-substituierten Pyridinen treten die gleichen Substituenteneffekte auf wie bei parasubstituierten Chlorbenzolen. Es besteht eine lineare Beziehung zwischen der chemischen Verschiebung des $\alpha$-Protons im Pyridinderivat und

[1] Brügel, W.: Z. Elektrochem. 66, 159 (1962). — [2] Kowalewski, V. J., and D. G. de Kowalewski: J. Chem. Phys. 36, 266 (1962). — [3] Kowalewski, V. J., and D. G. de Kowalewski: J. Chem. Phys. 37, 2603 (1962). — [4] Schaefer, T., and W. G. Schneider: J. Chem. Phys. 32, 1224 (1960).

des meta-Protons im substituierten Chlorbenzol (bezogen auf Pyridin bzw. Chlorbenzol)[1].

Die Kopplungskonstanten im Pyridin betragen[2,3]: $J_{23}=5.5$, $J_{24}=1.9$, $J_{25}=0.9$, $J_{26}=0.4$, $J_{34}=7.5$, $J_{35}=1.6$ Hz. An einer großen Anzahl von Pyridinderivaten wurden folgende Werte gefunden[4-7]:

| | $J_{23}$ | $J_{24}$ | $J_{25}$ | $J_{26}$ | $J_{34}$ | $J_{35}$ | $J_{36}$ | $J_{45}$ | $J_{46}$ | $J_{56}$ |
|---|---|---|---|---|---|---|---|---|---|---|
| Bereich | 4.8-5.5 | 0-2.5 | 0-1.4 | 0-0.6 | 7.2-9.1 | 0.5-1.8 | 0.4-2.3 | 6.8-8.8 | 1.0-2.5 | 4.0-5.5 |
| Schwerpunkt | 5.3 | 2.0 | 0.9 | 0.3 | 8.0 | 1.4 | 1.0 | 8.0 | 2.0 | 4.8 |

Alle Kopplungskonstanten haben das gleiche Vorzeichen und sind vermutlich positiv[7,8].

Auf Grund des Spektrums muß man annehmen, daß 3-Hydroxypyridin in der Enolform, 2- und 4-Hydroxypyridin in der Ketoform vorliegen[9-11]. Trotzdem sind die beiden letzten Verbindungen aromatisch, denn im 2-Pyridon und seinen Derivaten konnte ein Ringstrom nachgewiesen werden, der etwa 35% desjenigen von Benzol beträgt[11]. Werden 2- oder 4-Pyridone in Säuren gelöst, so erfolgt Protonenanlagerung am Sauerstoff[12-14]. Wird Pyridin in Trifluoressigsäure gelöst, so tritt Protonisierung am Stickstoff ein. Die Banden aller Ringprotonen werden dabei nach tieferem Feld verschoben und im Spektrum erscheint für das an den Stickstoff gebundene Proton bei sehr tiefem Feld ($\tau = -3.9$) ein breites Triplett[15,16].

Die chemischen Verschiebungen der Ringprotonen einiger 4-substituierter Pyridin-N-Oxyde[17-19] in Wasser sowie in 10%iger Schwefelsäure sind in Tab. 80 wiedergegeben (in Schwefelsäure findet Protonisierung am Sauerstoff statt). Der Substituenteneffekt in den N-Oxyden beträgt für die $\alpha$-Protonen insgesamt 0.5, für die $\beta$-Protonen 1.5 ppm, in der protonisierten Form ist er etwas geringer. Vergleicht man diese Substituenteneffekte mit denen in substituierten Aromaten (Ph), Pyridinen (Py) und Pyridiniumio-

[1] WU, T.K., and B.P. DAILEY: J. Chem. Phys. **41**, 3307 (1964). — [2] SCHNEIDER, W.G., H.J. BERNSTEIN, and J.A. POPLE: Can. J. Chem. **35**, 1487 (1957). — [3] SCHNEIDER, W.G., H.J. BERNSTEIN, and J.A. POPLE: Ann. NY Acad. Sci. **70**, 806 (1958). — [4] BRÜGEL, W.: Z. Elektrochem. **66**, 159 (1962). — [5] BERNSTEIN, H.J., J.A. POPLE, and W.G. SCHNEIDER: Can. J. Chem. **35**, 65 (1957). — [6] KOWALEWSKI, V.J., and D.G. DE KOWALEWSKI: J. Chem. Phys. **36**, 266 (1962). — [7] KOWALEWSKI, V.J., and D.G. DE KOWALEWSKI: J. Chem. Phys. **37**, 2603 (1962). — [8] RAO, B.D.N., and J.D. BALDESCHWIELER: J. Chem. Phys. **37**, 2473 (1962). — [9] BRÜGEL, W.: Z. Elektrochem. **66**, 159 (1962). — [10] JONES, R.A.Y., A.R. KATRITZKY, and J.M. LAGOWSKY: Chem. and Industrie 870 (1960). — [11] ELVIDGE, J.A., and L.M. JACKMAN: J. Chem. Soc. 859 (1961). — [12] KATRITZKY, A.R., and R.A.Y. JONES: Proc. Chem. Soc. 313 (1960). — [13] KATRITZKY, A.R., and R.A.Y. JONES: Chem. and Industrie 722 (1961). — [14] KATRITZKY, A.R., and R.E. REAVILL: J. Chem. Soc. 753 (1963). — [15] SMITH, I.C., and W.G. SCHNEIDER: Can. J. Chem. **39**, 1158 (1961). — [16] SCHAEFER, T., and W.G. SCHNEIDER: Can. J. Chem. **41**, 966 (1963). — [17] KATRITZKY, A.R., and J.M. LAGOWSKY: J. Chem. Soc. 43 (1961). — [18] BEDFORD, G.R., A.R. KATRITZKY, and H.M. WUEST: J. Chem. Soc. 4600 (1963). — [19] KAWAZOE, Y., and S. NATSUME: J. Pharm. Soc. Japan **83**, 523 (1963).

Tabelle 80. *Chemische Verschiebungen von 4-substituierten Pyridin-N-Oxyden*

| Substituent in 4-Stellung | Lösungsmittel | | | |
|---|---|---|---|---|
| | Wasser | | 10% Schwefelsäure | |
| | $\alpha$ | $\beta$ | $\alpha$ | $\beta$ |
| $N(CH_3)_2$ | 2.26 | 3.49 | 1.68 | 3.01 |
| $NH_2$ | 2.29 | 3.50 | 1.57 | 2.83 |
| $OCH_3$ | 1.88 | 2.92 | – | – |
| $CH_3$ | 1.89 | 2.67 | 1.41 | 2.12 |
| Cl | 1.76 | 2.41 | 1.39 | 2.34 |
| $COO^-$ | 1.73 | 2.17 | – | – |
| $COOCH_3$ | 1.65 | 1.99 | – | – |
| $COCH_3$ | 1.65 | 1.99 | – | – |
| $NO_2$ | 1.55 | 1.55 | – | – |

KATRITZKY, A. R., and J. M. LAGOWSKI: J. Chem. Soc. 43 (1961).

nen ($PyH^+$), so gilt für die $\alpha$-Position die Reihenfolge: $Ph \gg PyO > Py \gg PyH^+ \sim PyOH^+$, für die $\beta$-Stellung $Ph > Py > PyO > PyH^+ \sim PyOH^+$.

Im Spektrum des Chinolins erscheint das Proton in 2-Stellung als Quartett bei tiefstem Feld. Ein ebenfalls leicht erkennbares Quartett für das Proton in 3-Stellung liegt am entgegengesetzten Ende des Spektrums. Beide bilden, zusammen mit dem Proton in 4-Stellung, ein ABX-System, das leicht analysiert werden kann. Im Spektrum des Isochinolins erscheint für das Proton in 1-Stellung bei tiefem Feld ein Singulett, bei etwas höherem Feld für das Proton in 3-Stellung ein Dublett. Die Signale der übrigen Protonen über-

Tabelle 81. *Chemische Verschiebungen von Chinolinen und Isochinolinen*

| Verbindung | Chinoline | | | | | | | Lösungs-mittel | Lit. |
|---|---|---|---|---|---|---|---|---|---|
| | 2 | 3 | 4 | 5 | 6 | 7 | 8 | | |
| Chinolin | 0.90 | 2.49 | 1.96 | – | – | – | – | DMSO | a |
| 2-Methylchinolin | (7.26) | 2.63 | 1.76 | – | – | – | – | DMSO | a |
| 4-Methylchinolin | 1.05 | 2.64 | (7.29) | – | – | – | – | DMSO | a |
| 2,4-Dimethyl- | (7.30) | 2.86 | (7.34) | – | – | – | – | $CDCl_3$ | b |
| 8-Oxychinolin | 0.94 | 2.34 | 1.57 | – | – | – | – | DMSO | a |
| 6-Methoxy- | 1.29 | 2.72 | 2.03 | 3.00 | – | 2.65 | 2.03 | $CDCl_3$ | b |
| 2-Formylchinolin | (–0.22) | 1.97 | 1.56 | – | – | – | – | DMSO | a |
| 4-Formylchinolin | 0.86 | 1.22 | (–0.44) | – | – | – | – | DMSO | a |
| Isochinolin | 0.74(1) | 1.48 | – | – | – | – | – | $CDCl_3$ | c |
| 4-Bromisochinolin | 0.60(1) | 1.08 | – | – | – | – | – | DMSO | a |
| 4-Aminoisochinolin | 1.03(1) | 1.43 | – | – | – | – | – | DMSO | a |
| 1,3-Diaminoiso-chinolin | (4.30)(1) | (5.37) | 4.08 | – | – | – | – | Dioxan | d |


a BRÜGEL, W.: Z. Elektrochem. **66**, 159 (1962).

b High-resolution Nuclear Magnetic Resonance, Spectra Catalog (1), Varian Associates. California: Palo Alto.

c High-resolution Nuclear Magnetic Resonance, Spectra Catalog (2), Varian Associates. California: Palo Alto.

d COX, J. M., J. A. ELVIDGE, and D. E. H. JONES: J. Chem. Soc. 1423 (1964).

lagern sich. Die Kopplungskonstanten im Chinolin betragen $J_{23} = 4.2$, $J_{24}=1.8$, $J_{34}= 8.3$ Hz und haben alle das gleiche Vorzeichen[1-3]. In Chinolinderivaten wurden folgende Werte gefunden: $J_{23}= 4.0$—4.6, $J_{24}= 1.6$, $J_{34}= 8.4$—8.6, in Isochinolinderivaten $J_{13}<0.5$, $J_{34}= 5.7$[4]. Die chemischen Verschiebungen einiger Chinolin- und Isochinolinderivate sind in Tab. 81 zusammengestellt. Die chemischen Verschiebungen und Kopplungskonstanten zahlreicher Chinolizinderivate[5], Carbolinderivate[6], Benzo- und Naphthochinoline[7] sind ebenfalls beschrieben worden.

### V. 14i *Weitere heterocyclische Systeme*

Heterocyclen mit zwei oder mehr Heteroatomen sind bisher erst in geringem Maße untersucht, und das experimentelle Material ist für eine systematische Behandlung nicht ausreichend. In den folgenden Abschnitten soll kurz über die bisherigen Ergebnisse berichtet werden.

Kernresonanzuntersuchungen am *Imidazol* und seinen Derivaten wurden von verschiedenen Autoren durchgeführt[8-13]. Durch das zweite Heteroatom sind die Banden der Ringprotonen gegenüber denen des Pyrrols nach tieferem Feld verschoben. Diese Veränderung nimmt von der 2-Stellung (—1.12 ppm) über die 4-Stellung (—0.91) zur 5-Stellung (—0.45) ab. Die chemische Verschiebung der Ringprotonen hängt vom Lösungsmittel ab[8], und man findet z. B. für das Proton in 2-Stellung des unsubstituierten Imidazols in Chloroform $\tau =1.88$, in Tetrahydrofuran 1.96 und in Dimethylsulfoxyd $\tau =1.46$. Beim Lösen in konzentrierter Schwefelsäure werden Imidazole protonisiert, wobei die Banden der Ringprotonen, in besonders starkem Maße diejenige des 2-Protons, nach tieferem Feld verschoben werden. Die Kopplungskonstanten im Imidazol und seinen Derivaten betragen $J_{24}=J_{25}= 0.7$—1.5 Hz, $J_{45}= 1.0$—1.8. In den Imidazoliumkationen wurden $J_{12}$-Werte von 2.4—2.6 Hz gefunden. Die chemischen Verschiebungen der Ringprotonen für Imidazol und einiger Derivate sind in Tab. 82 zusammengestellt, ebenso die einiger *Pyrrazole*[14]. Die Spektren von *Oxazolen* und von *Thiazolen*[15-18] sind einfach und übersichtlich, weil die Bandengruppen

[1] POPLE, J. A., W. G. SCHNEIDER, and H. J. BERNSTEIN: High-resolution Nuclear Magnetic Resonance. New York: McGraw-Hill 1959. — [2] PATERSON, W. G., and G. BIGAM: Can. J. Chem. **41**, 1841 (1963). — [3] SCHAEFER, T.: Can. J. Chem. **39**, 1864 (1961) — [4] BRÜGEL, W.Z.: Elektrochem. **66**, 159 (1962). — [5] ACHESON, R. M., R. S. FEINBERG, and J. M. F. GAGAN: J. Chem. Soc. (London) 948 (1965). — [6] ABRAMOVITCH, R. A., and I. D. SPENCER: Can. J. Chem. **42**, 954 (1964). — [7] DONCKT, VAN DER, E., R. H. MARTIN, and F. GEERTS-EVRARD: TH **20**, 1495 (1964). — [8] MANNSCHRECK, A., W. SEITZ u. H. A. STAAB: Ber. Bunsenges. phys. Chem. **67**, 471 (1963). — [9] REDDY, G. S., R. T. HOBGOOD, Jr., and J. H. GOLDSTEIN: J. A. C. S. **84**, 336 (1962). — [10] REDDY, G. S., L. MANDELL, and J. H. GOLDSTEIN: J. Chem. Soc. 1414 (1963). — [11] STAAB, H. A., u. A. MANNSCHRECK: Z. Angew. Chem. **75**, 300 (1963). — [12] RIDD, J. H., and R. H. M. WHITE: J. Biochem. **77**, 546 (1960). — [13] PAUDLER, W. W., and H. L. BLEWITT: TH **21**, 353 (1965). — [14] KATRITZKY, A. R., and F. W. JONES: TH **20**, 299 (1964). — [15] BAK, B., J. T. NIELSON, J. RASTRUP-ANDERSEN, and M. SCHOTTLANDER: Spectrochim. Acta **18**, 741 (1962). — [16] HAAKE, P., and W. B. MILLER: J. A. C. S. **85**, 4044 (1963). — [17] TAURINS, A., and W. G. SCHNEIDER: Can. J. Chem. **38**, 1237 (1960). — [18] STAAB, H. A., u. A. MANNSCHRECK: Chem. Ber. **98**, 1111 (1965).

weit auseinanderliegen. Das Signal des 5-Protons im Oxazol liegt erwartungsgemäß bei tieferem Feld als das des Thiazols, beim Proton in 2-Stellung tritt der umgekehrte Fall auf. Bei der Protonisierung in Trifluoressig-

Tabelle 82
*Chemische Verschiebungen von Heterocyclen mit mehreren Heteroatomen*

| Substituent | Imidazole | | | | | Lösungs-mittel | Lit. |
|---|---|---|---|---|---|---|---|
| | 1 | 2 | 3 | 4 | 5 | | |
| kein | −3.38 | 2.30 | − | 2.87 | 2.87 | $CDCl_3$ | a/b |
| 2-Methyl- | − | (7.58) | − | 3.06 | 3.06 | $CDCl_3$ | a |
| 4-Methyl- | − | 2.44 | − | (7.73) | 3.25 | $CDCl_3$ | a |
| 1-Methyl- | (6.33) | 2.59 | − | 3.15 | 2.95 | $CDCl_3$ | a |
| 4-Hydroxymethyl- | − | 2.36 | − | (5.54) | 3.05 | DMSO | c |
| 4-Brom- | − | 2.54 | − | − | 2.98 | THF | c |
| 2-Methyl-4-brom- | − | − | − | − | 3.13 | THF | c |
| 5-Aminoäthyl- | − | 2.45 | − | 3.18 | − | $CDCl_3$ | d |
| 4,5-Benzo- | − | 1.96 | − | − | − | THF | c |
| 1-Acetyl- | − | 1.85 | − | 2.92 | 2.54 | $CDCl_3$ | e |
| 1-Acetyl-2-methyl- | (7.35) | (7.41) | − | 3.08 | 2.75 | $CDCl_3$ | e |
| 1-Acetyl-4-methyl- | (7.46) | 1.95 | − | (7.74) | 2.83 | $CDCl_3$ | e |
| 1-Acetyl-4,5-benzo- | − | 1.45 | − | − | − | $CDCl_3$ | e |
| Pyrrazole | | | | | | | |
| Pyrrazol | −2.52 | − | 2.38 | 3.67 | 2.38 | $CDCl_3$ | d |
| Antipyrin | (6.94) | − | − | 4.62 | − | $CDCl_3$ | d |
| 7-Nitroindazol | −1.63 | − | 1.68 | − | − | $CDCl_3$ | d |
| 1-Phenyl-3-methyl-5-äthoxy-pyrrazol | − | − | (7.74) | 4.50 | (5.86) | $CHCl_3$ | f |
| | − | − | − | − | 8.59 | − | |
| 1-Phenyl-2,3-dimethyl-pyrrazolon-5 | 2.70 | (6.97) | (7.80) | 4.63 | − | $CHCl_3$ | f |
| 1-Phenyl-3,4,4'-tri-methylpyrrazolon-5 | − | − | (7.93) | 8.72 (beide Me) | | $CHCl_3$ | f |
| 1,3-Dimethyl-pyrrazolon-5 | (6.72) | − | (7.91) | 6.82 (beide H) | | $CHCl_3$ | f |
| Oxazole | | | | | | | |
| 4-Methyloxazol | − | 2.25 | − | (7.82) | 2.59 | $CCl_4$ | g |
| | − | 0.47 | − | (7.46) | 1.88 | $CF_3COOH$ | g |
| 3,4-Dimethyloxazol | − | 0.21 | (5.95) | (7.48) | 1.75 | $D_2O$ | g |
| Benzoxazol | − | 1.93 | − | − | − | $CDCl_3$ | b |
| Thiazole, Tetrazole | | | | | | | |
| Thiazol | − | 1.16 | − | 2.03 | 2.59 | $CDCl_3$ | d |
| | − | 0.74 | − | 1.76 | 2.35 | kein | h |
| 2-Methylthiazol | − | − | − | 2.06 | 2.51 | kein | h |
| 4-Methylthiazol | − | 0.93 | − | − | 2.81 | kein | h |
| | − | 1.36 | − | (7.53) | 3.13 | $CCl_4$ | g |
| | − | 0.17 | − | (7.25) | 2.19 | $CF_3COOH$ | g |
| 3,4-Dimethylthiazol | − | 0.12 | (5.72) | (7.25) | 2.06 | $D_2O$ | g |
| 2-Aminothiazol | − | (4.39) | − | 2.92 | 3.52 | $CDCl_3$ | d |
| 1-Äthyltetrazol | − | − | − | − | 0.51 | kein | i |
| 2-Äthyltetrazol | − | − | − | − | 1.18 | kein | i |
| 2,5-Dimethyltetrazol | − | (5.70) | − | − | (7.48) | $CDCl_3$ | d |

Tabelle 82 (Fortsetzung)

| Substituent | Pyridazine | | | | | Lösungs-mittel | Lit. |
|---|---|---|---|---|---|---|---|
| | 2 | 3 | 4 | 5 | 6 | | |
| Pyridazin | – | 0.79 | 2.50 | 2.50 | 0.79 | $CDCl_3$ | d |

| | Pyrimidine | | | | | | |
|---|---|---|---|---|---|---|---|
| Pyrimidin | 0.74 | – | 1.23 | 2.64 | 1.23 | $CDCl_3$ | a |
| 2-Methyl- | – | – | 1.35 | 2.88 | 1.35 | $CDCl_3$ | a |
| 4-Methyl- | 0.82 | – | – | 2.80 | 1.41 | $CDCl_3$ | a |
| 5-Methyl- | 0.96 | – | 1.43 | – | 1.43 | $CDCl_3$ | a |
| 2-Hydroxy- | – | – | 1.68 | 3.58 | 1.68 | DMSO | j |
| 2-Amino- | (4.28) | – | 1.72 | 3.42 | 1.72 | $CDCl_3$ | d |
| 2,4-Dihydroxy- (Urazil) | – | –1.31 | – | 4.18 | 2.26 | DMSO | k |
| 5-Bromurazil | – | –1.81 | – | – | 1.81 | DMSO | k |
| 5-Nitrourazil | – | – | – | – | 0.80 | DMSO | k |
| 2-Hydroxy-4-amino- (Cystosin) | – | – | – | 4.05 | 2.29 | DMSO | k |
| 2,4-Dihydroxy-5-methyl- (Thymin) | – | –1.34 | – | (7.94) | 2.41 | DMSO | k |

| | Purine (Konz. 0.2 Mol/l) | | | | | | |
|---|---|---|---|---|---|---|---|
| | 2 | 8 | 6 | | | | |
| Purin | 0.52 | 0.71 | 1.00 | – | – | $D_2O$ pH=4 | l |
| 9-Acetyl- | 0.80 | 0.94 | 1.21 | – | – | $CDCl_3$ | e |
| Adenin | 1.21 | 1.35 | – | – | – | $D_2O$ pH=14 | l |
| Hypoxanthin | 1.22 | 1.41 | – | – | – | $D_2O$ pH=14 | l |
| Xanthin | – | 1.66 | – | – | – | $D_2O$ pH=14 | l |
| Guanin | – | 1.69 | – | – | – | $D_2O$ pH=14 | l |
| Adenosin | 1.30 | 1.05 | – | – | – | $D_2O$ pH=14 | l |
| Inosin | 1.08 | 1.08 | – | – | – | $D_2O$ pH=14 | l |
| Xanthosin | – | 1.40 | – | – | – | $D_2O$ pH=14 | l |
| Guanosin | – | 1.41 | – | – | – | $D_2O$ pH=14 | l |
| Cytidin | – | – | 1.46 | 3.19 (5) | | $D_2O$ pH=14 | l |
| Uridin | – | – | 1.59 | 3.39 (5) | | $D_2O$ pH=14 | l |
| Caffein | – | 2.40 | – | – | – | $CDCl_3$ | b |

| | Chinoxaline | | | | | | |
|---|---|---|---|---|---|---|---|
| | 2 | 3 | 5 | 6 | | | |
| Chinoxalin | 1.16 | 1.16 | 1.90 | 2.91 | | $CDCl_3$ | d |
| 2-Methyl- | (7.23) | 1.28 | – | – | | $CDCl_3$ | m |

| | Pterine | | | | | | |
|---|---|---|---|---|---|---|---|
| | 2 | 4 | 6 | 7 | | | |
| Pterin | 0.35 | 0.20 | 0.85 | 0.67 | | $CDCl_3$ | m |
| 2-Methyl- | (6.97) | 0.33 | 0.97 | 0.77 | | $CDCl_3$ | m |
| 4-Methyl- | 0.57 | (6.87) | 0.92 | 0.73 | | $CDCl_3$ | m |
| 7-Methyl- | 0.43 | 0.32 | 1.02 | (7.04) | | $CDCl_3$ | m |

**Literatur zu Tabelle 82.**

[a] REDDY, G.S., R.T. HOBGOOD, Jr., and J.H. GOLDSTEIN: J. A. C. S. **84**, 336 (1962).

[b] High-resolution Nuclear Magnetic Resonance, Spectra Catalog (1), Varian Associates. California: Palo Alto.

[c] MANNSCHRECK, A., W. SEITZ u. H. A. STAAB: Ber. Bunsenges. Phys. Chem. **67**, 471 (1963).

[d] High-resolution Nuclear Magnetic Resonance, Spectra Catalog (2), Varian Associates. California: Palo Alto.

[e] REDDY, G.S., L. MANDELL, and J.H. GOLDSTEIN: J. Chem. Soc. 1414 (1963).

[f] KATRITZKY, A.R., and F.W. JONES: TH **20**, 299 (1964).

[g] HAAKE, P., and W.B. MILLER: J. A. C. S. **85**, 4044 (1963).

[h] TAURINS, A., and W.G. SCHNEIDER: Can. J. Chem. **38**, 1237 (1960).

[i] MOORE, D.W., and A.G. WHITTAKER: J. A. C. S. **82**, 5007 (1960).

[j] GRONOWITZ, S., and R.A. HOFFMAN: Arkiv Kemi **16**, 459 (1960).

[k] KOKKO, J.P., L. MANDELL, and J.H. GOLDSTEIN: J. A. C. S. **84**, 1042 (1962).

[l] JARDETZKY, C.D., and O. JARDETZKY: J. A. C. S. **82**, 222 (1960).

[m] MATSUURA, S., and T. GOTO: J. Chem. Soc. 1773 (1963).

säure oder bei N-Methylierung vermindern sich die Unterschiede. Die chemischen Verschiebungen der beiden Heterocyclen und einiger Derivate sind in Tab. 82 wiedergegeben. Die Kopplungskonstanten im 4-Methyl-oxazol betragen $J_{25}=1.01$ (im Salz 2.59), $J_{2-CH3}=0.45$ und $J_{5-CH3}=1.28$ Hz. Im Thiazol wurden für $J_{24}=0$, $J_{25}=1.8$ und $J_{45}=3.1$ Hz gefunden. Die Spektren einiger Oxazoline und Thiazoline sind ebenfalls beschrieben worden[1]. Die chemische Verschiebung des C—H-Protons in substituierten *Tetrazolen* hängt von der Stellung der Substituenten ab[2] (Tab. 82). Die Spektren von *Benzotriazol* und seinem 1-Methylderivat sind, mit Ausnahme der Methylbande, praktisch identisch. Die 2-Methylverbindung gibt ein anderes Spektrum und liegt vermutlich in einer orthochinoiden Struktur

XXVIII

a                    b

c                    d

vor. Die Kopplungskonstanten sind in den beiden ersten Verbindungen wie in anderen aromatischen Molekülen, in der letzteren wurde für $J_{45}=9.4$, $J_{56}=3.6$ und $J_{46}=0.5$ Hz gefunden[3]. Von den *Benzooxazolen* sind vor allem

---

[1] WEINBERGER, M.A., and R. GREENHALGH: Can. J. Chem. **41**, 1038 (1963). — [2] MOORE, D.W., and A.G. WHITTAKER: J. A. C. S. **82**, 5007 (1960). — [3] ROBERTS, N.K.: J. Chem. Soc. 5556 (1963).

das Furoxan und seine Derivate von Interesse[1-9]. Durch Kernresonanzuntersuchungen konnte nachgewiesen werden, daß von den möglichen Strukturen (XXVIIIa—d) die erste zutreffend ist. Bei Zimmertemperatur ist das Protonenresonanzspektrum des Furoxans vom ABCD-Typ, geht aber bei höheren Temperaturen in ein $A_2B_2$-Spektrum über, da eine rasche Umlagerung zwischen den Isomeren XXVIIIa und a' stattfindet (Gl. 41).

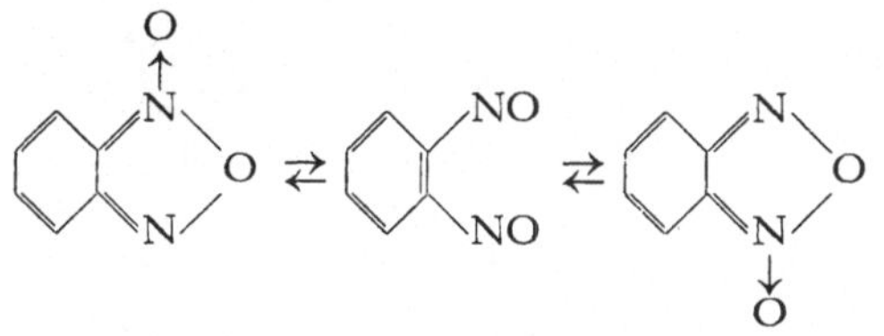

$$\tag{41}$$

XXVIIIa  XXVIIIb  XXVIIIa'

Diese Ergebnisse werden durch die Messungen der $^{17}O$-Spektren, die bei tiefer Temperatur zwei verschiedene, bei höherer nur eine Bande zeigen, bestätigt[8].

Von den *Pyrazinen*, *Pyridazinen* und *Pyrimidinen* sind nur die letzteren eingehend untersucht worden[10-20]. Das Spektrum des Pyrimidins besteht aus drei Signalgruppen (Abb. 83) und ist leicht zu analysieren. Bei tiefstem Feld liegt eine breite, wenig strukturierte Bande, die durch das Proton in 2-Stellung verursacht wird, bei höchstem Feld ein doppeltes Triplett des Protons in 5-Stellung und dazwischen das Dublett der 4- und 6-Protonen. Die Kopplungskonstanten betragen $J_{45}=5.0$ und $J_{25}=1.5$ und ähneln damit den Ortho- und Parakonstanten in aromatischen Systemen. Das gleiche gilt für die eine Metakonstante $J_{46}=2.5$, während $J_{24}=0$ aus der Reihe herausfällt. Die Kopplungskonstanten zwischen den Methylprotonen und dem Proton in Parastellung in 2-Methylpyrimidinen betragen 0.6—0.8 Hz, (über 6 Bindungen!), die zu den Metaprotonen sind verschwindend klein.

[1] KATRITZKY, A. R., S. ØKSNE, and R. K. HARRIS: Chem. and Industrie 990 (1961). — [2] ENGLERT, G.: Z. Naturforsch. **16b**, 413 (1961). — [3] ENGLERT, G.: Z. Anal. Chem. **181**, 447 (1961). — [4] ENGLERT, G.: Z. Elektrochem. **65**, 854 (1961). — [5] DISCHLER, B., u. E. ENGLERT: Z. Naturforsch. **A16**, 1180 (1961). — [6] MALLORY, F. B., and C. S. WOOD: Proc. NY Acad. Sci. **47**, 697 (1961). — [7] ENGLERT, G., u. H. PRINZBACH: Z. Naturforsch. **17b**, 4 (1962). — [8] DIEHL, P., H. A. CHRIST, et F. B. MALLORY: Helv. Chim. Acta **45**, 504 (1962). — [9] HARRIS, R. K., A. R. KATRITZKY, S. ØKSNE, A. S. BAILEY, and W. G. PATERSON: J. Chem. Soc. 197 (1963). — [10] REDDY, G. S., R. T. HOBGOOD, Jr., and J. H. GOLDSTEIN: J. A. C. S. **84**, 336 (1962). — [11] KOKKO, J. P., J. H. GOLDSTEIN, and L. MANDELL: J. A. C. S. **83**, 2909 (1961). — [12] KOKKO, J. P., L. MANDELL, and J. H. GOLDSTEIN: J. A. C. S. **84**, 1042 (1962). — [13] JARDETZKY, C. D., and O. JARDETZKY: J. A. C. S. **82**, 222 (1960). — [14] JARDETZKY, C. D.: J. A. C. S. **82**, 229 (1960). — [15] JARDETZKY, O., S. P. PAPPAS, and N. G. WADE: J. A. C. S. **85**, 1657 (1963). — [16] GRONOWITZ, S., and R. A. HOFFMAN: Arkiv Kemi **16**, 459 (1960). — [17] MILES, H. T.: J. A. C. S. **85**, 1007 (1963). — [18] KATRITZKY, A. R., and A. J. WARING: J. Chem. Soc. 3046 (1963). — [19] REDDY, G. S., L. MANDELL, and J. H. GOLDSTEIN: J. Chem. Soc. 1414 (1963). — [20] NOELL, C. W., and R. K. ROBINS: J. Heterocyclic Chem. **1** (1) 34 (1964).

Der Einfluß von Methylgruppen auf die chemische Verschiebung der Ringprotonen ist geringer als im Benzol, Thiophen oder Pyrrol und ähnelt dem-
jenigen im Thiazol[1], der Einfluß einer Aminogruppe in 2-Stellung auf die
Verschiebungen des paraständigen Protons ist jedoch bei Pyrimidinen größer

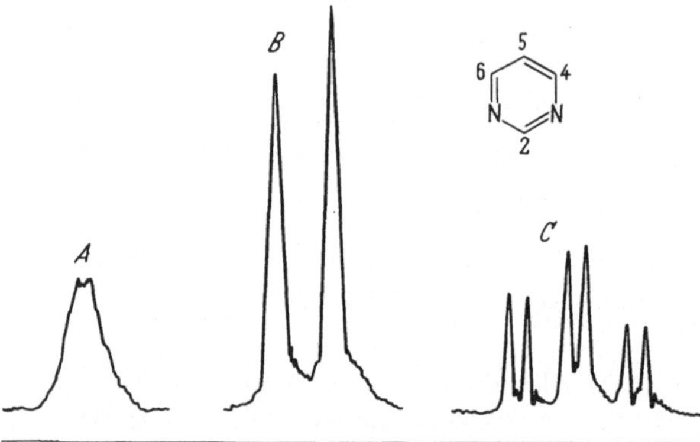

Abb. 83. $^1$H-Spektrum von Pyrimidin bei 40 MHz in Chloroform. A) Proton 2, B) Protonen 4 und 6,
C) Proton 5[2]

als bei aromatischen Verbindungen und zeigt einen größeren Einfluß mesomerer Effekte in diesem System an[3]. Die chemischen Verschiebungen
einiger Pyrimidinderivate sind in Tab. 82 wiedergegeben. Die Kopplungskonstanten in den Derivaten sind denen des Grundkörpers ähnlich.

   Hydroxy-, Mercapto- und Aminoderivate der Pyrimidine können in
zwei tautomeren Formen vorliegen:

$$\tag{42}$$

Das Kernresonanzspektrum des 2-Aminopyrimidins in Dimethylsulfoxyd
zeigt neben der breiten Bande der Aminoprotonen ein Dublett mit der
Intensität zwei und ein Triplett der Intensität eins. Die Verbindung liegt
demnach im wesentlichen in der Aminoform vor, denn nur diese gibt ein
Spektrum vom $A_2$B-Typ. Das Spektrum des 2-Hydroxypyrimidins in
Dimethylsulfoxyd hat das gleiche Aussehen und auch bei dieser Verbindung liegt nur eine der tautomeren Formen vor. Dieser Befund läßt sich
nicht verallgemeinern, denn Dimethylsulfoxyd begünstigt durch Ausbil-

[1] KOKKO, J.P., J.H. GOLDSTEIN, and L. MANDELL: J. A. C. S. 83, 2909
(1961). — [2] REDDY, G.S., R.T. HOBGOOD, Jr., and J.H. GOLDSTEIN: J. A. C. S.
84, 336 (1962). — [3] MILES, H. T.: J. A. C. S. 85, 1007 (1963).

dung von Wasserstoffbrücken die Amino- und Enolform. In Chloroform hat das Spektrum des 2-Aminopyrimidins jedoch das gleiche Aussehen wie dasjenige in Dimethylsulfoxyd und zeigt damit auch in diesem Lösungsmittel das Vorliegen der Aminoform. Im Spektrum des 2-Mercapto-4-hydroxy-pyrimidins (2-Thiourazil) läßt sich keine SH- oder OH-Bande auffinden und die Verbindung liegt vermutlich in der Keto-Thion-Form vor[1]. 2-Hydroxy-4-amino-pyrimidin (Cytosin) zeigt im Kernresonanzspektrum zwei Dubletts, die sowohl mit einer Hydroxy-Imin-Form[2] wie mit einer Keto-Amino-Form zu vereinbaren wären. Ein Vergleich mit den chemischen Verschiebungen zeigt das Vorliegen der letzteren[3]. Auch im Deoxycytidin liegt das Pyrimidin in der Keto-Amino-Form vor[4]. Uracil und seine Derivate liegen im wesentlichen in der Diketoform vor[2, 5–7].

Einige Ergebnisse aus den Untersuchungen von *Purin*derivaten[8–13] sind ebenfalls in Tab. 82 wiedergegeben. Da das Purinmolekül und seine Derivate nur wenige Protonen enthalten, sind die Spektren dieser Verbindungen leicht zu analysieren. Aus Gründen der Löslichkeit sind die meisten Untersuchungen an Purinen und Nucleosiden in wässeriger Lösung durchgeführt worden. Die Bandenlagen hängen dabei wesentlich vom pH-Wert der Lösungen ab, weil Aminogruppen und Hydroxygruppen Säure-Base-Gleichgewichte geben. Die chemische Verschiebung der Ringprotonen wird nur wenig verändert, wenn die Hydroxygruppe bei hohem pH-Wert dissoziiert. Dagegen werden im sauren Bereich durch Protonisierung der Aminogruppen alle Banden nach tieferem Feld verschoben. Das Spektrum des unsubstituierten Purins zeigt drei Banden, die von verschiedenen Autoren in unterschiedlicher Weise zugeordnet wurden. Vom tiefen nach höherem Feld wurden die Reihenfolgen $H_2$—$H_6$—$H_8$[12], $H_2$—$H_8$—$H_6$[9] und $H_6$—$H_2$—$H_8$[14–16] angenommen, wobei die letztere, die auf Grund von teilweise deuterierten Verbindungen und durch Vergleich mit Pterinen gewonnen wurde, am wahrscheinlichsten ist. Da sich aber die chemischen Verschiebungen der drei Protonen sehr ähnlich sind, ist eine endgültige Entscheidung auf Grund des vorliegenden Materials schwierig. In Amino- und Hydroxypurinen sind die Banden nach höherem Feld verschoben, vermutlich durch die Beteiligung beider Gruppen an der Mesomerie des Systems. Die elektronensaugende Ribosegruppe erzeugt eine geringe Verschiebung nach tieferem Feld. Die chemische Verschiebung der Ringprotonen hängt von der Konzentration ab. Wie beim Pyrrol, werden beim Verdünnen die

[1] GRONOWITZ, S., and R. A. HOFFMAN: Arkiv Kemi **16**, 459 (1960). — [2] KOKKO, J. P., J. H. GOLDSTEIN, and L. MANDELL: J. A. C. S. **83**, 2909 (1961). — [3] KATRITZKY, A. R., and A. J. WARING: J. Chem. Soc. 3046 (1963). — [4] MILES, H. T.: J. A. C. S. **85**, 1007 (1963). — [5] KOKKO, J. P., L. MANDELL, and J. H. GOLDSTEIN: J. A. C. S. **84**, 1042 (1962). — [6] LEMINEUX, R. U., and M. HOFFER: Can. J. Chem. **39**, 110 (1961). — [7] LEMINEUX, R. U.: Can. J. Chem. **39**, 116 (1961). — [8] GATLIN, L., and J. C. DAVIS, Jr.: J. A. C. S. **84**, 4464 (1962). [9] JARDETZKY, C. D., and O. JARDETZKY: J. A. C. S. **82**, 222 (1960). — [10] JARDETZKY, C. D.: J. A. C. S. **82**, 229 (1960). — [11] JARDETZKY, O.: J. A. C. S. **85**, 1823 (1963). — [12] REDDY, G. S., L. MANDELL, and J. H. GOLDSTEIN: J. Chem. Soc. 1414 (1963). — [13] JARDETZKY, O., S. P. PAPPAS, and N. G. WADE: J. A. C. S. **85**, 1657 (1963). — [14] MATSUURA, S., and T. GOTO: THL 22, 1499 (1963). — [15] SCHWEIZER, M. P., S. J. CHAN, G. K. HELMKAMP, and P. O. P. Ts'o: J. A. C. S. **86**, 696 (1964). — [16] BULLOCK, F. J., and O. JARDETZKY: J. Org. Chem. **29**, 1988 (1964).

Signale nach tieferem Feld verschoben. Mit wachsender Zahl der Substituenten nimmt die Konzentrationsabhängigkeit der chemischen Verschiebungen ab.

Beim Lösen in Schwefelsäure oder Trifluoressigsäure tritt Protonisierung ein, wobei, entsprechend der Reihenfolge der Basizitäten N (Ring) > N (Amino) > Sauerstoff, verschiedene Stufen durchlaufen werden. Auf die Besprechung der pH-Abhängigkeit der Spektren von Purinen, Nucleosiden und Nucleotiden muß hier verzichtet werden, ebenso auf die Konformationsuntersuchungen[1, 2-4]. Die Spektren einiger *Pterine* sind ebenfalls beschrieben worden[5]. Der Einfluß von Methylsubstituenten auf die Bandenlage ist gering (Tab. 82). Summiert man über alle Verschiebungen der Ringprotonen, so beträgt die durch eine Methylgruppe hervorgerufene Verschiebung +0.35 ppm (bei Aromaten ca. 1 ppm, bei Thiazol ca. 0.5). Nimmt man jedoch an, daß sich die Ladungsänderung, die durch die Methylgruppe hervorgerufen wird, auf alle Ringglieder, gleichgültig ob Kohlenstoff oder Heteroatom, gleichmäßig verteilt, so wird deutlich, daß der Effekt in allen Molekülen etwa gleich groß ist (also beim Toluol $1.0 \times {}^6/_5 = 1.2$ ppm, beim Pterin $0.35 \times {}^{10}/_3 = 1.2$ ppm).

## V. 15. Naturprodukte

Mit Hilfe der Kernresonanz konnte die Struktur zahlreicher, komplizierter Naturprodukte aufgeklärt werden. Auch in Fällen, in denen sich die Spektren nicht analysieren lassen, können sie zur Identifizierung von Verbindungen und zum Vergleich mit den Spektren verwandter Verbindungen herangezogen werden. Oft gelingt es, einzelne Signalgruppen zuzuordnen, und auf Grund dieser Informationen können in vielen Fällen wichtige Hinweise auf die Struktur der Verbindungen erhalten werden. Obwohl die Kernresonanz auf diesem Gebiet viele wertvolle Erkenntnisse gebracht, und sich zu einem hervorragendem Werkzeug bei der Strukturermittlung von Naturprodukten entwickelt hat, ist es aus Raumgründen hier nicht möglich, die Ergebnisse wiederzugeben. Da sie zudem nicht in Form von systematischen Untersuchungen der Kernresonanzspektren wiedergegeben, sondern in vielen hunderten von Arbeiten verstreut sind, die neben anderen Ergebnissen auch einige Kernresonanzdaten enthalten, ist die Erfassung der Daten außerordentlich schwierig. In den folgenden Abschnitten sollen daher nur einige Verbindungsklassen besprochen werden, für die besonders viel Material vorliegt. Eine ausführliche Besprechung kann auch in diesen Gruppen nicht gegeben werden, da die Spektren so kompliziert sind und sich mit den zur Zeit vorliegenden apparativen Mitteln nicht auf-

[1] JARDETZKY, C. D., and O. JARDETZKY: J. A. C. S. **82**, 222 (1960). — [2] JARDETZKY, C.D.: J. A. C. S. **82**, 229 (1960). — [3] JARDETZKY, O., S.P. PAPPAS, and N.G. WADE: J. A. C. S. **85**, 1657 (1963). — [4] GATLIN, L., and J.C. DAVIS, Jr.: J. A. C. S. **84**, 4464 (1962). — [5] MATSUURA, S., and T. GOTO: J. Chem. Soc. 1773 (1963).

lösen und analysieren lassen. In manchen Fällen kann nicht mehr als eine Aufzählung wichtiger Arbeiten gebracht werden, um den Zugang zu der Spezialliteratur zu erleichtern.

## V. 15a *Aminosäuren und Peptide*

Die chemischen Verschiebungen einer Reihe von Aminosäuren und Peptiden[1-18], gemessen in Wasser, Schwefelsäure, Natronlauge und Trifluoressigsäure, sind in Tab. 83 wiedergegeben. Die Spektren dieser Verbindungen sind stark vom pH-Wert der Lösungen abhängig. Das Signal des Ammoniumions wird nur in stark saurer Lösung beobachtet (etwa in konzentrierter Schwefelsäure, 6n-Salzsäure oder Trifluoressigsäure), bei höheren pH-Werten ist der Austausch mit dem Lösungsmittel so schnell, daß die Bande mit der des Lösungsmittels zusammenfällt. Die Protonisierung der Aminogruppe hat auch auf die chemische Verschiebung der $a$-Protonen einen Einfluß. In Säuren liegen sie bei etwa $\tau = 4.6$, in neutraler Lösung bei $\tau = 5.4$ und in alkalischer Lösung bei $\tau = 5.9$. Eine Ausnahme bilden die $a$-Protonen im Serin, Threonin, Cystin und Hydroxyprolin, die durch den induktiven Effekt des Heteroatoms nach tieferem Feld verschoben sind. Mit zunehmender Entfernung von der Aminogruppe nimmt die Abhängigkeit der chemischen Verschiebung von der Wasserstoffionenkonzentration ab. Hydroxy- und Sulfhydrylgruppen treten wegen des schnellen Austausches mit dem Lösungsmittel nicht in Erscheinung. Die Geschwindigkeit der Protonisierung wurde am Beispiel des Sarkosins von SHEINBLATT bestimmt[6,7]. Die Spektren von Metallkomplexen der Aminosäuren wurden von LI beschrieben[4,5], die Konformation von Prolinen wurde von ABRAHAM und McLAUCHLIN untersucht[10,11,19].

[1] JARDETZKY, O., and C.D. JARDETZKY: J. Biol. Chem. **233**, 383 (1958). — [2] TIERS, G.V.D., and F.A. BOVEY: J. Phys. Chem. **63**, 302 (1959). — [3] BOVEY, F.A., and G.V.D. TIERS: J. A. C. S. **81**, 2870 (1959). — [4] LI, N.C., L. JOHNSON, and J.N. SHOOLERY: J. Phys. Chem. **65**, 1902 (1961). — [5] LI, N.C., R.L. SHRUGGS, and E.D. BECKER: J. A. C. S. **84**, 4650 (1962). — [6] SHEINBLATT, M.: J. Chem. Phys. **36**, 3103 (1962). — [7] SHEINBLATT, M.: J. Chem. Phys. **39**, 2005 (1963). — [8] TAKEDA, M., and O. JARDETZKY: J. Chem. Phys. **26**, 1346 (1957). — [9] CHAPMAN, D., D.R. LLOYD, and R.H. PRINCE: Proc. Chem. Soc. (London) 336 (1962). — [10] ABRAHAM, R.J., and K.A. McLAUCHLAN: J. Mol. Phys. **5**, 195 (1962). — [11] ABRAHAM, R.J., and K.A. McLAUCHLAN: J. Mol. Phys. **5**, 513 (1962). — [12] SAUNDERS, M., and A. WISHNIA: Ann. NY Acad. Sci. **70**, 765 (1958). — [13] LaPLANCHE, L.A., and M.T. ROGERS: J. A. C. S. **86**, 337 (1964). — [14] FRANCONI, C.: Z. Elektrochem. **65**, 645 (1961). — [15] FUJIWARA, S., and Y. ARATA: Bull. Chem. Soc. Japan **36**, 578 (1963). — [16] SCHWYZER, R., J. P. CARRION, B. GORUP, H. NOLTING, et A. TUN-KYI: Helv. Chim. Acta **47**, 441 (1964). — [17] TADDEI, F., and L. PRATT: J. Chem. Soc. 1964, 1553. — [18] MARTIN, R.B., and R. MATHUR: J. A. C. S. **87**, 1065 (1965). — [19] ABRAHAM, R.J., and W.A.THOMAS: J. Chem. Soc. 1964, 3739.

Tabelle 83. *Chemische Verschiebungen von Aminosäuren, Peptiden und verwandten Verbindungen in Trifluoressigsäure (TFE)*[a] *sowie in Schwefelsäure, Wasser und Natronlauge*[b]. *Die Werte in wässrigen Lösungen wurden in die τ-Skala umgerechnet unter Annahme eines Wertes von 4.60 für Wasser*



| | CONH | $NH_3^+$ | | a-CH | | | | CH | | $CH_2$ | | $CH_3$ | | | | |
|---|---|---|---|---|---|---|---|---|---|---|---|---|---|---|---|---|
| | TFE | TFE | $H_2SO_4$ | TFE | $H_2SO_4$ | $H_2O$ | NaOH | TFE | $H_2SO_4$ | $H_2O$ | NaOH | TFE | $H_2SO_4$ | $H_2O$ | NaOH | |
| Glycin | – | 2.46 | 2.33 | 5.80 | 5.10 | 5.80 | 6.15 | – | – | – | – | – | – | – | – | |
| N-Acetyl- | 1.65 | – | – | 5.54 | – | – | – | – | – | – | – | – | – | – | – | |
| Diglycin | 2.05 | 2.46 | – | 5.71 | – | – | – | – | – | – | – | – | – | – | – | |
| Triglycin | 1.91 | 2.44 | – | 5.69 | – | – | – | – | – | – | – | – | – | – | – | |
| Tetraglycin | 1.72 | – | – | 5.56 | – | – | – | – | – | – | – | – | – | – | – | |
| DL-Alanin | – | 2.52 | 2.29 | 5.54 | 4.67 | 5.54 | 6.03 | – | – | – | – | 8.15 | 7.65 | 7.96 | 8.25 | |
| N-Acetyl - | 1.65 | – | – | 5.11 | – | – | – | – | – | – | – | 8.30 | – | – | – | 7.50(Ac) |
| Glycyl-DL-Alanin | 2.20 | 2.47 | – | 5.24A | – | – | – | – | – | – | – | 8.35 | – | – | – | |
| | – | – | – | 5.76G | – | – | – | – | – | – | – | – | – | – | – | |
| β-Alanin | – | – | 2.14 | – | 6.22 | 6.60 | 6.83a | – | – | – | – | – | – | – | – | |
| | – | – | – | – | 5.67 | 5.93 | 6.27β | – | – | – | – | – | – | – | – | |
| DL-Valin | – | 2.66 | 2.20 | 5.69 | 4.72 | 5.74 | 5.90 | 7.56 | 6.83 | 6.85 | 6.91 | 8.81 | 8.20 | 8.39 | 8.46 | |
| N-Acetyl- | 1.72 | – | – | 5.24 | – | – | – | – | – | – | – | 8.89 | – | – | – | 7.54(Ac) |
| Glycyl-DL-Valin | 2.16 | 2.44 | – | 5.34V | – | – | – | 7.70 | – | – | – | 8.92 | – | – | – | |
| | – | – | – | 5.71G | – | – | – | – | – | – | – | – | – | – | – | |
| DL-Valylglycin | 1.97 | 2.58 | – | 5.64 | – | – | – | 7.55 | – | – | – | 8.75 | – | – | – | |
| L-Leucin | – | 2.64 | 2.31 | 5.64 | 4.70 | 5.56 | 5.96 | 8.02 | 7.45 | 7.63 | 7.93β | 8.93 | 8.16 | 8.23 | 8.33 | |
| N-Acetyl- | 1.72 | – | – | 5.10 | – | – | – | 8.13 | – | – | – | 8.92 | – | – | – | 7.56(Ac) |
| Glycyl-L-leucin | 2.22 | 2.48 | – | 5.26L | – | – | – | – | 8.18 | – | – | 8.96 | – | – | – | |
| | – | – | – | 5.75G | – | – | – | – | – | – | – | – | – | – | – | |
| DL-Leucylglycin | 2.01 | 2.60 | – | 5.62L,G | – | – | – | 8.07 | – | – | – | 8.92 | – | – | – | |
| DL-Isoleucin | – | 2.70 | 2.49 | 5.60 | 5.00 | 6.06 | – | 8.85 | 7.73 | 8.03 | – | 8.85β | 8.14 | 8.21 | – | |
| | – | – | – | – | – | – | – | – | – | – | – | 8.93ω | – | – | – | |
| D-Alloisoleucin | – | 2.70 | – | 5.58 | – | – | – | 8.79 | – | – | – | – | – | – | – | |
| L-Prolin | – | 2.17 | 2.04 | 5.26 | 4.69 | 5.09 | 5.62 | – | – | – | – | – | – | – | – | |
| Glycyl-L-prolin | – | 2.50 | – | 5.25P | – | – | – | – | – | – | – | – | – | – | – | |
| | – | – | – | 5.73G | – | – | – | – | – | – | – | – | – | – | – | |
| L-Prolylglycin | – | 2.05 | – | 5.24P | – | – | – | – | – | – | – | – | – | – | – | |
| | – | – | – | 5.78G | – | – | – | – | – | – | – | – | – | – | – | |
| Betain | – | – | – | 5.55 | 5.09 | 4.82 | 5.14 | – | – | – | – | – | – | – | – | |
| DL-Phenylalanin | – | 2.60 | 2.46 | 5.40 | 4.73 | – | 5.92 | 6.56 | 6.14 | – | 6.67 | – | – | – | – | |
| Glycyl-DL-Phenyl-alanin | 2.35 | 2.77 | – | 4.93 | – | – | – | 6.76 | – | – | – | – | – | – | – | |
| | – | 2.60 | – | – | – | – | – | – | – | – | – | – | – | – | – | |

|  |  |  |  |  |  |  |  |  |  |  |  |  |  |  |  |  |
|---|---|---|---|---|---|---|---|---|---|---|---|---|---|---|---|---|
| DL-Thyrosin | – | – | 2.18 | 5.37 | 4.65 | – | 5.77 | 6.50 | 5.65 | – | 6.24 | – | – | – | – | – |
| Glycylthyrosin | 2.36 | 2.69 | – | 5.06T | – | – | – | 6.79 | – | – | – | – | – | – | – | – |
|  | – | – | – | 5.84G | – | – | – | – | – | – | – | – | – | – | – | – |
| DL-Dihydroxy-phenylalanin | – | 2.60 | 2.12 | 5.32 | – | – | – | 6.47 | – | – | – | – | – | – | – | – |
| L-Tryptophan | – | 2.98 | – | 5.46 | – | – | – | 6.40 | – | – | – | – | – | – | – | – |
| Glycyl-L-tryptophan | – | 2.41 | – | 4.86T | – | – | – | 6.45 | – | – | – | – | – | – | – | – |
|  | – | – | – | 5.95G | – | – | – | – | – | – | – | – | – | – | – | – |
| DL-Serin | – | 2.25 | 2.02 | 5.46 | 4.31 | – | 5.27 | 5.46 | – | – | 5.68 | – | – | – | – | – |
| Glycylserin | 1.70 | 2.43 | – | 5.07S | – | – | – | 5.66 | – | – | – | – | – | – | – | – |
|  | – | – | – | 5.66G | – | – | – | – | – | – | – | – | – | – | – | – |
| Threonin | – | 2.34 | 2.01 | 5.26 | 3.63 | – | 5.00 | 5.53 | 4.63 | 5.54 | 5.91 | – | – | – | – | – |
| Glycyl-DL-threonin | 1.75 | 2.50 | – | 5.16 | – | – | – | 5.66 | – | – | – | – | – | – | – | – |
| DL-Allothreonin | – | 2.35 | – | 5.31 | – | – | – | 5.31 | – | – | – | – | – | – | – | – |
| L-Cystein | – | 2.34 | 2.06 | 5.22 | 4.49 | 5.05 | 5.95 | 6.54 | 5.66 | 6.08 | 6.42 | – | – | – | – | – |
| L-Cystin | – | 2.25 | – | 5.20 | – | – | – | 6.39 | – | – | – | – | – | – | – | – |
| DL-Methionin | – | 2.33 | 2.14 | 5.40 | 4.60 | 5.40 | 5.77 | 7.22 | 5.86 | 6.19 | 6.57 | – | – | – | – | – |
| Glycyl-DL-methionin | 2.05 | 2.47 | – | 5.00M | – | – | – | 7.28 | – | – | – | – | – | – | – | – |
|  | – | – | – | 5.72G | – | – | – | – | – | – | – | – | – | – | – | – |
| Glutathion | 2.10 | 2.10 | – | 5.65C,Gl | – | – | – | – | – | – | – | – | – | – | – | – |
|  | – | – | – | 5.3Glu. | – | – | – | – | – | – | – | – | – | – | – | – |
| L-Lysin | – | 2.33α | 2.58 | 5.58 | 4.60 | 5.38 | 5.91 | 8.03 | 7.48 | 7.61 | 7.88 | – | – | – | – | – |
|  | – | 2.96ε | 1.86 | – | – | – | – | – | – | – | – | – | – | – | – | – |
| Glycyl-L-lysin | 2.03 | 2.47γ | – | 5.25L | – | – | – | 8.19 | – | – | – | – | – | – | – | – |
|  | – | 3.06ε | – | 5.65G | – | – | – | – | – | – | – | – | – | – | – | – |
| L-Ornithin | – | 2.25α | 2.41 | 5.52 | 4.69 | 5.29 | 5.62 | 7.70 | 7.02 | 7.31 | 7.36 | – | – | – | – | – |
|  | – | 2.86δ | 1.83 | – | – | – | – | – | – | – | – | – | – | – | – | – |
| L-Arginin | – | 2.27α | 2.31 | 5.50 | 4.76 | 5.31 | 5.98 | 7.79 | 6.93 | 7.34 | 7.80 | – | – | – | – | – |
|  | – | 3.37NH$_2$ | – | – | – | – | – | – | – | – | – | – | – | – | – | – |
|  | – | 3.88NH | – | – | – | – | – | – | – | – | – | – | – | – | – | – |
| L-Histidin | – | 2.04 | 2.13 | 5.09 | 4.50 | 5.61 | 5.80 | 6.12 | 5.68 | 6.07 | 6.44 | – | – | – | – | – |
| L-Asparaginsäure | – | 2.24 | 2.13 | 5.31 | 4.67 | – | 5.53 | 6.45 | 5.77 | – | 6.54 | – | – | – | – | – |
| L-Asparagin | (2.68) | 2.15 | – | 5.33 | – | – | – | 6.51 | – | – | – | – | – | – | – | – |
| Glycylasparagin | 1.73 | 2.48 | – | 4.77A | – | – | – | 6.73 | – | – | – | – | – | – | – | – |
|  | (2.48) | – | – | 5.67G | – | – | – | – | – | – | – | – | – | – | – | – |
| L-Glutaminsäure | – | 2.32 | 2.19 | 5.45 | 4.57 | – | 5.89 | 7.18 | 6.20 | – | 6.96 | – | – | – | – | – |
| L-Glutamin | 1.74 | 2.20 | – | 5.47 | – | – | – | 7.26 | – | – | – | – | – | – | – | – |

16*

a Bovey, F. A., and G. V. D. Tiers: J. A. C. S. **81**, 2870 (1959).
b Jardetzky, O., and C. D. Jardetzky: J. Biol. Chem. **233**, 383 (1958).

### V. 15b *Kohlenhydrate*

Eine Reihe von Untersuchungen beschäftigen sich mit Kohlenhydraten und ihren Abkömmlingen[1-25]. Da die Spektren dieser Verbindungen kompliziert sind, liegen nur wenige vollständige Analysen vor. In den Spektren substituierter Cyclohexane (vgl. Kap. VII 7), bei denen durch sperrige Gruppen bestimmte Konformationen festgelegt sind, findet man für axiale und äquatoriale Protonen verschiedene Signale. Wenn nicht zusätzlich anisotrope Gruppen in Nachbarschaft stehen, liegt das Signal für axiale Protonen bei höherem Feld. Die gleiche Erscheinung findet man bei acetylierten Pyranosen[14]. Die Unterschiede zwischen beiden Signalen betragen bei Glucose-, Galaktose-, Xylose und Arabinoseacetaten etwa 0.5—0.6 ppm, bei Mannose 0.3 und bei Ribose 0.1 ppm. Die Kopplungskonstanten zwischen benachbarten axialen und äquatorialen Protonen haben die Werte $J_{aa} \sim 7$ Hz, $J_{ae}$ und $J_{ee} \sim 3$ Hz. Die Signale von axialen Acetylgruppen liegen bei etwas tieferem Feld als die von äquatorialen, bei Methoxygruppen bestehen nur geringe Unterschiede. An einer größeren Reihe von Acetyl- und Methoxy-Pyranosen wurden in Dimethylformamid folgende Werte gefunden[3,7]:

| | 1–OAc | 2–OAc | 3–OAc | 4–OAc | CH$_2$OAc |
|---|---|---|---|---|---|
| axial | 7.94—7.98 | 7.98—8.02 | — | 7.96—8.04 | — |
| äquator. | 8.04—8.08 | 8.08—9.17 | 8.10—9.18 | 8.07—8.11 | 8.07—8.10 |

| | 1–OMe | 2–OMe | 3–OMe | 4–OMe | CH$_2$OMe |
|---|---|---|---|---|---|
| axial | 6.78—8.88 | 6.75 | — | 6.74—6.79 | — |
| äquator. | 6.68—6.70 | 6.64—6.73 | 6.69—6.82 | 6.69—6.75 | 6.78—6.88 |

[1] ABRAHAM, R.J., L.D. HALL, L. HOUGH, and K.A. MCLAUCHLAN: J. Chem. Soc. 3699 (1962). — [2] ABRAHAM, R.J., L.D. HALL, and H.J. MILLER: J. Chem. Soc. 748 (1963). — [3] HALL, L.D., and L. HOUGH: Proc. Chem. Soc. 382 (1962). — [4] PASIKA, W.M., and L.H. CRAGG: Can. J. Chem. **41**, 777 (1963). — [5] ABRAHAM, R.J., K.A. MCLAUCHLAN, L.D. HALL, and L. HOUGH: Chem. and Industrie 213 (1962). — [6] HALL, L.D., L. HOUGH, K.A. MCLAUCHLAN, and K. PACHLER: Chem. and Industrie 1465 (1962). — [7] BARKER, S.A., J. HOMER, M.C. KEITH, and L.F. THOMAS: J. Chem. Soc. 1538 (1963). — [8] v. D. VEEN, J.M.: J. Org. Chem. **28**, 564 (1963). — [9] LEMINEUX, R.U., and J. HOWARD: Can. J. Chem. 308 (1963). — [10] PERLIN, A.S.: Can. J. Chem. **41**, 399 (1963). — [11] LENZ, R.W., and J.P. HEESCHEN: J. Polymer Sci. **51**, 247 (1961). — [12] FERRIER, R.J., and M.F. SINGLETON: TH **18**, 1443 (1962). — [13] FOSTER, A.B., A.H. HAINES, J. HOMER, J. LEHMANN, and L.F. THOMAS: J. Chem. Soc. 5005 (1961). — [14] LEMINEUX, R.U., R.K. KULLNIG, H.J. BERNSTEIN, and W.G. SCHNEIDER: J. A. C. S. **80**, 6098 (1958). — [15] HALL, L.D.: THL 1457 (1964). — [16] HALL, L.D., L. HOUGH, S.H. SHUTE, and T.J. TAYLOR: J. Chem. Soc. 1154 (1965). — [17] HALL, L.D., and L.F. JOHNSON: TH **20**, 883 (1964). — [18] CHAPMAN, O.L., R.W. KING, W.J. WELSTEAD, Jr., and T.J. MURPHY: J. A. C. S. **86**, 4968 (1964). — [19] BAER, H.H., L.D. HALL, and F. KIENZLE: J. Org. Chem. **29**, 2014 (1964). — [20] CHITTENDEN, G.J.F., and R.D. GUTHRIE: J. Chem. Soc. 1045 (1964). — [21] SZAREK, W.A., S. WOLFE, and J.K.N. JONES: THL 2743 (1964). — [22] BUSS, D.H., L. HOUGH, L.D. HALL, and J.F. MANVILLE: TH **21**, 69 (1965). — [23] MCCASLAND, G.E., S. FURUTA, L.F. JOHNSON, and J.N. SHOOLERY: J. Org. Chem. **29**, 2354 (1964). — [24] MESTER, L., and E. MOCZAR: J. Org. Chem. **29**, 247 (1964). — [25] CASU, B., M. REGGIANI, G.G. GALLO, and A. VIGEVANI: THL 2839 (1964).

Weitere Konformationsuntersuchungen wurden an Derivaten von Lyxose und Arabinose[1], Xylose[2,3] und Mannose[4] durchgeführt. Eine Gruppe von 1,2-O-Isopropyliden-$\alpha$-D-xylohexofuranosen konnte vollständig analysiert werden[5-7]. Die Konformation der Ribofuranose in einigen Nucleosiden wurde ebenfalls untersucht[8-11].

Mit Hilfe der Kernresonanz läßt sich auf einfache Weise die Art der Verknüpfung in Oligosacchariden bestimmen[12]. Die Protonen am Kohlenstoff C—1 sind in diesen Verbindungen leicht zu erkennen, weil sie durch die Nachbarschaft zweier Sauerstoffatome nach tieferem Feld verschoben sind ($\tau = 4.6 - 5.6$). Das Spektrum von wässerigen Glukoselösungen zeigt zwei Dubletts bei $\tau = 4.78$ und $5.37$, die auf Grund ihres Intensitätsverhältnisses von etwa 1 zu 2 der $\alpha$- und $\beta$-Glukose zuzuordnen sind. Die unterschiedliche chemische Verschiebung beider Signale (das axial stehende Proton in der $\beta$-Glukose bei höherem Feld) steht mit dieser Zuordnung ebenfalls in Einklang, wie auch die Kopplung mit dem Proton am Kohlenstoff C—2 (3.0 Hz bei der $\alpha$-Glucose, 7.4 Hz bei der $\beta$-Glucose). Im Spektrum der Cellobiose ($\beta$-Glucosidoglucose) findet sich ein Dublett mit der Aufspaltung von 7.4 Hz bei $\tau = 5.50$ für das Proton am Brückenkopf und zwei schwächere Signale bei $\tau = 5.35$ und $4.78$ mit den Aufspaltungen 7.4 bzw. 3.4 für das Proton am endständigen Kohlenstoff C—1. Maltose ($\alpha$-Glucosidoglucose) dagegen zeigt ein Dublett bei $\tau = 4.62$ für das Proton am Brückenkopf und zwei schwächere Signale bei $\tau = 4.80$ und $5.37$ für die endständigen C—1-Protonen. Da die Banden der Protonen an den Verknüpfungsstellen praktisch an den gleichen Stellen liegen wie in der $\alpha$- bzw. $\beta$-Glukose, ist eine Entscheidung über die Art der Verknüpfung leicht möglich. Eine Verwechslung mit den endständigen C—1-Protonen ist nicht zu befürchten, weil das Signal des Brückenkopfprotons so groß ist, wie die der beiden endständigen $\alpha$- und $\beta$-Protonen zusammen. Bei einer großen Anzahl von Glukosiden wurden die gleichen $\tau$-Werte wie bei der Maltose bzw. Cellobiose gefunden. Die Spektren einiger linearer und verzweigter Dextrine und ihrer Derivate sind ebenfalls beschrieben worden[13].

## V. 15c *Porphirine*

Die Spektren von Porphirinen zeigen einige interessante Merkmale. Die chemischen Verschiebungen der olefinischen Protonen liegen bei etwa $\tau = 0$, d. h. also um 3 ppm tiefer als aromatische Protonen. Die Protonen am Stickstoff dagegen haben chemische Verschiebungen von etwa $\tau = 14$, sind

[1] HALL, L.D., L. HOUGH, K.A. McLAUCHLAN, and K. PACHLER: Chem. and Industrie 1465 (1962). — [2] LEMINEUX, R.U., and J. HOWARD: Can. J. Chem. **41**, 308 (1963). — [3] RAO, V.S.R., J.F. FOSTER, and R.L. WHISTLER: J. Org. Chem. **28**, 1730 (1963). — [4] PERLIN, A.S.: Can. J. Chem. **41**, 399 (1963). — [5] ABRAHAM, R. J., L.D. HALL, L. HOUGH, and K.A. McLAUCHLAN: J. Chem. Soc. 3699 (1962). — [6] ABRAHAM, R.J., K.A. McLAUCHLAN, L.D. HALL, and L. HOUGH: Chem. and Industrie 213 (1962). — [7] ABRAHAM, R.J., L.D. HALL, L. HOUGH, K.A. McLAUCHLAN, and H.J. MILLER: J. Chem. Soc. 748 (1963). — [8] JARDETZKY, C.D.: J. A. C. S. **82**, 229 (1960). — [9] LEMINEUX, R.U.: Can. J. Chem. **39**, 116 (1961). — [10] JARDETZKY, C.D.: J. A. C. S. **83**, 2919 (1961). — [11] JARDETZKY, C.D.: J. A. C. S. **84**, 62 (1962). — [12] V. D. VEEN, J.M.: J. Org. Chem. **28**, 564 (1963). — [13] PASIKA, W.M., and L.H. CRAGG: Can. J. Chem. **41**, 777 (1963).

also gegenüber den Banden des Pyrrols um rund 11 ppm nach höherem Feld verschoben[1,2]. Diese ungewöhnlichen Bandenlagen lassen sich durch einen Ringstrom erklären. Wie in aromatischen Molekülen bilden die $\pi$-Elektronen des Porphirins einen geschlossenen Ring und beginnen unter dem Einfluß eines äußeren Feldes zu kreisen. Das Magnetfeld, das durch diesen Ringstrom erzeugt wird, ist dem äußeren Feld entgegengerichtet und verschiebt Signale von Protonen, die sich innerhalb des Ringes befinden, nach höherem, solche außerhalb nach tieferem Feld (vgl. S. 33). Eine Berechnung der durch den Ringstrom verursachten Verschiebungen ergibt nach der Dipolmethode —5.4 ppm für die olefinischen Protonen, nach der Ringstrommethode —4 ppm für die olefinischen Protonen und 22 ppm für die Aminoprotonen[2]. Eine bessere Übereinstimmung mit den experimentellen Werten erhält man, wenn man verschiedene Kreisströme in den Pyrrolringen und im gesamten Molekül annimmt und deren Auswirkung auf die verschiedenen Positionen summiert[3]. Die so berechneten Verschiebungen betragen für NH-Protonen 10.9 ppm, für Protonen am Brückenkohlenstoff —5.5, für Protonen am Pyrrolring —3.9 ppm, für Methylgruppen an der Brücke —2.9 und die am Pyrrolring —2.1 (die experimentellen Werte sind 11.0, —5.5, —4.2, —2.9 und 1.8 ppm).

Im Coproporphin—1, bei dem alle Pyrrolringe gleich substituiert sind (eine $CH_3$ und eine $CH_2$—$CH_2$—$COOCH_3$ Gruppe), erscheint nur ein Signal für die Methylgruppen. Die vier Pyrrolringe müssen demnach äquivalent sein und die NH-Protonen einem raschen Austausch zwischen den vier Stickstoffatomen unterliegen[4]. In N-Alkyl-porphirinen sind die Ringe nicht mehr gleich und man findet verschiedene Signale für die olefinischen Protonen und für die Substituenten[5]. Die chemischen Verschiebungen der N-Methylgruppen ($\tau = 14.89$) und der N-Äthylgruppen ($CH_2 = 15.16$, $CH_3 = 12.37$) zeigen, daß die Abschirmung im Zentrum des Moleküls am größten ist. Die chemischen Verschiebungen, die an einer Reihe von Porphirinen bestimmt wurden[4,6—8], betragen in Chloroform: $=CH$ $\tau = $ —0.14 bis +1.48, $=C$—$CH_3$ 6.4 bis 7.1 und NH 13.6 bis 14.1. In Trifluoressigsäure tritt zweifache Protonisierung ein und die Werte betragen: $=CH$ —1.2 bis —1.0, $=C$—$CH_3$ 6.20 und NH 14.4—14.9. Die Bandenlagen hängen von der Konzentration ab und verschieben sich beim Verdünnen nach tieferem Feld[9].

Eine ähnliche Abhängigkeit der chemischen Verschiebungen von der Konzentration wurde bei Spektren von Chlorophyll und seinen Derivaten gefunden[10,11]. Magnesiumfreie Verbindungen bilden nur schwache Aggre-

[1] ELLIS, J., A.H. JACKSON, G.W. KENNER, and J. LEE: THL **2**, 23 (1960). — [2] BECKER, E.D., and R.B. BRADLEY: J. Chem. Phys. **31**, 1413 (1959). — [3] ABRAHAM, R.J.: J. Mol. Phys. **4**, 145 (1961). — [4] BECKER, E.D., R.B. BRADLEY, and C.J. WATSON: J. A. C. S. **83**, 3743 (1961). — [5] CAUGHEY, W.S., and P.K. IBER: J. Org. Chem. **28**, 269 (1963). — [6] ABRAHAM, R.J., A.J. JACKSON, and G.W. KENNER: J. Chem. Soc. 3468 (1961). — [7] ABRAHAM, R.J., A.H. JACKSON, G.W. KENNER, and D. WARBURTON: J. Chem. Soc. 853 (1963). — [8] STORM, C.B., and A.H. CORWIN: J. Org. Chem. **29**, 3700 (1964). — [9] ABRAHAM, R.J., A.H. JACKSON, G.W. KENNER, and D.WARBURTON: Proc. Chem. Soc. 134 (1963). — [10] CLOSS, G.L., J.J.KATZ, F.A. PENNINGTON, M.R. THOMAS, and H.H. STRAIN: J. A.C.S. **83**, 3809 (1963). — [11] PENNINGTON, F.C., H.H. STRAIN, W.A. SVEC, and J.J. KATZ: J. A.C.S. **86**, 1418 (1964).

gate, vermutlich über $\pi$—$\pi$-Bindungen. Bei magnesiumhaltigen Verbindungen sind die Bindungen im Aggregat stärker und beruhen vermutlich auf Wechselwirkungen zwischen dem Metall und einer Carbonylgruppe. Durch Kernresonanzspektroskopie konnte gezeigt werden, daß zwei Protonen leicht gegen Deuterium ausgetauscht werden können. Das Proton am Kohlenstoff C—10 (= C—CH(COOCH$_3$)—CO—) tauscht dabei etwa hundertmal schneller aus als das an der $\delta$-Methinbrücke. In magnesiumfreien Molekülen ist die Geschwindigkeit am C—10 unverändert, an der Brücke um einige Zehnerpotenzen herabgesetzt[1-3].

## V. 15d *Steroide*

Die Kernresonanzspektren von Steroiden sind kompliziert und zeigen neben wenigen scharfen Banden breite, nichtaufgelöste Signale (Abb. 84). Die breiten Banden werden durch die Protonen am Steroidskelett hervorgerufen. Ihre chemischen Verschiebungen unterscheiden sich nur wenig voneinander und fallen in einen engen Bereich. Durch Kopplung mit anderen Protonen werden die Signale zu Multipletts aufgespalten, so daß das Spektrum aus einer großen Anzahl von Linien besteht, die nicht getrennt werden können und daher als mehr oder weniger strukturierter Berg erscheinen. Protonen in aliphatischen Seitenketten liegen ebenfalls in diesem Bereich.

Das Aussehen der breiten Banden hängt deutlich von der Struktur ab und kann zur Identifizierung von Verbindungen benutzt werden. Z. B. zeigen die beiden Pregnane in Abb. 84C und D, die sich nur durch die Konfiguration unterscheiden, deutliche Unterschiede im Spektrum. Neben den breiten Banden des Steroidskeletts und der aliphatischen Seitenketten treten in den Spektren der Steroide auch Signale auf, die bestimmten Gruppierungen leicht zugeordnet werden können. Sie stammen von Protonen, deren chemische Verschiebungen durch Substituenten so verändert sind, daß sie aus der breiten Bande herausrücken und von olefinischen Protonen, Methylgruppen und Hydroxylgruppen. Bei diesen Signalen kann die genaue Lage bestimmt und ihre Abhängigkeit von der Struktur untersucht werden. Für die chemischen Verschiebungen derartiger Protonen sind einige Gesetzmäßigkeiten gefunden worden[4], die in den folgenden Abschnitten besprochen werden sollen.

Die Signale der angularen Methylgruppen $C_{18}$ und $C_{19}$ erscheinen als scharfe Banden bei hohem Feld. Ihre Lage hängt von verschiedenen Einflüssen ab, und variiert um etwa 0.7 ppm. Enthält das Molekül keine Doppelbindungen, und ist die Zahl der Substituenten in der Nähe der Methylgruppen gering, so findet man die höchsten $\tau$-Werte (etwa 9.2 für $C_{19}$ und 9.6 für $C_{18}$). Der Abstand der beiden Methylgruppen wird durch Substituenten verändert und beträgt z. B. im 11-Ketoprogesteron 0.76 ppm,

[1] KATZ, J. J.: J. A. C. S. **84**, 3587 (1962). — [2] MATHEWSON, J. W., W. R. RICHARDS, and H. RAPOPORT: J. A. C. S. **85**, 364 (1963). — [3] KATZ, J. J., R. C. DOUGHERTY, F. C. PENNINGTON, H. H. STRAIN, and G. L. CLOSS: J. A. C. S. **85**, 4049 (1963). — [4] SHOOLERY, J. N., and M. T. ROGERS: J. A. C. S. **80**, 5121 (1958).

im Epiandrosteron weniger als 0.02 ppm. Die Signale olefinischer Protonen liegen bei tiefem Feld. Für die meisten Protonen dieser Art werden Werte von $\tau = 3$—4 gefunden. Kleinere $\tau$-Werte findet man für das O=C—C= =CH-Proton, während das Proton in der Mitte der Kette (C=C—CH=C—) bei etwa $\tau = 3$ liegt. Die Anzahl der olefinischen Protonen läßt sich durch

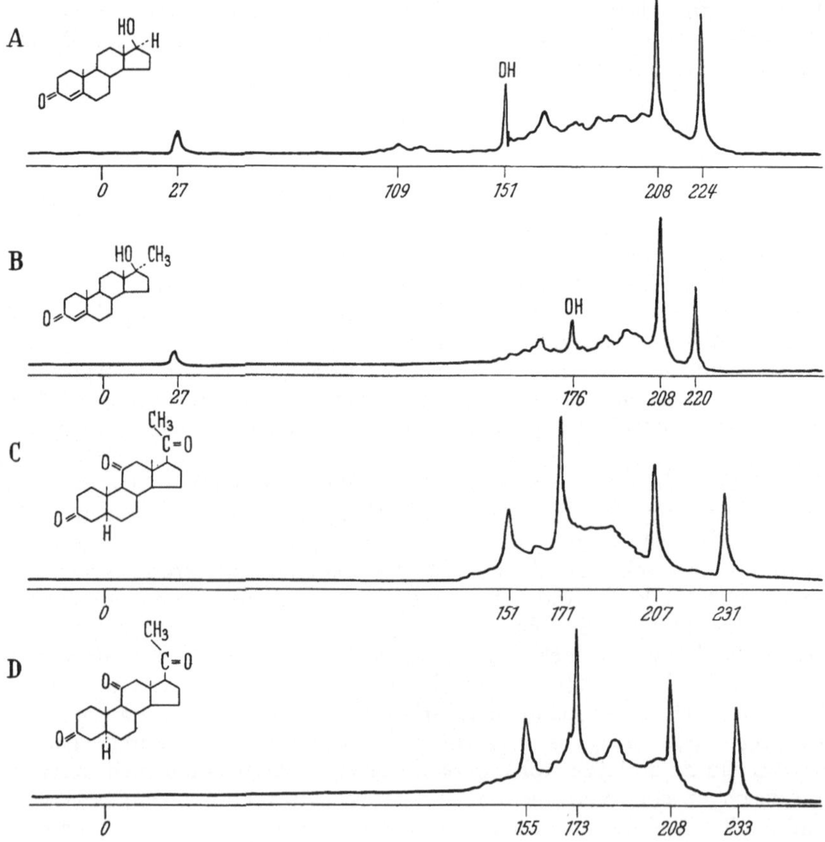


Abb. 84. Kernresonanzspektrum bei 40 MHz in $CDCl_3$ von A) Testosteron, B) 17$a$-Methyltestosteron, C) Pregnan-3,11,20-trion, D) Allopregnan-3,11,20-trion. Die Ziffern geben den Abstand in Hz von Benzol[1]

Integration bestimmen. Man bezieht hierbei am sichersten auf eine Methylgruppe ($C_{18}$). Obwohl diese Gruppe oft nicht von den breiten Gerüstbanden abgetrennt ist, reicht die Genauigkeit der Integration im allgemeinen aus, um zwischen einem, zwei oder drei olefinischen Protonen zu unterscheiden.

Die Banden der Hydroxylprotonen erstrecken sich über einen weiten Bereich. Sie erscheinen meistens als scharfe Banden und sind an Hand ihrer Temperatur-, Konzentrations- oder Lösungsmittelabhängigkeit leicht zu

[1] SHOOLERY, J. N., and M. T. ROGERS: J. A. C. S. **80**, 5121 (1958).

erkennen. Bei höheren Konzentrationen können die Hydroxylgruppen intermolekulare Wasserstoffbrücken ausbilden, was eine Verschiebung der Hydroxylbanden nach tieferem Feld zur Folge hat. Die Banden von Hydroxylgruppen am $C_3$ und $C_{17}$ liegen bei tieferem Feld als solche am $C_{11}$ und zeigen damit, daß sie für die Ausbildung von Wasserstoffbrücken-Assoziaten eine günstigere Lage besitzen. Die Banden von Acetylprotonen sind leicht aufzufinden. Sie bilden scharfe Signale, deren Lagen sich nur über einen sehr engen Bereich erstrecken. Die $C_{21}$-Methylgruppe in 20-Ketosteroiden liegt bei $\tau = 7.00$. Ist die Acetylgruppe mit einem ungesättigten Kohlenstoffatom verbunden, oder steht an der Verknüpfungsstelle noch eine Hydroxylgruppe, so beträgt der Wert 6.9. Die Methylgruppen in 21-Acetoxy-20-on-Verbindungen liegen ebenfalls bei $\tau = 7.0$, sind aber durch die zusätzliche Methylengruppe ($-CO-CH_2-O-CO-CH_3$), die bei $\tau = 4.5$ leicht aufzufinden ist, von den ersteren ohne Schwierigkeiten zu unterscheiden. Die Methylenprotonen erscheinen als AB-System mit einer Kopplungskonstanten von etwa 15 Hz. 3-$\beta$- und 11-$\alpha$-Acetoxygruppen liegen bei $\tau = 7.1$. Die bei Cyclohexanderivaten gefundenen Unterschiede zwischen axialen und äquatorialen Protonen lassen sich bei Steroiden nur erkennen, wenn durch Substituenten am gleichen Kohlenstoffatom die Signale aus den Banden der Gerüstprotonen herausgerückt sind. Z. B. läßt sich im Spektrum von 3-Hydroxy-verbindungen das Proton am Kohlenstoff 3 leicht erkennen.

Tabelle 84

*Beiträge verschiedener Substituenten zu der chemische Verschiebung des $C_{19}$-Methylsignals in Steroiden. Die Werte sind angegeben in Hz (gemessen bei 60 MHz), darunter in Klammern die Werte in ppm. Ein negatives Vorzeichen bedeutet eine Verschiebung nach tieferem Feld. Kursive Buchstaben bedeuten, daß der Substituent in β-Orientierung steht.*

*Folgende Abkürzungen wurden in der Tabelle verwendet:*

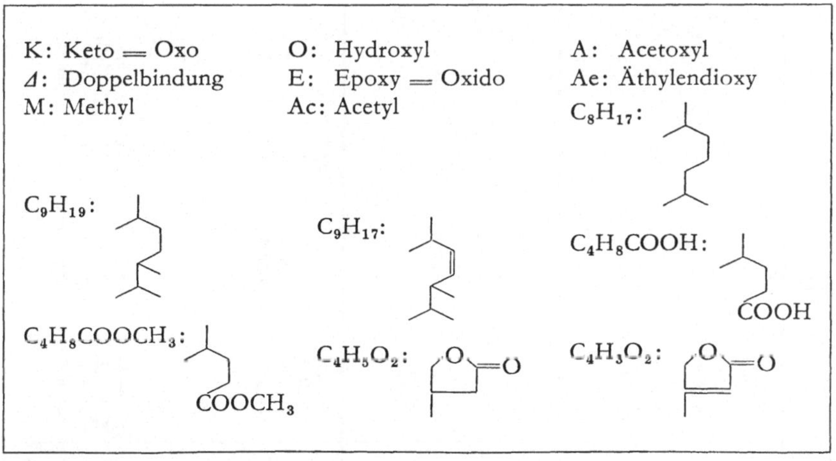


**Literatur zu Tabelle 84.**
ZÜRCHER, R.F.: Helv. Chim. Acta **44**, 1380 (1961).

Tabelle 84 (Fortsetzung)

|  | Stellung | K | O | *O* | A | *A* | $\Delta$ | E | *E* | Übrige Funktionen |
|---|---|---|---|---|---|---|---|---|---|---|
| 5α-Steroide | 1 | — 23 (—,383) |  |  |  |  |  |  |  | $\Delta^{1}$-3K: —14,5 (—,242); $\Delta^{1,4}$-3K: —28 (—,467); $\Delta^{1,4,6}$-3K: —25,5 (—,425) |
|  | 2 | + 0,5* (+,008)* |  |  |  |  | — 0,5* (—,008)* |  |  |  |
|  | 3 | — 14 (—,233) | — 0,5* (—,008)* | — 2,5 (—,042) | — 1,5* (—,025)* | — 3 (—,050) |  |  |  | $\Delta^{4}$-3K: —24,5 (—,408); $\Delta^{3,5}$: —12 (—,200)*; $OCH_3$: —2 (—,033)*; Ac: —3,5 (—,058) |
|  | 4 | + 1,5* (+,025)* |  |  |  |  |  |  |  | Cl: —3 (—,050)*[1] |
|  | 5 |  |  |  |  |  | — 11,5 (—,192) |  |  | $\Delta^{5}$-7K: —24 (—,400); $\Delta^{5,7}$: —9 (—,150)* |
| 5β-Steroide | 1 | — 12,5* (—,208)* |  |  |  |  |  |  |  |  |
|  | 2 |  |  |  |  |  |  |  |  |  |
|  | 3 | — 6 (—,100) | + 1* (+,017)* | — 2,5 (—,042) | 0 (,000) | — 2,5 (—,042) |  |  | + 2,5* (+,042)* |  |
|  | 4 | — 11,5* (—,192)* |  |  |  |  |  |  |  |  |
|  | 5 |  |  |  |  |  |  |  |  |  |
|  | 6 | + 2,5 (+,042) |  | — 13,5* (—,225)* |  | — 12* (—,200)* |  |  |  |  |
|  | 7 | — 17 (—,283) | — 2,5* (—,042)* | — 1* (—,017)* | — 6* (—,100)* | | — 0,5 (—,008) |  |  | $\Delta^{7,9}$: —6 (—,100)* |
|  | 8 |  |  |  |  |  | $\Delta^{8(9)}$: —5,5 (—,092) | + 6* (+,100)* |  | $\Delta^{8(14)}$: +7 (+,117); $\Delta^{8(9)}$-11K: —17,5 (—,292)* |
|  | 9 |  |  |  |  |  | — 9 (—,150) | — 12 (—,200) | — 7,5* (—,125)* | $\Delta^{9}$-12K: —16 (—,267)*; $\Delta^{9}$-11-OH-12K: —19 (—,317)*; F: 7 (,117)*[1] |
|  | 10 |  |  |  |  |  |  |  |  |  |
|  | 11 | VIII VII — 14 (—,233) | — 8,5 (—,142) | — 15,5 (—,258) | — 6,5 (—,108) |  | + 2 (+,033) | — 4* (—,067)* | — 11,5 (—,192) | Br: —11 (—,183)*; *Br*: —22,5 (—,375)*; 11β-Hydroxy-18-säure-lacton: —6,5 (—,108) |
|  | 12 | — 5,5 (—,092) | 0 (,000) | — 0,5* (—,008)* | 0* (,000)* |  |  |  |  | Br: +1 (+,017)[2]; 12a-Hydroxy-17a-carbonsäure-lacton: 0 (,000)* |
|  | 13 |  |  |  |  |  |  |  |  |  |

| | Pos. | | | | | | | | | |
|---|---|---|---|---|---|---|---|---|---|---|
| 14α-Steroide | 14 | | | | | | —0,5 (—,008) | —1* (—,017)* | —6*13) (—,100)* | |
| | 15 | —1* (—,017)* | | | | | | | | |
| | 16 | | | | | —1 (—,017) | | —1 (—,017) | | $\Delta^{16}$-20-Oxo-21-methyl: —2 (—,033); $CH_3$: 0 (,000) |
| | 17 | —1,5 (—,025) | —0,5 (—,008) | —0,5 (—,008) | | —0,5 (—,008) | | | | +) Weitere Substituenten sind am Fuß dieser Tabelle angeführt. |
| 14β-Steroide | 14 | | | —1,5 (—,025) | | | | | | 14β-Hydroxy-17β-carbonsäure-lacton: —3 (—,050)* |
| | 15 | +2 (+,023) | +1* (+,017)* | | | | | | | |
| | 16 | | | | | | | | | |
| | 17 | | | | | | | | | $COOCH_3$: +2 (+,033); $COOCH_3$: +1,5 (+,025); $C_4H_3O_2$: +1,5 (+,025); $COOH$ & 14β-$OH$ mit H-Brücke: —0,5 (—,008)*; $COOCH_3$ & 14β-$OH$ mit H-Brücke: +0,5 (+,008) |

| | | | |
|---|---|---|---|
| +)$CH_3$: —0,5 (—,008) | $C_9H_{17}$: +1 (+,017) | $C_4H_5O_2$: —0,5 (—,008) | $COCH_3$: 0 (,000) |
| $COOCH_3$: 0 (,000)* | $C_4H_8COOH$: +1 (+,017) | $C_4H_3O_2$: —0,5 (—,008) | $COCH_2OH$: 0 (,000)* |
| $C_2H_5$: +1 (+,017) | $C_4H_8COOCH_3$: +1 (+,017) | $C(OCH_2)_2CH_3$: +2 (+,033)* | $COCH_2OAc$: 0 (,000)* |
| $C_8H_{17}$: +1 (+,017) | $CHOHCH_3$: 0 (,000) | $CH(CH_3)O\text{-}CO(18)$: —5 (—,083) | $C(CH_3)=NNHCONH_2$: 0 (,000)* |
| $C_9H_{19}$: +1 (+,017)* | $CH(CH)_3OAc$: 0 (,000)* | —$C(CH_3)OAc$: +1 (+,017)* | $COOH$: 0 (,000)* |
| | | | $COOCH_3$: 0 (,000) |

Ein Stern (*) besagt, daß die betreffenden Werte nur an einer Verbindung bestimmt wurden.

Steht es äquatorial, so liegt es bei $\tau = 5.0$, bei axialer Stellung bei $\tau = 5.5$. Durch die Anisotropie nachbarständiger Carbonylgruppen kann es vorkommen, daß die äquatorialen Protonen bei höherem Feld erscheinen[1] als die axialen.

Die Lagen der angularen Methylgruppen hängen von der Struktur des Steroids ab. Substituenten und Doppelbindungen verändern, je nach Entfernung zu den Methylgruppen, deren chemische Verschiebung in mehr oder weniger starkem Maße. An einer großen Anzahl von Steroiden wurde nachgewiesen, daß die Einflüsse der verschiedenen Strukturelemente auf die Bandenlage der $C_{18}$ und $C_{19}$-Methylgruppen additiv sind[2-7]. Ausführliche Untersuchungen über den Substituenteneffekt auf die $C_{19}$-Methylgruppe wurde von ZÜRCHER[5] durchgeführt. Er teilt die Steroide in zwei Hauptgruppen ein, die $5a$-H-Steroide (bei denen die Ringe A und B trans verknüpft sind) und die $5\beta$-H-Steroide (A und B cis-verknüpft). Die zweite Gruppe wird noch einmal unterteilt in $5\beta$-H-14$a$-H-Steroide (Ringe C und D trans-verknüpft) und $5\beta$-H-14$\beta$-H-Steroide (C und D cis-verknüpft). Als Bezugspunkt für die erste Gruppe dient die Bandenlage im $5a$-Androstan in 0.1 molarer Lösung von $CDCl_3$ mit einem $\tau$-Wert von 9.225 (46.5 Hz vom TMS) und für die beiden anderen Gruppen $5\beta$-Androstan unter gleichen Bedingungen mit $\tau = 9.075$ (55.5 Hz vom TMS). Durch Addition von Korrekturgliedern verschiedener Substituenten zu diesen Werten lassen sich die Bandenlagen in anderen Steroiden berechnen. Die Abweichungen der berechneten Werte von den gemessenen Werten sind, von wenigen Ausnahmen abgesehen, geringer als 0.01 ppm. Die für die Berechnungen nötigen Korrekturen sind in Tab. 84 wiedergegeben.

Die Berechnung der Methylbanden ist ein wesentliches Hilfsmittel bei der Strukturaufklärung von Steroiden, denn auch bei kleinsten Substanzmengen lassen sich die Methylbanden noch gut feststellen. Voraussetzung für einen Vergleich ist natürlich die Einhaltung konstanter Versuchsbedingungen (bei ZÜRCHER 0.1 molare Lösungen von $CDCl_3$). Für die $C_{18}$-Methylgruppe sind die Substituenteneinflüsse ebenfalls additiv[2,6], doch liegt für diese Gruppen weniger experimentelles Material vor. Weitere Daten von Steroiden sind über eine große Anzahl von Arbeiten verstreut und sollen hier nur kurz erwähnt werden. Bei Steroiden mit Epoxyringen in 4,5-Stellung[8] und in 5,6-Stellung[9] konnte auf Grund der Kopplungskonstanten die Art der Verknüpfung festgestellt werden. Ferner wurden Untersuchungen durchgeführt über verschiedene Seitenketten[10], über fluorhaltige Steroide[11-14],

[1] NICKON, A., M. A. CASTLE, R. HARADA, C. E. BERKOFF, and R. O. WILLIAMS: J. A. C. S. **85**, 2185 (1963). — [2] SHOOLERY, J. N., and M. T. ROGERS: J. A. C. S. **80**, 5121 (1958). — [3] COX, J. S. G., E. O. BISHOP, and R. E. RICHARDS: J. Chem. Soc. 5118 (1960). — [4] SLOMP, Jr., G., and B. R. MCGARVEY: J. A. C. S. **81**, 2200 (1959). — [5] ZÜRCHER, R. F.: Helv. Chim. Acta **44**, 1380 (1961). — [6] JAQUESY, J. C., J. M. LEHN, et J. LEVISALLES: Bull. Soc. Chim. France 2444 (1961). — [7] MALINOWSKY, E. R., M. S. MANHAS, G. H. MÜLLER, and A. K. BOSE: THL 1161 (1963). — [8] COLLINS, D. J., J. J. HOBBS, and S. STERNHELL: THL 623 (1963). — [9] CROSS, A. D.: J. A. C. S. **84**, 3206 (1962). — [10] SLOMP, G., and F. A. MACKELLAR: J. A. C. S. **84**, 204 (1962). — [11] CROSS, A. D., and P. W. LANDIS: J. A. C. S. **84**, 3784 (1962). — [12] CROSS, A. D., and P. W. LANDIS: J. A. C. S. **86**, 4005 (1964). — [13] CROSS, A. D.: J. A. C. S. **86**, 4011 (1964). — [14] TADANIER, J., and W. COLE: J. Org. Chem. **26**, 2436 (1961).

über die Lage der olefinischen Protonen[1] und der Substituenten[2-4], über die Spinspinkopplung mit angularen Methylgruppen[5-8], über weitere Epoxyde[9,10], Abschirmungseffekte der Carbonylgruppe[11] und anderer Substituenten[12-15] und „long-range"-Kopplungen[16]. Weiter finden sich in der Literatur Angaben über die NMR-Spektren von Cholesterin und seinen Derivaten[17-23], Östran und seinen Derivaten[24], Testosteron, Androsteron, Progesteron und Pregnan[25-38], Cortison[39,40], Methylsterine[42-44] und Saponine[41]. Ferner sei auf die Monographie von BHACCA und WILLIAMS hingewiesen, in der die Kernresonanzspektren von Steroiden ausführlich behandelt werden[45].

[1] BRÜCKNER, K., B. HAMPEL u. U. JOHNSEN: Chem. Ber. 94, 1225 (1961). — [2] IRIARTE, J., J.N. SHOOLERY, and C. DJERASSI: J. Org. Chem. 27, 1139 (1962). — [3] FRIED, J.H., A.N. NUTILE, and G.E. ARTH: J. Org. Chem. 26, 976 (1961). — [4] YANG, N.C., and D.D.H. YANG: THL 4, 10 (1960). — [5] WILLIAMS, D.H., and N.S. BHACCA: J. A. C. S. 85, 2861 (1963). — [6] WEHRLI, H., M.S. HELLER, K. SCHAFFNER, et O. JEGER: Helv. Chim. Acta 44, 2162 (1963). — [7] SHOPPEE, C. W., F. P. JOHNSON, R. LACK, and S. STERNHELL: THL 2319 (1964). — [8] BHACCA, N.S., J.E. GURST, and D.H. WILLIAMS: J. A. C. S. 87, 302 (1965). — [9] BEAL, B.F., and J.E. PIKE: Chem. and Industrie 1505 (1960). — [10] TORI, K., T. KOMENO, and T. NAKAGAWA: J. Org. Chem. 29, 1136 (1964). — [11] BHACCA, N., M.E. WOLFF, and R. KWOK: J. A. C. S. 84, 4977 (1962). — [12] TOMOEDA, M., M. INUZUKA, T. FURUTA, and T. TAKAHASHI: THL 1233 (1964). — [13] TORI, K., and K. KURIYAMA: THL 3939 (1964). — [14] TORI, K., and T. KOMENO: TH 21, 309 (1965). — [15] CROSS, A.D., and I.T. HARRISON: J.A.C.S. 85, 3223 (1963). — [16] OSAWA, Y., and M. NEEMAN: J. A. C. S. 85, 2856 (1963). — [17] DAUBEN, W.G., G.A. BOSWELL, and W.H. TEMLETON: J. A. C. S. 83, 5006 (1961). — [18] COLLINS, D.J., J.J. HOBBS, and S. STERNHELL: THL 197 (1963). — [19] BOSWELL, G.A., W.G. DAUBEN, G. OURISSON, et T. RULL: Bull. Soc. Chim. France 1598 (1958). — [20] DEWHURST, B.B., J.S.E. HOLKER, A. LABLACHE-COMBIER, and J. LEVISALLES: Chem. and Industrie 1667 (1961). — [21] ALLINGER, N.L., and M.A. DAROOGE: THL 678 (1961). — [22] SLATES, H.L., and N.L. WENDLER: Experentia 17, 161 (1961). — [23] WILLIAMSON, K.L., and W.S. JOHNSON: J.A.C.S. 83, 4623 (1961). — [24] COUNSELL, R.E.: TH 15, 202 (1961). — [25] CROSS, A.D., and P. CRABBE: J. A. C. S. 86, 1221 (1964). — [26] TADANIER, J.: J. Org. Chem. 28, 1744 (1963). — [27] BENN, W.R.: J. Org. Chem. 28, 3557 (1963). — [28] BERGSTROM, C.G., and R.M. DODSON: Chem. and Industrie 1530 (1961). — [29] CEREGHETTI, M., H. WEHRLI, K. SCHAFFNER, et O. JEGER: Helv. Chim. Acta 43, 354 (1960). — [30] ZÜRCHER, R.F., et J. KALVODA: Helv. Chim. Acta 44, 198 (1961). — [31] ZÜRCHER, R.F.: Helv. Chim. Acta 44, 1755 (1961). — [32] ALTWATER, N.W., R.H. BIBLE, Jr., E.S. BROWN, R.R. BURTNER, J.S. MISHINA, L.N. NYSTED, and P.B. SOLLMAN: J. Org. Chem. 26, 3077 (1961). — [33] WILLIAMS, D. H., N. S. BHACCA, and C. DJERASSI: J. A. C. S. 85, 2810 (1963). — [34] TORTORELLA, V., G. LUCENTE, e A. ROMEO: Ann. Chim. (Roma) 50, 1198 (1960), C. A. 55, 14520g. — [35] TSUDA, K., E. OHKI, S. NOZOE, and N. IKEKAWA: J. Org. Chem. 26, 2614 (1961). — [36] CHINN, L.J., and H.L. DRYDEN, Jr.: J. Org. Chem. 26, 3904 (1961). — [37] SLOMP, Jr., G., and B.R. McGARVEY: J. A. C. S. 81, 2200 (1959). — [38] TWEIT, R.C., A.H. GOLDKAMP, and R.M. DODSON: J. Org. Chem. 26, 2856 (1961). — [39] CASPI, E., T. A. WITTSTRUCK, and N. GROVER: J. Org. Chem. 28, 763 (1963). — [40] CHRISTENSEN, B.G., R. G. STRACHAN, N. R. TRENNER, B. H. ARISON, R.F. HIRSCHMANN, and J.M. CHEMERDA: J. A. C. S. 82, 3995 (1960). — [41] ROSEN, W.E., J.B. ZIEGLER, A.C. SCHABICA, and J.N. SHOOLERY: J. A. C. S. 81, 1687 (1959). — [42] LEHN, J.M., et G. OURISSON: Bull. Soc. Chim. France 1137 (1962). — [43] LEHN, J.M.: Bull. Soc. Chim. France 1832 (1962). — [44] HUNECK, S., et J.M. LEHN: Bull. Soc. Chim. France 1702 (1963). — [45] BHACCA, N., and D. WILLIAMS: Application of Nuclear Magnetic Resonancespectroscopy Organic Chemistry. Illustrations from the Steroid Field, Holden-Dag Inc., San Francisco 1964.

# VI. Kernresonanzspektren von anderen Kernen

Kernresonanzspektren können von allen Kernen mit einem magnetischen Moment aufgenommen werden. Trotzdem hat die Spektroskopie nur weniger Atomsorten eine gewisse Bedeutung erlangt und in keinem Fall die der Protonenresonanz erreicht. Der Grund hierfür liegt einmal in der großen Anzahl und Wichtigkeit protonenhaltiger Verbindungen, zum anderen in experimentellen Schwierigkeiten bei der Spektroskopie mit anderen Kernen. Die Größe des Kernresonanzsignales eines bestimmten Isotops hängt vom magnetischen Moment des Kerns, von der Spinquantenzahl und Konzentration ab. Da viele magnetische Isotope im natürlich vorkommenden Isotopengemisch zu einem geringen Anteil vorliegen (z. B. $^{13}C$ zu 1.1 %), erhält man nur schwache Resonanzsignale. Vergleicht man die Intensitäten der Signale verschiedener Elemente bei konstantem Magnetfeld und setzt diejenige des Wasserstoffs gleich 10000, so ergeben sich unter Berücksichtigung der Konzentration des betreffenden Isotops folgende Werte:

$$
\begin{array}{llll}
^{1}H &=& 10000 & \qquad ^{15}N &=& 0.038 \\
^{11}B &=& 1340 & \qquad ^{17}O &=& 0.108 \\
^{13}C &=& 1.76 & \qquad ^{19}F &=& 8340 \\
^{14}N &=& 10.1 & \qquad ^{31}P &=& 664
\end{array}
$$

Durch Anreicherung der magnetischen Isotope könnte bei $^{13}C$ oder $^{17}O$ eine Verbesserung erreicht werden, doch ist die Herstellung solcher Verbindungen mit großem experimentellem und finanziellem Aufwand verbunden. Eine relative Signalgröße von 0.1 ist ungefähr die Grenze, bis zu der eine Kernresonanzspektroskopie durchgeführt werden kann. Die Stärke des Fluorsignals ist der des Protonensignals sehr ähnlich, und zwischen der Messung der beiden Isotope bestehen kaum Unterschiede. Bei der Aufnahme von $^{13}C$-, $^{14}N$- und $^{17}O$-Spektren müssen wegen der schwachen Signale größere Substanzmengen eingesetzt werden, und man ist auf die Untersuchung reiner Verbindungen oder hochkonzentrierter Lösungen beschränkt. Für diese Messungen verwendet man Röhrchen von 5—12 mm Durchmesser und verzichtet meist auf Rotation der Probe. Die Inhomogenität des Feldes über ein so großes Probevolumen bringt leicht eine Verbreiterung der Signale auf 10 Hz mit sich. Da sich jedoch die chemische Verschiebung bei diesen Kernen über einen wesentlich größeren Bereich erstreckt als beim Wasserstoff, bleibt das Verhältnis von Signalbreite zu chemischer Verschiebung etwa das gleiche. Eine weitere Schwierigkeit bei der Messung vieler Isotopenarten liegt darin, daß bei einer Spinquantenzahl von $I > \frac{1}{2}$ eine zusätzliche Verbreiterung durch das elektrische Quadrupolmoment auftritt. Ferner erschweren bei diesen Isotopen die großen Kopplungskonstanten, vor allem die mit entfernteren Kernen, die Auswertung der Spektren. Sie führen zu linienreichen Spektren oder zu breiten, nicht-aufgelösten Signalen. Durch Spinentkopplung kann man diese Schwierigkeiten weitgehend umgehen und die Spektren damit vereinfachen.

In den folgenden Abschnitten sollen nur diejenigen Isotopenarten besprochen werden, für die umfangreicheres Material vorliegt und die für die organische Chemie von Bedeutung sind. Es sind dies die $^{11}$B-, $^{13}$C-, $^{14}$N-, $^{17}$O-, $^{19}$F- und $^{31}$P-Resonanzen. Die speziellen experimentellen Verfahren, die bei der Messung der $^{13}$C- und $^{17}$O-Isotope angewandt werden, sollen in den entsprechenden Abschnitten behandelt werden.

## VI. 1. Bor

Das natürlich vorkommende Bor besteht aus einem Gemisch von 18.83% $^{10}$B und 81.17% $^{11}$B. Wegen der höheren Konzentration und des stärkeren Signals sind vorwiegend $^{11}$B-Untersuchungen durchgeführt worden. Die $^{11}$B-Spektroskopie weist keine prinzipiellen Unterschiede gegenüber der Protonenresonanz auf. In einer Reihe von Untersuchungen wurden die Bandenlagen zahlreicher Borverbindungen bestimmt[1-7], von denen einige — für die organische Chemie besonders interessante — in Tab. 85 wiedergegeben sind. Als Bezugssubstanz für die chemische Verschiebung diente dabei die Resonanzlage des Borsäuremethylesters ($B(OCH_3)_3$). Die Bandenlagen der untersuchten Verbindungen erstrecken sich über einen Bereich von rd. 150 ppm. Bei Verschiebungen dieser Größe spielen Lösungsmittel-, Konzentrations-, Wasserstoffbrücken- und Ringstromeffekte von Phenylsubstituenten eine vernachlässigbar kleine Rolle. Bei höchstem Feld liegt das tetraedrische $BH_4$-Anion, bei tiefstem Feld das trigonale Trimethylbor. Die Komplexe von Borhydrid mit Aminen, Äthern und Phosphinen liegen bei tieferem Feld als das $BH_4$-Ion. Die Resonanzen des $BF_4$-Ions und der $BF_3$-Komplexe erscheinen etwa an der gleichen Stelle und zeigen damit an, daß das Bor auch in den Komplexen tetragonale Struktur besitzt, vermutlich durch Ausbildung semipolarer Bindungen zwischen Bor und dem Heteroatom (z. B. $F_3B^-N^+R_3$). Bei tetraedrischen Ionen mit vier gleichen Substituenten nimmt die Abschirmung in der Reihenfolge $H > C > F > O$ ab. Zusammenhänge mit der Elektronegativität und Regeln über Substituenteneffekte lassen sich für die Verschiebung des Bors nicht geben.

Die Kopplungskonstanten $J_{B-H}$ fallen in drei verschiedene Klassen. In Boranen und Borazolen, in denen das Bor trigonal vorliegt, betragen die Werte 130—140 Hz, im tetragonalen $BH_4^-$-Ion 81 Hz. In Borhydridkomplexen, in denen die Hybridisierung des Bors vermutlich zwischen $sp^2$ und $sp^3$ liegt, findet man Werte zwischen 90 und 120 Hz. In Boranen betragen die Kopplungskonstanten mit Brückenkopfprotonen 20—50 Hz. Die Kopplungen zwischen Bor und Fluor sind klein und lassen sich bei den großen Bandenbreiten oft nicht feststellen (Tab. 86).

[1] OGG, R.A.: J. Chem. Phys. **22**, 1933 (1954). — [2] SHOOLERY, J.N.: Discussions Faraday Soc. **19**, 215 (1955). — [3] SCHAEFER, R., J.N. SHOOLERY, and R. JONES: J. A. C. S. **79**, 4606 (1957). — [4] PHILLIPS, W.D., H.C. MILLER, and E.L. MUETTERTIES: J. A. C. S. **81**, 4496 (1959). — [5] ONAK, T.P., H. LANDESMAN, R.E. WILLIAMS, and I. SHAPIRO: J. Phys. Chem. **63**, 1533 (1959). — [6] LANDESMAN, H., and R.E. WILLIAMS: J. A. C. S. **83**, 2663 (1961). — [7] WILLIAMS, R.E., H.D. FISHER, and CH. O. WILSON: J. Phys. Chem. **64**, 1583 (1960).

Tabelle 85. *Chemische Verschiebungen des $^{11}B$ in verschiedenen Borverbindungen*

| Verbindung | $\delta$ (ppm) | Lit. | Verbindung | $\delta$ (ppm) | Lit. |
|---|---|---|---|---|---|
| $NaBH_4$ | 61.0 | a | $(C_2H_5)_2OBCl_3$ | 7.7 | b |
| $BH_3 \cdot HP(CH_3)_2$ | 55.6 | a | $BF_3$ | 6.6 | a |
| $B_2H_5N(CH_3)_2$ | 36.7 | a | $B(o\text{–}CH_3C_6H_4O)_3$ | 3.2 | b |
| $BH_3 \cdot NH(CH_3)_2$ | 32.8 | a | $B(OC_2H_5)_3$ | 0.6 | a |
| | 33.2 | b | $B(n\text{–}C_3H_7O)_3$ | 0.5 | a |
| $BH_3NC_5H_5$ | 30.4 | a | $B(CH_3O)_3$ | 0.0 | – |
| $BH_3N(CH_3)_3$ | 27.2 | b | $B(n\text{–}C_4H_9O)_3$ | –0.1 | a |
| | 24.9 | a | $H_3BO_3$ | –0.7 | b |
| $BF_3 \cdot$ Piperidin | 20.4 | b | $BCl(OC_2H_5)_2$ | –5.1 | b |
| $BF_4^-$ | 20.2 | c | $BH(OCH_3)_2$ | –8.0 | b |
| $BF_3CH_3OH$ | 19.1 | b | $C_6H_5B(OC_2H_5)_2$ | –10.4 | a |
| $BH_3O(CH_2)_4$ | 19.0 | a | $(BHNH)_3$ | –12.3 | a |
| $BF_3O(CH_2)_4$ | 19.0 | a | $B(N(C_2H_5)_2)_3$ | –12.9 | a |
| $BF_3N(CH_3)_3$ | 18.6 | a | $(BHNCH_3)_3$ | –14.3 | a |
| $BF_3O(C_2H_5)_2$ | 18.1 | b | $C_4H_9B(OH)_2$ | –14.3 | a |
| $HBF_4$ | 18.0 | b | $C_6H_5B(OH)_2$ | –15.2 | a |
| $BF_3P(C_6H_5)_3$ | 17.7 | b | $C_6H_5BCl_2$ | –35.9 | b |
| $NaB(C_6H_5)_4$ | 16.1 | a | $B(C_2H_5)_3$ | –66.6 | a/b |
| $NaB(CH_3O)_4$ | 15.2 | a | $B(CH_3)_3$ | –68.2 | a |
| $B_2H_4N_2(CH_3)_4$ | 12.7 | a | | | |

[a] PHILLIPS, W.D., H.C. MILLER, and E.L. MUETTERTIES: J. A. C. S. **81**, 4496 (1959).

[b] ONAK, T.P., H. LANDESMAN, R.E. WILLIAMS, and I. SHAPIRO: J. Phys. Chem. **63**, 1533 (1959).

[c] FLUCK, E.: Die kernmagnetische Resonanz und ihre Anwendung in der organischen Chemie. Berlin: Springer 1963.

Tabelle 86. *Kopplungskonstanten in Borverbindungen*

| Verbindung | $J_{B-H}$ | Lit. | Verbindung | $J_{B-F}$ | Lit. |
|---|---|---|---|---|---|
| $NaBH_4$ | 81 | a/b | $BF_4^-$ | 4.8 | c |
| $BH_3NH(CH_3)_2$ | 91 | b | $F_3'B\text{–}CF_3^-$ | 39 $(J_{B-F'})$ | c |
| $BH_3NC_5H_5$ | 90 | a | | 34 $(J_{B-F})$ | c |
| | 96 | b | $CH_3BF_2$ | 77 | e |
| $BH_3N(CH_3)_3$ | 97 | a | | | |
| | 101 | b | $(CH_3)_2PH.BH_3$ | 50 $J_{(B-P)}$ | d |
| $BH_3O(CH_2)_4$ | 103 | a | | | |
| $HB(OCH_3)_2$ | 141 | b | | | |
| $B_2H_6$ | 137 | a | | | |
| $(BHNH)_3$ | 136 | a | | | |

[a] PHILLIPS, W.D., H.C. MILLER, and E.L. MUETTERTIES: J. A. C. S. **81**, 4496 (1959).

[b] ONAK, T.P., H. LANDESMAN, R.E. WILLIAMS, and I. SHAPIRO: J. Phys. Chem. **63**, 1533 (1959).

[c] CHAMBERS, R.D., H.C. CLARK, L.W. REEVES, and C.J. WILLIS: Can. J. Chem. **39**, 258 (1961).

[d] SHOOLERY, J.N.: Discussions Faraday Soc. **19**, 215 (1955).

[e] COYLE, T.D., and F.G.A. STONE: J. A. C. S. **82**, 6223 (1960).

Die Kernresonanzspektren von Boranen und ihren Derivaten sind ausführlich untersucht worden[1-22]. Die Ergebnisse, die nicht in den Rahmen dieses Buches gehören, sind von LAUTERBUR[23] und FLUCK[24] zusammengefaßt worden. Eine Reihe von interessanten Untersuchungen an Borazol und seinen Derivaten haben das Auftreten eines Ringstroms in diesen Verbindungen erkennen lassen[25-29]. Die chemischen Verschiebungen von Additionsverbindungen sind neben den in Tab. 85 genannten Arbeiten noch in weiteren Untersuchungen beschrieben worden[30-37].

## VI. 2. Kohlenstoff

### VI. 2a *Meßtechnik*

Im natürlich vorkommenden Isotopengemisch des Kohlenstoffs ist das magnetische Isotop $^{13}C$ nur zu 1.108 Prozent enthalten. Für die Protonen- und Fluorresonanz muß man dies als besonders glücklichen Umstand

[1] BLAY, N. J., J. WILLIAMS, and R. L. WILLIAMS: J. Chem. Soc. 424 (1960). — [2] BLAY, N. J., I. DUNSTAN, and R. L. WILLIAMS: J. Chem. Soc. 430 (1960). — [3] FIGGIS, B. N., and R. L. WILLIAMS: Spectrochim. Acta 15, 331 (1959). — [4] KELLY, Jr., J., J. D. RAY, and R. A. OGG, Jr.: Phys. Rev. 94, 767 (A) (1954). — [5] LIPSCOMB, W. N., and A. KACZMARCZYK: Proc. Natl. Acad. Sci. U.S. 47, 1796 (1961). — [6] OGG, R. A.: J. Chem. Phys. 22, 1933 (1954). — [7] OGG, R. A., and J. D. RAY: Discussions Faraday Soc. 19, 239 (1955). — [8] RIGDEN, J. S., R. C. HOPKINS, and J. D. BALDESCHWIELER: J. Chem. Phys. 35, 1532 (1961). — [9] SCHAEFFER, R., J. N. SHOOLERY, and R. JONES: J. A. C. S. 80, 2670 (1958). — [10] SCHAEFFER, R., J. N. SHOOLERY, and R. JONES: J. A. C. S. 79, 4606 (1957). — [11] SHAPIRO, I., M. LUSTIG, and R. E. WILLIAMS: J. A. C. S. 81, 838 (1959). — [12] WILLIAMS, R. E., and I. SHAPIRO: J. Chem. Phys. 29, 677 (1958). — [13] WILLIAMS, R. E., S. G. GIBBINS, and I. SHAPIRO: J. Chem. Phys. 30, 320 (1959). — [14] WILLIAMS, R. E., S. G. GIBBINS, and I. SHAPIRO: J. Chem. Phys. 30, 333 (1959). — [15] WILLIAMS, R. E., S. G. GIBBINS, and I. SHAPIRO: J. A. C. S. 81, 6164 (1959). — [16] WILLIAMS, R. E.: J. Inorg. and Nucl. Chem. 20, 198 (1961). — [17] WILLIAMS, R. L., I. DUNSTAN, and N. J. BLAY: J. Chem. Soc. 5006 (1960). — [18] SHOOLERY, J. N.: Discussions Faraday Soc. 19, 215 (1955). — [19] ONAK, T. P., H. LANDESMAN, R. E. WILLIAMS, and I. SHAPIRO: J. Phys. Chem. 63, 1533 (1959). — [20] PHILLIPS, W. D., H. C. MILLER, and E. L. MUETTERTIES: J. A. C. S. 81, 4496 (1959). — [21] PILLING, R. L., F. N. TEBBE, M. F. HAWTHORNE, and E. A. PIER: Proc. Chem. Soc. (London) 402 (1964). — [22] PILLING, R. L., M. F. HAWTHORNE, and E. A. PIER: J. A. C. S. 86, 3568 (1964). — [23] LAUTERBUR, P. C.: Determination of Organic Structures by Physical Methods (Band 2). New York: Academic Press 1962. — [24] FLUCK, E.: Die kernmagnetische Resonanz und ihre Anwendung in der anorganischen Chemie. Berlin: Springer 1963. — [25] CAMPBELL, G. W., and L. JOHNSON: J. A. C. S. 81, 3800 (1959). — [26] ITO, K., H. WATANABE, and M. KUBO: J. Chem. Phys. 32, 947 (1960). — [27] ITO, K., H. WATANABE, and M. KUBO: Bull. Chem. Soc. Japan 33, 1588 (1960). — [28] ITO, K., H. WATANABE, and M. KUBO: J. Chem. Phys. 34, 1043 (1961). — [29] BUTCHER, I. M., W. GERRARD, J. B. LEANE, and E. F. MOONEY: J. Chem. Soc. 4528 (1964). — [30] CRAIG, R. A., and R. E. RICHARDS: Trans. Farad. 59, 1962 (1963). — [31] DIEHL, P., and R. A. OGG: Nature 180, 1114 (1957). — [32] DIEHL, P., and I. GRÄNACHER: Helv. Phys. Acta 31, 43 (1958). — [33] DUYNSTEE, E. F. J., W. V. RAAYEN, J. SMIDT, et TH. A. VEERKAMP: Recueil Trav. Chim. Pays-Bas 80, 1323 (1961). — [34] MUETTERTIES, E. L.: J. Inorg. and Nucl. Chem. 15, 182 (1960). — [35] OGG, Jr., R. A., and P. DIEHL: J. Inorg. and Nucl. Chem. 8, 468 (1958). — [36] ONAK, T. P., H. LANDESMAN, and I. SHAPIRO: J. Phys. Chem. 62, 1605 (1958). — [37] ONAK, T. P., and I. SHAPIRO: J. Chem. Phys. 32, 952 (1960).

ansehen, denn die Spektren werden nicht durch Kopplung mit den Kohlenstoffatomen komplizierter. Der geringe Gehalt an $^{13}$C wirkt sich nur dadurch aus, daß auf beiden Seiten der Hauptbanden ($^{12}$C-H) Satelliten auftreten, deren Intensitäten zusammen etwa 1 Prozent der Hauptbande ausmachen. Diese kleinen Banden stören bei der Analyse der Spektren nicht, sind aber stark genug, um die Kopplungskonstanten ($J_{13\,C-H}$) zu bestimmen. Ebenso reicht die natürliche $^{13}$C-Konzentration aus, $^{13}$C-Spektren kleiner und mittelgroßer Moleküle aufzunehmen. Kohlenstoff $^{13}$C hat eine Spinquantenzahl von $^1/_2$ und seine Resonanzsignale sind scharf. Wegen der geringen Konzentration des $^{13}$C ist die Wahrscheinlichkeit, daß in einem Molekül zwei Atome dieser Art an benachbarten Positionen auftreten, verschwindend klein und die $^{13}$C—$^{13}$C-Kopplung kann daher vernachlässigt werden.

Zur Erzielung genügend starker Signale müssen hohe Energien eingestrahlt werden. Da aber die Relaxationszeiten beim $^{13}$C lang sind, kommt es leicht zu Sättigungen und zum Verschwinden des Signals. Man umgeht diese Schwierigkeit dadurch, daß man nicht das Absorptionssignal (wie bei $^1$H, $^{19}$F, $^{11}$B usw.) aufnimmt, sondern das Dispersionssignal, das weniger leicht gesättigt werden kann. Auf die mathematische Ableitung des Dispersionssignals[1,2] soll hier verzichtet werden. Wird ein Spektrum langsam durchlaufen, so sieht das Dispersionssignal wie die erste Ableitung des Absorptionssignals aus (Abb. 85b). Bei schnellem Durchgang ist die Form des

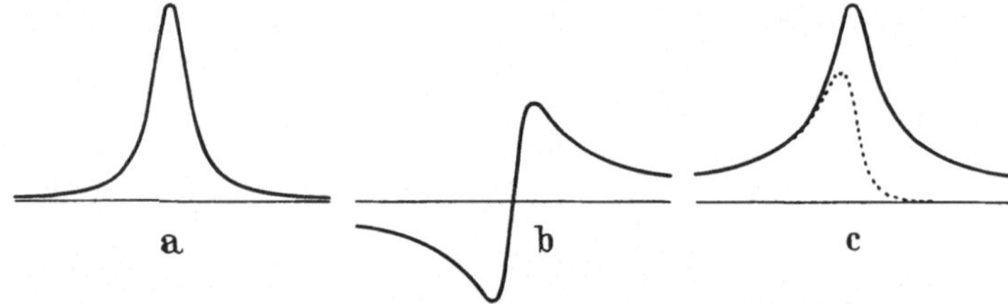



Abb. 85. Die Form von NMR-Signalen bei verschiedener Aufnahmetechnik. a) Absorptionssignal, b) Dispersionssignal, wenn die Resonanzstelle langsam durchlaufen wird, c) Ausgezogene Kurve: Dispersionssignal bei schnellem Durchlaufen der Resonanzstelle. Gestrichelte Kurve: Häufig beobachtete Form dieses Signals, die zwischen den Extremen b und c liegt

Dispersionssignals der des Absorptionssignals ähnlich (Abb. 85c). Wird nach einem schnellen Durchgang das Spektrum noch einmal in der umgekehrten Richtung durchfahren, so erscheint das umgedrehte Spektrum, d. h. also, mit den Signalen nach unten, wie es in Abb. 86 am Beispiel des Phenols gezeigt ist. Da die in den verschiedenen Richtungen aufgenommenen Spektren nicht völlig gleich sind, werden die chemischen Verschiebungen durch Mittelwertbildung bestimmt. Bei $^{13}$C-Spektren wird im allgemeinen der Resonanzbereich schnell durchlaufen, bei anderen Kernen, z. B. $^{17}$O, verfährt man nach der Methode des langsamen Durchgangs.

Im Spektrum des Phenols (Abb. 86) sind die Banden aller Kohlenstoffe deutlich zu erkennen. Wird das Spektrum nicht in Substanz sondern in Lö-

[1] POPLE, J. A., W. G. SCHNEIDER, and H. J. BERNSTEIN: High-resolution Nuclear Magnetic Resonance. New York: McGraw-Hill 1959. — [2] ANDREW, E. R.: Nuclear Magnetic Resonance. Cambridge: University Press 1958.

sung aufgenommen, so werden sie möglicherweise vom Rauschen verdeckt. Durch eine einfache Überschlagsrechnung kann man vor Aufnahme eines Spektrums bestimmen, ob die Substanz in Lösung gemessen werden kann und welche Konzentration mindestens vorhanden sein muß[1]. Wird bei einer Frequenz von 8.5 MHz ein Proberöhrchen von 12 mm Durchmesser

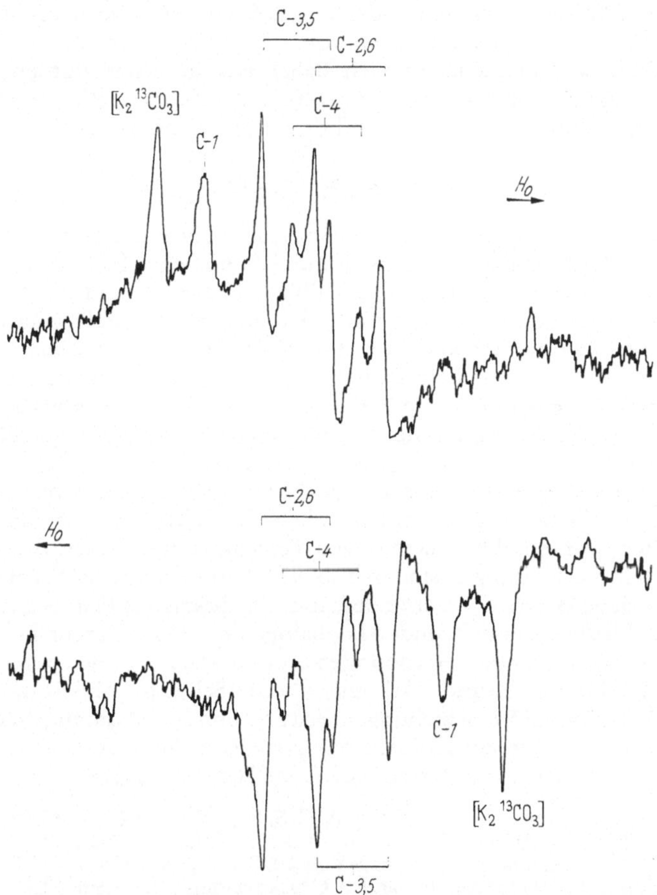


Abb. 86. ¹³C-Spektrum von Phenol bei 8.5 MHz. Die Ziffern geben die Zuordnung der Banden zu den Ringpositionen. Bei tiefstem Feld liegt die Bande der Bezugssubstanz $(K_2CO_3)$[2]

verwendet, so erhält man bei Konzentrationen von einem Grammatom pro Liter ein Signal/Rauschen-Verhältnis von etwa 1. Untersucht man unverdünntes Benzol, was einer Konzentration von ca. 11 Mol/l entspricht, so hat man 66 Grammatome pro Liter. Da das ¹³C-Signal des Benzols ein Dublett ist, findet man für jede Linie ein Signal/Rauschen-Verhältnis von

[1] LAUTERBUR, P.C.: Determination of Organic Structures by Physical Methods (Band 2). New York: Academic Press 1962. — [2] LAUTERBUR, P.C.: J. A. C. S. 83, 1846 (1961).

33:1. Die Banden sind also stark, und wären auch noch bei Verdünnung deutlich zu erkennen. Wesentlich ungünstigere Ergebnisse findet man z. B. für das Methylsignal im Toluol. Die Konzentration von reinem Toluol beträgt 9.5 Mol/l, es liegen also 9.5 Grammatome pro Liter von der Methylgruppe vor. Da das Methylsignal durch Kopplung mit den Protonen in ein Quadruplett mit den Intensitäten 1:3:3:1 aufgespalten wird, entfällt auf die äußere Bande nur ein achtel der Gesamtintensität, und man würde für sie ein Verhältnis Signal/Rauschen von 1.2 erhalten. Die äußeren Banden des Methylquadrupletts lassen sich daher nur in unverdünnten Proben erkennen. Durch Rotation der Meßprobe und Protonenentkopplung kann man die Signalbreite verringern und die Nachweisgrenze erhöhen.[1]

VI. 2b Chemische Verschiebungen

Als Bezugssubstanzen für die chemische Verschiebung von $^{13}$C sind Benzol[2], die Carbonylbande der Essigsäure[3,4] und Schwefelkohlenstoff[5] vorgeschlagen worden. Da Benzol ein Dublettsignal gibt, und die Bande der Essigsäure von der Konzentration abhängt, ist Schwefelkohlenstoff am geeignetsten. Die auf Schwefelkohlenstoff bezogenen chemischen Verschiebungen werden oft mit dem Index c, also $\delta_c$ gekennzeichnet. Über die chemischen Verschiebungen des $^{13}$C und über die Kopplungskonstanten von einer großen Anzahl organischer Verbindungen ist in einigen ausführlichen Arbeiten und Zusammenfassungen berichtet worden[2,3,4,6—16]. Ein besonders umfangreiches Material ist von LAUTERBUR[17] veröffentlicht worden.

In den folgenden Abschnitten sollen die wichtigsten Befunde kurz besprochen werden. Die chemischen Verschiebungen einer Anzahl von organischen Verbindungen sind in Tab. 87 zusammengestellt. Sie erstrecken sich über einen Bereich von etwa 350 ppm. Bei höchstem Feld liegen aliphatische Kohlenwasserstoffe und Alkylhalogenide, bei tieferem Feld ungesättigte und aromatische Verbindungen und am unteren Ende des Spektrums Carbonylverbindungen und die Bezugssubstanz Schwefelkohlenstoff. Nur ein kleiner Anteil dieser Verschiebungen, etwa 50 ppm, wird durch Änderungen der Elektronendichte am Kohlenstoff[17], der Rest durch Anisotropieeffekte der Substituenten[6,19] und intramolekulare Dispersionseffekte[18] verursacht.

[1] PAUL, E.G., and D.M. GRANT: J.A.C.S. **86**, 2977 (1964). — [2] HOLM, C.H.: J. Chem. Phys. **26**, 707 (1957). — [3] LAUTERBUR, P.C.: J. Chem. Phys. **26**, 217 (1957). — [4] LAUTERBUR, P.C.: Ann. NY Acad. Sci. **70**, 841 (1958). — [5] ETTINGER, R., P. BLUME, A. PATERSON, Jr., and P.C. LAUTERBUR: J. Chem. Phys. **33**, 1597 (1960). — [6] SPIESECKE, H., and W.G. SCHNEIDER: J. Chem. Phys. **35**, 722 (1961). — [7] SPIESECKE, H., and W.G. SCHNEIDER: J. Chem. Phys. **35**, 731 (1961). — [8] MULLER, N., and D.E. PRITCHARD: J. Chem. Phys. **31**, 768 (1959). — [9] MULLER, N., and D.E. PRITCHARD: J. Chem. Phys. **31**, 1471 (1959). — [10] LAUTERBUR, P.C.: J.A. C.S. **83**, 1846 (1961). — [11] LAUTERBUR, P.C.: J.A.C.S. **83**, 1838 (1961). — [12] HARRIS, R.K.: J. Phys. Chem. **66**, 768 (1962). — [13] FRIEDEL, R.A., and H.L. RETCOFSKY: J.A.C.S. **85**, 1300 (1963). — [14] FREI, K., and H.J. BERNSTEIN: J. Chem. Phys. **38**, 1216 (1963). — [15] COHEN, A.D., N. SHEPPARD, and J.J. TURNER: Proc. Chem. Soc. 118 (1958). — [16] GOLDSTEIN, J.H., and R.T. HOBGOOD, Jr.: J. Chem. Phys. **40**, 3592 (1964). — [17] LAUTERBUR, P.C.: Determination of Organic Structures by Physical Methods (Band 2). New York: Academic Press 1962. — [18] SCHAEFER, T., N.F. REYNOLDS, and T. YONEMOTO: Can. J. Chem. **41**, 2969 (1963). — [19] POPLE, J.A.: J. Mol. Phys. **7**, 301 (1964).

## Tabelle 87
*¹³C-Chemische Verschiebungen bezogen auf die Resonanzlage des Schwefelkohlenstoffs*

| Verbindung | $\delta_C$ ppm | Lit. |
|---|---|---|
| $CH_4$ | 195.8 | a |
| $CH_3CH_3$ | 187.3 | a |
| $C_3H_8$   $C_1$ | 178.1 | a' |
|        $C_2$ | 177.6 | |
| $C_4H_{10}$ n   $C_1$ | 180.5 | a' |
|        $C_2$ | 168.7 | |
| $C_4H_{10}$ i   $C_1$ | 169.4 | a' |
|        $C_2$ | 168.5 | |
| $(CH_3\overset{*}{C}H_2)_4C$ | 189.3 | a |
| | *168.6 | |
| $(CH_3)_4\overset{*}{C}$ | 163 | b |
| | *167 | |
| $CH_3F$ | 118.3 | a |
| $CH_3Cl$ | 168.8 | a |
| $CH_3Br$ | 184.3 | a |
| $CH_3J$ | 216.0 | a |
| $CH_2Cl_2$ | 140 | b |
| $CH_2Br_2$ | 172 | b |
| $CH_2J_2$ | 255 | c |
| $CHCl_3$ | 114 | b |
| $CHBr_3$ | 184 | b |
| $CHJ_3$ | 332 | d |
| $CCl_4$ | 97 | b |
| $CBr_4$ | 221 | b |
| $CH_3\overset{*}{C}H_2F$ | 179.1 | a |
| | *114.4 | a |
| $CH_3\overset{*}{C}H_2Cl$ | 175.8 | a |
| | *154.3 | a |
| $\overset{*}{C}H_3CHCl_2$ | 161 | f |
| $\overset{*}{C}H_3CCl_3$ | 147 | f |
| $CH_3\overset{*}{C}H_2Br$ | 173.3 | a |
| | *165.3 | a |
| $CH_3\overset{*}{C}H_2J$ | 170.5 | a |
| | *191.7 | a |
| $ClCH_2CH_2Cl$ | 148 | d |
| $CH_3OH$ | 145 | b |
| $CH_3OC_6H_5$ | 138 | e |
| $CH_3NH_2$ | 181 | c |
| $(CH_3)_2SO$ | 151 | d |
| $(CH_3)_3SiCl$ | 190 | d |
| $(CH_3)_2O$ | 134.3 | a |
| $(CH_3)_3N$ | 146.2 | a |
| $(CH_3)_4N^+Br^-$ | 137.9 | a |
| $(CH_3)_4Si$ | 194.0 | a |
| $(CH_3)_4Ge$ | 195.4 | a |
| $(CH_3)_4Sn$ | 202.6 | a |
| $(CH_3)_4Pb$ | 196.6 | a |
| $CH_3NO_2$ | 136.4 | a |
| $(CH_3\overset{*}{C}H_2)_2O$ | 176.6 | a, f |
| | *126.3 | |
| $((\overset{*}{C}H_3)_2\overset{+}{C}H)_2O$ | *170 | d |
| | 125 | |
| $(CH_3\overset{*}{C}H_2)_3N$ | 179.9 | a |
| | *145.5 | |
| $(CH_3\overset{*}{C}H_2)_4Si$ | 187.5 | a |
| | *191.7 | |
| $(CH_3\overset{*}{C}H_2)_4Sn$ | 182.7 | a |
| | *193.8 | |

| Verbindung | $\delta_C$ ppm | Lit. |
|---|---|---|
| $(CH_3\overset{*}{C}H_2)_4Pb$ | 177.8 | a |
| | *182.9 | |
| $\overset{++}{C}H_3\overset{+}{C}H(OH)COO\overset{*}{C}H_2\overset{**}{C}H_3$ | +125 ++178 | d |
| | *132 **178 | |
| $(CH_3)_2\overset{*}{C}(NO_2)_2$ | *75 | d |
| $1,3,5\text{-}(CH_3)_3\overset{*}{C}_6H_3$ | 172 | e |
| $\overset{*}{C}H_3COOH$ | 173 | b |
| $\overset{*}{C}H_3CN$ | 196 | b |
| $(CH_3)_2\overset{*}{C}O$ | 164 | b |
| $(CH_3)_3\overset{*}{C}NO_2$ | 166 | d |
| $C_2H_4O$ | 157 | c |
| $C_4H_8O_2$ | 126 | b |
| $C_6H_6$ | 65 | b |
| $CH_2-CH_2$<br>$CH_2\qquad CH_2$<br>$\overset{*}{C}H=\overset{*}{C}H$ | 67 | b |
| $\overset{+}{C}H_2=\overset{*}{C}HCOOH$ | *64 | d |
| | +60 | |
| $CH_3COO\overset{*}{C}(CH_3)=\overset{+}{C}H_2$ | *39 | d |
| | +92 | |
| $CHCl=CHCl$ (cis) | 71 | b |
| $Si(\overset{*}{C}H=CH_2)_4$ | *60 | d |
| | 59 | |
| $CH_3OO\overset{*}{C}=\overset{*}{C}COOCH_3$ | 118 | d |
| $CH_3\overset{*}{C}\equiv N$ | 73 | b |
| $(C\equiv N)^-$ (wässr. KCN) | 16 | c |
| $CH_3CH_2CH_2\overset{+}{C}H=\overset{*}{C}H_2$ | *79.3 | g |
| | +55.2 | |
| $CH_3CH_2CH(CH_3)\overset{+}{C}H=\overset{*}{C}H_2$ | *80.8 | g |
| | +48.8 | |
| $CH_3CH_2\overset{*}{C}H=\overset{*}{C}HCH_2CH_3$ (cis) | 62.5 | g |
| $CH_3CH_2\overset{*}{C}H=\overset{*}{C}H-CH_2CH_3$ (trans) | 62.4 | g |
| $CH_3CH_2\overset{+}{C}(CH_3)=\overset{*}{C}H_2$ | *85.1 | g |
| | +46.4 | |
| $CH_3CH_2CH_2\overset{+}{C}(CH_3)=\overset{*}{C}H_2$ | *83.9 | g |
| | +49.2 | |
| $CH_3\overset{+}{C}(CH_3)=\overset{*}{C}HCH_3$ | *74.9 | g |
| | +62.4 | |
| $CH_3CH_2\overset{+}{C}(CH_3)=\overset{*}{C}HCH_3$ (cis) | *76.8 | g |
| | +56.4 | |
| $CH_3CH_2\overset{+}{C}(CH_3)=\overset{*}{C}HCH_3$ (trans) | *75.4 | g |
| | +57.1 | |
| $CH_3CH_2\overset{*}{C}\equiv\overset{*}{C}CH_2CH_3$ | 111.8 | h |
| $HOCH_2\overset{*}{C}\equiv\overset{+}{C}H$ | *110.5 | h |
| | +118.6 | |
| $ClCH_2\overset{*}{C}\equiv\overset{+}{C}H$ | *114.1 | h |
| | +118.1 | |
| $C_6H_5\overset{*}{C}\equiv\overset{+}{C}H$ | *108.9 | d, h |
| | +115.3 | |
| Cyclooctatetraen | 60.9 | k |

Tabelle 87 (Fortsetzung)

| Verbindung | $\delta_C$ ppm | Lit. | Verbindung | $\delta_C$ ppm | Lit. |
|---|---|---|---|---|---|
| Cycloheptatrien | 62.1 | k | Methyläthylketon | -13.5 | i |
| | 66.3 | | Diäthylketon | -16.5 | i |
| | 72.6 | | Methylvinylketon | -4.4 | i |
| Cyclopentadien | 60.8 | k | Acetophenon | -3.2 | b, i |
| Cyclooctatetraen dianion | 107.5 | k | Benzophenon | -2.4 | i |
| Tropyliumion | 37.4 | k | Cyclobutanon | -14.1 | i |
| Cyclopentadienyl anion | 90.7 | k | Cyclohexanon | -16.1 | d, i |
| | | | Cyclopentanon | -24.4 | d, i |
| *Carbonylbanden* | | | Campher | -26.3 | i |
| | | | Cyclopentenon-2 | -15.3 | i |
| Ameisensäure | 27 | b | Cyclohexenon-2 | -4.3 | i |
| Acrylsäure | 20 | d | Acetaldehyd | -6 | b |
| Essigsäure | 15.6 | b, i | Propionaldehyd | -9.0 | i |
| Benzoesäure | 20.2 | i | Acrolein | 0.4 | i |
| Dimethylacetylendicarboxylat | 40 | f | Benzaldehyd | 1.8 | i |
| $CH_3COOCH_3$ | 23.0 | i | Dimethylformamid | 30 | b |
| $CH_2{=}CHCOOCH_3$ | 29.2 | i | | | |
| $C_6H_5COOCH_3$ | 27.0 | i | $(CH_3)(C_2H_5)\overset{*}{C}{=}NOH$ | 33 | b |
| $(CH_3CO)_2O$ | 27.6 | i | $Ni(CO)_4$ | 2 | d |
| $CH_3COCl$ | 23.8 | i | $Fe(CO)_5$ | -15 | d |
| Propiolacton | 22.5 | i | $CH_3CH(OH)COOCH_2CH_3$ | 17 | d |
| Butyrolacton | 15 | d | $CO_2$ | 68.6 | i |
| Acetylaceton (Ketoform) | -9 | d | $CO$ | 11.5 | i |
| (Enolform) | 2 | d | | | |
| Aceton | -12 | b | $CS_2$ | 0 | |

[a] Spiesecke, H., and W.G. Schneider: J. Chem. Phys. **35**, 722 (1961).
[a'] Grant, D.M., and E.G. Paul: J. A. C. S. **86**, 2984 (1964).
[b] Lauterbur, P.C.: J. Chem. Phys. **26**, 217 (1957).
[c] Holm, C.H.: J. Chem. Phys. **26**, 707 (1957).
[d] Lauterbur, P.C.: Kap. 7 in Literatur [h].
[e] — P.C.: J. A. C. S. **83**, 1838 (1961).
[f] — P.C.: Ann. NY Acad. Sci. **70**, 841 (1958).
[g] Friedel, R.A., and H.L. Retcofsky: J. A. C. S. **85**, 1300 (1963).
[h] Phillips, W.D.: Determination of Organic Structure by Physical Methods. New York: Academic Press 1962.
[i] Ettinger, R., P. Blume, A. Paterson, Jr., and P.C. Lauterbur: J. Chem. Phys. **33**, 1597 (1960).
[k] Spiesecke, H., and W.G. Schneider: THL **14**, 468 (1961).
[l] Stothers, J.B., and P.C. Lauterbur: Can. J. Chem. **42**, 1563 (1964).

Die Banden aliphatischer Kohlenwasserstoffe liegen im Bereich von 160—190 ppm und unterscheiden sich nur wenig voneinander. An linearen Kohlenwasserstoffen wurde nachgewiesen, daß die Effekte von Alkylsubstituenten additiv sind[1,2] und daß sich die Resonanzlagen aller Kettenglieder durch Summation aus der chemischen Verschiebung von Methan und Substituentenkonstanten (Methyl —9.10, Äthyl —18.55, Propyl —15.98, Butyl —16.35, Pentyl —16.45, Hexyl und größere Reste —16.5 bis 16.6) bestimmen lassen.

Ist der Kohlenstoff mit Heteroatomen verbunden, so sollte man mit steigender Elektronegativität des Substituenten eine Verschiebung der

---

[1] Paul, E.G., and D.M. Grant: J. A. C. S. **85**, 1701 (1963). — [2] Grant, D.M., and E.G. Paul: J. A. C. S. **86**, 2984 (1964).

Kohlenstoffbande nach tieferem Feld erwarten. In Abb. 87 sind die chemischen Verschiebungen von Methylverbindungen gegen die Elektronegativität des Substituenten aufgetragen und es besteht nur für wenige Substituenten ein linearer Zusammenhang, wie besonders die starken Abweichungen bei den Halogenen zeigen. Die Anisotropieeffekte dieser Substituenten bewirken eine Verschiebung der Kohlenstoffresonanzen nach

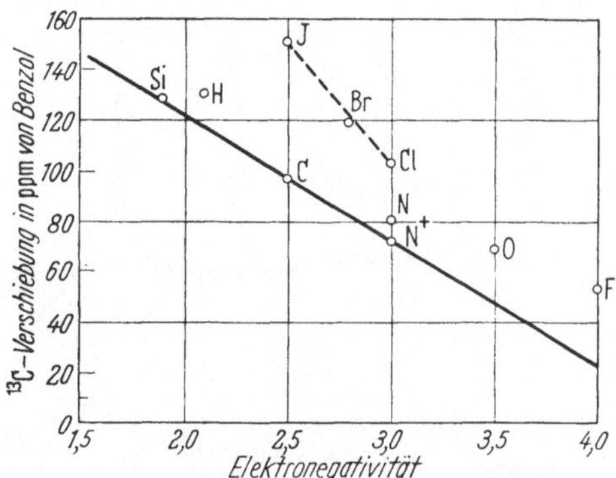


Abb. 87. Chemische Verschiebung des $^{13}$C in Verbindungen vom Typ $CH_3$-X in Abhängigkeit von der Elektronegativität des Substituenten[1]

höherem Feld. (Bei der Protonenresonanz von Methylverbindungen wurde durch die Anisotropie der C—X-Bindung eine Verschiebung nach tieferem Feld beobachtet (vgl. S. 96)). Sind mehrere Substituenten vorhanden, so verstärken sich ihre Wirkungen. So wird in der Reihe $CH_4$—$CH_3X$—$CH_2X_2$—$CHX_3$—$CX_4$ die Bande nach höherem Feld verschoben, wenn der Substituent ein Jodatom ist, nach tieferem Feld, wenn es Chlor ist. Der Einfluß der Substituenten nimmt mit steigender Entfernung ab, ist aber in der $CH_3$-Gruppe von Äthylverbindungen noch deutlich festzustellen[1]. Die chemischen Verschiebungen der $CH_3$-Gruppen in Isopropyl- und t-Butylgruppen lassen sich leicht aus denen der Äthylverbindungen berechnen: Isopropylverbindungen liegen um 8 ppm, t-Butylverbindungen um 16 ppm nach tieferem Feld verschoben.

Die Banden von Kohlenstoffatomen in ungesättigten Verbindungen erscheinen im Bereich von 50—80 ppm. Die $^{13}$C-Spektroskopie stellt ein wichtiges Verfahren zur Strukturaufklärung olefinischer Kohlenwasserstoffe dar, besonders bei Verbindungen mit mehreren Substituenten an der Doppelbindung, bei denen mit Infrarotspektroskopie und Protonenresonanz keine Ergebnisse erzielt werden können. In Abb. 88 sind die Spektren von fünf typischen Vertretern dieser Klasse wiedergegeben. Olefine mit endständiger Doppelbindung zeigen durch Kopplung mit den Protonen ein Dublett und ein Triplett, bei verzweigten Olefinen mit endständiger Doppelbindung beobachtet man ein Triplett und ein Singulett. Der Abstand der beiden

---

[1] SPIESECKE, H., and W.G. SCHNEIDER: J. Chem. Phys. **35**, 722 (1961).

Signale hängt von der Art der Verzweigung ab[1]. Bei mittelständigen Doppelbindungen findet man je nach Anzahl der Substituenten zwei Dubletts, oder ein Dublett und ein Singulett oder zwei Singuletts. Die Spektren von Verbindungen mit mehreren Doppelbindungen unterscheiden sich nicht von denen einfacher Olefine, auch nicht, wenn die Doppelbindungen konjugiert sind. Dagegen sind in Allenen die Signale der endständigen Kohlenstoffe

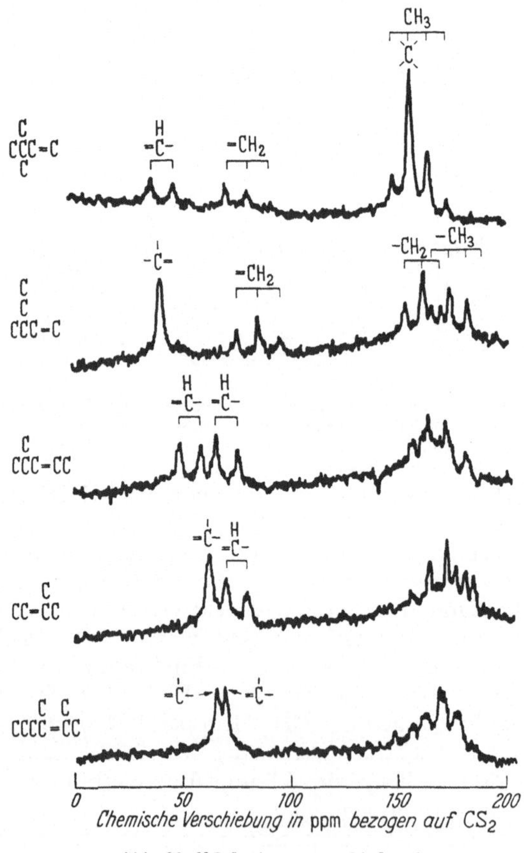

Abb. 88. [13]C-Spektren von Olefinen[1]

nach höherem, die des mittleren Kohlenstoffs weit nach tieferem Feld verschoben. Das mittlere Kohlenstoffatom liegt bei etwa —20 ppm, in einem Bereich also, in dem außer Carbonylgruppen und Schwefelkohlenstoff keine Banden auftreten.

Die Signale der Kohlenstoffatome in Acetylenverbindungen liegen, wie bei der Protonenresonanz, zwischen denen von Paraffinen und Olefinen. In Tab. 88 sind die chemischen Verschiebungen des Kohlenstoffs in

[1] Friedel, R.A., and H.L. Retcofsky: J. A. C. S. **85**, 1300 (1963).

Tabelle 88

$^{13}C$-*Chemische Verschiebungen in ungesättigten Verbindungen bezogen auf Schwefelkohlenstoff*

| Verbindung | $=CH_2$ | H<br>$=C-$ | $=C\langle$ | $=C=$ | $\equiv CH$ | $\equiv C-$ | Aromat. |
|---|---|---|---|---|---|---|---|
| $C=CC=C$ | 76.2 | 55.6 | – | – | – | – | – |
| $C=CCC=C$ | 77.8 | 56.4 | – | – | – | – | – |
| $C=CCCC=C$ | 78.7 | 55.5 | – | – | – | – | – |
| $C=\overset{CC}{C}\overset{}{C}=C$ | 81.2 | – | 50.4 | – | – | – | – |
| $C=\overset{C}{C}CC\overset{C}{C}=C$ | 82.7 | – | 48.3 | – | – | – | – |
| $C=C=CC$ | 119.6 | 109.3 | – | –16.7 | – | – | – |
| $C=C=CCC$ | 118.4 | 102.0 | – | –15.2 | – | – | – |
| $CC=C=CC$ | – | 108.3 | – | –13.4 | – | – | – |
| $C\equiv CCC$ | – | – | – | – | 125.5 | 107.8 | – |
| $CC\equiv CC$ | – | – | – | – | – | 118.9 | – |
| $C_6H_5C\equiv C$ | – | – | – | – | 115.2 | 108.9 | – |
| $C_6H_6$ | – | – | – | – | – | – | 64.9 |
| $C_6H_5C$ | – | – | – | – | – | – | 56.3 |
| $C_6H_5\overset{}{C}\overset{C}{C}$ | – | – | – | – | – | – | 49.6 |
| $C_6H_5\overset{C}{C}\overset{C}{C}$ | – | – | – | – | – | – | 45.7 |
| $C_6H_5\overset{C}{C}\overset{C}{C}$ | – | – | – | – | – | – | 42.2 |

FRIEDEL, R. A., and H. L. RETCOFSKY: J. A. C. S. **85**, 1300 (1963).

verschiedenen ungesättigten Verbindungen zusammengestellt. Die einzelnen Strukturtypen absorbieren in sehr engen Bereichen, und es ist daher leicht möglich, aus den Spektren die Art der ungesättigten Verbindung zu erkennen.

Die $^{13}$C-Spektren einfacher aromatischer Verbindungen sind ausführlich untersucht worden[1-11]. Das Spektrum des Benzols besteht aus einem Dublett mit einer Aufspaltung von 159 Hz. Eine Kopplung mit entfernteren Protonen wurde nicht beobachtet. Die Spektren monosubstituierter Benzole bestehen aus sieben Linien, einem Singulett für den C-1-Kohlenstoff und drei Dubletts für die Ortho-, Meta- und Parakohlenstoffe (Abb. 86). Da die Kopplungskonstanten $J_{C-H}$ für alle Positionen annähernd gleich sind (etwa 150—170 Hz), haben alle drei Dubletts die gleiche Aufspaltung und sind leicht dem Spektrum zu entnehmen. Auf Grund der Intensitäten läßt sich das schwächere Dublett des Parakohlenstoffs erkennen,

[1] LAUTERBUR, P. C.: THL **8**, 274 (1961). — [2] LAUTERBUR, P. C.: J. A. C. S. **83**, 1846 (1961). — [3] LAUTERBUR, P. C.: J. Chem. Phys. **38**, 1406 (1963). [4] LAUTERBUR, P. C.: J. Chem. Phys. **38**, 1415 (1963). — [5] LAUTERBUR, P. C.: J. Chem. Phys. **38**, 1432 (1963). — [6] SPIESECKE, H., and W. G. SCHNEIDER: J. Chem. Phys. **35**, 731 (1961). — [7] NASH, C. P., and G. E. MACIEL: J. Phys. Chem. **68**, 832 (1964). — [8] MACIEL, G. E., and J. J. NATTERSTAD: J. Phys. Chem. **42**, 2427 (1965). — [9] DHAMI, K. S., and J. B. STOTHERS: Can. J. Chem. **43**, 479 (1965). — [10] DHAMI, K. S., and J. B. STOTHERS: Can. J. Chem. **43**, 498 (1965). — [11] DHAMI, K. S., and J. B. STOTHERS: Can. J. Chem. **35**, 510 (1965).

die Zuordnung der 2 und 6, bzw. 3 und 5 Protonen erfolgt durch Vergleich mit den Spektren substituierter Verbindungen. Die Spektren von ortho- oder metadisubstituierten Verbindungen (mit verschiedenen Substituenten) bestehen aus 10 Linien, zwei Einzelbanden für die substituierten Kohlenstoffe und vier Dubletts. Die chemischen Verschiebungen der Ringkohlenstoffe werden durch Substitution verändert. Am größten ist der Effekt an dem Kohlenstoffatom, das den Substituenten trägt, am geringsten am Kohlenstoff in Metastellung. In Abb. 89 sind die chemischen Verschiebun-

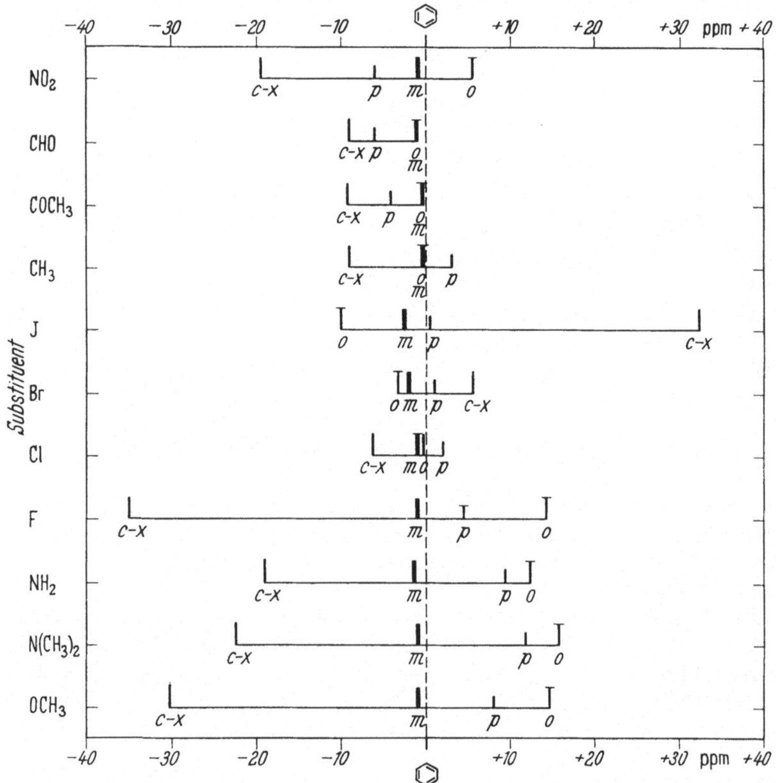


Abb. 89. Chemische Verschiebungen der Ringkohlenstoffe in substituierten Benzolen bezogen auf Benzol[1]

gen der Ringkohlenstoffe angegeben, wobei als Bezugspunkt das unsubstituierte Benzol diente. Die Abbildung zeigt, daß die Verschiebungen der Ortho- und Parakohlenstoffe ähnlich sind. Die chemische Verschiebung des Kohlenstoffs C-1 ist in den meisten Fällen wesentlich größer und geht in der entgegengesetzten Richtung. Die Anisotropieeffekte der Substituenten sind in dieser Position am stärksten ausgeprägt, induktive Einflüsse sind wesentlich geringer und lassen sich erst nachweisen, nachdem geeignete Korrekturen für die Anisotropieeffekte angebracht worden sind. Auch bei

---

[1] SPIESECKE, H., and W. G. SCHNEIDER: J. Chem. Phys. **35**, 731 (1961).

den Kohlenstoffen in Orthostellung sind die Anisotropieeffekte noch stark ausgeprägt. In der Parastellung sind sie nicht mehr festzustellen und die chemischen Verschiebungen dieser Kohlenstoffe werden vorwiegend durch induktive und mesomere Effekte bestimmt und hängen linear von den $\sigma$-Konstanten der Hammett-Beziehung ab[1,2]. Ebenso besteht eine enge Beziehung zwischen den chemischen Verschiebungen und den berechneten Elektronenverteilungen in substituierten Benzolen[3-8] (vgl. Abb. 77). Die Effekte verschiedener Substituenten sind weitgehend unabhängig voneinander, solange sie nicht in Orthostellung zueinander stehen. Man kann

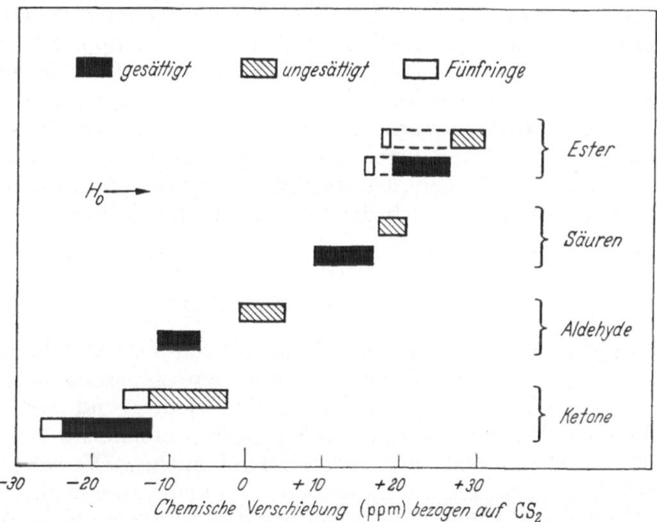


Abb. 89a. Absorptionsbereiche von Carbonylverbindungen in verschiedenen Verbindungstypen[9]

daher die chemischen Verschiebungen meta- und paradisubstituierter Verbindungen mit recht guter Genauigkeit aus den Verschiebungen einfach substituierter Verbindungen berechnen.

Am Ende der Tab. 87 sind die Resonanzlagen einer Reihe von Carbonylverbindungen zusammengestellt. Die Signale sind sehr scharf und können noch bei Verbindungen mit Molekulargewichten bis zu 500 festgestellt werden. Die Carbonylsignale in Säuren und Estern liegen bei 20—30 ppm, Ketone bei tieferem Feld. Ebenfalls bei tieferem Feld liegen Metallcarbonyle[10-12]. Lösungsmittel- und Konzentrationseffekte sind erst


[1] SPIESECKE, H., and W.G. SCHNEIDER: J. Chem. Phys. 35, 731 (1961). — [2] LAUTERBUR, P.C.: THL 8, 274 (1961). — [3] LAUTERBUR, P.C.: J.A.C.S. 83, 1846 (1961). — [4] LAUTERBUR, P.C.: J.A.C.S. 83, 1838 (1961).    [5] LAUTERBUR, P.C.: J. Chem. Phys. 38, 1406 (1963). — [6] LAUTERBUR, P.C.: J. Chem. Phys. 38, 1415 (1963). — [7] LAUTERBUR, P.C.: J. Chem. Phys. 38, 1432 (1963). — [8] SPIESECKE, H., and W.G. SCHNEIDER: THL 14, 468 (1961). — [9] STOTHERS, J.B., and P.C. LAUTERBUR: Can. J. Chem. 42, 1563 (1964. — [10] ETTINGER, R., P. BLUME, A. PATERSON, Jr., and P.C. LAUTERBUR: J.Chem. Phys. 33, 1597 (1960). — [11] BRAMLEY, R., B.N. FIGGIS, and R.S. NYHOLM: Trans. Farad. 58, 1893 (1962). — [12] COTTON, F.A., D. DAUTI, J.S. WAUGH, and R.W. FESSENDEN: J. Chem. Phys. 29, 1427(1958).

wenig untersucht worden. Sie spielen gegenüber den großen chemischen Verschiebungen vermutlich eine untergeordnete Rolle. Dies ändert sich jedoch, wenn eine starke Wechselwirkung mit dem Lösungsmittel auftritt. Die Carbonylbande im Aceton z. B. wird in inerten Lösungsmitteln um 0—3 ppm nach höherem Feld verschoben (bezogen auf reines Aceton), in Lösungsmitteln, die Wasserstoffbrücken ausbilden können, um 0—10 ppm nach tieferem Feld. In starken Säuren, in denen Protonisierung auftritt, ist die Bande bis zu 40 ppm nach tiefem Feld verschoben[1]. Bei neueren Untersuchungen an einer großen Anzahl verschiedenartiger Carbonylverbindungen konnten die Absorptionsbereiche für die verschiedenen Verbindungstypen bestimmt werden[2] (Abb. 89a). Bei tiefstem Feld liegen Ketone und Aldehyde. Letztere erscheinen wegen der Spinkopplung mit dem Aldehydproton als Dublett (165—185 Hz) und sind daher leicht zu erkennen. Ungesättigte Ketone und Aldehyde liegen bei etwas höheren Feldstärken als die gesättigten Verbindungen (—5 bis +5). Die Bereiche der Carbonsäuren (10—20) und Ester (20—30) überlappen sich kaum, so daß eine Entscheidung zwischen den beiden Verbindungsklassen im allgemeinen möglich ist. Im Bereich der Ester liegen noch die Signale einiger Säureanhydride und Säureamide.

## VI. 2c *Kopplungskonstanten*

Die Kopplungskonstanten von $^{13}C$ mit anderen Kernen, wie Protonen, Fluor usw., sind für zahlreiche Verbindungen gemessen worden[3-14]. Die Konstanten $J_{C-H}$ und $J_{C-F}$ lassen sich leichter und mit größerer Genauigkeit den Protonen- und Fluorspektren entnehmen. Kopplungskonstanten zwischen Kohlenstoff und direkt gebundenem Wasserstoff liegen zwischen 120 und 250 Hz. In aliphatischen Kohlenwasserstoffen betragen sie 120—130 Hz, in Olefinen und Aromaten 150—170 Hz und in Acetylenverbindungen 245—255 Hz. Es besteht offenbar ein enger Zusammenhang zwischen der Kopplungskonstanten $J_{C-H}$ und der Hybridisierung des Kohlenstoffatomes[3,4,15]. Trägt man die Kopplungskonstante gegen Prozent s-Charakter auf (sp$^3$=25%, sp$^2$=33%, sp=50%), so erhält man eine Gerade, die durch den Nullpunkt geht. Auf Grund dieser Beziehung kann man in anderen Kohlenwasserstoffen aus den gemessenen Kopplungskonstanten die Hybridisierung bestimmen. Die Kopplungskonstanten im Cyclopentan (128 Hz) und im Cyclohexan (123 Hz) fallen in den Bereich gesättigter

[1] MACIEL, G.E., and G.C. RUBEN: J. A. C. S. **85**, 3903 (1963). — [2] STOTHERS, J.B., and P.C. LAUTERBUR: Can. J. Chem. **42**, 1563 (1964). — [3] MULLER, N., and D.E. PRITCHARD: J. Chem. Phys. **31**, 768 (1959). — [4] MULLER, N., and D.E. PRITCHARD: J. Chem. Phys. **31**, 1471 (1959). — [5] SMITH, G.W.: J. Chem. Phys. **39**, 2031 (1963). — [6] GOLDSTEIN, J.H., and G.S. REDDY: J. Chem. Phys. **36**, 2644 (1962). — [7] MULLER, N.: J. Chem. Phys. **37**, 2729 (1962). — [8] V. D. KELEN, G.P., and Z. EECKHAUT: J. Mol. Spec. **10**, 141 (1963). — [9] SPIESECKE, H., and W.G. SCHNEIDER: J. Chem. Phys. **35**, 722 (1961). — [10] SPIESECKE, H., and W.G. SCHNEIDER: J. Chem. Phys. **35**, 731 (1961). — [11] SPIESECKE, H., and W.G. SCHNEIDER: THL **14**, 468 (1961). — [12] LAUTERBUR, P.C.: J. Chem. Phys. **26**, 217 (1957). — [13] LAUTERBUR, P.C.: Ann. NY Acad. Sci. **70**, 841 (1958). — [14] HUTTON, H.M., W.F. REYNOLDS, and T. SCHAEFER: Can. J. Chem. **40**, 1758 (1962). — [15] SHOOLERY, J.N.: J. Chem. Phys. **31**, 1427 (1959).

Kohlenwasserstoffe. Der Wert für Cyclopropan (161 Hz) liegt dagegen im Bereich ungesättigter Verbindungen (Benzol 159 Hz). Es gibt eine Reihe von Hinweisen dafür, daß die Hybridisierung im Cyclopropan annähernd $sp^2$ ist[2,3]. Im Cyclopropen beträgt die Kopplungskonstante am olefinischen Kohlenstoff 220 Hz[4] und der daraus berechnete s-Charakter 44%. Cyclopropen steht demnach einem Acetylen näher als einem Olefin, was durch die hohe Acidität der Protonen bestätigt wird. Auch bei cyclischen Äthern, Sulfiden und Aminen findet man in Dreiringen wesentlich größere Werte für die Kopplungskonstanten als in höhergliedrigen Ringen[5]. Da die Länge der Kohlenstoff-Wasserstoff-Bindung ebenfalls von der Hybridisierung abhängt, besteht auch eine Beziehung zwischen Kopplungskonstante und Bindungslänge und man kann daher Bindungslängen aus den Kopplungskonstanten berechnen[1]. In cyclischen Systemen sind Beziehungen zwischen der Kopplungskonstanten und den Bindungswinkeln gefunden worden[6,7].

In substituierten Kohlenwasserstoffen findet man veränderte Kopplungskonstanten. Man beobachtet dabei die allgemeine Tendenz, daß mit Verschiebung der Resonanzen nach tieferem Feld eine Erhöhung der Kopplungskonstanten verbunden ist. Z.B. steigt der Wert von 125 Hz im

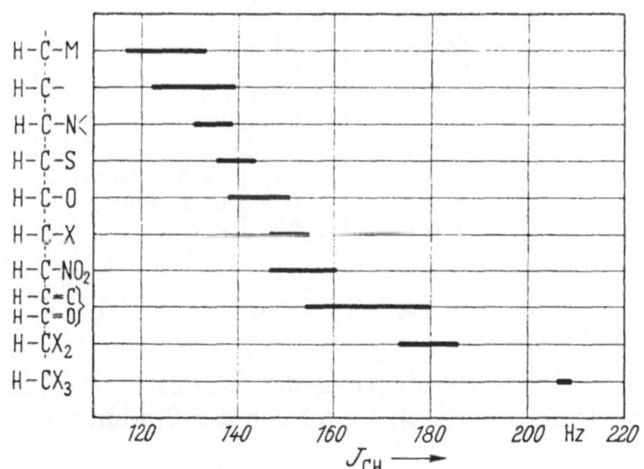


Abb. 90. Bereiche der Kopplungskonstanten $J_{C-H}$. Alle Substituenten, die nicht angegeben sind, sind entweder Kohlenstoff oder Wasserstoff. M = Si, Sn, Pb, X = F, Cl, Br, J[8]

Methan auf 150 im Methylchlorid, 178 im Methylenchlorid und 209 im Chloroform. So wie beim Übergang von der $sp^3$- zur $sp^2$-Hybridisierung die Elektronendichte am Kohlenstoff abnimmt und die Kopplungskonstante vergrößert wird, ist auch zu erwarten, daß elektronensaugende Substituen-


[1] MULLER, N., and D. E. PRITCHARD: J. Chem. Phys. 31, 768 (1959). — [2] HANDLER, G.S., and J.H. ANDERSON: TH 2, 345 (1958). — [3] VEILLARD, A., and G. DEL RE: Theor. Chim. Acta 2, 55 (1964). — [4] CLOSS, G.L.: Proc. Chem. Soc. 152 (1962). — [5] LIPPERT, E., u. H. PRIGGE: Ber. Bunsenges. phys. Chem. 67, 415 (1963). — [6] LASZLO, P., and P. v. RAGNE-SCHLEYER: J. A. C. S. 86, 1171(1964). — [7] MISLOW, K.: THL 1415 (1964). — [8] LAUTERBUR, P.C.: Kapitel 7, in Determination in Organic Structures by Physical Methods (Band 2). New York: Academic Press 1962.

ten am Kohlenstoff den gleichen Effekt haben. Ein Vergleich der Kopplungskonstanten im Äthan (126 Hz), Methylamin (133 Hz), Methanol (141 Hz) und Methylfluorid (149 Hz) zeigt eine lineare Abhängigkeit von der Elektronegativität. MULLER und PRITCHARD[1] haben gezeigt, daß in substituierten Methanen die Kopplungskonstante linear vom Abstand der Kohlenstoff-Wasserstoff-Bindung abhängt. Die annähernde Konstanz der Kopplungskonstanten bei den Methylhalogeniden erklärt sich dann dadurch,

Tabelle 89

*Substituentenkonstanten zur Berechnung der Kopplungskonstanten $J_{13_{C-H}}$. Zur Ermittlung des Wertes in einer Verbindung HCXYZ werden die Beträge von $\xi_X$, $\xi_Y$ und $\xi_Z$ addiert*

| Substituent | $\xi$ Hz (Mittelwerte) | Substituent | $\xi$ Hz (Mittelwerte) |
|---|---|---|---|
| H | 41.7 | $C\equiv CH$ | 48.6 |
| F | 65.6 | $CHCl_2$ | 47.6 |
| Cl | 68.6 | $COOH$ | 47.1 |
| Br | 68.6 | $CH_2Br$ | 44.6 |
| J | 67.6 | $CH_2Cl$ | 44.6 |
| $OC_6H_5$ | 59.6 | $CHO$ | 43.6 |
| OH | 59.6 | $CH_3$ | 42.6 |
| $SOCH_3$ | 54.6 | $C_6H_5$ | 42.6 |
| $NH_2$ | 49.6 | $CHCH_2Br$ | 42.6 |
| $NHCH_3$ | 48.6 | $COCH_3$ | 40.6 |
| $N(CH_3)_2$ | 47.6 | $C(CH_3)_3$ | 38.6 |
| CN | 52.6 | CC ⎱ in Aromaten | 77.5 |
| $CCl_3$ | 50.6 | CN ⎰ und Hetero- | 84.5 |
| $CH_2J$ | 48.6 | NC ⎰ cyclen | 103.0 |

MALINOWSKI, E.R.: J. A. C. S. **83**, 4479 (1961).

daß sich beide Effekte, Vergrößerung des Wertes durch höhere Elektronegativität, Verkleinerung durch Verkürzen der Bindung, gerade kompensieren.

Einen Überblick über die Beträge der Kopplungskonstanten in verschiedenen Molekülen gibt Abb. 90. Für Berechnungen von Kopplungskonstanten ist von MALINOWSKI[2-4] eine einfache Regel gefunden worden. Die Kopplungskonstante $J_{C-H}$ in einer Verbindung HCXYZ setzt sich additiv aus Bindungsparametern für die Substituenten X, Y und Z (Tab. 89) zusammen. Die Übereinstimmung zwischen berechneten und gefundenen Konstanten ist im allgemeinen recht gut. Durch entsprechende Parameter lassen sich auch die Kopplungskonstanten in aromatischen und heterocyclischen Verbindungen berechnen. Abweichungen von der Additivität[5-7]

[1] MULLER, N., and D. E. PRITCHARD: J. Chem. Phys. **31**, 1471 (1959). — [2] MALINOWSKI, E. R.: J. A. C. S. **83**, 4479 (1961). — [3] MALINOWSKI, E. R., L. Z. POLLARA, and J. P. LARMANN: J. A. C. S. **84**, 2649 (1962). — [4] JUAN, C., and H. S. GUTOWSKY: J. Chem. Phys. **37**, 2198 (1962). — [5] MULLER, N., and P. I. ROSE: J. A. C. S. **84**, 3974 (1962). — [6] FRANKISS, S. G.: J. Phys. Chem. **67**, 752 (1963). — [7] V. D. KELEN, G. P., and Z. EECKHAUT: J. Mol. Spec. **10**, 141 (1963).

treten vor allem bei stark elektronegativen Substituenten wie Fluor und Sauerstoff auf, lassen sich aber durch zusätzliche Parameter korrigieren[1].

Die Kopplungen zwischen Protonen und Kohlenstoff über mehrere Bindungen hinweg sind gering[2-11] und betragen z. B. im $^{13}C$—C—C—H 3—5 Hz. Kopplungskonstanten zwischen zwei Kohlenstoffatomen, die in $^{13}C$— angereicherten Verbindungen gemessen wurden[12], hängen von der Hybridisierung beider Kohlenstoffatome ab. Sie steigen von 34 Hz in aliphatischen Verbindungen auf 176 Hz im Acetylen. Über die Kopplung zwischen Kohlenstoff und Fluor liegen erst vereinzelte Untersuchungen vor[13-19]. Die Werte betragen etwa 300 Hz.

Aus den voranstehenden Abschnitten geht hervor, daß die $^{13}C$-Spektroskopie auf eine Reihe verschiedenartiger Probleme angewandt werden kann. Mit Hilfe der chemischen Verschiebungen können Strukturuntersuchungen durchgeführt werden, die besonders bei solchen Verbindungen von großem Nutzen sind, bei denen keine Protonen am Kohlenstoff stehen. Mit Hilfe der Kopplungskonstanten, die mit großer Genauigkeit auch den Protonenspektren entnommen werden können, lassen sich wichtige Aussagen über Bindungscharakter und Bindungslängen machen. Es ist anzunehmen, daß die experimentellen Schwierigkeiten, vor allem die geringe Signalstärke, die zur Zeit die Untersuchungen auf kleinere Moleküle und hochkonzentrierte Lösungen oder reine Flüssigkeiten beschränkt, durch Verbesserungen der Spektrometer überwunden werden können.

## VI. 3. Stickstoff

Das natürlich vorkommende Isotopengemisch des Stickstoffs besteht zu 99.64 Prozent aus dem Isotop $^{14}N$ mit einer Spinquantenzahl von 1 und zu 0.36 Prozent aus $^{15}N$ mit einem Spin von $^1/_2$. Da die Signalstärken bei beiden Isotopen gering sind (vgl. S. 254), kann die $^{15}N$-Spektroskopie nur an Verbindungen durchgeführt werden, in denen dieses Isotop angereichert ist. $^{14}N$-Messungen sind leichter durchzuführen und es liegen eine

[1] Douglas, A. W.: J. Chem. Phys. **40**, 2413 (1964). — [2] Karabatsos, G. J., J. D. Graham, and F. M. Vane: J. A. C. S. **83**, 2778 (1961). — [3] Karabatsos, G. J., J. D. Graham, and F. M. Vane: J. A. C. S. **84**, 37 (1962). — [4] Karabatsos, G. J., J. D. Graham, and F. M. Vane: J. Phys. Chem. **65**, 1657 (1961). — [5] Karabatsos, G. J.: J. A. C. S. **83**, 1230 (1961). — [6] Karabatsos, G. J., and Ch. E. Orzech, Jr.: J. A. C. S. **86**, 3574 (1964). — [7] Karabatsos, G. J., and Ch. E. Orzech, Jr.: J. A. C. S. **87**, 560 (1965). — [8] Holmes, J. R., and D. Kivelson: J. A. C. S. **83**, 2959 (1961). — [9] Muller, N.: J. Chem. Phys. **37**, 2729 (1962). — [10] Muller, N.: J. Chem. Phys. **36**, 359 (1962). — [11] McAdams, D. R.: J. Chem. Phys. **36**, 1948 (1962). — [12] Frei, K., and H. J. Bernstein: J. Chem. Phys. **38**, 1216 (1963). — [13] Harris, R. K.: J. Phys. Chem. **66**, 768 (1962). — [14] Harris, R. K.: J. Mol. Spec. **10**, 309 (1963). — [15] Tiers, G. V. D.: J. Phys. Soc. Japan **15**, 354 (1960). — [16] Tiers, G. V. D.: J. Chem. Phys. **35**, 2263 (1961). — [17] Bacon, J., and R. J. Gillespie: J. Chem. Phys. **38**, 781 (1963). — [18] v. d. Kelen, G. P.: Bull. Soc. Chim. Belges **72**, 644 (1963). — [19] Malinowski, E. R., and Th. Vladimiroff: J. A. C. S. **86**, 3575 (1964).

Reihe von solchen Untersuchungen vor[1-13]. Die Relaxationszeiten sind bei allen Verbindungen kurz[14], und man kann daher die Spektren in der Absorptionsform aufnehmen. Die Signale der Stickstoffatome sind in den meisten Fällen sehr breit, im Extremfall ($NaNO_2$ oder $CH_3CONH_2$) bis zu 200 ppm.

Die Bandenlagen hängen von den Substituenten ab. Im Ammoniumnitrat, an dem von PROCTOR und YU[1] zum ersten Male eine chemische Verschiebung beobachtet wurde, liegen die beiden Signale 350 ppm auseinander. Sie stellen etwa die extremen Werte im Bereich der chemischen Verschiebungen dar. Bei höherem Feld liegen Ammoniumion, Ammoniak, Hydrazin und Amine, bei tiefstem Feld Nitrate und Nitroverbindungen, dazwischen Cyanide und Rhodanide. In Tab. 90 sind die chemischen Verschiebungen einiger Stickstoffverbindungen wiedergegeben. Wegen der Breite der Signale sind die Daten ungenau und die Ergebnisse verschiedener Autoren stimmen oft nicht überein.

Als Bezugssubstanz für die chemischen Verschiebungen wird die wässerige Lösung eines Nitrates verwendet. Der Einfluß von Substituenten ist unübersichtlich, doch besteht offenbar ein Zusammenhang zwischen dem ionischen Charakter des Stickstoffs und der chemischen Verschiebung[3]. Beim Übergang vom Ammoniumion zu Verbindungen mit mehr kovalentem Bindungscharakter wird die Elektronenstruktur asymmetrisch und es treten paramagnetische Verschiebungen auf. Die chemische Verschiebung von molekularem Stickstoff (14 ppm) steht mit dieser Überlegung in Einklang. Durch Lösungsmittel geringer Viskosität, wie Äther und Aceton, kann die Bandenbreite verringert werden, und es lassen sich genauere Werte für die chemischen Verschiebungen angeben. Auf diese Weise konnten von HERBISON-EVANS und RICHARDS Daten für eine große Anzahl von Verbindungen gewonnen werden[15]. Die typischen Absorptionsbereiche sind dabei für

| | |
|---|---|
| Ammoniumverbindungen | 300—420 ppm |
| Amine | 310—375 ppm |
| Amide | 250—300 ppm |
| Pyrrole | 220—250 ppm |
| Cyanide | 95—150 ppm |
| Nitroverbindungen | —30— 50 ppm |

[1] PROCTOR, W.G., and F.C. YU: Phys. Rev. **81**, 20 (1951). — [2] MASUDA, Y., and T. KANDA: J. Phys. Soc. Japan **8**, 432 (1953). — [3] HOLDER, B.E., and M.P. KLEIN: J. Chem. Phys. **23**, 1956 (1955). — [4] SCHMIDT, B.M., L.C. BROWN, and D. WILLIAMS: J. Mol. Spec. **2**, 539 (1958). — [5] SCHMIDT, B.M., L.C. BROWN, and D. WILLIAMS: J. Mol. Spec. **2**, 551 (1958). — [6] SCHMIDT, B.M., L.C. BROWN, and D. WILLIAMS: J. Mol. Spec. **3**, 30 (1959). — [7] LAUTERBUR, P.C., and J.H. ANDERSON: Determination of Organic Structures by Physical Methods (Band 2). New York: Academic Press 1962. — [8] OGG, R.A., and J.D. RAY: J. Chem. Phys. **25**, 1285 (1956). — [9] OGG, R.A., and J.D. RAY: J. Chem. Phys. **26**, 1339 (1957). — [10] FORMAN, R.A.: J. Chem. Phys. **39**, 2393 (1963). — [11] WITANOWSKY, M., T. URBANSKI, and L. STEFANIAK: J. A. C. S. **86**, 2568 (1964). — [12] HERBISON-EVANS, D., and R.E. RICHARDS: J. Mol. Phys. **7**, 515 (1964). — [13] SAITO, H., T. YONEZAWA, and K. FUKUI: THL 111 (1965). — [14] MONITZ, W.B., and H.S. GUTOWSKY: J. Chem. Phys. **38**, 1155 (1963). — [15] HERBISON-EVANS, D., and R.E. RICHARDS: J. Mol. Phys. **8**, 19 (1964).

Innerhalb der Gruppen verschieben stark elektronegative Substituenten die Signale nach tieferen Feldstärken. Die chemischen Verschiebungen des $^{15}$N sind die gleichen wie bei $^{14}$N. Abweichungen treten bei Molekülen mit behinderter Rotation auf[1].

Tabelle 90. *Chemische Verschiebungen des $^{14}N$*

| | $\delta$ ppm | Lit. | | $\delta$ ppm | Lit. |
|---|---|---|---|---|---|
| $Co(NH_3)_6^{+++}$ | 425 | g | $(CH_3)_4N^+Br^-$ | 298 | d |
| $Ag(NH_3)_2^+$ | 384 | g | $(NH_2)_2CO$ (wäßr. L.) | 298 | b |
| $NH_3$ (kein Lsm.) | 381  376 | a, g | $HCON(CH_3)_2$ | 286 | c |
| $(CH_3)_3N$ | 376  356 | a, g | $C_6H_5CONH_2$ | 283 | g |
| $(CH_3)_2NH$ | 365  355 | a, g | $CH_3CONH_2$ | 267 | b |
| $H_3N^+CH_2COOH$ | 365 | g | $(H_2N)_2CS$ | 266 | g |
| $NH_4^+$ | 353 | g | $H_2NCHO$ | 262 | g |
| $NH_2CH_2COOH$ (wäßrige Lösung) | 352 | b | $CH_3NC$ | 240 | g |
| $H_3\overset{+}{N}CH_2CO_2^-$ | 352 | g | $C_4H_5N$ | 230 | g |
| $(CH_3)_3NH^+$ | 350 | g | $C_5H_6N^+$ | 176 | g |
| Piperidin | 347 | c | $(CH_3)_2NNO$ | 141 | g |
| $(CH_3)_3NBF_3$ | 345 | g | $CH_3CN$ | 140 | b |
| $CH_3CH(NH_2)COOH$ (wäßrige Lösung) | 342 | b | $C_6H_5CN$ | 119 | g |
| $CH_3NH_3^+$ | 342 | g | $C_2H_5SCN$ | 99 | g |
| $(CH_3)_4N^+Cl^-$ (wäßrige Lösung) | 340 | a | $C(NO_2)_4$ | 35  46 | d, f |
| $C_2H_5NH_2$ | 338 | g | $CH(NO_2)_3$ | 22.5 | f |
| $C_6H_5N(CH_3)_2$ | 337 | g | Pyridin | 22  57 | d, g |
| $C_6H_5NH_3^+$ | 336 | g | $C_6H_5NO_2$ | -5  21 | f, e |
| $N(CH_3)_4^+$ | 332 | g | $NO_3^-$ (wäßrige Lsg.) | 0 | |
| $C_6H_5NH_2$ | 330 | g | $CH_3NO_2$ | -13 | e |
| $C_6H_5NCO$ | 330 | g | $C_6H_5CH_2NO_2$ | -20.5 | f |
| $(C_2H_5)_3N$ | 329  321 | g, d | $CH_3CH_2NO_2$ | -25 | f |
| $C_6H_5NHCH_3$ | 328 | g | $n-C_3H_7NO_2$ | -26 | f |
| $(C_2H_5)_2NH$ | 323 | g | $(CH_3)_2CHNO_2$ | -37 | f |
| $(C_3H_7)_2NH$ | 321 | d | $(CH_3)_3CNO_2$ | -43 | f |
| $N_2H_4$ | 312 | d | $C_6H_5-N=N-C_6H_5$ | -129 | g |
| | | | $(CH_3)_2N-NO$ | -163 | g |
| | | | $NaNO_2$ | -240 | e |
| | | | $NO_2^-$ | -247 | g |
| | | | $(CH_3)_2N-C_6H_4-NO$ | -404 | g |

**Literatur zu Tabelle 90.**

[a] Schmidt, B.M., L.C. Brown, and D. Williams: J. Mol. Spec. **2**, 539 (1958).
[b] — J. Mol. Spec. **3**, 30 (1959).
[c] Lauterbur, P.C.: Determination of Organic Structures by Physical Methods (Kap. 7). New York: Academic Press 1962.
[d] Holder, B.E., and M.P. Klein: J. Chem. Phys. **23**, 1956 (1955).
[e] Schmidt, B.M., L.C. Brown and D. Williams: J. Mol. Spec. **2**, 551 (1958).
[f] Witanowsky, M., T. Urbanski, and L. Stefaniak: J.A.C.S. **86**, 2568 (1964).
[g] Herbison-Evans, D., and R.E. Richards: J. Mol. Phys. **8**, 19 (1964).

Die Kopplungskonstanten zwischen Stickstoff und Wasserstoff betragen etwa 50 Hz. In vielen Spektren treten sie wegen eines raschen Protonenaustausches oder wegen der großen Linienbreiten nicht in Erscheinung. Eine Reihe von Kopplungskonstanten mit $^{15}$N sind in Tab. 90a wiedergegeben.

---

[1] Ray, J.D.: J. Chem. Phys. **40**, 3440 (1964).

Tabelle 90a

| Verbindung | Kopplungskonstante | | |
| --- | --- | --- | --- |
| | $J_{^{15}NH}$ | $J_{^{15}N^{15}N}$ | $J_{^{15}N^{13}C}$ |
| $(C_6H_5)_2C{=}NH$ | $51.2\pm0.4$ | – | – |
| $NH_3$ | $61.2\pm0.9$ | – | – |
| $NH_4Cl$ | $73.2$ | – | – |
| $H_2NCONH_2$ | $89\ \pm1$ | – | – |
| $HCONH_2$ | $92.0$ | – | – |
| $(C_6H_5)_2C{=}NH_2Cl$ | $92.6\pm0.4$ | – | – |
| $C_6H_5{}^{15}N{=}{}^{15}N{-}C_6H_5$ | – | $13.7\pm0.8$ | – |
| $^{13}CH_3{-}^{15}NH_2$ | – | – | $7\pm1$ |
| $C_6H_5{}^{15}NH{-}^{13}\overset{O}{\overset{\|}{C}}{-}CH_3$ | – | – | $13.0\pm1.5$ |
| $CH_3{}^{13}C{\equiv}^{15}N$ | – | – | $17.5\pm0.2$ |

BINSCH, G., J. B. LAMBERT, B. W. ROBERTS, and J. D. ROBERTS: J. Amer. chem. Soc. **86**, 5564 (1964).

## VI. 4. Sauerstoff

$^{17}O$ ist das einzige magnetische Isotop, das im natürlich vorkommenden Sauerstoff vorhanden ist. Seine Konzentration beträgt nur 0.037 Prozent, und da das Resonanzsignal klein ist, steht die $^{17}O$-Spektroskopie großen experimentellen Schwierigkeiten gegenüber. Sie konnte bisher nur an relativ kleinen Molekülen und mit besonders rauscharmen Spektrometern durchgeführt werden. Das Verhältnis Signal/Rauschen wächst mit der Wurzel aus der Meßzeit. Aus diesem Grunde müssen die Resonanzstellen möglichst langsam durchfahren werden. Die Resonanzfrequenz beträgt bei einer Magnetfeldstärke von 13000 Gauß 7.65 MHz. Durchläuft man bei dieser Feldstärke das Signal von natürlichem Wasser, das $10^{19}$ $^{17}O$-Kerne pro $cm^3$ enthält, in 100 Sekunden, so erhält man ein Signal/Rauschen-Verhältnis von etwa 50:1. Verbindungen, die $10^{18}$ chemisch gleiche Kerne pro $cm^3$ enthalten, geben noch brauchbare Spektren. Bei der $^{17}O$-Spektroskopie werden die Signale in der Dispersionsform (vgl. Abb. 85) aufgenommen, wobei die Resonanzstelle langsam durchlaufen wird. Obwohl die Banden sehr breit sind (bis zu 1000 Hz), lassen sich die chemischen Verschiebungen aus dem Schnittpunkt der Dispersionskurve mit der Nullinie auf einige ppm genau bestimmen.

Als Bezugssubstanz für die chemischen Verschiebungen dient Wasser, dessen Bande bei sehr hohem Feld erscheint. Fast alle Signale liegen bei tieferem Feld und ergeben negative Werte der chemischen Verschiebung. Trotz der experimentellen Schwierigkeiten der $^{17}O$-Spektroskopie sind Daten für eine größere Anzahl von Verbindungen bestimmt worden[1-4].

[1] WEAVER, H. A., B. M. TOLBERT, and R. C. LaFORCE: J. Chem. Phys. **23**, 1956 (1955). — [2] DHARMATTI, S. S., K. J. S. RAO, e R. VIJAYAVAGHAVAN: Nuovo Cimento **II**, 656 (1959), C. A. 16703a (1959). — [3] CHRIST, H. A.: Helv. Phys. Acta **33**, 572 (1960). — [4] CHRIST, H. A., P. DIEHL, H. SCHNEIDER, et H. DAHN: Helv. Chim. Acta **44**, 865 (1961).

Besonders ausführlich sind die Arbeiten von CHRIST, DIEHL, SCHNEIDER und DAHN[1,2], die die Bandenlagen von über hundert organischen Verbindungen gemessen haben. Ihre Ergebnisse sind in Tab. 91 wiedergegeben. Der Bereich der gefundenen chemischen Verschiebungen erstreckt sich über 800 ppm. Bei höchstem Feld liegen Wasser, Alkohole und Äther. Ein Vergleich der Butanole (normal $+4$, iso 0, sekundär $-41$, tertiär $-70$ ppm) zeigt mit zunehmender Verzweigung eine geringe Verschiebung nach tieferem Feld. Eine Verknüpfung des Sauerstoffs mit Heteroatomen hat unterschiedliche Effekte zur Folge. Silizium (Kieselsäuremethylester $+30$, Methanol $+37$), Chlor (t-Butyl-hypochlorid $-79$, t-Butanol $-70$) und Schwefel (Dimethoxydisulfid $-14$, Methanol $+37$) haben nur einen geringen Einfluß. Durch Stickstoff werden die Banden etwas, durch ein zweites Sauerstoffatom stark nach tiefem Feld verschoben ($CH_3OH$ $+37$, $CH_3ONH_2$ $-35$; $H_2O$ 0, $H_2O_2$ $-174$ ppm). Substituenten, die durch ein Kohlenstoffatom vom Sauerstoff getrennt sind, haben nur geringen Einfluß. Eine nachbarständige Doppelbindung verschiebt die Banden um etwa $-70$ ppm (Diäthyläther $-15$, Äthyl-vinyl-äther $-88$), ein Phenylring dagegen hat wenig Einfluß. Eine Carbonylgruppe in Nachbarstellung verschiebt die Banden um ca. $-150$ ppm nach tieferem Feld, zwei Carbonylgruppen, wie in Säureanhydriden, um $-250$ ppm. Eine $S=O$-Gruppe bewirkt eine Verschiebung um $-150$ bis $-200$ ppm und eine $N=O$-Gruppe um $-450$ ppm.

Die Banden von doppelt gebundenem Sauerstoff liegen meistens bei tieferem Feld. Acetaldehyd gibt den niedrigsten Wert ($-595$ ppm). Durch weitere Substituenten werden die Banden stets nach höherem Feld verschoben. Kettenverlängerung in den Aldehyden bewirkt eine geringe Verschiebung nach höherem Feld, Ersatz des Wasserstoffs durch eine Alkylgruppe etwa $+30$ ppm. Elektronegative Substituenten haben einen erheblichen Einfluß. Ein Vergleich von Propionaldehyd mit Propionylfluorid, -chlorid oder -bromid zeigt Verschiebungen von $+209$, $+84$ und $+56$ ppm. Eine Verknüpfung der Carbonylgruppe mit Sauerstoff bringt in Estern eine Verschiebung um $+230$ ppm, in Säureanhydriden um $+200$ ppm gegenüber den Aldehyden. Besonders stark ist der Einfluß durch Stickstoff. In Säureamiden sind die Banden um rund 300 ppm nach höherem Feld verschoben. Doppelbindungen oder benachbarte Carbonylgruppen verändern die Lage nicht. Das Carbonylsignal wird demnach durch Substituenten in der Reihenfolge $C < Br < Cl < F < OR < NR_2$ nach höherem Feld verschoben. In der gleichen Reihenfolge steigt auch der mesomere Effekt dieser Gruppen. Je mehr ein Substituent die Elektronendichte am Carbonylsauerstoff erhöht, um so mehr verschiebt er die Bande nach höherem Feld. Allerdings sind die Unterschiede in den chemischen Verschiebungen viel zu groß, um allein durch Änderungen in den Elektronendichten erklärt werden zu können. Es muß angenommen werden, daß die paramagnetischen Anteile an den Verschiebungen, die im wesentlichen die Bandenlage bestimmen, auch von den mesomeren Effekten abhängen und dann am geringsten sind, wenn der mesomere Effekt ein Maximum besitzt.

---

[1] CHRIST, H. A.: Helv. Phys. Acta **33**, 572 (1960). — [2] CHRIST, H. A., P. DIEHL, H. SCHNEIDER, et H. DAHN: Helv. Chim. Acta **44**, 865 (1961).

Von Verbindungen, in denen verschiedenartig gebundene Sauerstoffe
vorkommen, wie in Estern, erhält man erwartungsgemäß mehrere Signale,
die sich entweder auf Grund ihrer relativen Intensitäten (z. B. bei Carbon-
säureanhydriden) oder durch Vergleich der Bandenlage in einfacheren

Tabelle 91. $^{17}O$-chemische Verschiebungen

| Nr. | Name | Chem. Verschiebung ppm —O— | Chem. Verschiebung ppm =O | Linienbreite Hz |
|---|---|---|---|---|
| 1 | Wasser | 0 | | 60 |
| 2 | Deuteriumoxyd | + 3 | | 60 |
| *Alkohole* | | | | |
| 3 | Methanol | + 37 | | 100 |
| 4 | Äthanol | — 6 | | 160 |
| 5 | n-Propanol | 0 | | 220 |
| 6 | Isopropanol | — 38 | | 200 |
| 7 | n-Butanol | + 4 | | 350 |
| 8 | Isobutanol | 0 | | 500 |
| 9 | sek.-Butanol | — 41 | | 450 |
| 10 | tert.-Butanol | — 70 | | 1000 |
| 11 | n-Pentanol | + 7 | | 700 |
| 12 | Glykol | + 6 | | 350 |
| 13 | Äthylenchlorhydrin | + 3 | | 400 |
| *Äther* (vgl. ferner Nr. 41) | | | | |
| 14 | Diäthyläther | — 15 | | 150 |
| 15 | Di-n-propyläther | — 6 | | 110 |
| 16 | Di-isopropyläther | — 62 | | 120 |
| 17 | Glykol-dimethyläther | — 21 | | 150 |
| 18 | Monochlor-dimethyläther | — 21 | | 50 |
| 19 | Vinyl-äthyläther | — 88 | | 45 |
| 20 | Propenyl-äthyläther | — 70 | | 90 |
| 21 | Isopropenyl-äthyläther | — 98 | | 80 |
| 22 | Dihydropyran | — 59 | | 90 |
| 23 | Anisol | — 45 | | 200 |
| 24 | Furan | —241 | | 90 |
| 25 | Tetrahydrofuran | — 19 | | 80 |
| 26 | Dioxan | + 3 | | 140 |
| 27 | Epichlorhydrin | + 12 | | 110 |
| *Acetale* | | | | |
| 28 | Formaldehyd-dimethylacetal | — 8 | | 50 |
| 29 | Formaldehyd-diäthylacetal | — 43 | | 90 |
| 30 | Acetaldehyd-dimethylacetal | — 23 | | 120 |
| 31 | Acetaldehyd-diäthylacetal | — 52 | | 170 |
| 32 | Aceton-diäthylacetal | — 58 | | 150 |
| 33 | Aceton-äthylenacetal | — 66 | | 120 |
| 34 | Orthoameisensäure-methylester | — 28 | | 160 |
| 35 | Orthoameisensäure-äthylester | — 45 | | 300 |
| 36 | Paraldehyd | —102 | | 450 |
| *Aldehyde* | | | | |
| 37 | Acetaldehyd | | — 595 | 50 |
| 38 | Propionaldehyd | | — 582 | 50 |
| 39 | n-Butyraldehyd | | — 589 | 110 |
| 40 | Acrolein | | — 583 | 50 |
| 41 | Furfural | — 237 | — 530 | 150/150 |
| 42 | Chloral | | — 537 | 65 |

Tabelle 91 (Fortsetzung)

| Nr. | Name | Chem. Verschiebung ppm | | Linienbreite Hz |
|---|---|---|---|---|
| | | —O— | =O | |
| *Ketone* (vgl. ferner 57, 91, 92, 93) | | | | |
| 43 | Aceton | | — 572 | 45 |
| 44 | Methyläthylketon | | — 563 | 110 |
| 45 | Diäthylketon | | — 548 | 120 |
| 46 | Cyclopentanon | | — 548 | 140 |
| 47 | Cyclohexanon | | — 559 | 140 |
| 48 | Mesityloxyd | | — 555 | 200 |
| 49 | Diacetyl | | — 571 | 130 |
| 50 | Acetylaceton (Enolform) | | — 269 | 140 |
| *Säuren* | | | | |
| 51 | Ameisensäure | | — 254 | 80 |
| 52 | Essigsäure | | — 254 | 140 |
| 53 | Propionsäure | | — 252 | 140 |
| 54 | n-Buttersäure | | — 254 | 130 |
| 55 | Capronsäure-[$^{17}$O] | | — 248 | 240 |
| 56 | Acrylsäure | | — 242 | 140 |
| 57 | Lävulinsäure-[$^{17}$O] (in H$_2$$^{17}$O) | | — 256 | 350 |
| | | | — 528 | 350 |
| 58 | Trifluoressigsäure | | — 240 | 130 |
| *Säureanhydride* | | | | |
| 59 | Essigsäureanhydrid | — 259 | — 393 | 170/170 |
| 60 | Propionsäureanhydrid | — 246 | — 388 | 180/180 |
| *Säurehalogenide* (vgl. ferner 88) | | | | |
| 61 | Acetylchlorid | | — 507 | 45 |
| 62 | Acetylbromid | | — 536 | 45 |
| 63 | Propionylfluorid | | — 373 | 60 |
| 64 | Propionylchlorid | | — 498 | 45 |
| 65 | Propionylbromid | | — 526 | 60 |
| 66 | Caproylchlorid-[$^{17}$O] | | — 506 | 100 |
| *Säureamide* | | | | |
| 67 | Formamid | | — 304 | 90 |
| 68 | Acetamid (in Wasser) | | — 286 | 200 |
| 69 | Dimethylformamid | | — 324 | 50 |
| 70 | Harnstoff (in Wasser) | | — 205 | 150 |
| *Ester* | | | | |
| 71 | Ameisensäure-methylester | — 139 | — 361 | 60/50 |
| 72 | Ameisensäure-äthylester | — 169 | — 359 | 160/150 |
| 73 | Ameisensäure-n-propylester | — 163 | — 354 | 150/150 |
| 74 | Essigsäure-methylester | — 137 | — 355 | 120/120 |
| 75 | Essigsäure-äthylester | — 166 | — 356 | 90/80 |
| 76 | Glykol-diacetat | — 148 | — 352 | 400/400 |
| 77 | Vinyl-acetat | — 204 | — 371 | 120/120 |
| 78 | Isopropenyl-acetat | — 205 | — 362 | 150/150 |
| 79 | Propionsäure-methylester | — 133 | — 350 | 110/110 |
| 80 | Propionsäure-äthylester | — 164 | — 350 | 160/160 |
| 81 | Capronsäure-äthylester-[carbonyl-$^{17}$O] | | — 355 | 200 |
| 82 | Oxalsäure-diäthylester | — 162 | — 355 | 450/450 |
| 83 | Malonsäure-dimethylester | — 143 | — 363 | 350/350 |
| 84 | Malonsäure-diäthylester | — 166 | — 356 | 250/250 |
| 85 | Bernsteinsäure-dimethylester | — 151 | — 368 | 450/450 |

Tabelle 91 (Fortsetzung)

| Nr. | Name | Chem. Verschiebung ppm | | Linienbreite Hz |
| --- | --- | --- | --- | --- |
| | | —O— | =O | |
| 86 | Bernsteinsäure-diäthylester . . . | — 178 | — 363 | 500/500 |
| 87 | Kohlensäure-diäthylester . . . . | — 120 | — 240 | 160/160 |
| 88 | Chlorameisensäure-äthylester . . | — 170 | — 346 | 70/70 |
| 89 | Glyoxylsäure-äthylester-alkoholat | (—200) [a] | (—200) [a] | 2000 |
| 90 | Acrylsäure-methylester . . . . . | — 130 | — 338 | 120/120 |
| 91 | Brenztraubensäure-äthylester . . | — 153 | — 333 | 250/250 |
| | | | — 570 | 250 |
| 92 | Acetessigsäure-äthylester . . . . | — 164 | — 353 | 300/300 |
| | | | — 565 | 300 |
| 93 | Lävulinsäure-methylester . . . . | — 124 | — 348 | 350/350 |
| | | | — 548 | 350 |
| 94 | γ-Valerolacton . . . . . . . . | — 202 | — 332 | 120/100 |

*Verbindungen mit Heteroatomen*

| Nr. | Name | Chem. Verschiebung ppm | | Linienbreite Hz |
| --- | --- | --- | --- | --- |
| | | —O— | =O | |
| 95 | Orthokieselsäure-methylester . . | + 30 | | 110 |
| 96 | Orthokieselsäure-äthylester . . . | — 12 | | 120 |
| 97 | Wasserstoffperoxyd . . . . . . | — 174 | | 200 |
| 98 | tert.-Butylhydroperoxyd . . . . | — 260 [a] | | 1000 |
| 99 | Di-tert.-butylperoxyd . . . . . | — 269 | | 300 |
| 100 | O-Methyl-hydroxylamin . . . . | — 35 | | 70 |
| 101 | Acetaldoxim-methyläther . . . . | — 157 | | 80 |
| 102 | N-Nitroso-diäthylamin . . . . . | | — 683 | 190 |
| 103 | Dimethylfuroxan . . . . . . . | — 350 | — 475 | 700/700 |
| 104 | Dimethylfurazan . . . . . . . | — 460 | | 700 |
| 105 | n-Propylnitrit . . . . . . . . . | — 455 | — 803 | 60/60 |
| 106 | tert.-Butylnitrit . . . . . . . . | — 513 | — 838 | 70/70 |
| 107 | Nitroäthan . . . . . . . . . . | | — 600 | 120 |
| 108 | 1-Nitropropan . . . . . . . . . | | — 602 | 130 |
| 109 | 2-Nitropropan . . . . . . . . . | | — 606 | 130 |
| 110 | Nitrobenzol . . . . . . . . . . | | — 561 | 250 |
| 111 | Salpetersäure conc. . . . . . . . | | — 409 | 230 |
| 112 | Trimethylphosphit . . . . . . | — 46 | | 50 |
| 113 | Trimethylphosphat . . . . . . | — 18 | | 200 |
| 114 | Phosphoroxychlorid . . . . . . | | — 216 | 45 |
| 115 | Phosphorige Säure . . . . . . | — 111 | | 200 |
| 116 | Phosphorsäure . . . . . . . . | | — 80 | 150 |
| 117 | Sulfoxylsäure-dimethylester . . . | — 12 | | 130 |
| 118 | Dimethoxydisulfid . . . . . . | — 14 | | 70 |
| 119 | Dimethylsulfoxyd . . . . . . . | | — 13 | 120 |
| 120 | Dimethylsulfit . . . . . . . . . | — 115 | — 176 | 60/35 |
| 121 | Dimethylsulfat . . . . . . . . | — 102 | — 150 | 200/70 |
| 122 | Thionylchlorid . . . . . . . . | | — 291 | 45 |
| 123 | Sulfurylchlorid . . . . . . . . | | — 298 | 45 |
| 124 | Benzolsulfochlorid . . . . . . | | — 221 | 150 |
| 125 | Schwefelsäure conc. . . . . . . | | — 140 | 600 |
| 126 | tert.-Butylhypochlorit . . . . . | — 79 | | 120 |
| 127 | Perchlorsäure (60prozentig) . . . | — 288 | | 200 |

[a]) Es konnte nur eine sehr breite Linie für alle funktionellen Gruppen zusammen beobachtet werden.

---

CHRIST, H. A., P. DIEHL, H. SCHNEIDER, et H. DAHN: Helv. Chim. Acta **44**, 865 (1961).

oder isotopenmarkierten Verbindungen zuordnen lassen. Eine Ausnahme machen Carbonsäuren, die nur ein Signal geben, weil durch raschen Platzwechsel des Protons die Unterschiede in den chemischen Verschiebungen der beiden Sauerstoffatome herausgemittelt werden. Die chemische Verschiebung des Sauerstoffs in einer Carboxylgruppe liegt entsprechend in der Mitte zwischen der von Carbonylgruppen und der vom Brückensauerstoff in Estern. Ebenso zeigt die Enolform des Acetylacetons nur eine Bande, was

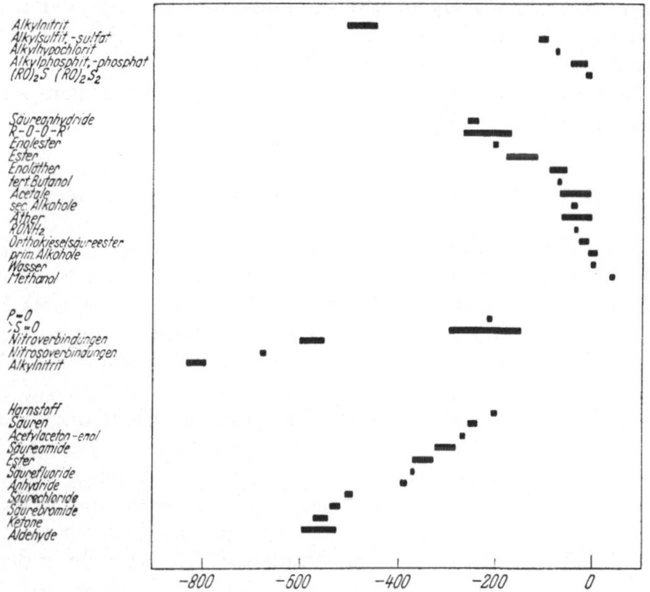


Abb. 91. $^{17}$O-chemische Verschiebungen bezogen auf die Resonanz des Wassers[1]

wieder durch den raschen Platzwechsel des Protons verursacht wird. In Abb. 91 sind zur Veranschaulichung die Absorptionsbereiche von Sauerstoff in verschiedenen Bindungstypen zusammengestellt. Die einzelnen Verbindungsarten sind auf enge Bereiche begrenzt und überlappen sich kaum. Aus diesem Grunde sind $^{17}$O-Messungen ganz besonders für Strukturaufklärungen geeignet und es ist anzunehmen, daß derartige Messungen erhebliche Bedeutung erlangen werden, sowie es gelingt, die zur Zeit noch bestehenden experimentellen Schwierigkeiten zu überwinden.

## VI. 5. Fluor

Fluor besteht nur aus einem einzigen Isotop mit der Atomnummer 19 und einem Kernspin von $^1/_2$. Bei einer Feldstärke von 10000 Gauß beträgt die Resonanzfrequenz 40.05 MHz. Da die Signale fast so stark sind wie

---

[1] CHRIST, H. A., P. DIEHL, H. SCHNEIDER, et H. DAHN: Helv. Chim. Acta **44**, 865 (1961).

die des Wasserstoffs (vgl. S. 254) und die Relaxationszeiten kurz[1], ist die
$^{19}$F-Spektroskopie leicht auszuführen. Die chemischen Verschiebungen des
Fluors erstrecken sich über einen etwa zehnmal größeren Bereich als Protonenverschiebungen und auch die Kopplungskonstanten sind größer. Aus
diesem Grunde sind bei der Fluorspektroskopie die Anforderungen an die
Auflösung der Spektrometer geringer als bei der Protonenresonanz. Wegen
der experimentellen Einfachheit der $^{19}$F-Spektroskopie und der großen
Bedeutung von Fluorverbindungen, liegen zahlreiche Kernresonanzuntersuchungen vor. Ausführliche Zusammenfassungen der Versuchsergebnisse sind von POPLE, SCHNEIDER und BERNSTEIN[2], von PHILLIPS[3] und
von FLUCK[4] veröffentlicht worden. In den folgenden Abschnitten sollen die
für die Spektroskopie organischer Verbindungen wichtigen Ergebnisse
besprochen werden.

### VI. 5a *Chemische Verschiebungen von Fluorverbindungen*

Die chemischen Verschiebungen des Fluors in verschiedenartigen Verbindungen erstrecken sich über einen Bereich von etwa 600 ppm, wobei
elementares Fluor (tiefstes Feld) und das Fluoridion (höchstes Feld) die
beiden extremen Lagen einnehmen
(vereinzelte Ausnahmen, wie $UF_6$, sollen hier vernachlässigt werden). Eine
Erhöhung der Elektronendichte beim
Übergang vom Fluor zum Fluorid
bringt eine Erhöhung der Abschirmung und damit eine Verschiebung
nach höherem Feld mit sich. Die gefundenen Unterschiede in den chemischen Verschiebungen sind aber wesentlich größer, als man auf Grund
dieses Effektes erwarten sollte. SAIKA
und SLICHTER[5] haben daher angenommen, daß die wesentliche Ursache
für die chemischen Verschiebungen
des Fluors die örtlichen paramagnetischen Ströme sind, die im zweiten
Glied der Ramsayschen Formel (vgl.
S. 29) zusammengefaßt sind. Diese
paramagnetischen Anteile der chemischen Verschiebung verschwinden im

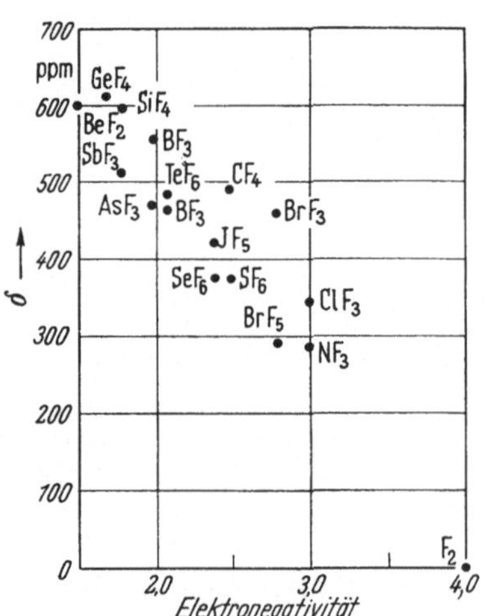


Abb. 92. Abhängigkeit der chemischen Verschiebungen in einfachen Fluoriden von der
Elektronegativität des Nachbaratoms (Bezugspunkt ist F$_2$)[6]

---


[1] SOLOMON, I., and N. BLOEMBERGEN: J. Chem. Phys. **25**, 261 (1956). — [2] POPLE,
J. A., W. G. SCHNEIDER, and H. J. BERNSTEIN: High-resolution Nuclear Magnetic
Resonance. New York: McGraw-Hill 1959. — [3] PHILLIPS, W. D.: Determination
of Organic Structures by Physical Methods. New York: Academic Press 1962. —
[4] FLUCK, E.: Die kernmagnetische Resonanz und ihre Anwendung in der an-
organischen Chemie. Berlin: Springer 1963. — [5] SAIKA, A., and C. P. SLICHTER:
J. Chem. Phys. **22**, 26 (1954). — [6] GUTOWSKY, H. S., and C. J. HOFFMAN: J. Chem.
Phys. **19**, 1259 (1951).

kugelsymmetrischen Fluoridanion. Mit zunehmender Asymmetrie der Elektronenverteilung bewirken sie eine Verschiebung nach tieferem Feld und erreichen ihr Maximum im kovalent gebundenen $F_2$-Molekül. Im Bereich zwischen den beiden Extremfällen sollte ein Zusammenhang zwischen der chemischen Verschiebung und dem Ionencharakter der Bindung bestehen. Eine Messung der Bandenlagen von einfachen Fluoriden[1,2] bestätigt diese Annahme. Je geringer die Elektronegativität des mit dem Fluor verbundenen Atoms ist, um so näher sind die Bindungselektronen am Fluor und um so größer ist der Ionencharakter der Bindung. Abb. 92 zeigt, daß bei einfachen Fluoriden ein annähernd linearer Zusammenhang zwischen der chemischen Verschiebung und der Elektronegativität des Nachbaratoms besteht. Ähnliche Zusammenhänge mit der Elektronegativität wurden bei Halogenmethanen gefunden[3]. Durch Austausch eines Wasserstoffs gegen das elektronegativere Fluor werden in der Reihenfolge $CH_3F$, $CH_2F_2$, $CHF_3$, $CF_4$ die Banden nach tieferem Feld verschoben. Die gleiche Reihenfolge sollte man für $CFCl_3$, $CF_2Cl_2$, $CF_3Cl$,

Tabelle 92

*Chemische Verschiebungen substituierter Fluormethane (bezogen auf Tetrafluormethan)*

| Verbindung | $\delta$ (ppm) |
|---|---|
| $CF_4$ | 0 |
| $CF_3H$ | 18.2 |
| $CF_2H_2$ | 80.9 |
| $CFH_3$ | 210.0 |
| $CF_3Cl$ | −36.8 |
| $CF_2Cl_2$ | −60.4 |
| $CFCl_3$ | −76.7 |

MEYER, L.H., and H.S. GUTOWSKY: J. Phys. Chem. **57**, 481 (1953).

$CF_4$ erwarten. Die Werte der Tab. 92 zeigen aber gerade die umgekehrte Reihenfolge. Hier ist offenbar neben der Elektronegativität noch ein weiterer Faktor wirksam. MEYER und GUTOWSKY[3] haben angenommen, daß diese Verbindungen zum Teil in polaren Formen (XXIX)

$$Cl-\overset{\overset{\displaystyle Cl^{\ominus}}{|}}{\underset{\underset{\displaystyle Cl}{|}}{C}}=F^{\oplus} \qquad\qquad Cl^{\oplus}=\overset{\overset{\displaystyle Cl}{|}}{\underset{\underset{\displaystyle Cl}{|}}{C}}-F^{\ominus}$$

a      XXIX      b

vorliegen. Da Fluor leichter Doppelbindungen ausbilden kann als Chlor, hat die Struktur XXIXa sicher mehr Bedeutung. In diesen polaren Strukturen ist die Kohlenstoff-Fluor-Bindung verstärkt und weniger polar, wodurch die Fluorbande nach tieferem Feld verschoben wird. MEYER und GUTOWSKY[3] haben ebenfalls darauf hingewiesen, daß in der Reihe $CH_3F$, $CH_2F_2$,

[1] GUTOWSKY, H.S., and C.J. HOFFMAN: Phys. Rev. **80**, 110 (1950). — [2] GUTOWSKY, H.S., and C.J. HOFFMAN: J. Chem. Phys. **19**, 1259 (1951). — [3] MEYER, L.H., and H.S. GUTOWSKY: J. Phys. Chem. **57**, 481 (1953).

$CHF_3$, $CF_4$ die C—F-Bindungslängen abnehmen. Mit dieser Bindungsverkürzung geht vermutlich eine Zunahme des Doppelbindungscharakters einher, was ebenfalls eine zunehmende Verschiebung nach tieferem Feld verursachen würde.

### VI. 5b *Bezugssubstanzen, Lösungsmittel*

Für die Messungen der chemischen Verschiebungen des [19]F in Fluorverbindungen hat sich noch keine einheitliche Skala eingebürgert. Von verschiedenen Autoren werden unterschiedliche Bezugssubstanzen verwendet, am häufigsten Trifluoressigsäure, Octafluorcyclobutan, Fluorbenzol und Trichlorfluormethan. Diese Uneinheitlichkeit ist sehr bedauerlich, weil sie beim Vergleich der Ergebnisse aus verschiedenen Arbeitskreisen ein ständiges Umrechnen der Daten erforderlich macht. In Tab. 93 sind die Daten für die wichtigsten Standardsubstanzen und für weitere geeignete Verbindungen in den verschiedenen Skalen angegeben. Wegen ihrer guten Lösungseigenschaften ist Trifluoressigsäure sowohl als Lösungsmittel wie auch als innere Bezugssubstanz geeignet. Ebenso ist das von FILIPOVICH und TIERS[1] vorgeschlagene Trichlorfluormethan ein sehr gutes Lösungsmittel für fluorierte Verbindungen, und man kann es zugleich als Lösungsmittel und inneren Standard verwenden. Für die auf Trichlorfluormethan bezogenen chemischen Verschiebungen wurde von den Autoren die Bezeichnung $\Phi^*$ vorgeschlagen, wenn Lösungen endlicher Konzentration verwendet werden, $\Phi$ gilt für Daten, die durch Extrapolation auf unendliche Verdünnung ermittelt wurden. Trichlorfluormethan ist ein inertes Lösungsmittel

Tabelle 93

*Chemische Verschiebungen in ppm bezogen auf verschiedene Standardverbindungen.*
*Eingeklammerte Werte sind berechnet worden.*

| | $C_4F_8$ | $C_6H_5F$ | $CF_3COOH$ | $CFCl_3$ |
|---|---|---|---|---|
| $C_4F_8$ | 0 | (24.9) | (61.5) | 138.0 |
| $C_6F_{12}$ | (— 16.5) | (8.4) | 55 | (121.5) |
| $C_6H_5F$ | (— 24.9) | 0 | (36.6) | 113.1 |
| $CF_4$ | (— 61.3) | (— 36.4) | (0.2) | 76.7 |
| $CF_3COOH$ | (— 61.5) | (— 36.6) | 0 | 76.5 |
| $C_6H_5CF_3$ | (— 74.3) | (— 49.4) | (— 12.8) | 63.75 |
| $C(CF_3)_4$ | (— 75.3) | (— 50.4) | (— 13.8) | (62.7) |
| $CFCl_3$ | (— 138.0) | (— 113.1) | (— 76.5) | 0 |
| $C_6H_5SO_2F$ | (— 203.5) | (— 178.6) | (— 142.0) | (— 65.5) |

und die Bandenlagen der gelösten Stoffe hängen nur wenig von der Konzentration ab. Aus diesem Grunde erübrigt sich im allgemeinen eine Extrapolation auf unendliche Verdünnung. Verwendet man die Substanz als äußeren Standard, so treten gegenüber den mit innerem Standard ermittelten Werten Abweichungen bis zu 2 ppm auf[1]. Für die meisten Untersuchungen ist dieser Wert gegenüber den großen chemischen Verschiebungen tragbar.

---

[1] FILIPOVICH, G., and G.V.D. TIERS: J. Phys. Chem. **63**, 761 (1959).

Für genaue Messungen sollte nach Möglichkeit nur der innere Standard verwendet werden. Die Verwendung von Fluorbenzol als Bezugssubstanz empfiehlt sich bei der Untersuchung von Substituenteneffekten am aromatischen Kern, weil sich dann ohne Umrechnung eine Beziehung zu den Substituentenkonstanten ergibt. In den folgenden Abschnitten werden

Tabelle 94

*Abhängigkeit der Bandenlage einiger Fluorverbindungen in verschiedenen Lösungsmitteln. Die Verschiebungen sind bezogen auf die Bandenlage in n-Heptan.*

| Lösungsmittel | Verbindung | | | |
|---|---|---|---|---|
| | $C_6H_5CF_3$ | $CCl_2FCCl_2F$ | $C_5H_{11}F$ | $(CH_3)_3CF$ |
| | | $\delta$ (ppm) | | |
| $CH_2J_2$ | 4.57 | 2.31 | 6.12 | 7.32 |
| $CHBr_3$ | 3.26 | 1.94 | 3.76 | 5.18 |
| $CS_2$ | 2.11 | 1.26 | 5.14 | 3.66 |
| $CCl_4$ | 1.47 | 0.82 | 1.64 | 2.32 |
| $CH_2Cl_2$ | 1.11 | 0.11 | – | – |
| $C_6H_6$ | 1.24 | −0.05 | 1.17 | – |
| $C_{16}H_{34}$ | 0.64 | – | – | – |
| $C_2H_5OH$ | 0.20 | – | – | – |
| $C_7H_{16}$ | 0 | 0 | 0 | 0 |
| $(C_2H_5)_2O$ | 0.04 | −0.66 | – | – |
| $C_7F_{16}$ | −2.61 | −1.92 | −3.16 | – |

Evans, D.F.: J. Chem. Soc. 877 (1960).

die chemischen Verschiebungen in Bezug auf Trifluoressigsäure angegeben, weil dies zur Zeit die am meisten verbreitete Bezugssubstanz ist. Die Lagen der Banden werden bei verschiedenen Verbindungen in unterschiedlicher Weise vom Lösungsmittel beeinflußt. Aus einer Reihe von Untersuchungen[1-8] geht hervor, daß Fluorresonanzen in noch stärkerem Maße als Protonenresonanzen vom Lösungsmittel abhängen. So liegt z. B. die Bande des Tetrafluorkohlenstoffs bei unendlicher Verdünnung in Tetrachlorkohlenstoff um 9 ppm bei tieferem Feld als die der gasförmigen Verbindung. Zur Veranschaulichung der Lösungsmitteleffekte sind die Bandenlagen von 4 einfachen Fluorverbindungen in einer Reihe von Lösungsmitteln[5] in Tab. 94 wiedergegeben. Die Größe der Verschiebungen ist für die einzelnen Verbindungen unterschiedlich, doch bewirken Halogenmethane gegenüber n-Heptan stets eine Verschiebung nach höherem, Perfluorheptan eine nach tieferem Feld, während Benzol, Äthanol und Äthyläther nur eine geringfügige Wirkung zeigen.

[1] Carrington, A., and T. Hines: J. Chem. Phys. **28**, 727 (1958). — [2] Carrington, A., F. Dravnicks, and M. C. R. Symons: J. Mol. Phys. **3**, 174 (1960). — [3] Glick, R.E., and S.J. Ehrenson: J. Phys. Chem. **62**, 1599 (1958). — [4] Evans, D.F.: Proc. Chem. Soc. 115 (1958). — [5] Evans, D.F.: J. Chem. Soc. 877 (1960). — [6] Petrakis, L., and H.J. Bernstein: J. Chem. Phys. **38**, 1562 (1963). — [7] Taft, Jr., R.W., R.E. Glick, I.C. Lewis, I. Fox, and St. Ehrenson: J.A.C.S. **82**, 756 (1960). — [8] Taft, Jr., R.W., E. Price, I.R. Fox, I.C. Lewis, K.K. Andersen, and G.T. Davis: J. A. C. S. **85**, 709 (1963).

## VI. 5c *Fluorkohlenwasserstoffe*

Die Bereiche der chemischen Verschiebungen des Fluors in verschiedenen funktionellen Gruppen sind in Abb. 93 zusammengestellt. Das Material, das dieser Aufstellung zugrunde liegt[1], ist begrenzt, und eine Zuordnung von Bandenlagen unbekannter Verbindungen ist daher nicht sicher. Für die Analyse der Spektren kommt als weitere Schwierigkeit hinzu, daß manche Strukturtypen in weiten Bereichen auftreten können. So erstrecken sich —CF=-Signale über ein Gebiet von 100 ppm. Die chemischen

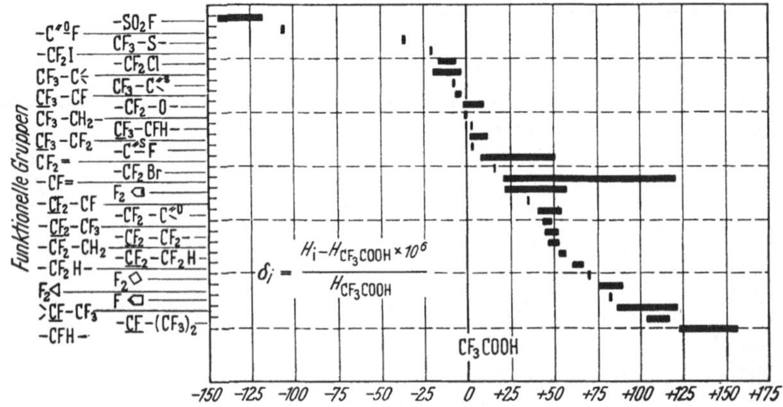



Abb. 93. Charakteristische chemische Verschiebungen des Fluors in verschiedenen Verbindungstypen[2]

Verschiebungen fluorierter Paraffine und Cycloparaffine[3-9] zeigen unterschiedliche Absorptionsbereiche für $\geq$CF-, $>$CF$_2$- und CF$_3$-Gruppen. In Tab. 95 sind die Daten einiger Verbindungen wiedergegeben. Bei höchsten Feldern liegen im Bereich von 140—170 ppm die CH$_2$F-Gruppen. Es folgen CHF$_2$-Gruppen zwischen 35 und 100 ppm, CF$_2$-Gruppen zwischen 40 und 60 ppm und CF$_3$-Gruppen von —12 bis +13 ppm. Die Bereiche der CHF$_2$- und CF$_2$-Gruppen überlappen sich. Kommen aber beide Gruppen in einem Molekül vor, so erscheint die CF$_2$H-Gruppe immer bei höherem Feld.

Die Spektren fluorierter Cyclobutane [10-12] und Cyclohexane[13-15] zeigen einige interessante Merkmale. In symmetrisch substituierten Cyclobutanen

[1] BRAME, E. G.: Determination of Organic Structures by Physical Methods. New York: Academic Press 1962. — [2] BRAME, E. G.: unveröffentlicht (vgl. PHILLIPS, W. D.: "Determination of Organic Structures by Physical Methods. New York: Academic Press 1962). — [3] MEYER, L. H., and H. S. GUTOWSKY: J. Phys. Chem. 57, 481 (1953). — [4] GUTOWSKY, H. S., and C. J. HOFFMAN: Phys. Rev. 80, 110 (1950). — [5] ELLEMAN, D. D., L. C. BROWN, and D. WILLIAMS: J. Mol. Spec. 7, 393 (1961). — [6] ELLEMAN, D. D., L. C. BROWN, and D. WILLIAMS: J. Mol. Spec. 7, 322 (1961). — [7] ELLEMAN, D. D., L. C. BROWN, and D. WILLIAMS: J. Mol. Spec. 7, 307 (1961). — [8] MULLER, N., P. C. LAUTERBUR, and G. F. SVATOS: J. A. C. S. 79, 1807 (1957). — [9] FILIPOVICH, G., and G. V. D. TIERS: J. Phys. Chem. 63, 761 (1959). — [10] PHILLIPS, W. D.: J. Chem. Phys. 25, 949 (1956). — [11] SHOOLERY, J. N.: Discussions Faraday Soc. 19, 215 (1955). — [12] TAKAHASHI, M., D. R. DAVIS, and J. D. ROBERTS: J. A. C. S. 84, 2935 (1962). — [13] HOMER, J., and L. F. THOMAS: Proc. Chem. Soc. 139 (1961). — [14] HOMER, J., and L. F. THOMAS: Trans. Farad. 59, 2431 (1963). — [15] FEENEY, J., and L. H. SUTCLIFFE: Trans. Farad. 56, 1559 (1960).

(z. B. 1,1-Dimethyl-2,2,3,3-tetrafluor-cyclobutan) sind die chemischen Verschiebungen der beiden jeweils am gleichen Kohlenstoffatom stehenden Fluoratome gleich und die beiden Atome koppeln nicht miteinander. Die Fluoratome am Kohlenstoff—2 und —3 sind verschieden, zeigen aber

Tabelle 95. *Chemische Verschiebungen von fluorierten Kohlenwasserstoffen*

| Verbindung | $CH_2F$ | CHF$_2$, CF$_2$<br>$\delta$ (ppm) | | CF$_3$ | Lit. |
|---|---|---|---|---|---|
| $CH_3F$ | 210.2 | | – | – | a |
| $CH_2F_2$ | – | | 81.1 | – | b |
| $CHF_3$ | – | | – | 18.4 | b |
| $CH_3CH_2F$ | 138.4 | | – | – | c |
| $CHF_2CH_3$ | – | | 35.6 | – | c |
| $CF_2HCF_2H$ | – | | 63.7 | – | c |
| $CF_3CH_3$ | – | | – | –12.0 | c |
| $CF_3CF_2H$ | – | | 65.4 | 13.7 | c |
| $CF_3CFH_2$ | 166.9 | | – | 4.9 | c |
| $CF_3CH_2CH_3$ | – | | – | –4.7 | d |
| $\underset{I\ \ \ \ II}{CHF_2CF_2CH_2F}$ | 170.5 | I | 64.7 | – | d |
| | – | II | 54.0 | – | |
| $CF_3CF_2CH_2F$ | 167.7 | | 53.3 | 10.5 | d |
| $\underset{I\ \ \ \ II}{CHF_2CF_2CHF_2}$ | – | I | 64.8 | – | d |
| | – | II | 61.3 | – | |
| $CF_3CH_2CF_3$ | – | | – | –10.2 | d |
| $\underset{I\ \ \ II}{CF_3CF_2CHF_2}$ | – | I | 59.5 | 9.3 | d |
| | – | II | 64.4 | – | |
| $\underset{I\ \ II}{CF_3CF_2CF_2CH_2F}$ | 168.6 | I | 54.0 | 7.4 | d |
| | – | II | 50.1 | – | |
| $\underset{I\ \ \ II}{CHF_2CF_2CF_2CHF_2}$ | – | I | 63.6 | – | d |
| | – | II | 56.8 | – | |
| $\underset{I\ \ \ II\ \ III\ \ IV}{CHF_2CF_2CF_2CF_2CH_2F}$ | 168.1 | I | 63.2 | – | d |
| | – | II | 51.1 | – | |
| | – | III | 55.9 | – | |
| | – | IV | 48.8 | – | |
| $CF_3CF_2CF_2CF_3$ | – | | 51.4 | 6.0 | e |
| $(CF_3)_3CF$ | 112.5 | | – | –1.2 | e |
| $\underset{I\ \ \ II}{CF_3\text{–}CF_2CF_2CF_2CF_2\text{–}CF_3}$ | – | I | 51.9 | 7.2 | d |
| | – | II | 48.3 | – | |
| $C_4F_8$ | – | | 61.5 | – | f |
| $C_6F_{12}$ | – | | 55.0 | – | e |

a MEYER, L.H., and H.S. GUTOWSKY: J. Phys. Chem. **57**, 481 (1953).
b GUTOWSKY, H.S., and C.J. HOFFMAN: Phys. Rev. **80**, 110 (1950).
c ELLEMAN, D.D., L.C. BROWN, and D. WILLIAMS: J. Mol. Spec. **7**, 307 (1961).
d — J. Mol. Spec. **7**, 322 (1961).
e MULLER, N., P.C. LAUTERBUR, and G.F. SVATOS: J. A. C. S. **79**, 1807 (1957).
f FILIPOVICH, G., and G.V.D. TIERS: J. Phys. Chem. **63**, 761 (1959).

ebenfalls keine Spinkopplung (die Fluoratome am Kohlenstoff—3 koppeln mit den benachbarten Protonen). Bei unsymmetrischer Substitution sind die an einem Kohlenstoffatom stehenden Fluoratome chemisch verschieden und ergeben Signale vom AB-Typ mit Kopplungskonstanten von etwa 200 Hz.

Je nach Art der Substituenten klappt ein fluorierter Cyclohexanring mehr oder weniger schnell von einer Sesselform in die andere um. Ist der Umklappvorgang langsam oder durch sperrige Substituenten ganz unterbunden, so kann man dem Spektrum die Stellung der Substituenten entnehmen. Wenn keine Substituenten in der Nähe einer Ring-$CF_2$-Gruppe stehen, ist der Unterschied in den chemischen Verschiebungen von axialen und äquatorialen Fluoratomen nur gering. Die geminale Kopplungskonstante beträgt 280—290 Hz[1]. Ist die $CF_2$-Gruppe von zwei weiteren $CF_2$-Gruppen flankiert, so hat das axiale Fluoratom eine chemische Verschiebung von 47.4 ppm und das äquatoriale eine von 65.1 ppm. Durch Substituenten in

Tabelle 96

*Chemische Verschiebungen des $^{19}F$ in halogenierten Kohlenwasserstoffen*

| Verbindung | CF | CF$_2$<br>$\delta$ (ppm) | | CF$_3$ | Lit. |
|---|---|---|---|---|---|
| $CF_3Cl$ | – | | – | 37.0 | a |
| $CF_2Cl_2$ | – | | 60.6 | – | a |
| $CFCl_3$ | 76.9 | | – | – | a |
| $CF_2Br_2$ | – | | –83.3 | – | b |
| $CFBr_3$ | –83.9 | | – | – | b |
| $CH_3ClCF_2$ | – | | –29.3 | – | c |
| $CH_3BrCF_2$ | – | | –37.4 | – | c |
| $CFCl_2CFCl_2$ | – 8.8 | | – | – | b |
| $BrCF_2CF_2Br$ | – | | –13.1 | – | b |
| $CF_3\underset{I}{CF_2}\underset{II}{CF_2}CH_2Cl$ | – | I | 51.5 | 7.5 | d |
|  | – | II | 42.5 | – | |
| $CF_3\underset{I}{CF_2}\underset{II}{CF_2}CH_2Br$ | – | I | 51.5 | 7.5 | d |
|  | – | II | 39.5 | – | |
| $CF_3\underset{I}{CF_2}\underset{II}{CF_2}CH_2J$ | – | I | 51.5 | 7.5 | d |
|  | – | II | 33.5 | – | |
| $CF_3\underset{I}{CF_2}\underset{II}{CF_2}CCl_3$ | – | I | 42.5 | 6.5 | d |
|  | – | II | 32.5 | – | |
| $CF_3\underset{I}{CF_2}\underset{II}{CF_2}COCl$ | – | I | 51.5 | 6.5 | d |
|  | – | II | 39.5 | – | |
| $CCl_3CF_2CF_2COCl$ | – | | 28.5⎫ | – | d |
|  | – | | 30.5⎭ | – | |
| $CCl_3\underset{I}{CF_2}CF_2CF_2COCl$ | – | I | 31.5 | – | d |
|  | – | | 35.5⎫ | – | |
|  | – | | 37.5⎭ | – | |


[a] Meyer, L.H., and H.S. Gutowsky: J. Phys. Chem. **57**, 481 (1953).
[b] Filipovich, G., and G.V.D. Tiers: J. Phys. Chem. **63**, 761 (1959).
[c] Elleman, D.D., L.C. Brown, and D. Williams: J. Mol. Spec. **7**, 307 (1961)
[d] Tiers, G.V.D.: J.A.C.S. **78**, 2914 (1956).


Nachbarstellung werden diese Lagen verändert. Wird eines der axialen Fluoratome in $a$-Stellung durch ein Proton ersetzt, so verschiebt sich bei der mittleren $CF_2$-Gruppe das axiale Fluoratom um +2.3 ppm, das äquatoriale dagegen um —15 ppm. Wird in $a$-Stellung ein äquatoriales Fluoratom durch ein Proton ersetzt, dann wird in der mittleren $CF_2$-Gruppe das axiale Fluoratom um —4.3 ppm und das äquatoriale um —10.5 ppm verschoben.

<hr>

[1] Feeney, J., and L.H. Sutcliffe: Trans. Farad. **56**, 1559 (1960).

Wird ein $\alpha$-ständiges äquatoriales Fluor durch eine Trifluormethylgruppe ersetzt, so wird das axiale Fluor um —5.7 ppm und das äquatoriale um

Tabelle 97. *Chemische Verschiebungen des $^{19}F$ in Verbindung mit Heteroatomen*

| Verbindung | $\delta$ (ppm) | | | | | Lit. |
|---|---|---|---|---|---|---|
| | $CF_3X$ | $CF_2X$ | $CF_3$ | $CF_2$ | | |
| $(CF_3)_2CH—CF_2OCH_3$ | – | –3.0 | –12.8 | – | – | a |
| $CF_3CF_2COOH$ | – | – | 7.0 | 46.0 | – | a |
| $(CF_3CF_2)_2O$ | – | 12.9 | 11.9 | – | – | a |
| 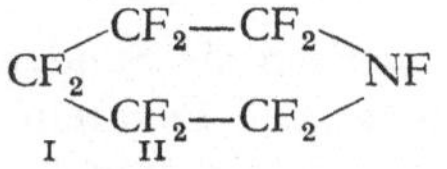 cyclo-[$CF_2$(I)–$CF_2$(II)–$CF_2$–$CF_2$–$CF_2$]NF | – | 32.7 | – | I 56.7<br>II 54.5 | NF 36.6 | a |
| 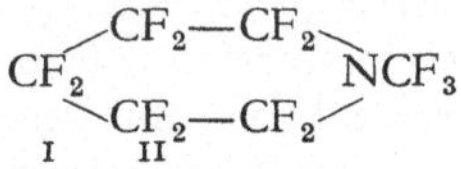 cyclo-[$CF_2$(I)–$CF_2$(II)–$CF_2$–$CF_2$]NCF$_3$ | –25.3 | 16.8 | – | I 57.8<br>II 55.2 | – | a |
| 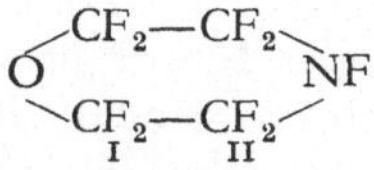 O[$CF_2$(I)–$CF_2$(II)–$CF_2$–$CF_2$]NF | – | I 4.8<br>II 33.7 | – | – | NF 36.0 | a |
| 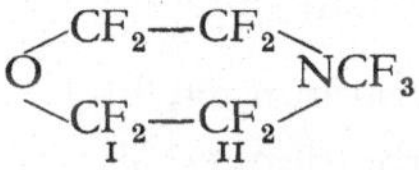 O[$CF_2$(I)–$CF_2$(II)–$CF_2$–$CF_2$]NCF$_3$ | –24.0 | I 9.6<br>II 17.0 | – | – | – | a |
| $(CF_3CF_2)_2NCF_3$ | –25.3 | 16.8 | 7.7 | – | – | a |
| $(CF_3)_2NCF_2CF_3$ | –23.1 | 8.4 | 19.9 | – | – | b |
| $(CF_3)_2NC{<}^O_F$ | –20.0 | – | – | – | COF– 81.0 | a |
| 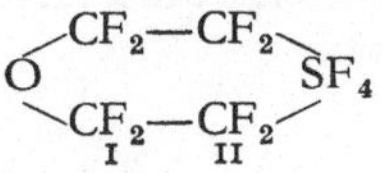 O[$CF_2$(I)–$CF_2$(II)–$CF_2$–$CF_2$]SF$_4$ | – | I 2.4<br>II 22.2 | – | – | SF$_4$–123.0<br>SF$_4$– 94.8 | c |
| $C_2F_5SF_5$ | – | 15.5 | 5.3 | – | SF$_5$–118.7<br>SF$_5$–137.5 | c |
| $C_3F_7SF_5$ | – | 18.8 | 5.0 | 50.7 | SF$_5$–118.7<br>SF$_5$–137.5 | c |
| $(C_2F_5)_2SF_4$ | – | 21.2 | 4.5 | – | SF$_4$–104.0 | c |
| 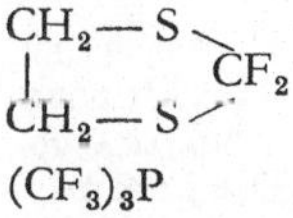 $CH_2$–S, $CH_2$–S $>CF_2$ | – | –37.2 | – | – | – | d |
| $(CF_3)_3P$ | –25.7 | – | – | – | – | e |

a MULLER, N., P.C. LAUTERBUR, and G.F. SVATOS: J. A. C. S. **79**, 1807 (1957).
b SAIKA, A., and H.S. GUTOWSKY: J. A. C. S. **78**, 4818 (1956).
c MULLER, N., P.C. LAUTERBUR, and G.F. SVATOS: J. A. C. S. **79**, 1043 (1957).
d HARDER, R.J., and W.C. SMITH: J. A. C. S. **83**, 3422 (1961).
e Packer, K.J.: J. Chem. Soc. 960 (1963).

—10.9 ppm verschoben. In einer —CHF-Gruppe, die von zwei $CF_2$-Gruppen eingeschlossen ist, liegt ein äquatoriales Fluor bei 156.2 ppm, ein axiales bei 135.2 ppm. Wird in der Nachbarstellung eines der axialen Fluoratome gegen ein Proton ausgetauscht, so wird in der —CFH-Gruppe ein axiales Fluor um $+4.5$ und ein äquatoriales um —11 ppm verschoben. Wird dagegen in der Nachbarstellung ein äquatoriales Fluor gegen ein Proton vertauscht, so wird das äquatoriale Fluor in der Mitte nur um —7.6 ppm verschoben[1].

### VI. 5d *Substituierte Fluorkohlenwasserstoffe*

Enthalten die Moleküle weitere Halogenatome, so werden die Bandenlagen stark beeinflußt, wie die Werte der Tab. 96 zeigen. Die Lage einer Trifluormethylgruppe in $CF_3$-CXYZ-Verbindungen verschiebt sich von $+14$ auf —12 ppm, wenn die —CXYZ-Gruppe in der Reihe $CF_2H$, $CH_2F$, $CH_2Cl$, $CH_2Br$ geändert wird, d. h. die $CF_3$-Gruppe wird um so mehr nach tieferem Feld verschoben, je geringer die Elektronegativität der mit ihr verbundenen Gruppe ist. In Verbindungen $CF_2X$—$CF_2$—$CH_2F$ nimmt die Abschirmung der $CF_2X$- und der $CF_2$-Gruppe in der Reihenfolge F<Cl<Br ab. Durch Stickstoff, Sauerstoff oder Schwefel werden die Banden des Fluors nach tiefem Feld verschoben (Tab. 97)[2–8] und zwar umso mehr, je größer die Elektronegativität des Heteroatoms ist. Die Absorptionsbereiche, die bei einer größeren Anzahl von Verbindungen gefunden wurden, sind[2,3]

| | | | |
|---|---|---|---|
| C—$CF_2$—N | 8.6 bis 51.1 ppm | (10 Verbindungen ) |
| $CF_3$—N | —36 bis —18 ppm | ( 9 Verbindungen ) |
| $CF_3$—P | —30 bis —10 ppm | (13 Verbindungen[6]) |
| C—$CF_2$—O | —6 bis 15 ppm | ( 6 Verbindungen ) |
| C—$CF_2$—S | 15 bis 22 ppm | ( 6 Verbindungen ). |

Die Banden von Fluoratomen, die direkt mit dem Heteroatom verbunden sind (—NF, —$SF_5$), liegen im allgemeinen bei tieferem Feld.

### VI. 5e *Ungesättigte und aromatische Fluorverbindungen*

Die chemischen Verschiebungen von ungesättigten Fluorverbindungen sind nur in wenigen Fällen gemessen worden[9,10]. Sie erstrecken sich über einen sehr weiten Bereich (100 ppm) und das begrenzte Tatsachenmaterial

[1] HOMER, J., and L.F. THOMAS: Trans. Farad. 59, 2431 (1963). — [2] MULLER, N., P.C. LAUTERBUR, and G.F. SVATOS: J. A. C. S. 79, 1807 (1957). — [3] MULLER, N., P.C. LAUTERBUR, and G.F. SVATOS: J. A. C. S. 79, 1043 (1957). — [4] SAIKA, A., and H.S. GUTOWSKY: J. A. C. S. 78, 4818 (1956). — [5] FLUCK, E.: Die kernmagnetische Resonanz und ihre Anwendung in der anorganischen Chemie. Berlin: Springer 1963. — [6] PACKER, K. J.: J. Chem. Soc. 960 (1963). — [7] BODEN, N., J.W. EMSLEY, J. FEENEY, and L.H. SUTCLIFFE: Trans. Farad. 59, 620 (1963). — [8] ROGERS, M.T., and J.D. GRAHAM: J. A. C. S. 84, 3666 (1962). — [9] BEISNER, H.M., L.C. BROWN, and D. WILLIAMS: J. Mol. Spec. 7, 385 (1961). — [10] COYLE, T.D., S.L. STAFFORD, and F.G.A. STONE: Spectrochim. Acta 17, 968 (1961).

Tabelle 98. *Chemische Verschiebungen des $^{19}F$ in ungesättigten Verbindungen*

| Verbindung | $\delta$ (ppm) | | |
|---|---|---|---|
| | =CF | —CF$_2$ | —CF$_3$ |
| $CClF{=}CH{-}CF_3$ | —15.2 | | —15.2 |
| $CCl_2{=}CH{-}CF_3$ | | | —14.8 |
| $CF_3{-}CCl{=}CCl{-}CF_3$ | | | —11.6 |
| $CF_3{-}CF{=}CCl{-}CF_3$ (I, II) | 39.2 | | I —6.2 |
| | | | II —9.7 |
| [Cl–C=C–Cl ring with F$_2$C, CF$_2$, CF$_2$] (I, II) | | I 38.4 | |
| | | II 54.4 | |
| [F–C=C–F ring with F$_2$C, CF$_2$, CF$_2$] (I, II) | 77.5 | I 44.2 | |
| | | II 56.1 | |
| $HC{\equiv}C{-}CF_3$ | | | —28.5 |

BEISNER, H.M., L.C. BROWN, and D. WILLIAMS: J. Mol. Spec. **7**, 385 (1961).

Tabelle 99. *Chemische Verschiebungen des $^{19}F$ in einfachen aromatischen Verbindungen*

| Verbindung | $\delta$ (ppm) | | |
|---|---|---|---|
| | —CF | —CF$_3$ | Lit. |
| $C_6H_5F$ | 36.6 | – | a |
| $C_6F_6$ | 87.2 | – | b |
| Monofluor–naphthalin | (1) 46.9 | – | c |
| | (2) 38.3 | – | – |
| Monofluor–phenanthren | (1) 45.8 | – | c |
| | (2) 38.7 | – | – |
| | (3) 37.0 | – | – |
| | (4) 33.4 | – | – |
| | (9) 48.8 | – | – |
| Monofluor–biphenyl | (2) 41.5 | – | c |
| | (3) 36.5 | – | – |
| | (4) 39.3 | – | – |
| $C_6H_5CF_3$ | – | -12.8 | a |
| $m{-}C_6H_4(CF_3)_2$ | – | -13.2 | d |
| $o{-}FC_6H_4CF_3$ | – | -11.6 | d |
| $o{-}ClC_6F_4CF_3$ | – | - 5.9 | d |
| $m{-}NO_2C_6H_4CF_3$ | – | -12.3 | e |
| $p{-}NO_2C_6H_4CF_3$ | – | -12.0 | e |
| $m{-}NH_2C_6H_4CF_3$ | – | -12.6 | e |
| $p{-}NH_2C_6H_4CF_3$ | – | -14.3 | e |
| $C_6H_4SO_2F$ | -142.0 | – | – |

[a] FILIPOVICH, G., and G.V.D. TIERS: J. Phys. Chem. **63**, 761 (1959).
[b] BOURN, A.J.R., D.G. GILLIES, and E.W. RANDALL: Proc. Chem. Soc. 200 (1963).
[c] DEWAR, M.J.S., R.C. FAHEY, and P.J. GRISDALE: THL 343 (1963).
[d] GUTOWSKY, H.S., and V.D. MOCHEL: J. Chem. Phys. **39**, 1195 (1963).
[e] BUMGARDNER, C.L.: J. Org. Chem. **28**, 3225 (1963).

gestattet es nicht, Gesetzmäßigkeiten zu erkennen. In Tab. 98 sind die Bandenlagen einiger Verbindungen wiedergegeben.

Die aromatischen Fluorverbindungen sind wieder sehr ausführlich untersucht worden[1-24]. In Tab. 99 sind die chemischen Verschiebungen einiger einfacher aromatischer Fluorkohlenwasserstoffe wiedergegeben. Die Banden liegen in einem engen Bereich und sind unabhängig vom aromatischen Rest. Ebenso sind die Lagen von Trifluormethylgruppen an aromatischen Resten auf ein enges Gebiet begrenzt und ändern sich nur wenig mit der Art und Stellung der Substituenten. Die Fluorsignale in monosubstituierten Fluorbenzolen hängen in charakteristischer Weise vom Substituenten ab und zeigen lineare Abhängigkeiten von den Hammettschen $\sigma$-Konstanten. Über diese Substituenteneinflüsse wird in Kap. VII 8 ausführlicher berichtet werden. Ebenso findet man lineare Abhängigkeiten der chemischen Verschiebungen des Fluors von den Hammettschen Konstanten in Verbindungen vom Typ $R\!-\!C_6H_4\!-\!SF_5$, $R\!-\!C_6H_4\!-\!OCF_3$, $R\!-\!C_6H_4\!-\!SCF_3$ und $R\!-\!C_6H_4\!-\!SO_2CF_3$[20]. Sind mehrere Substituenten am aromatischen Ring, so setzen sich ihre Wirkungen annähernd additiv zusammen[16]. Für parasubstituierte Fluorbenzole besteht ein linearer Zusammenhang zwischen der chemischen Verschiebung und den nach der „molecular orbital"-Methode berechneten $\pi$-Elektronendichten[15]. Auf die Untersuchungen der Nickelkomplexe von N,N-disubstituierten 1,7-Diaminocycloheptatrienen (mit fluorhaltigen Substituenten)[25,26], Perfluoralkylmetallverbindungen[27], Monofluoralkohole[28] und Pentafluorschwefelverbindungen[29] sei hier nur hingewiesen.

[1] FILIPOVICH, G., and G. V. D. TIERS: J. Phys. Chem. **63**, 761 (1959). — [2] BOURN, A. J. R., D. G. GILLIES, and E. W. RANDALL: Proc. Chem. Soc. 200 (1963). — [3] DEWAR, M. J. S., R. C. FAHEY, and P. J. GRISDALE: THL 343 (1963). — [4] GUTOWSKY, H. S., and V. D. MOCHEL: J. Chem. Phys. **39**, 1195 (1963). — [5] BUMGARDNER, C. L.: J. Org. Chem. **28**, 3225 (1963). — [6] BYSTROV, V. F., E. Z. UTYANSKAJA, and L. M. YAGUPOLSKII: Opt. i Spektroskopiya **10**, 138 (1961), C. A. 10075e (1961). — [7] MEYER, L. H., and H. S. GUTOWSKY: J. Phys. Chem. **57**, 481 (1953). — [8] TAFT, Jr., R. W., R. E. GLICK, I. C. LEWIS, I. FOX, and ST. EHRENSON: J. A. C. S. **82**, 756 (1960). — [9] TAFT, R. W., E. PRICE, I. R. FOX, I. C. LEWIS, K. K. ANDERSEN, and G. T. DAVIS: J. A. C. S. **85**, 709 (1963). — [10] TAFT, R. W., E. PRICE, and G. T. DAVIS: J. A. C. S. **85**, 3146 (1963). — [11] TAFT, Jr., R. W., S. EHRENSON, I. C. LEWIS, and R. E. GLICK: J. A. C. S. **81**, 5352 (1959). — [12] NEWMAN, M. S., R. G. MENTZER, and G. SLOMP: J. A. C. S. **85**, 4018 (1963). — [13] ITO, K., K. INUKAI, and T. ISOBE: Bull. Chem. Soc. Japan **33**, 315 (1960). — [14] TAFT, Jr., R. W.: J. A. C. S. **79**, 1045 (1957). — [15] TAFT, R. W., F. PROSSER, L. GOODMAN, and G. T. DAVIS: J. Chem. Phys. **38**, 380 (1963). — [16] GUTOWSKY, H. S., D. W. MCCALL, B. R. MCGARVEY, and L. H. MEYER: J. A. C. S. **74**, 4809 (1952). — [17] ISOBE, T., K. INUKAI, and K. ITO: J. Chem. Phys. **27**, 1215 (1957). — [18] SUHR, H.: Ber. Bunsenges. phys. Chem. **68**, 169 (1964). — [19] GUTOWSKY, H. S., C. H. HOLM, A. SAIKA, and G. A. WILLIAMS: J. A. C. S. **79**, 4596 (1957). — [20] EATON, B. R., and W. A. SHEPPARD: J. A. C. S. **85**, 1310 (1963). — [21] RICHARDS, R. E., and T. SCHAEFER: Trans. Farad. **54**, 1447 (1958). — [22] LAWRENSON, I. J.: J. Chem. Soc. 1117 (1965). — [23] BODEN, N., J. W. EMSLEY, J. FEENEY, and L. H. SUTCLIFFE: J. Mol. Phys. **8**, 133 (1964). — [24] BODEN, N., J. W. EMSLEY, J. FEENEY, and L. H. SUTCLIFFE: J. Mol. Phys. **8**, 467 (1964). — [25] EATON, D. R., A. D. JOSEY, W. D. PHILLIPS, and R. E. BENSON: J. Mol. Phys. **5**, 407 (1962). — [26] EATON, D. R., A. D. JOSEY, and W. A. SHEPPARD: J. A. C. S. **85**, 2689 (1963). — [27] PITCHER, E., A. D. BUCKINGHAM, and F. G. A. STONE: J. Chem. Phys. **36**, 124 (1962). — [28] JULLIEN, J., J. A. MARTIN, et R. RAMANADIN: Bull. Soc. Chim. France 171 (1964). — [29] HARRIS, R. K., and K. J. PACKER: J. Chem. Soc. 3077 (1962).

## VI. 5f *Kopplungskonstanten*

Die Kopplungskonstanten zwischen zwei Fluoratomen und zwischen Fluor und anderen magnetischen Kernen sind größer als die entsprechenden Protonenkopplungen. So beträgt die Kopplung $J_{PF}$ im $PF_3$ 1400 Hz gegenüber $J_{PH}=183$ Hz im $PH_3$[1]. Auch die Kopplungen über größere Entfernungen sind stärker ausgeprägt als die bei Protonen. Man kann daher häufig „long-range"-Kopplungen über mehrere Bindungen hinweg beobachten. Der Betrag der Kopplungskonstanten nimmt im allgemeinen mit zunehmender Entfernung ab, doch zeigen sich einige auffällige Ausnahmen. In frei beweglichen Ketten beträgt die Konstante $J_{FF}$ über drei Bindungen (F—C—C—F) annähernd Null, die über vier Bindungen (F—C—C—C—F) 7 bis 10 Hz und ist sogar noch größer, wenn zwischen den Fluoratomen ein Stickstoffatom steht (10—17 Hz). Über fünf Bindungen beobachtet man, wenn ein Stickstoffatom in der Kette steht, Werte von 2—7 Hz. Diese Erscheinung macht es wahrscheinlich, daß die Kopplung zwischen zwei Fluoratomen zur Hauptsache durch den Raum und nicht durch die Bindungen verläuft[2,3]. Auf kürzere Entfernungen läuft daneben auch eine Kopplung über die Bindungen. In vielen Fällen bestehen Zusammenhänge zwischen der chemischen Verschiebung der Fluorsignale und der Größe der Kopplungskonstanten, z. B. nehmen die Kopplungskonstanten $J_{FH}$ in der Reihenfolge $CH_3F$, $CH_2F_2$, $CHF_3$ zu (44, 53, 81 Hz), während die chemischen Verschiebungen abnehmen. In Verbindungen vom Typ R—$CF_2$—CFHCl besteht eine annähernd lineare Abhängigkeit zwischen der Kopplungskonstanten $J_{FF}$ gem. und der Elektronegativität des Substituenten R[4]. Die Werte fallen von 343 Hz für R=$SiCl_3$ auf 142 Hz für R=$OCH_3$.

Die Konstanten $J_{FF}$ und $J_{FH}$ sind für zahlreiche Verbindungen bestimmt worden[2,5-11]. Die Kopplung zwischen geminalen Fluoratomen beträgt 150—175 Hz[2,12], die zwischen einer Trifluormethylgruppe und einer benachbarten Difluormethylengruppe ($CF_3$—$CF_2$) ist außerordentlich klein (0.5 Hz). Etwas größer sind die Kopplungen in Chlor- und Bromverbindungen. Im $CF_2Cl$—$CF_2$— beträgt die Kopplung 2.8 Hz, im $CF_2Br$—$CF_2$— 3.9 Hz, in protonenhaltigen Verbindungen $CF_3$—$CF_2H$ 2.7 Hz und im $CF_3$—$CH_2F$ 15.6 Hz. Die Kopplung zwischen Fluor und Wasserstoff ist im Fluorwasserstoff am größten (615 Hz)[13]. Sind die beiden Atome durch ein Kohlenstoffatom getrennt, so sind die Werte kleiner und betragen für —$CF_2H$ 52—57 Hz, für —$CFH_2$ 45—47 Hz. Die Kopplungskonstanten

[1] GUTOWSKY, H. S., D. W. McCALL, and C. P. SLICHTER: J. Chem. Phys. **21**, 279 (1953). — [2] PETRAKIS, L., and C. H. SEDERHOLM: J. Chem. Phys. **35**, 1243 (1961). — [3] NG, SOON, and C. H. SEDERHOLM: J. Chem. Phys. **40**, 2090 (1964). — [4] DYER, J.: Proc. Chem. Soc. 275 (1963). — [5] ELLEMAN, D. D., L. C. BROWN, and D. WILLIAMS: J. Mol. Spec. **7**, 393 (1961). — [6] ELLEMAN, D. D., L. C. BROWN, and D. WILLIAMS: J. Mol. Spec. **7**, 322 (1961). — [7] ELLEMAN, D. D., L. C. BROWN, and D. WILLIAMS: J. Mol. Spec. **7**, 307 (1961). — [8] FLYNN, G. W., and J. D. BALDESCHWIELER: J. Chem. Phys. **37**, 2907 (1962). — [9] BARFIELD, M., and J. D. BALDESCHWIELER: J. Mol. Spec. **12**, 23 (1964). — [10] BEAUDET, R. A., and J. D. BALDESCHWIELER: J. Mol. Spec. **9**, 30 (1962). — [11] CRAPO, L. M., and C. H. SEDERHOLM: J. Chem. Phys. **33**, 1583 (1960). — [12] DRYSDALE, J. J., and W. D. PHILLIPS: J. A. C. S. **79**, 319 (1957). — [13] SOLOMON, I., and N. BLOEMBERGEN: J. Chem. Phys. **25**, 261 (1956).

über drei Bindungen hinweg liegen zwischen 3 und 15 Hz. In den Verbindungen $CH_3$—$CHF_2$ und $CH_3$—$CH_2F$ haben $J_{HH}$, $J_{FH}$ und $J_{FF}$ das gleiche Vorzeichen und sind vermutlich positiv[1]. Die Kopplungskonstanten in ungesättigten Fluorverbindungen[2-11] hängen von der Stellung der Fluoratome ab und liegen in folgenden Bereichen:

| | | | | |
|---|---|---|---|---|
| $J_{FF}$ | geminal | 30 | bis | 90 Hz |
| $J_{FF}$ | trans | —115 | bis | —130 Hz |
| $J_{FF}$ | cis | 9 | bis | 58 Hz |
| $J_{FH}$ | geminal | 72 | bis | 90 Hz |
| $J_{FH}$ | trans | 12 | bis | 42 Hz |
| $J_{FH}$ | cis | —3 | bis | + 20 Hz |

Auf Grund von Doppelresonanzmessungen wurde festgestellt, daß von den sechs Konstanten nur $J_{FF}$ (trans) ein abweichendes, vermutlich negatives Vorzeichen hat[2,3]. Die Kopplungskonstanten zwischen einem Fluoratom und einer Trifluormethylgruppe, die beide an derselben Doppelbindung stehen, betragen 7—10 Hz bei geminaler Anordnung, bei Transstellung 1.5—13 Hz und bei Cisstellung 7—28 Hz[6]. Die Kopplungskonstanten in aromatischen Verbindungen[12-17] betragen:

| | | | | |
|---|---|---|---|---|
| $J_{FF}$ ortho | 20—21 Hz | | $J_{FH}$ ortho | 6—10 Hz |
| $J_{FF}$ meta | 2— 4 Hz | | $J_{FH}$ meta | 6—8 Hz |
| $J_{FF}$ para | 12—15 Hz | | $J_{FH}$ para | 2—2,5 Hz. |

Über die Vorzeichen liegen widersprechende Angaben vor. Evans[12] fand, daß $J_{FF}$ ortho das entgegengesetzte Vorzeichen von $J_{FF}$ meta und $J_{FF}$ para hat und daß alle Konstanten $J_{FH}$ das gleiche Vorzeichen haben. Paterson und Spedding[13] beobachteten dagegen für $J_{FH}$ ortho das entgegengesetzte Vorzeichen wie für $J_{FH}$ meta und $J_{FH}$ para. Die Kopplungen eines aromatischen Fluoratoms mit einer nachbarständigen Trifluormethylgruppe in 2-Fluor-6-R-benzotrifluoriden beträgt je nach Art des Substituenten R 13—34 Hz[18]. Sie ist etwa proportional zur chemischen Verschiebung der Trifluormethylgruppe und zur Größe des Substituenten R, hängt also von der Veränderung der Elektronendichten und von der Rotationsmöglichkeit ab.

---

[1] Barfield, M., and J.D. Baldeschwieler: J. Mol. Spec. **12**, 23 (1964). — [2] Beaudet, R.A., and J.D. Baldeschwieler: J. Mol. Spec. **9**, 30 (1962). — [3] Flynn, G.W., M. Matsushima, J.D. Baldeschwieler, and N.C. Craig: J. Chem. Phys. **38**, 2295 (1963). — [4] Coyle, T.D., S.L. Stafford, and F.G.A. Stone: J. Chem. Soc. 743 (1961). — [5] Evans, D.F.: J. Mol. Phys. **5**, 183 (1962). — [6] Andreads, S.: J.A.C.S. **84**, 864 (1962). — [7] Tiers, G.V.D., and P.C. Lauterbur: J. Chem. Phys. **36**, 1110 (1962). — [8] McConnel, H.M., C.A. Reilly, and A.D. McLean: J. Chem. Phys. **24**, 429 (1956). — [9] Brey, Jr., W.S., and K.C. Rameg: J. Chem. Phys. **39**, 844 (1963). — [10] Rameg, K.C., and W.S. Brey, Jr.: J. Chem. Phys. **40**, 2349 (1964). — [11] Soon Ng, Jane Tang, and C.H. Sederholm: J. Chem. Phys. **42**, 79 (1965). — [12] Evans, D.F.: J. Mol. Phys. **6**, 179 (1963). — [13] Paterson, W.G., and H. Spedding: Can. J. Chem. **41**, 2706 (1963). — [14] Gutowsky, H.S., C.H. Holm, A. Saika, and G.A. Williams: J.A.C.S. **79**, 4596 (1957). — [15] Bak, B., J.N. Shoolery, and R.E. Williams: J. Mol. Spec. **2**, 525 (1958). — [16] Schaefer, T.R., and W.G. Schneider: Can. J. Chem. **37**, 2078 (1959). — [17] Aruldhas, G., and P. Venkateswarlu: J. Mol. Phys. **7**, 65 (1963). — [18] Gutowsky, H.S., and V.D. Mochel: J. Chem. Phys. **39**, 1195 (1963).

## VI. 6. Phosphor

Der natürlich vorkommende Phosphor besteht nur aus dem Isotop [31]P mit einer Spinquantenzahl von $I=\tfrac{1}{2}$. Da die Resonanzsignale verhältnismäßig stark und die Relaxationszeiten relativ kurz sind, läßt sich die Phosphorspektroskopie leicht durchführen. Die chemischen Verschiebungen und Kopplungskonstanten einer großen Anzahl von Phosphorverbindungen sind gemessen und in mehreren ausführlichen Zusammenfassungen tabelliert worden, auf deren Wiederholung hier verzichtet werden soll. Die Daten für 63 Verbindungen sind von MULLER, LAUTERBUR und GOLDENSON[1], für weitere 200 Verbindungen von VAN WAZER, CALLIS, SHOOLERY und JONES[2] beschrieben worden. Eine Zusammenstellung aller von verschiedenen Arbeitskreisen gewonnenen Ergebnisse ist 1962 von JONES und KATRITZKY[3] und 1963 von FLUCK[4] gegeben worden. Weitere Zusammenfassungen wurden von FINEGOLD[5], GUTOWSKY und McCALL[6], CALLIS, VAN WAZER, SHOOLERY und ANDERSON[7], NIELSEN und PUSTINGER[8] und von MORIN[9] veröffentlicht.

Die chemischen Verschiebungen des Phosphors in organischen Verbindungen erstrecken sich über einen Bereich von etwa 700 ppm. Als Bezugssubstanz dient 85prozentige Phosphorsäure, die jedoch nur als äußerer Standard verwendet werden kann. Als weitere Standardverbindungen sind $PBr_3$ mit —227 ppm, $(C_6H_5O)_3P$ mit —127 ppm und (o—$CH_3$—$C_6H_4)_3PO$ mit +17 ppm (bezogen auf 85prozentige Phosphorsäure) vorgeschlagen worden. Die Bandenlagen der Phosphorverbindungen hängen vom verwendeten Lösungsmittel ab. Die Lösungsmitteleffekte sind dort am größten, wo sich zwischen Lösungsmittel und gelöster Substanz Wasserstoffbrücken ausbilden können. Sie betragen aber selten mehr als 3 bis 5 ppm und können daher meistens gegenüber den großen chemischen Verschiebungen vernachlässigt werden.

Die Resonanzen von dreibindigem Phosphor liegen, von wenigen Ausnahmen abgesehen, in einem Bereich von —200 bis +200 ppm, am häufigsten zwischen —200 und —100 ppm. Für Phosphoroxyverbindungen findet man im allgemeinen Werte von —60 bis +40 ppm und für Thiophosphorverbindungen —100 bis —50 ppm. In Tab. 100 sind die chemischen Verschiebungen einiger repräsentativer Phosphorverbindungen wiedergegeben.

Für Phosphorverbindungen mit der Koordinationszahl 3 und 4 haben VAN WAZER, CALLIS, SHOOLERY und JONES[2] die Substituenteneffekte untersucht. Sie kommen zu dem Ergebnis, daß sich die chemischen Verschie-

---

[1] MULLER, N., P. C. LAUTERBUR, and J. GOLDENSON: J. A. C. S. **78**, 3557 (1956). — [2] VAN WAZER, J. R., C. F. CALLIS, J. N. SHOOLERY, and R. C. JONES: J. A. C. S. **78**, 5715 (1956). — [3] JONES, R. A. Y., u. A. R. KATRITZKY: Z. Angew. Chem. **74**, 60 (1962). — [4] FLUCK, E.: Die kernmagnetische Resonanz und ihre Anwendung in der anorganischen Chemie. Berlin: Springer 1963. — [5] FINEGOLD, H.: Ann. NY Acad. Sci. **70**, 875 (1958). — [6] GUTOWSKY, H. S., and D. W. McCALL: J. Chem. Phys. **22**, 162 (1954). — [7] CALLIS, C. F., J. R. VAN WAZER, J. N. SHOOLERY, and W. A. ANDERSON: J. A. C. S. **79**, 2719 (1957). — [8] NIELSEN, M. L., and J. V. PUSTINGER, Jr.: J. Phys. Chem. **68**, 152 (1964). — [9] MORIN, C.: Bull. Soc. Chim. France 1446 (1961).

Tabelle 100
*Chemische Verschiebungen des $^{31}P$ in einfachen Phosphorverbindungen*

| Verbindung | $\delta$ (ppm) | Lit. | Verbindung | $\delta$ (ppm) | Lit. |
|---|---|---|---|---|---|
| $PF_3$ | −97.0 | a | $OP(CH_3O)_3$ | 2.4 | o |
| $PCl_3$ | −220.0 | b | $OP(C_2H_5O)_3$ | 1.0 | b |
| $PBr_3$ | −229.0 | c | $OP(C_2H_5S)_3$ | −68.1 | i |
| $CH_3PCl_2$ | −191.0 | d/e/f/g | $OP[(CH_3)_2N]_3$ | −23.4 | i |
| $C_2H_5PCl_2$ | −196.3 | e | $SP(CH_3O)_3$ | −73.0 | d |
| $C_6H_5PCl_2$ | −166.0 | b | $SP(C_2H_5O)_3$ | −68.1 | e/p |
| $CH_3PBr_2$ | −184.0 | e | $SP(C_6H_5O)_3$ | −53.4 | q |
| $C_2H_5PBr_2$ | −194.0 | e | $SP(C_2H_5S)_3$ | −92.9 | i |
| $(CH_3)_2PCl$ | −93.0 | f | $SP(C_6H_5S)_3$ | −91.9 | e |
| $(C_2H_5)_2PCl$ | −119.0 | e | | | |
| $(C_6H_5)_2PCl$ | −81.5 | e | Adenosin-diphosphat Lösungsmittel: | | |
| $(CH_3)_2PBr$ | −87.9 | e | Wasser (pH = 6.9) | 8.1  11.0 | r |
| $(CH_3O)PCl_2$ | −181.0 | d/c/i | Adenosin-triphosphat Lösungsmittel: | | |
| $(C_2H_5O)PCl_2$ | −177.0 | j | Wasser (pH = 7.0) | 8.1  11.2 | r |
| $(C_6H_5O)PCl_2$ | −179.0 | c | | | |
| $(C_2H_5O)_2PCl$ | −164.0 | j | $PH_3$ | 238.0 | b |
| $(C_6H_5O)_2PCl$ | −159.0 | c | $H_2PCH_3$ | 163.5 | b |
| $(CH_3S)PCl_2$ | −206.0 | e | $H_2PC_6H_5$ | 122.0 | s |
| $(C_2H_5S)PCl_2$ | −210.7 | e | $HP(CH_3)_2$ | 98.5 | b |
| $(C_6H_5S)PCl_2$ | −204.2 | e | $HP(C_2H_5)_2$ | 55.5 | e |
| $(CH_3S)_2PCl$ | −188.2 | e | $HP(C_6H_5)_2$ | 41.1 | e |
| $(C_2H_5S)_2PCl$ | −186.2 | e | $P(CH_3)_3$ | 62.0 | t/b |
| $(C_6H_5S)_2PCl$ | −182.7 | e | $P(C_2H_5)_3$ | 20.4 | d/i |
| $(CH_3)_2NPCl_2$ | −166.0 | e | $P(C_6H_5)_3$ | 8.0 | t/b |
| $[(CH_3)_2N]_2PCl$ | −160.0 | e | $OP(CH_2OH)_3$ | −45.4 | e |
| | | | $OP(C_2H_5)_3$ | −48.3 | i |
| $OPCl_3$ | −2.2 | k | $OP(C_6H_5)_3$ | −27.0 | e |
| $OP(CH_3)Cl_2$ | −44.5 | d/i | $SP(CH_3)_3$ | −59.1 | e |
| $OP(C_2H_5)Cl_2$ | −53.0 | d | $SP(C_2H_5)_3$ | −54.5 | i |
| $OP(C_6H_5)Cl_2$ | −34.0 | d/i/l | $SP(C_6H_5)_3$ | −42.6 | e |
| $OP(CH_3)_2Cl$ | −62.8 | e | | | |
| $OP(C_2H_5)_2Cl$ | −76.7 | e | $(CH_3)_2P{-}P(CH_3)_2$ | 59.5 | e |
| $OP(C_6H_5)_2Cl$ | −42.7 | e | $(C_2H_5)_2P{-}P(C_2H_5)_2$ | 34.3 | e |
| | | | | | |
| $SP(CH_3)Cl_2$ | −79.8 | d | $HP(O)(CH_3O)_2$ | −11.0 | d/u/b |
| $SP(C_2H_5)Cl_2$ | −94.3 | d/i | $HP(O)(C_2H_5O)_2$ | −8.0 | d/u/b |
| $SP(C_6H_5)Cl_2$ | −74.8 | d/i | $HP(O)(C_6H_5O)_2$ | 0 | u |
| $SP(CH_3)_2Cl$ | −87.3 | e | $P(CH_3O)_3$ | −141.0 | u/b |
| | | | $P(C_2H_5O)_3$ | −139.0 | u/b |
| $OP(CH_3O)Cl_2$ | −5.6 | e | $P(C_6H_5O)_3$ | −128.0 | u/b |
| $OP(C_2H_5O)Cl_2$ | −6.4 | a | $P[(CH_3)_2N]_3$ | −123.0 | e/b |
| | −3.4 | e | $P[(C_2H_5)_2N]_3$ | −119.0 | e/b |
| $OP(C_6H_5O)Cl_2$ | −1.5 | m | $P(CH_3S)_3$ | −125.6 | e |
| $OP(C_2H_5O)_2Cl$ | −3.3 | d/e/l | $P(C_2H_5S)_3$ | −115.6 | i |
| $OP(C_6H_5O)_2Cl$ | 6.2 | m | $P(C_6H_5S)_3$ | −130.5 | e |
| | | | | | |
| $SP(CH_3O)_2Cl$ | −72.9 | e | | | |
| $SP(C_2H_5O)_2Cl$ | −67.7 | e/n | | | |
| $OP[(CH_3)_2N]Cl_2$ | −16.1 | e | | | |
| $OP[(CH_3)_2N]_2Cl$ | −30.3 | n | $(C_6H_5)_3P{=}NH$ | −14.4 | o |

**Literatur zu Tabelle 100.**

[a] GUTOWSKY, H.S., and D.W. McCALL: J. Chem. Phys. **22**, 162 (1954).

[b] CALLIS, C.F., J.N. SHOOLERY, and R.C. JONES: J. A. C. S. **78**, 5715 (1956).

[c] VAN WAZER, J.R., and L.C.D. GROENWEGHE: J. A. C. S. **81**, 6363 (1959).

[d] FINEGOLD, H.: Ann. NY Acad. Sci. **70**, 875 (1958).

[e] MOEDRITZER, K., L. MAIER, and L.C.D. GROENWEGHE: J. Chem. and Eng. Data **7**, 307 (1962).

[f] PARSHALL, G.W.: J. Inorg. & Nucl. Chem. **12**, 372 (1960).

[g] VAN WAZER, J.R., and E. FLUCK: J. A. C. S. **81**, 6360 (1959).

[i] MULLER, N., P.C. LAUTERBUR, and J. GOLDENSON: J. A. C. S. **78**, 3557 (1956).

[j] FLUCK, E., u. J.R. VAN WAZER: Z. anorg. und allgem. Chemie **307**, 113 (1960).

[k] GROENWEGHE, L.C.D., and J.H. PAYNE, Jr.: J. A. C. S. **81**, 6357 (1959).

[l] WON CHOI, Q.: J. A. C. S. **82**, 2686 (1960).

[m] SCHWARZMANN, E., and J.R. VAN WAZER: J. A. C. S. **81**, 6366 (1959).

[n] SOLOMON, J., and N. BLOEMBERGEN: J. Chem. Phys. **25**, 261 (1956).

[o] FLUCK, E.: Die kernmagnetische Resonanz und ihre Anwendung in der anorganischen Chemie. Berlin: Springer 1963.

[p] MULLER, N., and J. GOLDENSON: J. A. C. S. **78**, 5182 (1956).

[q] BURG, A.B., and W. MAHLER: J. A. C. S. **83**, 2388 (1961).

[r] COHN, M., and T.R. HUGHES: J. Biol. Chem. **235**, 3250 (1960).

[s] MAIER, L.: unveröffentlicht (siehe FLUCK, E.: Die kernmagnetische Resonanz und ihre Anwendung in der anorganischen Chemie. Anhang Tab. IIIa, S. 265).

[t] HENDERSON, W.A., and S.A. BUCKLER: J. A. C. S. **82**, 5794 (1960).

[u] MOEDRITZER, K.: J. Inorg. & Nucl. Chem. **22**, 19 (1962).

bungen der Phosphorverbindungen näherungsweise durch Addition von Substituentenparametern bestimmen lassen. In Abb. 94 sind diese Konstanten für einige Substituenten aufgeführt. Ferner sind die chemischen Verschiebungen mehrerer Verbindungsklassen angegeben. Wenn die Annahme der additiven Substituenteneffekte stimmt, dann sollten die chemischen Verschiebungen von $PX_3$, $PX_2Y$, $PXY_2$ und $PY_3$ auf einer Geraden liegen. Abb. 94 zeigt, daß dies in keiner Verbindungsklasse der Fall ist und daß die Abweichungen von den Geraden zum Teil recht erheblich sind[1]. JONES und KATRITZKY[2] haben später die Beziehung für zahlreiche Verbindungen mit der Koordinationszahl drei geprüft und die mittlere Abweichung mit 40 ppm angegeben. In Einzelfällen weichen die berechneten Werte sogar um 100 ppm von den gemessenen ab. Die Additivitätsregel kann daher nur als sehr grobes Hilfsmittel zur Bestimmung der Bandenlagen angesehen werden. Es sind weitere Versuche unternommen worden, die chemischen Verschiebungen mit der Elektronegativität und mit Bindungsparametern zu verknüpfen, doch haben sich in keinem Fall brauchbare Beziehungen ergeben[3-5].

---

[1] SCHMUTZLER, R.: J. Chem. Soc. 4551 (1964). — [2] JONES, R.A.Y., u. A.R. KATRITZKY: Z. Angew. Chem. **74**, 60 (1962). — [3] FINEGOLD, H.: Ann. NY Acad. Sci. **70**, 875 (1958). — [4] MULLER, N., P.C. LAUTERBUR, and J. GOLDENSON: J. A. C. S. **78**, 3557 (1956). — [5] PARKS, J.R.: J. A. C. S. **79**, 757 (1957).

Die Kopplungskonstanten des Phosphors mit direkt gebundenen Kernen sind groß. Die Werte $J_{PH}$ betragen bei dreibindigen Verbindungen 180—200 Hz, in >P(O)H-Verbindungen 500—700 Hz und in >P(S)H- und >P(Se)H-Verbindungen 490—630 Hz. Die Kopplungskonstanten mit Fluor betragen bei dreibindigem Phosphor 570—1420 Hz, in Verbindungen

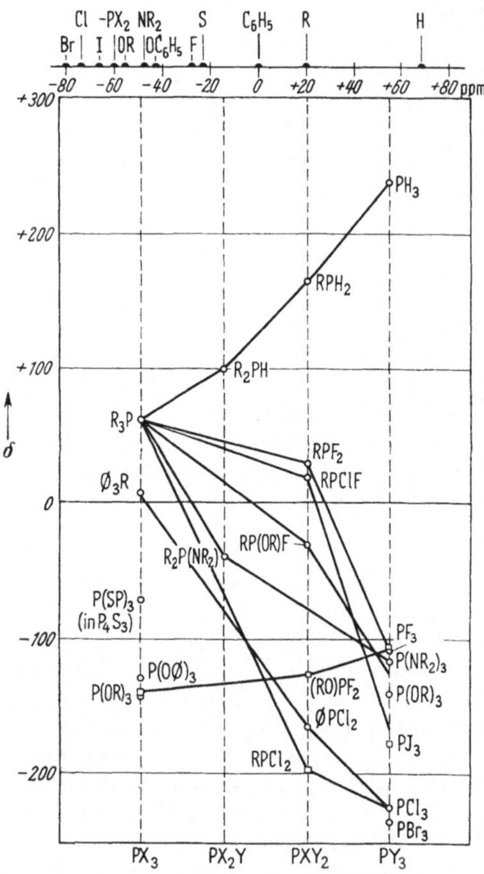


Abb. 94. Chemische Verschiebungen des ³¹P in Verbindungen mit der Koordinationszahl 3. Am oberen Rand sind die Substituentenkonstanten für verschiedene Gruppen angegeben[1]

vom >P(O)F-Typ 980—1190 Hz. Ist das Phosphoratom durch zwei oder drei Bindungen vom Fluor oder Wasserstoff getrennt, so sind die Aufspaltungen geringer und betragen etwa 10—20 Hz[2]. Das Hydroxylproton in P—O—H-Verbindungen koppelt nicht mit dem Phosphor, vermutlich, weil es rasch zwischen verschiedenen Molekülen hin- und herwechselt.

[1] van Wazer, J.R., C.F. Callis, J.N. Shoolery, and R.C. Jones: J. A. C. S. 78, 5715 (1956). — [2] Finegold, H.: Ann. NY Acad. Sci. 70, 875 (1958).

# VII. Spezielle Anwendungsgebiete

## VII. 1a *Quantitative Analyse*

Wie in Kap. I gezeigt wurde, ist die Absorption von elektromagnetischen Wellen durch Materie im Magnetfeld proportional der Differenz der Besetzungszahlen der verschiedenen Terme. Da diese Differenz wiederum der Gesamtzahl der Kerne des betreffenden Isotops in der zu untersuchenden Probe proportional ist, hängt die Größe der Resonanzsignale von den eingesetzten Konzentrationen ab. Die Proportionalität zwischen Signalgröße und Anzahl der Kerne wird in der Nähe des Sättigungsbereiches nicht mehr erfüllt. Aus diesem Grunde dürfen bei quantitativen Untersuchungen nicht zu hohe Energien eingestrahlt werden. Vor jeder Bestimmung sollte festgestellt werden, bei welcher Energie Sättigung eintritt, und die Durchführung der Messungen sollte genügend weit unterhalb der Sättigungsgrenze erfolgen. Die Ausmessung der Signale kann nach verschiedenen Verfahren durchgeführt werden. Es ist dabei Voraussetzung, daß die Signale der chemisch verschiedenen Atome vollständig getrennt oder zumindest in verschiedene Gruppen aufgespalten werden können. Besteht das Spektrum aus wenigen scharfen Linien, so bietet die Signalhöhe ein bequemes, allerdings nicht sehr genaues Maß für die Konzentration. Einen zuverlässigeren Wert bekommt man durch die Bestimmung der Fläche unter dem Signal, entweder durch Berechnung nach einer einfachen Näherungsformel, wie Höhe mal Halbwertsbreite, oder durch Ausmessen mit einem Planimeter. Ein sehr einfaches Verfahren bietet auch das Ausschneiden und Wägen der einzelnen Banden. Mit vielen modernen Kernresonanzspektrometern werden elektronische Integratoren geliefert, die das Ergebnis der Integration auf einen Schreiber oder ein Voltmeter geben. Bei komplizierteren Spektren — Multipletts und mehrere sich überlappenden Signale — sind nur die beiden letzten Methoden anwendbar.

Am häufigsten wird die quantitative Bestimmung als Hilfsmittel bei Strukturaufklärungen verwendet, um die Größe der verschiedenen Banden zu vergleichen und um festzustellen, wieviele Kerne einer bestimmten Gruppierung im Molekül vorhanden sind. Da bei diesen Untersuchungen die Summenformel und mithin die Anzahl der magnetischen Kerne in vielen Fällen bekannt ist und als Ergebnis nur ganze Zahlen in Frage kommen, ist es im allgemeinen ausreichend, wenn die Größe der einzelnen Banden auf $\pm 5\%$ genau bestimmt wird. Man setzt dann das Gesamtintegral, das man in Millimeter oder in Millivolt auf einem Schreiber abliest, gleich der Gesamtzahl der magnetischen Kerne im Molekül, etwa in einem Diäthylnaphthalin (Summenformel $C_{14}H_{16}$) gleich 16, und vergleicht die einzelnen Stufen, die man beim Integrieren erhält, mit dieser Zahl. Man würde in diesem Beispiel 6:4:6 für aromatische, Methylen- und Methylprotonen erhalten. Bei der Bestimmung von Gemischen ist eine höhere Genauigkeit erforderlich, die dann nur durch eine der genaueren Integrationsmethoden und durch wiederholte Messungen erreicht werden kann.

Besteht das Spektrum nur aus einer einzigen Bande oder aus einer Reihe sich überlagernder Signale, so empfiehlt es sich, eine Vergleichssubstanz zu der zu untersuchenden Probe hinzuzugeben. Hierfür können alle Verbindungen verwendet werden, die ein einfaches Spektrum geben — nach Möglichkeit nur eine scharfe Bande — und deren Signale sich nicht mit denen der Untersuchungssubstanz überlagern. Bei diesem Verfahren müssen die unbekannte Substanz und die Vergleichssubstanz genau ein-

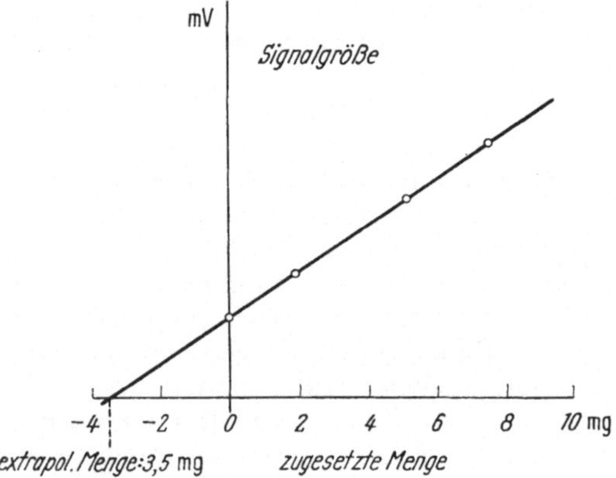


Abb. 95. Quantitative Bestimmung des Wassergehaltes ($H_2O$ bzw. HOD) in schwerem Wasser

gewogen und die Größe der Banden im gemeinsamen Spektrum verglichen werden. Die Lösungsmittelmenge braucht bei diesen Untersuchungen nicht bestimmt zu werden.

Ein ähnliches Verfahren wird oft bei der Untersuchung isotopenmarkierter Verbindungen angewendet. Handelt es sich z.B. darum, einen geringen Gehalt von Protonen in schwerem Wasser zu bestimmen, so verfährt man folgendermaßen: man bestimmt die Größe der Bande im ursprünglichen Gemisch und setzt dann bestimmte Mengen Wasser hinzu. Dadurch vergrößert sich das Signal proportional der zugesetzten Wassermenge. Durch Extrapolation kann man den anfänglichen Protonengehalt bestimmen[1] (Abb. 95). Soll die zu untersuchende Substanz nicht verunreinigt werden, so kann man auf andere Weise verfahren. Man wägt in eine Reihe möglichst genau gearbeiteter Proberöhrchen verschiedene Mengen der unbekannten Substanz und eines Lösungsmittels ein. In andere Röhrchen dieser Art wägt man bestimmte Mengen einer Substanz mit bekanntem Wasserstoffgehalt sowie Lösungsmittel ein. Dann mißt man bei konstanter Einstellung des Spektrometers abwechselnd Proben der unbekannten und der Vergleichssubstanz. Durch Vergleich der Integrationswerte kann man dann den Wasserstoffgehalt der unbekannten Substanz bestimmen. Diese

---

[1] GOLDMAN, M.: Arch. Sci. (Geneva) **10**, Spec. No 247 (1957), C. A. **52**, 4277 d.

Methode liefert die besten Ergebnisse, wenn man die Einwaagen der Vergleichssubstanz so wählt, daß ihre Signalgrößen etwas über bzw. etwas unter der der zu untersuchenden Substanz liegen und man deren Wasser-

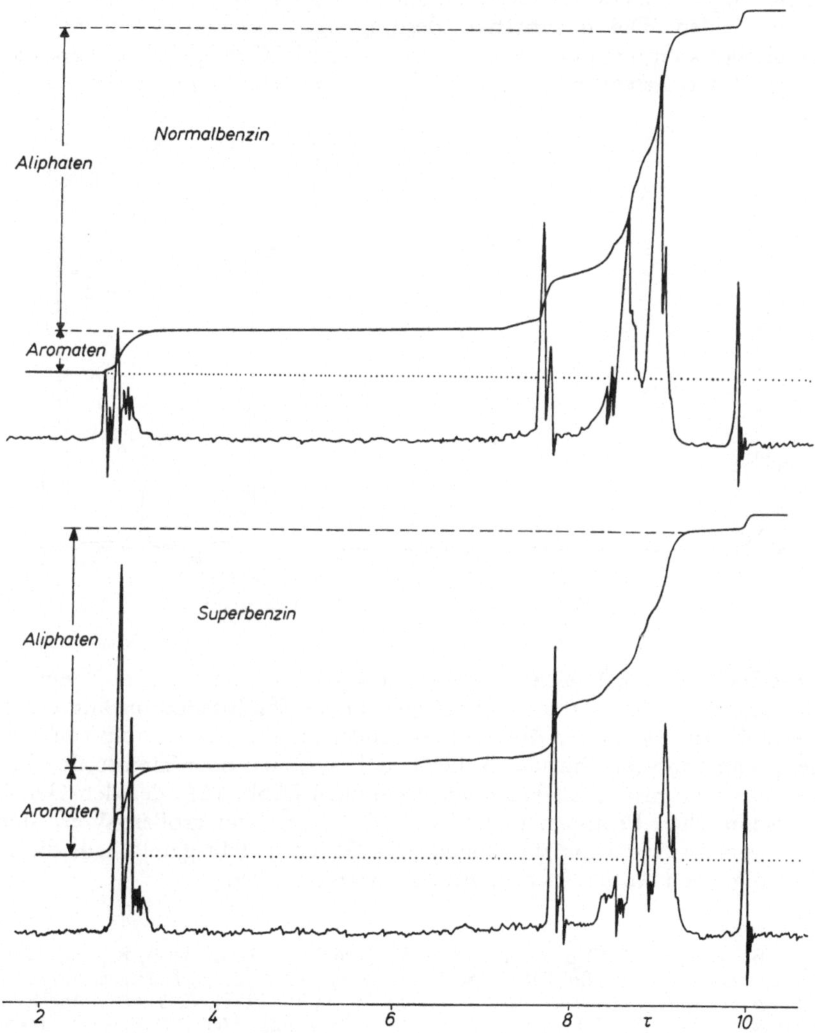


Abb. 96. Quantitative Bestimmung des Gehaltes an aromatischen Kohlenwasserstoffen in Treibstoffen

stoffgehalt durch Interpolation bestimmen kann. Nach diesem Verfahren kann man den Wasserstoffgehalt einer Substanz etwa mit der gleichen Genauigkeit wie bei der Verbrennungsanalyse bestimmen. Es hat aber gegenüber der Verbrennungsanalyse den großen Vorteil, daß die Substanz nach Entfernung des Lösungsmittels vollkommen und unverändert zurückgewonnen werden kann.

Aus dem prozentualen Wasserstoffgehalt kann, wenn Anzahl und Art der Heteroatome und die Zahl der Doppelbindungen bekannt ist, das Molekulargewicht der Verbindung bestimmt werden[1]. Allerdings ist es nicht möglich, zwischen Monomerem und Dimerem oder Polymeren zu unterscheiden. Die quantitative Bestimmung von Komponenten eines Gemisches kann man bequem benutzen, um den Wassergehalt in verschiedenen Materialien zu bestimmen[2-13]. Auch in Fällen, in denen die Banden

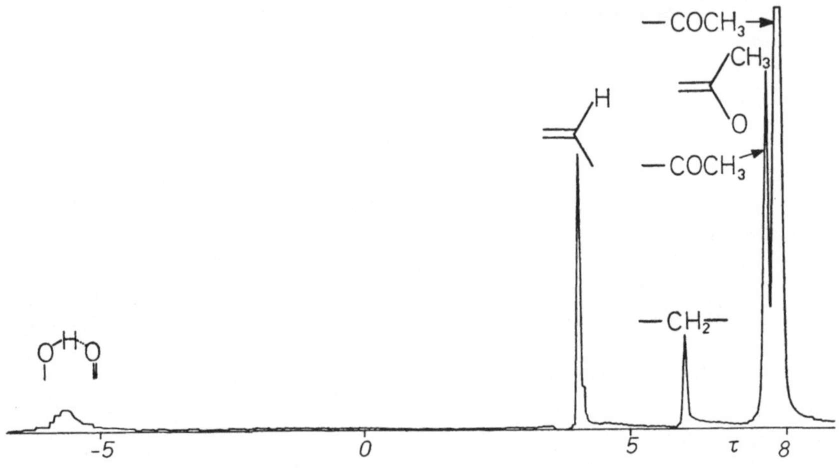


Abb. 97. ¹H-Spektrum von reinem Acetylaceton[14]

eines Spektrums nicht sicher zugeordnet werden können oder ein Gemisch aus zahlreichen Komponenten vorliegt, können den Integrationskurven oft wertvolle Informationen über die vorhandenen Gruppen entnommen werden. Man kann mit ihnen z. B. bei Erdölfraktionen oder Treibstoffen den Gehalt an aromatischen Protonen bestimmen (Abb. 96) oder den Gehalt an olefinischen Protonen in Fetten nachweisen. Von großem Wert sind auch quantitative Untersuchungen von Gleichgewichtsgemischen, die in den folgenden Abschnitten besprochen werden sollen.


[1] BARCZA, S.: J. Org. Chem. **28**, 1914 (1963). — [2] COLLISON, R., and M.P. McDONALD: Nature **186**, 548 (1960). — [3] SHAW, M.T., R.H. ELSKEN, and C.H. KUNSMAN: J. Assoc. Offic. Agr. Chemists **36**, 1070 (1953), C.A. **48**, 14007f. — [4] SHAW, T.M., and R.H. ELSKEN: J. Chem. Phys. **21**, 565 (1953). — [5] SHAW, T.M., and R.H. ELSKEN: J. Agr. Food Chem. **4**, 162 (1956), C.A. **50**, 5187g. — [6] TAMAKA, K., and K. YAMAGATA: Bull. Chem. Soc. Japan **28**, 90 (1955). — [7] PALMER, K.J., and R.H. ELSKEN: J. Agr. Food Chem. **4**, 165 (1956), C.A. **50**, 5187h. — [8] ODAJIMA, A., J. SOHMA, and S. WATANABE: J. Chem. Phys. **31**, 276 (1959). — [9] ODAJIMA, A.: J. Phys. Soc. Japan **14**, 308 (1959). — [10] RUBIN, H.: I.S.A.J. **5**, 64 (1958), C.A. 9849b (1958). — [11] KAMIYOSHI, K.: J. Phys. Radium **20**, 60 (1959), C.A. **53**, 14694f. — [12] KREBS, J.J.: J. Chem. Phys. **34**, 326 (1961). — [13] MEYER, F., u. W. STALTHOFF: Glastech. Ber. **34**, 184 (1961), C.A. **55**, 12797b. — [14] JACKMAN, L.M.: Applications of Nuclear Magnetic Resonance Spectroscopy in Organic Chemistry. London: Pergamon Press 1959.

VII. 1b *Untersuchungen von Gleichgewichtsgemischen*

Die Konzentrationsbestimmung auf Grund von Signalgrößen läßt sich auf die Bestimmung der Zusammensetzung von Gemischen anwenden, sobald die Signale für die verschiedenen Komponenten an verschiedenen

Tabelle 101

*Vergleich der nach der Bromtitration und nach Protonenresonanzmessungen bestimmten Enolgehalten verschiedener Verbindungen*

| Verbindung | Prozent Enolform | | Lit. |
|---|---|---|---|
| | NMR | Bromtitration | |
| 2,4-Pentandion | 85, 81 | 76 | a, e |
| 1-Brom-2,4-pentandion | 46 | – | e |
| 1-Chlor-2,4-pentandion | 94 | – | e |
| 1,1,1-Trifluor-2,4-pentandion | 97 | – | e |
| 2,4-Hexandion | 30 | – | e |
| 3-Methyl-2,4-pentandion | 30 | 31.5 | a |
| 2-Ketobuttersäureäthylester | 6.0 | 6.5 | b |
| 2-Ketobuttersäure-$\beta$-brom-äthylester | 6 | – | e |
| 2-Ketobuttersäure-butylester | 15 | – | e |
| 2-Ketobuttersäure-t-butylester | 17 | – | e |
| 1-Chlor-2-ketobuttersäure-äthylester | 15 | – | e |
| 1-Chlor-2-ketobuttersäure-butylester | 20 | – | e |
| 1-Chlor-2-ketobuttersäure-t-butylester | 46 | – | e |
| 1-Brom-2-ketobuttersäure-äthylester | 5 | – | e |
| 1-Fluor-2-ketobuttersäure-äthylester | 15 | – | e |
| 1-Cyano-2-ketobuttersäure-äthylester | 93 | – | e |
| 1-Methyl-2-ketobuttersäure-äthylester | 5 | – | e |
| Benzoyl-essigsäure-äthylacetat | 22 | – | e |
| 3-Fluor-2-ketobuttersäure-äthylester | 7.2±0.2 | 5.4 | b |
| 3,3-Difluor-ketobuttersäure-äthylester | 53±4 | – | b |
| 3,3,3-Trifluor-ketobuttersäure-äthylester | 89 | 10–14 | b |
| Diacetylessigsäure-äthylester | 100 | – | c |
| Thiobenzoylessigsäure-äthylester | 100 | – | d |
| 4-Hydroxypyridin-1-oxyd | 70 | – | – |


a JARRETT, H.S., M.S. SADLER, and J.N. SHOOLERY: J. Chem. Phys. **21**, 2092 (1953).

b FILLER, R., and S.M. NAGVI: J. Org. Chem. **22**, 2571 (1961).

c FORSEN, S., and M. NILSSON: Acta Chem. Scand. **14**, 1333 (1960).

d REYES, Z., and R.M. SILVERSTEIN: J. A. C. S. **80**, 6367 (1958).

e BURDETT, J.L., and M.T. ROGERS: J. A. C. S. **86**, 2105 (1964).


Stellen des Spektrums erscheinen und sich nicht wesentlich überlagern. Da die kernmagnetische Messung keinen Eingriff in das System darstellt, kann man mit ihr auch empfindliche Gleichgewichtsgemische wie die zwi-

schen Keto- und Enolform von Ketonen untersuchen[1-7]. Z. B. liegt
2,4-Pentandion (XXX) im Gleichgewicht mit seiner Enolform vor:

$$CH_3-CO-CH_2-CO-CH_3 \rightleftarrows CH_3-C(OH)=CH-CO-CH_3$$

XXXa $\qquad$ XXXb

Die Umlagerung verläuft so schnell, daß eine Isolierung der Einzelformen
nicht möglich ist und man nur durch sehr schnelle Titrationen oder physikalische Methoden die Lage des Gleichgewichtes bestimmen kann. Das
NMR-Spektrum des reinen 2,4-Pentandions (Abb. 97) zeigt die Banden
einer Hydroxylgruppe bei $\tau = -5.5$, von olefinischen und Methylenprotonen bei $\tau = 4.10$ bzw. 6.11 und der beiden Methylgruppen von
Enol- und Ketoform bei $\tau = 7.91$ bzw. $\tau = 7.73$. Aus der relativen Intensität
der Banden kann man sehen, daß die Verbindung im wesentlichen in der
Enolform vorliegt. In Tab. 101 sind die Enolgehalte verschiedener Ketone
nach Kernresonanzmessungen und nach Bromtitrationen[8] zusammengestellt.

Das Spektrum des 2,4-Pentandions (Abb. 97) zeigt nur ein Methylsignal für die Enolform. Die beiden Methylgruppen sind demnach gleichwertig. Dies kann nur so erklärt werden, daß das Hydroxylproton rasch
zwischen den beiden Sauerstoffatomen hin- und herwechselt, wobei sich
unter Bindungsverschiebung die eine Enolform in die andere umwandelt.

Die Lage der Hydroxylbande bei sehr tiefem Feld läßt ferner erkennen, daß
starke Wasserstoffbrücken zwischen dem Hydroxylproton und der benachbarten Ketogruppe ausgebildet werden (XXXI). Ändert man das Lösungs-

XXXI

mittel, so ändert sich auch die Zusammensetzung des Gemisches. In Abb. 98
ist der Anteil der Ketoform in Abhängigkeit von der Konzentration in drei

[1] JARRETT, H.S., M.S. SADLER, and J.N. SHOOLERY: J. Chem. Phys. **21**, 2092
(1953). — [2] BHAR, B.N.: Arkiv Kemi **10**, 223 (1956). — [3] REEVES, L.W.: Can.
J. Chem. **35**, 1351 (1957). — [4] FORSEN, S., and M. NILSSON: Acta Chem. Scand.
**18**, 513 (1964). — [5] FORSEN, S., F. MERENYI, and M. NILSSON: Acta Chem. Scand.
**18**, 1208 (1964). — [6] BURDETT, J.L., and M.T. ROGERS: J.A.C.S. **86**, 2105
(1964). — [7] GARBISCH, Jr., E.W.: J. A. C. S. **87**, 505 (1965). — [8] MEYER, K.H.:
Ber. dtsch. chem. Ges. **45**, 2843 (1912).

verschiedenen Lösungsmitteln wiedergegeben. Lösungsmittel mit geringer Dielektrizitätskonstante, wie Cyclohexan, bevorzugen die weniger polare Enolform[1,2]. Eisessig hat nur wenig Einfluß auf die Lage des Gleichgewichtes, und in Pyrrol wird durch Ausbildung von Wasserstoffbrücken vom NH-Proton zur Carbonylgruppe die Ketoform begünstigt. Durch Zusätze von stark basischen, sekundären oder tertiären Aminen wird das Gleichgewicht vollständig auf die Seite der Enolform verschoben. In diesen Gemischen bilden sich starke Wasserstoffbrücken zwischen der Hydroxylgruppe und dem Stickstoff aus. Dies wird durch die erhebliche Verschiebung der Hydroxylbande beim Verdünnen von Acetylaceton mit Aminen bestätigt. Während sich die Lage der übrigen Banden praktisch nicht verändert, verschiebt sich die Hydroxylbande um etwa 7 ppm nach höherem Feld.

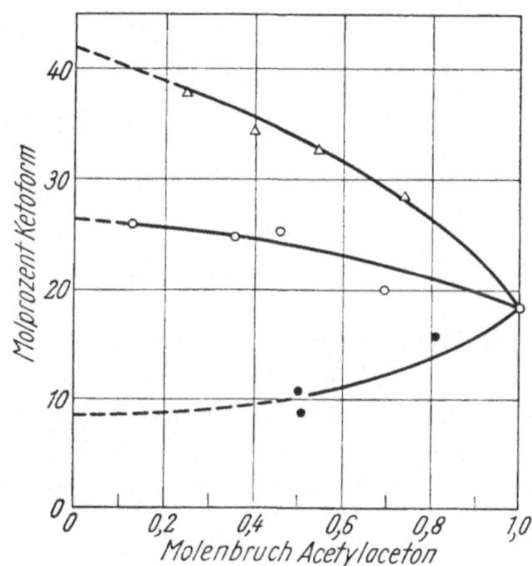

Abb. 98. Molenbruch Ketoform in Gemischen von Acetylaceton mit Cyclohexan •, Eisessig o, Pyrrol △[1]

Die Enolisierung verläuft bei Raumtemperatur noch so langsam, daß die Signale beider tautomerer Formen als scharfe Banden erscheinen. Die mittlere Lebensdauer der Moleküle beträgt bei dieser Temperatur einige Minuten[3]. Aus den chemischen Verschiebungen der enolischen Hydroxylgruppe und der Methylengruppe der Ketoform kann man berechnen, daß bei einer mittleren Lebensdauer von etwa $5 \times 10^{-4}$ Sek. die beiden Banden zusammenfallen würden[4]. Da bei 150° noch keine nennenswerte Bandenverbreiterung auftritt, muß auch bei dieser Temperatur die Lebensdauer der tautomeren Formen noch größer als $5 \times 10^{-4}$ Sek. sein. Durch Zusatz von Aminen wird nicht nur die Lage des Gleichgewichtes verändert, sondern auch die Umlagerung beschleunigt. Löst man den molekularen Komplex von Acetylaceton und Diäthylamin in Tetrachlorkohlenstoff, so zeigt das Spektrum bei tiefem Feld zwei Banden im Intensitätsverhältnis 2:1. Die stärkere Bande wird von den OH- und NH-Protonen verursacht, die einem schnellen Austausch zwischen Stickstoff und Sauerstoff unterliegen, die kleinere Bande vom olefinischen Proton. Erwärmt man das Gemisch, so verschmelzen bei 61° die beiden Banden[5]. Die Einbeziehung des NH-Protons in den schnellen Austausch bedingt eine höhere Geschwindigkeit der Enolisierung, bei der das Amin vermutlich die Rolle eines Protonenüberträgers ausübt.

[1] REEVES, L.W.: Can. J. Chem. **35**, 1351 (1957). — [2] GIESSNER-PRETTRE, C.: Compt. Rend. **250**, 2547 (1960). — [3] BHAR, B.N.: Arkiv Fysik **12**, 171 (1957). — [4] POPLE, J.A., W.G. SCHNEIDER, and H.J. BERNSTEIN: High-resolution Nuclear Magnetic Resonance. New York: McGraw-Hill 1959. — [5] REEVES, L.W., and W.G. SCHNEIDER: Can. J. Chem. **36**, 793 (1958).

Weitere Untersuchungen über Keto-Enol-Gleichgewichte und ähnliche Systeme wurden durchgeführt an: Schiffschen Basen[1-7], Cytosin, anderen Pyrimidinen und Nucleotiden[8-10], Desoxycytidinen[11], Aminooxazolen[12], Anthrachinonen[13], Brenztraubensäure[14], Salzen von Aminoazoverbindungen[15,16] und Phenylhydrazonen aliphatischer Aldehyde und Ketone[17]. Ebenso

XXXIIa          XXXIIb

in diese Gruppe gehören die schnellen Platzwechselreaktionen des Protons im Formazan (XXXII)[18] und die Umlagerung der Furoxane[19-28]. Das unsubstituierte 3,4-Benzofuroxan (XXXIII) gibt bei tiefer Temperatur ein ABCD-Spektrum, bei —60° ein $A_2B_2$-Spektrum, wobei die Umlagerung vermutlich über ein offenkettiges Zwischenprodukt verläuft:

XXXIII


[1] DUDEK, G.O., and R.H. HOLM: J. A. C. S. **82**, 2099 (1961). — [2] DUDEK, G.O., and R.H. HOLM: J. A. C. S. **83**, 3914 (1961). — [3] DUDEK, G.O., and R.H. HOLM: J. A. C. S. **84**, 2691 (1962). — [4] DUDEK, G.O.: J. A. C. S. **85**, 694 (1963). — [5] DUDEK, G.O., and G.P. VOLPP: J. A. C. S. **85**, 2697 (1963). — [6] DUDEK, G.O., and G.P. VOLPP: J. Org. Chem. **30**, 50 (1965). — [7] DUDEK, G.O., and E.P. DUDEK: J. A. C. S. **86**, 4283 (1964). — [8] KOKKO, J.P., J.H. GOLDSTEIN, and L. MANDELL: J. A. C. S. **83**, 2909 (1961). — [9] KOKKO, J.P., L. MANDELL, and J.H. GOLDSTEIN: J. A. C. S. **84**, 1042 (1962). — [10] GATLIN, L., and J.C. DAVIS, Jr.: J. A. C. S. **84**, 4464 (1962). — [11] MILES, H.T.: J. A. C. S. **85**, 1007 (1963). — [12] BOULTON, A.J., and A.R. KATRITZKY: TH **12**, 51 (1961). — [13] BLOOM, S.M., and R. HUTTON: THL 1993 (1963). — [14] BECKER, M.: Ber. Bunsenges. phys. Chem. **68**, 669 (1964). — [15] GRÄNACHER, I., H. SUHR, A. ZENHÄUSERN, et H. ZOLLINGER: Helv. Chim. Acta **44**, 313 (1961). — [16] WECKHERLIN, S., and W. LÜTTKE: Tetrahedron Letters 1711 (1964). — [17] O'CONNOR, R.: J. Org. Chem. **26**, 4375 (1961). — [18] TIERS, G.V.D., S. PLOVAN, and S. SEARLES, Jr.: J. Org. Chem. **25**, 285 (1960). — [19] ENGLERT, G.: Z. Naturforsch. **16b**, 413 (1961). — [20] ENGLERT, G.: Z. Anal. Chem. **181**, 447 (1961). — [21] ENGLERT, G.: Z. Elektrochem. **65**, 854 (1961). — [22] ENGLERT, G., u. H. PRINZBACH: Z. Naturforsch. **17b**, 4 (1962). — [23] DISCHLER, B., u. E. ENGLERT: Z. Naturforsch. **A16**, 1180 (1961). — [24] DIEHL, P., H.A. CHRIST, et F.B. MALLORY: Helv. Chim. Acta **45**, 504 (1962). — [25] MALLORY, F.B., and C.S. WOOD: Proc. Natl. Acad. Sci. U.S. **47**, 697 (1961), C.A. 23504h (1961). — [26] JONES, R.A.Y., A.R. KATRITZKY, and J.M. LAGOWSKY: Chem. and Industrie 870 (1960). — [27] KATRITZKY, A.R., S. ØKSNE, and R.K. HARRIS: Chem. and Industrie 990 (1961). — [28] HARRIS, R.K., A.R. KATRITZKY, S. ØKSNE, A.S. BAILEY, and W.G. PATERSON: J. Chem. Soc. 197 (1963).

Auch bei einigen metallorganischen Verbindungen finden rasche Isomerisierungen statt. Für das Allylmagnesiumbromid (XXXIV) wurde ein $AX_4$-Spektrum gefunden, eine Tatsache, die am besten durch ein sich schnell einstellendes Gleichgewicht zu erklären ist[1]:

$$BrMg—CH_2—CH=CH_2 \rightleftarrows CH_2=CH—CH_2—MgBr$$

XXXIVa                         XXXIVb

Bei Butenylmagnesiumbromid und Dimethyallylmagnesiumbromid[2,3] wurden ähnliche Beobachtungen gemacht. Trimethylaluminium und Methylaluminiumchloride liegen bei Raumtemperatur als Dimere (XXXV) vor

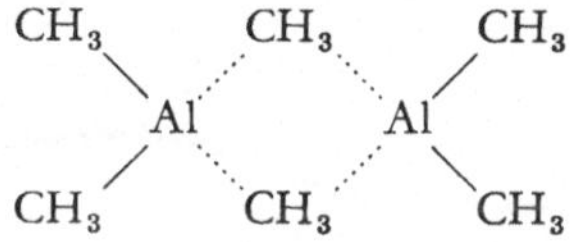

$$
\begin{array}{ccccc}
CH_3 & & CH_3 & & CH_3 \\
& \diagdown & & \diagup & \\
& Al & & Al & \\
& \diagup & & \diagdown & \\
CH_3 & & CH_3 & & CH_3
\end{array}
$$

XXXV

(vgl. S. 139). Bei —70° findet man zwei Signale für die inneren und äußeren Methylgruppen. Bei Raumtemperatur verschmelzen die Signale zu einem einzigen und zeigen damit einen schnellen Platzwechsel der Methylgruppen an[4-8].

Probleme der Valenztautomerie lassen sich ebenfalls mit Hilfe der Kernresonanz untersuchen[9-11]. Das Produkt, das durch doppelte Cope-Umlagerung aus Homotropyliden (XXXVI) entsteht, ist mit der Ausgangs-

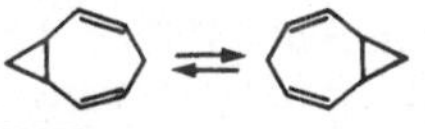

XXXVIa                         XXXVIb

verbindung identisch. Das NMR-Spektrum der Substanz bei 20° zeigt nur eine breite, unspezifische Absorption (Abb. 99). Bei —50° findet man verschiedene Banden, für olefinische Protonen, Methylenprotonen, Brückenkopf- und Cyclopropanprotonen mit den relativen Intensitäten 4:2:2:2 bei $\tau = 4.3/7.0/8.4$ und 9.7. Beim Erwärmen auf 180° verändert sich das Spektrum stark. Infolge rascher Umlagerung der Formen XXXVIa und XXXVIb ineinander findet man nur noch 2 olefinische Protonen, 4 Protonen bei $\tau = 6.7$, die dem Mittelwert aus den Protonen 2,4,6 und 8 entsprechen, und zwei Signale bei $\tau = 8.0$ und $\tau = 8.5$ für den Mittelwert der Protonen an den Kohlenstoffen 1 und 5[12]. Ein noch eindrucksvolleres Beispiel der Valenz-

---

[1] NORDLANDER, J.E., and J.D. ROBERTS: J. A. C. S. **81**, 1769 (1959). — [2] NORDLANDER, J.E., W.G. YOUNG, and J.D. ROBERTS: J. A. C. S. **83**, 494 (1961). — [3] WHITESIDES, G.M., J.E. NORDLANDER, and J.D. ROBERTS: J. A. C. S. **84**, 2010 (1962). — [4] MULLER, N., and D.E. PRITCHARD: J. A. C. S. **82**, 248 (1960). — [5] BROWNSTEIN, S., B.C. SMITH, G. ERLICH, and A.W. LAUBENGAYER: J. A. C. S. **82**, 1000 (1960). — [6] SMIDT, J., M.P. GROENEWEGE, et H. DE VRIES: Recueil Trav. Chim. Pays-Bas **81**, 729 (1962). — [7] GROENEWEGE, M.P., J. SMIDT, and H. DE VRIES: J. A. C. S. **82**, 4425 (1960). — [8] ALLRED, A.L., and C.R. McCOY: THL **27**, 25 (1960). — [9] ROTH, W.R.: Lieb. Annalen **671**, 10 (1964). — [10] CIGANEK, E.: J. A. C. S. **87**, 1149 (1965). — [11] VOGEL, E., W.A. BÖLL, and H. GÜNTHER: Tetrahedron Letters 60 (1965). — [12] DOERING, W.v.E., u. W.R. ROTH: Z. Angew. Chem. **75**, 27 (1963).

tautomerie zeigt das Tricyclo-(3,3,2,0$^{4\cdot6}$)-deca-2,7,9-trien (Bullvalen) XXXVII. Durch Cope-Umlagerungen können sich die einzelnen Formen

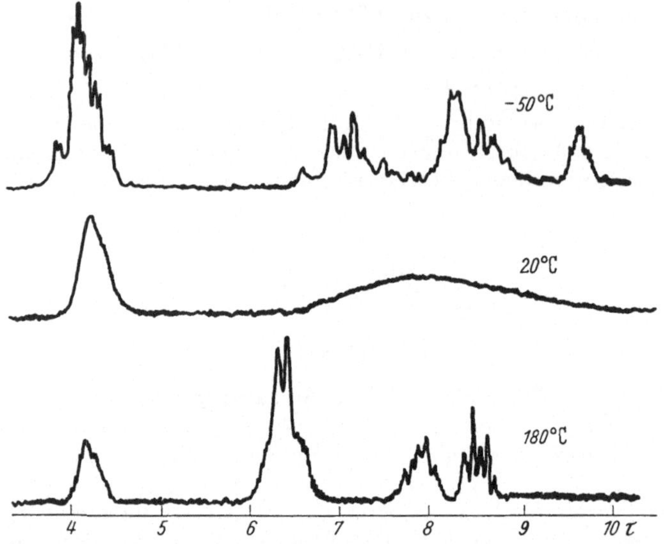



Abb. 99. [1]H-Spektrum des 3.4-Homotropilidens bei verschiedenen Temperaturen[1]

ineinander umlagern, wie es in Abb. 100 an drei Beispielen gezeigt ist. Insgesamt gibt es über 1.2 Millionen Möglichkeiten, die zehn Kohlenstoffatome des Bullvalens zu verknüpfen, und alle können durch Cope-Umlagerung

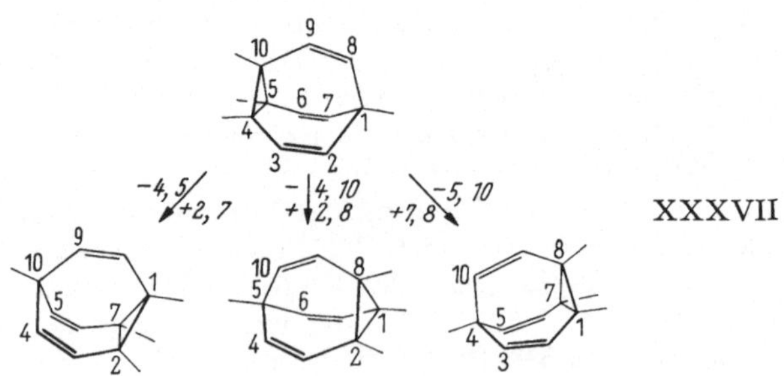



Abb. 100. Isomerisierungen des Bullvalens[1]

ineinander überführt werden. Für den Fall, daß die Umlagerung genügend rasch erfolgt, sollte das Kernresonanzspektrum dieser Verbindung nur eine einzige Bande zeigen[1]. Tatsächlich findet man für Bullvalen bei 100° nur eine scharfe Linie bei $\tau = 5.8$[2,3]. Bei dieser Temperatur sind alle Protonen gleichwertig und man muß annehmen, daß sich die Kohlenstoff-

---


[1] DOERING, W.v.E., u. W.R. ROTH: Z. Angew. Chem. **75**, 27 (1963). — [2] SCHRÖDER, G.: Z. Angew. Chem. **75**, 722 (1963). — [3] MERENYI, R., J.F.M. OTH, and G. SCHRÖDER: Chem. Ber. **97**, 3150 (1964).

atome statistisch auf der Oberfläche des kugelförmigen Moleküls bewegen.
Es liegt in diesem Molekül demnach keine feste, sondern eine fluktuierende
Struktur vor. Beim Abkühlen auf —25° ist die Geschwindigkeit der Umlagerung herabgesetzt und das Spektrum besteht aus zwei Banden, einer
bei $\tau = 4.3$ mit der Intensität 6 und einer weiteren bei $\tau = 7.9$ mit der Intensität 4. Die Bande bei tieferem Feld wird durch die olefinischen Protonen
verursacht, die bei höherem Feld durch Dreiringprotonen und durch das
Proton am Brückenkopf. Eine weitere Aufspaltung der Banden wurde auch
beim Abkühlen auf —85° nicht festgestellt.

Mit Hilfe der Kernresonanz sind auch Gemische aus Monomeren und
Polymeren, die sich rasch ineinander umlagern, untersucht worden. An
Lösungen von wässerigem Formaldehyd konnten der Gehalt an Monomerem
und der Gehalt an end- und mittelständigen $CH_2$-Gruppen bestimmt und
daraus die Gleichgewichtskonstanten für die niedrigen Glieder der Reihe
berechnet werden[1].

## VII. 2. Methoden zur Vereinfachung komplizierter Spektren

In den Kapiteln über Protonenresonanz und die Resonanz von anderen
Kernen sind vorwiegend solche Spektren besprochen worden, die sich
vollständig analysieren lassen oder bei denen einzelne Signalgruppen einfache und übersichtliche Formen haben, an Hand derer die Strukturuntersuchungen durchgeführt werden können. Bei einer großen Zahl
größerer organischer Moleküle sind die Spektren so kompliziert, daß eine
Zuordnung der Banden schwierig ist und sich keine eindeutigen Aussagen über die Struktur der untersuchten Substanz machen lassen. In solchen
Fällen kann man oft durch Veränderung der Untersuchungsmethode zu
Spektren gelangen, deren vollständige oder teilweise Deutung möglich ist.
Im folgenden sollen die verschiedenen Arbeitsweisen, die zu einer Vereinfachung der Spektren führen können, an einigen Beispielen besprochen
werden.

Die beste Methode, ein Spektrum zu vereinfachen, ist die Verwendung
höherer Magnetfeldstärken. Da die chemische Verschiebung der angelegten
Feldstärke proportional ist, werden bei Erhöhung der Feldstärke die Spektren auseinandergezogen. Es können vielfach Signale, die sich bei niede-
ren Feldstärken überlappen, vollständig oder zumindest teilweise getrennt
werden. Es tritt hierbei noch ein weiterer Effekt auf, der die Analyse der
Spektren erleichtert. Die Kopplungskonstanten sind unabhängig von der
verwendeten Feldstärke. Es vermindert sich daher bei Erhöhung der Feldstärke der Wert von $J/\delta$, wodurch die Spektren einfachere Formen annehmen. So kann etwa ein ABC-Spektrum in ein ABX- oder möglicherweise
in ein AMX-System übergeführt werden, dessen Analyse wesentlich leichter
durchzuführen ist. Ein Beispiel hierfür geben die Spektren von Acrylnitril,
die bei 40, 60 und 100 MHz aufgenommen wurden (Abb. 101). Das Spektrum bei 40 MHz ist vom ABC-Typ und nicht ohne erheblichen Aufwand

---

[1] SKELL, P.S., u. H. SUHR: Chem. Ber. **94**, 3317 (1961).

zu analysieren. Bei 60 MHz ist das Spektrum wesentlich einfacher. Die Signale der AB-Protonen sind deutlich von denen des C-Protons getrennt und die Intensitäten der Kombinationslinien sind geringer geworden. Das

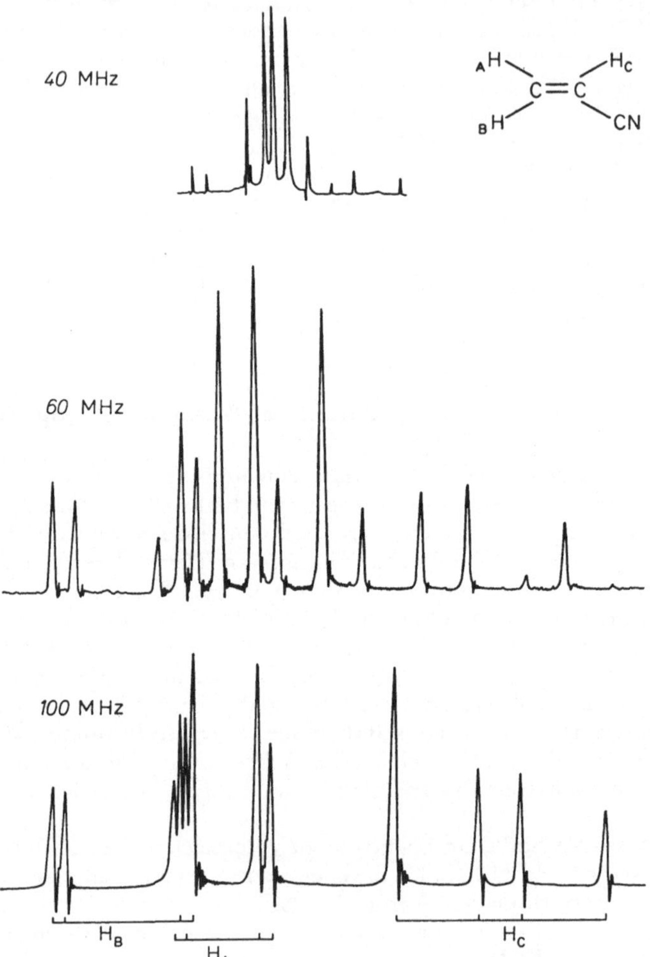


Abb. 101. ¹H-Spektren von Acrylnitril bei drei verschiedenen Feldstärken (9400 Gauß, 14100 Gauß und 23500 Gauß entsprechend 40, 60 und 100 MHz)

Das Spektrum bei 40 MHz entstammt der Arbeit von BRÜGEL, W., T. ANKEL u. F. KRÜCKEBERG[1]. Die anderen Spektren wurden freundlicherweise von Herrn Dr. Melera von der Firma Varian AG, Zürich, zur Verfügung gestellt

Spektrum bei 100 MHz zeigt keine Kombinationslinien mehr und auch die Signale der A- und B-Protonen überlappen sich nur noch geringfügig. Die vollständige Analyse dieses Spektrums bietet keine Schwierigkeiten mehr. Die Kopplungskonstanten im Acrylnitril betragen $J_{gem} = 0.8$, $J_{tr} = 18.3$ und

---

[1] BRÜGEL, W., T. ANKEL u. F. KRÜCKEBERG: Z. Elektrochemie **64**, 1121 (1960).

$J_{cis} = 12.1$ Hz (vgl. Tab. 48). In den drei Spektren betragen die Werte für $\gamma_A - \gamma_B$ 5.4, 8.1 und 13.5 Hz, für $\gamma_B - \gamma_C$ —19.4, —29.2 und —48.5 Hz. Bei den höheren Feldstärken sind die Unterschiede in den chemischen Verschiebungen wesentlich größer als die Kopplungskonstanten, was zu einer starken Vereinfachung der Spektren führt.

Ein weiteres Beispiel, wie das Spektrum eines komplizierten Moleküls (XXXVIII) durch Erhöhung der Feldstärke vereinfacht werden kann, zeigt Abb. 102. Durch die vielen Substituenten werden im untersuchten

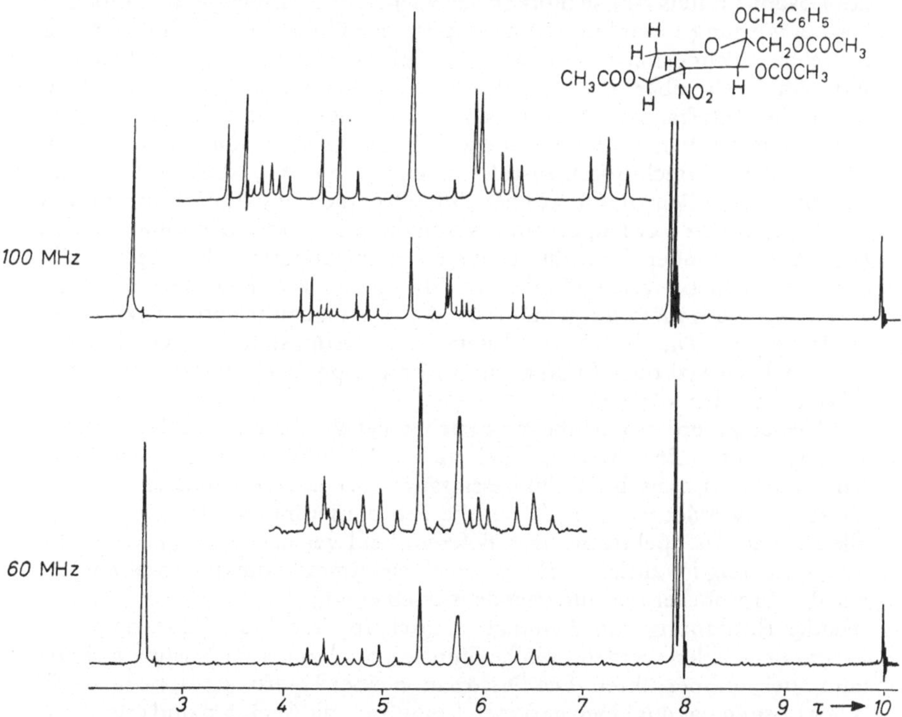


Abb. 102. ¹H-Spektren eines substituierten Pyrans (XXXVIII) bei 60 und bei 100 MHz[1]. Die Spektren wurden freundlicherweise von Herrn Dr. Lichtenthaler (Inst. f. org. Chem. d. T.H. Darmstadt) und Herrn Dr. Melera von der Firma Varian AG, Zürich, zur Verfügung gestellt

Molekül alle Ringprotonen und die beiden Methylengruppen der Seitenketten in einen Bereich von $\tau = 4$ bis 6.5 verschoben und es ist schwierig, die in diesem Gebiet auftretenden Signale den neun Protonen zuzuordnen. Bei 100 MHz sind die Liniengruppen deutlich voneinander getrennt und haben einfachere Formen angenommen, so daß eine Analyse des Spektrums ohne Schwierigkeiten durchgeführt werden kann.

Diesem einfachsten Weg zur Erleichterung der Strukturanalyse sind Grenzen gesetzt, einmal, weil Spektrometer mit höherer Feldstärke nicht immer zugänglich sind, zum anderen, weil auch die erhöhte Auflösung oft nicht ausreicht, um alle Signale voneinander zu trennen.

[1] CLOUGH, S.: J. Mol. Phys. **2**, 349 (1959).

In vielen Fällen kann die Deutung von Spektren durch Änderung des Lösungsmittels erleichtert werden. Voraussetzung für den Erfolg dieser Methode ist die verschiedenartige Lösungsmittelabhängigkeit der einzelnen Gruppen, die jedoch bei vielen polaren Verbindungen gegeben ist. Oft erfolgt die Wechselwirkung mit dem Lösungsmittel nur über eine Gruppe. Die Lösungsmittelabhängigkeit der chemischen Verschiebung ist für Kerne in unmittelbarer Nähe dieser Gruppe am größten und nimmt mit steigender Entfernung rasch ab. Auf Grund der Veränderung der Signale beim Wechsel des Lösungsmittels läßt sich oft entscheiden, welche Linien von Atomen in Nachbarstellung zu funktionellen Gruppen herrühren. Die Wechselwirkung zwischen Lösungsmittel und gelöster Substanz kann von verschiedener Art sein (z. B. über Wasserstoffbrücken, $\pi$-Komplexe usw.). Es sollten daher die unbekannten Substanzen in einer Reihe von Lösungsmitteln untersucht werden, am besten in einem inerten Lösungsmittel, wie Cyclohexan oder Tetrachlorkohlenstoff, in einem polaren, wie Aceton oder Pyridin, und in Benzol. Oft können durch Veränderung des Lösungsmittels Banden getrennt werden, die im ursprünglichen Spektrum zusammenfielen (vgl. Abb. 81), oder durch die relative Verschiebung einzelner Linien läßt sich entscheiden, welche Linien zu Multipletts zusammengehören (vgl. Abb. 66). Besonders ausgeprägt ist die Lösungsmittelabhängigkeit von Hydroxylgruppen, die durch Zusatz von Lösungsmitteln, wie Aceton, Dimethylsulfoxyd oder Pyridin, um mehrere ppm nach tieferem Feld verschoben werden können.

Wieder andere Möglichkeiten bestehen bei Verbindungen, die in saurer Lösung protonisiert werden. Bei vielen Verbindungen geschieht dies bereits beim Lösen in Trifluoressigsäure, bei anderen müssen stärkere Säuren verwendet werden. Durch die Protonisierung werden einige oder alle Banden des Spektrums nach tieferem Feld verschoben (vgl. Abb. 76). Ist die Ladung lokalisiert, wie etwa in einem Ammoniumsalz, so nimmt die bei der Protonisierung auftretende Verschiebung der Banden mit zunehmender Entfernung vom Ladungsort rasch ab. Auf diese Weise kann z. B. leicht entschieden werden, welche Signale von Atomen in Nachbarstellung zum Stickstoff herrühren. Die Dissoziation einer Hydroxylgruppe in alkalischer Lösung hat nur einen geringen Einfluß auf die Spektren und erleichtert daher nur in Sonderfällen die Deutung.

Eine weitere Möglichkeit zur Vereinfachung der Spektren besteht in der chemischen Veränderung der Untersuchungssubstanz. Von der Vielfalt der Möglichkeiten, Derivate oder Abbauprodukte herzustellen, soll hier nicht die Rede sein, weil sie jedem speziellem Problem angepaßt werden müssen. Hier soll nur ein Verfahren beschrieben werden, daß einen sehr weiten Anwendungsbereich besitzt, nämlich der Austausch von Protonen in der Untersuchungssubstanz gegen Deuterium. Am einfachsten läßt sich die Deuterierung bei Hydroxy- und Aminogruppen durchführen. Beim kurzzeitigen Behandeln dieser Verbindungen mit schwerem Wasser tritt im allgemeinen vollständige Deuterierung ein, und im Spektrum der so behandelten Substanzen fehlen die OH- und NH-Banden. Der gleiche Effekt wird beobachtet, wenn schweres Wasser als Lösungsmittel für die Untersuchungssubstanz verwendet wird. Bei Verbindungen, die in schwerem Wasser nicht löslich sind, genügt oft ein anderes Verfahren. Nachdem das Spektrum in Tetrachlorkohlenstoff oder Deuterochloroform aufgenommen worden ist, werden ein oder zwei Tropfen schweres Wasser in das Proberöhrchen gegeben und kräftig durchgeschüttelt. Nachdem sich die Flüssigkeiten getrennt haben wird das Spektrum wieder aufgenommen. Die NH- und OH-Banden sind bei dieser Behandlung entweder ganz verschwunden oder sind schwächer geworden. Außer durch Behandeln mit schwerem Wasser können diese Banden auch durch Aufnahme der Spektren in Säuren oder Alkoholen entfernt werden. Durch den schnellen Austausch der Protonen fallen hierbei die Signale mit der Lösungsmittelbande zusammen.

Manche Verbindungen können in saurer oder alkalischer Lösung mit schwerem Wasser teilweise deuteriert werden. Das erste Verfahren ist bei vielen aromatischen Verbindungen möglich, das zweite bei Carbonylverbindungen. Hierbei verschwindet im Spektrum nicht nur das Signal des aus-

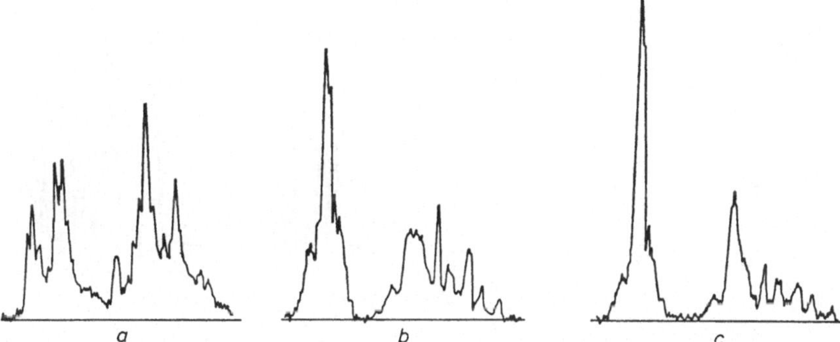

Abb. 103. Vereinfachung des Spektrums von Nitrobenzol (vgl. Abb. 71e) durch Deuterierung (60 MHz). a) Gemisch von Nitrobenzol und $D_2SO_4$; b) nach zweimaligem Austausch mit einer etwa gleich großen Menge von $D_2SO_4$; c) nach viermaligem Austausch mit $D_2SO_4$ (aufgenommen in Aceton)

tauschbaren Protons (z. B. Protonen in $a$-Stellung zur Carbonylgruppe), sondern auch die Kopplung dieses Protons mit anderen, wodurch sich wieder deren Signale vereinfachen. Die Austauschgeschwindigkeit hängt von der Art der Verbindungen ab, und es lassen sich daher keine allgemeingültigen Vorschriften über die erforderlichen Temperaturen, Konzentrationen und die Austauschzeiten machen. In Abb. 103 sind die Spektren von Nitrobenzol nach verschieden langer Behandlungsdauer mit deuterierter Schwefelsäure ($D_2SO_4$) wiedergegeben, und man kann deutlich die mit zunehmender Deuterierung auftretende Vereinfachung der Spektren erkennen.

In vielen Fällen können Spektren durch Einstrahlen einer zusätzlichen Frequenz (Doppelresonanz) vereinfacht werden. Dieses Verfahren ist besonders dann angebracht, wenn die Verbindungen verschiedenartige magnetische Kerne enthalten. So kann man z. B. bei Stickstoffverbindungen durch Einstrahlen mit einer Frequenz, die auf das Stickstoffatom eingestellt ist, die Kopplung dieses Atoms mit den Protonen aufheben (vgl. Abb. 60 und 80). Auch die Kopplung zwischen Kernen des gleichen Isotops kann durch

Doppelresonanz aufgehoben werden (vgl. Abb. 50). Voraussetzung hierfür ist, daß der Abstand zwischen den koppelnden Atomen groß gegenüber der

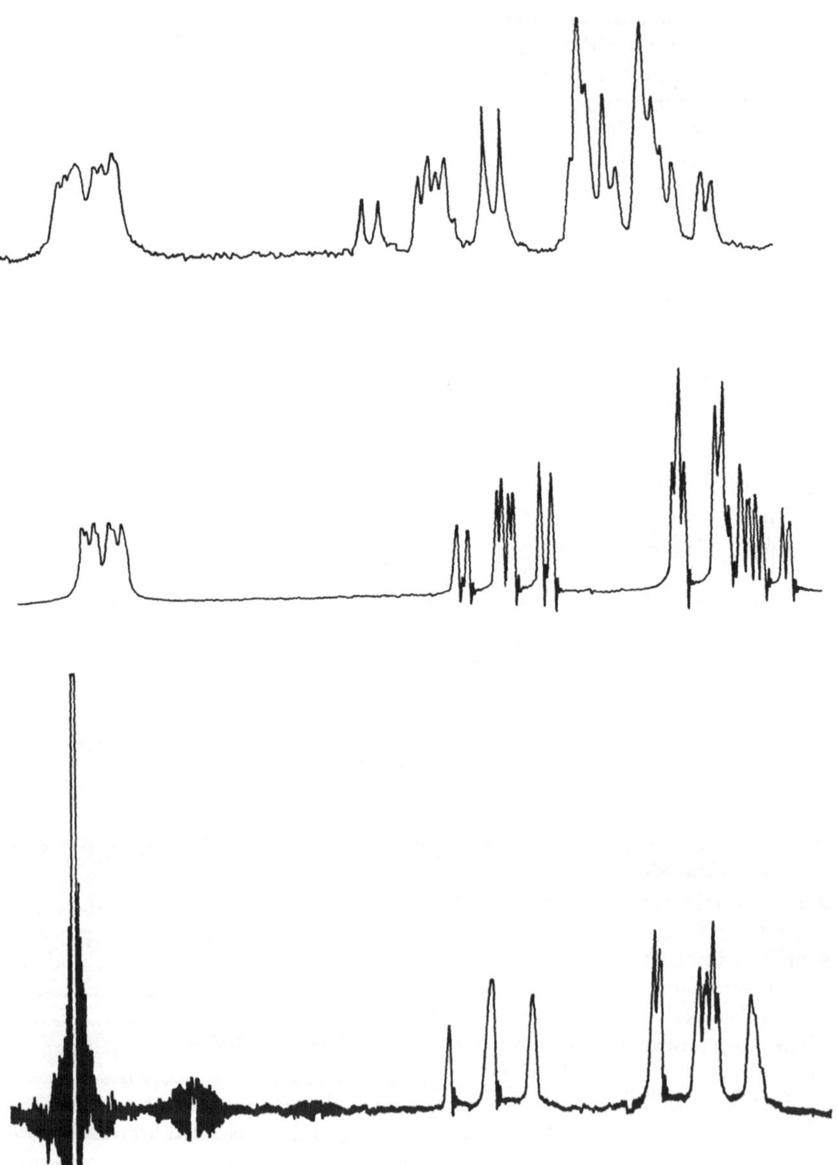

Abb. 104. Spektren von 2-Chlorpyridin. a) bei 60 MHz, b) bei 100 MHz, c) bei 100 MHz und Entkopplung der $\alpha$-Protonen.
(Die drei Spektren wurden freundlicherweise von Herrn Dr. Melera von der Firma Varian AG, Zürich, aufgenommen)

Kopplungskonstanten ist. Ein einfaches Beispiel für die Entkopplung von Protonen ist in Abb. 104 dargestellt. Das Spektrum des 2-Chlorpyridins ist vom ABCX-Typ. Bei 60 MHz zeigt das Spektrum mehrere komplizierte Signale (Abb. 104a). Bei höherer Feldstärke sind die Banden weiter auseinandergezogen und das Spektrum ist einfacher geworden. Eine weitere Vereinfachung erreicht man, wenn man durch Einstrahlen einer Zusatzfrequenz, die auf das $a$-Proton eingestellt ist, die Kopplung der übrigen Kerne mit

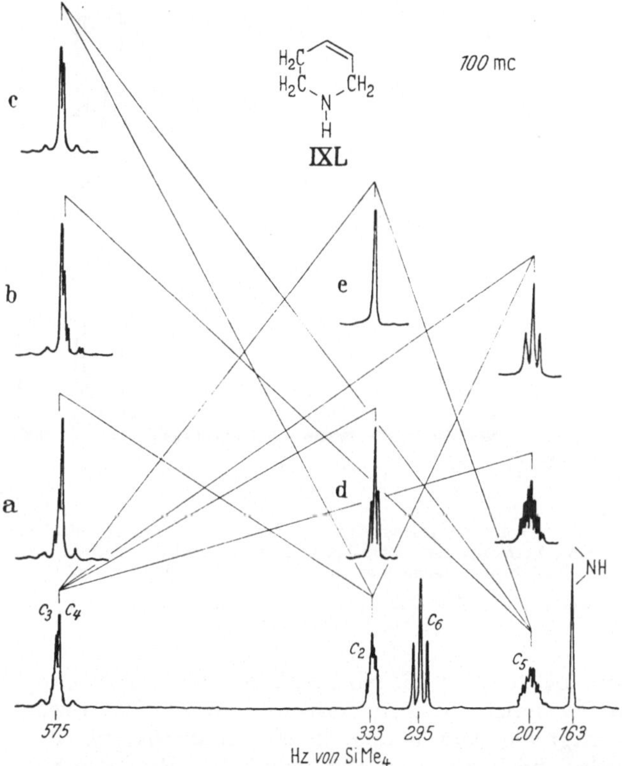


Abb. 105. ¹H-Spektrum von 1,2,5,6-Tetrahydropyridin (IXL) bei 100 MHz. Darüber die Signale bei teilweiser Spinentkopplung[1]. a) Olefinische Protonen entkoppelt von den Protonen am Kohlenstoff 2, b) Olefinische Protonen entkoppelt von den Protonen am Kohlenstoff 5, c) Olefinische Protonen entkoppelt von den Protonen an den Kohlenstoffen 2 und 5, d) Protonen am Kohlenstoff 2 entkoppelt von den olefinischen Protonen, e) Protonen am Kohlenstoff 2 entkoppelt von den Protonen am Kohlenstoff 5 und den olefinischen Protonen

dem $a$-Proton aufhebt (Abb. 104c). Die Spinentkopplung läßt sich auch bei komplizierteren Molekülen anwenden, wie es in Abb. 105 am Beispiel des 1,2,5,6-Tetrahydropyridins (IXL) gezeigt ist. Die Bandengruppen im Spektrum dieser Verbindung sind so weit voneinander getrennt, daß es möglich ist, alle Signale einzeln zu sättigen und die Veränderung bei den übrigen Banden zu beobachten.

---

[1] SHOOLERY, J.N.: Disc. Faraday Soc. 2, 110 (1962).

Bei Strukturuntersuchungen von schwer löslichen Substanzen oder solchen, die nur in kleinsten Mengen zugänglich sind, macht die Analyse des Spektrums oft Schwierigkeiten, weil kleinere Banden vom Rauschen verdeckt werden. In diesen Fällen kann man nach dem CAT-Verfahren (vgl. S. 18) den Resonanzbereich mehrfach durchfahren und die Ergebnisse

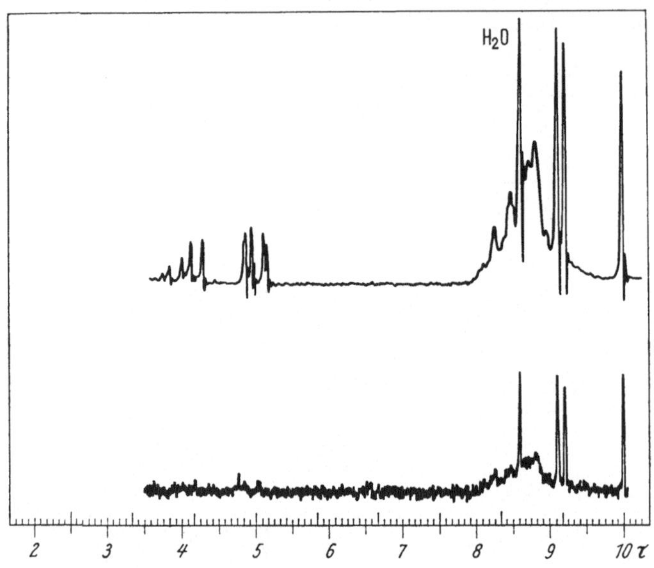


Abb. 106. ¹H-Spektrum von 17α-Vinylandrostan-17β-ol unter Normalbedingungen (unteres Spektrum) und nach dem CAT-Verfahren nach 365maligem Durchlaufen des Spektrums, wobei das Signal/Rauschen-Verhältnis etwa um den Faktor 20 verbessert wurde

(Das Spektrum wurde freundlicherweise von Herrn Dr. Melera von der Firma Varian AG, Zürich, zur Verfügung gestellt.)

elektronisch speichern. Z. B. wird nach hundertfachem Durchlaufen des Spektrums das Signal/Rauschen-Verhältnis um den Faktor zehn verbessert. Abb. 106 zeigt die Anwendung dieses Verfahrens auf ein Steroid. Im ursprünglichen Spektrum sind alle olefinischen Protonen vom Rauschen verdeckt, bei etwa zwanzigfacher Erhöhung des Signal/Rauschen-Verhältnisses ist deutlich die ABX-Struktur der Vinylgruppe zu erkennen.

## VII. 3. Lösungsmitteleinflüsse

Hochauflösende Kernresonanzspektroskopie kann nur an flüssigen und gasförmigen Substanzen und an Lösungen ausgeführt werden. Im einen Fall sind die zu untersuchenden Moleküle von Molekülen der gleichen Art umgeben, im anderen Fall von den Molekülen des Lösungsmittels. In beiden Fällen können Wechselwirkungen zwischen den Molekülen auftreten. Inwieweit sich solche Effekte im Spektrum bemerkbar machen, hängt von der Art der Mischungspartner, von der Temperatur und der Konzentration ab. In vielen Fällen verändern sich die Bandenlagen in Abhängigkeit vom Lösungsmittel und von der Konzentration um mehrere ppm. Ist der Gesamtbereich der chemischen Verschiebungen gering, wie bei der Protonenresonanz, so müssen diese Effekte unbedingt berücksichtigt werden, ist er groß, wie etwa bei der Phosphorresonanz, so ist dies nicht immer erforderlich. Da die Lösungsmittelabhängigkeit verschiedener Gruppen im Molekül oft von unterschiedlicher Größe ist, können die Spektren in verschiedenen Lösungsmitteln ein unterschiedliches Aussehen haben (vgl. Abb. 81). In manchen Fällen kann man sich dieser Effekte bedienen, um komplizierte Spektren zu vereinfachen und um bestimmte Gruppen, bei denen man mit einer stärkeren Lösungsmittelabhängigkeit rechnen kann, im Spektrum zu erkennen. Wenn die Bandenlagen von Gruppen bestimmt und durch ihre chemische Verschiebung gekennzeichnet werden sollen, müssen nach Möglichkeit alle Lösungsmitteleffekte ausgeschaltet werden, weil man nur so zu Werten kommt, die sich untereinander vergleichen lassen. Im Idealfall sollten die chemischen Verschiebungen im Gaszustand bestimmt werden. Auch bei derartigen Untersuchungen findet man noch geringe Abhängigkeiten vom Druck und von der Fremdgaskonzentration[1-3]. Da Messungen im Gaszustand auf Verbindungen mit hohem Dampfdruck beschränkt sind, ist diese Methode nicht allgemein anwendbar. Man kann dem Idealfall, bei dem keine Wechselwirkung zwischen Lösungsmittel und gelöster Substanz auftritt, dadurch nahekommen, daß man inerte Lösungsmittcl benutzt und bei sehr großer Verdünnung arbeitet, bzw. bei verschiedenen Konzentrationen mißt und auf unendliche Verdünnung extrapoliert. Verwendet man bei der Protonenresonanz Tetrachlorkohlenstoff oder Schwefelkohlenstoff und Konzentrationen von höchstens fünf Prozent, so kann man die Lösungsmitteleffekte im allgemeinen vernachlässigen. Eine Vielzahl organischer Verbindungen sind in diesen beiden Lösungsmitteln ausreichend löslich. Auch in Chloroform, das noch bessere Lösungseigenschaften hat, sind die Lösungsmitteleffekte meistens gering, wenn nicht Wasserstoffbrücken, wie mit Aminen, oder $\pi$-Komplexe, wie mit einigen Aromaten oder Heterocyclen, gebildet werden. Müssen andere Solvenzien verwendet werden, oder sollen unverdünnte flüssige Substanzen gemessen werden, so ist es erforderlich, Art und Größe der Lösungsmitteleffekte zu untersuchen.

Wird eine Verbindung mit einem Lösungsmittel gemischt, so ändert sich je nach Konzentration die chemische Verschiebung der einzelnen Signale. Der Unterschied zwischen der Lage der Signale bei unendlicher Verdünnung und in der unverdünnter Substanz wird durch zwei verschiedene Effekte verursacht: Einmal durch die unterschiedliche Volumensuszeptibilität von Lösungsmitteln und von den gelösten Substanzen und ferner durch spezifische Wechselwirkungen. Besteht keine Wechselwirkung mit dem Lösungsmittel und kann diejenige der gelösten Moleküle untereinander wegen der großen Verdünnung vernachlässigt werden, so muß

[1] Petrakis, L., and H. J. Bernstein: J. Chem. Phys. 37, 2731 (1962). — [2] Petrakis, L., and H. J. Bernstein: J. Chem. Phys. 38, 1562 (1963). — [3] Rayes, W. T., A. D. Buckingham, and H. J. Bernstein: J. Chem. Phys. 36, 3481 (1962).

nur noch die Änderung der Volumensuszeptibilität berücksichtigt werden (vgl. S. 24). Ihr Einfluß hängt von der Form der Probe und der Art des Lösungsmittels ab. Bei zylindrischen Meßgefäßen beträgt die Verdünnungsverschiebung (die Differenz der Signale der reinen Substanz und denen der unendlich verdünnten Lösung), die durch die unterschiedliche Volumensuszeptibilität $\chi_V$ verursacht wird, theoretisch $\Delta\delta = \frac{2}{3}\pi\,\Delta\chi_V$. Für eine größere Anzahl von aliphatischen Molekülen ist dieser Ausdruck nachgeprüft worden[1-3]. Die beobachtete Verdünnungsverschiebung ist dabei in allen Fällen

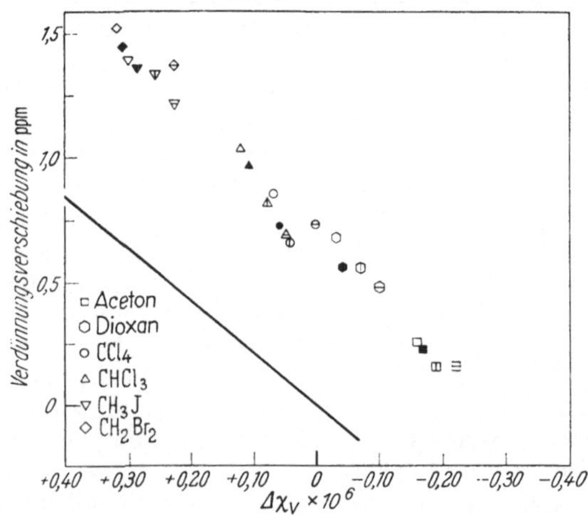



Abb. 107. Verdünnungsverschiebung aromatischer Verbindungen in aliphatischen Lösungsmitteln in Abhängigkeit von der Differenz der Volumensuszeptibilitäten. Die Gerade gibt den theoretischen Wert[4]. Symbole: leer: Benzol; voll: Toluol; waagrechter Strich: Chlorbenzol; senkrechter Strich: Benzonitril

größer als der berechnete Wert. Da die Abweichungen dem Wert von $\Delta\chi_V$ proportional sind, haben BOTHNER-BY und GLICK[1] vorgeschlagen, an Stelle des klassisch abgeleiteten Formfaktors $2\pi/3$ den empirischen Wert von 2.6 für die Berechnung der Verdünnungsverschiebung zu verwenden. Bei der Untersuchung von Fluorverbindungen beobachtet man ebenfalls Abweichungen dieser Art. Sie sind jedoch wesentlich größer[5-7] und vermutlich auf zwischenmolekulare Wechselwirkungen zurückzuführen.

Besonders große Verdünnungsverschiebungen beobachtet man in Mischungen mit aromatischen Molekülen. Wird ein aromatisches Molekül in einem nichtaromatischen Lösungsmittel gelöst, so verschiebt sich sein Signal mit steigender Verdünnung nach tieferem Feld. Wird umgekehrt ein nichtaromatisches Molekül in einem aromatischen Lösungsmittel gelöst, so findet man mit zunehmender Verdünnung eine Verschiebung nach höherem


[1] BOTHNER-BY, A.A., and R.E. GLICK: J. Chem. Phys. **26**, 1648 (1957). — [2] GLICK, R.E., D.F. KATES, and S.J. EHRENSON: J. Chem. Phys. **31**, 567 (1959). — [3] EVANS, D.F.: Proc. Chem. Soc. 115 (1958). — [4] BOTHNER-BY, A.A., and R.E. GLICK: J. Chem. Phys. **26**, 1651 (1957). — [5] EVANS, D.F.: Proc. Chem. Soc. 115 (1958). — [6] EVANS, D.F.: J. Chem. Soc. 877 (1960). — [7] GLICK, R.E., and S.J. EHRENSON: J. Phys. Chem. **62**, 1599 (1958).

Feld[1-5]. Die Verdünnungsverschiebung für ein aromatisches Molekül in einem nichtaromatischen Lösungsmittel ist größer als der Wert, der sich aus den verschiedenen Volumensuszeptibilitäten ergibt. Bei nichtaromatischen Substanzen in aromatischen Lösungsmitteln ist sie kleiner. In den Abb. 107 und 108 sind die gemessenen Verdünnungsverschiebungen für verschiedene Systeme und die dazu berechneten Kurven angegeben. Die Meßpunkte liegen annähernd auf Geraden, die um rund 0.65 ppm von den theoretischen Geraden abweichen. (Einige Meßpunkte zeigen starke Abweichungen, die auf spezielle Wechselwirkungen zwischen Lösungsmittel und gelöster Substanz zurückzuführen sind.) Die Ursache für diese Erscheinungen ist die magnetische Anisotropie des aromatischen Ringes. In der Ringebene wird das äußere Feld verstärkt und die Signale von Atomen, die sich hier befinden, werden nach tieferem Feld verschoben. Oberhalb und unterhalb des Ringes tritt der entgegengesetzte Effekt auf. Da die aromatischen Moleküle scheibenförmig sind, ist es wahrscheinlicher, daß sich Nachbarmoleküle oberhalb und unterhalb des Ringes aufhalten als in der Ebene. Da der Ringstromeffekt oberhalb und unterhalb stärker ist als in der Ringebene (vgl. Abb. 20) und da aus dieser Richtung die Nachbarmoleküle näher an den Ring gelangen können, ist die Verschiebung nach höherem Feld stärker ausgeprägt als die nach tieferem. Summiert man über alle Richtungen, so heben sich die beiden Effekte nicht gegenseitig auf, sondern man findet eine Verschiebung nach höherem Feld.

Verdünnt man Benzol mit Cyclohexan, so wird die Bande des Benzols nach tieferem Felde verschoben[4]. Durch die Cyclohexanmoleküle wird der Abstand zwischen den Benzolringen vergrößert und deren gegenseitige Wechselwirkung vermindert. Wird durch Substituenten am Benzolring der Abstand zwischen den aromatischen Molekülen vergrößert, so vermindert sich ebenfalls die Wechselwirkung und die beobachtete Verdünnungsver-

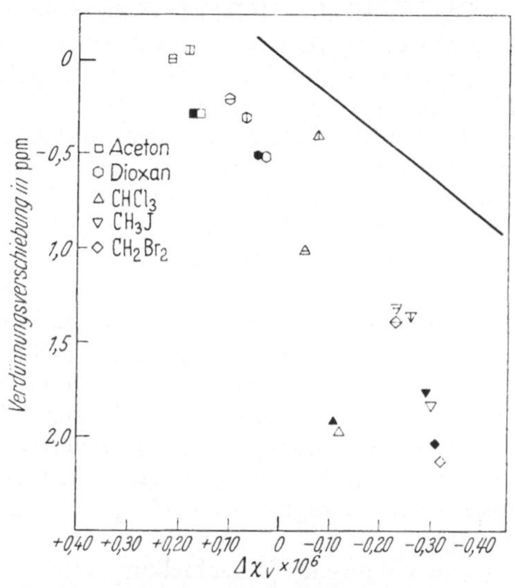

Abb. 108. Verdünnungsverschiebung aliphatischer Verbindungen in aromatischen Lösungsmitteln in Abhängigkeit von der Differenz der Volumensuszeptibilitäten von Lösungsmitteln und gelöster Substanz. Die Gerade gibt den theoretischen Wert[2]. Symbole: leer: Benzol; voll: Toluol; waagrechter Strich: Chlorbenzol; senkrechter Strich: Benzonitril

[1] GLICK, R. E., and D. F. KATES: J. Phys. Chem. 62, 1469 (1958). — [2] BOTHNER-BY, A. A., and R. E. GLICK: J. Chem. Phys. 26, 1651 (1957). — [3] BOTHNER-BY, A. A., and R. E. GLICK: J. A. C. S. 78, 1071 (1956). — [4] ZIMMERMANN, J. R., and M. R. FOSTER: J. Phys. Chem. 61, 282 (1957). — [5] REEVES, L. W., and W. G. SCHNEIDER: Can. J. Chem. 35, 251 (1957).

schiebung wird kleiner. Sie beträgt beim Verdünnen mit Tetrachlorkohlenstoff für Benzol 0.70 ppm, Toluol 0.63, m-Xylol 0.50 und Mesitylen 0.43 ppm[1] und ist annähernd umgekehrt proportional zum Molvolumen der Verbindungen.

Der umgekehrte Effekt tritt auf, wenn eine aromatische Verbindung als Lösungsmittel für eine nichtaromatische Substanz benutzt wird. Mit steigendem Zusatz des Aromaten wird das gelöste Molekül in immer stärkerem Maße von Lösungsmittelmolekülen umgeben. Durch den Ringstromeffekt wird das äußere Feld geschwächt und das Signal nach höheren Feldern verschoben. Der Unterschied in der Verschiebung zwischen reinem Benzol und dem isolierten Benzolmolekül bei unendlicher Verdünnung mit einem nichtaromatischen Lösungsmittel beträgt, nachdem für die unterschiedliche Volumensuszeptibilität zwischen gelöster Substanz und Lösungsmittel korrigiert worden ist, etwa 0.65 ppm. Der Unterschied zwischen dem Signal einer unverdünnten nichtaromatischen Verbindung und dem Signal für die Substanz bei unendlicher Verdünnung mit Benzol, ebenfalls nach Korrektur für die unterschiedliche Volumensuszeptibilität, ist ebenso groß. Im ersten Fall liegt die reine Substanz bei höherem Feld, im zweiten Fall die verdünnte Lösung. Bei kondensierten aromatischen Ringen wirken die verschiedenen Kreisströme zusammen und der Verdünnungseffekt wird größer. Er beträgt etwa 0.93 ppm beim Naphthalin und 1.6 ppm beim Pyren[1].

Die chemische Verschiebung einer Substanz im Gaszustand und in Lösung ist verschieden und dieser Unterschied wird durch mehrere voneinander unabhängige Effekte verursacht[2-9]. Neben der Änderung der Volumensuszeptibilität (Gas-Flüssigkeit) wirken Anisotropieeffekte, van der Waals-Kräfte zwischen Lösungsmittel und gelöster Substanz und polare Effekte, die durch Ladungen an den Lösungsmittelmolekülen in der Nähe der gelösten Substanz hervorgerufen werden. Die Änderung der Volumensuszeptibilität und die van der Waals-Kräfte bewirken immer eine Verschiebung nach tieferem Feld. Anisotropieeffekte verursachen bei scheibenförmigen Lösungsmittelmolekülen (wie Benzol) eine Verschiebung nach höherem Feld, bei stabförmigen (wie Schwefelkohlenstoff) eine nach tieferem Feld. Polare Effekte können sowohl eine Verschiebung nach höherem wie nach tieferem Feld verursachen. Werden alle speziellen Lösungsmitteleffekte, wie Komplexbildung oder Wasserstoffbrückenbildung, ausgeschlossen, werden ferner Korrekturen für die Änderung der Volumensuszeptibilität eingeführt und nur solche Verbindungen verglichen, bei denen keine Anisotropieeffekte auftreten, so lassen sich experimentelle Daten für die van der Waals-Kräfte und für polare Effekte gewinnen. Die Verschiebung nach

[1] POPLE, J. A., W. G. SCHNEIDER, and H. J. BERNSTEIN: High-resolution Nuclear Magnetic Resonance. New York: McGraw-Hill 1959. — [2] BUCKINGHAM, A. D., T. SCHAEFER, and W. G. SCHNEIDER: J. Chem. Phys. **32**, 1227 (1960). — [3] BUCKINGHAM, A. D., T. SCHAEFER, and W. G. SCHNEIDER: J. Chem. Phys. **34**, 1064 (1961). — [4] ABRAHAM, R. J.: J. Chem. Phys. **34**, 1062 (1961). — [5] ABRAHAM, R. J.: J. Mol. Phys. **4**, 369 (1961). — [6] BOTHNER-BY, A. A.: J. Mol. Spec. **5**, 52 (1960). — [7] DIEHL, P., and R. FREEMAN: J. Mol. Phys. **4**, 39 (1961). — [8] STEPHEN, M. J.: J. Mol. Phys. **1**, 223 (1958). — [9] HOWARD, B. B., B. LINDER, and M. T. EMERSON: J. Chem. Phys. **36**, 485 (1962).

tieferem Feld beim Übergang von der Gasphase zu kondensierten Systemen kann nach der empirischen Formel

$$-\delta = X_i Y_j \tag{43}$$

berechnet werden[1]. $X_i$ und $Y_j$ sind Konstante für die gelöste Substanz und das Lösungsmittel und betragen für einige Verbindungen[1]:

| gelöste Substanz | $X_i$ | Lösungsmittel | $Y_j$ |
|---|---|---|---|
| Cyclopentan | 5.1 | Aceton | 0.017 |
| Äthan | 5.5 | Neopentan | 0.027 |
| Neopentan | 6.0 | Cyclopentan | 0.030 |
| Aceton | 6.0 | Cyclohexan | 0.030 |
| Äthylen | 6.7 | Tetrachlor- | |
| Tetramethylsilan | 7.0 | kohlenstoff | 0.052 |
| Methylenchlorid | 9.0 | Methylenchlorid | 0.053 |
| Methylbromid | 9.1 | | |

Werden unpolare Substanzen in inerten Lösungsmitteln untersucht, so wird die Verschiebung gegenüber der Gasphase (nachdem für die unterschiedliche Volumensuszeptibilität korrigiert ist) nur durch van der Waalssche Kräfte verursacht. Hierbei können zweierlei Effekte unterschieden werden[2,3]: Einmal wird durch die Lösungsmittelmoleküle die Elektronenhülle an den Kernen der gelösten Substanz verändert. Da die Elektronen von den Lösungsmittelmolekülen angezogen werden, wird die Elektronenhülle erweitert und die Abschirmung der Kerne vermindert. Dies hat eine Verschiebung des Resonanzsignals nach tieferem Feld zur Folge. Je größer die Ladung der Lösungsmittelmoleküle ist, um so größer ist dieser Effekt. Es sollte demnach ein Zusammenhang zwischen der Zahl der Elektronen des Lösungsmittelmoleküls und dem Ausmaß der Verschiebung bestehen. Zum anderen werden durch die Bewegungen der Lösungsmittelmoleküle die Elektronenverteilungen kurzzeitig verändert. Da diese Störungen die Symmetrie der Moleküle vermindern, führen sie zu paramagnetischen Strömen und ebenfalls zu Verschiebungen nach tieferem Feld. Der erste Effekt ist unabhängig von der Temperatur, der zweite wird um so ausgeprägter werden, je höher die Temperatur steigt und er sollte mit steigender Temperatur eine zunehmende Verschiebung nach tieferem Feld verursachen. Die chemischen Verschiebungen von Methan in Tetrachlorkohlenstoff bei —27° und bei +95° sind gleich und zeigen, daß der temperaturabhängige Anteil in diesem System keine Rolle spielt. Die chemischen Verschiebungen von Methan in einer größeren Anzahl von Lösungsmitteln sind von BUCKINGHAM, SCHAEFER und SCHNEIDER[2] gemessen worden. Die Abweichungen von dem Wert für gasförmiges Methan betragen bis zu 0.75 ppm und sind eine einfache Funktion der van der Waals'schen Wechselwirkungsenergien.

---

[1] BOTHNER-BY, A. A.: J. Mol. Spec. **5**, 52 (1960). — [2] BUCKINGHAM, A. D., T. SCHAEFER, and W. G. SCHNEIDER: J. Chem. Phys. **32**, 1227 (1960). — [3] HOWARD, B. B., B. LINDER, and M. T. EMERSON: J. Chem. Phys. **36**, 485 (1962).

Wenn polare Moleküle gelöst werden, polarisieren sie ihre Umgebung und erzeugen in den in ihrer Nähe befindlichen Lösungsmittelmolekülen elektrische Felder. Diese Felder wiederum verursachen eine Veränderung der chemischen Verschiebung des gelösten Moleküls. Wirkt auf ein Molekül ein elektrisches Feld in Richtung der X—H-Achse, so zieht es die Elektronen vom Proton fort und vermindert dadurch dessen Abschirmung. Dies bewirkt eine Verschiebung des Signals nach tieferem Feld, die der Stärke des Feldes proportional ist. Bei symmetrischen Lösungsmittelmolekülen sind die induzierten Felder parallel zum permanenten Dipol $\mu$ der gelösten Substanz und sind um so stärker, je größer $\mu$ ist. Die Verschiebung des Signals durch die induzierten Felder $\delta_E$ hängt dann von der Größe des Dipolmoments, der Dielektrizitätskonstanten des Lösungsmittels ($\varepsilon$) und dem Winkel $\Phi$ zwischen der Bindungsrichtung X-H und der Richtung des Dipols ab und ist gegeben durch

$$\delta_{\mathrm{E}} = -2 \times 10^{-12} \frac{\varepsilon - 1}{2\varepsilon + 2.5} \frac{\mu}{a} \cos\Phi - 10^{-16} \left(\frac{\varepsilon - 1}{2\varepsilon + 2.5}\right)^2 \frac{\mu^2}{a^2} \tag{44}$$

(Die Konstante $a$ hängt vom Brechungsindex der Substanz ab).[1-3] Ist $\cos\Phi$ positiv, so wird mit steigender Dielektrizitätskonstanten des Lösungsmittels die Bande der gelösten Substanz in zunehmendem Maße nach tieferem Feld verschoben. Ist die gelöste polare Substanz z. B. Acetonitril, so beträgt die berechnete Verschiebung in n-Hexan —0.11 und in Aceton —0.50 ppm.

Die durch die induzierten Felder hervorgerufene Verschiebung ist nicht unbedingt für alle Protonen im Molekül gleich, da der Winkel $\Phi$ verschiedene Werte haben kann. So betragen die berechneten Werte im 2,6-Dinitrobenzol, gelöst in Aceton, für das Proton in 1-Stellung 0.22 ppm, in 3-Stellung —0.13 und in 4-Stellung —0.24 ppm. Bei höheren Dielektrizitätskonstanten würden die Signale der verschiedenen Ringprotonen noch weiter auseinanderrücken. Auch Verbindungen, die zwar polare Gruppen, aber kein Dipolmoment besitzen, wie p-Dinitrobenzol, polarisieren die Lösungsmittelmoleküle in der Nähe dieser Gruppen. Die Protonen in der Nachbarschaft erfahren dann ebenfalls eine Verschiebung nach tieferem Feld.

Eine besonders geeignete Modellsubstanz zum Nachweis polarer Wechselwirkungen ist Acetonitril[1,4]. Man löst Acetonitril zusammen mit einem unpolaren Stoff, wie Methan, im gleichen Lösungsmittel. Die Differenz der chemischen Verschiebungen in einem beliebigen Lösungsmittel, verglichen mit der Differenz im Gaszustand (oder einem inerten Lösungsmittel), ergibt dann die durch die induzierten Felder hervorgerufene Bandenverschiebung[5]. Sie beträgt je nach Lösungsmittel 0—0.3 ppm und ist dem Ausdruck $(\varepsilon-1)/(2\varepsilon+2.5)$ proportional[1,5,6].

[1] BUCKINGHAM, A.D., T. SCHAEFER, and W.G. SCHNEIDER: J. Chem. Phys. **32**, 1227 (1960). — [2] DIEHL, P., and R. FREEMAN: J. Mol. Phys. **4**, 39 (1961). — [3] LASZLO, P., and J.I. MUSHER: J. Chem. Phys. **41**, 3906 (1964). — [4] BUCKINGHAM, A.D., T. SCHAEFER, and W.G. SCHNEIDER: J. Chem. Phys. **34**, 1064 (1961). — [5] ABRAHAM, R.J.: J. Chem. Phys. **34**, 1062 (1961). — [6] HRUSKA, F., E. BOCK, and T. SCHAEFER: Can. J. Chem. **41**, 3034 (1963).

Der Anteil der Anisotropieeffekte an der Lösungsmittelverschiebung ist bei den scheibenförmigen Molekülen aromatischer Lösungsmittel besonders stark ausgeprägt. Wie auf S. 316 gezeigt wurde, führen sie zu einer Verschiebung der Resonanzen nach höherem Feld. Lösungsmittel mit stäbchenförmigen Molekülen, wie Schwefelkohlenstoff, die ihre größte diamagnetische Suszeptibilität in Richtung der Molekülachse haben, sollten zu Verschiebungen nach tiefem Feld führen. Diese Annahme wird durch das Experiment bestätigt. So betragen die Verschiebungen von Methan in Benzol $+0.33$ ppm, in Schwefelkohlenstoff $-0.42$ ppm (bezogen auf die Lösung in Hexan). Auch die Form der gelösten Moleküle sollte einen Einfluß auf die Größe der Anisotropieeffekte haben. Sind sie scheibenförmig, so ist die Verschiebung nach höherem Feld durch scheibenförmige Lösungsmittelmoleküle stärker ausgeprägt. Sind sie gestreckt, so wird die Verschiebung nach tieferem Feld durch stäbchenförmige Lösungsmittelmoleküle verstärkt sein[1].

Neben den in den voranstehenden Abschnitten besprochenen Effekten können auch spezielle Wechselwirkungen zwischen Lösungsmittel und gelöster Substanz auftreten, die die Spektren z. T. erheblich verändern. Eine der häufigsten Wechselwirkungen ist die Ausbildung von Wasserstoffbrücken, von der im nächsten Kapitel noch ausführlich die Rede sein wird. Oft werden auch Komplexe von polaren Molekülen mit aromatischen Lösungsmitteln beobachtet[2-4], die ebenfalls im nächsten Kapitel behandelt werden. Es liegen eine Anzahl von Untersuchungen über verschiedenartige Lösungsmitteleffekte vor, auf eine ausführliche Besprechung dieser Arbeiten muß hier verzichtet werden. Mehrere Arbeiten befassen sich mit den Lösungsmitteleffekten bei Acetylenen[4,5-7], aromatischen Aldehyden[8,9], Carbonsäuren[10] und Aminen[11-15]. Auch die chemische Verschiebung der Methylgruppe in substituierten Toluolen hängt vom Lösungsmittel ab[16-18]. Weitere Untersuchungen liegen über substituierte Benzole[19,20] und Heterocyclen vor[21,22].

Die Wechselwirkung mit dem Lösungsmittel wird häufig nur durch eine oder wenige Gruppen des Moleküls hervorgerufen. Die Bandenverschie-

[1] BUCKINGHAM, A.D., T. SCHAEFER, and W.G. SCHNEIDER: J. Chem. Phys. **32**, 1227 (1960). — [2] ABRAHAM, R.J.: J. Mol. Phys. **4**, 369 (1961). — [3] HATTON, J.V., and W.G. SCHNEIDER: Can. J. Chem. **40**, 1285 (1962). — [4] HATTON, J.V., and R.E. RICHARDS: Trans. Farad. **57**, 28 (1961). — [5] BRAILLON, B.: Compt. Rend. **251**, 1625 (1960). — [6] WHIPPLE, E.B., J.H. GOLDSTEIN, L. MANDELL, G.S. REDDY, and G.R. McCLURE: J. A. C. S. **81**, 1321 (1959). — [7] NAKAGAWA, N., and S. FUJIWARA: Bull. Chem. Soc. Japan **33**, 1634 (1960). — [8] KLINCK, R.E., and J.B. STOTHERS: Can. J. Chem. **40**, 2329 (1962). — [9] KLINCK, R.E., and J.B. STOTHERS: Can. J. Chem. **40**, 1071 (1962). — [10] SHIMIZU, H.: Nippon Kagaku Zasshi **81**, 1025 (1960), C.A. **54**, 22021c. — [11] YAMAGUCHI, I.: Bull. Chem. Soc. Japan **34**, 1606 (1961). — [12] GIESSNER-PRETTRE, C.: Compt. Rend. **252**, 3238 (1961). — [13] GIESSNER-PRETTRE, C.: Compt. Rend. **254**, 4165 (1962). — [14] CLOUGH, S.: J. Mol. Phys. **2**, 349 (1959). — [15] SUHR, H.: J. Mol. Phys. **6**, 153 (1963). — [16] SCHAEFER, T., and W.G. SCHNEIDER: J. Chem. Phys. **32**, 1218 (1960). — [17] NAKAGAWA, N., and SH. FUJIWARA: Bull. Chem. Soc. Japan **34**, 143 (1961). — [18] NAKAGAWA, N., Nippon Kagaku Zasshi **82**, 141 (1961), C.A. **55**, 16157a. — [19] DIEHL, P.: Helv. Chim. Acta **45**, 568 (1962). — [20] MACIEL, G.E., and R.V. JAMES: J. A. C. S. **86**, 3893 (1964). — [21] SCHAEFER, T.: Can. J. Chem. **39**, 1864 (1961). — [22] SCHAEFER, T., and W.G. SCHNEIDER: J. Chem. Phys. **32**, 1224 (1960).

bungen sind am größten bei Protonen, die direkt an solchen Wechselwirkungen teilnehmen, z. B. bei den Hydroxylprotonen eines Alkoholes. Die Protonen in unmittelbarer Nähe dieser Gruppen, die selbst nicht an der Wechselwirkung beteiligt sind, erfahren eine wesentlich kleinere aber ebenfalls meßbare Verschiebung. Mit zunehmender Entfernung von der reaktiven Gruppe nehmen die Lösungsmitteleinflüsse auf die Bandenlage stark ab. Beim p-Chloranilin z. B. unterscheiden sich die chemischen Verschiebungen der Aminprotonen in Benzol und Formamid um 2.6 ppm, die der aromatischen Protonen in Orthostellung um 1.20 ppm und die der in Metastellung um 0.64 ppm[1]. Der letzte Betrag entspricht etwa der Größe des Ringstromeffektes.

## VII. 4. Wasserstoffbrücken

Die chemische Verschiebung von Protonensignalen hängt von der Bindungsart und von der Umgebung der Moleküle ab. Schon schwache Effekte können über mehrere Bindungen hinweg einen Einfluß ausüben. Es ist daher auch nicht verwunderlich, daß Moleküle in Assoziaten an anderer Stelle des Spektrums erscheinen als die freien Moleküle. Die Bindungen in den Assoziaten erfolgt in den meisten Fällen durch Wasserstoffbrücken. Aliphatische Carbonsäuren, z. B. Propionsäure,

$$2 \ CH_3-CH_2-COOH \ = \ CH_3CH_2-C\begin{smallmatrix} O-H\cdots O \\ \\ O\cdots H-O \end{smallmatrix}C-CH_2CH_3 \qquad (45)$$

liegen bei Raumtemperatur weitgehend dimer vor (45). Die Abschirmung der Protonen im Monomeren und im Dimeren ist verschieden. Am größten sind die Unterschiede beim Proton der Carboxylgruppe, weil dieses direkt an der Wasserstoffbrücke beteiligt ist. Die Einflüsse auf die Abschirmung der Methylen- und Methylgruppe werden zunehmend geringer. Wenn Bildung und Zerfall des Dimeren sehr schnell erfolgen, findet man im NMR-Spektrum nur eine einzige Bande, deren Lage durch die chemische Verschiebung von Monomeren und Dimeren und durch deren Konzentrationen bestimmt wird. Da der Anteil des Monomeren im Gemisch mit steigender Temperatur oder steigender Verdünnung zunimmt, verschiebt sich das Signal des Gemisches beim Verdünnen oder beim Erwärmen in Richtung auf das Monomere. Die Temperaturabhängigkeit der Hydroxylbande des Äthanols ist schon sehr früh entdeckt[2] und der veränderlichen Assoziation des Alkohols zugeschrieben worden[3]. Es hat sich in nachfolgenden Untersuchungen herausgestellt, daß man in der Verdünnungs- und Temperaturverschiebung von Signalen ein sehr bequemes und vielseitig

[1] SUHR, H.: J. Mol. Phys. **6**, 153 (1963). — [2] ARNOLD, J.T., and M.E. PACKARD: J. Chem. Phys. **19**, 1608 (1951). — [3] LIDDEL, U., and N.F. RAMSEY: J. Chem. Phys. **19**, 1608 (1951).

verwendbares Verfahren zur Untersuchung von Wasserstoffbrücken besitzt. Bei der Untersuchung von Wasserstoffbrücken ist im allgemeinen die Kernresonanzspektroskopie anderen Methoden gleichwertig, bei der Untersuchung schwacher Wechselwirkungen sogar überlegen.

Ein Wasserstoffatom, das an einer Wasserstoffbrücke teilnimmt, ist gegenüber dem freien Proton nach tieferem Feld verschoben. Für dieses Phänomen sind eine Reihe von Erklärungen gegeben worden. Es scheint sicher, daß nicht ein einziger Effekt, sondern mehrere die Verschiebung verursachen. Bildet ein Proton in der Verbindung X—H eine Wasserstoffbrücke zu einem Molekül Y, so erfährt es eine Wirkung durch die Ladung des Moleküls Y und durch die Anisotropie der Y⋯H-Bindung[1,5]. Die Anisotropiewirkung ist vermutlich nicht groß, da der Abstand H⋯Y größer als der von normalen Bindungen ist. Dagegen erzeugt die elektrische Ladung von Y eine Veränderung der X—H-Bindung. Das Proton wird vom Feld des Moleküls Y angezogen. Dadurch vergrößert sich der Abstand der X—H-Bindung[2–5] und die Elektronendichte am Ort des Protons wird verringert. Eine näherungsweise Abschätzung dieser elektrostatischen Effekte ergibt für eine Einfachladung in 1.4 Å Abstand eine Verschiebung von etwa 4 ppm[6,7].

Bei linearen Molekülen findet man auf Grund eines anderen Effektes eine Verschiebung nach tiefem Feld. Wie in Kap. II 2 gezeigt wurde, verursacht die Anisotropie bei linearen Molekülen eine Verschiebung des HX-Protons nach höheren Feldstärken. Durch die Ausbildung von Wasserstoffbrücken wird diese Anisotropie weitgehend aufgehoben und eine Verschiebung nach tieferen Feldern resultiert. Die Annahme, daß im wesentlichen elektrische Ladungen und in geringerem Maße Anisotropieerscheinungen die Ursache der Assoziationsverschiebung sind, wird durch den Befund unterstützt, daß intramolekulare Wasserstoffbrücken eine etwa doppelt so große Assoziationsverschiebung verursachen wie intermolekulare[8], denn bei ihnen können zwitterionische Strukturen durch Mesomerie stabilisiert werden.

Der Unterschied in den chemischen Verschiebungen von Monomerem und Assoziat wird Assoziationsverschiebung genannt. Die Verschiebung des Monomeren wird durch Messung der Substanz im Gaszustand oder bei unendlicher Verdünnung mit einem inerten Lösungsmittel bestimmt. Den Wert für die chemische Verschiebung des Assoziates sollte man durch Messung der Substanz in festem Zustand bestimmen. Da aber in festem Zustand keine hochauflösende Kernresonanz durchgeführt werden kann, setzt man im allgemeinen den Wert eben oberhalb des Schmelzpunktes der Substanz als Wert für die Verschiebung des Assoziates ein.

---

[1] SCHNEIDER, W.G., H.J. BERNSTEIN, and J.A. POPLE: J. Chem. Phys. 28, 601 (1958). — [2] SHOOLERY, J.N., and B. ALDER: J. Chem. Phys. 23, 805 (1955). — [3] REID, C., and T.M. CONNOR: Nature 180, 1192 (1957). — [4] OGG, Jr., R.A., and P. DIEHL: Helv. Phys. Acta 30, 251 (1957). — [5] BERKELEY, P.J., Jr., and M.W. HANNA: J. A. C. S. 86, 2990 (1964). — [6] MARSCHALL, T.W., and J.A. POPLE: J. Mol. Phys. 1, 199 (1958). — [7] BOTHNER-BY, A.A., and C. NAAR-COLIN: J. A. C. S. 80, 1728 (1958). — [8] PORTE, A.L., H.S. GUTOWSKY, and L.M. HUNDSBERGER: J. A. C. S. 82, 5057 (1960).

Die Assoziationsverschiebung hängt von der Art der Verbindung ab. In Tab. 102 sind die Assoziationsverschiebungen einiger einfacher Hydride wiedergegeben. Gesättigte Kohlenwasserstoffe, wie Methan und

Tabelle 102. *Assoziationsverschiebungen einfacher Hydride*

| Verbindung | Schmp. | Meßtemperatur | Chemische Verschiebung bezogen auf $CH_4$ | | Assoziations-verschiebung |
| --- | --- | --- | --- | --- | --- |
| | | | Flüssigkeit | Gas | |
| | | °C | ppm | | ppm |
| $CH_4$ | −184 | −98 | − | − | − |
| $C_2H_6$ | −172 | −88 | −0.73 | −0.75 | − |
| $C_2H_4$ | −170 | −60 | −5.61 | −5.18 | 0.43 |
| $C_2H_2$ | −82 | −82 | −2.65 | −1.35 | 1.30 |
| $NH_3$ | −77 | −77 | −1.00 | 0.05 | 1.05 |
| $H_2O$ | 0 | 0 | −5.18 | −0.60 | 4.58 |
| $HCl$ | −112 | −86 | −1.60 | 0.45 | 2.05 |

SCHNEIDER, W. G., H. J. BERNSTEIN, and J. A. POPLE: J. Chem. Phys. **28**, 601 (1958).

Äthan, bilden keine Wasserstoffbrücken und geben auch keine Assoziationsverschiebung. Mit zunehmender Acidität der Protonen steigt die Fähigkeit zur Ausbildung von Wasserstoffbrücken. Die Größe der Assoziationsverschiebung geht annähernd parallel mit den Frequenzverschiebungen der Infrarotspektroskopie und gibt ein ungefähres Maß für die Stärke der Wasserstoffbrücken. Neben Wasserstoffbrücken zu gleichartigen Molekülen (Eigenassoziation) können auch solche zu anderen Molekülen ausgebildet werden (Mischassoziation). Verdünnt man z. B. Chloroform mit inerten Lösungsmitteln, wie aliphatischen Kohlenwasserstoffen, so wird die Eigenassoziation des Chloroforms aufgehoben und man beobachtet eine Verschiebung von etwa 0.3 ppm nach höherem Feld. Verdünnt man dagegen mit Verbindungen, die wesentlich stärkere Donatoren von Wasserstoffbrücken sind, wie Ketonen oder Aminen, so wird Chloroform in stärkerem Maße gebunden und man beobachtet eine Verschiebung der Bande nach tieferem Feld (vgl. Abb. 112). Aus dem unterschiedlichen Verhalten der Lösungsmittel kann man wieder auf die Stärke der Wasserstoffbrücken dieser Moleküle zum Chloroform schließen. Man findet auf Grund solcher Messungen die Reihenfolge der Donatorenstärke Triäthylamin > Aceton > Diäthyläther > Propionitril > Fluorpropan, die mit Messungen von Ionisierungspotential, Dipolstärke und Infrarotspektren in guter qualitativer Übereinstimmung steht. In den folgenden Abschnitten sollen die verschiedenen Verbindungsklassen, bei denen Wasserstoffbrücken auftreten, besprochen werden.

### VII. 4a *Carbonsäuren*

In Mischungen von Carbonsäuren mit inerten Lösungsmitteln verschiebt sich mit steigender Säurekonzentration das Signal des Hydroxylprotons nach tieferem Feld[1-4] und nimmt bei etwa 20% einen konstanten Wert an (Abb. 109). Essigsäure und die Halogenessigsäuren zeigen bei geringen Konzentrationen den gleichen Verlauf. Die Verschiebung erreicht bei 10—20 Molprozent ein Minimum und steigt mit wachsender Konzentration wieder an[5,6]. Der anfänglich steile Abfall spiegelt das Gleichgewicht Dimer-Monomer wieder. Das durch Wasserstoffbrücken gebundene Dimere absorbiert bei wesentlich tieferem Feld. Im Gegensatz zu den höheren Fettsäuren bildet Essigsäure bei höheren Konzentrationen Multimere mit weniger festen Wasserstoffbrücken, wodurch sich das Signal wieder nach höheren Feldstärken verschiebt. Stärker polare Lösungsmittel verschieben das Monomer-Dimer-Gleichgewicht in Richtung auf das stärker polare Monomere und verändern damit die Lage des Minimums[3,5,6]. Aus dem Verlauf der Kurven bei geringen Konzentrationen kann die Konstante für das Monomer-Dimer-Gleichgewicht bestimmt werden[7,8]. In Gemischen mit stärkeren Donatormolekülen, wie Ketonen oder Nitrilen, beobachtet man für Essigsäure kein Minimum und für die höheren Carbonsäuren keinen konstanten Wert. Hier konkurriert die Mischassoziation mit der Bildung von Dimeren und Multimeren[9-11]. Beim Verdünnen von Carbonsäuren mit Wasser wird die Hydroxylbande ebenfalls nach höherem Feld verschoben. In zwei Fällen zeigen die Verdünnungskurven einen Knick bei 50 Molprozent, dessen Ursache noch ungeklärt ist[12,13]. Von MULLER und ROSE[14] wurde darauf hingewiesen, daß durch den Wassergehalt der Lösungsmittel leicht zu große Verdünnungsverschiebungen vorgetäuscht werden. Da die

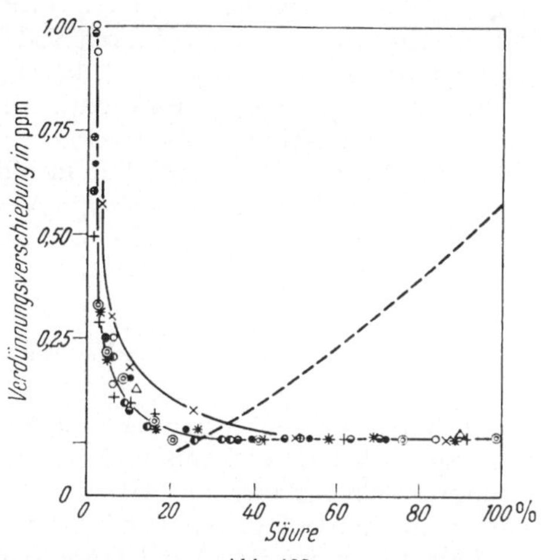



Abb. 109.
Verdünnungsverschiebung des Carboxylprotons aliphatischer Fettsäuren in Gemischen mit Tetrachlorkohlenstoff
⊖ Propionsäure, △ Valeriansäure, ⊕ Capronsäure,
✳ Caprylsäure, ● Caprinsäure, ⊚ Oleinsäure,
✕ 3,5,5-Trimethyl-capronsäure, gestrichelte Linie: Essigsäure[1]


[1] REEVES, L. W.: Trans. Farad. 55, 1684 (1959). — [2] DAVIS, Jr., J. C., and K. S. PITZER: J. Phys. Chem. 64, 886 (1960). — [3] MAVEL, G.: Mem. Poudres Annexe 43 No, 3572 (1961), C. A. 8197 (1962). — [4] BHAR, B. N., W. FORSLING, and G. LINDSTRÖM: Arkiv Fysik 10, 59 (1959). — [5] REEVES, L. W., and W. G. SCHNEIDER: Trans. Farad. 54, 314 (1958). — [6] LIPPERT, E., D. OECHSLER u. H. FELDBAUER: Z. Physik. Chem. 29, 397 (1961). — [7] PEROTTI, A., e M. COLA: Gazz. 91, 1153 (1961). — [8] PARMIGIANI, A., A. PEROTTI, e V. Riganti: Gazz. 91, 1148 (1961). — [9] HUGGINS, C. M., G. C. PIMENTEL, and J. N. SHOOLERY: J. Phys. Chem. 60, 1311 (1956). — [10] BHAR, B. N.: Arkiv Fysik 12, 171 (1957). — [11] TOYODA, K., T. IKENOUE, and T. ISOBE: J. Chem. Phys. 28, 356 (1958). — [12] GUTOWSKY, H. S., and A. SAIKA: J. Chem. Phys. 21, 1688 (1953). — [13] BHAR, B. N., and G. LINDSTRÖM: J. Chem. Phys. 23, 1958 (1955). — [14] MULLER, N., and P. I. ROSE: J. A. C. S. 85, 2173 (1963).

Wasserbande bei höherem Feld liegt als die der monomeren Säure, durch schnellen Protonenaustausch aber beide Banden zusammenfallen, wird durch zunehmende Verdünnung mit einem wasserhaltigen Lösungsmittel die gemeinsame Bande des Carboxylprotons und des Wassers nach höherem Feld verschoben. Schon ein Wassergehalt von 0.1—0.2 Prozent würde das Ergebnis völlig verfälschen. Z. B. beträgt die Verdünnungsverschiebung von Essigsäure in Essigsäureanhydrid rund 2 ppm und die extrapolierte chemische Verschiebung für monomere Essigsäure $\tau=0.96$. In Aceton sollten die Werte ähnlich sein. Die in nicht völlig trockenem Aceton gemessenen Werte[1,2] ergaben etwa 6 ppm Verdünnungsverschiebung und eine Bandenlage des Monomeren bei $\tau=7$.

### VII. 4b *Alkohole und Phenole*

Bei höheren Konzentrationen bilden Alkohole und Phenole durch Wasserstoffbrücken verknüpfte Assoziate. Beim Verdünnen mit inerten Lösungsmitteln zerfallen die Assoziate und die Hydroxylbande wird nach höheren Feldstärken verschoben[3—8]. Diese Verschiebung ist so groß, daß die Hydroxylgruppe des Äthylalkohols in sehr verdünnten Lösungen bei höherem Feld liegt als die Methylgruppe. Abb. 58 (S. 115) gibt die Lage der Hydroxylbande von Äthanol in Abhängigkeit vom Molenbruch bei der Verdünnung mit Tetrachlorkohlenstoff wieder. Bei sehr geringen Konzentrationen ist der Anteil von höheren Polymeren verschwindend klein und die Kurve wird nur durch das Monomer-Dimer-Gleichgewicht bestimmt. Aus der anfänglichen Steigung der Kurve kann die Dimerisierungskonstante bestimmt werden[9]. Für die Berechnung muß man die chemische Verschiebung des Dimeren abschätzen. Dieses kann entweder offenkettig sein mit nur einer Wasserstoffbrücke oder cyclisch mit zwei Wasserstoffbrücken. Je nachdem, welche Struktur man annimmt, ergeben sich zwei verschiedene Gleichgewichtskonstanten. Man kann aus den gemessenen Verdünnungskurven nicht sagen, welche Verbindung vorliegt. Da aber die chemische Verschiebung des Protons im Dimeren deutlich verschieden ist von der im Polymeren, muß man annehmen, daß die Wasserstoffbrücken in Dimeren und in Polymeren verschieden sind. Dies steht in Einklang mit anderweitigen Vermutungen, daß, im Gegensatz zu den linearen Wasserstoffbrücken der Polymeren, die Dimeren cyclisch sind und zwei nichtlineare Wasserstoffbrücken bilden[10,11]. In konzentrierten Lösungen liegen Alkohole vermutlich als geradkettige Polymere verschiedener Kettenlänge vor. Es ist

[1] MULLER, N., and P.I. ROSE: J. A. C. S. **85**, 2173 (1963). — [2] REEVES, L.W.: Trans. Farad. **55**, 1684 (1959). — [3] ARNOLD, J.T., and M.E. PACKARD: J. Chem. Phys. **19**, 1608 (1951). — [4] COHEN, A.D., and C. REID: J. Chem. Phys. **25**, 790 (1956). — [5] DIEHL, P.: Helv. Phys. Acta **30**, 91 (1957). — [6] PEROTTI, A.: Gazz. **92**, 1125 (1962). — [7] MARTIN, M., et F. HERAIL: Compt. Rend. **248**, 1994 (1959). — [8] MARTIN, M., et M. QUILBEUF: Compt. Rend. **252**, 4151 (1961). — [9] DAVIS, Jr., J.C., K.S. PITZER, and C.N.R. RAO: J. Phys. Chem. **64**, 1744 (1960). — [10] LIDDEL, U., and E.D. BECKER: Spectrochim. Acta **10**, 70 (1957). — [11] VAN THIEL, M., E.D. BECKER, and G.C. PIMENTEL: J. Chem. Phys. **27**, 95 (1957).

darauf hingewiesen worden, daß die Verdünnungskurven bei t-Butanol, auch unter der Annahme, daß nur Monomere und Trimere in Lösung existieren, interpretiert werden können[1-3]. Dies besagt jedoch nicht, daß in der Lösung ausschließlich diese beidenMoleküle vorhanden sind — eine Annahme, die unwahrscheinlich ist[4-6] — sondern nur, daß das Trimere über einen weiten Konzentrationsbereich das mittlere Verhalten des Polymerengemisches wiedergibt. Ähnliche Beobachtungen wurden auch an anderen linearen Polymeren gemacht[7]. Mit zunehmender Größe der Alkohole wird die Fähigkeit zur Assoziation herabgesetzt. Entsprechend wird auch die Assoziationsverschiebung geringer (Abb. 110). In Tab. 103 sind die Assoziationsverschiebungen einiger Alkohole wiedergegeben. Durch Substitution wird die Assoziation der Alkohole ebenfalls verändert und man beobachtet einen anderen Verlauf der Verdünnungskurven[8-12].

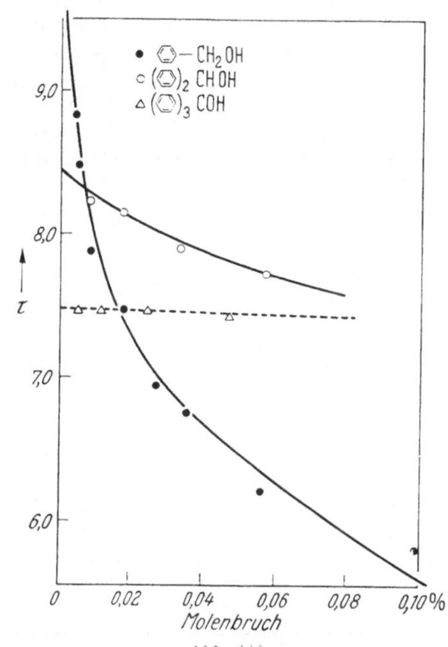


Abb. 110
Verdünnungskurven verschiedener Alkohole[8]

Beim Verdünnen von Phenolen mit inerten Lösungsmitteln erhält man Änderungen der chemischen Verschiebungen, die denen der Alkohole ähnlich sind[13-17]. Bei Lösungsmitteln, die Donatoreigenschaften haben, ist die Assoziationsverschiebung größer, wenn die Wasserstoffbrücken zwischen der phenolischen Hydroxylgruppe und dem Lösungsmittel stärker sind als die zwischen den Phenolmolekülen untereinander. Die Assoziationsver-

[1] SAUNDERS, M., and J.B. HYNE: J. Chem. Phys. 29, 253 (1958). — [2] SAUNDERS, M., and J.B. HYNE: J. Chem. Phys. 29, 1319 (1958). — [3] SAUNDERS, M., and J.B. HYNE: J. Chem. Phys. 31, 270 (1959). — [4] BECKER, E.D.: J. Chem. Phys. 31, 269 (1959). — [5] LEMANCEAU, B., C. LUSSAN, et N. SOUTY: J. Chim. Phys. 59, 148 (1962). — [6] LUSSAN, C., B. LEMANCEAU, et N. SOUTY: Compt. Rend. 254, 1980 (1962). — [7] SKELL, P.S., u. H. SUHR: Chem. Ber. 94, 3317 (1961). — [8] CONNOR, T.M., and C. REID: J. Mol. Spec. 7, 32 (1961). — [9] RAO, B.D.N., P. VENKATESWARLU, A.S.N. MURTHY, and C.N.R. RAO: Can. J. Chem. 40, 387 (1962). — [10] CANTACUZENE, J., J. GASSIER, Y. L'HERMITE, et M. MARTIN: Compt. Rend. 250, 1474 (1960). — [11] CANTACUZENE, J., J. GASSIER, et M. MARTIN: Compt. Rend. 251, 866 (1960). — [12] MIDDLETON, W.J., and R.V. LINDSEY, Jr.: J. A. C. S. 86, 4948 (1964). — [13] HUGGINS, C.M., G.C. PIMENTEL, and J.N. SHOOLERY: J. Phys. Chem. 60, 1311 (1956). — [14] MURTHY, A.S.N., and C.N.R. RAO: Can. J. Chem. 40, 963 (1962). — [15] GRÄNACHER, I.: Helv. Phys. Acta 31, 734 (1958). — [16] GRÄNACHER, I.: Helv. Phys. Acta 34, 272 (1961). — [17] REEVES, L.W., E.A. ALLAN, and K.O. STRØMME: Can. J. Chem. 38, 1249 (1960).

schiebung geht den Frequenzverschiebungen der OH-Bande in IR-Spektren parallel[1]. In Mischungen mit tert. Aminen ist die Assoziationsverschiebung der Basenstärke proportional[2]. In Tab. 104 sind die Assoziationsver-

Tabelle 103
*Assoziationsverschiebungen von verschiedenen Alkoholen in Tetrachlorkohlenstoff*

| Alkohol | Assoziations-verschiebung (ppm) | Alkohol | Assoziations-verschiebung (ppm) |
|---|---|---|---|
| Methanol | 4.50 | Propyn-1-ol | 3.15 |
| Äthanol | 4.50 | | (in $CHCl_3$) |
| n-Propanol | 4.50 | 2-Butyn-1-ol | 3.90 |
| tert.-Butanol | 3.80 | 3-Butyn-2-ol | 3.92 |
| Methyläthyl-tert-butylcarbinol | 1.65 | 2-Methyl-3-butyn-2-ol | 3.32 |
| 2-Chloräthanol | 3.42 | Benzylalkohol | 5.20 |
| 2,2'-Dichloräthanol | 3.42 | dl-$a$-Methylbenzyl-alkohol | 4.70 |
| 2,2',2''-Trichloräthanol | 3.30 | Phenol | 3.00 |

CONNOR, T. M., and C. REID: J. Mol. Spec. 7, 32 (1961).

Tabelle 104
*Assoziationsverschiebung von Phenol in verschiedenen Lösungsmitteln*

| Lösungsmittel | Konzentration von Phenol Molenbruch | Assoziations-verschiebung (ppm) |
|---|---|---|
| kein (flüssig) | — | 0.0 |
| kein (gasförmig) | — | +3.5 |
| Tetrachlorkohlenstoff | 0.005 | +3.0 |
| Cyclohexan | 0.01 | +2.7 |
| n-Hexan | 0.01 | +2.7 |
| Schwefelkohlenstoff | 0.01 | +2.3 |
| Äthylenchlorid | 0.01 | +2.3 |
| Nitrobenzol | 0.02 | +1.3 |
| Äthylacetat | 0.02 | +0.1 |
| Aceton | 0.01 | —0.7 |
| Dioxan | 0.01 | —0.3 |
| Äthyläther | 0.01 | —0.6 |
| Tetrahydrofuran | 0.02 | —0.8 |
| Acetophenon | 0.02 | —1.2 |
| Acetonitril | 0.02 | +0.8 |
| Dimethylsulfoxyd | 0.02 | —1.7 |
| Methylthiocyanat | 0.02 | +0.6 |
| Cyclohexanon | 0.02 | —0.6 |
| Benzaldehyd | 0.02 | —1.5 |
| Pyridin | 0.20 | —3.6 |
| Triäthylamin | 0.50 | —4.0 |
| Benzol | 0.005 | +2.5 |

GRÄNACHER, I.: Helv. Phys. Acta 34, 272 (1961).

---

[1] ALLAN, E. A., and L. W. REEVES: J. Phys. Chem. 66, 613 (1962). — [2] GRAMSTAD, TH.: Acta Chem. Scand. 16, 807 (1962).

schiebungen von Phenol in einer Reihe von Lösungsmitteln zusammengestellt. Der Verlauf der Verdünnungskurven für Phenol und einige substituierte Phenole ist in Abb. 111 wiedergegeben. In vergrößertem Maßstab ist
auch der Kurvenverlauf bei sehr geringen Konzentrationen angegeben.
Durch Extrapolation auf unendliche Verdünnung kann man die chemische
Verschiebung des Monomeren bestimmen und aus der Neigung der Kurven
beim Schnittpunkt mit der Abszisse das Dimerisierungsgleichgewicht

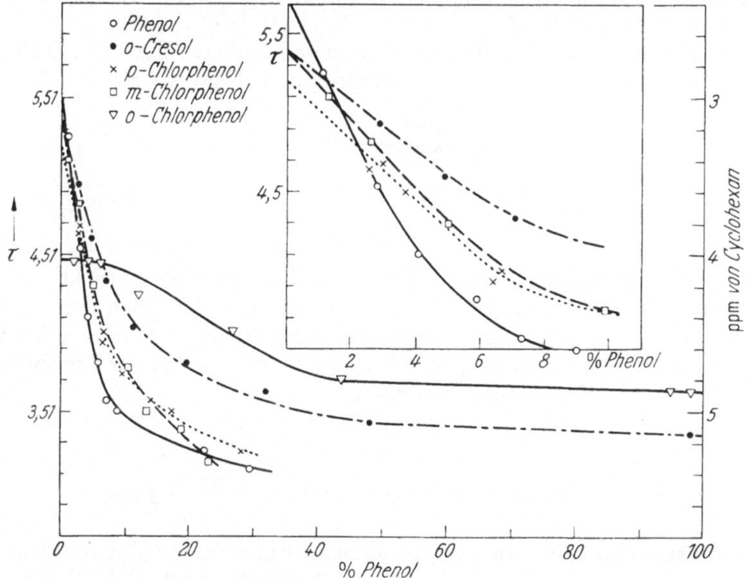


Abb. 111. Abhängigkeit der chemischen Verschiebung der Hydroxylgruppe von verschiedenen
Phenolen von der Konzentration in Gemischen mit Tetrachlorkohlenstoff[1]

berechnen. Wie bei den Alkoholen, so ist es auch hier erforderlich, die
chemische Verschiebung des Dimeren abzuschätzen, wodurch ein relativ
großer Fehler bei den Dimerisierungskonstanten verursacht wird. Aus den
Verdünnungskurven wurden von HUGGINS, PIMENTEL und SHOOLERY[1]
folgende Werte für die Dimerisierungskonstanten berechnet:

| Phenol | 13±7 | p-Chlorphenol | 9±4 |
| o-Cresol | 8±4 | m-Chlorphenol | 9±4 |
| | | o-Chlorphenol | 0 . |

Besonders auffällig ist die Verdünnungskurve für das o-Chlorphenol. Hier
bildet das Hydroxylproton offenbar eine Wasserstoffbrücke zum benachbarten Chloratom. Durch diese interne Wasserstoffbrücke wird die Fähigkeit zur Ausbildung von Dimeren und Polymeren vermindert, was sich in
einem flacheren Kurvenverlauf widerspiegelt. Bei geringen Konzentrationen werden überhaupt keine intermolekularen Wasserstoffbrücken mehr


[1] HUGGINS, C.M., G.C. PIMENTEL, and J.N. SHOOLERY: J. Phys. Chem. 60,
1311 (1956).

ausgebildet und die Verdünnungskurve geht waagerecht durch den Nullpunkt. Wenn die Nachbargruppe ein noch stärkerer Donator ist, wie z. B. im Salizylaldehyd, liegt das Phenol auch bei höheren Konzentrationen als Monomeres vor und die Assoziationsverschiebung wird verschwindend klein[1-3,5,6].

Auch beim Vinyläthanol und Phenyläthanol lassen sich schwache intramolekulare Wechselwirkungen zwischen der Hydroxylgruppe und den $\pi$-Elektronen nachweisen[4]. Die Verbindungen liegen dabei teilweise in einer cyclischen Form vor (XL).

Thioalkohole und Thiophenole bilden schwächere Wasserstoffbrücken als die entsprechenden Sauerstoffverbindungen. Obwohl sie in UV- und

—CH₂  
CH₂  
H—O

XL

IR-Spektren oft kaum wahrnehmbar sind, konnten mit Hilfe der Kernresonanz Wasserstoffbrücken bei Mercaptanen und Thiophenolen nachgewiesen werden. Die Assoziationsverschiebung beträgt bei diesen Verbindungen jedoch nur 0.3—0.4 ppm[7-10]. Ebenso ließ sich bei der Thiobenzoesäure eine Dimerisierung nachweisen[11].


### VII. 4c *Wasserstoffbrücken in anderen Verbindungstypen*

Wasserstoffbrücken können sich auch zu Protonen ausbilden, die an ein Kohlenstoffatom gebunden sind. Am ausführlichsten sind solche Bindungen bei den Halogenkohlenwasserstoffen untersucht worden[12-20]. Chloroform zeigt nur eine geringe Eigenassoziation[21]. Beim Verdünnen mit Kohlen-


[1] YAMAGUCHI, I.: Bull. Chem. Soc. Japan **34**, 353 (1961). — [2] YAMAGUCHI, I.: Bull. Chem. Soc. Japan **34**, 451 (1961). — [3] FORSEN, S., and B. ÅKERMARK: Acta Chem. Scand. **17**, 1712 (1963). — [4] OKI, M., and H. IWAMURA: Bull. Chem. Soc. Japan **33**, 1632 (1960). — [5] MAGNUSSON, L.B., C.A. CRAIG, and C. POSTMUS, Jr.: J. A. C. S. **86**, 3958 (1964). — [6] HAY, R.W., and P.P. WILLIAMS: J. Chem. Soc. 2270 (1964). — [7] COLEBROOK, L.D., and D.S. TARBELL: Proc. Natl. Acad. Sci. U.S. **47**, 993 (1961). — [8] FORSEN, S.: Acta Chem. Scand. **13**, 1472 (1959). — [9] RAO, B.D.N., P. VENKATESWARLU, A.S.N. MURTHY, and C.N.R. RAO: Can. J. Chem. **40**, 963 (1962). — [10] MURTHY, A.S.N., and C.N.R. RAO: Can. J. Chem. **40**, 963 (1962). — [11] MURTHY, A.S.N., C.N.R. RAO, B.D.N. RAO, and P. VENKATESWARLU: Trans. Farad. **58**, 858 (1962). — [12] KORINEK, G.J., and W.G. SCHNEIDER: Can. J. Chem. **35**, 1157 (1957). — [13] ABRAHAM, R.J.: J. Mol. Phys. **4**, 369 (1961). — [14] PAJAK, Z., et F. PELLAN: Compt. Rend. **251**, 79 (1960). — [15] HUGGINS, C.M., G.C. PIMENTEL, and J.N. SHOOLERY: J. Chem. Phys. **23**, 1244 (1955). — [16] HOWARD, B.B., C.F. JUMPER, and M.T. EMERSON: J. Mol. Spec. **10**, 117 (1963). — [17] REEVES, L.W., and W.G. SCHNEIDER: Can. J. Chem. **35**, 251 (1957). — [18] CRESWELL, C.J., and A.L. ALLRED: J. A. C. S. **84**, 3966 (1962). — [19] CRESWELL, C.J., and A.L. ALLRED: J. A. C. S. **85**, 1723 (1963). — [20] PATERSON, W.G., and D.M. CAMERON: Can. J. Chem. **40**, 198 (1962). — [21] JUMPER, C.F., M.T. EMERSON, and B.B. HOWARD: J. Chem. Phys. **35**, 1911 (1961).

wasserstoffen verschiebt sich die Absorptionsbande um etwa 0.25 ppm nach höherem Feld, beim Mischen mit stärkeren Donatormolekülen wird die Bande nach tieferem Feld verschoben (Abb. 112). Aus dem unterschied-lichen Kurvenverlauf kann man ablesen, daß die Wasserstoff-brücken zum Amin am stärk-sten sind und in der Rei-henfolge Aceton $\approx$ Diäthyläther > Propylnitril > Propylfluorid abnehmen. Chloroform bildet im wesentlichen nur 1 zu 1 Komplexe[1], deren Zerfalls-gleichgewichte in Tetrachlor-kohlenstoff ebenfalls aus Ver-dünnungskurven berechnet werden konnten. In Mischun-gen von Chloroform mit aroma-tischen Verbindungen wird das Signal des Chloroforms nach höherem Feld verschoben. Diese Verschiebung wird durch den Ringstromeffekt verursacht. Es ist anzunehmen, daß Chloro-form einen Komplex mit den $\pi$-Elektronen bildet und der Dipol in Richtung der sechs-zähligen Achse des Benzols zeigt[2] (XLI).

Protonen an Dreifachbin-dungen können ebenfalls als Akzeptoren von Wasserstoff-brücken auftreten. Je nach Stär-ke des Donators findet man eine

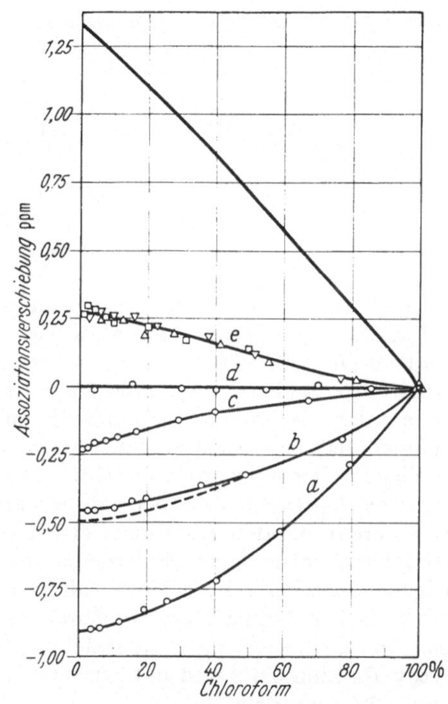



Abb. 112. Assoziationsverschiebung von Chloroform in verschiedenen Lösungsmitteln[1]
a) Triäthylamin, b) Diäthyläther, c) Propionitril, d) Pro-pylfluorid, e) Cyclopentan □, n-Hexan △ und Cyclo-hexan ▽. Gestrichelte Kurve Aceton, ausgezogene Kurve Benzol[2]

verschieden starke Verschiebung des Methinprotons nach tieferem Feld[4-6]. Eine C—H···C-Brücke konnte in Mischungen aus Phenylisonitril und Phenylacetylen nachgewiesen werden[7-9]. Aromatische Verbindungen mit stark elektronensaugenden Substituenten und Heterocyclen können ebenfalls als Wasserstoffbrückendonatoren auftreten[10-12].

[1] KORINEK, G. J., und W. G. SCHNEIDER: Can. J. Chem. 35, 1157 (1957). — [2] REEVES, L. W., and W. G. SCHNEIDER: Can. J. Chem. 35, 251 (1957). — [3] ABRA-HAM, R. J.: J. Mol. Phys. 4, 369 (1961). — [4] NAKAGAWA, N., and S. FUJIWARA: Bull. Chem. Soc. Japan 33, 1634 (1960). — [5] KREEVOY, M. M., H. B. CHARMAN, and D. R. VINARD: J. A. C. S. 83, 1978 (1961). — [6] HATTON, J. V., and R. E. RICHARDS: Trans. Farad. 56, 315 (1960). — [7] FERSTANDING, L. L.: J. A. C. S. 84, 1323 (1962). — [8] ALLERHAND, A., and P. v. RAGUÉ SCHLEYER: J. A. C. S. 85, 866 (1963). — [9] ALLERHAND, A., and P. v. RAGUÉ SCHLEYER: J. A. C. S. 85, 1715 (1963). — [10] SCHAEFER, T., and W. G. SCHNEIDER: J. Chem. Phys. 32, 1218 (1960). — [11] SCHAEFER, T., and W. G. SCHNEIDER: J. Chem. Phys. 32, 1224 (1960). — [12] LIPPERT, E., u. W. LÜDER: Z. Physik. Chem. 33, 60 (1962).

Wasserstoffbrücken von Aminprotonen lassen sich oft nur schwer messen, weil durch das $^{14}$N-Quadrupolmoment die Banden stark verbreitert sind und eine genaue Bestimmung der chemischen Verschiebung nicht

XLI

möglich ist. Äthylamin und Diäthylamin ergeben in Gemischen mit Tetrachlorkohlenstoff Verdünnungskurven, die denen der Alkohole ähnlich sind[1-4]. Die Größe der Assoziationsverschiebung ist geringer als bei den Alkoholen und beträgt nur etwa 1 ppm. Bei Konzentrationen unter 0.1 Mol/l ändert sich die Lage der Aminbande nicht mehr und man muß daher annehmen, daß bei diesen Konzentrationen praktisch keine Multimeren mehr vorliegen. Der Kurvenverlauf läßt sich am besten wiedergeben, wenn man ein Gleichgewicht zwischen Monomeren und Tetrameren annimmt[2,3]. Wie bereits bei den Alkoholen erwähnt wurde, sagt dies nichts über die tatsächlich vorhandenen Polymeren aus. Bei aromatischen Aminen ist die Eigenassoziation sehr gering[5]. Mit starken Donatoren bilden auch die aromatischen Amine Wasserstoffbrücken, die aber durch voluminöse Gruppen in Orthostellung geschwächt werden[6-9]. Wasserstoffbrücken mit Azoverbindungen[10] und mit Stickstoff in Heterocyclen[11-13] sind ebenfalls beobachtet worden.

## VII. 5. Lösungen von Elektrolyten

### VII. 5a *Diamagnetische Verbindungen*

Eine große Anzahl von Untersuchungen sind über die Kernresonanzspektren von Säuren, Basen und Salzen durchgeführt worden. Da es sich hierbei vorwiegend um anorganische Verbindungen handelt, soll dieses

[1] HUYSKENS, P., et TH. ZEEGER-HUYSKENS: Bull. Soc. Chim. Belges **69**, 267 (1960). — [2] FEENEY, J., and L.H. SUTCLIFFE: Proc. Chem. Soc. 118 (1961). — [3] FEENEY, J., and L.H. SUTCLIFFE: J. Chem. Soc. 1123 (1962). — [4] CROOK, J.R., and K. SCHUG: J. A. C. S. **86**, 4271 (1964). — [5] GIESSNER-PRETTRE, C.: Compt. Rend. **252**, 3238 (1961). — [6] YAMAGUCHI, I.: Bull. Chem. Soc. Japan **34**, 1606 (1961). — [7] MURTHY, A.S.N., and C.N.R. RAO: Can. J. Chem. **40**, 963 (1962). — [8] RAO, B.D.N., P. VENKATESWARLU, A.S.N. MURTHY, and C. N. R. RAO: Can. J. Chem. **40**, 963 (1962). — [9] GIESSNER-PRETTRE, C.: Compt. Rend. **254**, 4165 (1962). — [10] REEVES, L.W.: Can. J. Chem. **38**, 748 (1960). — [11] JOOP, N., u. H. ZIMMERMANN: Z. Elektrochem. **66**, 541 (1962). — [12] ZIMMERMANN, H.: Z. Elektrochem. **65**, 821 (1961). — [13] NACHOD, F.C., A.R. SURREY, and W.G. WEBB: J. A. C. S. **81**, 2897 (1959).

Gebiet hier nur kurz erwähnt werden. Ausführliche Zusammenstellungen der Versuchsergebnisse sind von Pople, Schneider und Bernstein[1], Fluck[2] und Hertz[3] veröffentlicht worden.

In wässerigen Lösungen starker und mittelstarker Säuren tritt ein rascher Austausch der Protonen zwischen Säure- und Wassermolekülen auf. Man beobachtet daher nur ein einziges Signal für Protonen, die als $H_3O^+$, $H_2O$ und A—H vorliegen. Die Lage der Resonanzbande wird durch die Konzentrationen und die chemischen Verschiebungen der drei Komponenten bestimmt. In Essigsäure ist die Dissoziation gering und mithin die Konzentration von $H_3O^+$ vernachlässigbar klein. Die Bandenlage wird in diesem Fall gegeben durch $[H_2O]\, \delta_{H2O} + [CH_3COOH]\, \delta_{COOH}$. Während die Lage der Methylgruppe annähernd konzentrationsunabhängig ist, variiert die gemeinsame Bande der Carboxyl- und Wasserprotonen linear mit der Essigsäurekonzentration[4]. Sind die Säuren vollständig dissoziiert, ist also kein A—H vorhanden, so wird die Bandenlage durch $[H_2O]\, \delta_{H2O} + [H_3O^+]\, \delta_{H3O+}$ bestimmt. Für starke Säuren findet man bis zu Konzentrationen von etwa 7 Mol/l eine lineare Abhängigkeit der chemischen Verschiebung von der Säurekonzentration. Durch Extrapolation kann man aus diesen Kurven die chemischen Verschiebungen von $H_3O^+$ und $H^+$ berechnen. Sie betragen $\tau = -5$ bzw. $\tau = -22$. Bei höheren Konzentrationen sind die Kurven gekrümmt und man kann aus den Abweichungen von der Linearität die Dissoziationskonstanten der Säuren bestimmen. Für eine Reihe starker Säuren sind derartige Berechnungen durchgeführt worden[4-11], und die Ergebnisse stimmen mit denen aus Ramanmessungen recht gut überein. Ähnliche Untersuchungen sind auch an den NMR-Spektren anderer Kerne durchgeführt worden, z.B. der Stickstoffresonanz von Salpetersäure oder der Fluorresonanz von Trifluoressigsäure[6,8,12,13]. Wässerige Lösungen von starken Basen, wie Kaliumhydroxyd, zeigen im Spektrum nur eine Bande für Hydroxylionen und Wassermoleküle. Im Bereich geringer Konzentrationen hängt die chemische Verschiebung linear von der Basenkonzentration ab und durch Extrapolation kann die chemische Verschiebung des Hydroxylions bestimmt werden. Sie liegt, ebenso wie die Bande des Hydroniumions, gegenüber Wasser etwa 10 ppm nach tiefem Feld verschoben, bei $\tau = -5$. Diese Verschiebungen sind durch Solvatation und Ladungseffekte erklärt worden[14-16]. Die Verschiebung der Banden durch Säuren oder Laugen hat

---

[1] Pople, J.A., W.G. Schneider, and H.J. Bernstein: High-resolution Nuclear Magnetic Resonance. New York: McGraw-Hill 1959. — [2] Fluck, E.: Die kernmagnetische Resonanz und ihre Anwendung in der anorganischen Chemie. Berlin: Springer 1963. — [3] Hertz, H.G.: Ber. Bunsenges. phys. Chem. 67, 311 (1963). — [4] Gutowsky, H.S., and A. Saika: J. Chem. Phys. 21, 1688 (1953). — [5] Hood, G.C., O. Redlich, and C.A. Reilly: J. Chem. Phys. 22, 2067 (1954). — [6] Hood, G.C., O. Redlich, and C.A. Reilly: J. Chem. Phys. 23, 2229 (1955). — [7] Hood, G.C., and C.A. Reilly: J. Chem. Phys. 27, 1126 (1957). — [8] Hood, G.C., and C.A. Reilly: J. Chem. Phys. 28, 329 (1958). — [9] Hood, G.C., and C.A. Reilly: J. Chem. Phys. 32, 127 (1960). — [10] Hood, G.C., A.C. Jones, and C.A. Reilly: J. Phys. Chem. 63, 101 (1959). — [11] Happe, J.A., and A.G. Whittaker: J. Chem. Phys. 30, 417 (1959). — [12] Masuda, Y., and T. Kanda: J. Phys. Soc. Japan 8, 432 (1953). — [13] Masuda, Y., and T. Kanda: J. Phys. Soc. Japan 9, 82 (1954). — [14] Kresge, A.J.: J. Chem. Phys. 39, 1360 (1963). — [15] Musher, J.I.: J. Chem. Phys. 35, 1989 (1961). — [16] Grahn, R.: Arkiv Fysik 21, 81 (1962).

praktische Bedeutung bei der Aufnahme von Spektren in wässerigen Lösungen. Oft können Signale, die durch die Wasserbande verdeckt werden, durch Zugabe von Säuren oder Basen sichtbar gemacht werden. Die wässerigen Lösungen von Ammoniak zeigen ebenfalls nur eine Bande, deren Lage ebenfalls linear von der $NH_3$-Konzentration abhängt[2]. Wässerige Lösungen von Methylamin, Dimethylamin und Trimethylamin zeigen in einem mittleren pH-Bereich, in dem sowohl die freie Base wie auch das Ammoniumsalz in nennenswerter Konzentration vorliegt, zwei Banden, eine für die Methylgruppen (im $CH_3NR_2$ und $CH_3NHR_2{}^+$) und eine für NH- und Lösungsmittelprotonen. Die Lage der Methylbande hängt von der Zusammensetzung der Mischung, das heißt vom pH-Wert der Lösung ab. Da die Ammoniumsalze bei tieferem Feld absorbieren als die Amine, verschiebt sich die Bande mit zunehmender Acidität der Lösungen nach tieferem Feld, wie es in Abb. 113 am Beispiel des Methylamins gezeigt ist[3-5]. Die Abbildung zeigt das bekannte Bild von Titrationskurven und man könnte die chemische Verschiebung als Indikator für Säure-Base-Titrationen verwenden. Im unteren Teil der Abbildung ist die Bandenlage

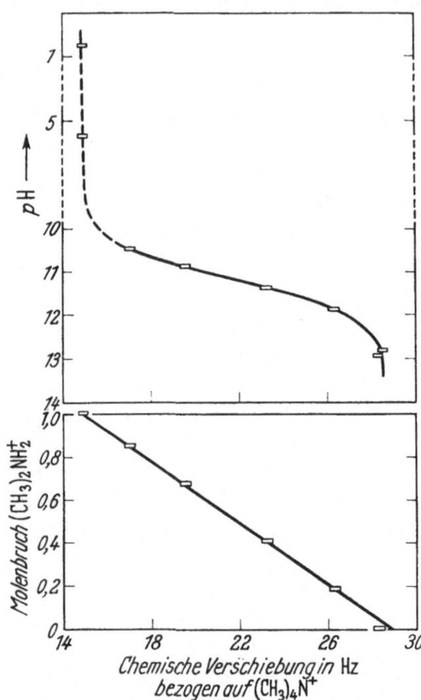



Abb. 113. Chemische Verschiebung der Methylgruppe von Methylamin in Abhängigkeit vom pH-Wert der Lösung (oberer Teil) und vom Molebruch der Ammoniumform[1]

gegen die Molfraktion des Salzes aufgetragen, wobei sich eine gerade Linie ergibt.

Lösungen diamagnetischer, anorganischer Salze in Wasser geben nur eine Bande. Dies zeigt, daß ein schneller Austausch zwischen den Molekülen der Hydrathülle und dem Lösungsmittel stattfindet. In weiten Bereichen hängt die chemische Verschiebung der Wasserbande linear von der Konzentration der Salze ab und kann aus der Salzkonzentration und empirischen Parametern für die verschiedenen Kationen und Anionen berechnet werden[6-8]. Für diese Bandenverschiebung sind zwei Effekte ver-


[1] GRUNWALD, E., A. LOEWENSTEIN, and S. MEIBOOM: J. Chem. Phys. **27**, 641 (1957). — [2] GUTOWSKY, H.S., and S. FUJIWARA: J. Chem. Phys. **22**, 1782 (1954). — [3] GRUNWALD, E., A. LOEWENSTEIN, and S. MEIBOOM: J. Chem. Phys. **25**, 382 (1956). — [4] GRUNWALD, E., A. LOEWENSTEIN, and S. MEIBOOM: J. Chem. Phys. **27**, 630 (1957). — [5] GRUNWALD, E., A. LOEWENSTEIN, and S. MEIBOOM: J. Chem. Phys. **27**, 641 (1957). — [6] SHOOLERY, J.N., and B. ALDER: J. Chem. Phys. **23**, 805 (1955). — [7] ALEI, M., Jr., and J.A. JACKSON: J. Chem. Phys. **41**, 3402 (1964). — [8] FRATIELLO, A., and E.G. CHRISTIE: Trans. Farad. **61**, 306 (1965).

antwortlich. Einmal werden die Wassermoleküle in der Hydrathülle stark von den Ionen angezogen und ihre Bande wird dadurch nach tieferem Feld verschoben, zum anderen wird durch die Ionen die Struktur des Wassers verändert und die durch Wasserstoffbrücken verursachte Aggregation vermindert. Dies hat eine Verschiebung nach höherem Feld zur Folge. Welcher der beiden Effekte überwiegt, hängt von der Art der Ionen ab, doch bewirken die meisten Salze eine Verschiebung nach höherem Feld[1].

### VII. 5b *Paramagnetische Verbindungen*

Besonders interessante Erscheinungen treten auf, wenn Spektren von paramagnetischen Salzen aufgenommen werden[2-8]. Hierbei werden die Relaxationszeiten verkürzt und damit die Linien verbreitert. Ferner verändern sich die Bandenabstände oft in erheblicher Weise. Ein Teil dieser Verschiebungen wird durch die Veränderung der Volumensuszeptibilität der Probe verursacht. Da paramagnetische Lösungen eine wesentlich höhere Suszeptibilität besitzen, rufen schon geringe Konzentrationen an paramagnetischen Substanzen eine deutliche Veränderung hervor. Diese Verschiebung kann man benutzen, um paramagnetische Suszeptibilitäten von Radikalen zu bestimmen[9-12]. Die durch die Veränderung der Suszeptibilität verursachte Bandenverschiebung ist für alle Signale einer Verbindung gleich. Daneben wird in vielen Fällen noch eine für die einzelnen Gruppen einer Verbindung unterschiedliche Bandenverschiebung beobachtet, wie es Abb. 114 zeigt, in der die Bandenlagen von n-Propanol in Abhängigkeit von der Konzentration gelösten Kobaltchlorids wiedergegeben sind.

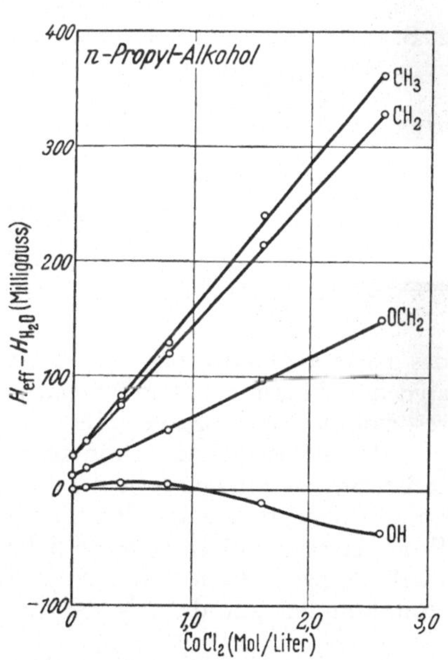



Abb. 114. Bandenlagen von n-Propanol in Abhängigkeit von der Konzentration gelösten Kobaltchlorids. Die Banden sind angegeben in mG bezogen auf $H_2O$. (1 ppm = 7 mG). Standardfrequenz 30 MHz[13]


[1] Hertz, H.G., u. W. Spalthoff: Z. Elektrochem. 63, 1096 (1959). — [2] Brown, T.H., R.A. Bernheim, and H.S. Gutowsky: J. Chem. Phys. 33, 1593 (1960). — [3] Connick, R.E., and F.D. Stover: J. Phys. Chem. 65, 2075 (1961). — [4] Luz, Z., and S. Meiboom: J. Chem. Phys. 40, 1058 (1964). — [5] Luz, Z., and S. Meiboom: J. Chem. Phys. 40, 1066 (1964). — [6] Luz, Z., and S. Meiboom: J. Chem. Phys. 40, 2686 (1964). — [7] Luz, Z.: J. Chem. Phys. 41, 1748 u. 1756 (1964). — [8] Fratiello, A., and D. Miller: J. Chem. Phys. 42, 796 (1965). — [9] Evans, D.F.: J. Chem. Soc. 2003 (1959). — [10] Friedrich, H.J.: Z. Angew. Chem. 76, 496 (1964). — [11] Friedrich, H.J.: Z. Naturforsch. 19b, 663 (1964). — [12] Friedrich, H.J.: Z. Naturforsch. 19b, 280 (1964). — [13] Phillips, W.D., C.E. Looney, and C.K. Ikeda: J. Chem. Phys. 27, 1435 (1957).

Nur die Lage der Methylbande stimmt mit den auf Grund der Suszeptibilitäts-
änderung berechneten Werten überein, bei den anderen Banden treten Verschiebungen auf, die sich in Größe und Richtung unterscheiden. Besonders
auffällig ist, daß das Spektrum auseinandergezogen und die Bandenabstände auf ein Vielfaches vergrößert werden. Eine Erklärung für dieses Verhalten wurde von Bloembergen[1] gegeben, der eine spezielle Wechselwirkung zwischen dem ungepaarten Elektron und den Protonen der
gelösten Substanz annimmt. Da die Alkoholmoleküle das Metallion über
die Hydroxylprotonen solvatisieren, ist der Effekt bei den Hydroxylprotonen am größten und nimmt mit zunehmender Entfernung ab. Bei Lösungen von paramagnetischen Salzen in Pyridin erfolgt die Komplexbildung
über das Stickstoffatom und die Veränderung des Protons in $\alpha$-Stellung ist
dann wesentlich größer als die in den anderen Positionen[2].

In paramagnetischen Metallkomplexen mit organischen Liganden[3–15],
z. B. in Nickel-Chelatkomplexen vom Typ XLII, wird durch die Bindung
zum Metall am Stickstoff eine positive Spindichte erzeugt, die sich durch



XLII

das ganze $\pi$-Elektronensystem der Verbindung fortpflanzt. Die Spindichte
an den Kohlenstoffatomen zeigt sich durch eine Verschiebung der Protonenresonanzen. Eine positive Spindichte am Kohlenstoff führt zu Verschiebungen der Protonen nach höherem, eine negative zu tieferem Feld. Im
Siebenring und in den Resten am Stickstoff wechseln positive und negative
Spindichten an den Kohlenstoffatomen ab. Da die Verschiebungen der
Protonen sehr groß sind, lassen sich auch noch kleine Spindichten mit dieser
Methode nachweisen. Für eine große Anzahl von Substituenten am Stick-
stoff konnten auf diese Weise die Spindichten bestimmt werden[16]. Sie


[1] Bloembergen, N.: J. Chem. Phys. 27, 595 (1957). — [2] Freymann, M., et
R. Freymann: Compt. Rend. 250, 3638 (1960). — [3] Phillips, W.D., and R.E.
Benson: J. Chem. Phys. 33, 607 (1960). — [4] Benson, R.E., D.R. Eaton, A.D.
Josey, and W.D. Phillips: J.A.C.S. 83, 3714 (1961). — [5] Eaton, D.R., A.D.
Josey, W.D. Phillips, and R.E. Benson: J. Mol. Phys. 5, 407 (1962). — [6] Eaton,
D.R., A.D. Josey, and R.E. Benson: J. Chem. Phys. 39, 3513 (1963). — [7] LaLancette, E.L., D.R. Eaton, R.E. Benson, and W.D. Phillips: J.A.C.S. 84, 3968
(1962). — [8] LaLancette, E.A., and D.R Eaton: J.A.C.S. 86, 5145 (1964). —
[9] Holm, R.H., A. Chakravorty, and G.O. Dudek: J.A.C.S. 85, 821 (1963). —
[10] Holm, R.H., A. Chakravorty, and G.O. Dudek: J.A.C.S. 86, 379 (1964). —
[11] Happe, J.A., and R.L. Ward: J. Chem. Phys. 39, 1211 (1963). — [12] McDonald,
C.C., and W.D. Phillips: J.A.C.S. 85, 3736 (1963). — [13] Horrocks, Jr., W.D.,
and G.N. LaMar: J. A. C. S. 85, 3513 (1963). — [14] Horrocks, Jr., W.D., R.C.
Taylor, and G.N. LaMar: J. A. C. S. 86, 3031 (1964). — [15] LaMar, G.N., W.
De W. Horrocks, Jr., and L.C. Allen: J. Chem. Phys. 41, 2126 (1964). —
[16] Eaton, D.R., A.D. Josey, W.D. Phillips, and R.E. Benson: J. Chem. Phys.
37, 347 (1962).

stimmen mit den Werten aus „molecular orbital"-Berechnungen überein und geben wertvolle Informationen über die Ausbreitung von mesomeren Effekten in konjugierten Systemen. Es können noch eine Reihe weiterer Informationen aus den Spektren derartiger Komplexe gewonnen werden. Da die chemischen Verschiebungen durch das paramagnetische Ion sehr stark vergrößert werden, können Spektren komplizierter Reste wesentlich vereinfacht werden. In Abb. 115 ist das Spektrum eines Nickelkomplexes mit $\beta$-Naphthylresten wiedergegeben. Vergleicht man diese Spektren mit

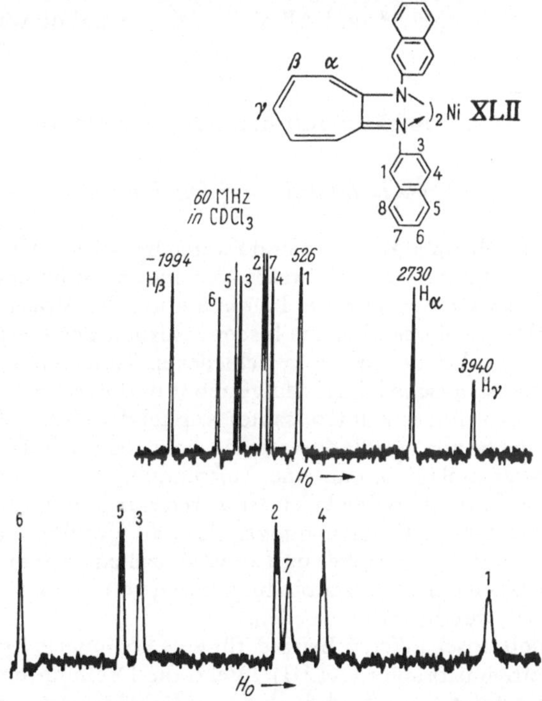

Abb. 115. ¹H-Spektrum von Nickel-II-di($\beta$-naphthyl)aminotron-imenat bei 60 MHz in CDCl₃. Die Bandenabstände sind angegeben in Hz, bezogen auf TMS[1]

dem des Naphthalins (Abb. 75), so erkennt man die große Vereinfachung, die durch die Komplexbildung eingetreten ist. Die chemischen Verschiebungen in den Komplexen sind etwa hundertmal größer als die Kopplungskonstanten und erlauben eine einfache Analyse des Spektrums. Die Kopplungskonstanten sind im Komplex die gleichen wie im Grundkörper. Da die Linienbreiten für Protonen in unmittelbarer Nähe des Metallatoms zwar 10—20 Hz, im übrigen Molekül aber nur 1—2 Hz betragen, können die Kopplungskonstanten dem Spektrum leicht entnommen werden. Die Konstanten für verschiedene, komplizierte Reste konnten auf diese Weise

[1] Eaton, D.R., A.D. Josey, W.D. Phillips, and R.E. Benson: J. Chem. Phys. 37, 347 (1962).

bestimmt werden[1]. Auch in Resten, die wegen der Gleichheit der chemischen Verschiebungen keine Aufspaltung zeigen, können im Komplex die Kopplungskonstanten bestimmt werden. Z. B. sind die beiden olefinischen Protonen im Stilben chemisch gleich und koppeln daher nicht miteinander. In Komplexen von der Art XLII mit Stilbenresten am Stickstoff ist diese Gleichheit aufgehoben und es tritt Spinkopplung ein.

An Elektrolytlösungen sind ferner eine Reihe von Untersuchungen über die Geschwindigkeit des Protonenaustausches und der Protonisierung durchgeführt worden[2,3], von denen hier nur die Arbeiten an Aminen[4-9], Phosphorverbindungen[10-13] und Alkoholen[14-18] erwähnt werden sollen.

## VII. 6. Moleküle mit behinderter Rotation

### VII. 6a *Nitrosamine und Dialkylamide*

In den voranstehenden Kapiteln sind zahlreiche Beispiele dafür gegeben, daß sich die Spektren von cis- und trans-Verbindungen unterscheiden und daß auf Grund der Bandenlagen die Konfiguration der Moleküle bestimmt werden kann. Es handelte sich bei den bisher besprochenen Beispielen immer um Verbindungen, bei denen die verschiedenen Isomeren so stabil sind, daß sie durch physikalische Methoden getrennt und in reiner Form gemessen werden können. Ein sehr interessantes Kapitel der Kernresonanz stellen die Untersuchungen von Verbindungen dar, bei denen sich die Isomeren so schnell ineinander umlagern, daß eine Auftrennung nicht möglich ist und das Vorhandensein der verschiedenen Isomeren nur indirekt nachgewiesen werden kann. Derartige Untersuchungen sind an Verbindungen mit teilweisem Doppelbindungscharakter und an vereinzelten Systemen, bei denen die freie Drehbarkeit einer Einfachbindung durch voluminöse Substituenten eingeschränkt ist, durchgeführt worden.

Ein besonders anschauliches Beispiel für eine behinderte Rotation bietet das N,N-Dimethylnitrosamin (XLIII): Wenn die Drehung um die N—N-Bindung rasch erfolgt, dann sind die beiden Methylgruppen im Mittel den

[1] EATON, D.R., A.D. JOSEY, and R. E. BENSON: J. Chem. Phys. 39, 3513 (1963). — [2] LOEWENSTEIN, A., u. T.M. CONNOR: Ber. Bunsenges. phys. Chem. 67, 280 (1963). — [3] LUZ, Z., and S. MEIBOOM: J.A.C.S. 86, 4768 (1964. — [4] GRUNWALD, E., G.J. KARABATSOS, R.A. KROMHOUT, and E.L. PURLEE: J. Chem. Phys. 33, 556 (1960). — [5] CONNOR, T.M., and A. LOEWENSTEIN: J. A. C. S. 83, 560 (1961). — [6] LOEWENSTEIN, A., and S. MEIBOOM: J. Chem. Phys. 27, 1067 (1957). — [7] SAIKA, A.: J.A.C.S. 82, 3540 (1960). — [8] SHEINBLATT, M., and H.S. GUTOWSKY: J. A. C. S. 86, 4814 (1964). — [9] LUZ, Z., and S. MEIBOOM: J. Chem. Phys. 39, 366 (1963). — [10] LUZ, Z., and B. SILVER: J. A. C. S. 83, 4518 (1961). — [11] LUZ, Z., and B. SILVER: J. A. C. S. 84, 1095 (1962). — [12] SILVER, B., and Z. LUZ: J. A. C. S. 83, 786 (1961). — [13] LUZ, Z., and S. MEIBOOM: J. A. C. S. 86, 4764 (1964). — [14] LUZ, Z., D. GILL, and S. MEIBOOM: J. Chem. Phys. 30, 1540 (1959). — [15] LUZ, Z., and S. MEIBOOM: J. A. C. S. 86, 4766 (1964). — [16] PATERSON, W.G.: Can. J. Chem. 41, 2472 (1963). — [17] GRUNWALD, E., C.F. JUMPER, and S. MEIBOOM: J. A. C. S. 84, 4664 (1962). — [18] GRUNWALD, E., and C.F. JUMPER: J. A. C. S. 85, 2051 (1963).

gleichen Substituenteneffekten ausgesetzt und haben die gleiche chemische Verschiebung. Die Verbindung sollte dann nur ein einziges Protonensignal zeigen. Ist die Rotation langsam, und liegt das Molekül im wesentlichen in

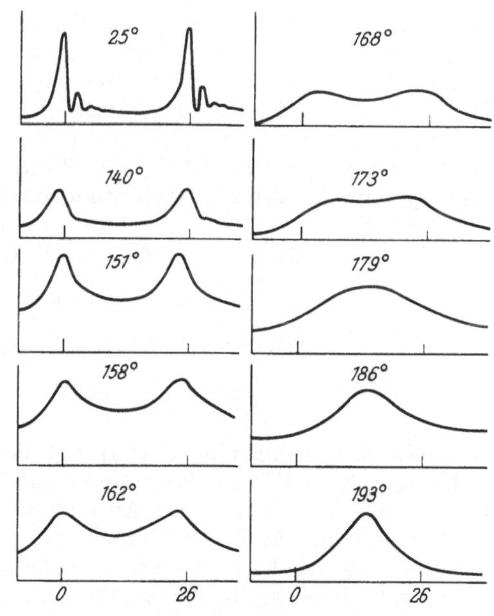

a XLIII b

der ebenen Form vor, so ist die chemische Verschiebung der cis- und transständigen Methylgruppe verschieden und die Verbindung zeigt zwei Signale. Das Protonenspektrum von N,N-Dimethylnitrosamin (Abb. 116) zeigt bei Raumtemperatur zwei scharfe Banden, die sich bei steigender Temperatur verbreitern und bei 186° zusammenfallen. Bei weiterer Erhöhung der Temperatur wird die Bande wieder schmaler. Die Spektren zeigen große Ähnlichkeit mit den in Abb. 45 angegebenen Kurven für die Temperaturabhängigkeit von Austauschreaktionen. Die beiden Banden des Dimethylnitrosamins liegen bei Zimmertemperatur 26 Hz auseinander (bei 40 MHz). Aus der Formel $\tau' = \sqrt{2}/2\pi\Delta\nu$ (vgl. S. 75) kann man berechnen, daß die Linien zusammenfallen, wenn die Lebensdauer der Moleküle in einer Konfiguration auf etwa 0.01 Sek. herabgesunken ist. Bei Temperaturen unterhalb 186° ist die

Abb. 116. ¹H-Spektrum von N,N-Dimethylnitrosamin bei verschiedenen Temperaturen (40 MHz)[1]

Lebensdauer größer, oberhalb dieser Temperatur kleiner als 0.01 Sek. Aus der Temperaturabhängigkeit der Kurven kann die Energiebarriere der Rotation berechnet werden[2]. Sie beträgt in diesem Fall 23 kcal. Dieser Betrag ist ungewöhnlich hoch und läßt sich nur verstehen, wenn man annimmt, daß polare Strukturen mit einer N—N-Doppelbindung eine erhebliche Bedeutung besitzen. Im Spektrum des Diäthylnitrosamins erscheinen bei Raumtemperatur zwei Quadrupletts für die Methylenprotonen

[1] Looney, C. E., W. D. Phillips, and E. L. Reilly: J. A. C. S. 79, 6136 (1956). —
[2] Gutowsky, H. S., and C. H. Holm: J. Chem. Phys. 25, 1228 (1956).

und zwei Tripletts für die Methylprotonen und weisen damit ebenfalls auf die beiden Isomeren und das Vorliegen einer hohen Barriere für die Rotation hin. Benzylmethyl-nitrosamin zeigt neben den aromatischen Protonen vier Banden, von denen je zwei das Intensitätsverhältnis 2:3 aufweisen[1]. Die beiden Paare sind verschieden groß, demnach liegen nicht wie bei den symmetrischen Nitrosaminen beide Isomere in gleicher Konzentration vor. Ein Vergleich der Bandenintensitäten gibt beim Benzyl-methylnitrosamin ein Konzentrationsverhältnis von 3:1. Aus den Kernresonanzspektren läßt sich nicht entnehmen, welches Signal der cis- und welches der trans-Form zukommt. Wie diese Entscheidung getroffen werden kann, soll an späterer Stelle erläutert werden. Phenylmethylnitrosamin zeigt bei Raumtemperatur nur eine scharfe Methylbande. Für dieses Verhalten kommen zwei Erklärungen in Frage. Entweder liegt diese Verbindung nur oder fast nur in einer der isomeren Formen vor, oder durch den Phenylring ist der N—N-Doppelbindungscharakter vermindert und die Drehbarkeit erleichtert. Da auch bei Abkühlen auf —50° keine Bandenverbreiterung auftritt, ist wohl die erste Annahme zutreffend[1]. Die Temperaturabhängigkeit des Spektrums von N—Nitroso-azacyclobutan ist der von Dimethylnitrosamin sehr ähnlich. Das Zusammenfallen der Banden erfolgt hier schon bei 130° und läßt vermuten, daß durch die Ringspannung im Vierring der N—N-Doppelbindungscharakter geringer ist als beim Dimethylnitrosamin[2]. Ähnliche Beobachtungen wie bei den Nitrosaminen wurden bei Dialkylamiden gemacht[3,4].

$$\begin{array}{ccc} \mathrm{CH_3}\!\!\diagdown & & \mathrm{O} \\ & \mathrm{N\!-\!C} & \\ \mathrm{CH_3}\!\!\diagup & & \mathrm{H} \end{array} \quad\longleftrightarrow\quad \begin{array}{ccc} \mathrm{CH_3}\!\!\diagdown & & \mathrm{O}^{\ominus} \\ & \overset{\oplus}{\mathrm{N}}\!\!=\!\!\mathrm{C} & \\ \mathrm{CH_3}\!\!\diagup & & \mathrm{H} \end{array}$$

a      XLIV      b

Im Dimethylformamid (XLIV) haben die Methylgruppen die gleiche Anordnung wie im Dimethylnitrosamin und es besteht auch in dieser Verbindung die Möglichkeit zur Ausbildung einer Doppelbindung, die die Drehbarkeit um die C—N-Bindung erschwert. Das Spektrum der Verbindung zeigt bei Raumtemperatur, neben einer kleinen Bande bei tiefem Feld, ein Dublett für die Methylgruppen[5]. Da der Abstand der Banden von der Stärke des Magnetfeldes abhängt, rührt die Aufspaltung nicht von einer Spinkopplung mit dem Formylproton her, sondern von der unterschiedlichen chemischen Verschiebung der Methylgruppen. Beim Erwärmen verbreitern sich die Banden und verschmelzen bei 63° zu einer einzigen[6].

Das Spektrum von N,N-Dimethylacetamid zeigt ebenfalls eine feldabhängige Aufspaltung der N-Methylgruppen und damit das Vorliegen einer

[1] LOONEY, C. E., W. D. PHILLIPS, and E. L. REILLY: J. A. C. S. **79**, 6136 (1956). — [2] BUMGARDNER, C. L., K. S. McCALLUM, and J. P. FREEMAN: J. A. C. S. **83**, 4417 (1961). — [3] MORIARTI, R. M.: J. Org. Chem. **29**, 2748 (1964). — [4] BOURN, A. J. R., D. G. GILLIES, and E. W. RANDALL: TH **20**, 1811 (1964). — [5] PHILLIPS, W. D.: J. Chem. Phys. **23**, 1363 (1955). — [6] GUTOWSKY, H. S., and C. H. HOLM: J. Chem. Phys. **25**, 1228 (1956),

behinderten Rotation[1]. Die Aufspaltung der Methylbande im N-Methylform-amid und N-Methylacetamid ist dagegen feldunabhängig. Bei diesen Verbindungen wird die Aufspaltung durch Spinkopplung mit dem Proton am Stickstoff verursacht. Bei den beiden letzten Verbindungen liegt vermutlich nur ein Isomeres vor, wie auch IR- und Raman-Untersuchungen zeigen[2].

Aus der Temperaturabhängigkeit der Spektren konnte die Höhe der Rotationsbarriere bei Dimethylformamid zu $7\pm3$ kcal, bei Dimethylacetamid zu $12\pm2$ kcal bestimmt werden[1]. Polare Lösungsmittel begünstigen die polare Struktur XLIVb und erschweren die Rotation. Z. B. ist in Methylenbromid die Energiebarriere um 2 bis 3 kcal höher als in Tetrachlorkohlenstoff[3]. Bei Thioamiden treten die gleichen Erscheinungen auf wie bei den Sauerstoffanaloga[4].

Werden Verbindungen wie Dimethylformamid in Säuren gelöst, so kann die Protonisierung entweder am Stickstoff- oder am Sauerstoffatom erfolgen. Mit Hilfe der Kernresonanz läßt sich leicht entscheiden, welcher Fall eintritt. Bei einer Protonisierung am Stickstoff verschwindet die C—N-Doppelbindung und man sollte nur noch ein Signal für die Methylgruppen erwarten. Bei einer Protonisierung am Sauerstoff sollte die Aufspaltung erhalten bleiben. Das Spektrum von Dimethylformamid in konzentrierter Schwefelsäure zeigt unverändert zwei Methylbanden und die Protonisierung muß daher vorwiegend am Sauerstoff stattgefunden haben[5]. Auch für andere Amide wurde vorwiegend Sauerstoffprotonisierung beobachtet[5,6-8]. Formen, die am Sauerstoff und am Stickstoff protonisiert sind, liegen miteinander im Gleichgewicht vor. In schwachsaurer Lösung ist die Protonisierung am Stickstoff bevorzugt, und in stark saurer Lösung tritt die Protonisierung am Sauerstoff ein[9]. Eine zweifache Protonisierung wurde auch bei höchsten Säurekonzentrationen nicht beobachtet[5].

Den durch die relative Stellung zur Carbonylgruppe bedingten Unterschied in den chemischen Verschiebungen sollte man auch bei Formamid beobachten können. Die Banden dieser Verbindung (Abb. 60) sind breit und verwaschen, bedingt durch die Kopplung mit dem Stickstoff und die Verkürzung der Relaxationszeit. Entkoppelt man durch Einstrahlen einer zusätzlichen Frequenz, so zeigt das Protonenspektrum scharfe Banden. Aus der Aufspaltung läßt sich erkennen, daß die beiden Protonen am Stickstoff ungleich sind[10].

## VII. 6b *Nitrite*

Mit Hilfe der Kernresonanz konnte noch in einer Reihe weiterer Verbindungsklassen eine cis-trans-Isomerie gezeigt werden. Auf Grund von

[1] GUTOWSKY, H. S., and C. H. HOLM: J. Chem. Phys. 25, 1228 (1956). — [2] MIZUSHIMA, S.: Structure of Molecules and Internal Rotation. New York: Academic Press 1954. — [3] WOODBREY, J. C., and M. T. ROGERS: J. A. C. S. 84, 13 (1962). — [4] WALTER, W., and G. MAERTEN: Liebigs Ann. Chem. 669, 66 (1963). — [5] FRAENKEL, G., and C. FRANCONI: J. A. C. S. 82, 4478 (1960). — [6] FRAENKEL, G., A. LOEWENSTEIN, and S. MEIBOOM: J. Phys. Chem. 65, 700 (1961). — [7] BIRCHALL, T., and R. J. GILLESPIE: Can. J. Chem. 41, 2642 (1963). — [8] GILLESPIE, R. J., and T. BIRCHALL: Can. J. Chem. 41, 148 (1963). — [9] BERGER, A., A. LOEWENSTEIN, and S. MEIBOOM: J. A. C. S. 81, 62 (1959). — [10] PIETTE, L. H., J. D. RAY, and R. A. OGG: J. Mol. Spec. 2, 66 (1958).

IR- und UV-Spektroskopiemessungen[1,2] ist bei Alkylnitriten eine Stellungs-
isomerie angenommen worden. Bei Raumtemperatur zeigen die Kernresonanzspektren dieser Verbindungen einfache Banden für die Alkylgruppen
und geben keinerlei Hinweise auf eine derartige Isomerie. Beim Abkühlen
verbreitern sich die Signale, und in der Nähe des Schmelzpunktes (ca. —60°)
findet man bei vielen Alkylnitriten eine Verdoppelung der Banden[3-5]. Durch
Änderung der Konzentration konnte nachgewiesen werden, daß es sich
hierbei nicht um eine Dimerisierung handelt. In Abb. 117 sind die Spektren
dreier Alkylnitrite bei verschiedenen Temperaturen wiedergegeben. Bei
tiefer Temperatur zeigen sie für die R—CH$_2$—O—NO-Gruppe zwei Signale

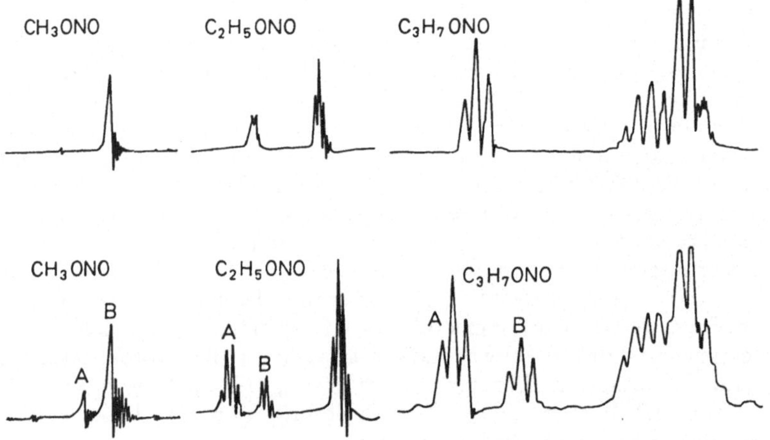


Abb. 117. Spektren von drei Alkylnitriten bei verschiedenen Temperaturen. Oberes Bild 25°, unteres
Bild –75°. Standardfrequenz 30 MHz[3]

von unterschiedlicher Intensität. Beim Methylnitrit liegt die stärkere Bande
bei höherem Feld, in den anderen Verbindungen findet man das stärkere
Signal bei tieferem Feld. Ordnet man die Bande bei tieferem Feld der cis-
Verbindung zu, so kann man auf Grund der Intensitäten die Isomerenver-
hältnisse berechnen (Tab. 105). Die Daten der Tabelle zeigen einige über-
raschende Ergebnisse und beleuchten zugleich die Schwierigkeiten, die bei
der Bandenzuordnung auftreten. Vier der angegebenen Verbindungen (und
eine Reihe weiterer, die nicht in die Tabelle aufgenommen wurden) zeigen
ein Isomerenverhältnis von etwa 2:1, das nur wenig von der Temperatur
abhängt. Neben dieser auffallenden Erscheinung sollte beim Methylnitrit
die trans-Form bei tiefen Temperaturen begünstigt sein, ein Ergebnis, das
im Widerspruch zu Infrarotmessungen steht[1]. Sehr ungewöhnlich ist auch
das hohe cis/trans-Verhältnis beim i-Propylnitrit. Bei dieser Verbindung
weichen die chemischen Verschiebungen stark von denen der übrigen


[1] TARTE, P.: J. Chem. Phys. 20, 1570 (1952). — [2] HAZELDINE, R.N., and
J. JANDER: J. Chem. Soc. 691 (1954). — [3] PIETTE, L.H., J.D. RAY, and R.A.
OGG, Jr.: J. Chem. Phys. 26, 1341 (1957). — [4] PHILLIPS, W.D., C.E. LOONEY,
and C.P. SPAETH: J. Mol. Spec. 1, 35 (1957). — [5] BROWN, H.W., and D.P.
HOLLIS: J. Mol. Spec. 13, 305 (1964).

Alkylnitrite ab. Nimmt man an, daß die Banden bei der trans-Konfiguration stets an der gleichen Stelle erscheinen, so führt dies zu dem Schluß, daß bei der i-Propylverbindung die cis-Verbindung bei höherem Feld liegt und daß das cis/trans-Verhältnis 0.13 und nicht 16, wie in Tab. 105 angegeben, beträgt[1]. Dieser Wert ist sehr viel wahrscheinlicher, weil eine voluminöse Gruppe die trans-Form begünstigen sollte. Die gleiche Zuordnung ergibt für t-Butylnitrit einen cis/trans-Wert von etwa Null, und zeigt mit zunehmender Größe des Alkylrestes eine Bevorzugung der trans-Form. Aus der Temperaturabhängigkeit der Spektren sind die Rotationsbarrieren berechnet worden[2,3]. Sie betragen 5 bis 10 kcal.

Aldoxime und Oxime von unsymmetrischen Ketonen können ebenfalls in zwei Formen auftreten (XLV, XLVI).

syn      anti

XLV      XLVI

Das Kernresonanzspektrum des Isomerengemisches zeigt eine Bandenverdoppelung für das Aldehydproton und die Protonen in $a$-Stellung[4-6]. Weitere Fälle, in denen man aus den Spektren auf eine behinderte Rotation schließen muß, sind bei aromatischen Aldehyden[7], Schiff'schen Basen[8], Diazoketon[9], Aminoboranen[10,11] und bei ortho-ortho-disubstituierten Diphenylenen beobachtet worden[12-19].

### VII. 6c *Die Zuordnung der Banden*

Bei allen Verbindungstypen, bei denen mit Hilfe der Kernresonanz die verschiedenen Rotationsisomere sichtbar gemacht worden sind, taucht das Problem der Bandenzuordnung auf. Bei symmetrischen Verbindungen, wie


[1] PHILLIPS, W.D., C.E. LOONEY, and C.P. SPAETH: J. Mol. Spec. **1**, 35 (1957). — [2] PIETTE, L.H., and W.A. ANDERSON: J. Chem. Phys. **30**, 899 (1959). — [3] GRAY, P., and L.W. REEVES: J. Chem. Phys. **32**, 1878 (1960). — [4] LUSTIG, E.: J. Phys. Chem. **65**, 491 (1961). — [5] PHILLIPS, W.D.: Ann. NY Acad. Sci. **70**, 817 (1958). — [6] POZIMEK, E.J., D.N. KRAMER, W.A. MOSHER, and H.O. MICHEL: J.A.C.S. **83**, 3916 (1961). — [7] ANET, F.A.L., and M. AHMAD: J.A.C.S. **86**, 119 (1964). — [8] STAAB, H.A., F. VÖGTLE, and A. MANNSCHRECK: THL 697 (1965). — [9] KAPLAN, F., and G.K. MELOY: THL 35, 2427 (1964). — [10] RYSCHKEWITSCH, G.E., W.S. BREY, Jr., and A. SAGI: J.A.C.S. **83**, 1010 (1961). — [11] BARFIELD, P.A., M.F. LAPPERT, and J. LEE: Proc. Chem. Soc. 421 (1961). — [12] GARBISCH, Jr., E.W.: J.A.C.S. **85**, 927 (1963). — [13] MEYER, W.L., and R.B. MEYER: J.A.C.S. **85**, 2170 (1963). — [14] OKI, M., H. IWAMURA, and N. NAGAKAWA: Bull. Chem. Soc. Japan **36**, 1541 (1963). — [15] KURLAND, R.J., M.B. RUBIN, and W.B. WISE: J. Chem. Phys. **40**, 2426 (1964). — [16] KURLAND, R.J., and W.B. WISE: J.A.C.S. **86**, 1877 (1964). — [17] BODEN, N., J.W. EMSLEY, J. FEENEY, and L.H. SUTCLIFFE: J. Mol. Phys. **8**, 467 (1964). — [18] CHANDLER, W.D., W. MACFARLANE SMITH, and R.Y. MOIR: Can. J. Chem. **42**, 2549 (1964). — [19] LEHMAN, P.A., and E.C. JORGENSEN: TH **21**, 363 (1965).

Dimethylformamid oder Dimethylnitrosamin, erscheinen im Spektrum zwei gleich große Banden, bei unsymmetrisch substituierten zwei verschieden

Tabelle 105. *Isomerenverhältnis bei Alkylnitriten*

| Verbindung | cis/trans —100° | cis/trans 20° | Lit. |
|---|---|---|---|
| Methylnitrit . . . . . . . | 0.30 | – | a |
| Äthylnitrit . . . . . . . | 2.0 | – | a |
| n-Propylnitrit . . . . . . | 2.0 | 1.8 | b |
| i-Propylnitrit . . . . . . | 16 | – | a |
| n-Butylnitrit . . . . . . | 1.8 | 1.7 | b |
| i-Butylnitrit . . . . . . . | 2.3 | 2.2 | b |

[a] PIETTE, L.H., and W.A. ANDERSON: J. Chem. Phys. **30**, 899 (1959).
[b] PHILLIPS, W.D., C.E. LOONEY, and C.P. SPEATH: J. Mol. Spec. **1**, 35 (1957).

große oder nur eine Bande. Welche der beiden Banden zur cis- und welche zur trans-Struktur gehört, läßt sich dem Spektrum nicht entnehmen und man ist bei der Zuordnung auf Vermutungen angewiesen.

PHILLIPS, LOONEY und SPAETH[1] ordneten bei den Alkylnitriten diejenige Bande, die etwa die gleiche chemische Verschiebung wie die von Äthern oder Estern hat, der trans-Form zu und nahmen an, daß die cis-Form durch die Nähe des Sauerstoffs nach tiefem Feld verschoben sei. PIETTE, RAY und OGG[2] vermuteten, daß in der cis-Form Wasserstoffbrücken zwischen der Alkylgruppe und dem Sauerstoff auftreten können und daß das Signal dadurch bei tieferem Feld auftrete. Bei den meisten Alkylnitriten stimmen die nach den beiden Methoden getroffenen Zuordnungen überein, beim i-Propylnitrit widersprechen sie sich. Auf den Widerspruch zu Infrarotmessungen ist bereits hingewiesen worden. Trotzdem ist bei anderen Verbindungen in Analogie zu den Alkylnitriten angenommen worden, daß stets die cis-Form bei tieferem Feld liege. Einige experimentelle Befunde widersprechen aber dieser Zuordnung. Z. B. tritt im Dimethylformamid eine geringe Kopplung zwischen den Methylgruppen und dem Aldehydproton auf. Nimmt man in Analogie zu Olefinen an, daß auch bei dieser Verbindung die trans-Kopplung am größten ist, so gehört das Signal bei höherem Feld zu der Methylgruppe, die in cis-Stellung zur Carbonylgruppe steht[3].

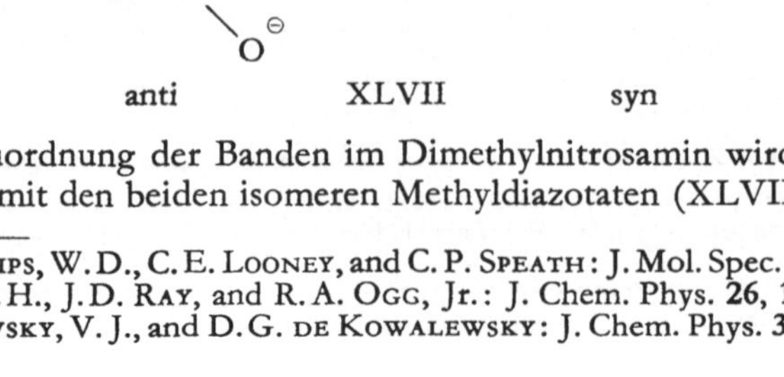

anti        XLVII        syn

Die Zuordnung der Banden im Dimethylnitrosamin wird durch einen Vergleich mit den beiden isomeren Methyldiazotaten (XLVII) ermöglicht,

[1] PHILLIPS, W.D., C.E. LOONEY, and C.P. SPEATH: J. Mol. Spec. **1**, 35 (1957). —
[2] PIETTE, L.H., J.D. RAY, and R.A. OGG, Jr.: J. Chem. Phys. **26**, 1341 (1957). —
[3] KOWALEWSKY, V.J., and D.G. DE KOWALEWSKY: J. Chem. Phys. **32**, 1272 (1960).

deren Struktur durch Röntgenanalyse bestimmt wurde[1]. Bei diesen Verbindungen liegt die cis-Form bei höherem Feld[2]. Zu der gleichen Zuordnung führte auch die Untersuchung unsymmetrischer Azoxyverbindungen[3]. Dagegen konnte beim p-Chlorbenzaldehydoxim, bei dem die Struktur der beiden Isomeren durch Röntgenanalyse geklärt ist, festgestellt werden, daß die cis-Form bei tieferem Feld erscheint[4].

Von KARABATSOS sind Untersuchungen durchgeführt worden, die wesentliche Erkenntnisse für die Zuordnung gebracht haben[5,6]. In Hydrazonen, Semicarbazonen und anderen Verbindungen vom Typ XLVIII

$$\begin{array}{c} R_1 \\ \diagdown \\ C\!=\!N\!\sim\!Y \\ \diagup \\ R_2 \end{array}$$

XLVIII

können zwei Isomere auftreten, die sich durch die Stellung des Restes Y unterscheiden. Das Mengenverhältnis der beiden Isomeren hängt von der Größe der Reste $R_1$ und $R_2$ ab. Bei unsymmetrischen Verbindungen ist diejenige Form bevorzugt, bei der die kleinere Gruppe in syn-Stellung steht. Beim 2,4-Dinitrophenylhydrazon vom Methyläthylketon z. B. liegt die Form mit synständiger Methylgruppe zu 80 Prozent vor, beim Methyl-i-propylketon zu 90 und beim Methyl-t-butylketon zu 100 Prozent. Bei der Umsetzung von 2,4-Dinitrophenylhydrazin mit aliphatischen Aldehyden wird zuerst nur die syn-Form gebildet, die sich nach einigen Stunden teilweise zur anti-Form isomerisiert. Die syn-Form liegt aber stets in höherer Konzentration vor. Lösungsmittel, die mit dem Aminoproton Wasserstoffbrücken bilden, begünstigen zusätzlich die syn-Form[7]. Bei allen Hydrazonen und Semicarbazonen liegt das Signal der syn-Form bei höherem Feld. Es muß betont werden, daß diese Zuordnung der Banden nur auf Grund von sterischen Erwägungen durchgeführt worden ist.

Von KARABATSOS, TALLER und VANE[8] sind noch weitere Wege der Zuordnung angegeben worden. Beim Lösen der Substanzen in aromatischen Medien verschieben sich alle Banden nach höherem Feld. Die Verschiebung ist jedoch bei den synständigen Gruppen wesentlich größer als bei anti-Gruppen. Da Wechselwirkungen des Lösungsmittels vorwiegend an der NH-Gruppe stattfinden, ist zu erwarten, daß die näherstehende syn-Gruppe in stärkerem Maße durch das Lösungsmittel beeinflußt wird. Die Unterschiede $\Delta v$ der Verschiebung beim Übergang von einem aliphatischen zu einem aromatischen Lösungsmittel sind in Tab. 106 wiedergegeben. Die Werte sind in Hz angegeben, bei einer Standardfrequenz von 60 MHz, und

[1] MÜLLER, E., W. HOPPE, H. HAGENMAIER, H. HAISS, R. HUBER, W. RUNDEL u. H. SUHR: Chem. Ber. 96, 1712 (1963). — [2] SUHR, H.: Chem. Ber. 96, 1720 (1963). — [3] FREEMAN, J. P.: J. Org. Chem. 28, 2508 (1963). — [4] LUSTIG, E.: J. Phys. Chem. 65, 491 (1961). — [5] KARABATSOS, G. J., J. D. GRAHAM, and F. M. VANE: J. A. C. S. 84, 753 (1962). — [6] KARABATSOS, G. J., and R. A. TALLER: J. A. C. S. 85, 3624 (1963). — [7] KARABATSOS, G. J., B. L. SHAPIRO, F. M. VANE, J. S. FLEMING, and J. S. RATKA: J. A. C. S. 85, 2784 (1963). — [8] KARABATSOS, G. J., R. A. TALLER, and F. M. VANE: J. A. C. S. 85, 2326 (1963).

an einer Reihe von Aldehyden und Ketonen gewonnen worden. Ist $Y=NNHX$, so ist $\Delta v_{cis} > \Delta v_{trans}$. Wird die Acidität des Aminoprotons erhöht oder werden die Reste $R_1$ und $R_2$ kleiner, so erhöhen sich die Beträge von $\Delta v$. Ist das Proton am Stickstoff durch einen Substituenten ersetzt,

Tabelle 106

*Differenz der chemischen Verschiebungen bei Aufnahme in aromatischen und in aliphatischen Lösungsmitteln, gemessen in Hz bei einer Standardfrequenz von 60 MHz*

| $\dfrac{R_1}{R_2}{>}C=N-Y$ <br> Y | $\Delta v$ ($\alpha$–CH$_3$) | | $\Delta v$ ($\alpha$-CH$_2$) | | $\Delta v$ ($\beta$-CH$_3$) | |
|---|---|---|---|---|---|---|
| | cis | trans | cis | trans | cis | trans |
| $-NHC_6H_5$ | 20–32 | 3–7 | 22–39 | 3.5–7 | 14–17 | 2.4–5 |
| $-NHC_6H_4CH_3(p)$ | 18–23 | 2–5 | – | – | 15.6 | 3.0 |
| $-NHC_6H_4Cl(p)$ | 22–38 | 7–13 | – | 7.2 | 15.6 | 4.2 |
| $-NHC_6H_4NO_2(o)$ | 28–38 | 5–21 | 34.8 | 18.6 | 22.8 | 12–14 |
| $-NHC_6H_4NO_2(m)$ | 38–47 | 15–16 | – | – | 24.0 | 7.8 |
| $-NHC_6H_4NO_2(p)$ | 43–55 | 16–23 | 27.0 | 15–18 | 27.6 | 9.6 |
| $-NHC_6H_3(NO_2)_2$ | 38–60 | 24–38 | 37.8 | 25.2 | 27–36 | 10.19 |
| $-NHC_6H_4CO_2H(o)$ | 24–32 | 11–26 | – | – | – | – |
| $-NHC_6H_4CO_2H(p)$ | 38.8 | 8.4 | – | – | – | – |
| $-NHCH_3$ | 21.6 | 4.2 | – | – | – | – |
| $-NHCSNH_2$ | 42.5 | 29.4 | 70.8 | 36.0 | 37.2 | 21.0 |
| $-N(CH_3)_2$ | 3.0 | 1.2 | – | – | – | – |
| $-NCH_3C_6H_5$ | 12.0 | 9.6 | – | – | – | – |
| $-OH$ | 3–5 | 9.6–10.5 | 1.2 | 9.0 | 11–26 | 11–26 |
| Nitrosamin | 18–28 | 29–41 | 22.8 | 34.8 | 24.35 | 28–36 |

KARABATSOS, G. J., R. A. TALLER and F. M. VANE: J. A. C. S. **85**, 2327 (1963).

so sind die Beträge klein. Bei Nitrosaminen und Oximen ist $\Delta v_{cis} < \Delta v_{trans}$. Zur Erklärung dieser Erscheinung nehmen die Autoren einen unsymmetrischen Komplex an. Es ist möglich, daß die Zuordnung der Nitrosamine unsicher ist, doch stimmt die von den Autoren angegebene Deutung mit den oben erwähnten Ergebnissen bei den Methyldiazotaten überein.

Die Lösungsmittelabhängigkeit der Banden ist ein sicheres und universell anwendbares Verfahren zur Bestimmung der syn-anti-Isomerie. Die Untersuchungen haben gezeigt, daß je nach Verbindung und Lösungsmittel die cis-Form bei höherem oder tieferem Feld auftreten kann. Es ist daher nicht möglich, durch Analogieschlüsse eine Zuordnung der Banden zu treffen und es muß in jeder Verbindungsklasse durch Untersuchung der Lösungsmitteleinflüsse, durch Berücksichtigung der sterischen Verhältnisse oder durch Vergleich mit anderen Daten, wie Röntgenstrukturanalyse, eine Entscheidung getroffen werden.

### VII. 6d *Rotation um Einfachbindungen*

Die Rotation um Einfachbindungen in Verbindungen vom Äthantyp ist so schnell, daß keine getrennten Signale für die Rotationsisomeren im Spektrum erscheinen. Bei mehrfach substituierten Verbindungen konnten sie in einigen Fällen nachgewiesen werden. Bei einer Verbindung wie $F_2CBr—CBr(CN)(CH_3)$ können drei Rotationsisomere auftreten:

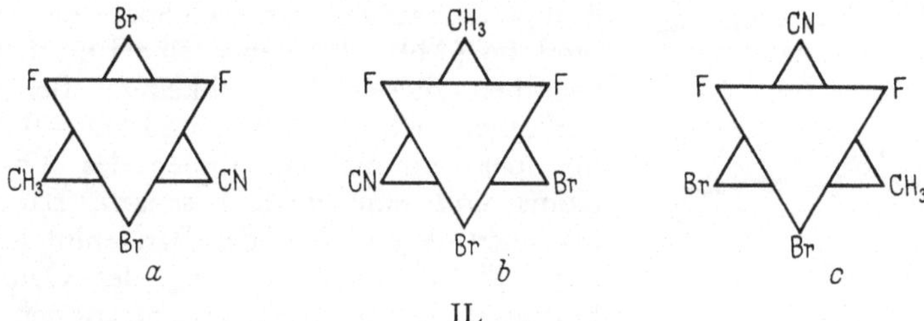


Die beiden Fluoratome haben in allen Formen eine unterschiedliche chemische Verschiebung. Das Spektrum der Verbindung hängt von der Konzentration der Isomeren und der Rotationsgeschwindigkeit ab. Ist die Rotation langsam, so sollten im Spektrum die Signale aller Isomeren erscheinen und die Signalintensität würde ihre Konzentration ergeben. Bei mittelschnellen Rotationen würde man ein AB-Spektrum erhalten, dessen Aufspaltung $d$ gegeben ist durch

$$d = [\text{I}]\, d_{\text{I}} + [\text{II}]\, d_{\text{II}} + [\text{III}]\, d_{\text{III}}. \tag{46}$$

Da die drei Rotationsisomere eine verschiedene Energie besitzen, hängt ihre Konzentration von der Temperatur ab. Damit ist aber auch die Aufspaltung des AB-Spektrums von der Temperatur abhängig. Bei sehr schneller Rotation sollte die Konzentration aller Rotationsisomere gleich werden und die Aufspaltung den konstanten Wert von $d_I/3 + d_{II}/3 + d_{III}/3$ annehmen.

Ein anschauliches Beispiel für diese Vorgänge bietet das Spektrum von $CF_2Br—CBr_2CN$. Von den drei möglichen Rotationsisomeren La, b

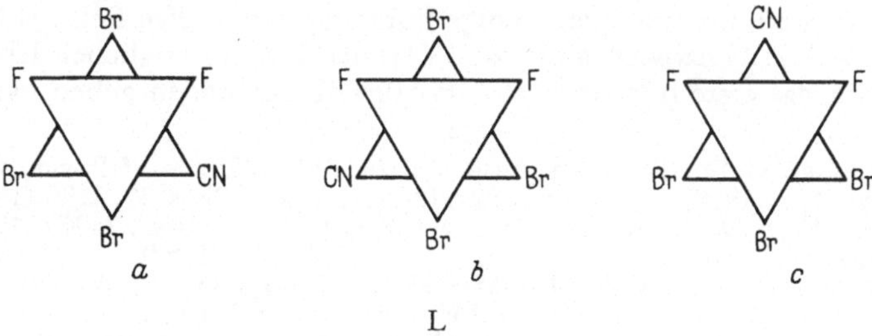


und c haben die ersten beiden die gleiche Energie und geben das gleiche AB-Spektrum. Das Isomere c ergibt nur eine scharfe Bande, weil die beiden Fluoratome gleich sind. Bei Raumtemperatur besteht das Spektrum der Verbindung nur aus einer einzigen Linie. Für diese Erscheinung gibt es drei mögliche Erklärungen. Entweder sind alle Moleküle in der Konfiguration c eingefroren, oder sie liegen nur in den Formen a und b vor, zwischen denen

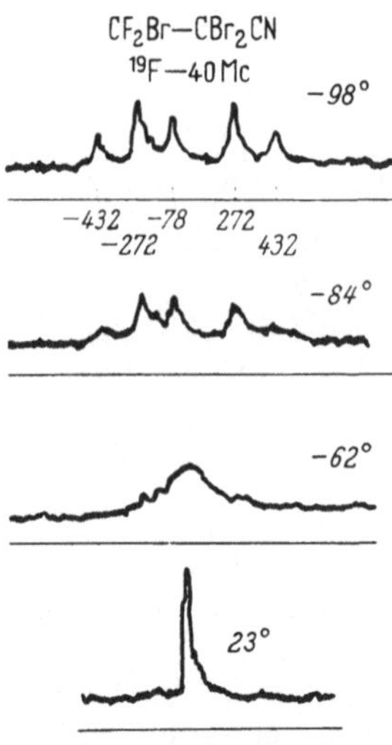



Abb. 118. Temperaturabhängigkeit des ¹⁹F-Spektrums von 2,2-Difluor-tribrom-propionitril[1]

eine schnelle Umwandlung stattfindet, oder alle drei Formen liegen vor und es findet eine schnelle Umwandlung statt. Die bei tiefer Temperatur aufgenommenen Spektren der Verbindung (Abb. 118) geben eine Entscheidung zwischen diesen Möglichkeiten. Bei —60° verbreitert sich die Bande, und bei —98° sind im Spektrum die vier Linien des AB-Spektrums und eine weitere scharfe Bande zu erkennen. Auf Grund der Bandenintensitäten kann die Zusammensetzung des Gemisches bestimmt werden. Die Konzentrationen a:b:c verhalten sich wie 39:39:22[1]. In Fällen, in denen eine rasche Rotation stattfindet, lassen sich ebenfalls Aussagen über die Konzentration der verschiedenen Rotationsisomere[2-8] machen. Es kann auch die Temperaturabhängigkeit von Kopplungskonstanten benutzt werden, um die Konzentrationen der Rotationsisomeren zu bestimmen[9-18].

## VII. 7. Konformationsanalyse

### VII. 7a *Untersuchung starrer und beweglicher Ringsysteme*

Unter der Konformation versteht man die räumliche Anordnung der Gruppen eines Moleküls. Bei offenkettigen Verbindungen, bei denen die Drehbarkeit nicht eingeschränkt ist, können eine Vielzahl von Anordnungen auftreten, die sich rasch ineinander umlagern. Bei Ringverbindungen ist die Zahl der möglichen Formen begrenzt. In manchen cyclischen Verbindungen sind nur eine oder wenige Formen existent. Ein Beispiel hierfür ist das 1,2,3-Tribenzoylcyclopropan. Von den beiden möglichen Isomeren (LI) sollte das erste nur ein Signal für die Ringprotonen geben, weil alle


[1] PHILLIPS, W.D.: Ann. NY Acad. Sci. **70**, 817 (1958). — [2] POPLE, J.A.: J. Mol. Phys. **1**, 3 (1958). — [3] GUTOWSKY, H.S.: J. Chem. Phys. **37**, 2196 (1962). — [4] McLEAN, D., J.D. GRAHAM, and J.S. WAUGH: J. Chem. Phys. **27**, 969 (1957). — [5] DRYSDALE, J.J., and W.D. PHILLIPS: J. A. C. S. **79**, 319 (1957). — [6] NAIR, P.M., and J.D. ROBERTS: J. A. C. S. **79**, 4565 (1957). — [7] JUNG, D., and A.A. BOTHNER-BY: J. A. C. S. **86**, 4025 (1964). — [8] FINEGOLD, H.: J. Chem. Phys. **41**, 1808 (1964). — [9] BOTHNER-BY, A.A., and C. NAAR-COLIN: J. A. C. S. **84**, 743 (1962). — [10] ANET, F.A.L.: J. A. C. S. **84**, 747 (1962). — [11] SCHUG, J.C., P.E. McMAHON, and H.S. GUTOWSKY: J. Chem. Phys. **33**, 843 (1960). — [12] FESSENDEN, R.W., and J.S. WAUGH: J. Chem. Phys. **37**, 1466 (1962). — [13] WHIPPLE, E.B.: J. Chem. Phys. **35**, 1039 (1961). — [14] SHOOLERY, J.N., and B. CRAWFORD, Jr.: J. Mol. Spec. **1**, 270 (1957). — [15] HARRIS, R.K., and N. SHEPPARD: Trans. Farad. **59**, 606 (1963). — [16] NEWMARK, R.A., and C.H. SEDERHOLM: J. Chem. Phys. **39**, 3131 (1963). — [17] SHEPPARD, N., and J.J. TURNER: Proc. Roy. Soc. (London) **A 252**, 506 (1959). — [18] REYNOLDS, W.F., and T. SCHAEFER: Can. J. Chem. **42**, 2119 (1964).

drei Wasserstoffatome chemisch gleich sind. Im zweiten Fall sollte das Spektrum vom $A_2B$-Typ sein. Tatsächlich zeigt das Spektrum der Substanz ein Dublett mit der Intensität zwei und ein Triplett mit der Intensität eins

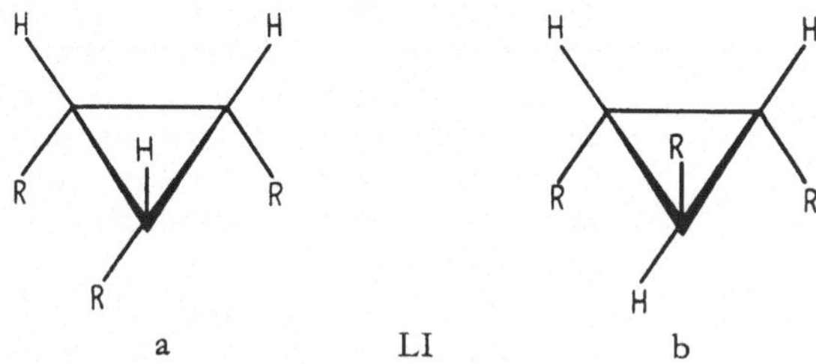

a      LI      b

und liegt daher in der Form LIb vor. Mit Hilfe der Kernresonanz kann in diesem Fall die Konfiguration des Moleküls bestimmt werden. Die Konfigurationsanalyse ist ein Sonderfall der Konformationsanalyse, die angewandt wird, wenn die Moleküle in starrer Form vorliegen und sich nicht isomerisieren können.

Bei Cyclohexanderivaten und ähnlichen heterocyclischen Ringen liegen die Ringglieder nicht in einer Ebene. Es sind drei räumliche Anordnungen (Konformationen) für diese Moleküle möglich (LII), die sich durch Umklappen ineinander umlagern können. Die Strukturen a und c werden als

a      b      c

LII

Sesselform, b als Wannenform bezeichnet. Die Wannenform hat eine höhere Energie und liegt daher im Gleichgewicht nur in einer sehr kleinen Konzentration vor und kann bei Konformationsanalysen vernachlässigt werden.

Die beiden Sesselformen haben sechs Substituenten (beim Cyclohexan Protonen) in einer solchen Lage, daß die Bindungen senkrecht zur „Ebene" des Moleküls stehen, und sechs, die annähernd in dieser Ebene liegen. Die erste Gruppe wird als axial, die zweite als äquatorial bezeichnet. In (LII) sind sie mit a und e bezeichnet. Wird Cyclohexan von der einen Sesselform (LIIa) in die andere (LIIc) überführt, so wird jedes axiale Proton in ein äquatoriales umgewandelt und umgekehrt. Ebenso wird ein Substituent R, der in der einen Sesselform axial steht, durch Umklappen in die andere Sesselform in eine äquatoriale Stellung gebracht. Beim Cyclohexan sind beide Sesselformen identisch, bei substituierten Cyclohexanen ist das nicht mehr der Fall. Die beiden Sesselformen können eine unterschiedliche Energie haben und im Gleichgewicht in verschiedener Konzentration vorliegen. Aufgabe der Konformationsanalyse ist es, die Lage dieser Gleichgewichte zu bestimmen. In den folgenden Abschnitten soll gezeigt werden, daß Konformationsanalysen in vielen Fällen mit Hilfe der Kernresonanz möglich sind. Am eingehendsten sind Konformationsprobleme an Cyclohexanderivaten untersucht worden und es sollen daher vorwiegend Beispiele aus dieser Verbin-

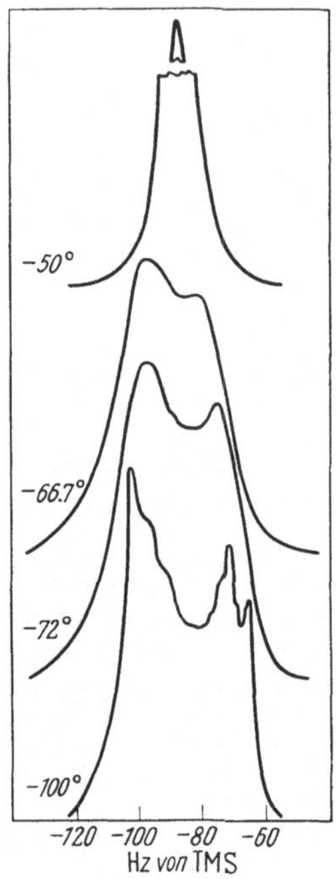



Abb. 119. Protonenresonanzspektrum von Cyclohexan bei verschiedenen Temperaturen (60 MHz)[5]

dungsklasse besprochen werden. Die Bestimmungsmethoden und die Ergebnisse sind auf andere Ringsysteme übertragbar. Ausführliche Zusammenfassungen über die Konformationsanalysen sind von FELTKAMP und FRANKLIN[1], LEMINEUX, KULLNIG, BERNSTEIN und SCHNEIDER[2] sowie HUITRIC, CARR, TRAGER und NIST[3] gegeben worden.

Zunächst sollen einige Eigenschaften des Cyclohexansystems besprochen werden. Das Kernresonanzspektrum von Cyclohexan besteht bei Raumtemperatur aus einer scharfen Bande. Beim Abkühlen verbreitert sie sich, spaltet bei —66° in ein Dublett auf und zeigt bei —100° eine komplizierte Struktur[4–10] (Abb. 119). Dieses Ergebnis weist auf eine unterschiedliche chemische Verschiebung von axialen und äquatorialen Protonen hin. Bei Raumtemperatur ist der Umklappvorgang, bei dem axiale in äquatoriale und äquatoriale in axiale Protonen überführt werden, sehr schnell und im Spektrum erscheint nur eine Bande, die dem Mittelwert aus beiden Stellungen zukommt; bei —100° ist er so verlangsamt, daß im Spektrum die Signale beider Protonensorten getrennt erscheinen. Untersuchungen an einer großen Anzahl von Verbindungen bekannter Struktur haben ergeben, daß die Banden der axialen Protonen bei höherem Feld erscheinen als die der äquatorialen[2,11]. Diese Unterschiede werden durch die Anisotropie der C—C-Bindungen und möglicherweise durch einen Ringstromeffekt im Cyclohexanring bewirkt[12], außerdem hängen sie auch vom Verbindungstyp ab. In Tab. 107 sind die Werte $\tau_a$—$\tau_e$ für eine Reihe von Cyclohexanderivaten wiedergegeben. Auch bei vielen Pyranose-Zucker-Derivaten wurde


[1] FELTKAMP, H., and N. C. FRANKLIN: im Druck (Liebigs Ann. Chem. 1964). — [2] LEMINEUX, R. U., R. K. KULLNIG, H. J. BERNSTEIN, and W. G. SCHNEIDER: J. A. C. S. 80, 6098 (1958). — [3] HUITRIC, A. C., J. B. CARR, W. F. TRAGER, and B. J. NIST: TH 19, 2145 (1963). — [4] JENSEN, F. R., D. S. NOYCE, C. H. SEDERHOLM, and A. J. BERLIN: J. A. C. S. 82, 1256 (1960). — [5] JENSEN, F. R., D. S. NOYCE, C. H. SEDERHOLM, and A. J. BERLIN: J. A. C. S. 84, 386 (1962). — [6] HARRIS, R. K., and N. SHEPPARD: Proc. Chem. Soc. 418 (1961). — [7] MONITZ, W. B., and J. A. DIXON: J. A. C. S. 83, 1671 (1961). — [8] ANET, F. A. L., M. AHMAD, and L. D. HALL: Proc. Chem. Soc. (London) 145 (1964). — [9] BOVEY, F. A., F. P. HOOD, III, E. W. ANDERSON, and R. L. KORNEGAY: Proc. Chem. Soc. (London) 145 (1964). — [10] BOVEY, F. A., F. P. HOOD, III, E. W. ANDERSON, and R. L. KORNEGAY: J. Chem. Phys. 41, 2041 (1964). — [11] LEMINEUX, R. U., R. K. KULLNIG, H. J. BERNSTEIN, and W. G. SCHNEIDER: J. A. C. S. 79, 1005 (1957). — [12] POPLE, J. A., W. G. SCHNEIDER, and H. J. BERNSTEIN: High-resolution Nuclear Magnetic Resonance. New York: McGraw-Hill 1959.

beobachtet, daß axiale Protonen bei höherem Feld absorbieren als äquatoriale[1]. Ausnahmen von dieser Reihenfolge treten dann auf, wenn stark anisotrope Gruppen, wie Carbonylfunktionen, in der Nähe der Protonen stehen[2].

Aus der Temperaturabhängigkeit der Spektren konnte beim Cyclohexan und einigen seiner Derivate die Geschwindigkeit des Umklappens und die Aktivierungsenergie bestimmt werden[3-5]. Im unsubstituierten Cyclohexan beträgt die Aktivierungsenergie etwa 9 kcal/Mol[6-8].

Tabelle 107

*Differenz der chemischen Verschiebungen von axialen und äquatorialen Protonen in einigen cyclischen Verbindungen*

| Verbindung | chemische Verschiebung $\tau_a - \tau_e$ (ppm) |
|---|---|
| $\delta$-1,2,3,4,5,6-Hexachlorcyclohexan . . . . . . | 0.51 |
| $\varepsilon$-1,2,3,4,5,6-Hexachlorcyclohexan . . . . . . | 0.20 |
| myo-Inositol-hexaacetat . . . . . . . . . | 0.20 |
| cis und trans 4-tert-Butylcyclohexanol . . . . | 0.13 |
| cis und trans 4-tert-Butylcyclohexylacetat . . | 0.40 |
| Androsteron und Epiandrosteron . . . . . | 0.45 |
| 11$a$- und 11$\beta$-Hydroxyprogesteron. . . . . | 0.43 |
| $a$- und $\beta$-D-Glucose-pentaacetat . . . . . | 0.45 |
| $a$- und $\beta$-D-Galactose-pentaacetat . . . . . | 0.63 |
| $a$- und $\beta$-D-Mannose-pentaacetat . . . . . | 0.29 |
| $a$- und $\beta$-D-Xylose-tetraacetat . . . . . . . | 0.64 |
| $a$- und $\beta$-D-Ribose-tetraacetat . . . . . . | 0.10 |
| $a$-L- und $\beta$-D-Arabinose-tetraacetat . . . . | 0.68 |

JACKMAN, L.M.: Application of Nuclear Magnetic Resonance Spectroscopy in Organic Chemistry. London: Pergamon Press 1959.

Da in einem System H—C—C—H die Größe der Kopplungskonstanten vom Winkel zwischen den beiden H—C-Bindungen abhängt (vgl. Kap. III), sollten, je nach der Lage der Protonen zueinander, im Cyclohexan verschiedene Kopplungskonstanten auftreten. Ein axiales Proton bildet mit einem benachbarten axialen Proton einen Winkel von 180°, mit einem nachbarständigen äquatorialen Proton einen von 60°. Der Winkel zwischen zwei benachbarten äquatorialen Protonen beträgt 60°. Entsprechend unterscheiden sich die Werte von $J_{aa}$, $J_{ae}$ und $J_{ee}$. Das Spektrum des unsubstituierten Cyclohexans ist auch bei tiefer Temperatur so wenig aufgelöst, daß die Beträge der Konstanten nicht bestimmt werden können. Aus den Spektren von Derivaten konnten die Kopplungskonstanten entnommen werden. In allen Fällen ist die Kopplungskonstante zwischen zwei benachbarten axialen Protonen $J_{aa}$ am größten und liegt zwischen 8 und 15 Hz[1].

[1] LEMIEUX, R.U., R.K. KULLNIG, H.J. BERNSTEIN, and W.G. SCHNEIDER: J.A.C.S. **80**, 6098 (1958). — [2] WELLMAN, K.M., and F.G. BORDWELL: THL 1703 (1963). — [3] TIERS, G.V.D.: Proc. Chem. Soc. 389 (1960). — [4] REEVES, L.W., and K.O. STRØMME: Trans. Farad. **57**, 390 (1961). — [5] REEVES, L.W., and K.O. STRØMME: Can. J. Chem. **38**, 1241 (1960). — [6] JENSEN, F.R., D.S. NOYCE, C.H. SEDERHOLM, and A.J. BERLIN: J.A.C.S. **82**, 1256 (1960). — [7] JENSEN, F.R., D.S. NOYCE, C.H. SEDERHOLM, and A.J. BERLIN: J.A.C.S. **84**, 386 (1962). — [8] HARRIS, R.K., and N. SHEPPARD: Proc. Chem. Soc. 418 (1961).

Die Konstanten $J_{ae}$ und $J_{ee}$ liegen zwischen 2.5 und 4.5 Hz. Obwohl die Winkel zwischen axialen und äquatorialen, sowie zwischen zwei äquatorialen Protonen gleich groß sind, unterscheiden sich die Kopplungskonstanten

Tabelle 108. *Kopplungskonstanten $J_{aa}$ und $J_{ae}$ in verschiedenen Verbindungen*

| Verbindung | $J_{aa}$ | | $J_{ae}$ | |
|---|---|---|---|---|
| $1a,3a$-Dimethoxy-$2\beta$-acetoxycyclohexan . . . . . | 9 | | – | |
| $1a,3\beta$-Dimethoxy-$2a$-acetoxycyclohexan . . . . . | 6.4 | | 2.6 | |
| Verschiedene acetylierte Aldopyranosen . . . . | 5–8 | | 2–3.2 | |
| Verschiedene Saccharide . . . . . . . . . . . | 6.2–8.8 | | 2.3–3.8 | |
| Allo-Quercitol . . . . . . . . . . . . . . | 9 | | 3 | |
| Talo-Quercitol . . . . . . . . . . . . . . | 10 | | 2 | |
| Phenyldecalon . . . . . . . . . . . . . . . | 10 | | 4 | |
| Dioxan . . . . . . . . . . . . . . . . . | 9.4 | | 2.7 | |
| 6-Methyl-3-piperidinol . . . . . . . . . . . | 9.2 | | 4.4 | |
| trans-3,3,4,5,5-Pentadeuterio-4-t-butylcyclohexanol | 11.07 | | 4.31 | |
| 3,3,4,4,5,5-Hexadeuteriocyclohexylacetat . . . . | 11.43 | | 4.24 | |
| Desosamin . . . . . . . . . . . . . . . . | 7.8 | 10.2 | 3.9 | 1.8 |
| | 12.0 | 11.1 | 4.0 | |
| Diacetyldesosamin hydrochlorid . . . . . . . . | 7.6 | 10.4 | 4.2 | 1.9 |
| | 12.5 | 11.1 | – | |
| $6a$-Hydroxy-17-äthylendioxy-$3a$ . . . . . . . . | 12 | | 4.3 | |
| $5a$-Cycloandrostan . . . . . . . . . . . . | 11.5 | | 4.4 | |
| 1,1,4,4-Tetramethylcyclohexyl cis-2,6-diacetat . . | 12.35 | | 4.25 | |
| Verschiedene Cholestane, Cholestane-3-one | | | | |
| und 2-one . . . . . . . . . . . . . . . . | 9.5–13.1 | | 2.5–7.4 | |
| Verschiedene deuterierte Cholestane-3-one . . . . | – | | 6.4–7.0 | |
| Verschiedene 2-Brom-3-oxo-steroide . . . . . . | 12.4–13.4 | | 5.7–8 | |
| Phthalimidocyclohexan und seine trans | | | | |
| 2-Äthyl Derivate . . . . . . . . . . . . . | 11.4–11.6 | | 3.8 | 3.95 |

HUITRIC, A.C., J.B. CARR, W.F. TRAGER, and B.J. NIST: TH **19**, 2145 (1963).

$J_{ae}$ und $J_{ee}$[1], wobei $J_{ae}$ in den meisten Fällen um etwa 1 Hz größer ist als $J_{ee}$. In Tab. 108 sind für eine Reihe von Verbindungen die gemessenen Kopplungskonstanten wiedergegeben.

### VII. 7b *Konformationsanalyse mit Hilfe der chemischen Verschiebungen*

Mit Hilfe der an Verbindungen bekannter Struktur gewonnenen Daten über die chemische Verschiebung von axialen und äquatorialen Protonen und der Kopplungskonstanten kann die Konformation zahlreicher anderer Verbindungen bestimmt werden. Man kann dabei auf dreierlei Weise vorgehen und Bandenlagen, Aufspaltungen und Bandenbreiten bestimmen. Diese drei Methoden sollen in den folgenden Abschnitten besprochen und an Beispielen erläutert werden. Für alle Verfahren ist Voraussetzung, daß das Spektrum genügend aufgelöst ist. Dabei ist es im allgemeinen ausreichend, wenn einzelne Banden so weit von den übrigen Signalen entfernt

---

[1] ANET, F.A.L.: J.A.C.S. **84**, 1053 (1962).

sind, daß keine Überlappungen mehr auftreten. Wenn der Substituent ein Heteroatom ist, dann ist für das tertiäre Proton, das am gleichen Kohlenstoffatom wie der Substituent steht, diese Voraussetzung meistens erfüllt. (Bei Alkylresten sind die chemischen Verschiebungen des tertiären Protons denen der übrigen Ringprotonen so ähnlich, daß keine Auftrennung der Signale erfolgt). Die Bande des Protons, das am gleichen Kohlenstoffatom steht wie der Substituent (im folgenden als X-Proton bezeichnet), ist durch den Substituenten so weit nach tieferem Feld verschoben, daß auch mit den äquatorial stehenden Nachbarn selten Signalüberlappungen auftreten.

Bei Raumtemperatur ist der Umklappvorgang sehr schnell, und man sieht nur ein Signal, dessen Lage durch die chemischen Verschiebungen des Protons in axialer und äquatorialer Stellung und durch die Gleichgewichtskonzentration der beiden Isomeren bestimmt wird. Es muß hierbei betont werden, daß auch bei sehr schneller Isomerisierung die Moleküle praktisch nur in den beiden Sesselformen vorliegen. Die Konzentrationen von Molekülen in Übergangszuständen und Zwischenprodukten (Wannenform) ist vernachlässigbar klein. Durch Abkühlen kann der Umklappvorgang so verlangsamt werden, daß die Signale des X-Protons in axialer und äquatorialer Stellung getrennt beobachtet werden können. Aus dem Flächenverhältnis kann man dann die Zusammensetzung des Gleichgewichtes bei dieser Temperatur bestimmen. Die Zuordnung der Banden ist einfach, denn axiale Protonen erscheinen stets bei höherem Feld. Diese Methode ist auch dann anwendbar, wenn die beiden Signale nicht vollständig getrennt werden können. Bei teilweiser Überlappung können die Flächen der Einzelbanden abgeschätzt und daraus die Gleichgewichtskonstante berechnet werden. Führt man Messungen bei verschiedenen Temperaturen durch, so kann die Temperaturabhängigkeit des Gleichgewichtes bestimmt und damit die Zusammensetzung der Gleichgewichte bei höherer Temperatur berechnet werden. Nach diesen Verfahren sind die Gleichgewichtslagen von Monochlor-, Monobrom-, Dichlor- und Dibromcyclohexan bestimmt worden[1,2].

Die aus Tieftemperaturspektren gewonnenen chemischen Verschiebungen für axiale und äquatoriale X-Protonen kann man benutzen, um bei höheren Temperaturen die Gleichgewichtskonstante zu bestimmen. Sie beträgt

$$K = \frac{\tau_a - \tau}{\tau - \tau_e}, \tag{47}$$

wobei $\tau_a$ und $\tau_e$ die chemischen Verschiebungen bedeuten, wenn der Substituent axial bzw. äquatorial steht, und $\tau$ die bei höherer Temperatur gemessene Verschiebung des Gleichgewichtsgemisches ist. Dieses einfache Verfahren zur Konformationsanalyse ist nur selten anwendbar, weil es eine völlige Trennung der Banden bei tiefer Temperatur voraussetzt, die experimentell nicht immer zu erreichen ist. Man kann diese Schwierigkeiten umgehen, indem man die chemischen Verschiebungen aus Spektren konformativ einheitlicher Substanzen entnimmt. Dies sind Verbindungen, die durch

---

[1] REEVES, L.W., and K.O. STRØMME: Trans. Farad. **57**, 390 (1961). — [2] REEVES, L.W., and K.O. STRØMME: Can. J. Chem. **38**, 1241 (1960).

sperrige Reste am Umklappen gehindert sind und nur in einer der möglichen Sesselformen vorliegen. Als Modellsubstanzen verwendet man häufig t-Butylcyclohexane oder trans-Dekaline[1-4]. Bei diesem Verfahren können leicht Fehler auftreten, und die Gültigkeit der Ergebnisse hängt von der richtigen Auswahl der Bezugssubstanzen ab. Sie sollten eine möglichst große Ähnlichkeit mit den zu untersuchenden Substanzen besitzen. Sollen 4-Methylcyclohexanole untersucht werden, so können die chemischen Verschiebungen für axiale und äquatoriale X-Protonen etwa aus den Spektren von cis-4-t-Butyl- und trans-4-t-Butylhexanol entnommen werden. Man setzt dabei voraus, daß die Substituenteneffekte von Methylgruppen und t-Butylgruppen gleich sind. Bei der großen Entfernung der Alkylgruppen vom X-Proton ist diese Annahme sicher gerechtfertigt. Steht der Substituent aber in Nachbarstellung, so wird das Verfahren unsicherer.

### VII. 7c *Konformationsanalyse mit Hilfe der Kopplungskonstanten*

Das X-Proton hat vier Nachbarn, mit denen eine Spinkopplung auftreten kann. Kopplungen mit weiter entfernten Nachbarn und mit dem Substituenten sollen vorerst vernachlässigt werden. Im allgemeinen ist die chemische Verschiebung zwischen dem X-Proton und seinen Nachbarn groß gegenüber der Kopplungskonstanten, und die Spektren sind, je nach Anzahl der Protonen an den benachbarten Kohlenstoffatomen, vom $A_2B_2X$-, $A_2BX$-, $ABX$-, $A_2X$- oder $AX$-Typ. Der A- und B-Teil des Spektrums ist meistens durch andere Banden verdeckt und die Kopplungskonstanten können nur dem X-Teil entnommen werden. Die Aufspaltungen des X-Teils können aber nur dann den Kopplungskonstanten gleichgesetzt werden, wenn die Unterschiede in den chemischen Verschiebungen groß gegenüber den Kopplungskonstanten sind, wenn also keine Aufspaltung höherer Ordnung vorliegt. Die Vernachlässigung der Kopplungen mit entfernteren

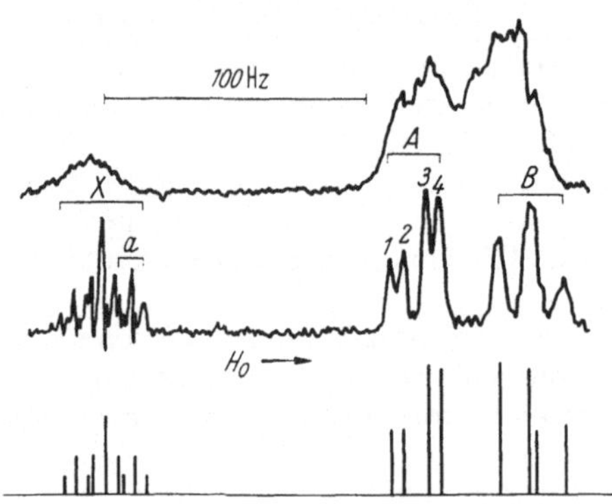


Abb. 120. ¹H-Spektrum von Cyclohexanol und von 3,3,4,4,5,5-Hexa-deutero-cyclohexanol bei 60 MHz (OH-Bande liegt bei tieferem Feld und ist nicht gezeigt). Der untere Teil gibt das berechnete Spektrum[1]

Protonen ist nicht völlig gerechtfertigt. Wenn auch keine Aufspaltungen durch die Kopplung mit diesen Protonen gefunden werden, so tragen sie doch zur Verbreiterung der Banden bei. Ein eindrucksvolles Beispiel gibt das Spektrum vom Cyclohexanol, dessen X-Teil als breite, nicht aufgelöste Bande


[1] ANET, F. A. L.: J. A. C. S. **84**, 1053 (1962). — [2] FELTKAMP, H., N. C. FRANKLIN, W. KRAUS, and W. BRÜGEL: im Druck (TH). — [3] ABRAHAM, R. J., and H. J. BERNSTEIN: Can. J. Chem. **39**, 39 (1961). — [4] ELIEL, E. L., E. W. DELLA, and T. H. WILLIAMS: THL 831 (1963).

erscheint (Abb. 120). Im 3,3,4,4,5,5-Hexadeuterocyclohexanol dagegen besteht das Signal aus einer Reihe scharfer Linien. Dem Spektrum des Cyclohexanols können natürlich keine Kopplungskonstanten entnommen

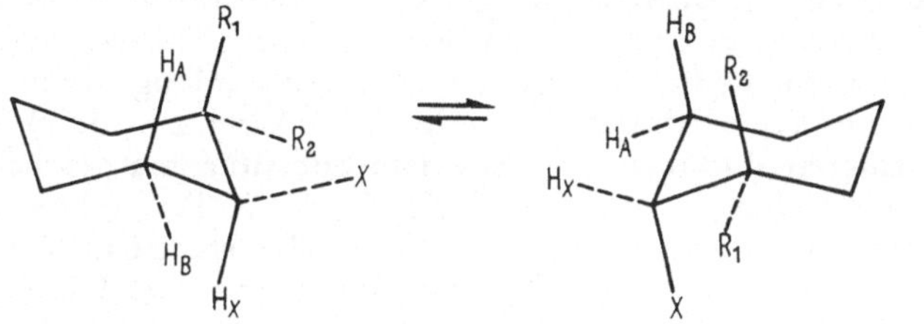

LIII

werden und eine Konformationsanalyse ist nur über die Bandenbreite möglich.

Die Kopplungskonstanten, die man in den Spektren von rasch umklappenden Cyclohexanderivaten findet, liegen zwischen den Werten der beiden Isomeren. In einem ABX-System (LIII) betragen die Werte

$$J_{AX} = mJ_{aa} + (1-m)\,J_{ee} \quad \text{und} \quad J_{BX} = mJ_{ae} + (1-m)\,J_{ea}\,, \tag{48, 49}$$

wobei $m$ den Molenbruch der Konformation darstellt, in dem das X-Proton axial steht. Wenn die Werte von $J_{aa}$, $J_{ea}$ und $J_{ae}$ durch Messung an Modellsubstanzen einheitlicher Konformation bestimmt werden können, lassen sich die Gleichungen 48 und 49 benutzen, um aus den an der Untersuchungssubstanz gefundenen Aufspaltungen die Gleichgewichtskonzentrationen zu bestimmen[1]. Hierbei ist wieder Voraussetzung, daß die Vergleichssubstanzen der Untersuchungssubstanz möglichst ähnlich sind. Ferner müssen die Kopplungskonstanten sehr genau bekannt sein und die Aufspaltungen bei der Untersuchungssubstanz genau gemessen werden. Die beiden Kopplungskonstanten $J_{ae}$ und $J_{ea}$, die auftreten, wenn das X-Proton axial bzw. äquatorial steht, brauchen nicht unbedingt gleich groß zu sein. Sie werden sich aber nur geringfügig unterscheiden, und die Kopplungskonstante $J_{BX}$ wird kaum von den an Modellverbindungen gemessenen Werten abweichen. Die Bestimmung von $m$ kann daher nur durch die Messung von $J_{AX}$ vorgenommen werden.

Die Konformationsanalyse mit Hilfe der Kopplungskonstanten ist somit an eine ganze Reihe von Voraussetzungen gebunden. Einmal müssen die Aufspaltungen des X-Protons deutlich sichtbar sein. Ferner müssen die Kopplungen mit entfernteren Protonen verschwindend klein sein und die aus den Modellsubstanzen gefundenen Werte der Kopplungskonstanten auch für die Untersuchungssubstanz gelten. Besonders der letzte Punkt bringt eine schwer abschätzbare Unsicherheit in die Ergebnisse der Konformationsanalyse und stellt eine wesentliche Begrenzung für die Anwendbarkeit des Verfahrens dar.

---

[1] Booth, H.: TH **20**, 2211 (1964).

### VII. 7d *Konformationsanalyse mit Hilfe der Bandenbreiten*

Die Konformationsanalyse mit Hilfe von Bandenbreiten ist mit der Analyse auf Grund der Kopplungskonstanten verwandt, hat aber einen wesentlich weiteren Anwendungsbereich[1-3]. Eine ausführliche Diskussion dieses Verfahrens ist von FELTKAMP, FRANKLIN, THOMAS und BRÜGEL[4] gegeben worden. Es findet vor allem dann Anwendung, wenn das Signal des X-Protons keine Feinstruktur besitzt. Dies kann z. B. durch Kopplung mit entfernteren Protonen oder mit dem Substituenten geschehen. Aber auch bei Verbindungen vom $A_2B_2X$-Typ ist der X-Teil so linienreich, daß eine Konformationsanalyse über die Kopplungskonstanten nicht möglich ist. Im folgenden soll ein solcher Typ besprochen werden. Die beiden Formen eines monosubstituierten Cyclohexans (LIVA und E) bilden $A_2B_2X$-Systeme. In LIVA sind die beiden Kopplungskonstanten $J_{AX}$ und $J_{BX}$ sehr ähnlich, in LIVE deutlich verschieden. Das Signal des X-Protons in

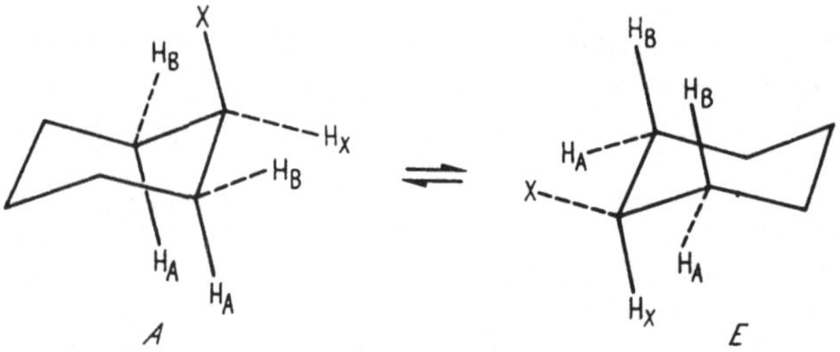

LIV

LIVE sollte ein Nonett mit den relativen Bandenintensitäten $1:2:1:2:4:2:1:2:1$ zeigen. In LIVA mit annähernd gleichen Kopplungskonstanten werden Überlagerungen der Linien auftreten, die die relativen Intensitäten verändern. Im Extremfall $J_{AX} = J_{BX}$ erscheint das Spektrum als $A_4X$-Typ mit den relativen Intensitäten $1:4:6:4:1$. Die Breite der X-Bande beträgt in beiden Fällen $2J_{AX} + 2J_{BX}$. Wenn alle Linien des Signals sichtbar sind, ist sie durch den Abstand der äußeren Linien gegeben. Wenn das Signal keine Feinstruktur zeigt, sollte die Bandenbreite im Fall E bei $^1/_4$ der Bandenhöhe bestimmt werden, im Fall A, der dem $A_4X$-Typ nahe kommt, bei $^1/_6$ der maximalen Bandenhöhe. Bei Cyclohexanderivaten, die rasch umklappen, mißt man am besten bei einem mittleren Wert, also bei $^1/_5$ der Bandenhöhe.

Die Bandenbreiten in den reinen Formen A und E können aus den Spektren von konformativ einheitlichen Verbindungen gewonnen werden. In Tab. 109 sind solche Werte für einige Cyclohexylamine zusammengestellt. Im Fall E, bei dem der Substituent in äquatorialer Lage fixiert ist, beträgt die Bandenbreite $2J_{AX} + 2J_{BX} = 2J_{aa} + 2J_{ea}$, im Mittel 30.3 Hz. Im Fall A mit axial fixierten Substituenten ist $2J_{AX} + 2J_{BX} = 2J_{ee} + 2J_{ea}$ im Mittel 11.5

[1] ANET, F.A.L.: J. A. C. S. **84**, 1053 (1962). — [2] LEMIEUX, R.U., and J.W. LOWN: THL 1229 (1963). — [3] BROWNSTEIN, S., and R. MILLER: J. Org. Chem. **24**, 1886 (1959). — [4] FELTKAMP, H., N.C. FRANKLIN, K.D. THOMAS, and W. BRÜGEL: im Druck (Liebigs Ann. Chem.).

Tabelle 109. *Bandenbreite des X-Protons in Cyclohexylaminen*

| Substanz | Bandenbreite in Hz | |
| --- | --- | --- |
| | Reinsubstanz | in Chloroform |
| **1. Aminogruppe und Substituent äquatorial** | | |
| trans-4-t-Butylcyclohexylamin . . . . . | 30 | 30 |
| trans-4-t-Butylcyclohexylamin(–ND$_2$) . | 31 | 31 |
| trans-$\beta$-Dekalylamin-cis . . . . . . | 30 | 31.5 |
| trans-$\beta$-Dekalylamin-cis(–ND$_2$) . . . . | 30 | 31 |
| cis-3-t-Butylcyclohexylamin . . . . . . | – | 29.5 |
| cis-3-t-Butylcyclohexylamin(–ND$_2$) . . | – | 29 |
| | Mittelwert: | 30.3 |
| **2. Aminogruppe axial, Substituent äquatorial** | | |
| cis-4-t-Butylcyclohexylamin . . . . . . | 11 | – |
| cis-4-t-Butylcyclohexylamin(–ND$_2$) . . | 11 | 11.5 |
| trans-$\beta$-Dekalylamin-trans . . . . . . | 11.5 | 12 |
| trans-$\beta$-Dekalylamin-trans(–ND$_2$) . . . | 11 | 12 |
| trans-3-t-Butylcyclohexylamin . . . . | – | 12.5 |
| | Mittelwert: | 11.5 |
| **Bandenbreiten an umklappenden Systemen** | | |
| trans-3-Methylcyclohexylamin . . . . . | 17 | 18 |
| trans-3-Methylcyclohexylamin(–ND$_2$) . | 17 | 18 |
| cis-4-Methylcyclohexylamin . . . . . | 18 | 17.5 |
| cis-4-Methylcyclohexylamin(–ND$_2$) . . | 17 | 17.5 |

FELTKAMP, H., N. C. FRANKLIN, K. D. THOMAS u. W. BRÜGEL: Liebigs Annalen (im Druck).

Hz. Die Werte für nichtfixierte Verbindungen liegen dazwischen. Mit Hilfe der Formel

$$K = \frac{W_a - W}{W - W_e} \tag{50}$$

kann aus der an rasch umklappenden Systemen gemessenen Bandenbreite $W$ die Lage des Gleichgewichtes bestimmt werden. $W_a$ ist dabei die Bandenbreite bei axial stehendem Substituenten (Fall A), $W_e$ die bei äquatorial stehendem.

Bei der Konformationsanalyse mit Hilfe der Bandenbreiten können eine Reihe von Fehlern auftreten. Einmal können durch Kopplung mit entfernteren Protonen die Banden verbreitert werden. Dieser Fehler ist vermutlich nicht groß und wird, da die gleiche Verbreiterung auch bei den Bezugssubstanzen auftritt, weitgehend unterdrückt. Eine andere Fehlerquelle liegt in der Wahl der Vergleichssubstanzen. Hier besteht wieder die Forderung, daß sie der Untersuchungssubstanz möglichst ähnlich sein sollen. Besteht die Möglichkeit, mehrere Modellsubstanzen für einen Vergleich heranzuziehen, so können die Bandenbreiten gemittelt und die Fehler stark vermindert werden. Eine weitere Schwierigkeit liegt in der Meßgenauigkeit. Die Bandenbreiten lassen sich nur mit einer Genauigkeit von etwa ± 1 Hz bestimmen. Bei sehr flachen Banden ist der Fehler oft noch größer. Da in die Berechnung der Gleichgewichtskonstanten der Quotient zweier Differenzen eingeht, können Meßfehler in der Bandenbreite das Ergebnis völlig verfälschen. Nur wenn Zähler und Nenner etwa gleich groß sind, die beiden Konformationen also in annähernd gleicher Konzentration vorliegen, führt das Verfahren zu zuverlässigen Werten. Trotz dieser Einschränkung ist die Konformationsanalyse mit Hilfe der Bandenbreiten den anderen beiden Methoden überlegen, weil sie allgemeiner anwendbar ist. Sie führt auch dann zu Ergebnissen, wenn die Banden keine Feinstruktur aufweisen und ist in geringerem Maße von der richtigen Auswahl der Bezugssubstanzen abhängig. Von den zahlreichen, nach verschiedenen Verfahren durchgeführten Untersuchungen zur Konformationsanalyse sollen hier nur einige erwähnt werden, nämlich die an Cyclohexylaminen[1-4], Cyclohexanolen[5-9], Decalinen[10], Halogencyclohexanen[11-15], Dihalogencyclohexanen[16-18], Fluorcyclohexanen[19,20], Phenylcyclohexanen[21-28], Derivaten mit verschiedenen Substituenten[29-33], Polyoxycyclohexanen[34-40], Sechsringzuckern[30,41-43], Ribosederivaten[44,45], cyclischen Äthern[46-49], cyclischen Schwefelverbindungen[50-56], cyclischen Aminen[57] und Steroiden[58-61].

## VII. 8. Substituenteneffekte

### VII. 8a  *Aliphatische Verbindungen*

In den Kapiteln über Protonenresonanz und die Resonanz anderer Isotope sind zahlreiche Beispiele dafür gegeben worden, daß Substituenten die chemische Verschiebung in starkem Maße verändern können. Diese Bandenverschiebungen kann man benutzen, um systematische Untersuchungen über Substituenteneinflüsse durchzuführen. Betrachtet man die Signale zweier Kerne eines bestimmten Isotops, so liegt dasjenige für den Kern der die größere Elektronendichte in seiner Umgebung besitzt, bei höherem Feld. (Von Anisotropieeffekten, die diese Reihenfolge verändern können, soll hier abgesehen werden.) Die chemische Verschiebung ist demnach von der Elektronenverteilung abhängig. Alle Substituenten, die Elektronen vom betrachteten Kern wegziehen, bewirken eine Verschiebung nach tieferem, elektronenspendende Substituenten eine nach höherem Feld. Die Veränderung kann dadurch erfolgen, daß die Elektronenverteilung am Kern verändert wird und ebenso dadurch, daß die Bindungselektronen zum Substituenten gezogen oder von ihm fortgedrückt werden. Ein Maß für die Fähigkeit des Substituenten, Bindungselektronen zu verschieben, ist durch die Elektronegativität gegeben. Bei einer Bindung zwischen Kernen der gleichen Elektronegativität ist das Bindungselektronenpaar symmetrisch auf beide Kerne verteilt. Bei Bindungen zwischen Kernen ungleicher Elektronegativität ist es in Richtung zum Kern mit der höheren Elektronegativität verschoben. An mehreren Stellen in den voranstehenden Kapiteln ist auf Zusammenhänge zwischen den Elektronegativitäten und den chemischen Verschiebungen hingewiesen worden. Abweichungen treten vor allem bei Substituenten auf, deren Elektronenverteilung stark anisotrop ist. Der

Literatur zu nebenstehender Seite:

[1] FELTKAMP, H., N.C. FRANKLIN, K.D. THOMAS, and W. BRÜGEL: im Druck (Liebigs Ann. Chem.). — [2] SEGRE, A.: THL 17, 1001 (1964). — [3] ELIEL, E.L., E.W. DELLA, and T.H. WILLIAMS: THL 831 (1963). — [4] BOOTH, H., and G.C. GIDLEY: THL 1449 (1964). — [5] ALLAN, E.A., E. PREMUZIC, and L.W. REEVES: Can. J. Chem. 41, 204 (1963). — [6] REISSE, J., J.C. CELOTTI, D. ZIMMERMANN, and G. CHIURDOGLU: THL 2145 (1964). — [7] PREMUZIC, E., and L.W. REEVES: Can. J. Chem. 42, 1498 (1964). — [8] OUELLETTE, R.J.: J.A.C.S. 86, 4378 (1964). — [9] SCHROETER, S.H., and E.S. ELIEL: J. Org. Chem. 30, 1 (1965). — [10] FELTKAMP, H., N.C. FRANKLIN, W. KRAUS, and W. BRÜGEL: im Druck (TH). — [11] GARBISCH, Jr., E.W.: J.A.C.S. 86, 1780 (1964). — [12] BERLIN, A.J., and F.R. JENSEN: Chem. and Industrie 998 (1960). — [13] BRACE, N.O.: J.A.C.S. 86, 665 (1964). — [14] LASZLO, P., et J.I. MUSHER: Bull. Soc. Chim. France 2558 (1964). — [15] REISSE, J., J.C. CELOTTI, and G. CHIURDOGLU: THL 397 (1965). — [16] V. DORT, H.M., and T.J. SEKUUR: THL 1301 (1963). — [17] PREMUZIC, E., and L.W. REEVES: Can. J. Chem. 40, 1870 (1962). — [18] LEMINEUX, R.U., and J.W. LOWN: Can. J. Chem. 42, 893 (1964). — [19] HOMER, J., and L.F. THOMAS: Trans. Farad. 59, 2431 (1963). — [20] BOVEY, F.A., E.W. ANDERSON, F.P. HOOD, and R.L. KORNEGAY: J. Chem. Phys. 40, 3099 (1964). — [21] HUITRIC, A.C., W.S. STRAVROPOULOS, and B.J. NIST: J. Org. Chem. 28, 1539 (1963). — [22] STAIFF, D.C., and A.C. HUITRIC: J. Org. Chem. 28, 3531 (1963). — [23] GARBISCH, Jr., E.W.: J. Org. Chem. 27, 4243 (1962). — [24] GARBISCH, Jr., E.W.: J. Org. Chem. 27, 4249 (1962). — [25] GARBISCH, Jr., E.W., and D.B. PATTERSON: J.A.C.S. 85, 3228 (1963). — [26] TRAGER, W.F., F.F. VINCENZI, and A.C. HUITRIC: J. Org. Chem. 27, 3006 (1962). — [27] STAIFF, D.C., and A.C. HUITRIC: J. Org. Chem. 29, 3106 (1964). — [28] CARR, J.B., and A.C. HUITRIC: J. Org. Chem. 29, 2506 (1964). — [29] MUSHER, J.I.: J. Chem. Phys. 34, 594 (1961). — [30] LEMINEUX, R.U., R.K. KULLNIG, and R.Y. MOIR: J.A.C.S. 80, 2237 (1958). — [31] ANET, F.A.L., R.A.B. BANNARD, and L.D. HALL: Can. J. Chem. 41, 2331 (1963). — [32] UEBEL, J.J., and J.C. MARTIN: J.A.C.S. 86, 4618 (1964). — [33] OUELLETTE, R.J.: J.A.C.S. 86, 3089 (1964). — [34] MCCASLAND, G.E., S. FURUTA, L.F. JOHNSON, and J.N. SHOOLERY: J. Org. Chem. 28, 894 (1963). — [35] MCCASLAND, G.E., S. FURUTA, and J.N. SHOOLERY: J.A.C.S. 83, 2335 (1961). — [36] LICHTENTHALER, F.W.: Chem. Ber. 96, 2047 (1963). — [37] BROWNSTEIN, S.: Can. J. Chem. 40, 87 (1962). — [38] SHOOLERY, J.N., L.F. JOHNSON, S. FURUTA, and G.E. MCCASLAND: J.A.C.S. 83, 4243 (1961). — [39] PREMUZIC, E., and L.W. REEVES: Can. J. Chem. 42, 1498 (1964). — [40] TRAGER, W.F., B.J. NIST, and A.C. HUITRIC: THL 267 (1965). — [41] LEMINEUX, R.U., R.K. KULLNIG, H.J. BERNSTEIN, and W.G. SCHNEIDER: J.A.C.S. 79, 1005 (1957). — [42] LEMINEUX, R.U., R.K. KULLNIG, and W.G. SCHNEIDER: J.A.C.S. 80, 6098 (1958). — [43] LEMINEUX, R.U., and R. NAGARAJAN: Can. J. Chem. 42, 1270 (1964). — [44] JARDETZKY, C.D.: J.A.C.S. 82, 229 (1960). — [45] JARDETZKY, C.D., and O. JARDETZKY: J.A.C.S. 82, 222 (1960). — [46] ARBOUZOV, B.A., and Y.Y. SAMITOV: THL 473 (1963). — [47] CASPI, E., T.A. WITTSTRUCK, and D.M. PIATAK: J. Org. Chem. 27, 3183 (1962). — [48] DELMAU, J., and C. BARBIER: J. Chem. Phys. 41, 1106 (1964). — [49] BARBIER, C., M. DAVIDSON, and J. DELMAU: Bull. Soc. Chim. France 1046 (1964). — [50] CAMPAIGNE, E., N.F. CHAMBERLAIN, and B.E. EDWARDS: J. Org. Chem. 27, 135 (1962). — [51] CLAESON, G., G.M. ANDROES, and M. CALVIN: J.A.C.S. 82, 4428 (1960). — [52] PRITCHARD, J.G., and P.C. LAUTERBUR: J.A.C.S. 83, 2105 (1961). — [53] LÜTTRINGHAUS, A., u. S. KABUSS: Z. Naturforsch. 16b, 761 (1961). — [54] FRIEBOLIN, H., S. KABUSS, W. MAIER, and A. LÜTTRINGHAUS: THL 683 (1962). — [55] FORMAN, S.E., A.J. DURBETAKI, M.V. COHEN, and R.A. OLOFSON: J. Org. Chem. 30, 169 (1965). — [56] FRIEBOLIN, H., R. MECKE, S. KABUSS, and A. LÜTTRINGHAUS: THL 1929 (1964) — [57] BISHOP, R.J., L.E. SUTTON, D. DINEEN, R.A.Y. JONES, and A.R. KATRITZKY: Proc. Chem. Soc. (London) 257 (1964). — [58] ZÜRCHER, R.F.: Chimia 18, 349 (1964). — [59] DEWHURST, B.B., J.S.E. HOLKER, A. LABLACHE-COMBIER, M.R.G. LEEMING, J. LEVISALLES, et J.P. PETE: Bull. Soc. Chim. France 3259 (1964). — [60] HASSNER, A., and C. HEATHCOCK: J. Org. Chem. 29, 1350 (1964). — [61] GAUDEMER, A., J. POLONSKY, et E. WENKERT: Bull. Soc. Chim. France 407 (1964).

Einfluß der Elektronegativität auf die Lage der Protonen in $CH_3X$- und $CH_3$—$CH_2X$-Verbindungen, sowie des Kohlenstoffs in $CH_3X$-Verbindungen und des Fluors in binären Fluoriden ist auf S. 280 behandelt worden, und auf eine Wiederholung der Ergebnisse kann hier verzichtet werden.

In einigen Fällen wurden Zusammenhänge zwischen der chemischen Verschiebung und den induktiven Konstanten $\sigma^*$ der Taft-Beziehung gefunden. So besteht eine annähernd lineare Beziehung zwischen den Bandenlagen der $\alpha$-Protonen in $CH_3COOR$ bzw. $(CH_2COOR)_2$ und den $\sigma^*$-Werten der Reste $R$[1]. Der Bereich der chemischen Verschiebungen ist jedoch klein, und manche Gruppen, wie Aromaten (wegen der Anisotropie) und sperrige Reste (wegen der Behinderung der freien Drehbarkeit), zeigen starke Abweichungen.

Auf die häufig beobachtete Abhängigkeit der Kopplungskonstanten von der Elektronegativität der Nachbargruppen ist ebenfalls in den früheren Kapiteln schon hingewiesen worden. In vielen Verbindungsklassen, z.B. in substituierten Äthanen, Cyclopropanen, Bicyclen, Epoxyden und Olefinen, ist ein linearer Abfall der Kopplungskonstanten mit zunehmender Elektronegativität der Nachbargruppen gefunden worden[2-7].

## VII. 8b *Aromatische Verbindungen*

Die chemischen Verschiebungen der Protonen, des Kohlenstoffs und des Fluors in aromatischen Verbindungen hängen von der Art und der Zahl der Substituenten am Benzolring ab. Diese Stoffe sind ganz besonders für die systematische Untersuchung von Substituenteneffekten geeignet, weil sie meistens leicht zugänglich sind, relativ einfache Spektren ergeben und Substituenteneffekte aufweisen, die genügend groß für eine genaue Messung sind. Ferner liegt aus UV- und IR-spektroskopischen Messungen, aus kinetischen Untersuchungen und aus Gleichgewichtsmessungen ein umfangreiches Zahlenmaterial über Substituenteneinflüsse vor, das Vergleiche mit den Kernresonanzdaten ermöglicht. Monosubstituierte Benzole geben NMR-Spektren vom $A_2B_2C$-Typ, die recht kompliziert sind und aus denen man nicht ohne weiteres die Verschiebungen der Ortho-, Meta- und Paraprotonen ersehen kann (vgl. Abb. 71). SPIESECKE und SCHNEIDER lösten das Problem der Zuordnung auf elegante Weise, indem sie bestimmte Positionen deuterierten und dadurch einfache Spektren erhielten[8]. Die auf diese Weise bestimmten Verschiebungen für Ortho-, Meta- und Paraprotonen und die Verschiebungen der Kohlenstoffatome von monosubstituierten Benzolen sind in den Abb. 72 und 89 wiedergegeben. Man sieht aus den Abbildungen, daß die Metaprotonen und die Metakohlenstoffatome am wenigsten durch die Substituenten beeinflußt werden und daß die Richtung der Verschiebung unübersichtlich ist. Die Verschiebungen in den anderen

---

[1] KAN, R.O.: J. A. C. S. **86**, 5180 (1964). — [2] LEHN, J.M., and J.J. RIEHL: J. Mol. Phys. **8**, 33 (1964). — [3] WILLIAMSON, K.L., C.A. LANFORD, and CH. R. NICHOLSON: J. A. C. S. **86**, 762 (1964). — [4] ABRAHAM, R.J., K.G.R. PACHLER: J. Mol. Phys. **7**, 165 (1963). — [5] MULLER, J.C.: Bull. Soc. Chim. France 1815 (1964). — [6] SCHAEFER, T., F. HRUSKA, and G. KOTOWITZ: Can. J. Chem. **43**, 75 (1965). — [7] LASZLO, P., et P. v. R.-SCHLEYER: Bull. Soc. Chim. France 1, 87 (1964). — [8] SPIESECKE, H., and W.G. SCHNEIDER: J. Chem. Phys. **35**, 731 (1961).

Positionen sind beträchtlich, wobei die in Orthostellung größer sind als die in Parastellung. Im allgemeinen gehen beide in der gleichen Richtung. Unterschiede treten vor allem bei Substituenten mit großer magnetischer Anisotropie auf. Die Verschiebung der Parakohlenstoffatome läuft der der Paraprotonen parallel. Bei den Orthokohlenstoffen machen sich die Anisotropieeffekte des Substituenten noch stärker bemerkbar als bei den Protonen. Die Messung der $^{13}$C-Resonanzen gestattet auch die Ermittlung von Substituenteneinflüssen auf das Kohlenstoffatom, das direkt mit dem Substituenten verbunden ist.

Während die $^1$H-Spektren monosubstituierter Benzole noch kompliziert sind und über den Umweg der Deuterierung analysiert werden müssen, vereinfacht sich die Analyse bei mehrfacher Substitution erheblich. Z. B. sind die Spektren von 2,6-Dimethyl-1-substituierten Benzolen vom $A_2B$-Typ und leicht zu deuten. Bei diesen Verbindungen muß allerdings berücksichtigt werden, daß größere Substituenten sich mit den orthoständigen Methylgruppen behindern. So kann sich z. B. eine Nitrogruppe, die zwischen zwei Methylgruppen eingeklemmt ist, nicht in die Ebene des Ringes einstellen, sondern steht senkrecht dazu. In dieser Stellung kann sie nur noch induktiv, aber nicht mehr mesomer die Elektronenverteilung im Ring beeinflussen und gibt andere Werte als eine unbehinderte Nitrogruppe.

Besonders einfach ist die Untersuchung von parasubstituierten Benzolen. Verbindungen dieser Art geben Spektren vom $A_2B_2$-Typ. Da die Kopplungskonstanten zwischen den beiden Orthoprotonen gleich sind und die Kopplung zwischen meta- und paraständigen Protonen nur gering ist, sehen die Spektren oft wie AB-Typen aus und können näherungsweise als solche behandelt werden. Alle Untersuchungen an disubstituierten Benzolen gehen von der Annahme aus, daß die Einflüsse der beiden Substituenten auf die chemische Verschiebung der Ringprotonen additiv sind. Wenn die chemischen Verschiebungen (bezogen auf Benzol) in monosubstituierten Benzolen in Ortho-, Meta- und Parastellung zum Substituenten $S_{oX}$, $S_{mX}$ und $S_{pX}$ sind, so sollte danach in einem paradisubstituiertem Molekül (LV) die chemische Verschiebung der Protonen in Nachbarstellung zum

$$Y\!-\!\!\!\bigcirc\!\!\!-\!X$$

LV

Substituenten X gegeben sein durch $S_{oX} + S_{mY}$. Vergleicht man die Verschiebungen von drei Verbindungen, p—$C_6H_4XY$, p—$C_6H_4XZ$ und p—$C_6H_4YZ$, so läßt sich die Additivität leicht nachprüfen. Die Gültigkeit dieser Additivitätsregel ist von DIEHL an zahlreichen Verbindungen nachgewiesen worden[1]. Die beobachteten und aus Substituentenkonstanten berechneten Verschiebungen stimmen in allen untersuchten Fällen gut überein. Bei der Mehrzahl der Verbindungen beträgt die Abweichung nur 0.03 ppm, in den ungünstigsten Fällen 0.1 ppm. Auch für metadisubstituierte Verbindungen wird die Additivität erfüllt. Bei dreifach substituierten Benzolen sind die Abweichungen allerdings schon recht erheblich[1-3].

---

[1] DIEHL, P.: Helv. Chim. Acta **44**, 829 (1961). — [2] LEANE, J. B., and R. E. RICHARDS: Trans. Farad. **55**, 707 (1959). — [3] SMITH, G. W.: J. Mol. Spec. **12**, 146 (1964).

Da die Substituenten unabhängig voneinander wirken, kann man an disubstituierten Verbindungen Substituenteneffekte untersuchen. Man bestimmt dazu die chemischen Verschiebungen in solchen Reihen, in denen immer ein Substituent konstant gehalten wird und durch Wechsel des anderen die chemische Verschiebung der Ringprotonen verändert wird. Durch Vergleich der Verschiebungen mit der der Bezugssubstanz, in der ein Substituent ein Proton ist, kann die Größe der Substituenteneffekte bestimmt werden. Tab. 57 (S. 170) gibt eine Zusammenstellung der Substituenteneffekte, die an mono- und disubstituierten Benzolen bestimmt wurden. Die gute Übereinstimmung zwischen beiden Reihen bestätigt wieder die Gültigkeit der Additivitätsregel.

Auf besonders einfache Weise lassen sich Substituenteneffekte bei substituierten Fluorbenzolen messen, und es liegt eine Anzahl von solchen Untersuchungen vor[1-16]. Die $^{19}$F-Spektren dieser Verbindungen sind im allgemeinen leicht zu analysieren und haben den Vorteil, daß die Substituenteneffekte wesentlich größer sind als bei der Protonenresonanz. Auch bei Fluorverbindungen addieren sich die Einflüsse verschiedener Substituenten.

### VII. 8c *Beziehungen zwischen den chemischen Verschiebungen und den σ-Konstanten der Hammett-Beziehung*

Durch Substituenten wird die Verteilung der $\pi$-Elektronen im Benzolring verändert und hierdurch wiederum die Reaktivität der aromatischen Verbindungen. Das umfangreiche Material, das über Reaktionsgeschwindigkeiten, Gleichgewichtskonstanten, Ultraviolett- und Infrarotspektren von aromatischen Verbindungen vorliegt, läßt sich mit guter Näherung durch die Hammett-Beziehung

$$log\,K\,/\,log\,K_0 = \rho\sigma \tag{51}$$

wiedergeben[17], wobei K die Reaktionsgeschwindigkeit oder Gleichgewichtskonstante einer zweifach substituierten Verbindung (z. B. eines substituierten Anilins) und $K_0$ die der entsprechenden einfach substituierten Verbindung (Anilin) ist. $\rho$ ist eine empirische Konstante, die die Reaktionsart

[1] GUTOWSKY, H.S., C.H. HOLM, A. SAIKA, and G.A. WILLIAMS: J.A.C.S. **79**, 4596 (1957). — [2] LAUTERBUR, P.C.: THL 274 (1961). — [3] TAFT, Jr., R.W., R.E. GLICK, I.C. LEWIS, I. FOX, and ST. EHRENSON: J.A.C.S. **82**, 756 (1960). — [4] TAFT, R.W., E. PRICE, I.R. FOX, I.C. LEWIS, K.K. ANDERSEN, and G.T. DAVIS: J.A.C.S. **85**, 709 (1963). — [5] TAFT, R.W., E. PRICE, and G.T. DAVIS: J.A.C.S. **85**, 3146 (1963). — [6] TAFT, R.W., F. PROSSER, L. GOODMAN, and G.T. DAVIS: J. Chem. Phys. **38**, 380 (1963). — [7] MEYER, L.H., and H.S. GUTOWSKY: J. Phys. Chem. **57**, 481 (1953). — [8] SUHR, H.: Ber. Bunsenges. phys. Chem. **68**, 169 (1964). — [9] TAFT, Jr., R.W., S. EHRENSON, I.C. LEWIS, and R.E. GLICK: J.A.C.S. **81**, 5352 (1959). — [10] TAFT, Jr., R.W.: J.A.C.S. **79**, 1045 (1957). — [11] GUTOWSKY, H.S., D.W. McCALL, B.R. McGARVEY, and L.H. MEYER: J.A.C.S. **74**, 4809 (1952). — [12] BYSTROV, V.F., E.Z. UTYANSKAJA, and L.M. YAGUPOLSKII: Opt. i Spektroskopiya **10**, 138 (1961), C.A. 10075e (1961). — [13] YAGUPOLSKII, L.M., V.F. BYSTROV, and E.Z. UTYANSKAYA: Dokl. Akad. Nauk SSSR **135**, 377 (1960), C.A. 24238d (1961). — [14] LAWRENSON, I.J.: J. Chem. Soc. 1117 (1965). — [15] TAFT, R.W., and J.W. CARTEN: J.A.C.S. **86**, 4199 (1964). — [16] WILLI, A.V.: Chimia **18**, 3 (1964). — [17] HAMMETT, L.P.: Physical Organic Chemistry. New York: McGraw-Hill 1940.

kennzeichnet und $\sigma$ eine Konstante für den jeweiligen Substituenten. Die $\sigma$-Werte für meta- und paraständige Substituenten sind verschieden. Für orthoständige Substituenten gilt die Hammett-Beziehung nicht, weil bei diesen Verbindungen eine direkte Wechselwirkung zwischen den Substituenten und dem Reaktionsort auftritt. Da die chemischen Verschiebungen ebenfalls von der Verteilung der $\pi$-Elektronen abhängen, lag es nahe nachzuprüfen, ob auch sie diese Beziehung befolgen. Die ersten Untersuchungen

Tabelle 110

*Die chemischen Verschiebungen von substituierten Fluorbenzolen in ppm bezogen auf Fluorbenzol*

| Substituent | $\delta_o$ | $\delta_m$ | $\delta_p$ | Literatur | | |
|---|---|---|---|---|---|---|
| | | | | o | m | p |
| $N(CH_3)_2$ | — | — | +16.8 | | | a |
| $NH_2$ | +23.1 | —0.2 | +14.20 | a | c | d |
| $NHCOCH_3$ | +12.8 | —1.1 | + 5.7 | a | c | a |
| $NHC_6H_5$ | — | — | + 9.4 | | | a |
| $OCH_3$ | +22.4 | —1.05 | +11.50 | a | e | d |
| $OC_2H_5$ | +21.7 | —1.3 | +11.5 | a | a | a |
| $OCF_3$ | +17.4 | —3.33 | + 2.10 | g | f | d |
| $OC_6H_5$ | — | —1.95 | — | | e | |
| $OCOCH_3$ | — | — | + 4.55 | | | d |
| $OCOCF_3$ | — | — | + 1.50 | | | d |
| $OH$ | +25.0 | —0.9 | +10.85 | a | a | d |
| $SCH_3$ | — | —0.38 | + 4.30 | | e | d |
| $SCF_3$ | — 7.8 | —2.3 | ... 4.7 | g | g | g |
| $SF_5$ | — | —3.13 | — 5.50 | | e | d |
| $SH$ | — | — | + 3.50 | | | d |
| $CH_3$ | + 5.0 | +1.18 | + 5.4 | a | e | c |
| $CH(OH)CH_3$ | — | 0.0 | + 2.55 | | a | d |
| $C{\equiv}CH$ | — | — | — 2.50 | | | d |
| $CH{=}CH_2$ | — | +0.65 | + 1.40 | | e | d |
| $CH{=}CH{-}COOH$ | + 2.7 | — | — | a | | |
| $C_6H_5$ | — | +0.15 | + 2.85 | | e | f |
| $CF_3$ | — | —2.13 | — 5.22 | | e | f |
| $CCl_3$ | — | — | — 2.6 | | | a |
| $F$ | +25.9 | —3.03 | + 6.80 | a | e | d |
| $Cl$ | + 2.7 | —2.0 | + 3.20 | a | c | d |
| $Br$ | — 5.5 | —2.30 | + 2.50 | a | e | d |
| $J$ | —19.3 | —2.6 | + 1.55 | a | a | d |
| $CHCl_2$ | + 5.1 | —1.4 | — 2.5 | b | b | b |
| $CH_2Cl$ | + 5.4 | —0.2 | + 0.35 | b | b | d |
| $CH_2NH_2$ | — | — | + 3.60 | | | d |
| $CH_2COOH$ | — | — | + 2.30 | | | d |
| $CH_2CN$ | — | — | + 1.20 | | | d |
| $COCH_3$ | — | —0.73 | — 6.58 | | e | f |
| $COCF_3$ | — | —2.63 | —12.35 | | e | d |
| $COC_6H_5$ | — | — | — 6.04 | | | f |
| $CHO$ | + 9.6 | —1.35 | — 9.40 | b | e | d |
| $COOH$ | — 3.5 | —0.5 | — 6.21 | a | a | f |
| $COF$ | — | —2.15 | —11.40 | | e | d |
| $COCl$ | — | — | —11.32 | | | f |
| $COCN$ | — | —2.98 | — | | e | |
| $COOCH_3$ | — | — | — 6.53 | | | f |

Tabelle 110 (Fortsetzung)

| Substituent | $\delta_o$ | $\delta_m$ | $\delta_p$ | Literatur o | m | p |
|---|---|---|---|---|---|---|
| $COOC_2H_5$ | — | —0.13 | — 6.20 | | e | d |
| $COOC_6H_5$ | — | — | — 7.70 | | | d |
| $CN$ | — 5.2 | —2.75 | — 9.20 | a | e | d |
| $SOCH_3$ | — | — | — 3.00 | | | d |
| $SO_2F$ | — | — | —12.50 | | | d |
| $SO_2Cl$ | — | — | —12.20 | | | d |
| $SO_2CH_3$ | — | — | — 7.90 | | | f |
| $SO_2CH_2C_6H_5$ | — | — | — 8.25 | | | f |
| $SO_2C_6H_5$ | — | — | — 7.34 | | | f |
| $SO_2CF_3$ | — 8.7 | —4.7 | —15.1 | g | g | g |
| $N{=}N{-}C_6H_5$ | — | — | — 3.74 | | | f |
| $N{=}N{-}C_6H_5 \cdot HClO_4$ | — | — | —21.7 | | | f |
| $N{=}CH{-}C_6H_5$ | — | — | + 4.38 | | | f |
| $NO$ | — | —1.78 | —11.06 | | e | f |
| $NO_2$ | + 5.6 | —3.7 | — 9.50 | a | f | f |
| $N^+_2$ | — | — | —27.7 | | | f |

Ref. a wurde als Reinsubstanz gemessen, alle anderen in Tetrachlorkohlenstoff.


[a] Gutowsky, H.S., D.W. McCall, B.R. McGarvey, and L.H. Meyer: J.A.C.S. **74**, 4809 (1952).

[b] Meyer, B.L.H., and H.S. Gutowsky: J. Phys. Chem. **57**, 481 (1953).

[c] Taft, R.W., Jr., S. Ehrenson, I.C. Lewis, and R.E. Glick: J. A. C. S. **81**, 5352 (1959).

[d] Taft, R.W., E. Price, I.R. Fox, I.C. Lewis, K.K. Andersen, and G.T. Davis: J. A. C. S. **85**, 3146 (1963).

[e] — J. A. C. S. **85**, 709 (1963).

[f] Suhr, H.: Z. Elektrochem. Ber. Bunsenges. Phys. Chem. **68**, 169 (1964).

[g] Yagupolskii, L.M., V.F. Bystrov i E.Z. Utyanskaya: Doklady Akad. Nauk SSSR **135**, 377 (1960), (C.A. 24238d, 1961).


an aromatischen Fluorverbindungen bestätigen diese Vermutung[1], und Meyer und Gutowsky[2] haben daraufhin vorgeschlagen, die chemischen Verschiebungen von substituierten Fluorbenzolen als bequemes und zuverlässiges Mittel zur Bestimmung von Substituentenkonstanten zu benutzen. In der Folgezeit sind eine Anzahl von Untersuchungen durchgeführt worden, die mit größerer Genauigkeit und unter Ausschaltung von Lösungsmittel und Konzentrationseffekten die früheren Ergebnisse nachgeprüft und erweitert haben.

Die chemischen Verschiebungen von ortho-, meta- und parasubstituierten Fluorbenzolen sind in Tab. 110 zusammengestellt. Abb. 121 gibt den Zusammenhang dieser Verschiebungen mit den $\sigma$-Werten der Hammett-Beziehung. Obwohl eine deutliche Tendenz sichtbar ist und mit steigendem $\sigma$-Wert (stärker elektronensaugendem Substituenten) die Signale nach tieferem Feld verschoben werden, besteht keine lineare Beziehung zwischen den beiden Größen, die alle Wertepaare erfaßt. Dagegen lassen sich die

---

[1] Gutowsky, H.S., D.W. McCall, B.R. McGarvey, and L.H. Meyer: J. A. C. S. **74**, 4809 (1952). — [2] Meyer, L.H., and H.S. Gutowsky: J. Phys. Chem. **57**, 481 (1953).

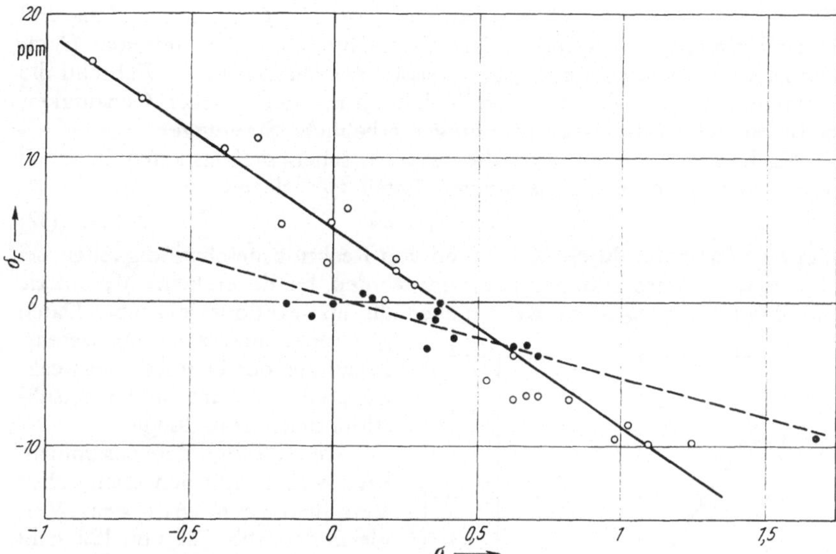

Abb. 121. Chemische Verschiebung des Fluors in meta- und parasubstituierten Fluorbenzolen in Abhängigkeit von den σ-Konstanten der Hammett-Beziehung

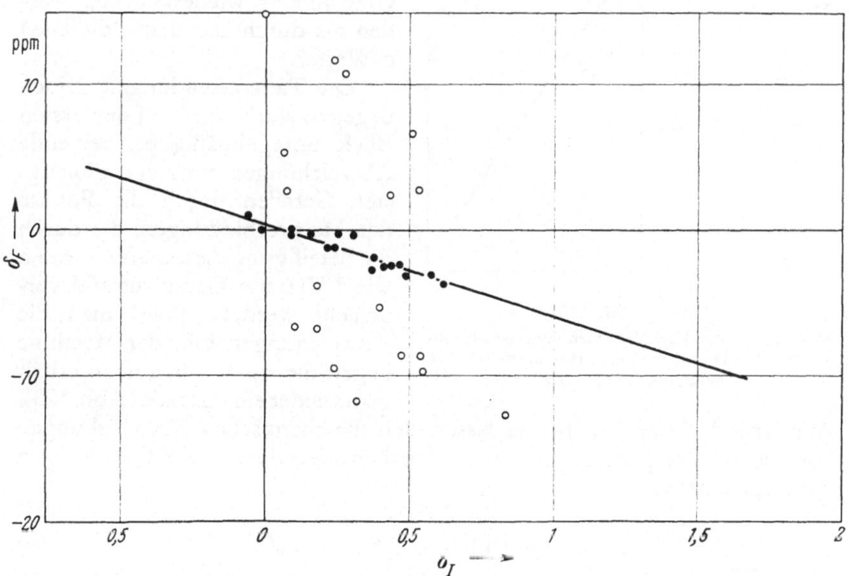

Abb. 122. Abhängigkeit der chemischen Verschiebungen in meta- und parasubstituierten Fluorbenzolen von $\sigma_I$. ••• Metaverbindungen, ∘∘∘ Paraverbindungen. Als Lösungsmittel wurde Tetrachlorkohlenstoff oder Trichlorfluormethan verwendet[1]

---

[1] Suhr, H.: Ber. Bunsenges. phys. Chemie **68**, 169 (1964).

Werte recht gut wiedergeben, wenn man getrennte Geraden für Meta- und Parasubstituenten verwendet. Die Abweichung von der mittleren Geraden ist in den beiden Verbindungsklassen verschieden groß. Während die Metaverbindungen die Hammett-Beziehung mit der üblichen Genauigkeit befolgen, zeigen die Paraverbindungen erhebliche Streuungen.

Nach TAFT[1,2] kann man die Hammettschen $\sigma$-Konstanten in einen induktiven $\sigma_I$ und einen mesomeren Anteil $\sigma_R$ zerlegen:

$$\sigma = \sigma_I + \sigma_R \tag{52}$$

Der $\sigma_I$-Wert kann durch Messungen von Reaktionsgeschwindigkeiten bei aliphatischen Verbindungen bestimmt werden, bei denen keine Mesomerie möglich ist. Die $\sigma_R$-Werte werden ebenfalls aus reaktionskinetischen Daten gewonnen und zwar im wesentlichen aus der Differenz der Reaktivitäten von para- und metasubstituierten Verbindungen.

Abb. 122 zeigt den Zusammenhang von $\sigma_I$ mit den chemischen Verschiebungen. Aus dem Vergleich der Abb. 121 und 122 sieht man, daß die Verschiebungen metasubstituierter Fluorbenzole durch die $\sigma_I$-Werte mit größerer Genauigkeit wiedergegeben werden als durch die ursprünglichen $\sigma$-Werte.

Die Paraverbindungen zeigen dagegen starke und auf den ersten Blick unregelmäßig erscheinende Abweichungen von der günstigsten Geraden durch die Punkte der Metaverbindungen, die durch die Beteiligung mesomerer Formen wie LVIb am Grundzustand verursacht werden. Trägt man die Abweichungen von der Metalinie gegen die $\sigma_R$-Werte auf, so erhält man wieder eine Gerade (Abb. 123).

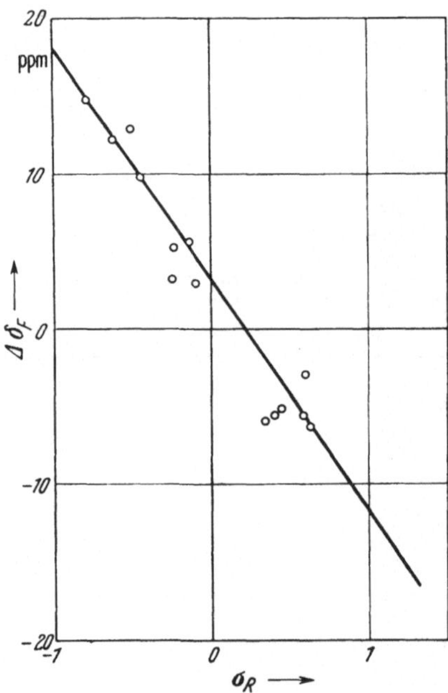

Abb. 123. Abstand der Verschiebungen parasubstituierter Fluorbenzole von der Metalinie in Abb. 122 aufgetragen gegen $\sigma_R$[3]

Auf Grund dieser Ergebnisse lassen sich die chemischen Verschiebungen von meta- oder parasubstituierten Fluorbenzolen durch zwei Gleichungen wiedergeben[4–6]:

$$\delta_m = -7.10\,\sigma_I + 0.60 \tag{53}$$

$$\delta_p = -7.10\,\sigma_I - 29.5\,\sigma_R + 0.60. \tag{54}$$

[1] TAFT, Jr., R.W.: J. A. C. S. 79, 1045 (1957). — [2] TAFT, Jr., R.W., and I.C. LEWIS: J. A. C. S. 81, 5343 (1959). — [3] SUHR, H.: Ber. Bunsenges. phys. Chemie 68, 169 (1964). — [4] TAFT, Jr., R.W., S. EHRENSON, I.C. LEWIS, and R.E. GLICK: J. A. C. S. 81, 5352 (1959). — [5] TAFT, R.W., E. PRICE, I.R. FOX, I.C. LEWIS, K.K. ANDERSEN, and G.T. DAVIS: J. A. C. S. 85, 709 (1963). — [6] TAFT, R.W., E. PRICE, I.R. FOX, I.C. LEWIS, K.K. ANDERSEN, and G.T. DAVIS: J. A. C. S. 85, 3146 (1963).

Mit zunehmender Genauigkeit der Messungen und anwachsendem experimentellem Material sind die Faktoren der beiden Gleichungen fortschreitend verbessert worden. Unter Berücksichtigung neuerer Daten, vor allem mit

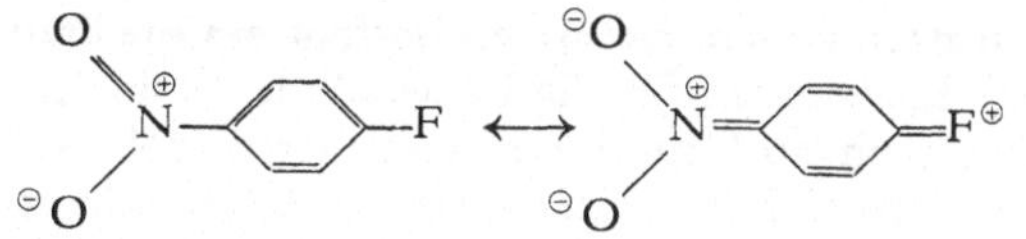

$$\text{LVI}\qquad a \longleftrightarrow b$$

elektronensaugenden Substituenten, lassen sich die Verschiebungen bei paraständigen Substituenten noch besser durch

$$\delta_p = -7.10\,\sigma_I - 15.4\,\sigma_R + 3.1 \tag{55}$$

wiedergeben[1]. Diese Verfeinerungen ändern nichts an der Bedeutung der von TAFT gemachten Aussage, daß sich die chemischen Verschiebungen durch einfache Gleichungen aus den $\sigma_I$- und $\sigma_R$-Werten berechnen lassen. Man kann diese Beziehungen benutzen, um die Bandenlage von unbekannten Verbindungen vorauszusagen oder kann mit ihnen aus den chemischen Verschiebungen neue Substituentenkonstanten berechnen. Für genaue Untersuchungen muß dabei berücksichtigt werden, daß die Substituentenkonstanten vom Lösungsmittel abhängen. Besonders groß ist diese Abhängigkeit bei elektronensaugenden Substituenten in Parastellung zum Fluor. Dies kann zu erheblichen Fehlern führen, wenn man die aus chemischen Verschiebungen bestimmten $\sigma$-Werte mit anderen Größen, wie kinetischen Daten, vergleichen will. Für die Berechnung von chemischen Verschiebungen unbekannter Fluorverbindungen ist die Lösungsmittelabhängigkeit weniger bedenklich, weil die Abschirmungskonstanten der meisten Substituenten für zahlreiche Lösungsmittel bestimmt worden sind. Diese Daten und eine ausführliche Diskussion der Lösungsmitteleffekte sind in zwei Arbeiten von TAFT, PRICE, FOX, LEWIS, ANDERSEN und DAVIS[2,3] zusammengestellt worden.

Die Verschiebungen aromatischer Protonen sind ebenfalls mit den Hammettschen $\sigma$-Konstanten verglichen worden. Bei Untersuchungen an monosubstituierten Benzolen[4] wurde eine annähernd lineare Beziehung zwischen den chemischen Verschiebungen der Paraprotonen und den Hammettschen $\sigma$-Konstanten gefunden. Die Verschiebungen der Metaprotonen, die in allen Fällen sehr gering waren, zeigten eine so starke Streuung, daß eine solche Beziehung nicht nachgewiesen werden konnte. Umfangreicheres Zahlenmaterial liegt für disubstituierte, und zwar hauptsächlich für paradisubstituierte Benzole vor. Aus diesen Messungen gehen aber nur die Verschiebungen in Meta- und Orthostellung zum Substituenten hervor. Der Zusammenhang der Verschiebungen der Metaprotonen mit

---

[1] SUHR, H.: Ber. Bunsenges. phys. Chem. **68**, 169 (1964). — [2] TAFT, Jr., R.W., E. PRICE, I.R. FOX, I.C. LEWIS, K.K. ANDERSEN, and G.T. DAVIS: J.A.C.S. **85**, 709 (1963). — [3] TAFT, Jr., R.W., E. PRICE, I.R. FOX, I.C. LEWIS, K.K. ANDERSEN, and G.T. DAVIS: J.A.C.S. **85**, 3146 (1963). — [4] SPIESECKE, H., and W.G. SCHNEIDER: J. Chem. Phys. **35**, 731 (1961).

$\sigma_m$-Werten wird hier einigermaßen erfüllt[1-5]. Die Substituenteneffekte sind aber gering und werden oft von Lösungsmittel- oder Anisotropieeffekten überschattet. Obwohl die $\sigma$-Konstanten nur für die Meta- und Parastellung gelten, lassen sich auch Zusammenhänge mit den Verschiebungen der Orthoprotonen nachweisen. Bei ihnen besteht ein qualitativer Zusammenhang mit den $\sigma$-Konstanten für die Parastellung[2]. Die Streuung der Werte ist aber — vermutlich auf Grund von sterischen und Anisotropieeffekten — recht groß. Die Verschiebungen der aromatischen Kohlenstoffatome hängen ebenfalls von den $\sigma$-Konstanten ab. Für die Verschiebungen der Parakohlenstoffatome wird die Beziehung sehr genau erfüllt, bei den Metakohlenstoffatomen sind die Substituenteneffekte wieder sehr gering, und es lassen sich daher keine sicheren Aussagen machen[6,7].

Die vorangehenden Abschnitte haben gezeigt, daß die chemischen Verschiebungen des Fluors, der Protonen, sowie die der Kohlenstoffatome in nicht zu komplizierten aromatischen Verbindungen von den $\sigma$-Konstanten der Hammett-Beziehung bzw. ihren Teilbeträgen, den $\sigma_I$- und $\sigma_R$-Konstanten abhängen. Obwohl es nahe lag, einen Zusammenhang zu vermuten, ist die Tatsache, daß in manchen Fällen eine exakte lineare Beziehung beobachtet wurde, überraschend. Die $\sigma$-Konstanten sind aus reaktionskinetischen Daten abgeleitet worden, die durch Grundzustand und Übergangszustand bestimmt werden. Die Kernresonanzdaten hängen aber nur von der Elektronenverteilung im Grundzustand ab. Außerdem werden sie zusätzlich durch rein magnetische Effekte beeinflußt, die sicher keinen Zusammenhang mit der Reaktivität der Verbindungen haben.

Trotzdem besteht ohne Frage eine Abhängigkeit, sowohl der chemischen Verschiebungen wie der kinetischen Daten von den Hammettschen $\sigma$-Konstanten, die durch ein umfangreiches Zahlenmaterial gesichert ist, und dies besagt, daß die Veränderung der Elektronenverteilung im Grundzustand in beiden Fällen von entscheidender Bedeutung ist. Wenn die Substituenteneffekte groß sind, wie von p-substituierten Fluorbenzolen, so kann man annehmen, daß die elektronischen Effekte dominierend sind und man kann dann aus Kernresonanzdaten auf Ergebnisse der Reaktionskinetik schließen und umgekehrt. Bei kleinen Substituenteneffekten, wie bei den Protonenverschiebungen und den $^{13}C$-Verschiebungen durch Metasubstituenten, ist dagegen bei einem Vergleich Vorsicht geboten, weil hier Lösungsmittel- und Anisotropieeffekte die Versuchsergebnisse beeinflussen können.

### VII. 9. Kernresonanzuntersuchungen an Festkörpern

Die Absorptionsbanden von festen Substanzen sind um mehrere Zehnerpotenzen breiter als die von Flüssigkeiten. Man findet oft Breiten von mehreren Gauß, und da die chemischen Verschiebungen und die Spin-Spin-

[1] SUHR, H.: Ber. Bunsenges. phys. Chem. **68**, 169 (1964). — [2] FRASER, R.R.: Can. J. Chem. **38**, 2226 (1960). — [3] DIEHL, P.: Helv. Chim. Acta **44**, 829 (1961). — [4] HOGEVEEN, H., G. MACCAGNANI, et F. TADDEI: Recueil Trav. Chim. Pays-Bas **83**, 937 (1964). — [5] GOETZ, H., F. NERDEL u. K. REHSE: Lieb. Annalen 681 (1965). — [6] SPIESECKE, H., and W.G. SCHNEIDER: J. Chem. Phys. **35**, 731 (1961). — [7] LAUTERBUR, P.C.: THL 274 (1961).

Kopplungen nur einige Milligauß betragen, sind alle Erscheinungen der hochauflösenden Spektroskopie bei Festkörpern durch die hohe Linienbreite verdeckt. Trotzdem kann man aus der Form und der Breite der Banden eine Reihe von wertvollen Informationen über die Struktur von festen Substanzen gewinnen[1-11]. Die weitverbreitete Untersuchungsmethode für Festkörper, die Röntgenanalyse, gibt bei Protonen wegen der geringen Streuungen schlechte Werte. Da sich die Kernresonanzuntersuchungen besonders gut an diesen Atomen durchführen lassen, ergänzen sich die Methoden auf sehr schöne Weise. In den letzten Jahren sind eine große Anzahl von Arbeiten über die Kernresonanz von Festkörpern erschienen. Diese Untersuchungen fallen nicht direkt in den Rahmen dieses Buches über hochauflösende Kernresonanz und es sollen hier kurz die Möglichkeiten und Ergebnisse dieser Methode geschildert werden. Für weitere Einzelheiten muß auf die in der Literatur erschienenen Zusammenfassungen verwiesen werden.

Die Resonanzlinien von Festkörpern werden durch die Dipol-Dipolwechselwirkung, Quadrupolwechselwirkung und elektronengekoppelte Spin-Spin-Wechselwirkung verbreitert. Bei der Untersuchung der Protonenspektren von Festkörpern werden die Linienbreiten im wesentlichen durch den ersten Effekt bestimmt. Am übersichtlichsten liegen die Verhältnisse in einem Einkristall, bei dem die Protonen paarweise angeordnet sind. Der Abstand zwischen den Protonen A und B soll geringer sein als der Abstand zum nächsten Paar, so daß man in erster Näherung die Wechselwirkung mit den Nachbargruppen vernachlässigen kann. Das Proton A präzediert im äußeren Feld und erzeugt am Ort des Protons B ein statisches und in Richtung der Verbindungslinie zwischen A und B ein rotierendes Feld, dessen Vektor im rechten Winkel zum äußeren Feld $H_0$ läuft. Wegen der zwei möglichen Einstellungen des Protons A ($I = {}^1/_2$) wird das Feld am Ort des Protons B entweder verstärkt oder geschwächt und das Signal spaltet in ein Dublett auf. Das gleiche gilt für das Proton A durch die Einwirkung von B. Man findet daher für jeden Kern ein Dublett mit der Aufspaltung $3\mu r^{-3} (3 \cos^2\Theta - 1)$, wobei $r$ der Abstand zwischen den Kernen A und B und $\Theta$ der Winkel zwischen der Bindungsrichtung und dem äußeren Feld $H_0$ ist. Für zwei Protonen in einem Abstand von 1 Å beträgt die Aufspaltung etwa 10 Gauß.

Wenn A und B Protonen sind, sind die Unterschiede in der chemischen Verschiebung vernachlässigbar klein gegenüber dieser Aufspaltung und man findet nur ein Dublett. Sind A und B verschieden, z. B. H und F, so

---

[1] Lösche, A.: Kolloid-Z. 165, 116 (1959). — [2] Miyake, A.: J. Polymer Sci. 28, 476 (1958). — [3] Powles, J.G.: J. Polymer Sci. 1, 219 (1960). — [4] Powles, J.G.: Phys. and Chem. Solids 18, 17 (1961). — [5] Slichter, W.P.: Bell Telephone System, Tech. Publ. Monographs No 3049 (1958), J. Polymer Sci. 1, 35 (1958), C.A. 53, 16701f. — [6] Slichter, W.P.: Am. Soc. Testing Mater., Spec. Tech. Publ. No 247, 257 (1958), C.A. 54, 14958a. — [7] Slichter, W.P.: Ann. NY Acad. Sci. 28, 631 (1958). — [8] Bovey, F.A., u. G.V.D. Tiers: Fortschr. Hochpolymer. Forsch. 3, 139 (1963). — [9] Andrew, E.R.: Nuclear Magnetic Resonance. Cambridge: University Press 1958. — [10] Andrew, E.R.: Ber. Bunsenges. phys. Chem. 67, 295 (1963). — [11] Richards, R.E.: Determination of Organic Structures by Physical Methods. New York: Academic Press 1962.

findet sich sowohl im Fluor- wie auch im Protonenresonanzbereich ein Dublett. Dreht man den Kristall und ändert damit den Winkel, so ändert sich die Aufspaltung. Bei $\Theta = 0$ oder $180°$ beträgt sie $6\mu r^{-3}$, bei 90 oder $270°$ $3\mu r^{-3}$. Aus der Größe der Aufspaltung kann der Abstand A—B und aus der Veränderung die Richtung der Kraftkonstanten im Kristall berechnet werden. Auf diese Weise wurde z. B. die Anordnung der Wassermoleküle in Hydraten bestimmt[1-7]. Bei der Verwendung von polykristallinem Material geht die Winkelabhängigkeit verloren, aber man kann in manchen Fällen auch bei solchem Material die Protonenabstände bestimmen. Die Spektren von drei Protonen, die an den Ecken eines gleichseitigen oder gleichschenkligen Dreiecks liegen, wurden von ANDREW und Mitarbeitern berechnet[8-10] und auf Methylgruppen und $H_3O^+$-Gruppen angewandt[11]. Die Berechnung noch komplizierterer Spektren ist sehr mühsam und erst in wenigen Fällen durchgeführt worden[12-14]. Das Spektrum eines Dreispinsystems besteht aus einer Zentrallinie und drei symmetrischen Satellitenpaaren. Wegen der Wechselwirkung mit anderen Molekülen werden die Banden verschmiert und man beobachtet nur ein breites Triplett. Da paarweise angeordnete Protonen ein Dublett geben, kann man auf Grund der Form gelegentlich die Struktur der Verbindungen im festen Zustand bestimmen. Auf diese Weise konnte zwischen den Strukturen LVII und LVIII für Diketen

$$\begin{array}{ccc} CH_2 = C — CH_2 & \qquad\qquad & CH_3 — C = CH \\ \quad | \qquad | & & \quad | \qquad | \\ \quad O — CO & & \quad O — CO \\[4pt] \text{LVII} & & \text{LVIII} \end{array}$$

unterschieden werden[15]. Das NMR-Spektrum von kristallisiertem Diketen zeigt ein Dublett, das nur mit Struktur LVII zu vereinbaren ist. Nitroguanidin[16] ergab ein Dublett, Chloralhydrat und Mesooxalsäurehydrat keine Dublettstruktur[17]. Diese Verbindungen haben keine paarweise gleichen Protonen und liegen demnach nicht als Hydrate, sondern als Diole vor.

Bei noch komplizierteren Molekülen ist es oft nicht möglich, die Spektren zu berechnen oder es sind so viele Linien im Spektrum, daß sie nicht

[1] PAKE, G. E.: J. Chem. Phys. 16, 327 (1948). — [2] SPENCE, R. D.: J. Chem. Phys. 23, 1166 (1955). — [3] McGRATH, J. W., A. A. SILVIDI, and J. C. CARROLL: J. Chem. Phys. 31, 1444 (1959). — [4] SILVIDI, A. A., and J. W. McGRATH: J. Chem. Phys. 32, 924 (1960). — [5] McGRATH, J. W., and A. A. SILVIDI: J. Chem. Phys. 33, 644 (1960). — [6] McGRATH, J. W., and A. A. SILVIDI: J. Chem. Phys. 34, 322 (1961). — [7] PETERSEN, B.: J. Chem. Phys. 39, 720 (1963). — [8] ANDREW, E. R., and R. BERSOHN: J. Chem. Phys. 18, 159 (1950). — [9] ANDREW, E. R., and R. BERSOHN: J. Chem. Phys. 20, 924 (1950). — [10] ANDREW, E. R., R. BERSOHN, and N. D. FINCH: Proc. Phys. Soc. 70, 980 (1957). — [11] RICHARDS, R. E., and J. A. S. SMITH: Trans. Farad. 47, 1261 (1951). — [12] BERSOHN, R., and H. S. GUTOWSKY: J. Chem. Phys. 22, 651 (1954). — [13] TOMITA, K.: Phys. Rev. 89, 429 (1953). — [14] ITOH, J., R. KUSAKA, Y. YAMAGATA, R. KIRIYAMA, and H. IBAMOTO: J. Phys. Soc. (Japan) 8, 293 (1953). — [15] FORD, P., and R. E. RICHARDS: Discussions Faraday Soc. 19, 193 (1955). — [16] RICHARDS, R. E., and R. W. YORKE: Trans. Farad. 54, 321 (1958). — [17] BISHOP, E. O., and R. E. RICHARDS: Trans. Farad. 55, 1070 (1959).

mehr getrennt werden können. In solchen Fällen lassen sich oft aus der Kurvenform Schlüsse auf die Struktur ziehen. Man bestimmt das zweite Moment der Kurve durch Integration und berechnet den Kurvenverlauf für eine angenommene Struktur[1]. Mit Hilfe dieser Methode wurde z. B. die ebene Struktur des Harnstoffs nachgewiesen[2] und zwischen trans- und gauche-Strukturen bei symmetrisch substituierten Halogenäthanen unterschieden[3,4]. Da Molekularbewegungen im Kristall das zweite Moment der Absorptionskurve verändern, müssen diese Untersuchungen bei so tiefer Temperatur durchgeführt werden, daß keine derartigen Störungen auftreten.

Wird die Temperatur eines Kristalls erhöht, so vermindert sich häufig die Linienbreite. Dies zeigt, daß die örtlichen Felder an den Atomkernen durch Molekularbewegungen verringert werden. Bei einigen Verbindungen beobachtet man bei mehreren Temperaturen eine Änderung der Linienbreite, die verschiedenen Bewegungsvorgängen zugeschrieben werden kann. Z. B. gibt Cyclohexan bei sehr tiefen Temperaturen ein 16 Gauß breites Signal. Bei einer Temperatur, bei der die Rotation der Moleküle um die dreizählige Achse beginnt, sinkt die Breite auf 6 Gauß. Bei noch höherer Temperatur beginnen sich die Moleküle in allen Richtungen zu drehen, verbleiben aber noch auf ihren Gitterplätzen und die Linienbreite fällt auf 3 Gauß. Etwa 50° unter dem Schmelzpunkt werden die Signale sehr schmal und man kann daraus schließen, daß die Moleküle nicht mehr ihre Plätze beibehalten, sondern frei im Gitter diffundieren können[5]. Andere Verbindungen, bei denen an Hand der Veränderung der Linienbreite die verschiedenen Molekularbewegungen untersucht wurden, sind Benzol[6], Hexamethyldisilan[7], Neopentan[8–10], langkettige Paraffine[11] und Fettsäuren[12,13].

Auch durch Beobachtung der Relaxationszeiten in Abhängigkeit von der Temperatur lassen sich Aussagen über die Struktur gewinnen. Die Bewegungen der Teilchen im Kristall erzeugen veränderliche Felder. Komponenten davon können gerade die Frequenz besitzen, mit der die Kerne präzedieren und so ein Umklappen der Spins ermöglichen. Sind die Molekularbewegungen gering, so ist die Relaxationszeit lang. Mit zunehmender Bewegung wird die Relaxationszeit verkürzt, durchläuft dann ein Minimum, wie es auch auf S. 10 beim Einfluß der Viskosität der Lösungsmittel auf die Relaxationszeit gezeigt wurde, und nimmt wieder zu, weil bei zu schnellen Molekularbewegungen wieder weniger Komponenten mit der richtigen Geschwindigkeit vorkommen. Die Gitterschwingungen sind im allgemeinen zu schnell und haben daher keinen Einfluß auf die Relaxation.

[1] Van Vleck, J. H.: Phys. Rev. **74**, 1168 (1948). — [2] Andrew, E. R., and D. Hyndman: Discussions Faraday Soc. **19**, 195 (1955). — [3] Takada, M., and H. S. Gutowsky: J. Chem. Phys. **26**, 577 (1957). — [4] Gutowsky, H. S., and M. Takada: J. Phys. Chem. **61**, 95 (1957). — [5] Andrew, E. R., and R. G. Eades: Proc. Roy. Soc. (London) **A 216**, 398 (1953). — [6] Andrew, E. R., and R. G. Eades: Proc. Roy. Soc. (London) **A 218**, 537 (1953). — [7] Yukitoshi, T., H. Suga, S. Seki, and J. Itoh: J. Phys. Soc. (Japan) **12**, 506 (1957). — [8] Gutowsky, H. S., and G. E. Pake: J. Chem. Phys. **18**, 162 (1950). — [9] Powles, J. G., and H. S. Gutowsky: J. Chem. Phys. **21**, 1695 (1953). — [10] Stejskal, E. O., D. E. Woessner, T. C. Farrar, and H. S. Gutowsky: J. Chem. Phys. **31**, 55 (1959). — [11] Andrew, E. R.: J. Chem. Phys. **18**, 607 (1950). — [12] Chapman, D., R. E. Richards, and R. W. Yorke: J. Chem. Soc. 436 (1960). — [13] Barr, M. R., and B. A. Dunell: Can. J. Chem. **42**, 1098 (1964).

Aus der großen Gruppe der Festkörper sind wegen ihrer praktischen Bedeutung polymere Substanzen besonders intensiv untersucht worden. An Hand der Linienbreite und der Änderung des zweiten Moments in Abhängigkeit von der Temperatur kann man feststellen, bei welchen Temperaturen welche Arten von Molekularbewegungen vorliegen. So wurde beim natürlichen Kautschuk gefunden, daß bis etwa 77° K die Moleküle starr vorliegen, bei 200° K die Rotation der Methylgruppen und bei etwa 300° K weitere Molekülbewegungen einsetzen[1]. Bei den meisten Polymeren hat das Resonanzsignal die Form einer Glockenkurve. Beim Polyäthylen und Polytetrafluoräthylen hat die Kurve einen anderen Charakter und man kann sie graphisch in zwei Signale verschiedener Breite zerlegen[2,3]. Die breite Bande wurde kristallinen Bezirken mit geringen und die schmalere Bande amorphen Regionen mit stärkerer Molekularbewegung zugeschrieben.

In letzter Zeit ist es gelungen, von festen Substanzen scharfe Banden zu erzeugen. In derselben Weise, wie die Bewegungen der Moleküle die örtlichen Felder vermindern und dadurch die Breite der Banden verringern, kann man auch durch makroskopische Rotation schmalere Banden erzeugen. Durch die Rotation werden vom Signal Seitenbanden erzeugt, die mit zunehmender Rotationsgeschwindigkeit immer weiter von der Hauptbande fortrücken und an Intensität verlieren. Wird die Probe unter einem Winkel von 54°44′ gegen das äußere Feld gedreht, so wird der Ausdruck $(3\cos^2\Theta - 1)$ gleich Null und die Dipolverbreiterung ist praktisch aufgehoben[4,5]. Auf diese Weise wurden bei polykristallinem Phosphorpentachlorid zwei Linien für die beiden Ionen $PCl_4^+$ und $PCl_6^-$ gefunden[6]. Die Schwierigkeiten dieses Verfahrens liegen in der hohen Tourenzahl, die für die Rotation nötig ist. Sobald dieses Problem in zufriedenstellender Weise gelöst worden ist, wird diese „hochauflösende Kernresonanz an Festkörpern" sicher ein wertvolles Hilfsmittel bei Strukturuntersuchungen werden.

Von weiteren Untersuchungen über Polymere seien genannt die an Polymethylen, Polyäthylen, Polyolefinen und fluorierten Verbindungen[7-31], Polyamiden[32-38], Polyestern[39-57], Polystyrol[58-60], Kautschuk, polymeren Isoprenen und Butadienen[61-65] und Polysiloxanen[66-69].

[1] GUTOWSKY, H.S., and L.H. MEYER: J. Chem. Phys. 21, 2122 (1953). — [2] WILSON, III, C.W., and G.E. PAKE: J. Polymer Sci. 10, 503 (1953). — [3] WILSON, III, C.W., and G.E. PAKE: J. Chem. Phys. 27, 115 (1957). — [4] ANDREW, E.R., A. BRADBURY, and R.G. EADES: Nature 183, 1802 (1959). — [5] LOWE, I.J.: Phys. Rev. Letters 2, 285 (1959). — [6] ANDREW, E.R., A. BRADBURY, R.G. EADES, and G.J. JENKS: Nature 188, 1096 (1960). — [7] YAMAGATA, K., and S. HIROTA: Ôyô Butsuri 30, 261 (1961), C.A. 56, 11099c. — [8] YAMAGATA, K., and S. HIROTA: Ôyô Butsuri 29, 866 (1960), C.A. 55, 9046b. — [9] WOODWARD, A.E., A. ODAJIMA, and J.A. SAUER: J. Phys. Chem. 65, 1348 (1961). — [10] SMITH, J.A.S.: J. Chem. Soc. (Spec. Pub.) 12, 199 (1958). — [11] SLICHTER, W.P.: J. Appl. Phys. 32, 2339 (1961). — [12] SLICHTER, W.P., and E.R. MANDELL: J. Chem. Phys. 29, 232 (1958). — [13] SLICHTER, W.P.: J. Polymer Sci. 24, 173 (1957). — [14] SAUER, J.A., R.A. WALL, N. FUSCHILLO, and A.E. WOODWARD: J. Appl. Phys. 29, 1385 (1958). — [15] PETERLIN, A., F. KRASOVEC, E. PIRKMAJER u. I. LEVSTEK: Makromol. Chem. 37, 231 (1960). — [16] NISHIOKA, A., Y. KOIKE, M. OWAKI, T. NARABA, and Y. KATO: J. Phys. Soc. (Japan) 15, 416 (1960). — [17] NISHIOKA, A.: J. Polymer Sci. 37, 163 (1959). — [18] MIYAKE, A.: J. Phys. Soc. (Japan) 15, 1057

Fortsetzung der Literatur von nebenstehender Seite:

(1959). — [19] McCall, D.W., D.C. Douglass, and E.W. Anderson: J. Chem. Phys. **30**, 1272 (1959). — [20] Kusumoto, H.: J. Phys. Soc. (Japan) **15**, 867 (1960). — [21] Hyndman, D., and G.F. Origlio: J. Polymer Sci. **39**, 556 (1959). — [22] Hyndman, D., and G.F. Origlio: J. Appl. Phys. **31**, 1849 (1960). — [23] Herring, M.J., and J.A.S. Smith: J. Chem. Soc. 273 (1960). — [24] Gupta, R.P.: Kolloid-Z. **174**, 73 (1961). — [25] Gupta, R.P.: Makromol. Chem. **42**, 248 (1961). — [26] Eby, R.K., and K.M. Sinnott: J. Appl. Phys. **32**, 1765 (1961). — [27] Fuschillo, N., E. Rhian, and J.A. Sauer: J. Polymer Sci. **25**, 381 (1957). — [28] Fujiwara, S., S. Hayashi, and G. Hattori: Kôgyô Kagaku Zasshi **59**, 803 (1956), C.A. **52**, 6835f. — [29] Nolle, A.W., and J.J. Billings: J. Chem. Phys. **30**, 84 (1959). — [30] Wilson, C.W., and G.A. Pake: J. Chem. Phys. **27**, 115 (1957). — [31] Fratiello, A., and D.C. Douglass: J. Chem. Phys. **41**, 974 (1964). — [32] Illers, K.H., u. R. Kosfeld: Makromol. Chem. **42**, 444 (1960). — [33] Shaw, D.J., and B.A. Dunell: Can. J. Chem. **39**, 1154 (1961). — [34] Shigorin, D.N., N.M. Pomerantsev, and L.V. Sumin: Vysokomolekul. Soedin. **3**, 560 (1961), C.A. **55**, 26681h. — [35] Slichter, W.P.: J. Polymer. Sci. **35**, 77 (1959). — [36] Woodward, A.E., R.E. Glick, J.A. Sauer, and R.P. Gupta: J. Polymer Sci. **45**, 367 (1960). — [37] Gupta, R.P.: J. Phys. Chem. **65**, 1128 (1961). — [38] Glick, R.E., R.P. Gupta, J.A. Sauer, and A.E. Woodward: J. Polymer Sci. **42**, 271 (1960). — [39] Bateman, J., R.E. Richards, G. Farrow, and I.M. Ward: J. Polymer Sci. **1**, 63 (1960). — [40] Bazhenov, N.M., M.V. Vol'kenshtein, A.I. Kol'tsov, and A.S. Khachaturov: Vysokomolekul. Soedin. **3**, 290 (1961), C.A. **56**, 6815d. — [41] Chien, J.C.W., and J.F. Walker: J. Polymer Sci. **45**, 239 (1960). — [42] Farrow, G., and J.M. Ward: Brit. J. Appl. Phys. **II**, 543 (1960). — [43] Farrow, G., J. McIntosh u. J.M. Ward: Makromol. Chem. **38**, 147 (1960). — [44] Hyndman, D., and G.F. Origlio: J. Polymer Sci. **46**, 259 (1960). — [45] Kosfeld, R., u. G. Vosskoetter: Z. Elektrochem. **65**, 642 (1961). — [46] Miller, W.L., W.S. Brey, Jr., and G.B. Butler: J. Polymer Sci. **54**, 329 (1961). — [47] Nishioka, A., H. Watanabe, KoAbe, and Y. Sono: J. Polymer Sci. **48**, 241 (1960). — [48] Nohara, S.: Kobunshi Kagaku **15**, 105 (1958), C.A. **53**, 12837i. — [49] Odajima, A., J. Sohma, and M. Koike: J. Chem. Phys. **23**, 1959 (1955). — [50] Odajima, A., A.E. Woodward, and J.A. Sauer: J. Polymer Sci. **55**, 181 (1961). — [51] Odajima, A., and M. Nagai: Oyo Denki Kenkyusho Iho **9**, 113 (1957), C.A. **52**, 14334h. — [52] Odajima, A., and M. Nagai: Oyo Denki Kenkyusho Iho **9**, 195 (1957), C.A. **52**, 14335a. — [53] Shibata, T., I. Kimura, and T. Suita: J. Phys. Soc. (Japan) **13**, 1546 (1958). — [54] Ward, I.M.: Trans. Farad. **56**, 648 (1960). — [55] Ward, I.M.: Textile Res. J. **31**, 650 (1961), C.A. **56**, 7532b. — [56] Watanabe, H.: Nippon Kagaku Zasshi **82**, 362 (1961), C.A. **56**, 8552f. — [57] Gupta, R.P.: J. Polymer Sci. **54**, 159 (1961). — [58] Kosfeld, R., u. E. Jenckel: Kolloid-Z. **165**, 136 (1959). — [59] Kosfeld, R., u. E. Jenckel: Z. Elektrochem. **63**, 1009 (1963). — [60] Odajima, A.: J. Phys. Soc. (Japan) **14**, 777 (1959). — [61] Golup, M.A., S.A. Fuqua, and N.S. Bhacca: J.A.C.S. **84**, 4981 (1962). — [62] Oshima, K., and H. Kusumoto: Kôgyô Kagaku Zasshi **59**, 806 (1956), C.A. **52**, 7753f. — [63] Oshima, K., and H. Kusumoto: J. Chem. Phys. **24**, 913 (1956). — [64] Nohara, S.: Kobunshi Kagaku **14**, 318 (1957), C.A. **52**, 4313b. — [65] Gutowsky, H.S., A. Saika, M. Takada, and D.E. Woessner: J. Chem. Phys. **27**, 534 (1957). — [66] Huggins, C.M., L.E. St. Piere, and A.M. Bueche: J. Phys. Chem. **64**, 1304 (1960). — [67] Powles, J.G., and A. Hartland: Nature **186**, 26 (1960). — [68] Powles, J.G., A. Hartland, and J.A.E. Kail: J. Polymer Sci. **55**, 361 (1961). — [69] Webster, D.E., and R. Okawara: PB Rept. **148**, 174, 5pp (1959), C.A. **56**, 11097d.

# Anhang

Tabelle 111. *Frequenzen der Linien eines $A_2B$ Spektrums und relative Bandenintensitäten bezogen auf die Linie B4*

|  | $J/\delta$ | Intensität | Frequenz | $J/\delta$ | Intensität | Frequenz |
|---|---|---|---|---|---|---|
| A1 | 0.00 | 2.00000 | 1.00000 | 0.05 | 1.89640 | 1.02628 |
| A2 | | 2.00000 | 1.00000 | | 2.09615 | 0.97622 |
| A3 | | 2.00000 | 1.00000 | | 2.10361 | 0.97506 |
| A4 | | 2.00000 | 1.00000 | | 1.90386 | 1.02494 |
| B1 | | 1.00000 | 0.00000 | | 1.10361 | 0.04872 |
| B2 | | 1.00000 | 0.00000 | | 0.90386 | —0.05122 |
| B3 | | 1.00000 | 0.00000 | | 0.99254 | —0.00250 |
| B4 | | 1.00000 | 0.00000 | | 1.00000 | 0.00000 |
| M1 | | 0.00000 | 2.00000 | | 0.00000 | 2.00250 |
| A1 | 0.10 | 1.78632 | 1.05523 | 0.15 | 1.67123 | 1.08701 |
| A2 | | 2.18430 | 0.95474 | | 2.26433 | 0.93537 |
| A3 | | 2.21366 | 0.95049 | | 2.32866 | 0.92664 |
| A4 | | 1.81568 | 1.04951 | | 1.73556 | 1.07336 |
| B1 | | 1.21368 | 0.09477 | | 1.32877 | 0.13799 |
| B2 | | 0.81570 | —0.10474 | | 0.73567 | —0.16037 |
| B3 | | 0.97064 | —0.00997 | | 0.93568 | —0.02237 |
| B4 | | 1.00000 | 0.00000 | | 1.00000 | 0.00000 |
| M1 | | 0.00002 | 2.00997 | | 0.00011 | 2.02237 |
| A1 | 0.20 | 1.55300 | 1.12170 | 0.25 | 1.43377 | 1.15936 |
| A2 | | 2.33643 | 0.91789 | | 2.40100 | 0.90212 |
| A3 | | 2.44667 | 0.90381 | | 2.56548 | 0.88224 |
| A4 | | 1.66324 | 1.09619 | | 1.59826 | 1.11776 |
| B1 | | 1.44700 | 0.17830 | | 1.56623 | 0.21564 |
| B2 | | 0.66357 | —0.21789 | | 0.59900 | —0.27712 |
| B3 | | 0.88976 | —0.03959 | | 0.83552 | —0.06149 |
| B4 | | 1.00000 | 0.00000 | | 1.00000 | 0.00000 |
| M1 | | 0.00034 | 2.03959 | | 0.00074 | 2.06149 |
| A1 | 0.30 | 1.31579 | 1.20000 | 0.35 | 1.20117 | 1.24355 |
| A2 | | 2.45859 | 0.88788 | | 2.50981 | 0.87500 |
| A3 | | 2.68284 | 0.86212 | | 2.79660 | 0.84355 |
| A4 | | 1.54004 | 1.13788 | | 1.48796 | 1.15645 |
| B1 | | 1.68421 | 0.25000 | | 1.79883 | 0.28145 |
| B2 | | 0.54141 | —0.33788 | | 0.49020 | —0.40000 |
| B3 | | 0.77575 | —0.08788 | | 0.71321 | —0.11855 |
| B4 | | 1.0000 | 0.00000 | | 1.00000 | 0.00000 |
| M1 | | 0.00137 | 2.08788 | | 0.00223 | 2.11855 |
| A1 | 0.40 | 1.09175 | 1.28990 | 0.45 | 0.98894 | 1.33890 |
| A2 | | 2.55529 | 0.86332 | | 2.59566 | 0.85272 |
| A3 | | 2.90496 | 0.82657 | | 3.00656 | 0.81118 |
| A4 | | 1.44142 | 1.17343 | | 1.39984 | 1.18882 |
| B1 | | 1.90825 | 0.31010 | | 2.01107 | 0.33610 |
| B2 | | 0.44471 | —0.46332 | | 0.40434 | —0.52772 |
| B3 | | 0.65033 | —0.15322 | | 0.58910 | —0.19163 |
| B4 | | 1.00000 | 0.00000 | | 1.00000 | 0.00000 |
| M1 | | 0.00329 | 2.15322 | | 0.00450 | 2.19163 |

Tabelle 111 (Fortsetzung)

|     | $J/\delta$ | Intensität | Frequenz | $J/\delta$ | Intensität | Frequenz |
| --- | --- | --- | --- | --- | --- | --- |
| A1 | 0.50 | 0.89366 | 1.39039 | 0.55 | 0.80641 | 1.44415 |
| A2 |      | 2.63151 | 0.84307 |      | 2.66335 | 0.83426 |
| A3 |      | 3.10054 | 0.79732 |      | 3.18647 | 0.78489 |
| A4 |      | 1.36270 | 1.20268 |      | 1.32953 | 1.21511 |
| B1 |      | 2.10634 | 0.35961 |      | 2.19359 | 0.38085 |
| B2 |      | 0.36850 | —0.59307 |      | 0.33665 | —0.65926 |
| B3 |      | 0.53097 | —0.23346 |      | 0.47688 | —0.27842 |
| B4 |      | 1.00000 | 0.00000 |      | 1.00000 | 0.00000 |
| M1 |      | 0.00580 | 2.23346 |      | 0.00712 | 2.27842 |
| A1 | 0.60 | 0.72727 | 1.50000 | 0.65 | 0.65603 | 1.55772 |
| A2 |      | 2.69169 | 0.82621 |      | 2.71695 | 0.81882 |
| A3 |      | 3.26433 | 0.77379 |      | 3.33436 | 0.76390 |
| A4 |      | 1.29991 | 1.22621 |      | 1.27345 | 1.23610 |
| B1 |      | 2.27273 | 0.40000 |      | 2.34397 | 0.41728 |
| B2 |      | 0.30831 | —0.72621 |      | 0.28306 | —0.79382 |
| B3 |      | 0.42737 | —0.32621 |      | 0.38258 | —0.37655 |
| B4 |      | 1.00000 | 0.00000 |      | 1.00000 | 0.00000 |
| M1 |      | 0.00840 | 2.32621 |      | 0.00960 | 2.37655 |
| A1 | 0.70 | 0.59227 | 1.61714 | 0.75 | 0.53542 | 1.67805 |
| A2 |      | 2.73950 | 0.81203 |      | 2.75968 | 0.80578 |
| A3 |      | 3.39704 | 0.75510 |      | 3.45294 | 0.74728 |
| A4 |      | 1.24982 | 1.24490 |      | 1.22868 | 1.25272 |
| B1 |      | 2.40773 | 0.43286 |      | 2.46458 | 0.44695 |
| B2 |      | 0.26050 | —0.86203 |      | 0.24032 | —0.93078 |
| B3 |      | 0.34245 | —0.42917 |      | 0.30674 | —0.48383 |
| B4 |      | 1.00000 | 0.00000 |      | 1.00000 | 0.00000 |
| M1 |      | 0.01069 | 2.42917 |      | 0.01164 | 2.48383 |
| A1 | 0.80 | 0.48487 | 1.74031 | 0.85 | 0.43998 | 1.80376 |
| A2 |      | 2.77778 | 0.80000 |      | 2.79405 | 0.79465 |
| A3 |      | 3.50269 | 0.74031 |      | 3.54691 | 0.73411 |
| A4 |      | 1.20978 | 1.25969 |      | 1.19284 | 1.26589 |
| B1 |      | 2.51513 | 0.45969 |      | 2.56002 | 0.47124 |
| B2 |      | 0.22222 | —1.00000 |      | 0.20595 | —1.06965 |
| B3 |      | 0.27509 | —0.54031 |      | 0.24714 | —0.59841 |
| B4 |      | 1.00000 | 0.00000 |      | 1.00000 | 0.00000 |
| M1 |      | 0.01245 | 2.54031 |      | 0.01311 | 2.59841 |
| A1 | 0.90 | 0.40014 | 1.86827 | 0.95 | 0.36477 | 1.93372 |
| A2 |      | 2.80871 | 0.78969 |      | 2.82196 | 0.78508 |
| A3 |      | 3.58623 | 0.72858 |      | 3.62120 | 0.72364 |
| A4 |      | 1.17766 | 1.27142 |      | 1.16401 | 1.27636 |
| B1 |      | 2.59986 | 0.48173 |      | 2.63523 | 0.49128 |
| B2 |      | 0.19129 | —1.13969 |      | 0.17804 | —1.21008 |
| B3 |      | 0.22249 | —0.65796 |      | 0.20076 | —0.71879 |
| B4 |      | 1.00000 | 0.00000 |      | 1.00000 | 0.00000 |
| M1 |      | 0.01363 | 2.65796 |      | 0.01403 | 2.71879 |
| A1 | 1.00 | 0.33333 | 2.00000 | 2.00 | 0.08579 | 3.41421 |
| A2 |      | 2.83395 | 0.78078 |      | 2.94338 | 0.73205 |
| A3 |      | 3.65235 | 0.71922 |      | 3.90354 | 0.68216 |
| A4 |      | 1.15174 | 1.28078 |      | 1.04595 | 1.31784 |
| B1 |      | 2.66667 | 0.50000 |      | 2.91421 | 0.58579 |
| B2 |      | 0.16605 | —1.28078 |      | 0.05662 | —2.73205 |
| B3 |      | 0.18160 | —0.78078 |      | 0.03984 | —2.14626 |
| B4 |      | 1.00000 | 0.00000 |      | 1.00000 | 0.00000 |
| M1 |      | 0.01432 | 2.78078 |      | 0.01067 | 4.14626 |

Tabelle 111 (Fortsetzung)

|  | $J/\delta$ | Intensität | Frequenz | $J/\delta$ | Intensität | Frequenz |
|---|---|---|---|---|---|---|
| A1 | 3.00 | 0.03699 | 4.88600 | 4.00 | 0.02034 | 6.37228 |
| A2 |  | 2.97225 | 0.71221 |  | 2.98365 | 0.70156 |
| A3 |  | 3.95651 | 0.67379 |  | 3.97543 | 0.67072 |
| A4 |  | 1.02125 | 1.32621 |  | 1.01212 | 1.32928 |
| B1 |  | 2.96302 | 0.61400 |  | 2.97966 | 0.62772 |
| B2 |  | 0.02775 | —4.21221 |  | 0.01635 | —5.70156 |
| B3 |  | 0.01574 | —3.59822 |  | 0.00822 | —5.07384 |
| B4 |  | 1.00000 | 0.00000 |  | 1.00000 | 0.00000 |
| M1 |  | 0.00650 | 5.59822 |  | 0.00423 | 7.07384 |
| A1 | 5.00 | 0.01281 | 7.86421 | $\infty$ | 0.00000 | $\infty$ |
| A2 |  | 2.98925 | 0.69493 |  | 3.00000 | 0.66667 |
| A3 |  | 3.98425 | 0.66927 |  | 4.00000 | 0.66667 |
| A4 |  | 1.00781 | 1.33073 |  | 1.00000 | 1.33333 |
| B1 |  | 2.98719 | 0.63579 |  | 3.00000 | 0.66667 |
| B2 |  | 0.01075 | —7.19493 |  | 0.00000 | — $\infty$ |
| B3 |  | 0.00501 | —6.55914 |  | 0.00000 | — $\infty$ |
| B4 |  | 1.00000 | 0.00000 |  | 1.00000 | 0.00000 |
| M1 |  | 0.00294 | 8.55914 |  | 0.00000 | $\infty$ |

CORIO, P. L.: Chem. Rev. **60**, 363 (1960)

Tabelle 112

*Frequenzen der Linien und relative Bandenintensitäten in einem $A_3B$ System. Die Frequenz ist bezogen auf die chemische Verschiebung von B. Die Gesamtintensität ist gleich 32 gesetzt*

|  | $J/\delta$ | Intensität | Frequenz | $J/\delta$ | Intensität | Frequenz |
|---|---|---|---|---|---|---|
| A1 | 0.00 | 3.0000 | 1.00000 | 0.05 | 2.83863 | 1.02697 |
| A2 |  | 3.0000 | 1.00000 |  | 3.13899 | 0.97678 |
| A3 |  | 2.0000 | 1.00000 |  | 1.90012 | 1.02562 |
| A4 |  | 2.0000 | 1.00000 |  | 2.09988 | 0.97562 |
| A5 |  | 4.0000 | 1.00000 |  | 4.19900 | 0.97571 |
| A6 |  | 3.0000 | 1.00000 |  | 2.86104 | 1.02429 |
| A7 |  | 3.0000 | 1.00000 |  | 3.16141 | 0.97448 |
| A8 |  | 4.0000 | 1.00000 |  | 3.80099 | 1.02552 |
| B1 |  | 1.0000 | 0.00000 |  | 1.16137 | 0.07303 |
| B2 |  | 1.0000 | 0.00000 |  | 0.86101 | —0.07678 |
| B3 |  | 2.0000 | 0.00000 |  | 2.09988 | 0.02438 |
| B4 |  | 2.0000 | 0.00000 |  | 1.90012 | —0.02562 |
| B5 |  | 1.0000 | 0.00000 |  | 0.94000 | —0.02928 |
| B6 |  | 1.0000 | 0.00000 |  | 1.03765 | 0.02054 |
| M1 |  | 0.0000 | 2.00000 |  | 0.00000 | 2.02928 |
| M2 |  | 0.0000 | 2.00000 |  | 0.00001 | 1.97946 |

Tabelle 112 (Fortsetzung)

| | $J/\delta$ | Intensität | Frequenz | $J/\delta$ | Intensität | Frequenz |
|---|---|---|---|---|---|---|
| A1 | 0.10 | 2.65465 | 1.05826 | 0.15 | 2.45004 | 1.09441 |
| A2 | | 3.25724 | 0.95678 | | 3.35710 | 0.93949 |
| A3 | | 1.80099 | 1.05249 | | 1.70332 | 1.08059 |
| A4 | | 2.19901 | 0.95249 | | 2.29668 | 0.93059 |
| A5 | | 4.39218 | 0.95313 | | 4.57449 | 0.93252 |
| A6 | | 2.74271 | 1.04687 | | 2.64269 | 1.06748 |
| A7 | | 3.34525 | 0.94836 | | 3.54948 | 0.92239 |
| A8 | | 3.60767 | 1.05164 | | 3.42481 | 1.07761 |
| B1 | | 1.34535 | 0.14174 | | 1.54996 | 0.20559 |
| B2 | | 0.74276 | —0.15678 | | 0.64290 | —0.23949 |
| B3 | | 2.19901 | 0.04751 | | 2.29668 | 0.06941 |
| B4 | | 1.80099 | —0.05249 | | 1.70332 | —0.08059 |
| B5 | | 0.86506 | —0.06668 | | 0.78262 | —0.11151 |
| B6 | | 1.04698 | 0.03184 | | 1.02522 | 0.03358 |
| M1 | | 0.00005 | 2.06668 | | 0.00021 | 2.11151 |
| M2 | | 0.00009 | 1.96816 | | 0.00049 | 1.96643 |
| A1 | 0.20 | 2.22942 | 1.13589 | 0.25 | 2.00000 | 1.18301 |
| A2 | | 3.44115 | 0.92450 | | 3.51186 | 0.91144 |
| A3 | | 1.60777 | 1.10990 | | 1.51493 | 1.14039 |
| A4 | | 2.39223 | 0.90990 | | 2.48507 | 0.89039 |
| A5 | | 4.74226 | 0.91402 | | 4.89345 | 0.89758 |
| A6 | | 2.55833 | 1.08598 | | 2.48717 | 1.10242 |
| A7 | | 3.76904 | 0.89737 | | 3.99641 | 0.87400 |
| A8 | | 3.25567 | 1.10263 | | 3.10198 | 1.12600 |
| B1 | | 1.77058 | 0.26411 | | 2.00000 | 0.31699 |
| B2 | | 0.55885 | —0.32450 | | 0.48814 | —0.41144 |
| B3 | | 2.39223 | 0.09010 | | 2.48507 | 0.10961 |
| B4 | | 1.60777 | —0.10990 | | 1.51493 | —0,14039 |
| B5 | | 0.69889 | —0.16302 | | 0.61841 | —0.22045 |
| B6 | | 0.97375 | 0.02559 | | 0.89802 | 0.00797 |
| M1 | | 0.00052 | 2.16302 | | 0.00098 | 2.22045 |
| M2 | | 0.00155 | 1.97441 | | 0.00359 | 1.99203 |
| A1 | 0.30 | 1.77058 | 1.23589 | 0.35 | 1.54997 | 1.29441 |
| A2 | | 3.57143 | 0.90000 | | 3.62177 | 0.88993 |
| A3 | | 1.42530 | 1.17202 | | 1.33930 | 1.20474 |
| A4 | | 2.57470 | 0.87202 | | 2.66070 | 0.85474 |
| A5 | | 5.02745 | 0.88310 | | 5.14475 | 0.87040 |
| A6 | | 2.42703 | 1.11690 | | 2.37606 | 1.12960 |
| A7 | | 4.22266 | 0.85279 | | 4.43912 | 0.83408 |
| A8 | | 2.96425 | 1.14721 | | 2.84216 | 1.16592 |
| B1 | | 2.22942 | 0.36411 | | 2.45004 | 0.40559 |
| B2 | | 0.42857 | —0.50000 | | 0.37823 | 0.58993 |
| B3 | | 2.57470 | 0.12798 | | 2.66070 | 0.14526 |
| B4 | | 1.42530 | —0.17202 | | 1.33930 | —0.20474 |
| B5 | | 0.54398 | —0.28310 | | 0.47702 | —0.35026 |
| B6 | | 0.80634 | —0.01899 | | 0.70780 | —0.05474 |
| M1 | | 0.00155 | 2.28310 | | 0.00218 | 2.35026 |
| M2 | | 0.00676 | 2.01899 | | 0.01092 | 2.05474 |

Tabelle 112 (Fortsetzung)

|  | $J/\delta$ | Intensität | Frequenz | $J/\delta$ | Intensität | Frequenz |
|---|---|---|---|---|---|---|
| A1 | 0.40 | 1.34535 | 1.35826 | 0.45 | 1.16137 | 1.42697 |
| A2 |  | 3.66448 | 0.88102 |  | 3.70088 | 0.87310 |
| A3 |  | 1.25722 | 1.23852 |  | 1.17927 | 1.27329 |
| A4 |  | 2.74278 | 0.83852 |  | 2.82073 | 0.82329 |
| A5 |  | 5.24658 | 0.85929 |  | 5.33451 | 0.84958 |
| A6 |  | 2.33271 | 1.14071 |  | 2.29570 | 1.15042 |
| A7 |  | 4.63898 | 0.81795 |  | 4.81807 | 0.80429 |
| A8 |  | 2.73493 | 1.18205 |  | 2.64151 | 1.19571 |
| B1 |  | 2.65465 | 0.44174 |  | 2.83863 | 0.47303 |
| B2 |  | 0.33552 | —0.68102 |  | 0.29912 | —0.77310 |
| B3 |  | 2.74278 | 0.16148 |  | 2.82073 | 0.17671 |
| B4 |  | 1.25722 | —0.23852 |  | 1.17927 | —0.27329 |
| B5 |  | 0.41790 | —0.42134 |  | 0.36637 | —0.49579 |
| B6 |  | 0.61041 | —0.09857 |  | 0.51986 | —0.14965 |
| M1 |  | 0.00281 | 2.42134 |  | 0.00342 | 2.49579 |
| M2 |  | 0.01568 | 2.09857 |  | 0.02056 | 2.14965 |
| A1 | 0.50 | 1.00000 | 1.50000 | 0.55 | 0.86101 | 1.57678 |
| A2 |  | 3.73205 | 0.86603 |  | 3.75888 | 0.85967 |
| A3 |  | 1.10557 | 1.30902 |  | 1.03616 | 1.34564 |
| A4 |  | 2.89443 | 0.80902 |  | 2.96384 | 0.79564 |
| A5 |  | 5.41025 | 0.84108 |  | 5.47545 | 0.83363 |
| A6 |  | 2.26399 | 1.15892 |  | 2.23669 | 1.16637 |
| A7 |  | 4.97487 | 0.79289 |  | 5.10993 | 0.78348 |
| A8 |  | 2.56066 | 1.20711 |  | 2.49106 | 1.21652 |
| B1 |  | 3.00000 | 0.50000 |  | 3.13899 | 0.52322 |
| B2 |  | 0.26795 | —0.86603 |  | 0.24112 | —0.95967 |
| B3 |  | 2.89443 | 0.19098 |  | 2.96384 | 0.20436 |
| B4 |  | 1.10557 | —0.30902 |  | 1.03616 | —0.34564 |
| B5 |  | 0.32180 | —0.57313 |  | 0.28343 | —0.65297 |
| B6 |  | 0.43934 | —0.20711 |  | 0.36995 | —0.27009 |
| M1 |  | 0.00396 | 2.57313 |  | 0.00443 | 2.65297 |
| M2 |  | 0.02513 | 2.20711 |  | 0.02906 | 2.27009 |
| A1 | 0.60 | 0.74276 | 1.65678 | 0.65 | 0.64290 | 1.73949 |
| A2 |  | 3.78208 | 0.85394 |  | 3.80225 | 0.84875 |
| A3 |  | 0.97101 | 1.38310 |  | 0.91002 | 1.42134 |
| A4 |  | 3.02899 | 0.78310 |  | 3.08998 | 0.77134 |
| A5 |  | 5.53162 | 0.82709 |  | 5.58012 | 0.82131 |
| A6 |  | 2.21309 | 1.17291 |  | 2.19261 | 1.17869 |
| A7 |  | 5.22503 | 0.77575 |  | 5.32257 | 0.76943 |
| A8 |  | 2.43135 | 1.22425 |  | 2.38022 | 1.23057 |
| B1 |  | 3.25724 | 0.54322 |  | 3.35710 | 0.56051 |
| B2 |  | 0.21792 | —1.05394 |  | 0.19775 | —1.14875 |
| B3 |  | 3.02899 | 0.21690 |  | 3.08998 | 0.22866 |
| B4 |  | 0.97101 | —0.38310 |  | 0.91002 | —0.42134 |
| B5 |  | 0.25046 | —0.73496 |  | 0.22214 | —0.81881 |
| B6 |  | 0.31141 | —0.33780 |  | 0.26268 | —0.40955 |
| M1 |  | 0.00482 | 2.73496 |  | 0.00513 | 2.81881 |
| M2 |  | 0.03221 | 2.33780 |  | 0.03453 | 2.40955 |

Tabelle 112 (Fortsetzung)

| | $J/\delta$ | Intensität | Frequenz | $J/\delta$ | Intensität | Frequenz |
|---|---|---|---|---|---|---|
| A1 | 0.70 | 0.55885 | 1.82450 | 0.75 | 0.48814 | 1.91144 |
| A2 | | 3.81987 | 0.84403 | | 3.83533 | 0.83972 |
| A3 | | 0.85308 | 1.46033 | | 0.80000 | 1.50000 |
| A4 | | 3.14692 | 0.76033 | | 3.20000 | 0.75000 |
| A5 | | 5.62210 | 0.81620 | | 5.65857 | 0.81166 |
| A6 | | 2.17476 | 1.18380 | | 2.15914 | 1.18834 |
| A7 | | 5.40507 | 0.76427 | | 5.47489 | 0.76005 |
| A8 | | 2.33645 | 1.23573 | | 2.29893 | 1.23995 |
| B1 | | 3.44115 | 0.57550 | | 3.51186 | 0.58856 |
| B2 | | 0.18013 | —1.24403 | | 0.16467 | —1.33972 |
| B3 | | 3.14692 | 0.23967 | | 3.20000 | 0.25000 |
| B4 | | 0.85308 | —0.46033 | | 0.80000 | —0.50000 |
| B5 | | 0.19777 | —0.90426 | | 0.17676 | —0.99111 |
| B6 | | 0.22240 | —0.48473 | | 0.18921 | —0.56283 |
| M1 | | 0.00537 | 2.90426 | | 0.00553 | 2.99111 |
| M2 | | 0.03608 | 2.48473 | | 0.03697 | 2.56283 |
| A1 | 0.80 | 0.42857 | 2.00000 | 0.85 | 0.37823 | 2.08993 |
| A2 | | 3.84895 | 0.83578 | | 3.86100 | 0.83216 |
| A3 | | 0.75061 | 1.54031 | | 0.70470 | 1.58122 |
| A4 | | 3.24939 | 0.74031 | | 3.29530 | 0.73122 |
| A5 | | 5.69035 | 0.80762 | | 5.71816 | 0.80400 |
| A6 | | 2.14541 | 1.19238 | | 2.13330 | 1.19600 |
| A7 | | 5.53414 | 0.75660 | | 5.58460 | 0.75378 |
| A8 | | 2.26671 | 1.24340 | | 2.23896 | 1.24622 |
| B1 | | 3.57143 | 0.60000 | | 3.62177 | 0.61007 |
| B2 | | 0.15105 | —1.43578 | | 0.13900 | —1.53216 |
| B3 | | 3.24939 | 0.25969 | | 3.29530 | 0.26878 |
| B4 | | 0.75061 | —0.54031 | | 0.70470 | —0.58122 |
| B5 | | 0.15859 | —1.07918 | | 0.14284 | —1.16831 |
| B6 | | 0.16186 | —0.64340 | | 0.13927 | —0.72609 |
| M1 | | 0.00564 | 3.07918 | | 0.00570 | 3.16831 |
| M2 | | 0.03729 | 2.64340 | | 0.03717 | 2.72609 |
| A1 | 0.90 | 0.33552 | 2.18102 | 0.95 | 0.29912 | 2.27310 |
| A2 | | 3.87171 | 0.82882 | | 3.88127 | 0.82574 |
| A3 | | 0.66207 | 1.62268 | | 0.62250 | 1.66466 |
| A4 | | 3.33793 | 0.72268 | | 3.37750 | 0.71466 |
| A5 | | 5.74259 | 0.80074 | | 5.76413 | 0.79781 |
| A6 | | 2.12257 | 1.19926 | | 2.11303 | 1.20219 |
| A7 | | 5.62777 | 0.75146 | | 5.66488 | 0.74956 |
| A8 | | 2.21497 | 1.24854 | | 2.19416 | 1.25044 |
| B1 | | 3.66448 | 0.61898 | | 3.70088 | 0.62690 |
| B2 | | 0.12829 | —1.62882 | | 0.11873 | —1.72574 |
| B3 | | 3.33793 | 0.27732 | | 3.37750 | 0.28534 |
| B4 | | 0.66207 | —0.62268 | | 0.62250 | —0.66466 |
| B5 | | 0.12912 | —1.25838 | | 0.11714 | —1.34928 |
| B6 | | 0.12055 | —0.81059 | | 0.10496 | —0.89665 |
| M1 | | 0.00572 | 3.25838 | | 0.00570 | 3.34928 |
| M2 | | 0.03671 | 2.81059 | | 0.03600 | 2.89665 |

Tabelle 112 (Fortsetzung)

|  | $J/\delta$ | Intensität | Frequenz | $J/\delta$ | Intensität | Frequenz |
|---|---|---|---|---|---|---|
| A1 | 1.00 | 0.26795 | 2.36603 | 2.00 | 0.05855 | 4.30278 |
| A2 |  | 3.88982 | 0.82288 |  | 3.96396 | 0.79129 |
| A3 |  | 0.58579 | 1.70711 |  | 0.21115 | 2.61803 |
| A4 |  | 3.41421 | 0.70711 |  | 3.78885 | 0.61803 |
| A5 |  | 5.78319 | 0.79516 |  | 5.93683 | 0.77026 |
| A6 |  | 2.10452 | 1.20484 |  | 2.03259 | 1.22974 |
| A7 |  | 5.69694 | 0.74799 |  | 5.92525 | 0.74122 |
| A8 |  | 2.17604 | 1.25201 |  | 2.04352 | 1.25878 |
| B1 |  | 3.73205 | 0.63397 |  | 3.94145 | 0.69722 |
| B2 |  | 0.11018 | —1.82288 |  | 0.03604 | —3.79129 |
| B3 |  | 3.41421 | 0.29289 |  | 3.78885 | 0.38197 |
| B4 |  | 0.58579 | —0.70711 |  | 0.21115 | —1.61803 |
| B5 |  | 0.10663 | —1.44091 |  | 0.02713 | —3.35284 |
| B6 |  | 0.09191 | —0.98406 |  | 0.01503 | —2.86433 |
| M1 |  | 0.00566 | 3.44091 |  | 0.00345 | 5.35284 |
| M2 |  | 0.03511 | 2.98406 |  | 0.01620 | 4.86433 |
| A1 | 3.00 | 0.02434 | 6.28388 | 4.00 | 0.01320 | 8.27492 |
| A2 |  | 3.98248 | 0.77872 |  | 3.98970 | 0.77200 |
| A3 |  | 0.10263 | 3.58114 |  | 0.05972 | 4.56155 |
| A4 |  | 3.89737 | 0.58114 |  | 3.94029 | 0.56155 |
| A5 |  | 5.97075 | 0.76266 |  | 5.98324 | 0.75913 |
| A6 |  | 2.01548 | 1.23734 |  | 2.00898 | 1.24087 |
| A7 |  | 5.96729 | 0.74250 |  | 5.98178 | 0.74379 |
| A8 |  | 2.01884 | 1.25750 |  | 2.01042 | 1.25621 |
| B1 |  | 3.97566 | 0.71612 |  | 3.98680 | 0.72508 |
| B2 |  | 0.01752 | —5.77872 |  | 0.01030 | —7.77200 |
| B3 |  | 3.89737 | 0.41886 |  | 3.94029 | 0.43845 |
| B4 |  | 0.10263 | —2.58114 |  | 0.05972 | —3.56155 |
| B5 |  | 0.01173 | —5.32010 |  | 0.00646 | —7.30313 |
| B6 |  | 0.00550 | —4.82526 |  | 0.00278 | —6.80605 |
| M1 |  | 0.00204 | 7.32010 |  | 0.00132 | 9.30313 |
| M2 |  | 0.00837 | 6.82526 |  | 0.00502 | 8.80605 |
| A1 | 5.00 | 0.00826 | 10.26970 | 10.00 | 0.00197 | 20.25961 |
| A2 |  | 3.99323 | 0.76783 |  | 3.99822 | 0.75914 |
| A3 |  | 0.03884 | 5.54951 |  | 0.00993 | 10.52494 |
| A4 |  | 3.96116 | 0.54951 |  | 3.99007 | 0.52494 |
| A5 |  | 5.98916 | 0.75711 |  | 5.99724 | 0.75335 |
| A6 |  | 2.00585 | 1.24289 |  | 2.00151 | 1.24665 |
| A7 |  | 5.98841 | 0.74476 |  | 5.99714 | 0.74712 |
| A8 |  | 2.00660 | 1.25524 |  | 2.00161 | 1.25288 |
| B1 |  | 3.99174 | 0.73030 |  | 3.99803 | 0.74039 |
| B2 |  | 0.00677 | —9.76783 |  | 0.00178 | —19.75914 |
| B3 |  | 3.96116 | 0.45049 |  | 3.99007 | 0.47506 |
| B4 |  | 0.03884 | —4.54951 |  | 0.00993 | —9.52494 |
| B5 |  | 0.00407 | —9.29276 |  | 0.00098 | —19.27163 |
| B6 |  | 0.00166 | —8.79463 |  | 0.00036 | —18.77210 |
| M1 |  | 0.00091 | 11.29276 |  | 0.00027 | 21.27163 |
| M2 |  | 0.00333 | 10.79463 |  | 0.00089 | 20.77210 |

Tabelle 112 (Fortsetzung)

|      | $J/\delta$ | Intensität | Frequenz |
|------|------|------------|----------|
| A1   | $\infty$ | 0.00000 | $\infty$ |
| A2   |      | 4.00000 | 0.75000 |
| A3   |      | 0.00000 | $\infty$ |
| A4   |      | 4.00000 | 0.50000 |
| A5   |      | 6.00000 | 0.75000 |
| A6   |      | 2.00000 | 1.25000 |
| A7   |      | 6.00000 | 0.75000 |
| A8   |      | 2.00000 | 1.25000 |
| B1   |      | 4.00000 | 0.75000 |
| B2   |      | 0.00000 | $-\infty$ |
| B3   |      | 4.00000 | 0.50000 |
| B4   |      | 0.00000 | $-\infty$ |
| B5   |      | 0.00000 | $-\infty$ |
| B6   |      | 0.00000 | $-\infty$ |
| M1   |      | 0.00000 | $\infty$ |
| M2   |      | 0.00000 | $\infty$ |

Corio, P. L.: Chem. Rev. **60,** 363 (1960)

Tabelle 113

*Frequenzen und Bandenintensitäten in ABX-Spektren*[1]. *Die oberen acht Werte sind für den AB-Teil, die unteren für den X-Teil. Die Frequenzen des AB-Teils sind auf den Mittelwert der chemischen Verschiebungen von A und B bezogen ($\gamma_A - \gamma_B = 6\,Hz$), die des X-Teils auf das Zentrum der X-Bande. Zu jedem Frequenzwert sind 100 Hz hinzugezählt worden, um negative Vorzeichen zu vermeiden. Die Gesamtintensität wurde gleich 12 gesetzt.*

| $J_{AB}$ | $J_{AX}$ | $J_{BX}$ | Frequenz | Intensität | $J_{AB}$ | $J_{AX}$ | $J_{BX}$ | Frequenz | Intensität |
|------|------|------|----------|------------|------|------|------|----------|------------|
| 1 | 1 | 1 | 95.96  | 0.84 | 2 | 2 | 2 | 94.84  | 0.68 |
|   |   |   | 96.96  | 1.16 |   |   |   | 96.84  | 1.32 |
|   |   |   | 96.96  | 0.84 |   |   |   | 96.84  | 0.68 |
|   |   |   | 97.96  | 1.16 |   |   |   | 98.84  | 1.32 |
|   |   |   | 102.04 | 1.16 |   |   |   | 101.16 | 1.32 |
|   |   |   | 103.04 | 0.84 |   |   |   | 103.16 | 0.68 |
|   |   |   | 103.04 | 1.16 |   |   |   | 103.16 | 1.32 |
|   |   |   | 104.04 | 0.84 |   |   |   | 105.16 | 0.68 |
|   |   |   | 93.92  | 0.00 |   |   |   | 93.68  | 0.00 |
|   |   |   | 99.00  | 1.00 |   |   |   | 98.00  | 1.00 |
|   |   |   | 100.00 | 1.00 |   |   |   | 100.00 | 1.00 |
|   |   |   | 100.00 | 1.00 |   |   |   | 100.00 | 1.00 |
|   |   |   | 101.00 | 1.00 |   |   |   | 102.00 | 1.00 |
|   |   |   | 106.08 | 0.00 |   |   |   | 106.33 | 0.00 |

[1] Wiberg, K. B., and B. J. Nist: Interpretation of Nuclear Magnetic Resonance Spectra. New York: W. A. Benjamin Inc. 1962.

Tabelle 113 (Fortsetzung)

| $J_{AB}$ | $J_{AX}$ | $J_{BX}$ | Frequenz | Intensität | $J_{AB}$ | $J_{AX}$ | $J_{BX}$ | Frequenz | Intensität |
|---|---|---|---|---|---|---|---|---|---|
| 3 | 3 | 3 | 93.65 | 0.55 | 4 | 4 | 4 | 92.39 | 0.45 |
| | | | 96.65 | 1.45 | | | | 96.39 | 1.55 |
| | | | 96.65 | 0.55 | | | | 96.39 | 0.45 |
| | | | 99.65 | 1.45 | | | | 100.39 | 1.55 |
| | | | 100.35 | 1.45 | | | | 99.61 | 1.55 |
| | | | 103.35 | 0.55 | | | | 103.61 | 0.45 |
| | | | 103.35 | 1.45 | | | | 103.61 | 1.55 |
| | | | 106.35 | 0.55 | | | | 107.61 | 0.45 |
| | | | 93.30 | 0.00 | | | | 92.79 | 0.00 |
| | | | 97.00 | 1.00 | | | | 96.00 | 1.00 |
| | | | 100.00 | 1.00 | | | | 100.00 | 1.00 |
| | | | 100.00 | 1.00 | | | | 100.00 | 1.00 |
| | | | 103.00 | 1.00 | | | | 104.00 | 1.00 |
| | | | 106.70 | 0.00 | | | | 107.21 | 0.00 |
| 6 | 6 | 6 | 89.76 | 0.29 | 8 | 8 | 8 | 87.00 | 0.20 |
| | | | 95.76 | 1.71 | | | | 95.00 | 1.80 |
| | | | 95.76 | 0.29 | | | | 95.00 | 0.20 |
| | | | 101.76 | 1.71 | | | | 103.00 | 1.80 |
| | | | 98.24 | 1.71 | | | | 97.00 | 1.80 |
| | | | 104.24 | 0.29 | | | | 105.00 | 0.20 |
| | | | 104.24 | 1.71 | | | | 105.00 | 1.80 |
| | | | 110.24 | 0.29 | | | | 113.00 | 0.20 |
| | | | 91.51 | 0.00 | | | | 90.00 | 0.00 |
| | | | 94.00 | 1.00 | | | | 92.00 | 1.00 |
| | | | 100.00 | 1.00 | | | | 100.00 | 1.00 |
| | | | 100.00 | 1.00 | | | | 100.00 | 1.00 |
| | | | 106.00 | 1.00 | | | | 108.00 | 1.00 |
| | | | 108.49 | 0.00 | | | | 110.00 | 0.00 |
| 10 | 10 | 10 | 84.17 | 0.14 | 12 | 12 | 12 | 81.29 | 0.11 |
| | | | 94.17 | 1.86 | | | | 93.29 | 1.89 |
| | | | 94.17 | 0.14 | | | | 93.29 | 0.11 |
| | | | 104.17 | 1.86 | | | | 105.29 | 1.89 |
| | | | 95.83 | 1.86 | | | | 94.71 | 1.89 |
| | | | 105.83 | 0.14 | | | | 106.71 | 0.11 |
| | | | 105.83 | 1.86 | | | | 106.71 | 1.89 |
| | | | 115.83 | 0.14 | | | | 118.71 | 0.11 |
| | | | 88.31 | 0.00 | | | | 86.58 | 0.00 |
| | | | 90.00 | 1.00 | | | | 88.00 | 1.00 |
| | | | 100.00 | 1.00 | | | | 100.00 | 1.00 |
| | | | 100.00 | 1.00 | | | | 100.00 | 1.00 |
| | | | 110.00 | 1.00 | | | | 112.00 | 1.00 |
| | | | 111.69 | 0.00 | | | | 113.42 | 0.00 |
| 1 | 1 | 2 | 95.95 | 0.82 | 1 | 2 | 1 | 95.46 | 0.85 |
| | | | 96.95 | 1.18 | | | | 96.46 | 1.15 |
| | | | 96.95 | 0.85 | | | | 97.45 | 0.82 |
| | | | 97.95 | 1.15 | | | | 98.45 | 1.18 |
| | | | 101.54 | 1.18 | | | | 102.04 | 1.15 |
| | | | 102.54 | 0.82 | | | | 103.04 | 0.85 |
| | | | 103.54 | 1.15 | | | | 103.04 | 1.18 |
| | | | 104.54 | 0.85 | | | | 104.04 | 0.82 |
| | | | 93.92 | 0.00 | | | | 93.92 | 0.00 |
| | | | 98.50 | 1.00 | | | | 98.50 | 1.00 |
| | | | 99.51 | 1.00 | | | | 99.51 | 1.00 |
| | | | 100.49 | 1.00 | | | | 100.49 | 1.00 |
| | | | 101.50 | 1.00 | | | | 101.50 | 1.00 |
| | | | 106.08 | 0.00 | | | | 106.08 | 0.00 |

Tabelle 113 (Fortsetzung)

| $J_{AB}$ | $J_{AX}$ | $J_{BX}$ | Frequenz | Intensität | $J_{AB}$ | $J_{AX}$ | $J_{BX}$ | Frequenz | Intensität |
|---|---|---|---|---|---|---|---|---|---|
| 2 | 1 | 1 | 95.34 | 0.68 | 1 | 2 | 2 | 95.46 | 0.83 |
|   |   |   | 97.34 | 1.32 |   |   |   | 96.46 | 1.16 |
|   |   |   | 96.34 | 0.68 |   |   |   | 97.46 | 0.84 |
|   |   |   | 98.34 | 1.32 |   |   |   | 98.46 | 1.17 |
|   |   |   | 101.66 | 1.32 |   |   |   | 101.54 | 1.16 |
|   |   |   | 103.66 | 0.68 |   |   |   | 102.54 | 0.83 |
|   |   |   | 102.66 | 1.32 |   |   |   | 103.54 | 1.17 |
|   |   |   | 104.66 | 0.68 |   |   |   | 104.54 | 0.84 |
|   |   |   | 93.67 | 0.00 |   |   |   | 93.67 | 0.00 |
|   |   |   | 99.00 | 1.00 |   |   |   | 98.50 | 1.00 |
|   |   |   | 100.00 | 1.00 |   |   |   | 100.00 | 1.00 |
|   |   |   | 100.00 | 1.00 |   |   |   | 100.00 | 1.00 |
|   |   |   | 101.00 | 1.00 |   |   |   | 101.50 | 1.00 |
|   |   |   | 106.33 | 0.00 |   |   |   | 106.33 | 0.00 |
| 2 | 2 | 1 | 94.85 | 0.71 | 2 | 1 | 2 | 95.32 | 0.66 |
|   |   |   | 96.85 | 1.29 |   |   |   | 97.32 | 1.34 |
|   |   |   | 96.82 | 0.66 |   |   |   | 96.35 | 0.71 |
|   |   |   | 98.82 | 1.34 |   |   |   | 98.35 | 1.29 |
|   |   |   | 101.65 | 1.29 |   |   |   | 101.18 | 1.34 |
|   |   |   | 103.65 | 0.71 |   |   |   | 103.18 | 0.66 |
|   |   |   | 102.68 | 1.34 |   |   |   | 103.15 | 1.29 |
|   |   |   | 104.68 | 0.66 |   |   |   | 105.15 | 0.71 |
|   |   |   | 93.67 | 0.00 |   |   |   | 93.67 | 0.00 |
|   |   |   | 98.50 | 1.00 |   |   |   | 98.50 | 1.00 |
|   |   |   | 99.52 | 1.00 |   |   |   | 99.52 | 1.00 |
|   |   |   | 100.48 | 1.00 |   |   |   | 100.48 | 1.00 |
|   |   |   | 101.50 | 1.00 |   |   |   | 101.50 | 1.00 |
|   |   |   | 106.33 | 0.00 |   |   |   | 106.33 | 0.00 |
| 1 | 1 | 4 | 95.95 | 0.78 | 1 | 4 | 1 | 94.46 | 0.87 |
|   |   |   | 96.95 | 1.22 |   |   |   | 95.46 | 1.13 |
|   |   |   | 96.97 | 0.87 |   |   |   | 98.44 | 0.79 |
|   |   |   | 97.97 | 1.13 |   |   |   | 99.44 | 1.22 |
|   |   |   | 100.55 | 1.22 |   |   |   | 102.03 | 1.13 |
|   |   |   | 101.55 | 0.78 |   |   |   | 103.03 | 0.87 |
|   |   |   | 104.53 | 1.13 |   |   |   | 103.05 | 1.22 |
|   |   |   | 105.53 | 0.87 |   |   |   | 104.05 | 0.79 |
|   |   |   | 93.92 | 0.00 |   |   |   | 93.91 | 0.00 |
|   |   |   | 97.50 | 1.00 |   |   |   | 97.50 | 1.00 |
|   |   |   | 98.52 | 1.00 |   |   |   | 98.52 | 1.00 |
|   |   |   | 101.48 | 1.00 |   |   |   | 101.48 | 1.00 |
|   |   |   | 102.50 | 1.00 |   |   |   | 102.50 | 1.00 |
|   |   |   | 106.09 | 0.00 |   |   |   | 106.09 | 0.00 |
| 4 | 1 | 1 | 93.89 | 0.45 | 1 | 4 | 4 | 94.45 | 0.83 |
|   |   |   | 97.89 | 1.55 |   |   |   | 95.45 | 1.16 |
|   |   |   | 94.89 | 0.45 |   |   |   | 98.45 | 0.84 |
|   |   |   | 98.89 | 1.55 |   |   |   | 99.45 | 1.17 |
|   |   |   | 101.11 | 1.55 |   |   |   | 100.55 | 1.16 |
|   |   |   | 105.11 | 0.45 |   |   |   | 101.55 | 0.83 |
|   |   |   | 102.11 | 1.55 |   |   |   | 104.55 | 1.17 |
|   |   |   | 106.11 | 0.45 |   |   |   | 105.55 | 0.84 |
|   |   |   | 92.79 | 0.00 |   |   |   | 93.92 | 0.00 |
|   |   |   | 99.00 | 1.00 |   |   |   | 96.00 | 1.00 |
|   |   |   | 100.00 | 1.00 |   |   |   | 100.00 | 1.00 |
|   |   |   | 100.00 | 1.00 |   |   |   | 100.00 | 1.00 |
|   |   |   | 101.00 | 1.00 |   |   |   | 104.00 | 1.00 |
|   |   |   | 107.21 | 0.00 |   |   |   | 106.09 | 0.00 |

Tabelle 113 (Fortsetzung)

| $J_{AB}$ | $J_{AX}$ | $J_{BX}$ | Frequenz | Intensität | $J_{AB}$ | $J_{AX}$ | $J_{BX}$ | Frequenz | Intensität |
|---|---|---|---|---|---|---|---|---|---|
| 4 | 4 | 1 | 92.50 | 0.53 | 4 | 1 | 4 | 93.74 | 0.34 |
| | | | 96.50 | 1.47 | | | | 97.74 | 1.66 |
| | | | 96.24 | 0.34 | | | | 95.00 | 0.53 |
| | | | 100.24 | 1.67 | | | | 99.00 | 1.47 |
| | | | 101.00 | 1.47 | | | | 99.76 | 1.66 |
| | | | 105.00 | 0.53 | | | | 103.76 | 0.33 |
| | | | 102.26 | 1.67 | | | | 103.50 | 1.47 |
| | | | 107.50 | 0.34 | | | | 107.50 | 0.53 |
| | | | 92.74 | 0.01 | | | | 92.75 | 0.01 |
| | | | 97.50 | 1.00 | | | | 97.50 | 1.00 |
| | | | 98.76 | 0.99 | | | | 98.76 | 1.00 |
| | | | 101.24 | 0.99 | | | | 101.24 | 1.00 |
| | | | 102.50 | 1.00 | | | | 102.50 | 1.00 |
| | | | 107.27 | 0.01 | | | | 107.25 | 0.00 |
| 1 | 1 | 6 | 95.93 | 0.73 | 1 | 6 | 1 | 93.47 | 0.89 |
| | | | 96.93 | 1.27 | | | | 94.47 | 1.11 |
| | | | 96.97 | 0.89 | | | | 99.43 | 0.73 |
| | | | 97.97 | 1.11 | | | | 100.43 | 1.27 |
| | | | 99.57 | 1.27 | | | | 102.03 | 1.11 |
| | | | 100.57 | 0.73 | | | | 103.03 | 0.89 |
| | | | 105.53 | 1.11 | | | | 103.07 | 1.27 |
| | | | 106.53 | 0.89 | | | | 104.07 | 0.73 |
| | | | 93.92 | 0.01 | | | | 93.90 | 0.01 |
| | | | 96.50 | 1.00 | | | | 96.50 | 1.00 |
| | | | 97.54 | 0.99 | | | | 97.54 | 0.99 |
| | | | 102.46 | 0.99 | | | | 102.46 | 0.99 |
| | | | 103.50 | 1.00 | | | | 103.50 | 1.00 |
| | | | 106.09 | 0.01 | | | | 106.10 | 0.01 |
| 6 | 1 | 1 | 92.26 | 0.29 | 1 | 6 | 6 | 93.46 | 0.83 |
| | | | 98.26 | 1.71 | | | | 94.46 | 1.16 |
| | | | 93.26 | 0.29 | | | | 99.46 | 0.84 |
| | | | 99.26 | 1.71 | | | | 100.46 | 1.17 |
| | | | 100.74 | 1.71 | | | | 99.54 | 1.16 |
| | | | 106.74 | 0.29 | | | | 100.54 | 0.83 |
| | | | 101.74 | 1.71 | | | | 105.54 | 1.17 |
| | | | 107.74 | 0.29 | | | | 106.54 | 0.83 |
| | | | 91.51 | 0.00 | | | | 93.92 | 0.00 |
| | | | 99.00 | 1.00 | | | | 94.00 | 1.00 |
| | | | 100.00 | 1.00 | | | | 100.00 | 1.00 |
| | | | 100.00 | 1.00 | | | | 100.00 | 1.00 |
| | | | 101.00 | 1.00 | | | | 106.00 | 1.00 |
| | | | 108.49 | 0.00 | | | | 106.08 | 0.00 |
| 6 | 6 | 1 | 90.05 | 0.42 | 6 | 1 | 6 | 91.78 | 0.14 |
| | | | 96.05 | 1.58 | | | | 97.78 | 1.86 |
| | | | 95.28 | 0.14 | | | | 93.55 | 0.42 |
| | | | 100.28 | 1.86 | | | | 99.55 | 1.58 |
| | | | 100.45 | 1.58 | | | | 98.72 | 1.86 |
| | | | 106.45 | 0.42 | | | | 104.72 | 0.14 |
| | | | 102.22 | 1.86 | | | | 103.95 | 1.58 |
| | | | 101.22 | 1.14 | | | | 109.95 | 0.42 |
| | | | 91.32 | 0.05 | | | | 91.32 | 0.05 |
| | | | 96.50 | 1.00 | | | | 96.50 | 1.00 |
| | | | 98.27 | 0.95 | | | | 98.27 | 0.95 |
| | | | 101.74 | 0.95 | | | | 101.74 | 0.95 |
| | | | 103.50 | 1.00 | | | | 103.50 | 1.00 |
| | | | 108.68 | 0.05 | | | | 108.68 | 0.05 |

Tabelle 113 (Fortsetzung)

| $J_{AB}$ | $J_{AX}$ | $J_{BX}$ | Frequenz | Intensität | $J_{AB}$ | $J_{AX}$ | $J_{BX}$ | Frequenz | Intensität |
|---|---|---|---|---|---|---|---|---|---|
| 2 | 2 | 4 | 94.81 | 0.63 | 2 | 4 | 2 | 93.86 | 0.73 |
|   |   |   | 96.81 | 1.37 |   |   |   | 95.86 | 1.27 |
|   |   |   | 96.86 | 0.73 |   |   |   | 97.80 | 0.63 |
|   |   |   | 98.86 | 1.28 |   |   |   | 99.80 | 1.38 |
|   |   |   | 100.20 | 1.37 |   |   |   | 100.14 | 1.27 |
|   |   |   | 102.20 | 0.63 |   |   |   | 103.14 | 0.73 |
|   |   |   | 104.14 | 1.28 |   |   |   | 103.19 | 1.38 |
|   |   |   | 106.14 | 0.73 |   |   |   | 105.19 | 0.63 |
|   |   |   | 93.67 | 0.00 |   |   |   | 93.67 | 0.00 |
|   |   |   | 97.00 | 1.00 |   |   |   | 97.00 | 1.00 |
|   |   |   | 99.05 | 1.00 |   |   |   | 99.05 | 1.00 |
|   |   |   | 100.95 | 1.00 |   |   |   | 100.95 | 1.00 |
|   |   |   | 103.00 | 1.00 |   |   |   | 103.00 | 1.00 |
|   |   |   | 106.33 | 0.00 |   |   |   | 106.33 | 0.00 |
| 4 | 2 | 2 | 93.39 | 0.45 | 2 | 4 | 4 | 93.84 | 0.68 |
|   |   |   | 97.39 | 1.55 |   |   |   | 95.84 | 1.31 |
|   |   |   | 95.39 | 0.45 |   |   |   | 97.84 | 0.69 |
|   |   |   | 99.39 | 1.55 |   |   |   | 99.84 | 1.32 |
|   |   |   | 100.61 | 1.55 |   |   |   | 100.16 | 1.31 |
|   |   |   | 104.61 | 0.45 |   |   |   | 102.16 | 0.68 |
|   |   |   | 102.61 | 1.55 |   |   |   | 104.16 | 1.32 |
|   |   |   | 106.61 | 0.45 |   |   |   | 106.16 | 0.69 |
|   |   |   | 92.79 | 0.00 |   |   |   | 93.67 | 0.00 |
|   |   |   | 98.00 | 1.00 |   |   |   | 96.00 | 1.00 |
|   |   |   | 100.00 | 1.00 |   |   |   | 100.00 | 1.00 |
|   |   |   | 100.00 | 1.00 |   |   |   | 100.00 | 1.00 |
|   |   |   | 102.00 | 1.00 |   |   |   | 104.00 | 1.00 |
|   |   |   | 107.21 | 0.00 |   |   |   | 106.33 | 0.00 |
| 4 | 2 | 4 | 93.30 | 0.38 | 4 | 4 | 2 | 92.47 | 0.50 |
|   |   |   | 97.30 | 1.62 |   |   |   | 96.47 | 1.50 |
|   |   |   | 95.47 | 0.50 |   |   |   | 96.30 | 0.38 |
|   |   |   | 99.47 | 1.50 |   |   |   | 100.30 | 1.63 |
|   |   |   | 99.70 | 1.62 |   |   |   | 100.53 | 1.50 |
|   |   |   | 103.70 | 0.38 |   |   |   | 104.53 | 0.50 |
|   |   |   | 103.53 | 1.50 |   |   |   | 102.70 | 1.63 |
|   |   |   | 107.53 | 0.50 |   |   |   | 106.70 | 0.38 |
|   |   |   | 92.78 | 0.01 |   |   |   | 92.77 | 0.01 |
|   |   |   | 97.00 | 1.00 |   |   |   | 97.00 | 1.00 |
|   |   |   | 99.17 | 0.99 |   |   |   | 99.18 | 0.99 |
|   |   |   | 100.84 | 0.99 |   |   |   | 100.83 | 0.99 |
|   |   |   | 103.00 | 1.00 |   |   |   | 103.00 | 1.00 |
|   |   |   | 107.23 | 0.01 |   |   |   | 107.23 | 0.01 |
| 2 | 2 | 6 | 94.76 | 0.55 | 2 | 6 | 2 | 92.88 | 0.75 |
|   |   |   | 96.76 | 1.45 |   |   |   | 94.88 | 1.24 |
|   |   |   | 96.88 | 0.76 |   |   |   | 98.76 | 0.55 |
|   |   |   | 98.88 | 1.24 |   |   |   | 100.76 | 1.45 |
|   |   |   | 99.24 | 1.45 |   |   |   | 101.12 | 1.24 |
|   |   |   | 101.24 | 0.55 |   |   |   | 103.12 | 0.76 |
|   |   |   | 105.12 | 1.24 |   |   |   | 103.24 | 1.45 |
|   |   |   | 107.12 | 0.76 |   |   |   | 105.24 | 0.55 |
|   |   |   | 93.66 | 0.01 |   |   |   | 93.64 | 0.01 |
|   |   |   | 96.00 | 1.00 |   |   |   | 96.00 | 1.00 |
|   |   |   | 98.11 | 0.99 |   |   |   | 98.11 | 0.99 |
|   |   |   | 101.90 | 0.99 |   |   |   | 101.90 | 0.99 |
|   |   |   | 104.00 | 1.00 |   |   |   | 104.00 | 1.00 |
|   |   |   | 106.36 | 0.01 |   |   |   | 106.37 | 0.01 |

Tabelle 113 (Fortsetzung)

| $J_{AB}$ | $J_{AX}$ | $J_{BX}$ | Frequenz | Intensität | $J_{AB}$ | $J_{AX}$ | $J_{BX}$ | Frequenz | Intensität |
|---|---|---|---|---|---|---|---|---|---|
| 6 | 2 | 2 | 91.76 | 0.29 | 2 | 6 | 6 | 92.84 | 0.68 |
| | | | 97.76 | 1.70 | | | | 94.84 | 1.31 |
| | | | 93.76 | 0.29 | | | | 98.84 | 0.69 |
| | | | 99.76 | 1.71 | | | | 100.84 | 1.32 |
| | | | 100.24 | 1.70 | | | | 99.16 | 1.31 |
| | | | 106.24 | 0.29 | | | | 101.16 | 0.68 |
| | | | 102.24 | 1.71 | | | | 105.16 | 1.32 |
| | | | 108.24 | 0.29 | | | | 107.16 | 0.69 |
| | | | 91.50 | 0.00 | | | | 93.67 | 0.00 |
| | | | 98.00 | 1.00 | | | | 94.00 | 1.00 |
| | | | 100.00 | 1.00 | | | | 100.00 | 1.00 |
| | | | 100.00 | 1.00 | | | | 100.00 | 1.00 |
| | | | 102.00 | 1.00 | | | | 106.00 | 1.00 |
| | | | 108.50 | 0.00 | | | | 106.33 | 0.00 |
| 6 | 2 | 6 | 91.39 | 0.17 | 6 | 6 | 2 | 90.00 | 0.40 |
| | | | 97.39 | 1.83 | | | | 96.00 | 1.59 |
| | | | 94.00 | 0.40 | | | | 95.39 | 0.17 |
| | | | 100.00 | 1.60 | | | | 101.38 | 1.84 |
| | | | 98.61 | 1.82 | | | | 100.00 | 1.59 |
| | | | 104.61 | 0.17 | | | | 106.00 | 0.40 |
| | | | 104.00 | 1.61 | | | | 102.61 | 1.84 |
| | | | 110.00 | 0.40 | | | | 108.61 | 0.17 |
| | | | 91.40 | 0.03 | | | | 91.40 | 0.03 |
| | | | 96.00 | 1.00 | | | | 96.00 | 1.00 |
| | | | 98.60 | 0.97 | | | | 98.60 | 0.97 |
| | | | 101.40 | 0.97 | | | | 101.40 | 0.97 |
| | | | 104.00 | 1.00 | | | | 104.00 | 1.00 |
| | | | 108.60 | 0.03 | | | | 108.60 | 0.03 |
| 4 | 4 | 6 | 92.30 | 0.38 | 4 | 6 | 4 | 91.46 | 0.50 |
| | | | 96.30 | 1.62 | | | | 95.46 | 1.50 |
| | | | 96.46 | 0.50 | | | | 97.30 | 0.38 |
| | | | 100.46 | 1.50 | | | | 101.30 | 1.62 |
| | | | 98.70 | 1.62 | | | | 99.53 | 1.50 |
| | | | 102.70 | 0.38 | | | | 103.53 | 0.50 |
| | | | 104.53 | 1.50 | | | | 103.70 | 1.62 |
| | | | 108.53 | 0.50 | | | | 107.70 | 0.38 |
| | | | 92.77 | 0.01 | | | | 92.77 | 0.01 |
| | | | 95.00 | 1.00 | | | | 95.00 | 1.00 |
| | | | 99.18 | 0.99 | | | | 99.18 | 0.99 |
| | | | 100.82 | 0.99 | | | | 100.82 | 0.99 |
| | | | 105.00 | 1.00 | | | | 105.00 | 1.00 |
| | | | 107.23 | 0.01 | | | | 107.23 | 0.01 |
| 1 | 2 | 4 | 95.45 | 0.80 | 1 | 4 | 2 | 94.46 | 0.86 |
| | | | 96.45 | 1.19 | | | | 95.46 | 1.14 |
| | | | 97.46 | 0.86 | | | | 98.45 | 0.81 |
| | | | 98.46 | 1.14 | | | | 99.45 | 1.20 |
| | | | 100.55 | 1.19 | | | | 101.53 | 1.14 |
| | | | 101.55 | 0.80 | | | | 102.53 | 0.86 |
| | | | 104.53 | 1.14 | | | | 103.55 | 1.20 |
| | | | 105.53 | 0.86 | | | | 104.55 | 0.80 |
| | | | 93.92 | 0.00 | | | | 93.92 | 0.00 |
| | | | 97.00 | 1.00 | | | | 97.00 | 1.00 |
| | | | 99.00 | 1.00 | | | | 99.00 | 1.00 |
| | | | 101.00 | 1.00 | | | | 101.00 | 1.00 |
| | | | 103.00 | 1.00 | | | | 103.00 | 1.00 |
| | | | 106.09 | 0.00 | | | | 106.09 | 0.00 |

Tabelle 113 (Fortsetzung)

| $J_{AB}$ | $J_{AX}$ | $J_{BX}$ | Frequenz | Intensität | $J_{AB}$ | $J_{AX}$ | $J_{BX}$ | Frequenz | Intensität |
|---|---|---|---|---|---|---|---|---|---|
| 2 | 1 | 4 | 95.29 | 0.60 | 2 | 4 | 1 | 93.87 | 0.74 |
| | | | 97.29 | 1.40 | | | | 95.87 | 1.26 |
| | | | 96.37 | 0.74 | | | | 97.78 | 0.60 |
| | | | 98.37 | 1.26 | | | | 99.78 | 1.41 |
| | | | 100.21 | 1.40 | | | | 101.63 | 1.26 |
| | | | 102.21 | 0.60 | | | | 103.63 | 0.74 |
| | | | 104.13 | 1.26 | | | | 102.71 | 1.40 |
| | | | 106.13 | 0.74 | | | | 104.71 | 0.60 |
| | | | 93.66 | 0.01 | | | | 93.66 | 0.01 |
| | | | 97.50 | 1.00 | | | | 97.50 | 1.00 |
| | | | 98.58 | 0.99 | | | | 98.58 | 0.99 |
| | | | 101.42 | 0.99 | | | | 101.42 | 0.99 |
| | | | 102.50 | 1.00 | | | | 102.50 | 1.00 |
| | | | 106.34 | 0.01 | | | | 106.34 | 0.01 |
| 4 | 1 | 2 | 93.85 | 0.41 | 4 | 2 | 1 | 93.43 | 0.48 |
| | | | 97.85 | 1.59 | | | | 97.43 | 1.52 |
| | | | 94.93 | 0.48 | | | | 95.35 | 0.41 |
| | | | 98.93 | 1.52 | | | | 99.35 | 1.59 |
| | | | 100.65 | 1.59 | | | | 101.07 | 1.52 |
| | | | 104.65 | 0.41 | | | | 105.07 | 0.48 |
| | | | 102.57 | 1.52 | | | | 102.15 | 1.59 |
| | | | 106.57 | 0.48 | | | | 106.15 | 0.41 |
| | | | 92.78 | 0.00 | | | | 92.78 | 0.00 |
| | | | 98.50 | 1.00 | | | | 98.50 | 1.00 |
| | | | 99.58 | 1.00 | | | | 99.58 | 1.00 |
| | | | 100.42 | 1.00 | | | | 100.42 | 1.00 |
| | | | 101.50 | 1.00 | | | | 101.50 | 1.00 |
| | | | 107.22 | 0.00 | | | | 107.22 | 0.00 |
| 2 | 4 | 6 | 93.81 | 0.63 | 2 | 6 | 4 | 92.86 | 0.72 |
| | | | 95.81 | 1.36 | | | | 94.86 | 1.27 |
| | | | 97.86 | 0.73 | | | | 98.81 | 0.63 |
| | | | 99.86 | 1.28 | | | | 100.81 | 1.38 |
| | | | 99.19 | 1.36 | | | | 100.14 | 1.27 |
| | | | 101.19 | 0.63 | | | | 102.14 | 0.73 |
| | | | 105.14 | 1.28 | | | | 104.19 | 1.38 |
| | | | 107.14 | 0.73 | | | | 106.19 | 0.93 |
| | | | 93.67 | 0.00 | | | | 93.67 | 0.00 |
| | | | 95.00 | 1.00 | | | | 95.00 | 1.00 |
| | | | 99.05 | 1.00 | | | | 99.05 | 1.00 |
| | | | 100.95 | 1.00 | | | | 100.95 | 1.00 |
| | | | 105.00 | 1.00 | | | | 105.00 | 1.00 |
| | | | 106.33 | 0.00 | | | | 106.33 | 0.00 |
| 4 | 2 | 6 | 93.17 | 0.29 | 4 | 6 | 2 | 91.53 | 0.55 |
| | | | 97.17 | 1.70 | | | | 95.53 | 1.45 |
| | | | 95.53 | 0.55 | | | | 97.17 | 0.30 |
| | | | 99.53 | 1.45 | | | | 101.17 | 1.71 |
| | | | 98.83 | 1.70 | | | | 100.47 | 1.45 |
| | | | 102.83 | 0.29 | | | | 104.47 | 0.55 |
| | | | 104.47 | 1.45 | | | | 102.83 | 1.71 |
| | | | 108.47 | 0.55 | | | | 106.83 | 0.29 |
| | | | 92.70 | 0.03 | | | | 92.70 | 0.03 |
| | | | 96.00 | 1.00 | | | | 96.00 | 1.00 |
| | | | 98.35 | 0.97 | | | | 98.35 | 0.97 |
| | | | 101.65 | 0.97 | | | | 101.65 | 0.97 |
| | | | 104.00 | 1.00 | | | | 104.00 | 1.00 |
| | | | 107.30 | 0.03 | | | | 107.30 | 0.03 |

Tabelle 113 (Fortsetzung)

| $J_{AB}$ | $J_{AX}$ | $J_{BX}$ | Frequenz | Intensität | $J_{AB}$ | $J_{AX}$ | $J_{BX}$ | Frequenz | Intensität |
|---|---|---|---|---|---|---|---|---|---|
| 1 | 1 | −1 | 95.96 | 0.86 | 1 | −1 | 1 | 96.95 | 0.81 |
|  |  |  | 96.96 | 1.14 |  |  |  | 97.95 | 1.19 |
|  |  |  | 96.95 | 0.81 |  |  |  | 95.96 | 0.86 |
|  |  |  | 97.95 | 1.19 |  |  |  | 96.96 | 1.14 |
|  |  |  | 103.04 | 1.14 |  |  |  | 102.05 | 1.19 |
|  |  |  | 104.04 | 0.86 |  |  |  | 103.05 | 0.81 |
|  |  |  | 102.05 | 1.19 |  |  |  | 103.04 | 1.14 |
|  |  |  | 103.05 | 0.81 |  |  |  | 104.04 | 0.86 |
|  |  |  | 93.92 | 0.00 |  |  |  | 93.92 | 0.00 |
|  |  |  | 99.00 | 1.00 |  |  |  | 99.00 | 1.00 |
|  |  |  | 100.00 | 1.00 |  |  |  | 100.00 | 1.00 |
|  |  |  | 100.00 | 1.00 |  |  |  | 100.00 | 1.00 |
|  |  |  | 101.00 | 1.00 |  |  |  | 101.00 | 1.00 |
|  |  |  | 106.09 | 0.00 |  |  |  | 106.09 | 0.00 |
| 1 | 1 | −2 | 95.97 | 0.87 | 1 | −2 | 1 | 97.44 | 0.78 |
|  |  |  | 96.97 | 1.13 |  |  |  | 98.44 | 1.22 |
|  |  |  | 96.94 | 0.78 |  |  |  | 95.47 | 0.87 |
|  |  |  | 97.94 | 1.22 |  |  |  | 96.47 | 1.13 |
|  |  |  | 103.53 | 1.13 |  |  |  | 102.05 | 1.22 |
|  |  |  | 104.53 | 0.87 |  |  |  | 103.05 | 0.78 |
|  |  |  | 101.55 | 1.22 |  |  |  | 103.03 | 1.13 |
|  |  |  | 102.55 | 0.78 |  |  |  | 104.03 | 0.87 |
|  |  |  | 93.91 | 0.00 |  |  |  | 93.91 | 0.00 |
|  |  |  | 98.50 | 1.00 |  |  |  | 98.50 | 1.00 |
|  |  |  | 99.50 | 1.00 |  |  |  | 99.50 | 1.00 |
|  |  |  | 100.50 | 1.00 |  |  |  | 100.50 | 1.00 |
|  |  |  | 101.50 | 1.00 |  |  |  | 101.50 | 1.00 |
|  |  |  | 106.09 | 0.00 |  |  |  | 106.09 | 0.00 |
| 1 | 1 | −4 | 95.97 | 0.88 | 1 | −4 | 1 | 98.43 | 0.73 |
|  |  |  | 96.97 | 1.12 |  |  |  | 99.43 | 1.28 |
|  |  |  | 96.93 | 0.73 |  |  |  | 94.47 | 0.88 |
|  |  |  | 97.93 | 1.27 |  |  |  | 95.47 | 1.11 |
|  |  |  | 104.53 | 1.12 |  |  |  | 102.07 | 1.27 |
|  |  |  | 105.53 | 0.88 |  |  |  | 103.07 | 0.73 |
|  |  |  | 100.57 | 1.27 |  |  |  | 103.03 | 1.12 |
|  |  |  | 101.57 | 0.73 |  |  |  | 104.03 | 0.88 |
|  |  |  | 93.91 | 0.01 |  |  |  | 93.90 | 0.01 |
|  |  |  | 97.55 | 0.99 |  |  |  | 97.55 | 0.99 |
|  |  |  | 98.50 | 1.00 |  |  |  | 98.50 | 1.00 |
|  |  |  | 101.50 | 1.00 |  |  |  | 101.50 | 1.00 |
|  |  |  | 102.45 | 0.99 |  |  |  | 102.45 | 0.99 |
|  |  |  | 106.09 | 0.01 |  |  |  | 106.10 | 0.01 |
| 2 | 2 | −6 | 94.90 | 0.80 | 2 | −6 | 2 | 98.59 | 0.30 |
|  |  |  | 96.90 | 1.20 |  |  |  | 100.59 | 1.71 |
|  |  |  | 96.59 | 0.30 |  |  |  | 92.90 | 0.80 |
|  |  |  | 98.59 | 1.71 |  |  |  | 94.90 | 1.19 |
|  |  |  | 105.10 | 1.20 |  |  |  | 101.41 | 1.71 |
|  |  |  | 107.10 | 0.81 |  |  |  | 103.41 | 0.29 |
|  |  |  | 99.41 | 1.70 |  |  |  | 103.10 | 1.20 |
|  |  |  | 101.41 | 0.29 |  |  |  | 105.10 | 0.81 |
|  |  |  | 93.50 | 0.09 |  |  |  | 93.50 | 0.09 |
|  |  |  | 96.31 | 0.91 |  |  |  | 96.31 | 0.91 |
|  |  |  | 98.00 | 1.00 |  |  |  | 98.00 | 1.00 |
|  |  |  | 102.00 | 1.00 |  |  |  | 102.00 | 1.00 |
|  |  |  | 103.70 | 0.91 |  |  |  | 103.70 | 0.91 |
|  |  |  | 106.50 | 0.09 |  |  |  | 106.50 | 0.09 |

Tabelle 113 (Fortsetzung)

| $J_{AB}$ $J_{AX}$ $J_{BX}$ | Frequenz | Intensität | $J_{AB}$ $J_{AX}$ $J_{BX}$ | Frequenz | Intensität |
|---|---|---|---|---|---|
| 4   4 —4 | 92.59 | 0.62 | 4   4 —6 | 92.65 | 0.65 |
|  | 96.59 | 1.37 |  | 96.65 | 1.34 |
|  | 95.76 | 0.11 |  | 95.44 | 0.03 |
|  | 99.76 | 1.89 |  | 99.44 | 1.97 |
|  | 103.41 | 1.38 |  | 104.35 | 1.35 |
|  | 107.41 | 0.63 |  | 108.35 | 0.66 |
|  | 100.24 | 1.89 |  | 99.56 | 1.97 |
|  | 104.24 | 0.11 |  | 103.56 | 0.03 |
|  | 92.39 | 0.12 |  | 92.09 | 0.22 |
|  | 96.85 | 0.88 |  | 96.23 | 0.78 |
|  | 100.00 | 1.00 |  | 99.00 | 1.00 |
|  | 100.00 | 1.00 |  | 101.00 | 1.00 |
|  | 103.16 | 0.88 |  | 103.80 | 0.78 |
|  | 107.63 | 0.12 |  | 107.93 | 0.22 |
| 4 —6   4 | 96.44 | 0.03 |  |  |  |
|  | 100.44 | 1.97 |  |  |  |
|  | 91.65 | 0.65 |  |  |  |
|  | 95.65 | 1.34 |  |  |  |
|  | 100.56 | 1.97 |  |  |  |
|  | 104.56 | 0.03 |  |  |  |
|  | 103.35 | 1.34 |  |  |  |
|  | 107.35 | 0.66 |  |  |  |
|  | 92.09 | 0.22 |  |  |  |
|  | 96.23 | 0.78 |  |  |  |
|  | 99.00 | 1.00 |  |  |  |
|  | 101.00 | 1.00 |  |  |  |
|  | 103.80 | 0.78 |  |  |  |
|  | 107.93 | 0.22 |  |  |  |

Tabelle 114

*Bandenintensitäten und Frequenzen in einem $A_2B_2$-System mit gleichen Konstanten $J_{AB}$ und $J'_{AB}$[1]. Da das Spektrum symmetrisch um $^1/_2$ $(\delta_A + \delta_B)$ ist, wurden nur die Linien des A-Teiles angegeben. Die Gesamtintensität des A-Teiles wurde gleich 16 gesetzt. Die Frequenzen sind bezogen auf den Mittelwert der chemischen Verschiebungen von A und B. Die chemische Verschiebung von A ist $+0.50000$, die von B $—5.0000$.*

| | $J/\delta$ | Intensität | Frequenz | $J/\delta$ | Intensität | Frequenz |
|---|---|---|---|---|---|---|
| A1 | 0.00 | 2.00000 | 0.50000 | 0.05 | 2.21487 | 0.45013 |
| A2 |  | 2.00000 | 0.50000 |  | 2.19901 | 0.45249 |
| A3 |  | 2.00000 | 0.50000 |  | 1.98654 | 0.50224 |
| A4 |  | 4.00000 | 0.50000 |  | 4.00000 | 0.50000 |
| A5 |  | 2.00000 | 0.50000 |  | 1.81445 | 0.54988 |
| A6 |  | 2.00000 | 0.50000 |  | 1.98413 | 0.50274 |
| A7 |  | 2.00000 | 0.50000 |  | 1.80099 | 0.55249 |
| M1 |  | 0.00000 | 1.50000 |  | 0.00000 | 1.45512 |
| M2 |  | 0.00000 | 1.50000 |  | 0.00000 | 1.55487 |
| A1 | 0.10 | 2.46251 | 0.40113 | 0.15 | 2.73999 | 0.35400 |
| A2 |  | 2.39223 | 0.40990 |  | 2.57470 | 0.37202 |
| A3 |  | 1.95243 | 0.50792 |  | 1.90650 | 0.51543 |
| A4 |  | 4.00000 | 0.50000 |  | 4.00000 | 0.50000 |
| A5 |  | 1.65527 | 0.59915 |  | 1.51843 | 0.64741 |
| A6 |  | 1.92969 | 0.51188 |  | 1.83459 | 0.52860 |
| A7 |  | 1.60777 | 0.60990 |  | 1.42530 | 0.67202 |
| M1 |  | 0.00007 | 1.42094 |  | 0.00037 | 1.39803 |
| M2 |  | 0.00003 | 1.61896 |  | 0.00012 | 1.69144 |

[1] CORIO, P. L.: Chem. Rev. **60,** 363 (1960)

Tabelle 114 (Fortsetzung)

| | $J/\delta$ | Intensität | Frequenz | $J/\delta$ | Intensität | Frequenz |
|---|---|---|---|---|---|---|
| A1 | 0.20 | 3.04200 | 0.30975 | 0.25 | 3.35787 | 0.26928 |
| A2 | | 2.74278 | 0.33852 | | 2.89443 | 0.30902 |
| A3 | | 1.85526 | 0.52322 | | 1.80516 | 0.52998 |
| A4 | | 4.00000 | 0.50000 | | 4.00000 | 0.50000 |
| A5 | | 1.40074 | 0.69445 | | 1.29754 | 0.74024 |
| A6 | | 1.70049 | 0.55381 | | 1.53606 | 0.58805 |
| A7 | | 1.25722 | 0.73852 | | 1.10557 | 0.80902 |
| M1 | | 0.00122 | 1.38678 | | 0.00288 | 1.38732 |
| M2 | | 0.00028 | 1.77148 | | 0.00050 | 1.85828 |
| A1 | 0.30 | 3.67373 | 0.23322 | 0.35 | 3.97544 | 0.20182 |
| A2 | | 3.02899 | 0.28310 | | 3.14692 | 0.26033 |
| A3 | | 1.75801 | 0.53474 | | 1.71648 | 0.53694 |
| A4 | | 4.00000 | 0.50000 | | 4.00000 | 0.50000 |
| A5 | | 1.20752 | 0.78486 | | 1.12774 | 0.82843 |
| A6 | | 1.35451 | 0.63145 | | 1.17049 | 0.68371 |
| A7 | | 0.97101 | 0.88310 | | 0.85308 | 0.96033 |
| M1 | | 0.00547 | 1.39941 | | 0.00885 | 1.42247 |
| M2 | | 0.00075 | 1.95105 | | 0.00099 | 2.04909 |
| A1 | 0.40 | 4.25184 | 0.17500 | 0.45 | 4.49640 | 0.15242 |
| A2 | | 3.24939 | 0.24031 | | 3.33793 | 0.22268 |
| A3 | | 1.68151 | 0.53644 | | 1.65329 | 0.53340 |
| A4 | | 4.00000 | 0.50000 | | 4.00000 | 0.50000 |
| A5 | | 1.05648 | 0.87113 | | 0.99244 | 0.91313 |
| A6 | | 0.99634 | 0.74418 | | 0.84015 | 0.81197 |
| A7 | | 0.75061 | 1.04031 | | 0.66207 | 1.12268 |
| M1 | | 0.01262 | 1.45563 | | 0.01634 | 1.49778 |
| M2 | | 0.00121 | 2.15176 | | 0.00138 | 2.25850 |
| A1 | 0.50 | 4.70725 | 0.13356 | 0.55 | 4.88597 | 0.11786 |
| A2 | | 3.41421 | 0.20711 | | 3.47988 | 0.19330 |
| A3 | | 1.63173 | 0.52814 | | 1.61632 | 0.52111 |
| A4 | | 4.00000 | 0.50000 | | 4.00000 | 0.50000 |
| A5 | | 0.93449 | 0.95459 | | 0.88162 | 0.99567 |
| A6 | | 0.70542 | 0.88607 | | 0.59229 | 0.96550 |
| A7 | | 0.58579 | 1.20711 | | 0.52012 | 1.29330 |
| M1 | | 0.01956 | 1.54777 | | 0.02217 | 1.60447 |
| M2 | | 0.00154 | 2.36881 | | 0.00162 | 2.48227 |
| A1 | 0.60 | 5.03592 | 0.10480 | 0.65 | 5.16124 | 0.09390 |
| A2 | | 3.53644 | 0.18102 | | 3.58525 | 0.17006 |
| A3 | | 1.60632 | 0.51270 | | 1.60092 | 0.50330 |
| A4 | | 4.00000 | 0.50000 | | 4.00000 | 0.50000 |
| A5 | | 0.83322 | 1.03648 | | 0.78863 | 1.07713 |
| A6 | | 0.49884 | 1.04935 | | 0.42232 | 1.13682 |
| A7 | | 0.46356 | 1.38102 | | 0.41475 | 1.47006 |
| M1 | | 0.02402 | 1.66685 | | 0.02520 | 1.73402 |
| M2 | | 0.00168 | 2.59853 | | 0.00169 | 2.71725 |
| A1 | 0.70 | 5.26595 | 0.08474 | 0.75 | 5.35366 | 0.07701 |
| A2 | | 3.62747 | 0.16023 | | 3.66410 | 0.15139 |
| A3 | | 1.59935 | 0.49322 | | 1.60086 | 0.48270 |
| A4 | | 4.00000 | 0.50000 | | 4.00000 | 0.50000 |
| A5 | | 0.74740 | 1.11773 | | 0.70915 | 1.15833 |
| A6 | | 0.35985 | 1.22725 | | 0.30881 | 1.32007 |
| A7 | | 0.37253 | 1.56023 | | 0.33590 | 1.65139 |
| M1 | | 0.02579 | 1.80521 | | 0.02588 | 1.87979 |
| M2 | | 0.00167 | 2.83819 | | 0.00163 | 2.96110 |

Tabelle 114 (Fortsetzung)

|      | $J/\delta$ | Intensität | Frequenz | $J/\delta$ | Intensität | Frequenz |
|------|------|------------|----------|------|------------|----------|
| A1 | 0.80 | 5.42746 | 0.07044 | 0.85 | 5.48990 | 0.06481 |
| A2 |      | 3.69600 | 0.14340 |      | 3.72387 | 0.13615 |
| A3 |      | 1.60483 | 0.47195 |      | 1.61071 | 0.46113 |
| A4 |      | 4.00000 | 0.50000 |      | 4.00000 | 0.50000 |
| A5 |      | 0.67356 | 1.19900 |      | 0.64034 | 1.23979 |
| A6 |      | 0.26696 | 1.41484 |      | 0.23246 | 1.51118 |
| A7 |      | 0.30400 | 1.74340 |      | 0.27613 | 1.83615 |
| M1 |      | 0.02562 | 1.95724 |      | 0.02508 | 2.03712 |
| M2 |      | 0.00158 | 3.08579 |      | 0.00151 | 3.21209 |
| A1 | 0.90 | 5.54302 | 0.05996 | 0.95 | 5.58894 | 0.05574 |
| A2 |      | 3.74831 | 0.12956 |      | 3.76984 | 0.12355 |
| A3 |      | 1.61804 | 0.45033 |      | 1.62637 | 0.43965 |
| A4 |      | 4.00000 | 0.50000 |      | 4.00000 | 0.50000 |
| A5 |      | 0.60929 | 1.28072 |      | 0.58020 | 1.32184 |
| A6 |      | 0.20386 | 1.60880 |      | 0.17954 | 1.70745 |
| A7 |      | 0.25169 | 1.92956 |      | 0.23016 | 2.02355 |
| M1 |      | 0.02436 | 2.11909 |      | 0.02359 | 2.20283 |
| M2 |      | 0.00143 | 3.33985 |      | 0.00135 | 3.46893 |
| A1 | 1.00 | 5.62808 | 0.05205 | 2.00 | 5.90634 | 0.02232 |
| A2 |      | 3.78885 | 0.11803 |      | 3.94029 | 0.06155 |
| A3 |      | 1.63556 | 0.42914 |      | 1.81161 | 0.27475 |
| A4 |      | 4.00000 | 0.50000 |      | 4.00000 | 0.50000 |
| A5 |      | 0.55292 | 1.36316 |      | 0.23917 | 2.23552 |
| A6 |      | 0.15950 | 1.80693 |      | 0.03365 | 3.84835 |
| A7 |      | 0.21115 | 2.11803 |      | 0.05972 | 4.06155 |
| M1 |      | 0.02267 | 2.28812 |      | 0.00894 | 4.14542 |
| M2 |      | 0.00127 | 3.59923 |      | 0.00029 | 6.35862 |
| A1 | 3.00 | 5.95830 | 0.01434 | 4.00 | 5.97655 | 0.01061 |
| A2 |      | 3.97279 | 0.04138 |      | 3.98456 | 0.03113 |
| A3 |      | 1.89741 | 0.19571 |      | 1.93738 | 0.15066 |
| A4 |      | 4.00000 | 0.50000 |      | 4.00000 | 0.50000 |
| A5 |      | 0.12550 | 3.16867 |      | 0.07557 | 4.13014 |
| A6 |      | 0.01441 | 5.88705 |      | 0.00797 | 7.91160 |
| A7 |      | 0.02721 | 6.04138 |      | 0.01544 | 8.03113 |
| M1 |      | 0.00431 | 6.09710 |      | 0.00250 | 8.07287 |
| M2 |      | 0.00008 | 9.25143 |      | 0.00003 | 12.19240 |
| A1 | 5.00 | 5.98500 | 0.00843 | 10.00 | 5.99625 | 0.00418 |
| A2 |      | 3.99007 | 0.02494 |      | 3.99750 | 0.01249 |
| A3 |      | 1.95828 | 0.12207 |      | 1.98897 | 0.06212 |
| A4 |      | 4.00000 | 0.50000 |      | 4.00000 | 0.50000 |
| A5 |      | 0.05002 | 5.10556 |      | 0.01311 | 10.05380 |
| A6 |      | 0.00506 | 9.92780 |      | 0.00125 | 19.96286 |
| A7 |      | 0.00993 | 10.02494 |      | 0.00250 | 20.01249 |
| M1 |      | 0.00163 | 10.05831 |      | 0.00041 | 20.02916 |
| M2 |      | 0.00001 | 15.15543 |      | 0.00000 | 30.07878 |
| A1 | $\infty$ | 6.00000 | 0.00000 |      |         |          |
| A2 |      | 4.00000 | 0.00000 |      |         |          |
| A3 |      | 2.00000 | 0.00000 |      |         |          |
| A4 |      | 4.00000 | 0.50000 |      |         |          |
| A5 |      | 0.00000 | $\infty$ |      |         |          |
| A6 |      | 0.00000 | $\infty$ |      |         |          |
| A7 |      | 0.00000 | $\infty$ |      |         |          |
| M1 |      | 0.00000 | $\infty$ |      |         |          |
| M2 |      | 0.00000 | $\infty$ |      |         |          |

Tabelle 115

*Intensitäten und Bandenlagen in $A_3B_2$-Systemen[1]. Die Summe der Intensitäten beträgt 80, die chemische Verschiebung von B ist gleich Null, die von A gleich 1 gesetzt.*

| | $J/\delta$ | Intensität | Frequenz | $J/\delta$ | Intensität | Frequenz |
|---|---|---|---|---|---|---|
| A1 | 0.00 | 3.00000 | 1.00000 | 0.05 | 2.69081 | 1.05383 |
| A2 | | 2.00000 | 1.00000 | | 1.80771 | 1.05122 |
| A3 | | 3.00000 | 1.00000 | | 3.28708 | 0.95365 |
| A4 | | 2.00000 | 1.00000 | | 1.98508 | 1.00250 |
| A5 | | 2.00000 | 1.00000 | | 2.20721 | 0.95128 |
| A6 | | 12.00000 | 1.00000 | | 12.00000 | 1.00000 |
| A7 | | 4.00000 | 1.00000 | | 3.61692 | 1.05103 |
| A8 | | 3.00000 | 1.00000 | | 2.97284 | 1.00301 |
| A9 | | 3.00000 | 1.00000 | | 3.33633 | 0.94894 |
| A10 | | 4.00000 | 1.00000 | | 3.97054 | 1.00244 |
| A11 | | 3.00000 | 1.00000 | | 2.73116 | 1.04862 |
| A12 | | 3.00000 | 1.00000 | | 2.98175 | 1.00202 |
| A13 | | 4.00000 | 1.00000 | | 4.41251 | 0.95147 |
| B1 | | 2.00000 | 0.00000 | | 2.30919 | 0.07117 |
| B2 | | 4.00000 | 0.00000 | | 4.19229 | 0.02378 |
| B3 | | 2.00000 | 0.00000 | | 1.71292 | —0.07865 |
| B4 | | 4.00000 | 0.00000 | | 3.80771 | —0.02494 |
| B5 | | 4.00000 | 0.00000 | | 4.20721 | 0.02494 |
| B6 | | 4.00000 | 0.00000 | | 3.79279 | —0.02628 |
| B7 | | 2.00000 | 0.00000 | | 2.33634 | 0.07478 |
| B8 | | 2.00000 | 0.00000 | | 2.07388 | 0.02035 |
| B9 | | 2.00000 | 0.00000 | | 1.73116 | —0.07484 |
| B10 | | 2.00000 | 0.00000 | | 1.87457 | —0.03027 |
| B11 | | 2.00000 | 0.00000 | | 1.88577 | —0.02824 |
| B12 | | 2.00000 | 0.00000 | | 2.07618 | 0.02071 |
| M1 | | 0.00000 | —1.00000 | | 0.00001 | —0.90788 |
| M2 | | 0.00000 | 2.00000 | | 0.00001 | 2.03370 |
| M3 | | 0.00000 | 2.00000 | | 0.00001 | 1.98376 |
| M4 | | 0.00000 | —1.00000 | | 0.00000 | —1.10713 |
| M5 | | 0.00000 | 3.00000 | | 0.00000 | 3.00753 |
| M6 | | 0.00000 | 2.00000 | | 0.00001 | 1.93067 |
| M7 | | 0.00000 | 2.00000 | | 0.00001 | 2.07930 |
| M8 | | 0.00000 | —1.00000 | | 0.00001 | —1.00997 |
| M9 | | 0.00000 | —1.00000 | | 0.00000 | —1.00250 |
| A1 | 0.10 | 2.37259 | 1.11554 | 0.15 | 2.06044 | 1.18515 |
| A2 | | 1.63141 | 1.10474 | | 1.47134 | 1.16037 |
| A3 | | 3.54341 | 0.91410 | | 3.76534 | 0.88053 |
| A4 | | 1.94128 | 1.00997 | | 1.87135 | 1.02237 |
| A5 | | 2.42736 | 0.90523 | | 2.65754 | 0.86201 |
| A6 | | 12.00000 | 1.00000 | | 12.00000 | 1.00000 |
| A7 | | 3.27099 | 1.10331 | | 2.96460 | 1.15583 |
| A8 | | 2.87275 | 1.01419 | | 2.67892 | 1.03669 |
| A9 | | 3.75441 | 0.89675 | | 4.25941 | 0.84548 |
| A10 | | 3.88909 | 1.00910 | | 3.77276 | 1.01810 |
| A11 | | 2.51488 | 1.09415 | | 2.33849 | 1.13642 |
| A12 | | 2.94153 | 1.00635 | | 2.89540 | 1.01089 |
| A13 | | 4.83939 | 0.90666 | | 5.25994 | 0.86651 |
| B1 | | 2.62741 | 0.13446 | | 2.93957 | 0.18985 |
| B2 | | 4.36860 | 0.04526 | | 4.52866 | 0.06463 |
| B3 | | 1.45659 | —0.16410 | | 1.23466 | —0.25553 |

---

[1] CORIO, P.L.: Chem. Rev. **60,** 363 (1960)

Tabelle 115 (Fortsetzung)

| | $J/\delta$ | Intensität | Frequenz | $J/\delta$ | Intensität | Frequenz |
|---|---|---|---|---|---|---|
| B4 | | 3.63136 | —0.04951 | | 3.47111 | —0.07336 |
| B5 | | 4.42732 | 0.04951 | | 4.65731 | 0.07336 |
| B6 | | 3.57264 | —0.05523 | | 3.34246 | —0.08701 |
| B7 | | 2.75454 | 0.14803 | | 3.26018 | 0.21763 |
| B8 | | 2.10145 | 0.03312 | | 2.09490 | 0.04139 |
| B9 | | 1.51492 | —0.14891 | | 1.33864 | —0.22187 |
| B10 | | 1.70399 | —0.07185 | | 1.50530 | —0.12517 |
| B11 | | 1.75615 | —0.06110 | | 1.62624 | —0.09634 |
| B12 | | 2.08504 | 0.03059 | | 2.00081 | 0.02642 |
| M1 | | 0.00015 | —0.83304 | | 0.00093 | —0.77767 |
| M2 | | 0.00012 | 2.08438 | | 0.00046 | 2.15113 |
| M3 | | 0.00014 | 1.98485 | | 0.00062 | 2.00257 |
| M4 | | 0.00003 | —1.22710 | | 0.00010 | —1.35793 |
| M5 | | 0.00000 | 3.03050 | | 0.00000 | 3.06992 |
| M6 | | 0.00028 | 1.87525 | | 0.00170 | 1.83716 |
| M7 | | 0.00007 | 2.16435 | | 0.00025 | 2.25086 |
| M8 | | 0.00008 | —1.03960 | | 0.00034 | —1.08802 |
| M9 | | 0.00005 | —1.00997 | | 0.00023 | —1.02237 |
| A1 | 0.20 | 1.76808 | 1.26235 | 0.25 | 1.50515 | 1.34650 |
| A2 | | 1.32714 | 1.21789 | | 1.19800 | 1.27712 |
| A3 | | 3.95330 | 0.85208 | | 4.11024 | 0.82793 |
| A4 | | 1.77953 | 1.03959 | | 1.67103 | 1.06149 |
| A5 | | 2.89400 | 0.82170 | | 3.13245 | 0.78436 |
| A6 | | 12.00000 | 1.00000 | | 12.00000 | 1.00000 |
| A7 | | 2.69509 | 1.20794 | | 2.45798 | 1.25940 |
| A8 | | 2.38893 | 1.07329 | | 2.03210 | 1.12573 |
| A9 | | 4.83922 | 0.79765 | | 5.45443 | 0.75560 |
| A10 | | 3.64181 | 1.02684 | | 3.51396 | 1.03278 |
| A11 | | 2.19304 | 1.17551 | | 2.07115 | 1.21162 |
| A12 | | 2.85171 | 1.01431 | | 2.81489 | 1.01593 |
| A13 | | 5.65470 | 0.83149 | | 6.00914 | 0.80158 |
| B1 | | 3.23193 | 0.23765 | | 3.49485 | 0.27850 |
| B2 | | 4.67286 | 0.08211 | | 4.80200 | 0.09788 |
| B3 | | 1.04671 | —0.35208 | | 0.88977 | —0.45293 |
| B4 | | 3.32648 | —0.09619 | | 3.19652 | —0.11776 |
| B5 | | 4.89333 | 0.09619 | | 5.13097 | 0.11776 |
| B6 | | 3.10600 | —0.12170 | | 2.86755 | —0.15936 |
| B7 | | 3.84190 | 0.28112 | | 4.46083 | 0.33638 |
| B8 | | 2.06969 | 0.04859 | | 2.03914 | 0.05772 |
| B9 | | 1.19341 | —0.29372 | | 1.07188 | —0.36458 |
| B10 | | 1.29841 | —0.18985 | | 1.10080 | —0.26494 |
| B11 | | 1.50233 | —0.13251 | | 1.38730 | —0.16890 |
| B12 | | 1.81624 | 0.00549 | | 1.55627 | —0.03374 |
| M1 | | 0.00329 | —0.74357 | | 0.00803 | —0.73162 |
| M2 | | 0.00110 | 2.23263 | | 0.00192 | 2.32740 |
| M3 | | 0.00159 | 2.03565 | | 0.00300 | 2.08245 |
| M4 | | 0.00019 | —1.49787 | | 0.00030 | —1.64545 |
| M5 | | 0.00000 | 3.12702 | | 0.00000 | 3.20264 |
| M6 | | 0.00597 | 1.81900 | | 0.01443 | 1.82212 |
| M7 | | 0.00057 | 2.33486 | | 0.00102 | 2.41329 |
| M8 | | 0.00082 | —1.15385 | | 0.00144 | —1.23542 |
| M9 | | 0.00067 | —1.03959 | | 0.00149 | —1.06149 |
| A1 | 0.30 | 1.27627 | 1.43681 | 0.35 | 1.08169 | 1.53240 |
| A2 | | 1.08283 | 1.33788 | | 0.98039 | 1.40000 |

Tabelle 115 (Fortsetzung)

| | $J/\delta$ | Intensität | Frequenz | $J/\delta$ | Intensität | Frequenz |
|---|---|---|---|---|---|---|
| A3 | | 4.24027 | 0.80737 | | 4.34769 | 0.78976 |
| A4 | | 1.55150 | 1.08788 | | 1.42642 | 1.11855 |
| A5 | | 3.36842 | 0.75000 | | 3.59766 | 0.71855 |
| A6 | | 12.00000 | 1.00000 | | 12.00000 | 1.00000 |
| A7 | | 2.24844 | 1.31026 | | 2.06194 | 1.36075 |
| A8 | | 1.65864 | 1.19428 | | 1.31588 | 1.27769 |
| A9 | | 6.05064 | 0.72076 | | 6.58156 | 0.69328 |
| A10 | | 3.40196 | 1.03427 | | 3.31352 | 1.03091 |
| A11 | | 1.96723 | 1.24498 | | 1.87783 | 1.27580 |
| A12 | | 2.78667 | 1.01562 | | 2.76641 | 1.01355 |
| A13 | | 6.31618 | 0.77641 | | 6.57539 | 0.75540 |
| B1 | | 3.72374 | 0.31319 | | 3.91831 | 0.34260 |
| B2 | | 4.91717 | 0.11212 | | 5.01961 | 0.12500 |
| B3 | | 0.75974 | —0.55737 | | 0.65231 | —0.66476 |
| B4 | | 3.08008 | —0.13788 | | 2.97593 | —0.15645 |
| B5 | | 5.36568 | 0.13788 | | 5.59319 | 0.15645 |
| B6 | | 2.63158 | —0.20000 | | 2.40235 | —0.24355 |
| B7 | | 5.06234 | 0.38227 | | 5.59901 | 0.41896 |
| B8 | | 2.01299 | 0.07067 | | 1.99743 | 0.08789 |
| B9 | | 0.96842 | —0.43467 | | 0.87963 | —0.50419 |
| B10 | | 0.92371 | —0.34911 | | 0.77185 | —0.44096 |
| B11 | | 1.28190 | —0.20532 | | 1.18499 | —0.24194 |
| B12 | | 1.26810 | —0.09126 | | 0.99756 | —0.16545 |
| M1 | | 0.01483 | —0.74134 | | 0.02232 | —0.77084 |
| M2 | | 0.00276 | 2.43387 | | 0.00342 | 2.55055 |
| M3 | | 0.00464 | 2.14115 | | 0.00627 | 2.20992 |
| M4 | | 0.00038 | —1.79940 | | 0.00045 | —1.95871 |
| M5 | | 0.00001 | 3.29657 | | 0.00002 | 3.40739 |
| M6 | | 0.02652 | 1.84628 | | 0.03976 | 1.88964 |
| M7 | | 0.00157 | 2.48456 | | 0.00222 | 2.54866 |
| M8 | | 0.00207 | —1.33084 | | 0.00254 | —1.43831 |
| M9 | | 0.00275 | —1.08788 | | 0.00447 | —1.11855 |
| A1 | 0.40 | 0.91886 | 1.63246 | 0.45 | 0.78380 | 1.73623 |
| A2 | | 0.88942 | 1.46332 | | 0.80868 | 1.52772 |
| A3 | | 4.43649 | 0.77460 | | 4.51012 | 0.76146 |
| A4 | | 1.30067 | 1.15322 | | 1.17820 | 1.19163 |
| A5 | | 3.81650 | 0.68990 | | 4.02213 | 0.66390 |
| A6 | | 12.00000 | 1.00000 | | 12.00000 | 1.00000 |
| A7 | | 1.89490 | 1.41118 | | 1.74410 | 1.46185 |
| A8 | | 1.03032 | 1.37367 | | 0.80666 | 1.47960 |
| A9 | | 7.02442 | 0.67235 | | 7.37932 | 0.65669 |
| A10 | | 3.25156 | 1.02335 | | 3.21495 | 1.01267 |
| A11 | | 1.80014 | 1.30430 | | 1.73203 | 1.33064 |
| A12 | | 2.75314 | 1.01004 | | 2.74568 | 1.00541 |
| A13 | | 6.79072 | 0.73790 | | 6.96805 | 0.72330 |
| B1 | | 4.08114 | 0.36754 | | 4.21620 | 0.38877 |
| B2 | | 5.11058 | 0.13668 | | 5.19133 | 0.14728 |
| B3 | | 0.56351 | —0.77460 | | 0.48989 | —0.88646 |
| B4 | | 2.88284 | —0.17343 | | 2.79967 | —0.18882 |
| B5 | | 5.80991 | 0.17343 | | 6.01313 | 0.18882 |
| B6 | | 2.18350 | —0.28990 | | 1.97787 | —0.33890 |
| B7 | | 6.04688 | 0.44761 | | 6.40536 | 0.46977 |
| B8 | | 1.99530 | 0.10876 | | 2.00663 | 0.13215 |
| B9 | | 0.80267 | —0.57334 | | 0.73541 | —0.64226 |

Tabelle 115 (Fortsetzung)

|       | J/δ  | Intensität | Frequenz   | J/δ  | Intensität | Frequenz   |
|-------|------|------------|------------|------|------------|------------|
| B10   |      | 0.64529    | —0.53916   |      | 0.54154    | —0.64250   |
| B11   |      | 1.09579    | —0.27907   |      | 1.01323    | —0.31703   |
| B12   |      | 0.77108    | —0.25371   |      | 0.59450    | —0.35314   |
| M1    |      | 0.02866    | —0.81730   |      | 0.03307    | —0.87768   |
| M2    |      | 0.00394    | 2.67609    |      | 0.00418    | 2.80930    |
| M3    |      | 0.00769    | 2.28709    |      | 0.00879    | 2.37122    |
| M4    |      | 0.00048    | —2.12253   |      | 0.00052    | —2.29017   |
| M5    |      | 0.00003    | 3.53278    |      | 0.00006    | 3.67016    |
| M6    |      | 0.05108    | 1.94941    |      | 0.05905    | 2.02250    |
| M7    |      | 0.00298    | 2.60672    |      | 0.00385    | 2.66034    |
| M8    |      | 0.00291    | —1.55613   |      | 0.00302    | —1.68283   |
| M9    |      | 0.00659    | —1.15322   |      | 0.00901    | —1.19163   |
| A1    | 0.50 | 0.67218    | 1.84307    | 0.55 | 0.57995    | 1.95246    |
| A2    |      | 0.73699    | 1.59307    |      | 0.67329    | 1.65926    |
| A3    |      | 4.57143    | 0.75000    |      | 4.62277    | 0.73995    |
| A4    |      | 1.06193    | 1.23346    |      | 0.95377    | 1.27842    |
| A5    |      | 4.21268    | 0.64039    |      | 4.38718    | 0.61915    |
| A6    |      | 12.00000   | 1.00000    |      | 12.00000   | 1.00000    |
| A7    |      | 1.60713    | 1.51304    |      | 1.48239    | 1.56495    |
| A8    |      | 0.63702    | 1.59307    |      | 0.50982    | 1.71207    |
| A9    |      | 7.65848    | 0.64503    |      | 7.87721    | 0.63631    |
| A10   |      | 3.20005    | 1.00000    |      | 3.20204    | 0.98627    |
| A11   |      | 1.67178    | 1.35496    |      | 1.61820    | 1.37742    |
| A12   |      | 2.74285    | 1.00000    |      | 2.74356    | 0.99406    |
| A13   |      | 7.11376    | 0.71107    |      | 7.23363    | 0.70076    |
| B1    |      | 4.32782    | 0.40693    |      | 4.42005    | 0.42255    |
| B2    |      | 5.26301    | 0.15693    |      | 5.32671    | 0.16574    |
| B3    |      | 0.42857    | —1.00000   |      | 0.37724    | —1.11495   |
| B4    |      | 2.72539    | —0.20268   |      | 2.65905    | —0.21511   |
| B5    |      | 6.20108    | 0.20268    |      | 6.37294    | 0.21511    |
| B6    |      | 1.78732    | —0.39039   |      | 1.61282    | —0.44415   |
| B7    |      | 6.68659    | 0.48696    |      | 6.90614    | 0.50043    |
| B8    |      | 2.02969    | 0.15693    |      | 2.06166    | 0.18216    |
| B9    |      | 0.67612    | —0.71107   |      | 0.62358    | —0.77988   |
| B10   |      | 0.45715    | —0.75000   |      | 0.38863    | —0.86083   |
| B11   |      | 0.93656    | —0.35611   |      | 0.86541    | —0.39652   |
| B12   |      | 0.46188    | —0.46107   |      | 0.36363    | —0.57533   |
| M1    |      | 0.03536    | —0.94918   |      | 0.03590    | —1.02948   |
| M2    |      | 0.00421    | 2.94918    |      | 0.00410    | 3.09486    |
| M3    |      | 0.00960    | 2.46107    |      | 0.01010    | 2.55566    |
| M4    |      | 0.00051    | —2.46107   |      | 0.00050    | —2.63477   |
| M5    |      | 0.00007    | 3.81718    |      | 0.00008    | 3.97185    |
| M6    |      | 0.06340    | 2.10611    |      | 0.06474    | 2.19791    |
| M7    |      | 0.00478    | 2.71107    |      | 0.00580    | 2.76021    |
| M8    |      | 0.00301    | —1.81718   |      | 0.00288    | —1.95812   |
| M9    |      | 0.01160    | —1.23346   |      | 0.01424    | —1.27842   |
| A1    | 0.60 | 0.50354    | 2.06394    | 0.65 | 0.43997    | 2.17717    |
| A2    |      | 0.61662    | 1.72621    |      | 0.56611    | 1.79382    |
| A3    |      | 4.66600    | 0.73107    |      | 4.70264    | 0.72319    |
| A4    |      | 0.85473    | 1.32621    |      | 0.76517    | 1.37655    |
| A5    |      | 4.54546    | 0.60000    |      | 4.68793    | 0.58272    |
| A6    |      | 12.00000   | 1.00000    |      | 12.00000   | 1.00000    |
| A7    |      | 1.36828    | 1.61775    |      | 1.26374    | 1.67155    |
| A8    |      | 0.41427    | 1.83505    |      | 0.34184    | 1.96085    |

Tabelle 115 (Fortsetzung)

|        | $J/\delta$ | Intensität | Frequenz | $J/\delta$ | Intensität | Frequenz |
|--------|-----------|-----------|----------|-----------|-----------|----------|
| A9     |      | 8.04950  | 0.62972  |      | 8.18647  | 0.62468  |
| A10    |      | 3.21663  | 0.97215  |      | 3.24000  | 0.95812  |
| A11    |      | 1.57026  | 1.39813  |      | 1.52721  | 1.41720  |
| A12    |      | 2.74690  | 0.98781  |      | 2.75213  | 0.98140  |
| A13    |      | 7.33265  | 0.69201  |      | 7.41487  | 0.68453  |
| B1     |      | 4.49646  | 0.43606  |      | 4.56003  | 0.44783  |
| B2     |      | 5.38338  | 0.17379  |      | 5.43389  | 0.18118  |
| B3     |      | 0.33400  | —1.23107 |      | 0.29736  | —1.34819 |
| B4     |      | 2.59981  | —0.22621 |      | 2.54690  | —0.23610 |
| B5     |      | 6.52865  | 0.22621  |      | 6.66873  | 0.23610  |
| B6     |      | 1.45455  | —0.50000 |      | 1.31207  | —0.55772 |
| B7     |      | 7.07832  | 0.51114  |      | 7.21461  | 0.51978  |
| B8     |      | 2.10005  | 0.20717  |      | 2.14250  | 0.23150  |
| B9     |      | 0.57674  | —0.84875 |      | 0.53484  | —0.91773 |
| B10    |      | 0.33288  | —0.97433 |      | 0.28730  | —1.08999 |
| B11    |      | 0.79920  | —0.43843 |      | 0.73766  | —0.48192 |
| B12    |      | 0.29082  | —0.69419 |      | 0.23635  | —0.81639 |
| M1     |      | 0.03520  | —1.11675 |      | 0.03373  | —1.20957 |
| M2     |      | 0.00387  | 3.24564  |      | 0.00359  | 3.40089  |
| M3     |      | 0.01036  | 2.65415  |      | 0.01040  | 2.75591  |
| M4     |      | 0.00047  | —2.81089 |      | 0.00046  | —2.98911 |
| M5     |      | 0.00009  | 4.13263  |      | 0.00010  | 4.29832  |
| M6     |      | 0.06394  | 2.29607  |      | 0.06177  | 2.39919  |
| M7     |      | 0.00686  | 2.80871  |      | 0.00799  | 2.85725  |
| M8     |      | 0.00270  | —2.10478 |      | 0.00245  | —2.25644 |
| M9     |      | 0.01681  | —1.32621 |      | 0.01921  | —1.37655 |
| A1     | 0.70 | 0.38680  | 2.29186  | 0.75 | 0.34208  | 2.40776  |
| A2     |      | 0.52101  | 1.86203  |      | 0.48064  | 1.93078  |
| A3     |      | 4.73387  | 0.71616  |      | 4.76065  | 0.70985  |
| A4     |      | 0.68491  | 1.42917  |      | 0.61347  | 1.48383  |
| A5     |      | 4.81546  | 0.56714  |      | 4.92916  | 0.55305  |
| A6     |      | 12.00000 | 1.00000  |      | 12.00000 | 1.00000  |
| A7     |      | 1.16788  | 1.72640  |      | 1.07993  | 1.78234  |
| A8     |      | 0.28623  | 2.08859  |      | 0.24290  | 2.21766  |
| A9     |      | 8.29662  | 0.62076  |      | 8.38625  | 0.61767  |
| A10    |      | 3.26911  | 0.94448  |      | 3.30171  | 0.93141  |
| A11    |      | 1.48837  | 1.43476  |      | 1.45322  | 1.45091  |
| A12    |      | 2.75867  | 0.97494  |      | 2.76609  | 0.96853  |
| A13    |      | 7.48362  | 0.67808  |      | 7.54147  | 0.67248  |
| B1     |      | 4.61320  | 0.45814  |      | 4.65793  | 0.46724  |
| B2     |      | 5.47900  | 0.18797  |      | 5.51936  | 0.19422  |
| B3     |      | 0.26613  | —1.46616 |      | 0.23935  | —1.58485 |
| B4     |      | 2.49963  | —0.24490 |      | 2.45737  | —0.25272 |
| B5     |      | 6.79409  | 0.24490  |      | 6.90588  | 0.25272  |
| B6     |      | 1.18454  | —0.61714 |      | 1.07084  | —0.67805 |
| B7     |      | 7.32371  | 0.52686  |      | 7.41208  | 0.53276  |
| B8     |      | 2.18709  | 0.25488  |      | 2.23240  | 0.27714  |
| B9     |      | 0.49716  | —0.98686 |      | 0.46315  | —1.05617 |
| B10    |      | 0.24982  | —1.20737 |      | 0.21879  | —1.32616 |
| B11    |      | 0.68057  | —0.52704 |      | 0.62769  | —0.57379 |
| B12    |      | 0.19509  | —0.94097 |      | 0.16336  | —1.06723 |
| M1     |      | 0.03183  | —1.30685 |      | 0.02974  | —1.40776 |
| M2     |      | 0.00327  | 3.56011  |      | 0.00294  | 3.72286  |

Tabelle 115 (Fortsetzung)

| | $J/\delta$ | Intensität | Frequenz | $J/\delta$ | Intensität | Frequenz |
|---|---|---|---|---|---|---|
| M3 | | 0.01030 | 2.86039 | | 0.01010 | 2.96717 |
| M4 | | 0.00043 | —3.16918 | | 0.00039 | —3.35086 |
| M5 | | 0.00010 | 4.46801 | | 0.00010 | 4.64101 |
| M6 | | 0.05882 | 2.50621 | | 0.05548 | 2.61631 |
| M7 | | 0.00911 | 2.90628 | | 0.01023 | 2.95611 |
| M8 | | 0.00221 | —2.41249 | | 0.00197 | —2.57243 |
| M9 | | 0.02138 | —1.42917 | | 0.02328 | —1.48383 |
| A1 | 0.80 | 0.30422 | 2.52470 | 0.85 | 0.27200 | 2.64250 |
| A2 | | 0.44444 | 2.00000 | | 0.41190 | 2.06965 |
| A3 | | 4.78375 | 0.70416 | | 4.80379 | 0.69901 |
| A4 | | 0.55019 | 1.54031 | | 0.49428 | 1.59841 |
| A5 | | 5.03026 | 0.54031 | | 5.12004 | 0.52876 |
| A6 | | 12.00000 | 1.00000 | | 12.00000 | 1.00000 |
| A7 | | 0.99926 | 1.83936 | | 0.92530 | 1.89745 |
| A8 | | 0.20864 | 2.34759 | | 0.18117 | 2.47806 |
| A9 | | 8.46000 | 0.61521 | | 8.52134 | 0.61322 |
| A10 | | 3.33609 | 0.91903 | | 3.37101 | 0.90738 |
| A11 | | 1.42133 | 1.46576 | | 1.39232 | 1.47940 |
| A12 | | 2.77405 | 0.96223 | | 2.78228 | 0.95608 |
| A13 | | 7.59049 | 0.66758 | | 7.63231 | 0.66328 |
| B1 | | 4.69578 | 0.47531 | | 4.72800 | 0.48250 |
| B2 | | 5.55556 | 0.20000 | | 5.58810 | 0.20535 |
| B3 | | 0.21625 | —1.70416 | | 0.19621 | —1.82401 |
| B4 | | 2.41956 | —0.25969 | | 2.38569 | —0.26589 |
| B5 | | 7.00537 | 0.25969 | | 7.09382 | 0.26589 |
| B6 | | 0.96974 | —0.74031 | | 0.87997 | —0.80376 |
| B7 | | 7.48451 | 0.53774 | | 7.54450 | 0.54200 |
| B8 | | 2.27734 | 0.29820 | | 2.32114 | 0.31805 |
| B9 | | 0.43238 | —1.12566 | | 0.40444 | —1.19534 |
| B10 | | 0.19290 | —1.44609 | | 0.17115 | —1.56694 |
| B11 | | 0.57883 | —0.62213 | | 0.53379 | —0.67202 |
| B12 | | 0.13858 | —1.19464 | | 0.11894 | —1.32284 |
| M1 | | 0.02762 | —1.51165 | | 0.02556 | —1.61801 |
| M2 | | 0.00263 | 3.88875 | | 0.00233 | 4.05745 |
| M3 | | 0.00982 | 3.07590 | | 0.00949 | 3.18630 |
| M4 | | 0.00036 | —3.53398 | | 0.00034 | —3.71836 |
| M5 | | 0.00010 | 4.81677 | | 0.00009 | 4.99486 |
| M6 | | 0.05203 | 2.72888 | | 0.04863 | 2.84344 |
| M7 | | 0.01132 | 3.00692 | | 0.01236 | 3.05880 |
| M8 | | 0.00173 | —2.73580 | | 0.00152 | —2.90224 |
| M9 | | 0.02489 | —1.54031 | | 0.02622 | —1.59841 |
| A1 | 0.90 | 0.24439 | 2.76106 | 0.95 | 0.22061 | 2.88025 |
| A2 | | 0.38258 | 2.13969 | | 0.35609 | 2.21008 |
| A3 | | 4.82126 | 0.69433 | | 4.83657 | 0.69005 |
| A4 | | 0.44497 | 1.65796 | | 0.40151 | 1.71879 |
| A5 | | 5.19972 | 0.50827 | | 5.27046 | 0.50872 |
| A6 | | 12.00000 | 1.00000 | | 12.00000 | 1.00000 |
| A7 | | 0.85753 | 1.95657 | | 0.79545 | 2.01667 |
| A8 | | 0.15884 | 2.60881 | | 0.14046 | 2.73969 |
| A9 | | 8.57286 | 0.61159 | | 8.61654 | 0.61024 |
| A10 | | 3.40561 | 0.89648 | | 3.43928 | 0.88631 |
| A11 | | 1.36587 | 1.49193 | | 1.34172 | 1.50344 |
| A12 | | 2.79061 | 0.95010 | | 2.79889 | 0.94431 |
| A13 | | 7.66821 | 0.65946 | | 7.69923 | 0.65606 |

Tabelle 115 (Fortsetzung)

|  | $J/\delta$ | Intensität | Frequenz | $J/\delta$ | Intensität | Frequenz |
|---|---|---|---|---|---|---|
| B1 |  | 4.75561 | 0.48894 |  | 4.77940 | 0.49475 |
| B2 |  | 5.61743 | 0.21031 |  | 5.64391 | 0.21492 |
| B3 |  | 0.17874 | —1.94433 |  | 0.16343 | —2.06505 |
| B4 |  | 2.35531 | —0.27142 |  | 2.32803 | —0.27636 |
| B5 |  | 7.17245 | 0.27142 |  | 7.24240 | 0.27636 |
| B6 |  | 0.80028 | —0.86827 |  | 0.72954 | —0.93372 |
| B7 |  | 7.59471 | 0.54568 |  | 7.63713 | 0.54889 |
| B8 |  | 2.36326 | 0.33670 |  | 2.40337 | 0.35418 |
| B9 |  | 0.37900 | —1.26523 |  | 0.35577 | —1.33531 |
| B10 |  | 0.15274 | —1.68856 |  | 0.13706 | —1.81080 |
| B11 |  | 0.49238 | —0.72339 |  | 0.45439 | —0.77618 |
| B12 |  | 0.10315 | —1.45154 |  | 0.09029 | —1.58055 |
|  |  |  |  |  |  |  |
| M1 |  | 0.02360 | —1.72643 |  | 0.02178 | —1.83661 |
| M2 |  | 0.00206 | 4.22868 |  | 0.00181 | 4.40218 |
| M3 |  | 0.00913 | 3.29812 |  | 0.00876 | 3.41117 |
| M4 |  | 0.00031 | —3.90388 |  | 0.00028 | —4.09042 |
| M5 |  | 0.00009 | 5.17493 |  | 0.00008 | 5.35673 |
| M6 |  | 0.04536 | 2.95961 |  | 0.04228 | 3.07711 |
| M7 |  | 0.01334 | 3.11180 |  | 0.01425 | 3.16594 |
| M8 |  | 0.00133 | —3.07141 |  | 0.00116 | —3.24304 |
| M9 |  | 0.02727 | —1.65796 |  | 0.02806 | —1.71879 |
|  |  |  |  |  |  |  |
| A1 | 1.00 | 0.20000 | 3.00000 | 2.00 | 0.05051 | 5.44949 |
| A2 |  | 0.33211 | 2.28078 |  | 0.11325 | 3.73205 |
| A3 |  | 4.85005 | 0.68614 |  | 4.95677 | 0.64575 |
| A4 |  | 0.36319 | 1.78078 |  | 0.07967 | 3.14626 |
| A5 |  | 5.33334 | 0.50000 |  | 5.82843 | 0.41421 |
| A6 |  | 12.00000 | 1.00000 |  | 12.00000 | 1.00000 |
| A7 |  | 0.73859 | 2.07772 |  | 0.21674 | 3.42349 |
| A8 |  | 0.12515 | 2.87056 |  | 0.02886 | 5.44949 |
| A9 |  | 8.65386 | 0.60911 |  | 8.91359 | 0.60202 |
| A10 |  | 3.47168 | 0.87687 |  | 3.82280 | 0.78246 |
| A11 |  | 1.31962 | 1.51402 |  | 1.10843 | 1.61552 |
| A12 |  | 2.80704 | 0.93872 |  | 2.91365 | 0.86329 |
| A13 |  | 7.72619 | 0.65302 |  | 7.92684 | 0.62521 |
|  |  |  |  |  |  |  |
| B1 |  | 4.80000 | 0.50000 |  | 4.94949 | 0.55051 |
| B2 |  | 5.66789 | 0.21922 |  | 5.88675 | 0.26795 |
| B3 |  | 0.14995 | —2.18614 |  | 0.04323 | —4.64575 |
| B4 |  | 2.30348 | —0.28078 |  | 2.09190 | —0.31784 |
| B5 |  | 7.30470 | 0.28078 |  | 7.80708 | 0.31784 |
| B6 |  | 0.66667 | —1.00000 |  | 0.17157 | —2.41421 |
| B7 |  | 7.67326 | 0.55173 |  | 7.92048 | 0.57651 |
| B8 |  | 2.44131 | 0.37056 |  | 2.82828 | 0.55051 |
| B9 |  | 0.33453 | —1.40560 |  | 0.12613 | —2.84275 |
| B10 |  | 0.12361 | —1.93356 |  | 0.02989 | —4.42822 |
| B11 |  | 0.41955 | —0.83030 |  | 0.10837 | —2.09052 |
| B12 |  | 0.07969 | —1.70972 |  | 0.01661 | —4.27096 |
|  |  |  |  |  |  |  |
| M1 |  | 0.02010 | —1.94827 |  | 0.00550 | —4.32247 |
| M2 |  | 0.00159 | 4.57772 |  | 0.00014 | 8.32247 |
| M3 |  | 0.00838 | 3.52530 |  | 0.00345 | 5.91671 |
| M4 |  | 0.00026 | —4.27788 |  | 0.00005 | —8.13425 |
| M5 |  | 0.00008 | 5.54001 |  | 0.00002 | 9.36148 |
| M6 |  | 0.03942 | 3.19570 |  | 0.01237 | 5.65545 |

Tabelle 115 (Fortsetzung)

| | $J/\delta$ | Intensität | Frequenz | $J/\delta$ | Intensität | Frequenz |
|---|---|---|---|---|---|---|
| M7 | | 0.01508 | 3.22118 | | 0.01773 | 4.48850 |
| M8 | | 0.00101 | —3.41688 | | 0.00008 | —7.14395 |
| M9 | | 0.02863 | —1.78078 | | 0.02135 | —3.14626 |
| A1 | 3.00 | 0.02222 | 7.93273 | 4.00 | 0.01240 | 10.42443 |
| A2 | | 0.05550 | 5.21221 | | 0.03270 | 6.70156 |
| A3 | | 4.98000 | 0.63104 | | 4.98855 | 0.62348 |
| A4 | | 0.03148 | 4.59822 | | 0.01644 | 6.07384 |
| A5 | | 5.92603 | 0.38600 | | 5.95932 | 0.37228 |
| A6 | | 12.00000 | 1.00000 | | 12.00000 | 1.00000 |
| A7 | | 0.09497 | 4.86824 | | 0.05225 | 6.34128 |
| A8 | | 0.01272 | 7.98019 | | 0.00715 | 10.49496 |
| A9 | | 8.96163 | 0.60087 | | 8.97836 | 0.60049 |
| A10 | | 3.91785 | 0.75671 | | 3.95328 | 0.74681 |
| A11 | | 1.05170 | 1.64241 | | 1.02984 | 1.65270 |
| A12 | | 2.95387 | 0.82687 | | 2.97172 | 0.80613 |
| A13 | | 7.96693 | 0.61651 | | 7.98116 | 0.61228 |
| B1 | | 4.97778 | 0.56727 | | 4.98760 | 0.57557 |
| B2 | | 5.94451 | 0.28779 | | 5.96730 | 0.29844 |
| B3 | | 0.02000 | —7.13104 | | 0.01145 | —9.62348 |
| B4 | | 2.04249 | —0.32621 | | 2.02424 | —0.32928 |
| B5 | | 7.91303 | 0.32621 | | 7.95087 | 0.32928 |
| B6 | | 0.07397 | —3.88600 | | 0.04068 | —5.37228 |
| B7 | | 7.96503 | 0.58430 | | 7.98044 | 0.58819 |
| B8 | | 2.92485 | 0.61473 | | 2.95883 | 0.64610 |
| B9 | | 0.06437 | —4.31234 | | 0.03871 | —5.79493 |
| B10 | | 0.01306 | —6.93522 | | 0.00738 | —9.44082 |
| B11 | | 0.04329 | —3.49680 | | 0.02242 | —4.94837 |
| B12 | | 0.00704 | —6.79502 | | 0.00382 | —9.30628 |
| M1 | | 0.00239 | —6.78116 | | 0.00132 | —9.26067 |
| M2 | | 0.00003 | 12.23370 | | 0.00001 | 16.19014 |
| M3 | | 0.00176 | 8.37860 | | 0.00103 | 10.85923 |
| M4 | | 0.00001 | —12.07443 | | 0.00000 | —16.04188 |
| M5 | | 0.00001 | 13.29181 | | 0.00000 | 17.25465 |
| M6 | | 0.00578 | 8.15260 | | 0.00000 | 17.25465 |
| M7 | | 0.01268 | 5.89592 | | 0.00888 | 7.34788 |
| M8 | | 0.00001 | —11.04852 | | 0.00000 | —15.00146 |
| M9 | | 0.01301 | —4.59822 | | 0.00846 | —6.07384 |
| A1 | 5.00 | 0.00789 | 12.91948 | 10.00 | 0.00195 | 25.40967 |
| A2 | | 0.02150 | 8.19493 | | 0.00566 | 15.68115 |
| A3 | | 4.99260 | 0.61887 | | 4.99811 | 0.60952 |
| A4 | | 0.01001 | 7.55914 | | 0.00224 | 15.02961 |
| A5 | | 5.97437 | 0.36421 | | 5.99382 | 0.34847 |
| A6 | | 12.00000 | 1.00000 | | 12.00000 | 1.00000 |
| A7 | | 0.03284 | 7.82550 | | 0.00784 | 15.29514 |
| A8 | | 0.00458 | 13.00345 | | 0.00115 | 25.51929 |
| A9 | | 8.98615 | 0.60031 | | 8.99656 | 0.60008 |
| A10 | | 3.96996 | 0.74206 | | 3.99243 | 0.73555 |
| A11 | | 1.01933 | 1.65763 | | 1.00491 | 1.66437 |
| A12 | | 2.98097 | 0.79284 | | 2.99477 | 0.76436 |
| A13 | | 7.98788 | 0.60977 | | 7.99698 | 0.60484 |
| B1 | | 4.99211 | 0.58052 | | 4.99805 | 0.59033 |
| B2 | | 5.97851 | 0.30507 | | 5.99435 | 0.31885 |

Tabelle 115 (Fortsetzung)

| | $J/\delta$ | Intensität | Frequenz | $J/\delta$ | Intensität | Frequenz |
|---|---|---|---|---|---|---|
| B3 | | 0.00741 | —12.11887 | | 0.00189 | —24.60952 |
| B4 | | 2.01562 | —0.33073 | | 2.00394 | —0.33268 |
| B5 | | 7.96850 | 0.33073 | | 7.99211 | 0.33268 |
| B6 | | 0.02563 | —6.86421 | | 0.00618 | —14.34847 |
| B7 | | 7.98753 | 0.59053 | | 7.99690 | 0.59524 |
| B8 | | 2.97422 | 0.66448 | | 2.99390 | 0.69995 |
| B9 | | 0.02576 | —7.28374 | | 0.00693 | —14.75966 |
| B10 | | 0.00471 | —11.94489 | | 0.00113 | —24.45469 |
| B11 | | 0.01352 | —6.41896 | | 0.00293 | —13.85965 |
| B12 | | 0.00241 | —11.81261 | | 0.00061 | —24.32398 |
| M1 | | 0.00083 | —11.74843 | | 0.00020 | —24.22411 |
| M2 | | 0.00001 | 20.16446 | | 0.00000 | 40.11449 |
| M3 | | 0.00068 | 13.34751 | | 0.00019 | 25.82388 |
| M4 | | 0.00000 | —20.02148 | | 0.00000 | —39.97870 |
| M5 | | 0.00000 | 21.23157 | | 0.00000 | 41.18362 |
| M6 | | 0.00221 | 13.15498 | | 0.00054 | 25.65960 |
| M7 | | 0.00643 | 8.81865 | | 0.00202 | 16.25956 |
| M8 | | 0.00000 | —18.97363 | | 0.00000 | —38.91917 |
| M9 | | 0.00588 | —7.55914 | | 0.00172 | —15.02961 |
| A1 | | 0.00000 | $\infty$ | | | |
| A2 | | 0.00000 | $\infty$ | | | |
| A3 | | 5.00000 | 0.60000 | | | |
| A4 | | 0.00000 | $\infty$ | | | |
| A5 | | 6.00000 | 0.33333 | | | |
| A6 | | 12.00000 | 1.00000 | | | |
| A7 | | 0.00000 | $\infty$ | | | |
| A8 | | 0.00000 | $\infty$ | | | |
| A9 | | 9.00000 | 0.60000 | | | |
| A10 | | 4.00000 | 0.73333 | | | |
| A11 | | 1.00000 | 1.66667 | | | |
| A12 | | 3.00000 | 0.73333 | | | |
| A13 | | 8.00000 | 0.60000 | | | |
| B1 | | 5.00000 | 0.60000 | | | |
| B2 | | 6.00000 | 0.33333 | | | |
| B3 | | 0.00000 | — $\infty$ | | | |
| B4 | | 2.00000 | —0.33333 | | | |
| B5 | | 8.00000 | 0.33333 | | | |
| B6 | | 0.00000 | — $\infty$ | | | |
| B7 | | 8.00000 | 0.60000 | | | |
| B8 | | 3.00000 | 0.73333 | | | |
| B9 | | 0.00000 | — $\infty$ | | | |
| B10 | | 0.00000 | — $\infty$ | | | |
| B11 | | 0.00000 | — $\infty$ | | | |
| B12 | | 0.00000 | — $\infty$ | | | |
| M1 | | 0.00000 | — $\infty$ | | | |
| M2 | | 0.00000 | | | | |
| M3 | | 0.00000 | — $\infty$ | | | |
| M4 | | 0.00000 | — $\infty$ | | | |
| M5 | | 0.00000 | $\infty$ | | | |
| M6 | | 0.00000 | $\infty$ | | | |
| M7 | | 0.00000 | $\infty$ | | | |
| M8 | | 0.00000 | — $\infty$ | | | |
| M9 | | 0.00000 | — $\infty$ | | | |

# Bibliographie


Andrew, E. R.: Nuclear Magnetic Resonance. Cambridge: University Press 1958.

Bible, R. H.: Interpretation of NMR Spectra. New York: Plenum Press 1965.

Bhacca, N. S., D. P. Hollis, L. F. Johnson, and E. A. Pier: High Resolution Nuclear Magnetic Resonance Spectra Catalog II. Palo Alto, California: Varian Associates 1963.

Bhacca, N. S., L. F. Johnson, and J. N. Shoolery: High Resolution Nuclear Magnetic Resonance Spectra Catalog I. Palo Alto, California: Varian Associates 1962.

Bhacca, N. S., and D. H. Williams: Applications of NMR Spectroscopy in Organic Chemistry. Illustrations from the steroid field. San Francisco, London, Amsterdam: Holden-Day 1964.

Fluck, E.: Die kernmagnetische Resonanz und ihre Anwendung in der anorganischen Chemie. Berlin-Göttingen-Heidelberg: Springer 1963.

Jackman, L. M.: Applications of Nuclear Magnetic Resonance Spectroscopy in Organic Chemistry. New York: Pergamon Press 1959.

Nachod, F.C., and W. D. Phillips: Determination of Organic Structures by Physical Methods, Vol. II. New York: Academic Press 1962.

Pople, J. A., W. G. Schneider, and H. J. Bernstein: High-resolution Nuclear Magnetic Resonance. New York, Toronto, London: McGraw-Hill 1959.

Proceedings of the XI. Colloque Ampère. Magnetic and Electric Resonance and Relaxation. Amsterdam: North-Holland Publishing Company 1963.

Roberts, J. D.: An Introduction to the Analysis of Spin-Spin Splitting in High-Resolution Nuclear Magnetic Resonance Spectra. New York: Benjamin 1961.

Roberts, J. D.: Nuclear Magnetic Resonance. Applications to Organic Chemistry. New York, Toronto, London: McGraw-Hill 1959.

Silverstein, R. M., and G. Clayton Bassler: Spectrometric Identification of Organic Compounds. New York, London: Wiley 1963.

Strehlow, H.: Magnetische Kernresonanzen und chemische Struktur. Stuttgart: Steinkopf 1962.

The NMR-EPR Staff of Varian Associates. NMR and EPR Spectroscopy. Oxford, London, New York, Paris: Pergamon 1960.

Wiberg, K. B., and B. J. Nist: The Interpretation of MNR Spectra. New York: Benjamin 1962.

# Autorenverzeichnis

Die Ziffern geben Seitenzahlen an, unabhängig davon, ob der Autorenname in einer Fußnote oder einer Tabelle genannt wird. Aus Gründen der Platzersparnis wurden bei den Literaturangaben für häufig zitierte Quellen folgende Abkürzungen verwendet:

J. A. C. S.   Journal of the American Chemical Society
T. H.         Tetrahedron
T. H. L.      Tetrahedron Letters
High-Resolution Nuclear Magnetic Resonance Spectra Catalog (1) bzw. (2) für N. S. Bhacca, L. F. Johnson und J. N. Shoolery, High Resolution Nuclear Magnetic Resonance Spectra Catalog I bzw. N. S. Bhacca, D. P. Hollis, L. F. Johnson und E. A. Pier, High Resolution Nuclear Magnetic Resonance Spectra Catalog II.

# Sachverzeichnis

Die Ziffern in Normalschrift geben Hinweise auf den Text, solche in Kursivschrift auf Tabellen.